软件开发视频大讲堂

Java 从入门到精通

（第4版）

明日科技　编著

清华大学出版社

北　京

内 容 简 介

《Java 从入门到精通(第 4 版)》从初学者角度出发,通过通俗易懂的语言、丰富多彩的实例,详细介绍了使用 Java 语言进行程序开发需要掌握的知识。全书分为 28 章,包括初识 Java,熟悉 Eclipse 开发工具,Java 语言基础,流程控制,字符串,数组,类和对象,包装类,数字处理类,接口、继承与多态,类的高级特性,异常处理,Swing 程序设计,集合类,I/O(输入/输出),反射,枚举类型与泛型,多线程,网络通信,数据库操作,Swing 表格组件,Swing 树组件,Swing 其他高级组件,高级布局管理器,高级事件处理,AWT 绘图与音频播放,打印技术和企业进销存管理系统等。书中所有知识都结合具体实例进行介绍,涉及的程序代码给出了详细的注释,可以使读者轻松领会 Java 程序开发的精髓,快速提高开发技能。另外,本书除了纸质内容之外,配书光盘中还给出了海量开发资源库,主要内容如下:

- ☑ 语音视频讲解:总时长 32 小时,共 319 段
- ☑ 实例资源库:732 个实例及源码详细分析
- ☑ 模块资源库:15 个经典模块开发过程完整展现
- ☑ 项目案例资源库:15 个企业项目开发过程完整展现
- ☑ 测试题库系统:616 道能力测试题目
- ☑ 面试资源库:369 个企业面试真题
- ☑ PPT 电子教案

本书适合作为软件开发入门者的自学用书,也适合作为高等院校相关专业的教学参考书,还可供开发人员查阅、参考。

本书封面贴有清华大学出版社防伪标签,无标签者不得销售。
版权所有,侵权必究。侵权举报电话:010-62782989 13701121933

图书在版编目(CIP)数据

Java 从入门到精通/明日科技编著. —4 版. —北京:清华大学出版社,2016(2018.10重印)
(软件开发视频大讲堂)
ISBN 978-7-302-44454-1

I. ①J⋯ II. ①明⋯ III. ①JAVA 语言-程序设计 IV. ①TP312

中国版本图书馆 CIP 数据核字(2016)第 169630 号

责任编辑:赵洛育
封面设计:刘洪利
版式设计:刘艳庆
责任校对:赵丽杰
责任印制:宋 林

出版发行:清华大学出版社
网　　址:http://www.tup.com.cn, http://www.wqbook.com
地　　址:北京清华大学学研大厦 A 座　　邮　编:100084
社 总 机:010-62770175　　邮　购:010-62786544
投稿与读者服务:010-62776969,c-service@tup.tsinghua.edu.cn
质量反馈:010-62772015,zhiliang@tup.tsinghua.edu.cn

印 刷 者:北京富博印刷有限公司
装 订 者:北京市密云县京文制本装订厂
经　　销:全国新华书店
开　　本:203mm×260mm　　印　张:38　　字　数:1036 千字
　　　　(附海量开发资源库 DVD 1 张、附小册子 1 本)
版　　次:2008 年 9 月第 1 版　　2016 年 10 月第 4 版　　印　次:2018 年 10 月第 37 次印刷
印　　数:261381~266380
定　　价:69.60元

产品编号:058847-02

如何使用 Java 开发资源库

在学习《Java 从入门到精通（第 4 版）》一书时，随书附配光盘提供了"Java 开发资源库"系统，可以帮助读者快速提升编程水平和解决实际问题的能力。《Java 从入门到精通（第 4 版）》和 Java 开发资源库配合学习流程如图 1 所示。

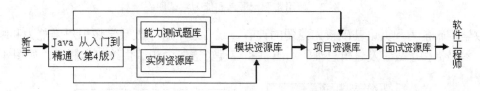

图 1　图书与开发资源库配合学习流程图

打开光盘中的"Java 开发资源库"文件夹，运行 Java 开发资源库.exe 程序，即可进入"Java 开发资源库"系统，主界面如图 2 所示。

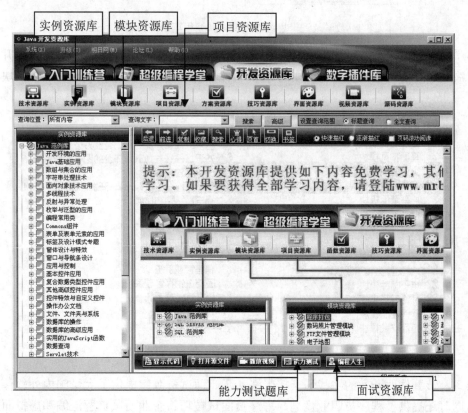

图 2　Java 开发资源库主界面

在学习某一章节时，可以配合实例资源库的相应章节，利用实例资源库提供的大量热点实例和关键实例巩固所学编程技能，提高编程兴趣和自信心；也可以配合能力测试题库的对应章节进行测试，检验学习成果。具体流程如图3所示。

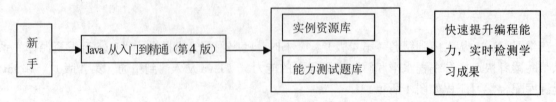

图3　使用实例资源库和能力测试题库

对于数学逻辑能力和英语基础较为薄弱的读者，或者想了解个人数学逻辑思维能力和编程英语基础的用户，本书提供了数学及逻辑思维能力测试和编程英语能力测试供练习和测试，如图4所示。

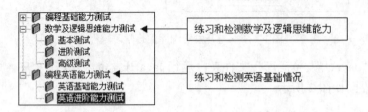

图4　数学及逻辑思维能力测试和编程英语能力测试目录

当本书学习完成时，可以配合模块资源库和项目资源库的30个模块和项目，全面提升个人综合编程技能和解决实际开发问题的能力，为成为Java软件开发工程师打下坚实基础。具体模块和项目目录如图5所示。

图5　模块资源库和项目资源库目录

万事俱备，该到软件开发的主战场上接受洗礼了。面试资源库提供了大量国内外软件企业的常见面试真题，同时还提供了程序员职业规划、程序员面试技巧、企业面试真题汇编和虚拟面试系统等精彩内容，是程序员求职面试的绝佳指南。面试资源库的具体内容如图6所示。

图 6　面试资源库具体内容

如果您在使用本书开发资源库时遇到问题，可加我们的 QQ：4006751066（可容纳 10 万人），我们将竭诚为您服务。

前言
Preface

丛书说明："软件开发视频大讲堂"丛书（第1版）于2008年8月出版，因其编写细腻，易学实用，配备全程视频等，在软件开发类图书市场上产生了很大反响，绝大部分品种在全国软件开发零售图书排行榜中名列前茅，2009年多个品种被评为"全国优秀畅销书"。

"软件开发视频大讲堂"丛书（第2版）于2010年8月出版，出版后，绝大部分品种在全国软件开发类零售图书排行榜中依然名列前茅。丛书中多个品种被百余所高校计算机相关专业、软件学院选为教学参考书，在众多的软件开发类图书中成为最耀眼的品牌之一。丛书累计销售40多万册。

"软件开发视频大讲堂"丛书（第3版）于2012年8月出版，根据读者需要，增删了品种，重新录制了视频，提供了从"入门学习→实例应用→模块开发→项目开发→能力测试→面试"等各个阶段的海量开发资源库。因丛书编写结构合理、实例选择经典实用，丛书迄今累计销售90多万册。

"软件开发视频大讲堂"丛书（第4版）在继承前3版所有优点的基础上，修正了前3版图书中发现的疏漏之处，并结合目前市场需要，进一步对丛书品种进行了完善，对相关内容进行了更新优化，使之更适合读者学习，为了方便教学，还提供了教学课件PPT。

Java是Sun公司推出的能够跨越多平台的、可移植性最高的一种面向对象的编程语言。自面世以来，Java凭借其易学易用、功能强大的特点得到了广泛的应用。其强大的跨平台特性使Java程序可以运行在大部分系统平台上，甚至可在手持电话、商务助理等移动电子产品上运行，真正做到"一次编写，到处运行"。Java可用于编写桌面应用程序、Web应用程序、分布式系统和嵌入式系统应用程序等，这使得它成为应用范围最广泛的开发语言。随着Java技术的不断更新，在全球云计算和移动互联网的产业环境下，Java的显著优势和广阔前景将进一步呈现出来。

本书内容

本书提供了从入门到编程高手所必备的各类知识，共分4篇，大体结构如下图所示。

第1篇：基础知识。本篇通过初识Java、熟悉Eclipse开发工具、Java语言基础、流程控制、字符串、数组、类和对象、包装类、数字处理类等内容的介绍，并结合大量的图示、实例、视频等，使读者快速掌握Java语言，为以后编程奠定坚实的基础。

第2篇：核心技术。本篇介绍了接口、继承与多态，类的高级特性，异常处理，Swing程序设计，集合类，I/O（输入/输出），反射，枚举类型与泛型，多线程，网络通信和数据库操作等内容。学习完本篇，能够开发一些小型应用程序。

第3篇：高级应用。本篇介绍了Swing表格组件、Swing树组件、Swing其他高级组件、高级布局管理器、高级事件处理、AWT绘图与音频播放、打印技术等内容。学习完本篇，能够开发高级的桌面应用程序、多媒体程序和打印程序等。

第 4 篇：项目实战。本篇通过一个大型、完整的企业进销存管理系统，运用软件工程的设计思想，让读者学习如何进行软件项目的实际开发。书中按照"编写项目计划书→系统设计→数据库设计→创建项目→实现项目→运行项目→项目打包部署→解决开发常见问题"的流程进行介绍，带领读者一步步亲身体验开发项目的全过程。

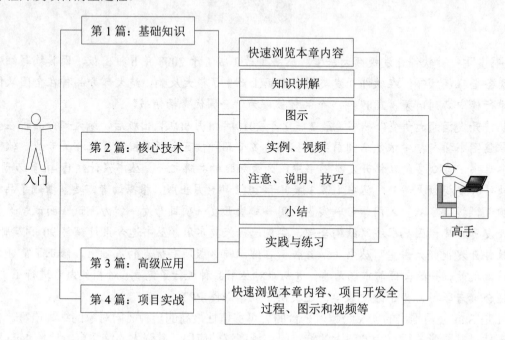

本书特点

- ☑ **由浅入深，循序渐进。**本书以初、中级程序员为对象，先从 Java 语言基础学起，再学习 Java 的核心技术，然后学习 Swing 的高级应用，最后学习开发一个完整项目。讲解过程中步骤详尽，版式新颖，在操作的内容图片上以❶❷❸……的编号+内容的方式进行标注，使读者在阅读时一目了然，从而快速掌握书中内容。

- ☑ **语音视频，讲解详尽。**书中每一章节均提供声图并茂的教学视频，读者可以根据书中提供的视频位置在光盘中找到。这些视频能够引导初学者快速入门，感受编程的快乐和成就感，增强进一步学习的信心，从而快速成为编程高手。

- ☑ **实例典型，轻松易学。**通过例子学习是最好的学习方式，本书通过"一个知识点、一个例子、一个结果、一段评析、一个综合应用"的模式，透彻详尽地讲述了实际开发中所需的各类知识。另外，为了便于读者阅读程序代码，快速学习编程技能，书中几乎每行代码都提供了注释。

- ☑ **精彩栏目，贴心提醒。**本书根据需要在各章安排了很多"注意""说明""技巧"等小栏目，让读者可以在学习过程中更轻松地理解相关知识点及概念，更快地掌握个别技术的应用技巧。

前　言

- ☑ **应用实践，随时练习。**书中几乎每章都提供了"实践与练习"，使读者能够通过对问题的解答重新回顾、熟悉所学知识，举一反三，为进一步学习做好充分的准备。

读者对象

- ☑ 初学编程的自学者
- ☑ 大中专院校的老师和学生
- ☑ 毕业设计的学生
- ☑ 程序测试及维护人员
- ☑ 编程爱好者
- ☑ 相关培训机构的老师和学员
- ☑ 初、中级程序开发人员
- ☑ 参加实习的"菜鸟"程序员

读者服务

为了方便解决本书疑难问题，读者朋友可加我们的**QQ：4006751066（可容纳10万人）**，也可以登录 www.mingribook.com 留言，我们将竭诚为您服务。

致谢

本书在出版过程中，得到了清华大学出版社策划编辑及本书项目负责人刘利民先生的大力支持，在此表示衷心感谢。另外，本书所有的编审、发行人员为本书的出版和发行付出了辛勤劳动，在此一并致谢。

致读者

本书由明日科技责任有限公司的 Java 程序开发小组编写。明日科技是一家专业从事软件开发、教育培训以及软件开发教育资源整合的高科技公司，其编写的教材既注重选取软件开发中的必需、常用内容，又注重内容的易学、方便以及相关知识的拓展，深受读者喜爱。其编写的教材多次荣获"全行业优秀畅销品种""中国大学出版社优秀畅销书"等奖项，多个品种长期位居同类图书销售排行榜的前列。

本书主要参与编写的程序员有申小琦、王小科、王国辉、董刚、赛奎春、房德山、杨丽、高春艳、辛洪郁、周佳星、张鑫、张宝华、葛忠月、刘杰、白宏健、张雳霆、马新新、冯春龙、宋万勇、李文欣、王东东、柳琳、王盛鑫、徐明明、杨柳、赵宁、王佳雪、于国良、李磊、李彦骏、王泽奇、贾景波、谭慧、李丹、吕玉翠、孙巧辰、赵颖、江玉贞、周艳梅、房雪坤、裴莹、郭铁、张金辉、王敬杰、高茹、李贺、陈威、高飞、刘志铭、高润岭、于国槐、郭锐、郭鑫、邹淑芳、李根福、杨贵发、王喜平等。在编写过程中，我们以科学、严谨的态度，力求精益求精，但错误、疏漏之处在所难免，敬请广大读者批评指正。

感谢您购买本书，希望本书能成为您编程路上的领航者。

"零门槛"编程，一切皆有可能。

祝读书快乐！

编　者

目 录

第1篇 基础知识

第1章 初识Java 2
视频讲解：25分钟
- 1.1 Java简介 3
  - 1.1.1 什么是Java语言 3
  - 1.1.2 Java的应用领域 3
  - 1.1.3 Java的版本 4
  - 1.1.4 怎样学好Java 5
  - 1.1.5 Java API文档 6
- 1.2 Java语言的特性 7
  - 1.2.1 简单 7
  - 1.2.2 面向对象 7
  - 1.2.3 分布性 7
  - 1.2.4 可移植性 7
  - 1.2.5 解释型 8
  - 1.2.6 安全性 8
  - 1.2.7 健壮性 8
  - 1.2.8 多线程 8
  - 1.2.9 高性能 8
  - 1.2.10 动态 8
- 1.3 搭建Java环境 9
  - 1.3.1 JDK下载 9
  - 1.3.2 Windows系统的JDK环境 11
- 1.4 第一个Java程序 14
- 1.5 小结 15
- 1.6 实践与练习 16

第2章 熟悉Eclipse开发工具 17
视频讲解：13分钟
- 2.1 熟悉Eclipse 18

- 2.1.1 Eclipse简介 18
- 2.1.2 下载Eclipse 18
- 2.1.3 安装Eclipse的中文语言包 20
- 2.1.4 Eclipse的配置与启动 23
- 2.1.5 Eclipse工作台 25
- 2.1.6 透视图与视图 25
- 2.1.7 菜单栏 26
- 2.1.8 工具栏 29
- 2.1.9 "包资源管理器"视图 30
- 2.1.10 "控制台"视图 30
- 2.2 使用Eclipse 31
  - 2.2.1 创建Java项目 31
  - 2.2.2 创建Java类文件 31
  - 2.2.3 使用编辑器编写程序代码 32
  - 2.2.4 运行Java程序 35
- 2.3 程序调试 35
- 2.4 小结 37
- 2.5 实践与练习 37

第3章 Java语言基础 38
视频讲解：1小时45分钟
- 3.1 Java主类结构 39
  - 3.1.1 包声明 39
  - 3.1.2 声明成员变量和局部变量 40
  - 3.1.3 编写主方法 40
  - 3.1.4 导入API类库 40
- 3.2 基本数据类型 40
  - 3.2.1 整数类型 41
  - 3.2.2 浮点类型 42

3.2.3 字符类型	43	
3.2.4 布尔类型	44	
3.3 变量与常量	44	
3.3.1 标识符和关键字	45	
3.3.2 声明变量	45	
3.3.3 声明常量	46	
3.3.4 变量的有效范围	47	

3.2.3 字符类型 43
3.2.4 布尔类型 44
3.3 变量与常量 44
　　3.3.1 标识符和关键字 45
　　3.3.2 声明变量 45
　　3.3.3 声明常量 46
　　3.3.4 变量的有效范围 47
3.4 运算符 48
　　3.4.1 赋值运算符 49
　　3.4.2 算术运算符 50
　　3.4.3 自增和自减运算符 51
　　3.4.4 比较运算符 51
　　3.4.5 逻辑运算符 52
　　3.4.6 位运算符 53
　　3.4.7 三元运算符 55
　　3.4.8 运算符优先级 56
3.5 数据类型转换 56
　　3.5.1 隐式类型转换 57
　　3.5.2 显式类型转换 58
3.6 代码注释与编码规范 59
　　3.6.1 代码注释 59
　　3.6.2 编码规范 60
3.7 小结 61
3.8 实践与练习 61

第4章　流程控制 62
视频讲解：1小时21分钟

4.1 复合语句 63
4.2 条件语句 64
　　4.2.1 if条件语句 64
　　4.2.2 switch多分支语句 68
4.3 循环语句 71
　　4.3.1 while循环语句 71
　　4.3.2 do…while循环语句 72
　　4.3.3 for循环语句 73
4.4 循环控制 75
　　4.4.1 break语句 75
　　4.4.2 continue语句 78

4.5 小结 79
4.6 实践与练习 79

第5章　字符串 80
视频讲解：1小时53分钟

5.1 String类 81
　　5.1.1 声明字符串 81
　　5.1.2 创建字符串 81
5.2 连接字符串 82
　　5.2.1 连接多个字符串 83
　　5.2.2 连接其他数据类型 83
5.3 获取字符串信息 84
　　5.3.1 获取字符串长度 85
　　5.3.2 字符串查找 85
　　5.3.3 获取指定索引位置的字符 86
5.4 字符串操作 87
　　5.4.1 获取子字符串 87
　　5.4.2 去除空格 88
　　5.4.3 字符串替换 89
　　5.4.4 判断字符串的开始与结尾 90
　　5.4.5 判断字符串是否相等 91
　　5.4.6 按字典顺序比较两个字符串 93
　　5.4.7 字母大小写转换 94
　　5.4.8 字符串分割 95
5.5 格式化字符串 96
　　5.5.1 日期和时间字符串格式化 97
　　5.5.2 常规类型格式化 100
5.6 使用正则表达式 101
5.7 字符串生成器 103
5.8 小结 105
5.9 实践与练习 105

第6章　数组 106
视频讲解：1小时21分钟

6.1 数组概述 107
6.2 一维数组的创建及使用 107
　　6.2.1 创建一维数组 107
　　6.2.2 初始化一维数组 108

6.2.3 使用一维数组 109
6.3 二维数组的创建及使用 109
    6.3.1 二维数组的创建 110
    6.3.2 二维数组初始化 111
    6.3.3 使用二维数组 111
6.4 数组的基本操作 112
    6.4.1 遍历数组 112
    6.4.2 填充替换数组元素 113
    6.4.3 对数组进行排序 115
    6.4.4 复制数组 116
    6.4.5 数组查询 117
6.5 数组排序算法 119
    6.5.1 冒泡排序 119
    6.5.2 直接选择排序 122
    6.5.3 反转排序 124
6.6 小结 125
6.7 实践与练习 126

第7章 类和对象 127
      视频讲解：1小时27分钟
7.1 面向对象概述 128
    7.1.1 对象 128
    7.1.2 类 129
    7.1.3 封装 130
    7.1.4 继承 130
    7.1.5 多态 131
7.2 类 132
    7.2.1 成员变量 132
    7.2.2 成员方法 133
    7.2.3 权限修饰符 133
    7.2.4 局部变量 135
    7.2.5 局部变量的有效范围 135
    7.2.6 this 关键字 136
7.3 类的构造方法 137
7.4 静态变量、常量和方法 138

7.5 类的主方法 140
7.6 对象 141
    7.6.1 对象的创建 142
    7.6.2 访问对象的属性和行为 143
    7.6.3 对象的引用 145
    7.6.4 对象的比较 146
    7.6.5 对象的销毁 147
7.7 小结 148
7.8 实践与练习 148

第8章 包装类 149
      视频讲解：11分钟
8.1 Integer 150
8.2 Boolean 152
8.3 Byte 154
8.4 Character 155
8.5 Double 156
8.6 Number 158
8.7 小结 158
8.8 实践与练习 158

第9章 数字处理类 159
      视频讲解：16分钟
9.1 数字格式化 160
9.2 数学运算 162
    9.2.1 Math 类 163
    9.2.2 常用数学运算方法 163
9.3 随机数 167
    9.3.1 Math.random()方法 167
    9.3.2 Random 类 169
9.4 大数字运算 170
    9.4.1 BigInteger 171
    9.4.2 BigDecimal 173
9.5 小结 176
9.6 实践与练习 176

第 2 篇 核心技术

第 10 章 接口、继承与多态 178
  视频讲解：23 分钟
  10.1 类的继承 179
  10.2 Object 类 182
  10.3 对象类型的转换 184
    10.3.1 向上转型 184
    10.3.2 向下转型 185
  10.4 使用 instanceof 操作符判断对象类型 186
  10.5 方法的重载 188
  10.6 多态 191
  10.7 抽象类与接口 193
    10.7.1 抽象类 193
    10.7.2 接口 194
  10.8 小结 197
  10.9 实践与练习 197

第 11 章 类的高级特性 198
  视频讲解：23 分钟
  11.1 Java 类包 199
    11.1.1 类名冲突 199
    11.1.2 完整的类路径 199
    11.1.3 创建包 200
    11.1.4 导入包 201
  11.2 final 变量 203
  11.3 final 方法 206
  11.4 final 类 207
  11.5 内部类 208
    11.5.1 成员内部类 208
    11.5.2 局部内部类 212
    11.5.3 匿名内部类 213
    11.5.4 静态内部类 214
    11.5.5 内部类的继承 215
  11.6 小结 215
  11.7 实践与练习 215

第 12 章 异常处理 216
  视频讲解：17 分钟
  12.1 异常概述 217
  12.2 处理程序异常错误 217
    12.2.1 错误 218
    12.2.2 捕捉异常 218
  12.3 Java 常见异常 220
  12.4 自定义异常 221
  12.5 在方法中抛出异常 222
    12.5.1 使用 throws 关键字抛出异常 222
    12.5.2 使用 throw 关键字抛出异常 223
  12.6 运行时异常 225
  12.7 异常的使用原则 226
  12.8 小结 226
  12.9 实践与练习 226

第 13 章 Swing 程序设计 227
  视频讲解：1 小时 3 分钟
  13.1 Swing 概述 228
    13.1.1 Swing 特点 228
    13.1.2 Swing 包 228
    13.1.3 常用 Swing 组件概述 229
  13.2 常用窗体 229
    13.2.1 JFrame 窗体 229
    13.2.2 JDialog 窗体 231
  13.3 标签组件与图标 233
    13.3.1 标签的使用 233
    13.3.2 图标的使用 234
  13.4 常用布局管理器 236
    13.4.1 绝对布局 237
    13.4.2 流布局管理器 238
    13.4.3 边界布局管理器 239
    13.4.4 网格布局管理器 241
  13.5 常用面板 242
    13.5.1 JPanel 面板 242

13.5.2　JScrollPane 面板 243
　13.6　按钮组件 244
　　13.6.1　提交按钮组件 244
　　13.6.2　单选按钮组件 246
　　13.6.3　复选框组件 247
　13.7　列表组件 248
　　13.7.1　下拉列表框组件 248
　　13.7.2　列表框组件 250
　13.8　文本组件 252
　　13.8.1　文本框组件 252
　　13.8.2　密码框组件 253
　　13.8.3　文本域组件 253
　13.9　常用事件监听器 254
　　13.9.1　监听事件简介 255
　　13.9.2　动作事件监听器 255
　　13.9.3　焦点事件监听器 257
　13.10　小结 258
　13.11　实践与练习 258

第 14 章　集合类 259
　　　　　视频讲解：13 分钟
　14.1　集合类概述 260
　14.2　Collection 接口 260
　14.3　List 集合 261
　　14.3.1　List 接口 261
　　14.3.2　List 接口的实现类 262
　14.4　Set 集合 263
　14.5　Map 集合 266
　　14.5.1　Map 接口 266
　　14.5.2　Map 接口的实现类 267
　14.6　小结 269
　14.7　实践与练习 270

第 15 章　I/O（输入/输出） 271
　　　　　视频讲解：22 分钟
　15.1　流概述 272
　15.2　输入/输出流 272
　　15.2.1　输入流 272

　　15.2.2　输出流 274
　15.3　File 类 275
　　15.3.1　文件的创建与删除 275
　　15.3.2　获取文件信息 276
　15.4　文件输入/输出流 278
　　15.4.1　FileInputStream 与 FileOutputStream 类 ... 278
　　15.4.2　FileReader 和 FileWriter 类 279
　15.5　带缓存的输入/输出流 282
　　15.5.1　BufferedInputStream 与
　　　　　　BufferedOutputStream 类 282
　　15.5.2　BufferedReader 与 BufferedWriter 类 ... 282
　15.6　数据输入/输出流 284
　15.7　ZIP 压缩输入/输出流 285
　　15.7.1　压缩文件 286
　　15.7.2　解压缩 ZIP 文件 287
　15.8　小结 289
　15.9　实践与练习 289

第 16 章　反射 290
　　　　　视频讲解：22 分钟
　16.1　Class 类与 Java 反射 291
　　16.1.1　访问构造方法 292
　　16.1.2　访问成员变量 295
　　16.1.3　访问方法 298
　16.2　使用 Annotation 功能 301
　　16.2.1　定义 Annotation 类型 301
　　16.2.2　访问 Annotation 信息 304
　16.3　小结 307
　16.4　实践与练习 307

第 17 章　枚举类型与泛型 308
　　　　　视频讲解：20 分钟
　17.1　枚举类型 309
　　17.1.1　使用枚举类型设置常量 309
　　17.1.2　深入了解枚举类型 311
　　17.1.3　使用枚举类型的优势 316
　17.2　泛型 316
　　17.2.1　回顾向上转型与向下转型 317

17.2.2	定义泛型类	318	19.2.3	TCP 网络程序 351
17.2.3	泛型的常规用法	319	19.3	UDP 程序设计基础 355
17.2.4	泛型的高级用法	322	19.3.1	DatagramPacket 类 355
17.2.5	泛型总结	325	19.3.2	DatagramSocket 类 356

17.3 小结 325
17.4 实践与练习 325

第 18 章 多线程 326
🎬 视频讲解：21 分钟
18.1 线程简介 327
18.2 实现线程的两种方式 327
    18.2.1 继承 Thread 类 328
    18.2.2 实现 Runnable 接口 329
18.3 线程的生命周期 331
18.4 操作线程的方法 333
    18.4.1 线程的休眠 333
    18.4.2 线程的加入 335
    18.4.3 线程的中断 336
    18.4.4 线程的礼让 338
18.5 线程的优先级 338
18.6 线程同步 340
    18.6.1 线程安全 341
    18.6.2 线程同步机制 342
18.7 小结 344
18.8 实践与练习 345

第 19 章 网络通信 346
🎬 视频讲解：24 分钟
19.1 网络程序设计基础 347
    19.1.1 局域网与因特网 347
    19.1.2 网络协议 347
    19.1.3 端口和套接字 348
19.2 TCP 程序设计基础 349
    19.2.1 InetAddress 类 349
    19.2.2 ServerSocket 类 350

    19.3.3 UDP 网络程序 356
19.4 小结 359
19.5 实践与练习 360

第 20 章 数据库操作 361
🎬 视频讲解：48 分钟
20.1 数据库基础知识 362
    20.1.1 什么是数据库 362
    20.1.2 数据库的种类及功能 ... 363
    20.1.3 SQL 语言 363
20.2 JDBC 概述 365
    20.2.1 JDBC-ODBC 桥 365
    20.2.2 JDBC 技术 366
    20.2.3 JDBC 驱动程序的类型 . 366
20.3 JDBC 中常用的类和接口 366
    20.3.1 Connection 接口 367
    20.3.2 Statement 接口 367
    20.3.3 PreparedStatement 接口 ... 368
    20.3.4 DriverManager 类 368
    20.3.5 ResultSet 接口 368
20.4 数据库操作 369
    20.4.1 连接数据库 370
    20.4.2 向数据库发送 SQL 语句 ... 371
    20.4.3 处理查询结果集 371
    20.4.4 顺序查询 372
    20.4.5 模糊查询 373
    20.4.6 预处理语句 374
    20.4.7 添加、修改、删除记录 ... 376
20.5 小结 378
20.6 实践与练习 378

第 3 篇　高级应用

第 21 章　Swing 表格组件 380
　　　　视频讲解：20 分钟
- 21.1　利用 JTable 类直接创建表格 381
  - 21.1.1　创建表格 381
  - 21.1.2　定制表格 383
  - 21.1.3　操纵表格 387
- 21.2　表格模型与表格 389
  - 21.2.1　利用表格模型创建表格 389
  - 21.2.2　维护表格模型 391
- 21.3　提供行标题栏的表格 393
- 21.4　小结 398
- 21.5　实践与练习 398

第 22 章　Swing 树组件 399
　　　　视频讲解：20 分钟
- 22.1　简单的树 400
- 22.2　处理选中节点事件 401
- 22.3　遍历树节点 404
- 22.4　定制树 406
- 22.5　维护树模型 408
- 22.6　处理展开节点事件 410
- 22.7　小结 412
- 22.8　实践与练习 412

第 23 章　Swing 其他高级组件 413
　　　　视频讲解：41 分钟
- 23.1　高级组件面板 414
  - 23.1.1　分割面板 414
  - 23.1.2　选项卡面板 417
  - 23.1.3　桌面面板和内部窗体 419
- 23.2　菜单 424
  - 23.2.1　创建菜单栏 424
  - 23.2.2　创建弹出式菜单 426
  - 23.2.3　定制个性化菜单 426
- 23.3　工具栏 430
- 23.4　文件选择器 432
  - 23.4.1　文件选择对话框 432
  - 23.4.2　使用文件过滤器 433
- 23.5　进度条 435
- 23.6　系统托盘 436
- 23.7　桌面集成控件 437
- 23.8　小结 438
- 23.9　实践与练习 438

第 24 章　高级布局管理器 439
　　　　视频讲解：32 分钟
- 24.1　箱式布局管理器 440
- 24.2　卡片布局管理器 442
- 24.3　网格组布局管理器 445
- 24.4　弹簧布局管理器 451
  - 24.4.1　使用弹簧布局管理器 451
  - 24.4.2　使用弹簧和支柱 454
  - 24.4.3　利用弹簧控制组件大小 455
- 24.5　小结 456
- 24.6　实践与练习 456

第 25 章　高级事件处理 457
　　　　视频讲解：23 分钟
- 25.1　键盘事件 458
- 25.2　鼠标事件 460
- 25.3　窗体事件 462
  - 25.3.1　捕获窗体焦点变化事件 462
  - 25.3.2　捕获窗体状态变化事件 463
  - 25.3.3　捕获其他窗体事件 465
- 25.4　选项事件 467
- 25.5　表格模型事件 468
- 25.6　小结 471
- 25.7　实践与练习 471

第 26 章　AWT 绘图与音频播放................472
视频讲解：36 分钟
- 26.1 Java 绘图..473
  - 26.1.1 Graphics..473
  - 26.1.2 Graphics2D......................................473
- 26.2 绘制图形..473
- 26.3 绘图颜色与笔画属性............................477
  - 26.3.1 设置颜色..477
  - 26.3.2 笔画属性..478
- 26.4 绘制文本..479
  - 26.4.1 设置字体..480
  - 26.4.2 显示文字..480
- 26.5 绘制图片..481
- 26.6 图像处理..483
  - 26.6.1 放大与缩小......................................483
  - 26.6.2 图像翻转..485
  - 26.6.3 图像旋转..487
  - 26.6.4 图像倾斜..488
- 26.7 播放音频文件..490
- 26.8 小结..492
- 26.9 实践与练习..492

第 27 章　打印技术..493
视频讲解：13 分钟
- 27.1 打印控制类..494
- 27.2 "打印"对话框..495
- 27.3 打印页面..497
- 27.4 多页打印..499
- 27.5 打印预览..501
- 27.6 小结..503
- 27.7 实践与练习..503

第 4 篇　项目实战

第 28 章　企业进销存管理系统................506
视频讲解：1 小时 18 分钟
- 28.1 系统分析..507
  - 28.1.1 需求分析..507
  - 28.1.2 可行性分析......................................507
  - 28.1.3 编写项目计划书..............................508
- 28.2 系统设计..510
  - 28.2.1 系统目标..510
  - 28.2.2 系统功能结构..................................510
  - 28.2.3 系统业务流程图..............................511
  - 28.2.4 系统编码规范..................................512
- 28.3 开发环境..513
- 28.4 数据库与数据表设计............................514
  - 28.4.1 数据库分析......................................514
  - 28.4.2 创建数据库......................................514
  - 28.4.3 创建数据表......................................515
- 28.5 创建项目..519
- 28.6 系统文件夹组织结构............................520
- 28.7 公共类设计..520
  - 28.7.1 Item 公共类......................................520
  - 28.7.2 数据模型公共类..............................521
  - 28.7.3 Dao 公共类......................................523
- 28.8 系统登录模块设计................................533
  - 28.8.1 设计登录窗体..................................534
  - 28.8.2 "密码"文本框的回车事件............535
  - 28.8.3 "登录"按钮的事件处理..............535
- 28.9 系统主窗体设计....................................536
  - 28.9.1 设计菜单栏......................................537
  - 28.9.2 设计工具栏......................................539
  - 28.9.3 设计状态栏......................................540
- 28.10 进货单模块设计..................................541
  - 28.10.1 设计进货单窗体............................542
  - 28.10.2 添加进货商品................................542
  - 28.10.3 进货统计..544
  - 28.10.4 商品入库..545
- 28.11 销售单模块设计..................................547
  - 28.11.1 设计销售单窗体............................548
  - 28.11.2 添加销售商品................................548

目　录

  28.11.3 销售统计 549
  28.11.4 商品销售 550
28.12 库存盘点模块设计 551
  28.12.1 设计库存盘点窗体 552
  28.12.2 读取库存商品 552
  28.12.3 统计损益数量 554
28.13 数据库备份与恢复模块设计 555
  28.13.1 设计窗体 555
  28.13.2 文件浏览 555
  28.13.3 备份数据库 556

  28.13.4 恢复数据库 557
28.14 运行项目 558
28.15 系统打包发行 559
28.16 开发常见问题与解决 562
  28.16.1 打包的 JAR 文件无法登录 562
  28.16.2 无法打开内部窗体 562
  28.16.3 "关于"界面被其他窗体覆盖 563
  28.16.4 打包 JAR 文件之后无法运行 563
  28.16.5 程序运行后没有出现闪屏界面 563
28.17 小结 564

光盘"开发资源库"目录

第 1 大部分　实例资源库

（732 个完整实例分析，光盘路径：开发资源库/实例资源库）

- 开发环境的应用
  - 下载 JDK 开发工具包
  - 把 JDK 工具包安装到指定磁盘
  - 设置 JDK 的环境变量
  - 验证 Java 开发环境
  - 下载并安装 JRE 执行环境
  - 编程输出星号组成的等腰三角形
  - 下载最新的 Eclispe
  - 为最新的 Eclipse 安装中文语言包
  - 活用 Eclipse 的工作空间
  - 在 Eclispe 项目中编程输出字符表情
  - 为 Eclipse 添加新的 JDK 环境
  - 设置 Eclipse 中文 API 提示信息
  - 为项目添加类库
  - 使当前项目依赖另一个项目
  - 安装界面设计器
  - 设计 Windows 系统的运行对话框界面
  - 设计计算器程序界面
  - 设计进销存管理系统的关于界面
  - JDK 1.5 的安装与配置
  - Tomcat 5.5 的安装
  - 配置 Windows 2000+SQL Server 2000+Tomcat 运行
  - 配置 Windows 2000+Oracle +Tomcat 运行环境
  - 配置 Windows 2000+ Access +Tomcat 运行环境
  - 配置 Windows 2000+MySQL+Tomcat 运行环境
  - 配置 Windows XP 2003+SQL Server 2000+Tomcat 运行环境
  - 在 Linux 下安装 JDK 1.5
  - 在 Linux 下配置 Tomcat 服务器
  - 配置 Linux+MySQL+ Tomcat 运行环境
  - 配置 Windows+Resin 运行环境
  - 配置 Linux+Resin 运行
  - 安装与配置 WebLogic 服务器
  - WebLogic 中 SQL Server 2000 的 JDBC 连接池配置
  - 应用 Dreamweaver 开发 JSP 程序
  - 配置 Windows 2000+MySQL+Tomcat 运行环境
  - 应用 MyEclipse 开发 JSP 程序
  - 应用 NetBeans 开发 JSP 程序
- Java 基础应用
  - 基本语法
  - 运算符
  - 条件语句
  - 循环控制
- 数组与集合的应用
  - 数组演练
  - 数组操作
  - 数组排序与查询
  - 常用集合的使用
- 字符串处理技术
  - 格式化字符串
  - 辨别字符串
  - 操作字符串
- 面向对象技术应用
  - Java 中类的定义
  - 修饰符的使用
  - 包装类的使用
  - 面向对象的特征
  - Object 类的应用

- 克隆与序列化
- 接口和内部类
- 多线程技术
  - 线程的基础
  - 线程的同步
  - 线程的进阶
- 反射与异常处理
  - 反射的基础
  - 反射的进阶
  - 常见的未检查型异常
  - 常见的已检查型异常
  - 处理异常
- 枚举与泛型的应用
  - 枚举使用的简介
  - 泛型使用的简介
- 编程常用类
  - Calendar 类的使用
  - SimpleDateFormat 与 TimeZone 类的使用
  - System 类的使用
  - Math 类的使用
  - 其他常用类的使用
- Commons 组件
  - Commons Lang 组件简介
  - Commons Math 组件简介
  - Commons IO 组件简介
  - Commons BeanUtils 组件简介
  - 其他 Commons 组件简介
- 表单及表单元素的应用
  - 获取文本框 编辑框 隐藏域的值
  - 获取下拉列表 菜单的值
  - 获取复选框的值
  - 获取单选按钮的值
  - 把数据库中的记录显示到下拉列表中
  - 将数组中的数据添加到下拉列表中
  - 级联菜单
  - 修改数据时下拉列表的默认值为数据库中原数据信息
  - 可以输入文字的下拉列表
  - 根据下拉列表的值显示不同控件
- 根据数据表结构自动生成数据录入页面
- 投票信息一次性设置
- 自动计算金额
- 设置文本框的只读属性
- 让您的密码域更安全
- 限制多行文本域输入的字符个数
- 不提交表单获取单选按钮的值
- 选中单选按钮后显示其他表单元素
- 防止表单在网站外部提交
- 同一个页中的多表单提交
- 标签及设计模式专题
  - 利用 〈c:forEach〉 循环标签实现数据显示
  - 利用 EL 表达式语言实现页面逻辑处理简单化
  - 自定义文件下载标签
  - 自定义图片浏览标签
  - 自定义数据查询标签
  - 应用 HQL 检索方式查询数据
  - 应用 QBC 检索方式查询数据
  - 应用一对一关联实现级联添加数据
  - 应用一对多关联实现级联操作
  - 使用本地 SQL 检索
  - DispathAction 类实现用户查询
  - LookupDispatchAction 类实现用户管理
  - 利用 Token 令牌机制处理用户重复提交
  - 利用 Validator 验证框架处理用户登录
  - 解决用户提交的中文乱码
  - 利用动态 FormBean 实现对用户的操作
  - Struts 与 Hibernate 结合实现数据添加和查询
  - 在 Spring 中的表单控制器中实现验证处理
  - 利用表单控制器实现数据添加操作
  - 利用 Spring 中的多方法控制器实现数据查询和删除操作
  - 通过 Spring+Hibernate 框架实现大批量数据添加
- 窗体设计与特效
  - 设置窗体位置
  - 设置窗体大小
  - 设置窗体的标题栏
  - 设置窗体的背景
  - 窗体形状及应用

- 对话框
- MDI 窗体的使用
- 让窗体更有活力
- 窗体与控件外观
- 窗口与导航条设计
  - 打开新窗口显示广告信息
  - 自动关闭的广告窗口
  - 弹出窗口居中显示
  - 打开新窗口显示详细信息
  - 弹出窗口的 Cookie 控制
  - 为弹出的窗口加入关闭按钮
  - 关闭弹出窗口时刷新父窗口
  - 关闭 IE 主窗口时，不弹出询问对话框
  - 弹出网页模式对话框
  - 弹出全屏显示的网页（模式）对话框
  - 网页拾色器
  - 日期选择器
  - 全屏显示无边框有滚动条窗口
  - 应用 JavaScript 实现指定尺寸的无边框窗口
  - 应用 CSS+DIV 实现无边框窗口
  - 带图标的文字导航条
  - Flash 导航条
  - 图片按钮导航条
  - 导航条的动画效果
  - 不用图片实现质感导航条
  - 二级导航菜单
  - 半透明背景的下拉菜单
  - 弹出式下拉菜单
  - 展开式导航条
  - 收缩式导航菜单
  - 树状导航菜单
- 应用与控制
  - 将表单数据输出到 Word
  - 将查询结果输出到 Word
  - 通过 ODBC 访问 Excel
  - 利用 Java Excel 访问 Excel
  - 在 JSP 页面通过按钮打开新的 Excel 文件
  - 将查询结果导出到 Excel
  - 导出到 Access 数据库中

- 导出到 Excel 数据库中
- 在 JSP 中压缩 ZIP 文件
- 在 JSP 中解压缩 ZIP 文件
- 利用 Spring 生成 Excel 工作表
- 利用 Spring 生成 PDF 文件
- 基本控件应用
  - 顶层容器的应用
  - 布局管理器应用
  - 输入控件的应用
  - 选择控件的应用
  - 菜单控件的应用
  - 其他技术的应用
- 复合数据类型控件应用
  - 列表的简单应用
  - 列表的高级应用
  - 表格的简单应用
  - 表格的高级应用
  - 树控件简单应用
  - 树控件高级应用
- 其他高级控件应用
  - JTextPane 控件的应用
  - JEditorPane 控件的应用
  - 其他文本控件的应用
  - 进度指示器的应用
  - 控件组织器的应用
- 控件特效与自定义控件
  - 控件边框效果
  - 控件渲染让界面 UI 更灵活
  - 让控件活起来
  - 自定义控件
- 操作办公文档
  - 操作 Word
  - 操作 Excel
  - 操作 PDF
- 文件、文件夹与系统
  - 单表单元素上传文件到数据库
  - 多表单元素上传文件到数据库
  - 上传文件到服务器
  - 限制文件大小的文件上传

- 遍历指定目录下的所有文件
- 获取驱动器信息
- 遍历指定驱动器
- 访问类路径上的资源文件
- 获取文件信息
- 查看文件是否存在
- 重命名文件
- 对文件夹创建、删除的操作
- 使用 Java 的输入输出流从文本文件中读取注册服务条款
- 使用 Java 的输入输出流实现永久计数器
- 通过文本文件向数据库传递数据
- 读取属性文件
- 复制文件夹
- 文件下载
- 使用 JSP 生成 XML 文档
- 使用 DOM 读取 XML 文件
- 使用 SAX 读取 XML 文件
- 修改文件属性
- 显示指定类型的文件
- 以树结构显示文件路径
- 查找替换文本文件内容
- 支持图片预览的文件选择对话框
- 设置 Windows 的文件属性
- 文件批量重命名
- 快速批量移动文件
- 删除磁盘所有 .tmp 临时文件
- 提取数据库内容到文件
- 提取文本文件的内容到 MySQL 数据库
- 将图片文件保存到 SQL Server 数据库
- 显示数据库中的图片信息
- 提取技术网站数据到文件夹
- 读取文件路径到数据库
- 在数据库中建立磁盘文件索引
- 窗体动态加载磁盘文件
- 删除文件夹中所有文件
- 创建磁盘索引文件
- 快速全盘查找文件
- 获取磁盘所有文本文件
- 网络文件夹备份
- 键盘录入内容保存到文本文件
- 将数组写入到文件中并逆序输出
- 利用 StringBuffer 避免文件的多次写入
- 合并多个 txt 文件
- 实现文件简单加密与解密
- 对大文件实现分割处理
- 将分割后的文件重新合并
- 读取属性文件的单个属性值
- 向属性文件中添加信息
- 在复制文件时使用进度条
- 从 XML 文件中读取数据
- 读取 Jar 文件属性
- 电子通讯录
- 批量复制指定扩展名的文件
- 计数器小程序
- 将某文件夹中的文件进行分类存储
- 利用 StreamTokenizer 统计文件的字符数
- 在指定目录下搜索文件
- 序列化与反序列化对象
- 文件锁定
- 投票统计
- 压缩所有文本文件
- 压缩包解压到指定文件夹
- 压缩所有子文件夹
- 深层文件夹压缩包的释放
- 解决压缩包中文乱码
- Apache 实现文件解压缩
- 把窗体压缩成 ZIP 文件
- 解压缩 Java 对象
- 文件压缩为 RAR 文档
- 解压缩 RAR 压缩包
- 文件分卷压缩
- 为 RAR 压缩包添加注释
- 获取压缩包详细文件列表
- 从 RAR 压缩包中删除文件
- 在压缩文件中查找字符串
- 重命名 RAR 压缩包中的文件
- 创建自解压 RAR 压缩包

- 设置 RAR 压缩包密码
- 以压缩格式传输网络数据
- 压缩远程文件夹
- 压缩存储网页
- JSP 批量文件上传
- Struts 的文件上传
- Spring 的文件上传
- 从 FTP 下载文件
- 文件列表维护
- 文件在线压缩与解压缩
- 判断远程文件是否存在
- 通过文本文件实现网站计数器
- JSP 生成 XML 文件

- 数据库的操作
  - 通过 JDBC-ODBC 桥连接 SQL Server 数据库
  - 通过 JDBC 连接 SQL Server 数据库
  - 通过 Tomcat 连接池连接 SQL Server 数据库
  - 通过 WebLogic 连接池连接 SQL Server 数据库
  - 应用 Hibernate 连接 SQL Server 数据库
  - 通过 JDBC-ODBC 桥连接 Access 数据库
  - 应用 Hibernate 连接 Access 数据库
  - 通过 JDBC 连接 MySQL 数据库
  - 通过 Tomcat 连接池连接 MySQL 数据库
  - 应用 Hibernate 连接 MySQL 数据库
  - 通过 JDBC 连接 Oracle 数据库
  - 应用 Hibernate 连接
  - 利用 SQL 语句实现分页
  - 利用结果集进行分页
  - 转到指定页的分页
  - 具有页码跳转功能的分页
  - 分栏显示
  - 分类、分栏显示
  - 对超长文本数据进行分页显示
  - 单条数据录入
  - 批量数据插入
  - 插入用户登录日志信息
  - 更新指定记录
  - 批量更新
  - 商品价格调整

- 修改密码
- 找回密码
- 动态创建 SQL Server 数据库
- 动态创建 SQL Server 数据表和字段
- 动态创建 MySQL 数据库
- 列举 SQL Server 数据库中的数据表
- 列举 MySQL 数据库中的数据表
- 查看数据表结构
- 在线维护投票数据库
- 通过 JDBC 获取插入记录的自动编号
- 通过 Hibernate 获取插入记录的自动编号
- 在线删除指定的一个数据表
- 在线删除多个指定的数据表
- 在线删除指定数据表中的指定索引
- 清空指定数据表中的所有数据
- 快速清空指定数据表中的所有记录
- 批量清空数据表中的数据
- 生成 SQL 数据库脚本
- 恢复 SQL 数据库脚本
- 删除指定记录
- 批量删除数据
- 删除数据前给予提示
- 获取从数据库里删除的记录数
- 生成有规律的编号
- 生成无规律的编号
- SQL Server 数据备份
- SQL Server 数据恢复
- 动态附加数据库
- 应用 JDBC 事务
- Hibernate 中应用事务
- 对数据进行降序查询
- 对数据进行多条件排序查询
- 对统计结果进行排序
- 查询 SQLServer 数据表中前 3 条数据
- 查询 SQLServer 数据库后 3 条数据
- 查询 MySQL 数据库中的前 3 条数据
- 查询 MySQL 数据库中后 3 条数据
- 按照字母顺序对留学生表进行排序
- 按姓氏笔画排序

XXIII

- 将汉字按音序排序
- 按列的编号排序
- 从表中随机返回记录
- 使用 GROUP BY 函数实现对数据的分组统计
- 使用 GROUP BY 函数实现多表分组统计
- 利用 SUM 函数实现数据汇总
- 利用 AVG 函数实现计算平均值
- 利用 MIN 函数求数据表中的最小数据
- 利用 MAX 函数求数据表中的最大值
- 利用 COUNT 函数求销售额大于某值的图书种类
- 查询编程词典 6 月的销售量
- 查询与张静同一天入司的员工信息
- 使用 IN 谓词查询某几个时间的数据
- 日期查询中避免千年虫问题
- 在查询结果中不显示重复记录
- 使用 NOT 查询不满足条件的记录
- 使用 between 进行区间查询
- 列出销量表中重复记录和记录条数
- 使用关系运算符查询某一时间段数据
- 计算两个日期之间的月份数
- 格式化金额
- 在查询语句中过滤掉字符串中的空格
- 通过 JDBC-ODBC 桥连接 SQL Server 2000
- 通过 JDBC 连接 SQL Server 2000 数据库
- JDBC 连接 SQL Server 2005 数据库
- JDBC 技术连接 Oracle 数据库
- JDBC 连接 Java DB 数据库
- 列举 SQL Server 数据库下的数据表
- 列举 MySQL 数据库下的数据表
- 动态维护投票数据库
- MySQL 数据备份
- MySQL 数据恢复
- 获取 SQL Server 数据表字段的描述信息
- 将员工信息添加到数据表
- 添加数据时使用数据验证
- 在插入数据时过滤掉危险字符
- 将用户选择爱好以字符串形式保存到数据库
- 将数据从一张表复制到另张表
- 使用 UNION ALL 语句批量插入数据
- 在删除数据时给出提示信息
- 将数据表清空
- 字符串大小写转换
- 使用 JDBC 连接常用数据库
- JDBC 实现简单的搜索引擎
- 使用 JDBC 操作数据库
- 使用 JDBC 查看数据表结构
- 用户密码管理
- 使用 JDBC 批量处理数据
- 在 JDBC 中使用存储过程
- 使用 Tomcat 连接池
- 使用 dbcp 连接池
- 使用 c3p0 连接池
- MySQL 数据库的备份和恢复
- MySQL 数据库分页
- SQL Server 数据库备份与恢复
- SQL Server 数据库附加与分离
- SQL Server 数据库分页
- Hibernate 实现分页
- 将数据表导出到 XML 文件中
- 从 XML 文件导入数据表
- 在 MySQL 数据库增加新用户权限
- 使用事务提高数据库操作的安全性
- 在数据库中添加或读取文件数据
- 利用触发器记录系统登录日志
- 查询数值型数据
- 查询字符串
- 查询日期型数据
- 查询逻辑型数据
- 查询非空数据
- 查询文本框中指定的字符串
- 查询下拉列表框中指定的数值数据
- 查询下拉列表框中的日期数据
- 将表单元素中的内容作为字段、运算符和内容进行查询
- 利用变量查询字符串
- 利用变量查询数值型数据
- 查询前 5 名数据
- 查询后 5 名数据

- 取出数据统计结果前 3 名数据
- 查询指定 SQL Server 数据库中的日期型数据
- 查询指定 Access 数据库中的日期型数据
- 查询指定时间段的数据
- 按月查询数据
- 查询大于指定条件的数据
- 查询时不显示重复记录
- NOT 与谓词进行组合条件的查询
- 列出数据中的重复记录和记录条数
- 单列数据分组统计
- 多列数据分组统计
- 多表分组统计
- 利用聚集函数 SUM 对学生成绩进行汇总
- 利用聚集函数 AVG 求某班学生的平均成绩
- 利用聚集函数 MIN 求销售额最少的商品
- 利用聚集函数 MAX 求月销售额完成最多的员工
- 利用聚集函数 COUNT 求日销售额大于某值的图书种类数
- 利用 FROM 子句进行多表查询
- 使用表的别名
- 合并多个结果集
- 简单的嵌套查询
- 复杂的嵌套查询
- 用子查询作派生的表
- 用子查询作表达式
- 用子查询关联数据
- 多表联合查询
- 对联合查询后的结果进行排序
- 条件联合查询
- 简单内连接查询
- 复杂内连接查询
- 自连接
- LEFT OUTER JOIN 查询
- RIGHT OUTER JOIN 查询
- 使用外连接进行多表联合查询
- 利用 IN 谓词限定查询范围
- 用 IN 查询表中的记录信息
- 由 IN 引入的关联子查询
- 静态交叉表
- 动态交叉表
- 对查询结果进行格式化（四舍五入）
- 在查询中使用字符串函数
- 在查询中使用日期函数
- 利用 HAVING 语句过滤分组数据
- 复杂条件查询

数据库的高级应用
- 创建视图
- 使用视图过滤不想要的数据
- 使用视图与计算数据
- 使用视图重新格式化检索出来的数据
- 获取数据库中的全部用户视图
- 修改视图
- 删除视图
- 视图的应用
- 创建存储过程
- 调用存储过程实现用户身份验证
- 应用储存过程添加数据
- 调用加密存储过程
- 获取数据库中所有存储过程
- 修改存储过程
- 删除存储过程
- 应用存储过程实现数据分页
- 创建触发器
- 应用触发器自动插入回复记录
- 应用触发器添加日志信息
- 在删除成绩表时将学生表中数据删除
- 在程序中调用 UPDATE 触发器
- 获取数据库中的触发器名称
- 创建带有触发条件的触发器
- 使用批处理删除数据
- 使用批处理提升部门员工工资
- 将教师表中数据全部添加到选课表
- 在批处理中使用事务

实用的 JavaScript 函数
- 小写金额转换为大写金额
- 处理字符串中的空格
- 验证输入的日期格式是否正确
- 检查表单元素是否为空

- 验证 E-mail 是否正确
- 通过正则表达式验证电话号码
- 验证输入的字符串是否为汉字
- 验证身份证号码
- 客户端验证用户名和密码
- 验证网址是否合法
- 验证数量和金额
- 限制输入字符串的长度
- 显示长日期格式的系统日期
- 倒计时
- 实时显示系统时间
- 特殊日期提示

数据查询
- 使用子查询
- 嵌套查询
- 连接查询
- 函数查询

Servlet 技术
- 将 HTML 元素嵌入到 Servlet
- 在 Servlet 中实现页面转发的操作
- 在 Servlet 中获取当前页的绝对路径
- 在 Servlet 中对 Cookie 的操作
- 利用 JavaBean 由 Servlet 向 JSP 传递数据
- 在 Servlet 中使用 JDBC-ODBC 桥访问数据库
- 在 Servlet 中使用 JDBC 访问数据库
- 使用 Servlet 访问数据库连接池
- 使用过滤器验证用户身份
- 使用过滤器进行网站流量统计
- 使用过滤器对响应页面中的敏感字符进行过滤
- 使用监听器查看在线用户
- 利用监听器使服务器端免登录
- 过滤非法文字
- 编码过滤器解决中文问题
- 过滤器验证用户
- 过滤器分析流量
- 使用过滤器禁止浏览器缓存页面
- 监听在线用户
- 监听器实现免登录

JavaBean 技术
- 连接数据库的方法
- 数据查询的方法
- 带参数的数据查询
- 数据增加的方法
- 数据修改的方法
- 数据删除的方法
- 数据库分页的方法
- 对结果集进行分页的方法
- 关闭数据库的方法
- 数据库事务处理的方法
- 调用数据库存储过程的方法
- 附加数据库的方法
- 备份数据库的方法
- 还原数据库的方法
- 自动获得汉字的拼音简码
- 转换输入文本中的回车和空格
- 小写金额转换为大写金额
- 判断字符串是否以指定字符开头
- 计算字符串的实际长度
- 字符串截取
- 字符串转换成数组
- 检查字符是否有英文字母
- 小写字母转换为大写字母
- 大写字母转换为小写字母
- 把数组转换成字符串
- 将整型数据格式化为指定长度的字符串
- 把一个长数字分位显示
- 过滤输入字符串中的危险符号
- 判断是否为当前时间的方法
- 判断用户输入的是否是数字的方法
- 对输入数据中的 HTML 字符进行转换的方法
- 过滤字符串中的空格与 null 值的方法
- 对 SQL 语句中输入的空值进行处理的方法
- 将整型值转换为字符型的方法
- 判断用户输入的是否为有效 id 值的方法
- 获取年份的方法
- 获取月份的方法
- 获取日的方法

- 显示指定格式的日期的方法
- 显示指定格式的时间的方法
- 显示完整日期时间的方法
- 对字符串进行 GBK 编码
- 对字符串进行 ISO-8859-1 编码
- 随机产生指定位数的验证码
- 生成指定位数的随机字符串
- 用户登录模块
- 带验证码的用户登录模块
- 带识别状态的用户登录模块
- 输出提示页面的方法
- 输出分页导航的方法
- 版权信息生成的方法
- 生成柱形图
- 生成折线图
- 生成饼状图
- 实现进度条
- 弹出提示对话框并重定向网页
- 打开指定大小的新窗口并居中显示

Ajax 技术
- Ajax 无刷新分页
- Ajax 实现聊天室
- Ajax 验证用户名是否被注册
- Ajax 刷新 DIV 内容
- Ajax 级联选择框
- Ajax 实现带进度条的文件上传

在线统计
- 通过 Application 对象实现网站计数器
- 网站图形计数器
- 记录用户 IP 地址的计数器
- 只对新用户计数的计数器
- 统计用户在某一页停留的时间
- 统计用户在站点停留的时间
- 判断用户是否在线
- 实时统计在线人数
- 统计日访问量
- 利用柱形图统计分析网站访问量

网络通信
- 发送电子邮件
- 发送 HTML 格式邮件
- 带附件的邮件发送程序
- 邮件群发
- Spring 利用 Web Service 发送手机短信
- 利用短信猫发送手机短信
- 实现邮件发送
- 实现邮件接收
- 发送带附件的邮件
- 接收带附件的邮件
- 显示 POP3 未读邮件和已读邮件
- IP 地址转换成整数
- 获取本地天气预报

信息提取与图表分析
- 远程获取其他网页信息
- 网站访问量显示图表
- 投票结果显示图表
- 利用折线图分析多种商品的价格走势
- 利用折线图分析某种商品的价格走势
- 年销售额及利润图表分析

行业应用
- 禁止重复投票的在线投票系统
- 每个 IP 一个月只能投票一次的投票系统
- 一般用户注册
- 带检测用户名的用户注册
- 分步用户注册
- 论坛
- 购物车
- Application 形式的聊天室
- 聊天室（私聊）
- 数据库形式的聊天室（私聊）
- 简易万年历
- 带有备忘录的万年历

网站策略与安全
- 通过邮箱激活注册用户
- 越过表单限制漏洞
- 文件上传漏洞
- 防止 SQL 注入式攻击
- 获取客户端信息
- 防止网站文件盗链下载
- 禁止网页刷新

XXVII

- 禁止复制和另存网页内容
- 防止页面重复提交
- 获取指定网页源代码并盗取数据
- 隐藏 JSP 网址扩展名
- 数据加密
- MD5 加密

安全技术
- 确定对方的 IP 地址
- 获取客户端 TCP / IP 端口的方法
- 替换输入字符串中的危险字符
- 禁止用户输入危险字符
- 用户安全登录
- 带验证码的用户登录模块
- 防止用户直接输入地址访问 JSP 文件
- 禁止复制网页内容
- 禁止网页被另存为
- 屏蔽 IE 主菜单
- 屏蔽键盘相关事件
- 屏蔽鼠标右键
- 对登录密码进行加密
- 字符串加密

实用工具
- 在线查询 IP 地理位置
- 手机号码归属地查询
- 工行在线支付
- 支付宝的在线支付
- 快钱在线支付
- 在线文本编辑器
- 网页拾色器
- 在线验证 18 位身份证
- 在线汉字转拼音
- 在线万年历
- 进制转换工具

高级应用开发
- 自动选择语言跳转
- JSP 防刷计数器
- 用 JSP 操作 XML 实现留言板
- 网站支持 RSS 订阅
- JSP 系统流量分析

- 用 JSP 生成 WEB 静态网页

图形图像与多媒体
- 别致的图形计数器
- 预览并上传图片
- 分页浏览图像
- 生成中文验证码
- 生成关键字验证码
- 生成隐藏的验证码
- 生成带背景和雪花的验证码
- 生成带有干扰线的验证码
- 为图像添加文字水印和图片水印
- 制作相册幻灯片
- 在线连续播放音乐
- 在线播放 FLV 视频
- 同步显示 LRC 歌词
- JSP 生成条形码
- 通过下拉列表框选择头像
- 从网页对话框中选择头像
- 通过滑动鼠标放大或缩小图片
- 随机显示图片
- 幻灯片式图片播放
- 浮动广告
- 插入 Flash 动画
- 插入背景透明的 Flash
- 在线播放 MP3 歌曲列表
- MP3 文件下载
- 自制视频播放器
- 在线影片欣赏

报表打印
- 利用 JavaScript 调用 IE 自身的打印功能实现打印
- 利用 WebBrowser 打印
- 将页面中的客户列表导出到 Word 并打印
- 利用 Word 自动打印指定格式的会议记录
- 利用 Excel 打印工资报表
- 将 Web 页面中的数据导出到 Excel 并自动打印
- 打印库存明细表
- 打印库存盘点报表
- 打印库存汇总报表
- 打印指定条件的库存报表

- 打印汇款单
- 打印信封
- 利用柱形图分析报表
- 利用饼形图分析报表
- 利用折线图分析报表
- 利用区域图分析报表
- 导出报表到 Excel 表格
- 导出报表为 PDF 文档
- 实现打印报表功能
- 实现打印预览功能
- 用 JSP 实现 Word 打印
- JSP+CSS 打印简单的数据报表
- JSP 套打印快递单
- JSP 生成便于打印的网页
- 将数据库中的数据写入到 Excel
- 将数据库中的数据写入到 Word

第 2 大部分　模块资源库

（15 个经典模块，光盘路径：开发资源库/模块资源库）

模块 1　程序打包
- 概述
  - jar 文件
  - MANIFEST 文件
- 使用命令实现程序打包
  - 完成单个文件打包
  - 完成打包多个文件
- 在 Eclipse 中实现程序打包
- 常见问题与解决

模块 2　数码照片管理模块
- 模块概述
  - 设计思路
  - 模块架构
- 关键技术
  - 捕获树的选中节点事件
  - 捕获树的展开节点事件
  - 浏览方式切换技术
  - 随意选取照片技术
  - 图片缩放与内存溢出
  - 工具提示回行显示技术
- 效果预览
- 实现对相册树的维护
- 实现添加照片的功能
- 实现修改照片信息的功能
- 实现删除照片的功能
- 实现全屏查看照片功能
- 实现浏览方式的切换
- 实现查找照片功能
- 实现图片播放器
- 保存选中图片到指定路径

模块 3　FTP 文件管理模块
- FTP 文件管理模块概述
  - 模块简介
  - 功能结构
  - 业务流程
  - 程序预览
- 关键技术
  - 架设 FTP 服务器
  - 登录 FTP 服务器
  - 浏览本地资源
  - 浏览 FTP 服务器资源
  - FTP 文件上传与下载
  - 向 FTP 服务器发送命令
  - 获取文件在本系统的显示图标
  - 任务队列
- 实现 FTP 站点管理功能
  - 装载属性文件
  - 装载 FTP 站点信息
  - 编写站点维护对话框
  - 维护 FTP 站点
- 实现登录面板

XXIX

- 实现本地资源管理
  - 呈现本地资源
  - 本地资源的控制面板
- 实现 FTP 资源管理
  - 呈现本地资源
  - FTP 服务器资源的控制面板
- 实现队列管理
  - 任务队列
  - 本地队列文件上传
  - FTP 队列文件下载

模块 4 电子地图
- 模块概述
  - 设计思路
  - 模块架构
  - 效果预览
- 关键技术
  - Java DB 数据库技术
  - 万年历选择框技术
  - 滑块组件使用技术
  - 列表组件使用技术
  - 维护树模型技术
- 实现地图处理器类
- 实现用来绘制地图的标签组件
  - 绘制地图显示区的大地图
  - 绘制鹰眼漫游区的小地图
- 实现操作地图功能
  - 实现缩放地图功能
  - 实现移动地图功能
- 实现维护标记功能
  - 实现弹出菜单功能
  - 实现对标记的维护
  - 实现查看标记信息功能
- 实现搜索标记功能
  - 实现常用搜索功能
  - 实现高级搜索功能
  - 描红并居中显示选中标记

模块 5 网络五子棋游戏
- 五子棋模块概述
  - 模块简介
  - 程序预览
- 关键技术
  - 实现透明的登录界面
  - 监控网络连接状态
  - 绑定属性的 JavaBean
  - 在棋盘中绘制棋子
  - 实现动态调整棋盘大小
  - 游戏悔棋
  - 游戏回放
- 实现登录界面
- 编写游戏主窗体
- 编写下棋面板
- 编写棋盘面板
- 实现游戏规则算法
- 编写棋盘模型
- 编写联机通讯类

模块 6 远程协助模块
- 远程协助模块介绍
  - 模块简介
  - 功能结构
  - 程序预览
- 关键技术
  - 截取屏幕图像
  - 控制计算机的输入
  - 在网络中发送和接收图片
  - RMI 实现远程控制
  - 自定义组件显示远程屏幕
- 联系人管理
  - 添加联系人
  - 修改联系人
  - 删除联系人
  - 显示联系人列表
  - 处理联系人选择事件
- 创建网络服务器
- 编写远程连接面板

- 启动 RMI 远程方法服务
- 实现远程监控界面
- 实现系统托盘

模块 7 软件注册模块
- 软件注册模块概述
  - 模块概述
  - 功能结构
  - 程序预览
- 关键技术
  - 读取客户端 MAC 地址
  - Java 操作注册表
  - 避免用户修改系统时间
  - 右键单击弹出菜单
  - 一次性粘贴注册码
  - 获取两个时间的相隔天数
  - ini 文件的读写
  - RSA 加密解密算法
- 软件注册导航窗体的实现
  - 窗体概述
  - 窗体界面设计
  - 软件试用部分的实现
- 软件注册窗体的实现
  - 窗体概述
  - 窗体界面设计
  - 验证注册码
  - 限制注册用户使用时间
  - 根据注册机器的硬件信息保证软件使用唯一性
- 注册机的实现
  - 窗体概述
  - 窗体界面设计
  - 生成注册码

模块 8 多媒体播放器模块
- 模块概述
  - 模块概述
  - 功能结构
  - 程序预览
- 关键技术
  - 安装 jmf-2_1_1e-windows-i586.exe

- JMF 播放视频文件
- 设置窗体外观感觉
- 窗体全屏显示
- 友情链接
- 实现播放媒体文件
  - 选择本地媒体文件
  - 实现媒体播放
- 实现播放控制
- 播放列表维护
  - 添加列表数据
  - 实现列表"上移""下移"
  - 实现列表元素重命名
  - 实现删除列表内容
  - 实现播放列表中元素全部删除
  - 通过双击列表选择播放文件
- 播放控制
- 创建最近播放列表
  - 编写数据库操作方法
  - 动态添加菜单项
- 实现自动检索系统中媒体文件
  - 创建选择文件夹对话框
  - 获取媒体文件集合
  - 将媒体文件添加到播放列表

模块 9 决策分析模块
- 模块概述
  - 设计思路
  - 模块架构
  - 效果预览
- 数据接口
  - 接口设计
  - 测试数据
- 关键技术
  - 支持固定列表格技术
  - 使用 JFreeChart 绘制统计图技术
  - 使用 JavaExcel 生成 Excel 文件
  - 使用 IText 生成 PDF 格式的文件
  - 多线程与进度条的使用

- 实现过程
  - 实现动态控制表格的固定列数量
  - 实现组件间的可用性控制
  - 生成统计图与使用进度条
  - 保存统计图到指定路径
  - 导出报表到 Excel 表格
  - 利用报表和统计图生成 PDF 文件

模块 10　网站留言簿
- 概述与开发环境
  - 概述
  - 开发环境
- 实例运行结果
- 设计与分析
  - 系统分析
  - 系统流程
  - 文件夹及文件架构
  - Hibernate 配置文件及类的分布
- 技术要点
  - 获取留言及回复信息
  - 获取系统日期和时间
  - 保存留言信息时自动插入回复记录
- 数据表结构
- 创建 Hibernate 配置文件
- 创建实体类及映射文件——创建实体类
- 创建实体类及映射文件——创建映射文件
- 业务处理逻辑类——对留言及回复信息操作的 Topic 类 1
- 业务处理逻辑类——对留言及回复信息操作的 Topic 类 2
- 业务处理逻辑类——对管理员操作的 Manager 类
- 创建公共类——ChStr 类和 GetTime 类
- 创建公共类——style 样式文件和 check 类
- 添加留言信息
- 显示留言信息
- 回复留言
- 删除留言
- 用户登录页面
- 公共页

- 调试、发布与运行
  - 调试
  - 发布与运行

模块 11　桌面精灵
- 模块概述
- 关键技术
- 实现滚动字幕
- 实现支持农历的万年历
- 实现维护记录功能
- 实现搜索记录功能

模块 12　短信发送模块
- 短信发送模块概述
- 关键技术
- 数据库设计
- 设置并连接短信猫
- 读取短信
- 发送短信
- 发信箱的实现
- 联系人管理

模块 13　数据分页
- 概述与开发环境
- 实例运行结果
- 设计与分析
- 技术要点
- 开发过程
- 发布与运行

模块 14　电子阅读器模块
- 电子阅读模块概述
- 关键技术
- 实现主窗体
- PDF 文档读取的实现
- 缩位图的实现
- 书签的实现
- 全屏显示 PDF 文档

模块 15　复杂条件查询
......

第 3 大部分　项目资源库

（15 个企业开发项目，光盘路径：开发资源库/项目资源库）

项目 1　Validator 验证框架
……

项目 2　网上办公自动化系统
- 概述与开发环境
  - 概述
  - 开发环境
- 需求分析
  - 项目规划
  - 系统功能结构图
- 数据库设计
  - 数据表概要说明
  - 数据表的结构
- 前期准备
  - 配置应用 Struts 结构文件及数据库连接文件
  - 配置 web.xml 文件
  - 配置 Struts 标签库文件
  - 编写 Struts 框架配置文件
- 网站总体设计
  - 系统架构设计
  - 类的分布架构设计
  - 文件架构设计
  - 网站首页运行效果图
  - 删除发文子模块
- 公共类的编写
  - 数据库的连接及操作方法类：DB
  - 数据表信息类：Content
  - 分页类：Page
  - 类型转换类：Change
  - 检查用户权限类：CheckUserAble
  - 解决 Struts 中的中文乱码的类：FormToChinese
  - 检查用户是否已经在线的公共类
- 登录模块
  - 创建登录的页面：index.jsp
  - 配置 struts-config.xml 文件
  - 创建 LogonForm 类
  - 创建 LogonAction 类
- 自定义标签的开发
  - 如何开发及使用自定义标签
  - 本例中 office 自定义标签的开发过程
- 收/发文管理模块
  - 建立发文子模块
  - 浏览发文子模块
- 会议管理模块
  - 查看会议记录子模块
  - 添加会议记录子模块
  - 浏览会议的详细内容
  - 删除会议子模块
- 公告管理模块
  - 修改公告子模块
  - 浏览公告信息
  - 查看公告详细信息
  - 添加公告信息
- 人力资源管理模块
  - 浏览员工信息模块中的查询功能
  - 个人信息子模块
  - 查看员工详细信息
  - 修改员工信息
  - 修改个人信息
  - 添加员工信息
- 文档管理
  - 浏览文件详细内容
  - 删除文件子模块
  - 文件上传子模块
  - 文件下载子模块
  - 浏览文件信息
- 资产管理模块
  - 资产管理模块

XXXIII

- 浏览办公用品信息
- 更新办公用品信息
- 添加办公用品信息
- 浏览车辆信息
- 浏览车辆详细信息
- 添加车辆信息
- 修改车辆信息
- 资产管理模块公共类
- 内部邮件管理模块
  - 查看收件箱
  - 查看发件箱
  - 查看邮件详细信息
  - 添加邮件信息
  - 内部邮件管理模块公共类
- 意见箱模块
  - 查看意见箱
  - 查看意见详细信息
  - 发送新的建议
  - 意见箱模块公共类
- 退出模块
- 疑难解答
- 公共模块

项目 3 图书管理系统
- 概述与开发环境
  - 概述
  - 开发环境
- 需求分析
- 系统设计
  - 项目规划
  - 系统功能结构图
- 数据库设计
  - 数据表概要说明
  - 数据表关系概要说明
  - 主要数据表的结构
- 网站总体设计
  - 系统架构设计
  - 类的分布架构设计
- 公共类的编写
  - 自动转码类
  - 对系统时间操作类
  - 取得自动编号操作类
  - 自动转码类
- IBatis 设计模式的介绍
  - IBatis 设计模式的组成
  - 构建 IBatis 设计模式的 SQL Map 配置代码
- 配置 Struts
- ActionForm 类的编写及配置
  - ActionForm 类的编写及配置
  - 管理员信息 ActionForm 类的代码
  - 图书信息操作的 ActionForm 类
  - 图书借阅信息操作的 ActionForm 类
- 对数据表操作持久类的编写
  - IBatis 设计模式的 SQL Map 映射文件
  - IBatis 基本组件
  - 管理员信息表的操作
  - 图书信息表的操作
  - 图书借阅信息表的操作
- 图书管理系统总体架构
  - 图书管理系统文件架构设计
  - 图书管理系统首页设计
- 管理员功能模块
  - 模块功能介绍
  - 创建管理员的 Action 实现类
  - 系统登录设计
  - PaginatedList 类实现分页显示管理员列表
  - 添加管理员信息
  - 设置管理员权限
  - 删除管理员信息
  - 管理员查询
  - 修改密码
- 图书管理功能模块
  - 图书管理功能模块
  - 创建图书的 Action 实现类
  - 查看图书信息列表
  - 添加图书信息
  - 删除图书信息
  - 查询图书详细信息
  - 修改图书信息

- 库存进书管理
- 查询库存量不足的图书
- 库存查询
- 图书借还管理功能模块
  - 图书借还功能模块
  - 创建图书借阅的 Action 实现类
  - 图书借阅
  - 图书归还
  - 图书续借
  - 借阅查询
- 图书设置模块
  - 图书存放位置管理
  - 图书类别管理
  - 读者类别管理
  - 读者信息管理
  - 图书设置模块公共类
- 图书销售模块
  - 图书销售管理
  - 图书销售查询
  - 图书销售模块公共类
- 图表分析模块
  - 图书销售图表分析
  - 图书借阅图表分析
  - 图表分析模块公共类
- 公共模块
- 疑难问题分析与解决
  - 映射对数据表操作的 XML 文件的路径错误
  - 映射属性的错误操作

项目 4 进销存管理系统
- 开发背景和系统分析
  - 开发背景
  - 需求分析
  - 可行性分析
  - 编写项目计划书
- 系统设计
  - 系统目标
  - 系统功能结构
  - 业务逻辑编码规则
  - 系统流程图
- 构建开发环境
- 系统预览
- 文件夹组织结构
- 数据库设计
  - 数据库分析
  - 进销存管理系统的 E-R 图
  - 使用 PowerDesigner 建模
  - 创建数据库
- 主窗体设计
  - 创建主窗体
  - 创建导航面板
- 公共模块设计
  - 编写 Dao 公共类
  - 编写 Item 类
- 基础信息模块设计
  - 基础信息模块概述
  - 基础信息模块技术分析
  - 供应商添加实现过程
  - 供应商修改与删除实现过程
  - 单元测试
- 进货管理模块设计
  - 进货管理模块概述
  - 进货管理模块技术分析
  - 进货单实现过程
- 查询统计模块设计
  - 查询统计模块概述
  - 查询统计模块技术分析
  - 销售查询实现过程
- 库存管理模块设计
  - 库存管理模块概述
  - 库存管理模块技术分析
  - 价格调整实现过程
  - 单元测试
- 系统打包发布
- 开发技巧与难点分析
- 使用 PowerDesigner 逆向生成数据库 E-R 图

项目 5 基于 Struts 与 Hibernate 开发的新闻网络中心
……

项目 6　网上购物商城
- 概述与系统分析
- 总体设计
  - 项目规划
  - 系统功能结构图
- 系统设计
  - 设计目标
  - 开发及运行环境
  - 逻辑结构设计
- 技术准备
  - MVC 概述
  - Struts 概述
  - 在 MyEclipse 中配置应用 Struts 结构文件
- 系统架构设计
  - 系统文件夹架构图
  - 文件架构设计
- JavaBean 的设计
  - JavaBean 的设计
  - 数据库连接的 JavaBean 的编写
  - 设置系统中使用的 SQL 语句的 JavaBean
  - 解决 Struts 中文乱码问题
  - 检查用户是否已经在线的公共类
- 会员管理模块
  - 会员登录
  - 用户注册
  - 找回密码
- 网站主页设计
  - 网站主页设计
  - 网站首页面导航信息版块
  - 网站首页面左部信息版块
  - 网站首页面右部信息版块
  - 网站首页面版权信息版块
- 会员资料修改模块
- 购物车模块
  - 添加购物车
  - 查看购物车
  - 生成订单
  - 清空购物车
- 商品销售排行模块
  - 商品销售排行榜
  - 分页显示特价商品
- 网站后台主要功能模块设计
  - 网站后台首页设计
  - 后台管理员身份验证模块
  - 商品设置模块
  - 订单设置模块
- 退出模块
- 疑难问题分析
  - 中文乱码问题的处理
  - 关闭网站后 session 没有被注销

项目 7　博客系统
- 概述与系统分析
- 总体设计
  - 项目规划
  - 系统功能结构图
- 系统设计
  - 设计目标
  - 开发及运行环境
  - 逻辑结构设计
- 技术准备
  - Hibernate 框架概述
  - Hibernate 配置文件
  - 创建持久化类
  - Hibernate 映射文件
- 系统构架设计
  - 系统文件夹架构图
  - 文件夹架构设计
- 公共类设计
  - 获得当前系统时间类
  - 字符处理类的编写
  - 将字符串转化成字符数组类
  - Hibernate 的初始化与 Session 管理类的编写
- 网站前台主要功能设计
  - 网站首页页面设计
  - 网站计数功能实现
  - 网络日历功能
  - 博主信息显示模块

光盘"开发资源库"目录

- 浏览博主发表文章模块
- 添加评论模块
- 网站后台主要功能模块设计
  - 网站后台主要功能模块设计
  - 后台首页设计
  - 个人相片设置模块
  - 博主设置模块
  - 博客文章管理模块
- 疑难问题分析
  - Hibernate 的映射类型
  - 如何使用 Hibernate 声明事务边界
- 程序调试与错误处理

项目 8 企业内部通信系统
- 开发背景和系统分析
  - 开发背景
  - 需求分析
  - 可行性分析
  - 编写项目计划书
- 系统设计
  - 系统目标
  - 系统功能结构
  - 数据库设计
  - 系统预览
  - 文件夹组织结构
- 主窗体设计
  - 创建主窗体
  - 记录窗体位置
- 公共模块设计
  - 数据库操作类
  - 系统工具类
- 系统托盘模块设计
  - 系统托盘模块概述
  - 系统托盘模块技术分析
  - 系统托盘模块实现过程
- 系统工具模块设计
  - 系统工具模块概述
  - 系统工具模块技术分析
  - 系统工具模块实现过程

- 用户管理模块设计
  - 用户管理模块概述
  - 用户管理模块技术分析
  - 用户管理模块实现过程
  - 单元测试
- 通信模块设计
  - 通信模块概述
  - 通信模块技术分析
  - 通信模块实现过程
- 开发技巧和 JDK 6 新增的系统托盘
  - 开发技巧与难点分析
  - 使用 JDK 6 新增的系统托盘

项目 9 网络购物中心
……

项目 10 企业人事管理系统
- 开发背景和系统分析
  - 开发背景
  - 系统分析
- 系统设计
  - 系统目标
  - 系统功能结构
  - 系统预览
  - 业务流程图
  - 文件夹结构设计
- 数据库设计
  - 数据库分析
  - 数据库概念设计
  - 数据库逻辑结构设计
- 主窗体设计
  - 导航栏的设计
  - 工具栏的设计
- 公共模块设计
  - 编写 Hibernate 配置文件
  - 编写 Hibernate 持久化类和映射文件
  - 编写通过 Hibernate 操作持久化对象的常用方法
  - 创建用于特殊效果的部门树对话框
  - 创建通过部门树选取员工的面板和对话框

- 人事管理模块设计
  - 人事管理模块功能概述
  - 人事管理模块技术分析
  - 人事管理模块实现过程
  - 单元测试
- 待遇管理模块设计
  - 待遇管理模块功能概述
  - 待遇管理模块技术分析
  - 待遇管理模块实现过程
- 系统维护模块设计
  - 系统维护模块功能概述
  - 系统维护模块技术分析
  - 系统维护模块实现过程
  - 单元测试
- 开发技巧与难点分析
- Hibernate 关联关系的建立方法
  - 建立一对一关联
  - 建立一对多关联

项目 11　销售管理系统

……

项目 12　医药进销存管理系统
- 概述与系统分析
- 总体设计
- 系统设计
- 技术准备
- 系统总体架构设计
- 系统公共类设计
- Java 实体类及 Hibernate 映射文件的设计
- 系统功能模块设计
- 系统主界面设计
- 设计药品基本情况模块
- 设计客户基本情况模块
- 设计供应商基本情况模块
- 设计药品采购模块
- 设计药品销售模块
- 设计库存盘点模块
- 设计销售退货模块
- 设计客户回款模块
- 设计基本信息查询模块
- 设计入库明细查询模块
- 设计销售明细查询模块
- 设计回款信息查询模块
- 设计增加用户功能模块
- 设计用户维护功能模块
- 系统提示模块设计
- 疑难问题解析
- 系统常见错误处理

项目 15　酒店管理系统
- 概述与系统分析
- 总体设计
- 系统设计
- 技术准备
- 系统架构设计
- 数据持久层设计
- 主窗体的格局设计
- 开台签单功能的设计与实现
- 自动结账功能的设计与实现
- 销售统计功能的设计与实现
- 人员管理功能的设计与实现
- 系统维护功能的设计与实现
- 系统安全功能的设计与实现
- 疑难问题分析

第 4 大部分 能力测试题库

（616 道能力测试题目，光盘路径：开发资源库/能力测试）

第 1 部分　Java 编程基础能力测试
……

第 2 部分　数学及逻辑思维能力测试
- 基本测试
- 进阶测试
- 高级测试

第 3 部分　编程英语能力测试
- 英语基础能力测试
- 英语进阶能力测试

第 5 大部分 面试资源库

（369 项面试真题，光盘路径：开发资源库/编程人生）

第 1 部分　Java 程序员职业规划
- 你了解程序员吗
- 程序员自我定位

第 2 部分　Java 程序员面试技巧
- 面试的三种方式
- 如何应对企业面试
- 英语面试
- 电话面试
- 智力测试

第 3 部分　Java 常见面试题
- Java 语法面试题
- 字符串与数组面试题
- 面向对象试题
- Java 异常面试题
- 多线程试题
- 集合类试题
- 数据库相关试题
- 网络与数据流的试题
- 数据结构与算法试题
- 软件工程与设计模式

第 4 部分　Java 企业面试真题汇编
- 企业面试真题汇编（一）
- 企业面试真题汇编（二）
- 企业面试真题汇编（三）
- 企业面试真题汇编（四）

第 5 部分　Java 虚拟面试系统

基础知识

- 第1章 初识 Java
- 第2章 熟悉 Eclipse 开发工具
- 第3章 Java 语言基础
- 第4章 流程控制
- 第5章 字符串
- 第6章 数组
- 第7章 类和对象
- 第8章 包装类
- 第9章 数字处理类

本篇通过初识 Java、熟悉 Eclipse 开发工具、Java 语言基础、流程控制、字符串、数组、类和对象、包装类、数字处理类等内容的介绍，结合大量的图示、举例、视频等，使读者快速掌握 Java 语言，为以后编程奠定坚实的基础。

第 1 章

初识 Java

（ 视频讲解：25 分钟 ）

Java 是一种跨平台的、面向对象的程序设计语言。本章将简单介绍 Java 语言的不同版本及其相关特性以及学好 Java 语言的方法等，主要目的是让读者对 Java 语言有一个整体的了解，然后再慢慢地学习具体内容，最后达到完全掌握 Java 语言的目的。

通过阅读本章，您可以：

- ▶▶ 了解 Java 语言
- ▶▶ 了解 Java 的版本
- ▶▶ 了解 Java 的应用领域
- ▶▶ 了解如何学好 Java
- ▶▶ 了解 Java 语言特性
- ▶▶ 掌握不同平台的 JDK 环境搭建
- ▶▶ 掌握 Java 程序的编写方法

1.1 Java 简介

> 视频讲解：光盘\TM\lx\1\Java 简介.mp4

Java 是一种高级的面向对象的程序设计语言。使用 Java 语言编写的程序是跨平台的，从 PC 机到手持电话都有 Java 开发的程序和游戏，Java 程序可以在任何计算机、操作系统和支持 Java 的硬件设备上运行。

1.1.1 什么是 Java 语言

Java 是于 1995 年由 Sun 公司推出的一种极富创造力的面向对象的程序设计语言，它是由有 Java 之父之称的 Sun 研究院院士詹姆斯·戈士林博士亲手设计而成的，并完成了 Java 技术的原始编译器和虚拟机。Java 最初的名字是 OAK，在 1995 年被重命名为 Java，正式发布。

Java 是一种通过解释方式来执行的语言，其语法规则和 C++类似。同时，Java 也是一种跨平台的程序设计语言。用 Java 语言编写的程序，可以运行在任何平台和设备上，如跨越 IBM 个人电脑、MAC 苹果计算机、各种微处理器硬件平台，以及 Windows、UNIX、OS/2、MAC OS 等系统平台，真正实现"一次编写，到处运行"。Java 非常适于企业网络和 Internet 环境，并且已成为 Internet 中最具有影响力、最受欢迎的编程语言之一。

与目前常用的 C++相比，Java 语言简洁得多，而且提高了可靠性，除去了最大的程序错误根源，此外它还有较高的安全性，可以说它是有史以来最为卓越的编程语言。

Java 语言编写的程序既是编译型的，又是解释型的。程序代码经过编译之后转换为一种称为 Java 字节码的中间语言，Java 虚拟机（JVM）将对字节码进行解释和运行。编译只进行一次，而解释在每次运行程序时都会进行。编译后的字节码采用一种针对 JVM 优化过的机器码形式保存，虚拟机将字节码解释为机器码，然后在计算机上运行。Java 语言程序代码的编译和运行过程如图 1.1 所示。

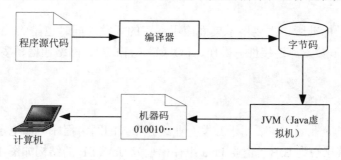

图 1.1 Java 程序的编译和运行过程

1.1.2 Java 的应用领域

借助 Java，程序开发人员可以自由地使用现有的硬件和软件系统平台。这是因为 Java 是独立于平台的，它还可以应用于计算机之外的领域，Java 程序可以在便携式计算机、电视、电话、手机和其他的大量电子设备上运行。Java 的用途不胜枚举，它拥有无可比拟的能力，其节省的时间和费用也十分可观。Java 的应用领域主要有以下方面：
- ☑ 桌面应用系统开发。
- ☑ 嵌入式系统开发。
- ☑ 电子商务应用。
- ☑ 企业级应用开发。
- ☑ 交互式系统开发。
- ☑ 多媒体系统开发。
- ☑ 分布式系统开发。
- ☑ Web 应用系统开发。

Java 无处不在，它已经拥有几百万个用户，其发展速度要快于在它之前的任何一种计算机语言。Java 能够给企业和最终用户带来数不尽的好处。Oracle 公司董事长和首席执行官 Larru Ellison 说过："Java 正在进入企业、家庭和学校。它正在像 Internet 本身一样成为普遍存在的技术。"

如果仔细观察，就会发现 Java 就在我们身边，如我们经常使用的 Java 开发工具 Eclipse、NetBeans、JBuilder 等，另外还有 RSSOwl、Limewire、Azureus、CyberDuck、OpenOffice 等优秀软件都是使用 Java 编写的。此外，各手机厂商都为自己的产品提供了 Java 技术的支持，各种手机上的 Java 程序和游戏已经数不胜数。

1.1.3 Java 的版本

自从 Sun 公司推出 Java 以来，就力图使之无所不能。Java 发展至今，按应用范围分为 3 个版本，即 Java SE、Java EE 和 Java ME，也就是 Sun ONE（Open Net Environment）体系。本节将对 Java 的这 3 个版本分别进行介绍。

1. Java SE

Java SE 是 Java 的标准版，主要用于桌面应用程序的开发，同时也是 Java 的基础，它包含 Java 语言基础、JDBC（Java 数据库连接性）操作、I/O（输入/输出）、网络通信、多线程等技术。Java SE 的结构如图 1.2 所示。

2. Java EE

Java EE 是 Java 的企业版，主要用于开发企业级分布式的网络程序，如电子商务网站和 ERP（企业资源规划）系统，其核心为 EJB（企业 Java 组件模型）。Java EE 的结构如图 1.3 所示。

3. Java ME

Java ME 主要应用于嵌入式系统开发，如掌上电脑、手机等移动通信电子设备，现在大部分手机厂商所生产的手机都支持 Java 技术。Java ME 的结构如图 1.4 所示。

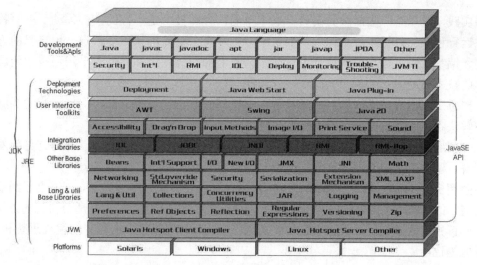

图1.2　Java SE 的结构

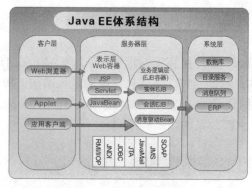

图1.3　Java EE 的结构

图1.4　Java ME 的结构

1.1.4　怎样学好 Java

如何学好 Java 语言，是所有初学者需要共同面对的问题，其实每种语言的学习方法都大同小异，初学者需要注意的主要有以下几点：

- ☑ 明确自己的学习目标和大的方向，选择并锁定一门语言，按照自己的学习方向努力学习，认真研究。
- ☑ 初学者不用看太多的书，先找本相对基础的书系统地学习。很多程序开发人员工作了很久也只是熟悉部分基础而已，并没有系统地学习 Java 语言。
- ☑ 了解设计模式。开发程序必须编写程序代码，这些代码必须具有高度的可读性，这样编写的程序才有调试、维护和升级的价值。学习一些设计模式，能够更好地把握项目的整体结构。
- ☑ 不要死记语法。在刚接触一门语言，特别是 Java 语言时，掌握好基本语法，并大概了解一些功能即可。借助开发工具（如 Eclipse 或 NetBeans）的代码辅助功能，完成代码的录入，这样可以快速进入学习状态。

- ☑ 多实践，多思考，多请教。仅读懂书本中的内容和技术是不行的，必须动手编写程序代码，并运行程序、分析运行结构，从而对学习内容有个整体的认识和肯定。用自己的方式思考问题、编写代码来提高编程思想。平时多请教老师或经理，和其他人多沟通技术问题，提高自己的技术和见识。
- ☑ 不要急躁。遇到技术问题，必须冷静对待，不要让自己思维混乱，保持清醒的头脑才能分析和解决各种问题。可以尝试用听歌、散步等方式来放松自己。
- ☑ 遇到问题，首先尝试自己解决，这样可以提高自己的程序调试能力，并对常见问题有一定的了解，明白出错的原因，甚至举一反三，解决其他关联的错误问题。
- ☑ 多查阅资料。可以经常到 Internet 上搜索相关资料或解决问题的方法，网络上已经摘录了很多人遇到的问题和不同的解决方法，分析这些解决问题的方法，找出最适合自己的方法。
- ☑ 多阅读别人的源代码。不但要看懂别人的程序代码，还要分析编程者的编程思想和设计模式，并融为己用。

1.1.5 Java API 文档

API 的全称是 Application Programming Interface，即应用程序编程接口。Java API 文档是 Java 程序开发不可缺少的编程词典，它记录了 Java 语言中海量的 API，主要包括类的继承结构、成员变量和成员方法、构造方法、静态成员的详细说明和描述信息。可以在网站 http://docs.oracle.com/javase/8/docs/api/index.html 中找到 JDK 8 的 API 文档，页面效果如图 1.5 所示。

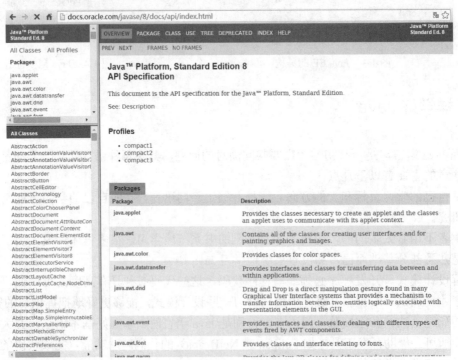

图 1.5　Java API 文档页面

1.2 Java 语言的特性

Java 语言的作者们编写了具有广泛影响的 Java 白皮书，里面详细地介绍了他们的设计目标以及实现成果，还用简短的篇幅介绍了 Java 语言的特性。下面将对这些特性进行扼要的介绍。

1.2.1 简单

Java 语言的语法简单明了，容易掌握，而且是纯面向对象的语言。Java 语言的简单性主要体现在以下几个方面：

- 语法规则和 C++类似。从某种意义上讲，Java 语言是由 C 和 C++语言转变而来的，所以 C 程序设计人员可以很容易地掌握 Java 语言的语法。
- Java 语言对 C++进行了简化和提高。例如，Java 使用接口取代了多重继承，并取消了指针，因为指针和多重继承通常使程序变得复杂。Java 语言还通过实现垃圾自动收集，大大简化了程序设计人员的资源释放管理工作。
- Java 提供了丰富的类库和 API 文档以及第三方开发包，另外还有大量的基于 Java 的开源项目，JDK（Java 开发者工具箱）已经开放源代码，读者可以通过分析项目的源代码，提高自己的编程水平。

1.2.2 面向对象

面向对象是 Java 语言的基础，也是 Java 语言的重要特性，它本身就是一种纯面向对象的程序设计语言。Java 提倡万物皆对象，语法中不能在类外面定义单独的数据和函数，也就是说，Java 语言最外部的数据类型是对象，所有的元素都要通过类和对象来访问。

1.2.3 分布性

Java 的分布性包括操作分布和数据分布，其中操作分布是指在多个不同的主机上布置相关操作，而数据分布是将数据分别存放在多个不同的主机上，这些主机是网络中的不同成员。Java 可以凭借 URL（统一资源定位符）对象访问网络对象，访问方式与访问本地系统相同。

1.2.4 可移植性

Java 程序具有与体系结构无关的特性，可以方便地移植到网络上的不同计算机中。同时，Java 的类库中也实现了针对不同平台的接口，使这些类库可以移植。

1.2.5 解释型

运行 Java 程序需要解释器。任何移植了 Java 解释器的计算机或其他设备都可以用 Java 字节码进行解释执行。字节码独立于平台，它本身携带了许多编译时的信息，使得连接过程更加简单，开发过程更加迅速，更具探索性。

1.2.6 安全性

Java 语言删除了类似 C 语言中的指针和内存释放等语法，有效地避免了非法操作内存。Java 程序代码要经过代码校验、指针校验等很多测试步骤才能够运行，所以未经允许的 Java 程序不可能出现损害系统平台的行为，而且使用 Java 可以编写防病毒和防修改的系统。

1.2.7 健壮性

Java 程序的设计目标之一，是编写多方面的、可靠的应用程序，Java 将检查程序在编译和运行时的错误，并消除错误。类型检查能帮助用户检查出许多在开发早期出现的错误。集成开发工具（如 Eclipse、NetBeans）的出现也使编译和运行 Java 程序更加容易。

1.2.8 多线程

多线程机制能够使应用程序在同一时间并行执行多项任务，而且相应的同步机制可以保证不同线程能够正确地共享数据。使用多线程，可以带来更好的交互能力和实时行为。

1.2.9 高性能

Java 编译后的字节码是在解释器中运行的，所以它的速度较多数交互式应用程序提高了很多。另外，字节码可以在程序运行时被翻译成特定平台的机器指令，从而进一步提高运行速度。

1.2.10 动态

Java 在很多方面比 C 和 C++更能够适应发展的环境，可以动态调整库中方法和增加变量，而客户端却不需要任何更改。在 Java 中进行动态调整是非常简单和直接的。

1.3 搭建 Java 环境

视频讲解：光盘\TM\lx\1\搭建 Java 环境.mp4

"工欲善其事，必先利其器。"在学习 Java 语言之前，必须了解并搭建好它所需要的开发环境。要编译和执行 Java 程序，JDK（Java Developers Kits）是必备的。下面将具体介绍下载并安装 JDK 和配置环境变量的方法。

1.3.1 JDK 下载

Java 的 JDK 又称 Java SE（以前称 J2SE），是 Sun 公司的产品，由于 Sun 公司已经被 Oracle 公司收购，因此 JDK 可以在 Oracle 公司的官方网站 http://www.oracle.com/index.html 下载。

> **注意**
> 在 Java 6 出版之后，J2SE、J2EE 和 J2ME 正式更名，将名称中的 2 去掉，更名后分别为 Java SE、Java EE 和 Java ME。

下面以目前最新版本的 JDK 8 为例介绍下载 JDK 的方法，具体步骤如下：

（1）打开 IE 浏览器，输入网址 http://www.oracle.com/index.html，浏览 Oracle 官方主页。将光标移动到工具栏上的 Downloads 菜单项上，将显示下载列表下拉菜单，单击 Java SE 超链接，如图 1.6 所示。

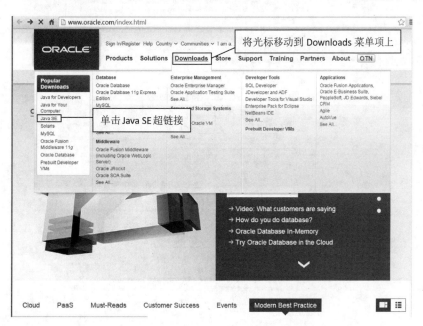

图 1.6 Oracle 主页

（2）单击 Java SE 超链接后，将跳转到 JDK 的下载页面，在该页面中单击最新版本 JDK 的超链接，即如图 1.7 所示的 DOWNLOAD 按钮。在撰写本书时，最新的 JDK 版本为 JDK 8u65。

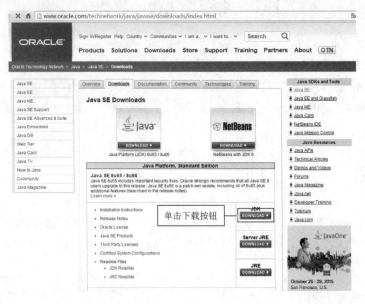

图 1.7　JDK 的下载页

（3）在进入的新页面中，需要先选中同意协议的单选按钮，这时将显示如图 1.8 所示的页面，否则单击要下载的超链接时将不能进行下载。

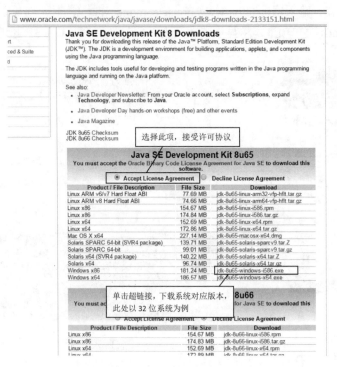

图 1.8　JDK 8u65 的下载列表

第 1 章 初识 Java

> **注意**
> 下载时要选择适合自己操作系统平台的安装文件，如 Windows 系统平台是无法运行 Linux 系统平台的安装文件的。

（4）在下载列表中，可以根据计算机硬件和系统选择适当的版本进行下载。如果是 32 位的 Windows 操作系统，那么需要下载 jdk-8u65-windows-i586.exe 文件，直接在页面单击该文件的超链接即可。

1.3.2 Windows 系统的 JDK 环境

1. JDK 安装

下载 Windows 平台的 JDK 安装文件 jdk-8u65-windows-i586.exe 后即可安装，步骤如下：

（1）双击刚刚下载的安装文件，将弹出欢迎对话框，单击 "下一步" 按钮，如图 1.9 所示。

（2）在弹出的对话框中，可以选择安装的功能组件，这里选择默认设置，如图 1.10 所示。

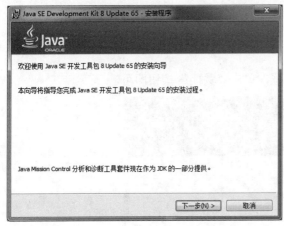

图 1.9　欢迎对话框　　　　　　　　　图 1.10　"定制安装" 对话框

（3）单击 "更改" 按钮，将弹出 "更改文件夹" 对话框，在该对话框中将 JDK 的安装路径更改为 C:\Java\jdk1.8.0_65\，如图 1.11 所示，单击 "确定" 按钮，将返回到 "定制安装" 对话框中。

（4）单击 "下一步" 按钮，开始安装 JDK。在安装过程中会弹出 JRE 的 "目标文件夹" 对话框，这里更改 JRE 的安装路径为 C:\Java\jre8\（若此路径没有，可手动添加），然后单击 "下一步" 按钮，安装向导会继续完成安装进程。

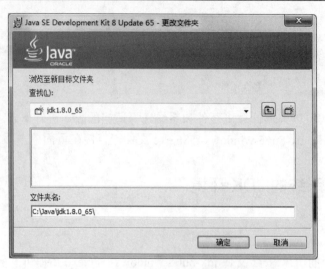

图 1.11　更改 JDK 的安装路径对话框

说明

JRE 全称为 Java Runtime Environment,它是 Java 运行环境,主要负责 Java 程序的运行,而 JDK 包含了 Java 程序开发所需要的编译、调试等工具,另外还包含了 JDK 的源代码。

（5）安装完成后,将弹出如图 1.12 所示的对话框,单击"关闭"按钮即可。

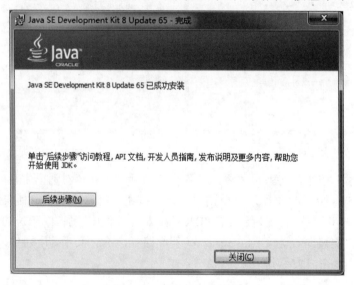

图 1.12　"完成"对话框

说明

JavaFX 2.0 由 Oracle 公司宣布推出,是一款为企业业务应用提供的先进 Java 用户界面（UI）平台,它能帮助开发人员无缝地实现与本地 Java 功能及 Web 技术动态能力的混合与匹配。

2. 在 Windows 7 系统中配置环境变量

在 Windows 7 系统中配置环境变量的步骤如下：

（1）在"计算机"图标上右击，在弹出的快捷菜单中选择"属性"命令，将弹出"属性"对话框，在其左侧单击"高级系统设置"超链接，将打开如图 1.13 所示的"系统属性"对话框。

（2）单击"环境变量"按钮，将弹出"环境变量"对话框，如图 1.14 所示，单击"系统变量"栏下的"新建"按钮，创建新的系统变量。

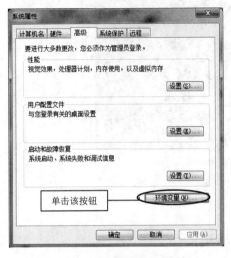

图 1.13 "系统属性"对话框

图 1.14 "环境变量"对话框

（3）弹出"新建系统变量"对话框，分别输入变量名"JAVA_HOME"和变量值（即 JDK 的安装路径），其中变量值是笔者的 JDK 安装路径，读者需要根据自己的计算机环境进行修改，如图 1.15 所示。单击"确定"按钮，关闭"新建系统变量"对话框。

（4）在图 1.14 所示的"环境变量"对话框中双击 Path 变量对其进行修改，在原变量值最前端添加".;%JAVA_HOME%\bin;%JAVA_HOME%\jre\bin;"变量值（注意，最后的";"不要丢掉，它用于分隔不同的变量值），如图 1.16 所示。单击"确定"按钮完成环境变量的设置。

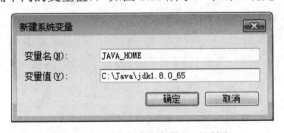

图 1.15 "新建系统变量"对话框

图 1.16 设置 Path 环境变量值

（5）JDK 安装成功之后必须确认环境配置是否正确。在 Windows 系统中测试 JDK 环境需要选择"开始"/"运行"命令（没有"运行"命令可以按 Windows+R 快捷键），然后在"运行"对话框中输入"cmd"并单击"确定"按钮启动控制台。在控制台中输入 javac 命令，按 Enter 键，将输出如图 1.17 所示的 JDK 的编译器信息，其中包括修改命令的语法和参数选项等信息。这说明 JDK 环境搭建成功。

图 1.17 JDK 的编译器信息

1.4 第一个 Java 程序

▶ 视频讲解：光盘\TM\lx\1\第一个 Java 程序.mp4

编写 Java 应用程序，可以使用任何一个文本编辑器来编写程序的源代码，然后使用 JDK 搭配的工具进行编译和运行。现在流行的开发工具可以自动完成 Java 程序的编译和运行，还带有代码辅助功能，可以提示完整的语法代码，但是大型的 IDE 开发工具需要的系统资源较大，在开发一个简单的程序时，还是原始的文本编辑器速度较快。本节将介绍使用文本编辑器开发一个简单 Java 程序的步骤。

【例 1.1】 下面编写本书的第一个 Java 程序，它在屏幕（也称控制台）上输出 "Hello Java" 信息。程序编写步骤如下：（实例位置：光盘\TM\sl\1.01）

（1）使用文本编辑器编写 Java 程序代码的过程和平时编写文本文件是一样的，只需注意 Java 语法格式和编码规则即可。选择"开始"/"所有程序"/"附件"/"记事本"命令，在记事本程序中输入以下代码：

```java
public class HelloJava {
    public static void main(String[] args) {
        System.out.println("Hello Java");
    }
}
```

（2）选择"文件"/"保存"命令，选择存储位置为 C 盘根目录，在输入文件名称时，使用英文双引号（" "）把文件名称包含起来，如 "HelloJava.java"。这样可以防止记事本程序为文件自动添加.txt 扩展名。

第 1 章　初识 Java

（3）Java 源程序需要编译成字节码才能够被 JVM 识别，需要使用 JDK 的 javac.exe 命令。假设 HelloJava.java 文件保存在 C 盘，选择"开始"/"运行"命令，在"运行"对话框中输入"cmd"，单击"确定"按钮，启动控制台，在控制台中输入 cd\命令将当前位置切换到 C 盘根目录，输入 javac HelloJava.java 命令编译源程序。源程序被编译后，会在相同的位置生成相应的.class 文件，这是编译后的 Java 字节码文件。

> **注意**
>
> 输入 javac HelloJava.java 命令时，要注意 javac 和 HelloJava.java 之间有一个空格符。如果没有输入这个空格符，将导致命令出错，无法执行。

（4）在控制台中输入 java HelloJava 命令将执行编译后的 HelloJava.class 字节码文件。编译与运行 Java 程序的步骤以及运行结果如图 1.18 所示。

图 1.18　编译与运行 Java 程序的步骤以及运行结果

> **注意**
>
> 使用 Javac××.java 命令编译 Java 源程序时，如果没有弹出错误提示信息，说明编译成功，也许会提示一些警告信息，但编译也能够通过；但是如果出现 Exception 类的异常错误信息，则说明源程序的代码有问题，无法完成编译过程，这时可以根据相应的 Exception 异常判断错误原因和代码位置，解决代码错误。有关异常的知识将在本书的第 12 章中介绍。

1.5　小　　结

本章简单介绍了 Java 语言及其相关特性，另外还介绍了在 Windows 系统平台中搭建 Java 环境的方法，以及编写 Java 程序的简单步骤。通过本章的学习，读者应该能够了解什么是 Java 和 Java 的不同版本以及如何学习 Java 语言。搭建 Java 环境是本章的重点，读者应该熟练掌握。

1.6 实践与练习

1. 尝试修改例 1.1，使程序输出"这是我的第一个 Java 程序"。（答案位置：光盘\TM\sl\1.02）
2. 尝试编写 Java 程序，使程序输出如图 1.19 所示的运行结果。（答案位置：光盘\TM\sl\1.03）

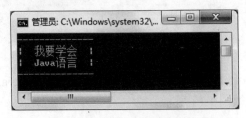

图 1.19　Java 程序运行结果

第 2 章

熟悉 Eclipse 开发工具

（视频讲解：13 分钟）

学习 Java 语言程序设计必须选择一个功能强大、使用简单、能够辅助程序设计的 IDE（集成开发工具）。Eclipse 是目前最流行的 Java 语言开发工具之一，它具有强大的代码辅助功能，可以帮助程序开发人员自动完成语法修正、补全文字、代码修正、API 提示等编码工作，大量节省程序开发所需的时间和精力。本章将简要介绍 Eclipse 开发工具，使读者能够初步了解 Eclipse 并使用它完成程序设计工作。

通过阅读本章，您可以：

- ▶▶ 掌握安装 Eclipse 的国际化语言包
- ▶▶ 学习 Eclipse 中经常使用的菜单和工具栏
- ▶▶ 学习使用 Eclipse 编写程序代码
- ▶▶ 掌握 Eclipse 中调试器的使用

2.1 熟悉 Eclipse

视频讲解：光盘\TM\lx\2\熟悉 Eclipse.mp4

虽然使用记事本和 JDK 编译工具已经可以编写 Java 程序，但是在项目开发过程中必须使用大型的集成开发工具（IDE）来编写 Java 程序，这样可以避免编码错误，方便管理项目结构，而且使用 IDE 工具的代码辅助功能可以快速地输入程序代码。本节将介绍 Eclipse 开发工具，包括它的安装、配置与启动、菜单栏、工具栏以及各种视图的作用等。

2.1.1 Eclipse 简介

Eclipse 是由 IBM 公司投资 4000 万美元开发的集成开发工具。它基于 Java 语言编写，并且是开放源代码的、可扩展的，也是目前最流行的 Java 集成开发工具之一。另外，IBM 公司捐出 Eclipse 源代码，组建了 Eclipse 联盟，由该联盟负责这种工具的后续开发。Eclipse 为编程人员提供了一流的 Java 程序开发环境，它的平台体系结构是在插件概念的基础上构建的，插件是 Eclipse 平台最具特色的特征之一，也是其区别于其他开发工具的特征之一。学习了本章之后，读者将对 Eclipse 有一个初步的了解，为后面深入学习做准备。

说明

本书所使用的 Eclipse 开发工具的版本是 4.5，读者可以从 http://www.eclipse.org 网站下载。同时，该网站的 Babel 项目组提供了 Eclipse 4.5 的多国语言包，它能够在任何国家或地区以本地语言显示程序界面，其中包括菜单栏、工具栏、窗体和所有程序模块（不包括其他插件）。

2.1.2 下载 Eclipse

本节将介绍如何到 Eclipse 的官方网站下载本书所使用的 Eclipse 开发环境。掌握 Eclipse 的下载与使用，并不只是为了学习，以后工作中 Eclipse 也是程序开发的好帮手。事实上，Eclipse 已经成为使用最广泛、应用最多的 Java 开发工具，并且是由 Java 语言编写的。其下载步骤如下：

（1）打开浏览器，在地址栏中输入"http://www.eclipse.org"后，按 Enter 键开始访问 Eclipse 的官方网站，该网站的首页面包含了下载超链接，如图 2.1 所示。单击页面上的 DOWNLOAD 菜单项进入到下载页面。

（2）Eclipse 下载页面中包含各种版本的 Eclipse 下载区域，其中第 3 个栏目是 Java 开发版的 Eclipse （它包含 Java IDE、CVS 客户端、XML 编辑器和 WindowBuilder 等），在每个栏目的右侧是各种平台的下载超链接，本书使用的是 32 位的 Windows 平台，所以单击 Windows 32 bit 超链接，如图 2.2 所示。

（3）最后的 Eclipse 下载页面会根据客户端所在的地理位置，分配合理的下载镜像站点，用户只需在 Eclipse 下载页面中单击 DOWNLOAD 按钮即可下载 Eclipse 文件，如图 2.3 所示。

第 2 章 熟悉 Eclipse 开发工具

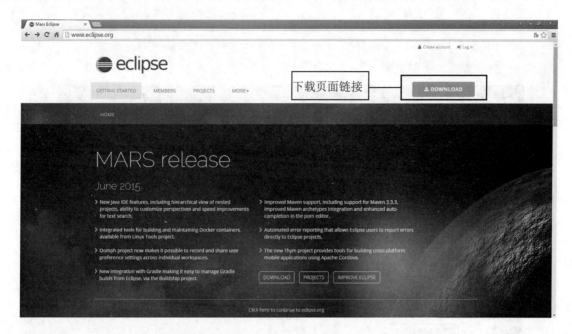

图 2.1 Eclipse 网站首页

图 2.2 Eclipse 下载页面

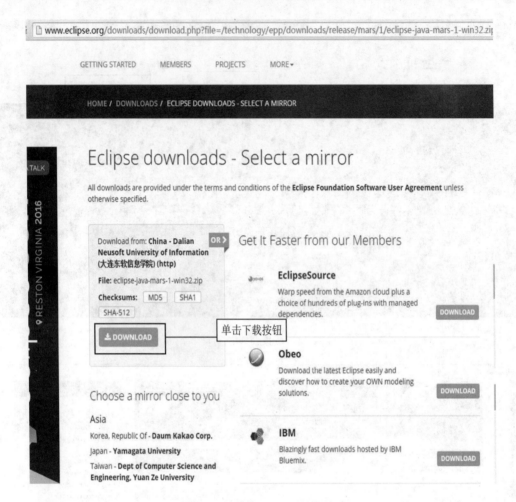

图 2.3　最后的 Eclipse 下载页面

2.1.3　安装 Eclipse 的中文语言包

　　从网站中下载的 Eclipse 安装文件是一个压缩包，将其解压缩到指定的文件夹，然后运行文件夹中的 Eclipse.exe 文件，即可启动 Eclipse 开发工具。但是在启动 Eclipse 之前需要安装中文语言包，以降低读者的学习难度。

　　Eclipse 的国际语言包可以到 http://www.eclipse.org/babel 下载，具体的下载和使用步骤如下：

　　（1）在浏览器的地址栏中输入 http://www.eclipse.org/babel，并按 Enter 键，进入如图 2.4 所示的 Babel 项目组首页。

图 2.4　Babel 项目组首页

（2）单击页面左侧导航中的 Downloads 超链接或者单击页面下方的绿色箭头都可以进入到语言包的下载页面。

> **注意**
> 下载 Eclipse 多国语言包时，一定要注意语言包所匹配的 Eclipse 版本，否则可能无法实现 Eclipse 的国际化。

（3）在下载页面的 Babel Language Packs 标题下选择对应 Eclipse 版本的超链接下载语言包，Eclipse 4.5 的名称是 Mars，所以单击该超链接，如图 2.5 所示，进入 Eclipse 4.5 的 Babel 语言包下载页面，该页面中包含了对应各国语言的资源包，而每个语言的资源包又按插件与功能模块分为多个 zip 压缩包。

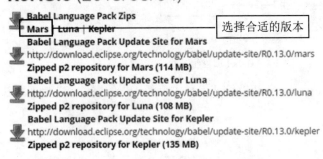

图 2.5　Babel 语言包下载页面

（4）在页面中找到简体中文的语言包分类，如图 2.6 所示，可以单独选择 Eclipse 的语言包下载，也可以下载全部语言包。例如，单独下载 Eclipse 的语言包，可以单击 BabelLanguagePack-eclipse-zh_4.5.0.v20151128060001.zip (87.61%)超链接，下载后的文件名为 BabelLanguagePack-eclipse-zh_4.5.0.v20151128060001.zip。

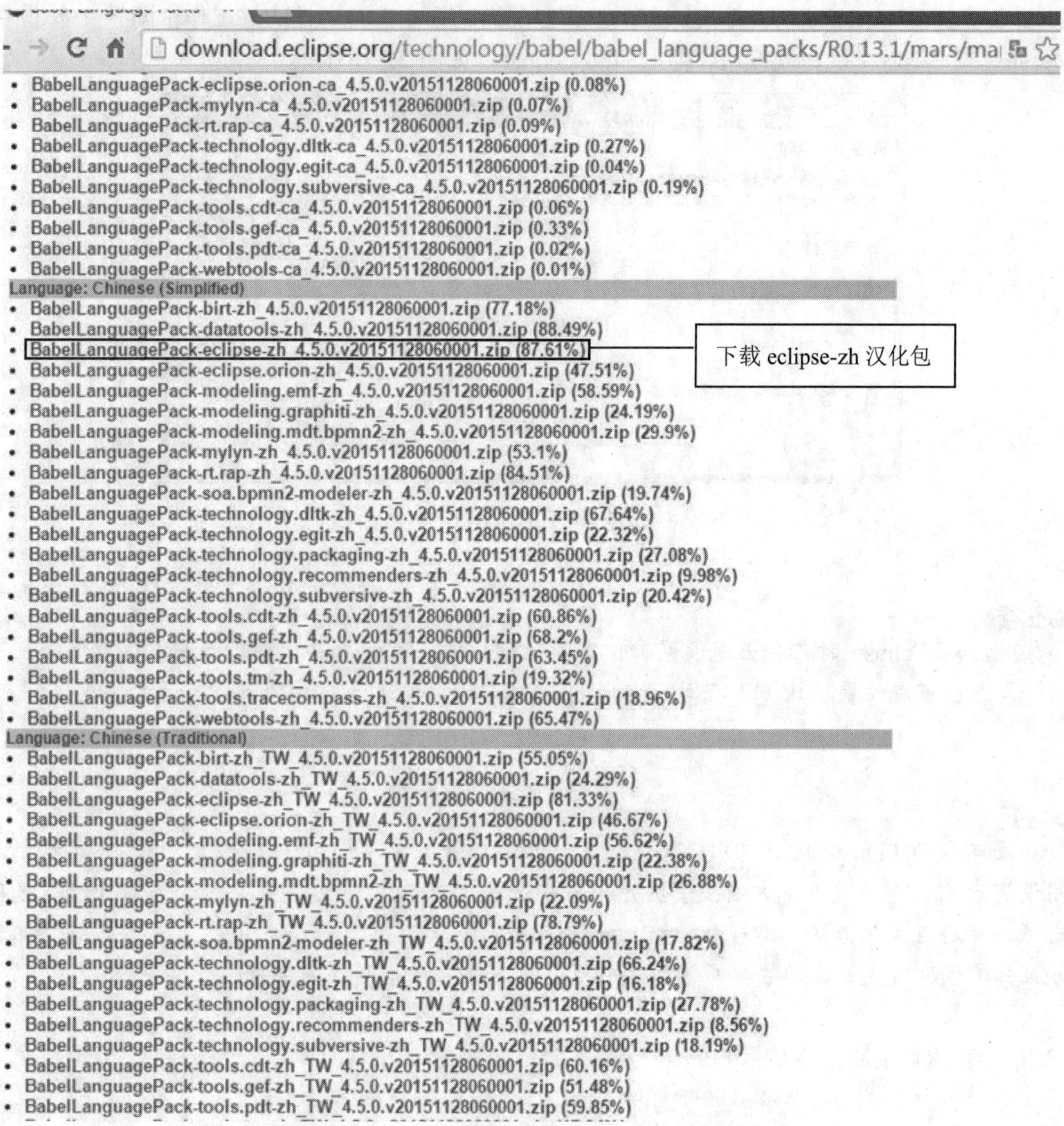

图 2.6 中文语言包下载分类

（5）将下载的所有语言包解压缩并覆盖 Eclipse 文件夹中同名的两个文件夹 features 和 plugins，这样在启动 Eclipse 时便会自动加载语言包。

2.1.4 Eclipse 的配置与启动

现在已经配置好 Eclipse 的多国语言包，可以启动 Eclipse 了。在 Eclipse 的安装文件夹中运行 eclipse.exe 文件，即开始启动 Eclipse，将弹出"工作空间启动程序"对话框，该对话框用于设置 Eclipse 的工作空间（用于保存 Eclipse 建立的程序项目和相关设置）。本书的开发环境统一设置工作空间为

Eclipse 安装位置的 workspace 文件夹，在"工作空间启动程序"对话框的"工作空间"文本框中输入".\workspace"，单击"确定"按钮，即可启动 Eclipse，如图 2.7 所示。

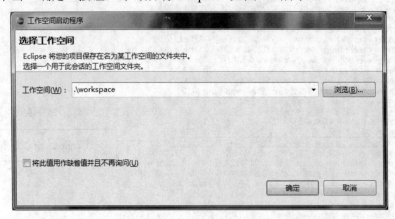

图 2.7　设置工作空间

注意

每次启动 Eclipse 时都会出现设置工作空间的对话框，通过选中"将此值用作缺省值并且不再询问"复选框可以设置默认工作空间，这样 Eclipse 启动时就不会再询问工作空间的设置了。

技巧

如果在启动 Eclipse 时，选中"将此值用作缺省值并且不再询问"复选框，设置不再询问工作空间设置后，可以通过以下方法恢复提示。首先选择"窗口"/"首选项"命令，打开"首选项"对话框，然后在左侧选择"常规"/"启动和关闭"/"工作空间"节点，并且选中右侧的"启动时提示工作空间"复选框，单击"应用"按钮后，再单击"确定"按钮即可。

Eclipse 首次启动时，会显示 Eclipse 欢迎界面，如图 2.8 所示。

图 2.8　Eclipse 的欢迎界面

2.1.5　Eclipse 工作台

在 Eclipse 的欢迎界面中，单击"工作台"（Workbench）按钮或关闭欢迎界面，将显示 Eclipse 的工作台，它是程序开发人员开发程序的主要场所。Eclipse 还可以将各种插件无缝地集成到工作台中，也可以在工作台中开发各种插件。Eclipse 工作台主要包括标题栏、菜单栏、工具栏、编辑器、透视图和相关的视图等，如图 2.9 所示。在接下来的章节中将介绍 Eclipse 的菜单栏与工具栏，以及什么是透视图、视图，并介绍常用视图。

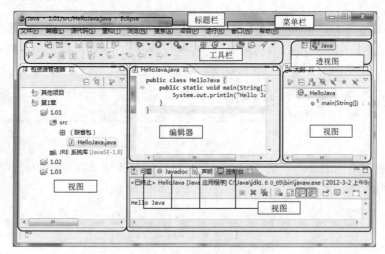

图 2.9　Eclipse 工作台

2.1.6　透视图与视图

透视图和视图是 Eclipse 中的概念，本节将分别介绍透视图、视图及其在 Eclipse 中的作用。

1. 透视图

透视图是 Eclipse 工作台提供的附加组织层，它实现多个视图的布局和可用操作的集合，并为这个集合定义一个名称，起到一个组织的作用。例如，Eclipse 提供的 Java 透视图组织了与 Java 程序设计有关的视图和操作的集合，而"调试"透视图负责组织与程序调试有关的视图和操作集。在 Eclipse 的 Java 开发环境中提供了几种常用的透视图，如 Java 透视图、"资源"透视图、"调试"透视图、"小组同步"透视图等。不同的透视图之间可以进行切换，但是同一时刻只能使用一个透视图。

2. 视图

视图多用于浏览信息的层次结构和显示活动编辑器的属性，例如，"控制台"视图用于显示程序运行时的输出信息和异常错误，而"包资源管理器"视图可以浏览项目的文件组织结构。视图可以单独出现，也可以与其他视图以选项卡样式叠加在一起，它们可以有自己独立的菜单和工具栏，并且可以通过拖动随意改变布局位置。

> **技巧**
>
> 在视图标题上右击,在弹出的快捷菜单中选择"已拆离"命令可以将视图从 Eclipse 工作台界面中分离,以单独窗口存在,同样的操作也可以将视图再次合并到工作台界面中。本书大部分视图都是从 Eclipse 中分离后截取的界面效果。

2.1.7 菜单栏

Eclipse 的菜单栏包含了 Eclipse 的基本命令,在使用不同的编辑器时,还会动态地添加有关该编辑器的菜单。基本的菜单栏中除了常用的"文件""编辑""窗口""帮助"等菜单以外,还提供了一些功能菜单,如"源代码"和"重构"等,如图 2.10 所示。

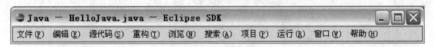

图 2.10 Eclipse 的菜单栏

每个菜单中都包含不同的命令,这些命令用于完成最终的操作,如文件的打开与保存、代码格式化、程序的运行与分步调试等。每个菜单所包含的命令如图 2.11 所示。

图 2.11 Eclipse 菜单命令

菜单中的命令虽多,但不是所有命令都经常使用。本节将介绍几个最常用的菜单及其命令,其他不常用的菜单,读者可以在日后程序开发过程中慢慢掌握。

1. "文件"菜单

"文件"菜单中包含"新建""保存""关闭""打印""切换工作空间""属性"等命令。菜单中包含的内容虽多,但也有常用的和不常用的,例如,如果不常使用打印功能,那么"文件"菜单中的"打印"命令会很少用到。"文件"菜单中的常用命令列于表2.1中,这样更方便阅读和查询。

表2.1 "文件"菜单中常用命令

图标	命令	说明	快捷键
	新建	创建新项目、元素或资源	Alt+Shift+N
	打开文件	打开已经存在的文件	
	关闭	关闭当前编辑器	Ctrl+W
	全部关闭	关闭所有编辑器	Ctrl+Shift+W
💾	保存	保存当前编辑器的内容	Ctrl+S
	刷新	刷新所选元素的内容	F5
	切换工作空间	切换工作空间到其他位置,这将导致Eclipse重启	
	导入	打开导入向导对话框	
	导出	打开导出向导对话框	
	属性	打开所选元素的属性对话框	Alt+Enter

2. "编辑"菜单

"编辑"菜单用于辅助程序代码设计工作,除常用的"剪切""复制""粘贴"命令之外,还提供了"快速修正""将选择范围扩展到""内容辅助"等高级命令。"编辑"菜单中的常用命令如表2.2所示。

表2.2 "编辑"菜单中常用命令

命令	说明	快捷键
将选择范围扩展到	将选择编辑内容的范围扩大到外层元素、下一个元素、上一个元素或者恢复上一次选择的元素	
查找/替换	搜索编辑器中的内容片段,并根据需要替换为新的内容	Ctrl+F
查找下一个	搜索当前所选内容下一次出现的地方	Ctrl+K
查找上一个	搜索当前所选内容上一次出现的地方	Ctrl+Shift+K
添加书签	在当前光标所在行添加书签	
添加任务	在当前光标所在行添加任务	
灵活插入方式	切换插入方式。当禁用灵活插入方式时,将禁用自动缩进、添加右方括号等辅助功能	Ctrl+Shift+Insert
内容辅助	在当前光标位置打开内容辅助对话框	
文字补全	补全当前编辑器中正在输入的文字	Ctrl+Alt+/
快速修正	如果光标位于问题代码附近,则打开一个解决方案对话框	Ctrl+1

3. "源代码"菜单

"源代码"菜单中包含的命令都是和代码编写相关的命令,主要用于辅助编程。"源代码"菜单的常用命令如表 2.3 所示。

表 2.3 "源代码"菜单中常用命令

命 令	说 明	快 捷 键
切换注释	注释或取消注释当前选择的所有行	Ctrl+/或 Ctrl+7
添加块注释	在当前选择的多行代码周围添加块注释	Ctrl+Shift+/
除去块注释	从当前选择的多行代码中除去块注释	Ctrl+Shift+\
更正缩进	更正当前选择的代码行的缩进	Ctrl+I
格式	使用代码格式化程序来格式化当前 Java 代码	Ctrl+Shift+F
组织导入	导入当前类所使用的类包	Ctrl+Shift+O
覆盖/实现方法	使用向导覆盖父类或实现接口中的方法	
生成 Getter 和 Setter	使用向导创建成员变量的 getXXX()/setXXX()方法	
生成 hashCode()和 equals()	打开 "生成 hashCode()和 equals()" 对话框	
使用字段生成构造函数	添加构造函数,这些构造函数初始化当前所选类型的字段。可用于类型、字段或类型中的文本选择	
从超类中生成构造函数	对于当前所选类型,按照超类中的定义来添加构造函数	
包围方式	使用代码模板包围所选语句	Alt+Shift+Z
外部化字符串	打开 "将字符串外部化" 向导,此向导允许通过使用语句访问属性文件来替换代码中的所有字符串	

4. "重构"菜单

"重构"菜单是 Eclipse 最关键的菜单,主要包括项目重构的相关命令,应该重点掌握。"重构"菜单中的常用命令如表 2.4 所示。

表 2.4 "重构"菜单中常用命令

命 令	说 明	快 捷 键
重命名	重命名所选择的 Java 元素	Alt+Shift+R
移动	移动所选择的 Java 元素	Alt+Shift+V
抽取方法	创建一个包含当前所选语句或表达式的新方法,并相关地引用	Alt+Shift+M
抽取局部变量	创建为当前所选表达式指定的新变量,并将选择替换为对新变量的引用	Alt+Shift+L
抽取常量	从所选表达式创建静态终态字段并替换字段引用,并且可以选择重写同一表达式的其他出现位置	
内联	直接插入局部变量、方法或常量	Alt+Shift+I
将匿名类转换为嵌套类	将匿名内部类转换为成员类	
将成员类型转换为顶级	为所选成员类型创建新的 Java 编译单元,并根据需要更新所有引用	
将局部变量转换为字段	如果该变量是在创建时初始化的,则此操作将把初始化移至新字段的声明或类的构造函数	
抽取超类	从一组同类型中抽取公共超类	
抽取接口	根据当前类的方法创建接口,并使该类实现这个接口	

命　　令	说　　明	快　捷　键
包括字段	将对变量的所有引用替换为getXXX()/setXXX()方法	
历史记录	浏览工作空间重构历史记录，并提供用于从重构历史记录中删除重构的选项	

2.1.8　工具栏

　　和大多数软件的布局格式相同，Eclipse 的工具栏位于菜单栏的下方。工具栏中的按钮都是菜单命令对应的快捷图标，在打开不同的编辑器时，还会动态地添加与编辑器相关的新工具栏按钮。另外，除了菜单栏下面的主工具栏，Eclipse 中还有视图工具栏、透视图工具栏和快速视图工具栏等多种工具栏。

　　（1）主工具栏

　　主工具栏就是位于 Eclipse 菜单栏下方的工具栏，其内容将根据不同的透视图和不同类型的编辑器显示相关工具按钮，如图 2.12 所示。

图 2.12　Eclipse 主工具栏

　　（2）视图工具栏

　　Eclipse 界面中包含多种视图，这些视图有不同的用途（有关视图的概念已在 2.1.6 节中讲述），可以根据视图的功能需求在视图的标题栏位置添加相应的视图工具栏。例如，"控制台"视图用于输出程序运行中的输出结果和运行时异常信息，其工具栏如图 2.13 所示。

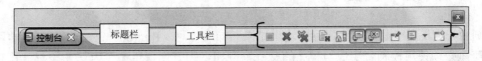

图 2.13　"控制台"视图的标题栏和工具栏

　　（3）透视图工具栏

　　透视图工具栏主要包括切换已经打开的不同透视图的缩略按钮以及打开其他视图的按钮。在相应的工具按钮上右击会弹出透视图的管理菜单，实现透视图的定制、关闭、复位、布局位置、是否显示文本等操作，如图 2.14 所示。

　　（4）快速视图工具栏

　　快速视图工具栏包含了一组快速视图的图标按钮，该工具栏中的视图会以图标按钮形式隐藏，单击指定工具按钮时会显示指定的视图，该视图失去焦点时会自动隐藏到快速工具栏。默认情况下，快速视图工具栏出现在工作台的左下角，如图 2.15 所示。

图 2.14　透视图工具栏　　　　　　　　图 2.15　快速视图工具栏

2.1.9 "包资源管理器"视图

"包资源管理器"视图用于浏览项目结构中的Java元素,包括包、类、类库的引用等,但最主要的用途还是操作项目中的源代码文件。"包资源管理器"视图的界面如图2.16所示。

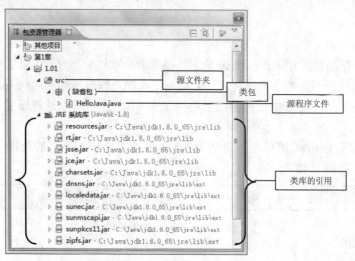

图2.16 "包资源管理器"视图

2.1.10 "控制台"视图

"控制台"视图用于显示程序运行的输出结果和异常信息(Runtime Exception)。在学习Swing程序设计之前,必须使用控制台实现与程序的交互,例如,为方便调试某个方法,该视图在方法执行前后会分别输出"方法开始"和"方法结束"信息。"控制台"视图的界面如图2.17所示。

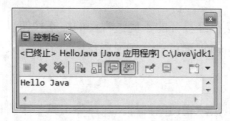

图2.17 "控制台"视图

说明

英文原版的Eclipse开发环境中,控制台视图的标题叫做Console。由于英文版的开发环境更加稳定,所以更推荐大家使用英文原版的Eclipse来学习Java。

2.2 使用 Eclipse

视频讲解：光盘\TM\lx\2\使用 Eclipse.mp4

现在读者对 Eclipse 工具已经有大体的认识了，本节将介绍如何使用 Eclipse 完成 HelloJava 程序的编写和运行。（实例位置：光盘\TM\sl\Hello.java）

2.2.1 创建 Java 项目

在 Eclipse 中编写程序，必须先创建项目。Eclipse 中有很多种项目，其中 Java 项目用于管理和编写 Java 程序。创建该项目的步骤如下：

（1）选择"文件"/"新建"/"项目"命令，打开"新建项目"对话框，该对话框包含创建项目的向导，在向导中选择"Java 项目"节点，单击"下一步"按钮。

（2）弹出"新建 Java 项目"对话框，在"项目名"文本框中输入"HelloJava"，在"项目布局"栏中选中"为源文件和类文件创建单独的文件夹"单选按钮，如图 2.18 所示，然后单击"完成"按钮，完成项目的创建。

图 2.18 "新建 Java 项目"对话框

2.2.2 创建 Java 类文件

创建 Java 类文件时，会自动打开 Java 编辑器。创建 Java 类文件可以通过"新建 Java 类"向导来完成。在 Eclipse 菜单栏中选择"文件"/"新建"/"类"命令，将打开"新建 Java 类"向导对话框，如图 2.19 所示。

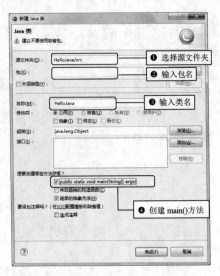

图 2.19 "新建 Java 类"向导对话框

使用该向导对话框创建 Java 类的步骤如下：

（1）在"源文件夹"文本框中输入项目源程序文件夹的位置。通常向导会自动填写该文本框，没有特殊情况，不需要修改。

（2）在"包"文本框中输入类文件的包名，这里暂时默认为空，不输入任何信息，这样就会使用 Java 工程的默认包。

（3）在"名称"文本框中输入新建类的名称，如 HelloJava。

> **注意**
> 虽然 HelloJava 类名与 Java 项目同名，但是它们分别代表类文件和 Java 项目，读者需要注意区分它们的含义。

（4）选中 public static void main(String[] args)复选框，向导在创建类文件时，会自动为该类添加 main()方法，使该类成为可以运行的主类。

2.2.3 使用编辑器编写程序代码

编辑器总是位于 Eclipse 工作台的中间区域，该区域可以重叠放置多个编辑器。编辑器的类型可以不同，但它们的主要功能都是完成 Java 程序、XML 配置等代码编写或可视化设计工作。本节将介绍如何使用 Java 编辑器和其代码辅助功能快速编写 Java 程序。

1．打开 Java 编辑器

在使用向导创建 Java 类文件之后，会自动打开 Java 编辑器编辑新创建的 Java 类文件。除此之外，打开 Java 编辑器最常用的方法是在"包资源管理器"视图中双击 Java 源文件或在 Java 源文件处右击并在弹出的快捷菜单中选择"打开方式"/"Java 编辑器"命令。Java 编辑器的界面如图 2.20 所示。

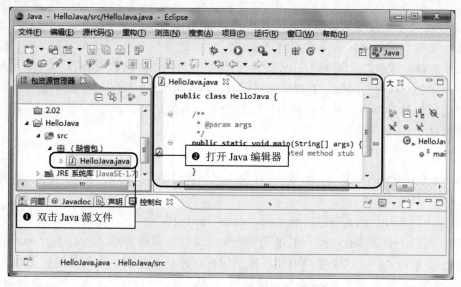

图 2.20　Java 编辑器界面

从图 2.20 中可以看到，Java 编辑器以不同的样式和颜色突出显示 Java 语法。这些突出显示的语法包括以下几个方面：

- ☑ 程序代码注释。
- ☑ Javadoc 注释。
- ☑ Java 关键字。

> **技巧**
> 在 Java 编辑器左侧右击，在弹出的快捷菜单中选择"显示行号"命令，可以开启 Java 编辑器显示行号的功能。

2．编写 Java 代码

Eclipse 的强大之处并不在于编辑器能突出显示 Java 语法，而在于它强大的代码辅助功能。在编写 Java 程序代码时，可以使用 Ctrl+Alt+/快捷键自动补全 Java 关键字，也可以使用 Alt+/快捷键启动 Eclipse 代码辅助菜单。

在使用向导创建 HelloJava 类之后，向导会自动构建 HelloJava 类结构的部分代码，并建立 main() 方法，程序开发人员需要做的就是将代码补全，为程序添加相应的业务逻辑。本程序的完整代码如图 2.21 所示。

技巧

在 Eclipse 安装后，Java 编辑器文本字体为 Consolas 10。采用这个字体时，中文显示比较小，不方便查看。这时，可以选择主菜单上的"窗口"/"首选项"命令，打开"首选项"对话框，在左侧的列表中选择"常规"/"外观"/"颜色和字体"节点，在右侧选择 Java/"Java 编辑器文本字体"节点，并单击"编辑"按钮，在弹出的对话框中选择 Courier New 字体，单击"确定"按钮，返回到"首选项"对话框中，单击"应用"按钮即可。另外，"调试"/"控制台字体"节点也需要进行以上修改。

在 HelloJava 程序代码中，第 2、4、5、6 行是由向导创建的，完成这个程序只要编写第 3 行和第 8 行代码即可。

首先来看一下第 3 行代码。它包括 private、static、String 3 个关键字，这 3 个关键字如果在记事本程序中手动输入可能不会花多长时间，但是无法避免出现输入错误的情况，如将 private 关键字输入为"privat"，缺少了字母"e"，这个错误可能在程序编译时才会被发现。如果是名称更长、更复杂的关键字，就更容易出现错误。而在 Eclipse 的 Java 编辑器中可以输入关键字的部分字母，然后使用 Ctrl+Alt+/ 快捷键自动补全 Java 关键字，如图 2.22 所示。

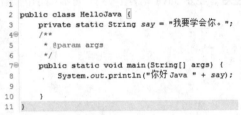

图 2.21　HelloJava 程序代码

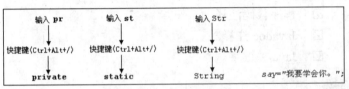

图 2.22　使用快捷键补全关键字

其次是第 8 行的程序代码。它使用 System.out.println() 方法输出文字信息到控制台，这是程序开发时最常使用的方法之一。当输入"."操作符时，编辑器会自动弹出代码辅助菜单，也可以在输入部分文字之后使用 Alt+/ 快捷键调出代码辅助菜单，完成关键语法的输入，如图 2.23 所示。

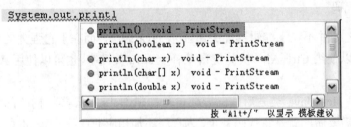

图 2.23　代码辅助菜单

 注意

System.out.println() 方法在 Java 编辑器中可以通过输入"syso"和按 Alt+/ 快捷键完成快速输入。

第 2 章 熟悉 Eclipse 开发工具

> **技巧**
> 将光标移动到 Java 编辑器的错误代码位置，按 Ctrl+1 快捷键可以激活"代码修正"菜单，进而选择菜单中合适的修正方法。

2.2.4 运行 Java 程序

HelloJava 类包含 main()方法，它是一个可以运行的主类。例如，在 Eclipse 中运行 HelloJava 程序，可以在"包资源管理器"视图中 HelloJava 文件处右击，在弹出的菜单中选择"运行方式"/"Java 应用程序"命令。程序运行结果如图 2.24 所示。

图 2.24　HelloJava 程序在控制台的输出结果

2.3　程 序 调 试

视频讲解：光盘\TM\lx\2\程序调试.mp4

读者在程序开发过程中会不断体会到程序调试的重要性。为验证 Java 单元的运行状况，以往会在某个方法调用的开始和结束位置分别使用 System.out.println()方法输出状态信息，并根据这些信息判断程序执行状况，但这种方法比较原始，而且经常导致程序代码混乱（导出的都是 System. out.println()方法）。

本节将简单介绍 Eclipse 内置的 Java 调试器的使用方法，使用该调试器可以进行设置程序的断点，实现程序单步执行，在调试过程中查看变量和表达式的值等调试操作，这样可以避免在程序中编写大量的 System.out.println()方法输出调试信息。

使用 Eclipse 的 Java 调试器需要设置程序断点，然后使用单步调试分别执行程序代码的每一行。

1. 断点

设置断点是程序调试中必不可少的手段，Java 调试器每次遇到程序断点时都会将当前线程挂起，即暂停当前程序的运行。

可以在 Java 编辑器中显示代码行号的位置双击添加或删除当前行的断点，或者在当前行号的位置右击，在弹出的快捷菜单中选择"切换断点"命令实现断点的添加与删除，如图 2.25 所示。

2. 以调试方式运行 Java 程序

要在 Eclipse 中调试 HelloJava 程序，可以在"包资源管理器"视图中 HelloJava 文件处右击，在弹出的快捷菜单中选择"调试方式"/"Java 应用程序"命令。在图 2.25 中第 8 行代码设置了断点，调试器将在该断点处挂起当前线程，使程序暂停，如图 2.26 所示。

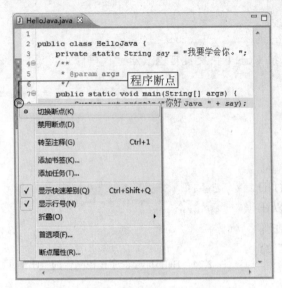

图 2.25　Java 编辑器中的断点

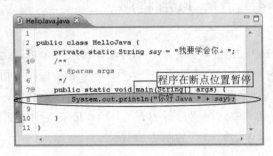

图 2.26　程序执行到断点后暂停

3. 程序调试

程序执行到断点被暂停后，可以通过"调试"视图工具栏上的按钮执行相应的调试操作，如运行、停止等。"调试"视图如图 2.27 所示。

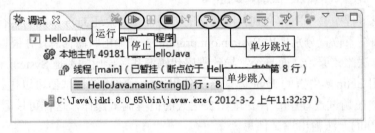

图 2.27　"调试"视图

（1）单步跳过

在"调试"视图的工具栏中单击 按钮或按 F6 键，将执行单步跳过操作，即运行单独的一行程序代码，但是不进入调用方法的内部，然后跳到下一个可执行点并暂挂线程。

说明

不停地执行单步跳过操作，会每次执行一行程序代码，直到程序结束或等待用户操作。

（2）单步跳入

在"调试"视图的工具栏中单击 按钮或按 F5 键，执行该操作将跳入调用方法或对象的内部单步执行程序并暂挂线程。

2.4 小　　结

本章主要介绍了 Eclipse 开发工具，包括它的配置与启动、菜单栏、工具栏，以及常用的"包资源管理器"和"控制台"视图；另外还介绍了 Eclipse 的使用方法，包括创建 Java 项目、创建 Java 类、编写程序代码和运行程序；最后还讲解了 Java 程序调试器的简单使用方法。

通过对本章的学习，读者应该能初步认识并掌握 Eclipse 开发工具的使用。在学习本书内容时，应灵活运用 Eclipse 的代码辅助功能（使用 Ctrl+Alt+/、Alt+/和 Ctrl+1 快捷键）快速编写程序代码。

2.5　实践与练习

1. 尝试在 Eclipse 中创建项目并编写程序，实现如图 2.28 所示的程序输出结果。（答案位置：光盘\TM\sl\2.01）

图 2.28　程序输出结果

2. 尝试编写 Java 程序，使程序分别输出两个整数的加、减、乘、除运算结果。（答案位置：光盘\TM\sl\2.02）

第 3 章

Java 语言基础

（ 视频讲解：1 小时 45 分钟）

很多人认为学习 Java 语言之前必须要学习 C++ 语言，其实并非如此，产生这种错误的认识是因为很多人在学习 Java 语言之前都学过 C++ 语言。事实上，Java 语言比 C++ 语言更容易掌握。要掌握并熟练应用 Java 语言，就需要对 Java 语言的基础进行充分的了解。本章对 Java 语言基础进行了比较详细的介绍，初学者应该对本章的各个小节进行仔细的阅读、思考，这样才能达到事半功倍的效果。

通过阅读本章，您可以：

- ▶▶ 了解 Java 主类结构
- ▶▶ 了解 Java 语言中的基本数据类型
- ▶▶ 理解 Java 语言中的常量与变量
- ▶▶ 掌握 Java 语言运算符的使用
- ▶▶ 理解 Java 语言数据类型的转换
- ▶▶ 了解 Java 语言中的代码注释与编码规范

3.1 Java 主类结构

Java 语言是面向对象的程序设计语言,Java 程序的基本组成单元是类,类体中又包括属性与方法两部分(本书将在以下章节中逐一介绍)。每一个应用程序都必须包含一个 main()方法,含有 main()方法的类称为主类。下面通过程序来介绍 Java 主类结构。

【例 3.1】 在 Eclipse 下依次创建项目 item、包 Number 和类 Frist。在类体中输入以下代码,实现在控制台上输出"你好 Java"。(实例位置:光盘\TM\sl\3.01)

```java
package Number;
public class Frist {
    static String s1 = "你好";
    public static void main(String[] args) {
        String s2 = "Java";
        System.out.println(s1);
        System.out.println(s2);
    }
}
```

运行结果如图 3.1 所示。

图 3.1 在控制台上输出字符串

> **注意**
> 代码中的所有标点符号都是英文字符,不要在中文输入法状态下输入标点符号,如双引号和分号,否则会导致编译错误。
> 文件名必须和类名 Frist 同名,即 Frist.java。还要注意大小写,Java 是区分大小写的。

3.1.1 包声明

一个 Java 应用程序是由若干个类组成的。在例 3.1 中就是一个类名为 Frist 的类,语句 package Number 为声明该类所在的包,package 为包的关键字(关于包的详细介绍可参见第 11 章)。

3.1.2 声明成员变量和局部变量

通常将类的属性称为类的全局变量（成员变量），将方法中的属性称为局部变量。全局变量声明在类体中，局部变量声明在方法体中。全局变量和局部变量都有各自的应用范围。在例 3.1 中 s1 是成员变量，s2 是局部变量。

3.1.3 编写主方法

main()方法是类体中的主方法。该方法从"{"开始，至"}"结束。public、static 和 void 分别是 main()方法的权限修饰符、静态修饰符和返回值修饰符，Java 程序中的 main()方法必须声明为 public static void。String[] args 是一个字符串类型的数组，它是 main()方法的参数（以后章节中将作详细的介绍）。main()方法是程序开始执行的位置。

3.1.4 导入 API 类库

在 Java 语言中可以通过 import 关键字导入相关的类。在 JDK 的 API 中（应用程序接口）提供了 130 多个包，如 java.awt、java.io 等。可以通过 JDK 的 API 文档来查看这些类，其中主要包括类的继承结构、类的应用、成员变量表、构造方法表等，并对每个变量的使用目的作了详细的描述，API 文档是程序开发人员不可或缺的工具。

Java 语言是严格区分大小写的。例如，不能将关键字 class 等同于 Class。

3.2 基本数据类型

视频讲解：光盘\TM\lx\3\基本数据类型.mp4

在 Java 中有 8 种基本数据类型来存储数值、字符和布尔值，如图 3.2 所示。

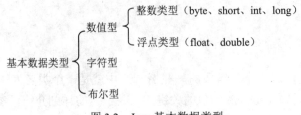

图 3.2 Java 基本数据类型

3.2.1 整数类型

整数类型用来存储整数数值，即没有小数部分的数值。可以是正数，也可以是负数。整型数据在 Java 程序中有 3 种表示形式，分别为十进制、八进制和十六进制。

- ☑ 十进制：十进制的表现形式大家都很熟悉，如 120、0、-127。

不能以 0 作为十进制数的开头（0 除外）。

- ☑ 八进制：如 0123（转换成十进制数为 83）、-0123（转换成十进制数为-83）。

八进制必须以 0 开头。

- ☑ 十六进制：如 0x25（转换成十进制数为 37）、0Xb01e（转换成十进制数为 45086）。

十六进制必须以 0X 或 0x 开头。

整型数据根据它所占内存大小的不同，可分为 byte、short、int 和 long 4 种类型。它们具有不同的取值范围，如表 3.1 所示。

表 3.1　整型数据类型

数 据 类 型	内存空间（8 位等于 1 字节）	取 值 范 围
byte	8 位	-128~127
short	16 位	-32768~32767
int	32 位	-2147483648~2147483647
long	64 位	-9223372036854775808~9223372036854775807

下面以 int 型变量为例讲解整型变量的定义。

【例 3.2】 定义 int 型变量，实例代码如下：

```
int x;                    //定义 int 型变量 x
int x,y;                  //定义 int 型变量 x、y
int x = 450,y = -462;     //定义 int 型变量 x、y 并赋给初值
```

在定义以上 4 种类型变量时，要注意变量的取值范围，超出相应范围就会出错。对于 long 型值，若赋给的值大于 int 型的最大值或小于 int 型的最小值，则需要在数字后加 L 或 l,表示该数值为长整数，如 long num = 2147483650L。

【例 3.3】 在项目中创建类 Number，在主方法中创建不同数值型变量，并将这些变量相加，将和输出。（实例位置：光盘\TM\sl\3.02）

```java
public class Number {                                    //创建类
    public static void main(String[] args) {             //主方法
        byte mybyte = 124;                               //声明 byte 型变量并赋值
        short myshort = 32564;                           //声明 short 型变量并赋值
        int myint = 45784612;                            //声明 int 型变量并赋值
        long mylong = 46789451;                          //声明 long 型变量并赋值
        long result = mybyte + myshort + myint + mylong; //获得各数相加后的结果
        System.out.println("结果为：" + result);          //将以上变量相加的结果输出
    }
}
```

程序运行结果如图 3.3 所示。

图 3.3 不同数值型变量相加的和

3.2.2 浮点类型

浮点类型表示有小数部分的数字。Java 语言中浮点类型分为单精度浮点类型（float）和双精度浮点类型（double），它们具有不同的取值范围，如表 3.2 所示。

表 3.2 浮点型数据类型

数 据 类 型	内存空间（8 位等于 1 字节）	取 值 范 围
float	32 位	1.4E-45～3.4028235E38
double	64 位	4.9E-324～1.7976931348623157E308

在默认情况下，小数都被看作 double 型，若使用 float 型小数，则需要在小数后面添加 F 或 f。可以使用后缀 d 或 D 来明确表明这是一个 double 类型数据，不加 d 不会出错，但声明 float 型变量时如果不加 f，系统会认为变量是 double 类型而出错。下面举例介绍声明浮点类型变量的方法。

【例 3.4】 定义浮点类型变量，实例代码如下：

```java
float f1 = 13.23f;
double d1 = 4562.12d;
double d2 = 45678.1564;
```

3.2.3 字符类型

1. char 型

字符类型（char）用于存储单个字符，占用 16 位（两个字节）的内存空间。在定义字符型变量时，要以单引号表示，如's'表示一个字符，而"s"则表示一个字符串，虽然只有一个字符，但由于使用双引号，它仍然表示字符串，而不是字符。

使用 char 关键字可定义字符变量，下面举例说明。

【例 3.5】 声明字符型变量，实例代码如下：

```
char x = 'a';
```

由于字符 a 在 unicode 表中的排序位置是 97，因此允许将上面的语句写成：

```
char x = 97;
```

同 C 和 C++语言一样，Java 语言也可以把字符作为整数对待。由于 unicode 编码采用无符号编码，可以存储 65536 个字符（0x0000~0xffff），所以 Java 中的字符几乎可以处理所有国家的语言文字。若想得到一个 0~65536 之间的数所代表的 unicode 表中相应位置上的字符，也必须使用 char 型显式转换。

【例 3.6】 在项目中创建类 Gess，编写如下代码，实现将 unicode 表中某些位置上的字符以及一些字符在 unicode 表中的位置在控制台上输出。（实例位置：光盘\TM\sl\3.03）

```
public class Gess {                              //定义类
    public static void main(String[] args) {     //主方法
        char word = 'd', word2 = '@';            //定义 char 型变量
        int p = 23045, p2 = 45213;               //定义 int 型变量
        System.out.println("d 在 unicode 表中的顺序位置是：" + (int) word);
        System.out.println("@在 unicode 表中的顺序位置是：" + (int) word2);
        System.out.println("unicode 表中的第 23045 位是：" + (char) p);
        System.out.println("unicode 表中的第 45213 位是：" + (char) p2);
    }
}
```

运行结果如图 3.4 所示。

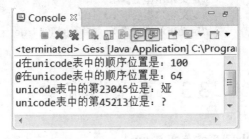

图 3.4 例 3.6 的运行结果

2. 转义字符

转义字符是一种特殊的字符变量,它以反斜杠"\"开头,后跟一个或多个字符。转义字符具有特定的含义,不同于字符原有的意义,故称"转义"。例如,printf 函数的格式串中用到的"\n"就是一个转义字符,意思是"回车换行"。Java 中的转义字符如表 3.3 所示。

表 3.3 转义字符

转 义 字 符	含 义
\ddd	1~3 位八进制数据所表示的字符,如\123
\uxxxx	4 位十六进制数据所表示的字符,如\u0052
\'	单引号字符
\\	反斜杠字符
\t	垂直制表符,将光标移到下一个制表符的位置
\r	回车
\n	换行
\b	退格
\f	换页

将转义字符赋值给字符变量时,与字符常量值一样需要使用单引号。

【例 3.7】 使用转义字符,实例代码如下:

```
char c1 = '\\';                      //将转义字符 '\\' 赋值给变量 c1
char char1 = '\u2605';               //将转义字符 '\u2605' 赋值给变量 char1
System.out.println(c1);              //输出结果\
System.out.println(char1);           //输出结果★
```

3.2.4 布尔类型

布尔类型又称逻辑类型,通过关键字 boolean 来定义布尔类型变量,只有 true 和 false 两个值,分别代表布尔逻辑中的"真"和"假"。布尔值不能与整数类型进行转换。布尔类型通常被用在流程控制中作为判断条件。

【例 3.8】 声明 boolean 型变量,实例代码如下:

```
boolean b;                           //定义布尔型变量 b
boolean b1,b2;                       //定义布尔型变量 b1、b2
boolean b = true;                    //定义布尔型变量 b,并赋给初值 true
```

3.3 变量与常量

 视频讲解:光盘\TM\lx\3\变量与常量.mp4

在程序执行过程中,其值不能被改变的量称为常量,其值能被改变的量称为变量。变量与常量的命名都必须使用合法的标识符。本节将向读者介绍标识符与关键字、变量与常量的命名。

3.3.1 标识符和关键字

1. 标识符

标识符可以简单地理解为一个名字，用来标识类名、变量名、方法名、数组名、文件名的有效字符序列。

Java 语言规定标识符由任意顺序的字母、下划线（_）、美元符号（$）和数字组成，并且第一个字符不能是数字。标识符不能是 Java 中的保留关键字。

下面是合法标识符：

```
name
user_age
$page
```

下面是非法标识符：

```
4word
String
User name
```

在 Java 语言中标识符中的字母是严格区分大小写的，如 good 和 Good 是不同的两个标识符。Java 语言使用 unicode 标准字符集，最多可以标识 65535 个字符，因此，Java 语言中的字母不仅包括通常的拉丁文字 a、b、c 等，还包括汉字、日文以及其他许多语言中的文字。

2. 关键字

关键字是 Java 语言中已经被赋予特定意义的一些单词，不可以把这些字作为标识符来使用。3.2 节介绍的数据类型中提到的 int、boolean 等都是关键字。Java 语言中的关键字如表 3.4 所示。

表 3.4 Java 关键字

int	public	this	finally	boolean	abstract
continue	float	long	short	throw	throws
return	break	for	static	new	interface
if	goto	default	byte	do	case
strictfp	package	super	void	try	switch
else	catch	implements	private	final	class
extends	volatile	while	synchronized	instanceof	char
protected	import	transient	dafault	double	

3.3.2 声明变量

变量的使用是程序设计中一个十分重要的环节。定义变量就是要告诉编译器（compiler）这个变量的数据类型，这样编译器才知道需要配置多少空间给它，以及它能存放什么样的数据。在程序运行过程中，空间内的值是变化的，这个内存空间就称为变量。为了便于操作，给这个空间取个名字，称为变量名。变量的命名必须是合法的标识符。内存空间内的值就是变量值。在声明变量时可以是没有赋值，也可以是直接赋给初值。

【例 3.9】 声明变量，实例代码如下：

```
int age;                    //声明 int 型变量
char char1 = 'r';           //声明 char 型变量并赋值
```

编写以上程序代码，究竟会产生什么样的效果呢？要了解这个问题，就需要对变量的内存配置有一定的认识。用图解的方式将上例程序代码在内存中的状况表现出来，如图 3.5 所示。

由图 3.5 可知，系统的内存可大略分为 3 个区域，即系统（OS）区、程序（Program）区和数据（Data）区。当程序执行时，程序代码会加载到内存中的程序区，数据暂时存储在数据区中。假设上述两个变量定义在方法体中，则程序加载到程序区中。当执行此行程序代码时，会在数据区配置空间给出这两个变量。

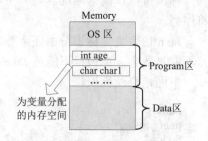

图 3.5　变量占用的内存空间

对于变量的命名并不是任意的，应遵循以下几条规则：
- ☑ 变量名必须是一个有效的标识符。
- ☑ 变量名不可以使用 Java 中的关键字。
- ☑ 变量名不能重复。
- ☑ 应选择有意义的单词作为变量名。

说明

在 Java 语言中允许使用汉字或其他语言文字作为变量名，如"int 年龄 = 21"，在程序运行时不会出现错误，但建议读者尽量不要使用这些语言文字作为变量名。

3.3.3　声明常量

在程序运行过程中一直不会改变的量称为常量（constant），通常也被称为"final 变量"。常量在整个程序中只能被赋值一次。在为所有的对象共享值时，常量是非常有用的。

在 Java 语言中声明一个常量，除了要指定数据类型外，还需要通过 final 关键字进行限定。声明常量的标准语法如下：

```
final 数据类型 常量名称[=值]
```

常量名通常使用大写字母，但这并不是必需的。很多 Java 程序员使用大写字母表示常量，是为了清楚地表明正在使用常量。

【例 3.10】 声明常量，实例代码如下：

```
final double PI = 3.1415926D;           //声明 double 型常量 PI 并赋值
final boolean BOOL = true;              //声明 boolean 型常量 BOOL 并赋值
```

当定义的 final 变量属于"成员变量"时,必须在定义时就设定它的初值,否则将会产生编译错误。从下面的实例中可看出变量与常量的区别。

【例 3.11】 在项目中创建类 Part,在类体中创建变量 age 与常量 PI。在主方法中分别将变量与常量赋值,通过输出信息可测试变量与常量的有效范围。(**实例位置:光盘\TM\sl\3.04**)

```java
public class Part {                              //新建类 Part
    //声明常量 PI,此时如不对 PI 进行赋值,则会出现错误提示
    static final double PI = 3.14;
    static int age = 23;                         //声明 int 型变量 age 并进行赋值
    public static void main(String[] args) {     //主方法
        final int number;                        //声明 int 型常量 number
        number = 1235;                           //对常量进行赋值
        age = 22;                                //再次对变量进行赋值
        //number = 1236;                         //错误的代码,因为 number 为常量,只能进行一次赋值
        System.out.println("常量 PI 的值为:" + PI);          //将 PI 的值输出
        System.out.println("赋值后 number 的值为:" +number); //将 number 的值输出
        System.out.println("int 型变量 age 的值为:" + age);  //将 age 的值输出
    }
}
```

运行结果如图 3.6 所示。

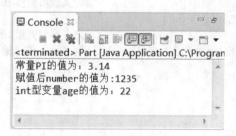

图 3.6 例 3.11 的运行结果

3.3.4 变量的有效范围

由于变量被定义出来后只是暂存在内存中,等到程序执行到某一个点,该变量会被释放掉,也就是说变量有它的生命周期。因此,变量的有效范围是指程序代码能够访问该变量的区域,若超出该区域,则在编译时会出现错误。在程序中,一般会根据变量的"有效范围"将变量分为"成员变量"和"局部变量"。

1. 成员变量

在类体中所定义的变量被称为成员变量,成员变量在整个类中都有效。类的成员变量又可分为两种,即静态变量和实例变量。

【例 3.12】 声明静态变量和实例变量,实例代码如下:

```java
class var{
    int x = 45;
```

```
    static int y = 90
}
```

其中,x 为实例变量,y 为静态变量(也称类变量)。如果在成员变量的类型前面加上关键字 static,这样的成员变量称为静态变量。静态变量的有效范围可以跨类,甚至可达到整个应用程序之内。对于静态变量,除了能在定义它的类内存取,还能直接以"类名.静态变量"的方式在其他类内使用。

2. 局部变量

在类的方法体中定义的变量(方法内部定义,"{"与"}"之间的代码中声明的变量)称为局部变量。局部变量只在当前代码块中有效。

在类的方法中声明的变量,包括方法的参数,都属于局部变量。局部变量只在当前定义的方法内有效,不能用于类的其他方法中。局部变量的生命周期取决于方法,当方法被调用时,Java 虚拟机为方法中的局部变量分配内存空间,当该方法的调用结束后,则会释放方法中局部变量占用的内存空间,局部变量也将会销毁。

局部变量可与成员变量的名字相同,此时成员变量将被隐藏,即这个成员变量在此方法中暂时失效。

变量的有效范围如图 3.7 所示。

【例 3.13】 在项目中创建类 Val,分别定义名称相同的局部变量与成员变量,当名称相同时成员变量将被隐藏。(实例位置:光盘\TM\sl\3.05)

```
public class Val {                                    //新建类
    static int times = 3;                             //定义成员变量 times
    public static void main(String[] args) {          //主方法
        int times = 4;                                //定义局部变量 times
        System.out.println("times 的值为: " + times);  //将 times 的值输出
    }
}
```

运行结果如图 3.8 所示。

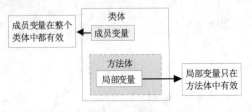

图 3.7　变量的有效范围

图 3.8　例 3.13 的运行结果

3.4　运　算　符

运算符是一些特殊的符号,主要用于数学函数、一些类型的赋值语句和逻辑比较方面。Java 中提供了丰富的运算符,如赋值运算符、算术运算符、比较运算符等。本节将向读者介绍这些运算符。

3.4.1 赋值运算符

📺 视频讲解：光盘\TM\lx\3\赋值运算符.mp4

赋值运算符以符号"="表示，它是一个二元运算符（对两个操作数作处理），其功能是将右方操作数所含的值赋给左方的操作数。例如：

```
int a = 100;
```

该表达式是将 100 赋值给变量 a。左方的操作数必须是一个变量，而右边的操作数则可以是任何表达式，包括变量（如 a、number）、常量（如 123、'book'）、有效的表达式（如 45*12）。

【例 3.14】 使用赋值运算符为变量赋值，实例代码如下：

```
int a = 10;                          //声明 int 型变量 a
int b = 5;                           //声明 int 型变量 b
int c = a+b;                         //将变量 a 与 b 运算后的结果赋值给 c
```

遵循赋值运算符的运算规则，可知系统将先计算 a+b 的值，结果为 15，然后将 15 赋值给变量 c，因此"c=15"。

由于赋值运算符"="处理时会先取得右方表达式处理后的结果，因此一个表达式中若含有两个以上的"="运算符，会从最右方的"="开始处理。

【例 3.15】 在项目中创建类 Eval，在主方法中定义变量，使用赋值运算符为变量赋值。（**实例位置：光盘\TM\sl\3.06**）

```
public class Eval {                              //创建类
    public static void main(String[] args) {     //主方法
        int a, b, c;                             //声明 int 型变量 a、b、c
        a = 15;                                  //将 15 赋值给变量 a
        c = b = a + 4;                           //将 a 与 4 的和赋值给变量 b，然后再赋值给变量 c
        System.out.println("c 值为：" + c);       //将变量 c 的值输出
        System.out.println("b 值为：" + b);       //将变量 b 的值输出
    }
}
```

运行结果如图 3.9 所示。

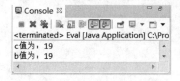

图 3.9 例 3.15 的运行结果

 说明

在 Java 中可以把赋值运算符连在一起使用。如：

x = y = z = 5;

在这个语句中，变量 x、y、z 都得到同样的值 5。但在程序开发中不建议使用这种赋值语句。

3.4.2 算术运算符

视频讲解：光盘\TM\lx\3\算术运算符.mp4

Java 中的算术运算符主要有+（加）、-（减）、*（乘）、/（除）、%（求余），它们都是二元运算符。Java 中算术运算符的功能及使用方式如表 3.5 所示。

表 3.5 Java 算术运算符

运算符	说明	实例	结果
+	加	12.45f+15	27.45
-	减	4.56-0.16	4.4
*	乘	5L*12.45f	62.25
/	除	7/2	3
%	取余数	12%10	2

其中，"+"和"-"运算符还可以作为数据的正负符号，如+5、-7。

> **注意**
> 在进行除法运算时，0 不能做除数。例如，对于语句"int a = 5/0;"，系统会抛出 ArithmeticException 异常。

下面通过一个小程序来介绍算术运算符的使用方法。

【例 3.16】 在项目中创建类 Arith，在主方法中定义变量，使用算术运算符将变量的计算结果输出。（实例位置：光盘\TM\sl\3.07）

```java
public class Arith {                                              //创建类
    public static void main(String[] args) {                      //主方法
        float number1 = 45.56f;                                   //声明 float 型变量并赋值
        int number2 = 152;                                        //声明 int 型变量并赋值
        System.out.println("和为："+( number1 + number2));        //将变量相加之和输出
        System.out.println("差为：" + (number2-number1));         //将变量相减之差输出
        System.out.println("积为：" + number1 * number2);         //将变量相乘的积输出
        System.out.println("商为：" + number1 / number2);         //将变量相除的商输出
    }
}
```

运行结果如图 3.10 所示。

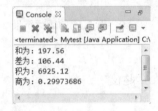

图 3.10 使用算术运算符将变量的计算结果输出

3.4.3 自增和自减运算符

视频讲解：光盘\TM\lx\3\自增和自减运算符.mp4

自增、自减运算符是单目运算符，可以放在操作元之前，也可以放在操作元之后。操作元必须是一个整型或浮点型变量。自增、自减运算符的作用是使变量的值增1或减1。放在操作元前面的自增、自减运算符，会先将变量的值加1（减1），然后再使该变量参与表达式的运算。放在操作元后面的自增、自减运算符，会先使变量参与表达式的运算，然后再将该变量加1（减1）。例如：

++a(--a)	//表示在使用变量a之前，先使a的值加（减）1
a++(a--)	//表示在使用变量a之后，使a的值加（减）1

粗略地分析，++a 与 a++ 的作用都相当于 a = a+1。假设 a = 4，则：

b = ++a;	//先将a的值加1，然后赋给b，此时a值为5，b值为5

再看另一个语法，同样假设 a = 4，则：

b = a++;	//先将a的值赋给b，再将a的值变为5，此时a值为5，b值为4

3.4.4 比较运算符

视频讲解：光盘\TM\lx\3\比较（关系）运算符.mp4

比较运算符属于二元运算符，用于程序中的变量之间、变量和自变量之间以及其他类型的信息之间的比较。比较运算符的运算结果是 boolean 型。当运算符对应的关系成立时，运算结果为 true，否则为 false。所有比较运算符通常作为判断的依据用在条件语句中。比较运算符共有6个，如表3.6所示。

表 3.6 比较运算符

运算符	作用	举例	操作数据	结果
>	比较左方是否大于右方	'a'>'b'	整型、浮点型、字符型	false
<	比较左方是否小于右方	156 < 456	整型、浮点型、字符型	true
==	比较左方是否等于右方	'c'=='c'	基本数据类型、引用型	true
>=	比较左方是否大于等于右方	479>=426	整型、浮点型、字符型	true
<=	比较左方是否小于等于右方	12.45<=45.5	整型、浮点型、字符型	true
!=	比较左方是否不等于右方	'y'!='t'	基本数据类型、引用型	true

【例 3.17】 在项目中创建类 Compare，在主方法中创建整型变量，使用比较运算符对变量进行比较运算，并将运算后的结果输出。（实例位置：光盘\TM\sl\3.08）

```
public class Compare {                             //创建类
    public static void main(String[] args) {
        int number1 = 4;                           //声明 int 型变量 number1
        int number2 = 5;                           //声明 int 型变量 number2
```

```
    /* 依次将变量 number1 与变量 number2 的比较结果输出 */
    System.out.println("number1>number2 的返回值为: " + (number1 > number2));
    System.out.println("number1< number2 返回值为: "+ (number1 < number2));
    System.out.println("number1==number2 返回值为: "+ (number1== number2));
    System.out.println("number1!=number2 返回值为: "+ (number1 != number2));
    System.out.println("number1>= number2 返回值为: "+ (number1 >= number2));
    System.out.println("number1<=number2 返回值为: "+ (number1 <= number2));
    }
}
```

运行结果如图 3.11 所示。

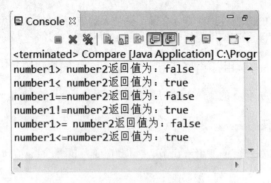

图 3.11　例 3.17 的运行结果

3.4.5　逻辑运算符

　　视频讲解：光盘\TM\lx\3\逻辑运算符.mp4

　　返回类型为布尔值的表达式，如比较运算符，可以被组合在一起构成一个更复杂的表达式。这是通过逻辑运算符来实现的。逻辑运算符包括&（&&）（逻辑与）、||（逻辑或）、!（逻辑非）。逻辑运算符的操作元必须是 boolean 型数据。在逻辑运算符中，除了"!"是一元运算符之外，其他都是二元运算符。表 3.7 给出了逻辑运算符的用法和含义。

表 3.7　逻辑运算符

运算符	含义	用法	结合方向
&&、&	逻辑与	op1&&op2	从左到右
||	逻辑或	op1||op2	从左到右
!	逻辑非	!op	从右到左

　　结果为 boolean 型的变量或表达式可以通过逻辑运算符组合为逻辑表达式。
　　用逻辑运算符进行逻辑运算时，结果如表 3.8 所示。

表 3.8　使用逻辑运算符进行逻辑运算

表达式 1	表达式 2	表达式 1&&表达式 2	表达式 1||表达式 2	!表达式 1
true	true	true	true	false
true	false	false	true	false

续表

表达式 1	表达式 2	表达式 1&&表达式 2	表达式 1||表达式 2	!表达式 1
false	false	false	false	true
false	true	false	true	true

逻辑运算符"&&"与"&"都表示"逻辑与",那么它们之间的区别在哪里呢?从表 3.8 可以看出,当两个表达式都为 true 时,"逻辑与"的结果才会是 true。使用逻辑运算符"&"会判断两个表达式;而逻辑运算符"&&"则是针对 boolean 类型的类进行判断,当第一个表达式为 false 时则不去判断第二个表达式,直接输出结果从而节省计算机判断的次数。通常将这种在逻辑表达式中从左端的表达式可推断出整个表达式的值称为"短路",而那些始终执行逻辑运算符两边的表达式称为"非短路"。"&&"属于"短路"运算符,而"&"则属于"非短路"运算符。

【例 3.18】 在项目中创建类 Calculation,在主方法中创建整型变量,使用逻辑运算符对变量进行运算,并将运算结果输出。(实例位置:光盘\TM\sl\3.09)

```java
public class Calculation {                      //创建类
    public static void main(String[] args) {
        int a = 2;                              //声明 int 型变量 a
        int b = 5;                              //声明 int 型变量 b
        //声明 boolean 型变量,用于保存应用逻辑运算符"&&"后的返回值
        boolean result = ((a > b) && (a != b));
        //声明 boolean 型变量,用于保存应用逻辑运算符"||"后的返回值
        boolean result2 = ((a > b) || (a != b));
        System.out.println(result);             //将变量 result 输出
        System.out.println(result2);            //将变量 result2 输出
    }
}
```

运行结果如图 3.12 所示。

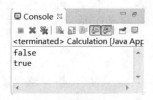

图 3.12　例 3.18 的运行结果

3.4.6　位运算符

视频讲解:光盘\TM\lx\3\位运算符.mp4

位运算符除"按位与"和"按位或"运算符外,其他只能用于处理整数的操作数。位运算是完全针对位方面的操作。整型数据在内存中以二进制的形式表示,如 int 型变量 7 的二进制表示是 00000000 00000000 00000000 00000111。

左边最高位是符号位,最高位是 0 表示正数,若为 1 则表示负数。负数采用补码表示,如-8 的二进制表示为 11111111 11111111 1111111 11111000。这样就可以对整型数据进行按位运算。

1. "按位与"运算

"按位与"运算的运算符为"&",为双目运算符。"按位与"运算的运算法则是:如果两个整型数据 a、b 对应位都是 1,则结果位才是 1,否则为 0。如果两个操作数的精度不同,则结果的精度与精度高的操作数相同,如图 3.13 所示。

2. "按位或"运算

"按位或"运算的运算符为"|",为双目运算符。"按位或"运算的运算法则是:如果两个操作数对应位都是 0,则结果位才是 0,否则为 1。如果两个操作数的精度不同,则结果的精度与精度高的操作数相同,如图 3.14 所示。

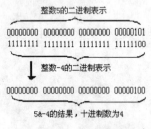

图 3.13 5&-4 的运算过程

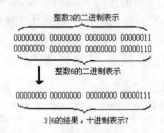

图 3.14 3|6 的运算过程

3. "按位取反"运算

"按位取反"运算也称"按位非"运算,运算符为"~",为单目运算符。"按位取反"就是将操作数二进制中的 1 修改为 0,0 修改为 1,如图 3.15 所示。

4. "按位异或"运算

"按位异或"运算的运算符是"^",为双目运算符。"按位异或"运算的运算法则是:当两个操作数的二进制表示相同(同时为 0 或同时为 1)时,结果为 0,否则为 1。若两个操作数的精度不同,则结果数的精度与精度高的操作数相同,如图 3.16 所示。

5. 移位操作

除了上述运算符之外,还可以对数据按二进制位进行移位操作。Java 中的移位运算符有以下 3 种。

- ☑ <<:左移。
- ☑ >>:右移。
- ☑ >>>:无符号右移。

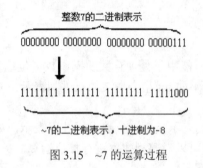

图 3.15 ~7 的运算过程

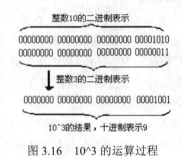

图 3.16 10^3 的运算过程

左移就是将运算符左边的操作数的二进制数据按照运算符右边操作数指定的位数向左移动,右边移空的部分补 0。右移则复杂一些。当使用 ">>" 符号时,如果最高位是 0,右移空的位就填入 0;如果最高位是 1,右移空的位就填入 1,如图 3.17 所示。

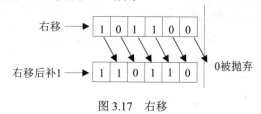

图 3.17　右移

Java 还提供了无符号右移 ">>>",无论最高位是 0 还是 1,左侧被移空的高位都填入 0。

> **注意**
> 移位运算符适用的数据类型有 byte、short、char、int 和 long。

> **技巧**
> 移位可以实现整数除以或乘以 2^n 的效果。例如,y<<2 与 y*4 的结果相同;y>>1 的结果与 y/2 的结果相同。总之,一个数左移 n 位,就是将这个数乘以 2^n;一个数右移 n 位,就是将这个数除以 2^n。

3.4.7　三元运算符

　　视频讲解:光盘\TM\lx\3\三元运算符.mp4

三元运算符的使用格式为:

条件式?值 1:值 2

三元运算符的运算规则为:若条件式的值为 true,则整个表达式取值 1,否则取值 2。例如:

boolean b = 20<45?true:false;

如上例所示,表达式 "20<45" 的运算结果返回真,那么 boolean 型变量 b 取值为 true;相反,表达式 "45<20" 返回为假,则 boolean 型变量 b 取值 false。

三元运算符等价于 if…else 语句。

【例 3.19】　等价于三元运算符的 if…else 语句,实例代码如下:(**实例位置:光盘\TM\sl\3.10**)

```
boolean a;              //声明 boolean 型变量
if(20<45)               //将 20<45 作为判断条件
  a = true;             //条件成立将 true 赋值给 a
else
  a = false;            //条件不成立将 false 赋值给 a
```

3.4.8 运算符优先级

📹 视频讲解：光盘\TM\lx\3\运算符优先级.mp4

Java 中的表达式就是使用运算符连接起来的符合 Java 规则的式子。运算符的优先级决定了表达式中运算执行的先后顺序。通常优先级由高到低的顺序依次是：
- ☑ 增量和减量运算。
- ☑ 算术运算。
- ☑ 比较运算。
- ☑ 逻辑运算。
- ☑ 赋值运算。

如果两个运算有相同的优先级，那么左边的表达式要比右边的表达式先被处理。表 3.9 显示了在 Java 中众多运算符特定的优先级。

表 3.9 运算符的优先级

优先级	描述	运算符
1	括号	()
2	正负号	+、-
3	一元运算符	++、--、!
4	乘除	*、/、%
5	加减	+、-
6	移位运算	>>、>>>、<<
7	比较大小	<、>、>=、<=
8	比较是否相等	==、!=
9	按位与运算	&
10	按位异或运算	^
11	按位或运算	|
12	逻辑与运算	&&
13	逻辑或运算	||
14	三元运算符	?:
15	赋值运算符	=

在编写程序时尽量使用括号运算符来限定运算次序，以免产生错误的运算顺序。

3.5　数据类型转换

📹 视频讲解：光盘\TM\lx\3\数据类型转换.mp4

类型转换是将一个值从一种类型更改为另一种类型的过程。例如，可以将 String 类型数据"457"

转换为一个数值型，而且可以将任意类型的数据转换为 String 类型。

如果从低精度数据类型向高精度数据类型转换，则永远不会溢出，并且总是成功的；而把高精度数据类型向低精度数据类型转换则必然会有信息丢失，有可能失败。

数据类型转换有两种方式，即隐式转换与显式转换。

3.5.1 隐式类型转换

从低级类型向高级类型的转换，系统将自动执行，程序员无须进行任何操作。这种类型的转换称为隐式转换。下列基本数据类型会涉及数据转换，不包括逻辑类型和字符类型。这些类型按精度从低到高排列的顺序为 byte < short < int < long < float < double。

【例 3.20】 使用 int 型变量为 float 型变量赋值，此时 int 型变量将隐式转换成 float 型变量。实例代码如下：

```
int x = 50;                //声明 int 型变量 x
float y = x;               //将 x 赋值给 y
```

此时执行输出语句，y 的结果将是 50.0。

隐式类型的转换也要遵循一定的规则，来解决在什么情况下将哪种类型的数据转换成另一种类型的数据。表 3.10 列出了各种数据类型转换的一般规则。

表 3.10 隐式类型转换规则

操作数 1 的数据类型	操作数 2 的数据类型	转换后的数据类型
byte、short、char	int	int
byte、short、char、int、	long	long
byte、short、char、int、long	float	float
byte、short、char、int、long、float	double	double

下面通过一个简单实例介绍数据类型隐式转换。

【例 3.21】 在项目中创建类 Conver，在主方法中创建不同数值型的变量，实现将各变量隐式转换。（实例位置：光盘\TM\sl\3.11）

```
public class Conver {                    //创建类
    public static void main(String[] args) {
        //定义 byte 型变量 mybyte，并把 byte 型变量允许的最大值赋给 mybyte
        byte mybyte = 127;
        int myint = 150;                 //定义 int 型变量 myint，并赋值 150
        float myfloat = 452.12f;         //定义 float 型变量 myfloat，并赋值
        char mychar = 10;                //定义 char 型变量 mychar，并赋值
        double mydouble = 45.46546;      //定义 double 型变量，并赋值
        System.out.println("byte 型与 float 型数据进行运算结果为："
                + (mybyte + myfloat));
        /* 将运算结果输出 */
        System.out.println("byte 型与 int 型数据进行运算结果为："
                + mybyte * myint);
```

```
            System.out.println("byte 型与 char 型数据进行运算结果为："
                + mybyte / mychar);
            System.out.println("double 型与 char 型数据进行运算结果为："
                + (mydouble + mychar));
    }
}
```

运行结果如图 3.18 所示。

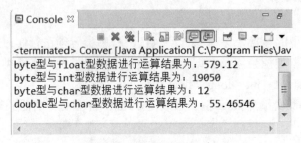

图 3.18　例 3.21 的运行结果

> **技巧**
> 要理解类型转换，读者可以这么想象，大脑前面是一片内存，源和目标分别是两个大小不同的内存块（由变量及数据的类型来决定），将源数据赋值给目标内存的过程，就是用目标内存块尽可能多地套取源内存中的数据。

3.5.2　显式类型转换

当把高精度的变量的值赋给低精度的变量时，必须使用显式类型转换运算（又称强制类型转换）。
语法如下：

(类型名)要转换的值

下面通过几种常见的显式数据类型转换实例来说明。

【例 3.22】　将不同的数据类型进行显式类型转换，实例代码如下：

int a = (**int**)45.23;   //此时输出 a 的值为 45
long y = (**long**)456.6F;   //此时输出 y 的值为 456
int b = (**int**)'d';   //此时输出 b 的值为 100

当执行显式类型转换时可能会导致精度损失。只要是 boolean 类型以外其他基本类型之间的转换，全部都能以显式类型转换的方法达到。

说明

当把整数赋值给一个 byte、short、int、long 型变量时,不可以超出这些变量的取值范围,否则必须进行强制类型转换。例如:

byte b = (byte)129;

3.6 代码注释与编码规范

在程序代码中适当地添加注释可以提高程序的可读性和可维护性。好的编码规范可以使程序更易阅读和理解。本节将介绍 Java 中的几种代码注释以及应该注意的编码规范。

3.6.1 代码注释

视频讲解:光盘\TM\lx\3\代码注释.mp4

通过在程序代码中添加注释可提高程序的可读性。注释中包含了程序的信息,可以帮助程序员更好地阅读和理解程序。在 Java 源程序文件的任意位置都可添加注释语句。注释中的文字 Java 编译器不进行编译,所有代码中的注释文字对程序不产生任何影响。Java 语言提供了 3 种添加注释的方法,分别为单行注释、多行注释和文档注释。

1. 单行注释

"//"为单行注释标记,从符号"//"开始直到换行为止的所有内容均作为注释而被编译器忽略。语法如下:

//注释内容

例如,以下代码为声明的 int 型变量添加注释:

int age ;   //定义 int 型变量用于保存年龄信息

2. 多行注释

"/* */"为多行注释标记,符号"/*"与"*/"之间的所有内容均为注释内容。注释中的内容可以换行。

语法如下:

/*
注释内容 1
注释内容 2
…
*/

> **注意**
> 在多行注释中可嵌套单行注释。例如:
> ```
> /*
>     程序名称：Hello word    //开发时间：2008-03-05
> */
> ```

> **注意**
> 但在多行注释中不可以嵌套多行注释，以下代码为非法:
> ```
> /*
>     程序名称：Hello word
>     /*开发时间：2008-03-05
>         作者：张先生
>     */
> */
> ```

3. 文档注释

"/** */"为文档注释标记。符号"/**"与"*/"之间的内容均为文档注释内容。当文档注释出现在声明（如类的声明、类的成员变量的声明、类的成员方法声明等）之前时，会被 Javadoc 文档工具读取作为 Javadoc 文档内容。文档注释的格式与多行注释的格式相同。对于初学者而言，文档注释并不是很重要，了解即可。

> **说明**
> 一定要养成良好的编程风格。软件编码规范中提到"可读性第一，效率第二"，所以程序员必须要在程序中添加适量的注释来提高程序的可读性和可维护性。程序中注释要占程序代码总量的 20%~50%。

3.6.2 编码规范

视频讲解：光盘\TM\lx\3\编码规范.mp4

在学习开发的过程中要养成良好的编码习惯，因为规整的代码格式会给程序的开发与日后的维护提供很大方便。在此对编码规则作了以下总结，供读者学习。

- ☑ 每条语句要单独占一行，一条命令要以分号结束。

> **注意**
> 程序代码中的分号必须为英文状态下输入的，初学者经常会将";"写成中文状态下的"；"，此时编译器会报出 illegal character（非法字符）这样的错误信息。

- ☑ 在声明变量时,尽量使每个变量的声明单独占一行,即使是相同的数据类型也要将其放置在单独的一行上,这样有助于添加注释。对于局部变量应在声明的同时对其进行初始化。
- ☑ 在 Java 代码中,关键字与关键字间如果有多个空格,这些空格均被视作一个。例如:

等价于	
public static void main(String args[])	⇨ public static void main(String args[])

多行空格没有任何意义,为了便于理解、阅读,应控制好空格的数量。
- ☑ 为了方便日后的维护,不要使用技术性很高、难懂、易混淆判断的语句。由于程序的开发与维护不能是同一个人,所以应尽量使用简单的技术完成程序需要的功能。
- ☑ 对于关键的方法要多加注释,这样有助于阅读者了解代码结构。

3.7 小　　结

本章向读者介绍的是 Java 语言基础,其中需要读者重点掌握的是 Java 语言的基本数据类型、变量与常量以及运算符三大知识点。初学者经常会将 String 类型认为是 Java 语言的基本数据类型,在此提醒读者 Java 语言的基本数据类型中并没有 String 类型。另外,要对数据类型之间的转换有一定的了解。在使用变量时,需要读者注意的是变量的有效范围,否则在使用时会出现编译错误或浪费内存资源。此外,Java 中的各种运算符也是 Java 基础中的重点,正确使用这些运算符,才能得到预期的结果。

3.8 实践与练习

1. 编写 Java 程序将两个数相加的结果输出。(答案位置:光盘\TM\sl\3.12)

2. 编写 Java 程序,声明成员变量 age 与局部变量 name。比较一下两个变量的区别,并添加相应的注释。(答案位置:光盘\TM\sl\3.13)

3. 编写 Java 程序,将所有整型数值全部转换成 int 型,并将转换后的值输出。(答案位置:光盘\TM\sl\3.14)

第 4 章

流程控制

（ 视频讲解：1 小时 21 分钟 ）

做任何事情都要遵循一定的原则。例如，到图书馆去借书，就必须要有借书证，并且借书证不能过期，这两个条件缺一不可。程序设计也是如此，需要有流程控制语言实现与用户的交流，并根据用户的输入决定程序要"做什么""怎么做"等。

流程控制对于任何一门编程语言来说都是至关重要的，它提供了控制程序步骤的基本手段。如果没有流程控制语句，整个程序将按照线性的顺序来执行，不能根据用户的输入决定执行的序列。本章将向读者介绍 Java 语言中的流程控制语句。

通过阅读本章，您可以：

- ▶▶ 理解 Java 语言中复合语句的使用方法
- ▶▶ 掌握 if 条件语句的使用方法
- ▶▶ 了解 if 语句与 switch 语句的区别
- ▶▶ 掌握 while 循环语句的使用方法
- ▶▶ 掌握 do…while 循环语句的使用方法
- ▶▶ 了解 while 语句与 do…while 语句的区别
- ▶▶ 掌握 for 语句的使用方法
- ▶▶ 了解 foreach 语句的使用方法

4.1 复合语句

与 C 语言及其他语言相同,Java 语言的复合语句是以整个块区为单位的语句,所以又称块语句。复合语句由开括号"{"开始,闭括号"}"结束。

在前面的学习中已经接触到了这种复合语句,例如,在定义一个类或方法时,类体就是以"{ }"作为开始与结束的标记,方法体同样也是以"{ }"作为标记。复合语句中的每个语句都是从上到下被执行。复合语句以整个块为单位,能够用在任何一个单独语句可以用到的地方,并且在复合语句中还可以嵌套复合语句。

【例 4.1】 在项目中创建类 Compound,在主方法中定义复合语句块,其中包含另一复合语句块。代码如下:(实例位置:光盘\TM\sl\4.01)

```java
public class Compound {
    public static void main(String args[]) {
        int x = 20;
        {
            int y = 40;
            System.out.println(y);
            int z = 245;
            boolean b;
            {
                b = y > z;
                System.out.println(b);
            }
        }
        String word = "hello java";
        System.out.println(word);
    }
}
```

运行结果如图 4.1 所示。

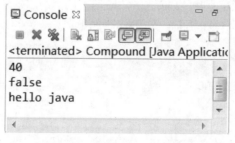

图 4.1 例 4.1 的运行结果

在使用复合语句时要注意,复合语句为局部变量创建了一个作用域,该作用域为程序的一部分,在该作用域中某个变量被创建并能够被使用。如果在某个变量的作用域外使用该变量,则会发生错误,例如,在本实例中,如果在复合语句外使用变量 y、z、b 将会出现错误,而变量 x 可在整个方法体中使用。

4.2 条件语句

条件语句可根据不同的条件执行不同的语句。条件语句包括 if 条件语句与 switch 多分支语句。本节将向读者介绍条件语句的用法。

4.2.1 if 条件语句

> 视频讲解：光盘\TM\lx\4\ if 条件语句.mp4

if 条件语句是一个重要的编程语句，用于告诉程序在某个条件成立的情况下执行某段语句，而在另一种情况下执行另外的语句。

使用 if 条件语句，可选择是否要执行紧跟在条件之后的那个语句。关键字 if 之后是作为条件的"布尔表达式"，如果该表达式返回的结果为 true，则执行其后的语句；若为 false，则不执行 if 条件之后的语句。if 条件语句可分为简单的 if 条件语句、if…else 语句和 if…else if 多分支语句。

1．简单的 if 条件语句

语法如下：

```
if(布尔表达式){
    语句序列
}
```

- ☑ 布尔表达式：必要参数，表示最后返回的结果必须是一个布尔值。它可以是一个单纯的布尔变量或常量，也可以是使用关系或布尔运算符的表达式。
- ☑ 语句序列：可选参数。可以是一条或多条语句，当表达式的值为 true 时执行这些语句。若语句序列中仅有一条语句，则可以省略条件语句中的"{ }"。

【例 4.2】 语句序列中只有一条语句，实例代码如下：

```
int a = 100;
    if(a == 100)
        System.out.print("a 的值是 100");
```

> **说明**
> 虽然 if 后面的复合语句块只有一条语句，省略"{ }"并无语法错误，但为了增强程序的可读性最好不要省略。

条件语句后的语句序列省略时，则可以保留外面的大括号，也可以省略大括号。然后在末尾添加";"。如下所示的两种情况都是正确的。

【例 4.3】 省略了 if 条件表达式中的语句序列，实例代码如下：

```
boolean b = false;
if(b);
boolean b = false;
if(b){}
```

简单的 if 条件语句的执行过程如图 4.2 所示。

【例 4.4】 在项目中创建类 Getif，在主方法中定义整型变量。使用条件语句判断两个变量的大小来决定输出结果。（实例位置：光盘\TM\sl\4.02）

```
public class Getif {                                    //创建类
    public static void main(String args[]) {            //主方法
        int x = 45;                                     //声明 int 型变量 x，并赋给初值
        int y = 12;                                     //声明 int 型变量 y，并赋给初值
        if (x > y) {                                    //判断 x 是否大于 y
            System.out.println("变量 x 大于变量 y");     //如果条件成立，输出的信息
        }
        if (x < y) {                                    //判断 x 是否小于 y
            System.out.println("变量 x 小于变量 y");     //如果条件成立，输出的信息
        }
    }
}
```

运行结果如图 4.3 所示。

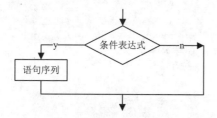

图 4.2　if 条件语句的执行过程

图 4.3　例 4.4 的运行结果

2．if…else 语句

if…else 语句是条件语句中最常用的一种形式，它会针对某种条件有选择地作出处理。通常表现为"如果满足某种条件，就进行某种处理，否则就进行另一种处理"。

语法如下：

```
if(表达式){
    若干语句
}
else{
    若干语句
}
```

if 后面"()"内的表达式的值必须是 boolean 型的。如果表达式的值为 true，则执行紧跟 if 语句的复合语句；如果表达式的值为 false，则执行 else 后面的复合语句。if…else 语句的执行过程如图 4.4 所示。

同简单的 if 条件语句一样，如果 if…else 语句的语句序列中只有一条语句（不包括注释），则可以

省略该语句序列外面的"{ }"。有时为了编程的需要，else 或 if 后面的"{ }"中可以没有语句。

【例 4.5】 在项目中创建类 Getifelse，在主方法中定义变量，并通过使用 if…else 语句判断变量的值来决定输出结果。（实例位置：光盘\TM\sl\4.03）

```java
public class Getifelse {
    public static void main(String args[]) {        //主方法
        int math = 95;                              //声明 int 型局部变量，并赋给初值 95
        int english = 56;                           //声明 int 型局部变量，并赋给初值 56
        if (math > 60) {                            //使用 if 语句判断 math 是否大于 60
            System.out.println("数学及格了");         //条件成立时输出的信息
        } else {
            System.out.println("数学没有及格");       //条件不成立时输出的信息
        }
        if (english > 60) {                         //判断英语成绩是否大于 60
            System.out.println("英语及格了");         //条件成立时输出的信息
        } else {
            System.out.println("英语没有及格");       //条件不成立时输出的信息
        }
    }
}
```

运行结果如图 4.5 所示。

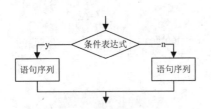

图 4.4　if…else 语句的执行过程

图 4.5　例 4.5 的运行结果

 技巧

对于 if…else 语句可以使用三元运算符对语句进行简化，如下面的代码：

```
if(a > 0)
    b = a;
else
    b = -a;
```

可以简写成：

b = a > 0?a:-a;

上段代码为求绝对值的语句，如果 a > 0，就把 a 的值赋值给变量 b，否则将-a 赋值给变量 b。也就是问号前面的表达式为真，则将问号与冒号之间的表达式的计算结果赋值给变量 b，否则将冒号后面的表达式的计算结果赋值给变量 b。使用三元运算符的好处是可以使代码简洁，并且有一个返回值。

3. if…else if 多分支语句

if…else if 多分支语句用于针对某一事件的多种情况进行处理。通常表现为"如果满足某种条件，就进行某种处理，否则如果满足另一种条件则执行另一种处理"。

语法如下：

```
if(条件表达式 1){
语句序列 1
}
else if(条件表达式 2){
    语句序列 2
}
…
else if(表达式 n){
    语句序列 n
}
```

☑ 条件表达式 1~条件表达式 n：必要参数。可以由多个表达式组成，但最后返回的结果一定要为 boolean 类型。

☑ 语句序列：可以是一条或多条语句，当条件表达式 1 的值为 true 时，执行语句序列 1；当条件表达式 2 的值为 true 时，执行语句序列 2，依此类推。当省略任意一组语句序列时，可以保留其外面的"{ }"，也可以将"{ }"替换为";"。

if…else if 多分支语句的执行过程如图 4.6 所示。

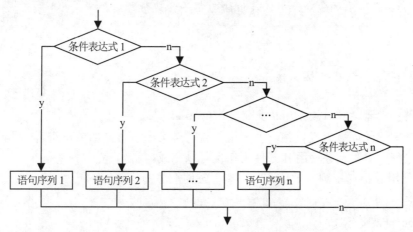

图 4.6　if…else if 多分支语句执行过程

【例 4.6】 在项目中创建类 GetTerm，在主方法中定义变量 x，使用 if…else if 多分支语句通过判断 x 的值决定输出结果。（**实例位置：光盘\TM\sl\4.04**）

```
public class GetTerm {                                    //创建主类
    public static void main(String args[]) {              //主方法
        int x = 20;                                       //声明 int 型局部变量
        if (x > 30) {                                     //判断变量 x 是否大于 30
            System.out.println("a 的值大于 30");           //条件成立时输出的信息
```

```
        } else if (x > 10) {                              //判断变量 x 是否大于 10
            System.out.println("a 的值大于 10，但小于 30");   //条件成立时输出的信息
        } else if (x > 0) {                               //判断变量 x 是否大于 0
            System.out.println("a 的值大于 0，但小于 10");    //条件成立时输出的信息
        } else {                                          //当以上条件都不成立时，执行的语句块
            System.out.println("a 的值小于 0");              //输出信息
        }
    }
}
```

运行结果如图 4.7 所示。

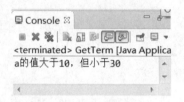

图 4.7 例 4.6 的运行结果

在本实例中由于变量 x 为 20，所以条件 x > 30 为假，程序向下执行判断下面的条件；条件 x>10 为真，所以执行条件 x>10 后面的程序块中的语句。输出"a 的值大于 10，但小于 30"，然后退出 if 语句。

注意

if 语句只执行条件为真的命令语句，其他语句都不会执行。

4.2.2 switch 多分支语句

视频讲解：光盘\TM\lx\4\switch 多分支语句.mp4

在编程中一个常见的问题就是检测一个变量是否符合某个条件，如果不符合，再用另一个值来检测，依此类推。当然，这种问题使用 if 条件语句也可以完成。

【例 4.7】 使用 if 语句检测变量是否符合某个条件，关键代码如下：

```
if(grade == 'A'){
    System.out.println("真棒");
}
if(grade == 'b'){
    System.out.println("做得不错");
}
```

这个程序显得比较笨重，程序员需要测试不同的值来给出输出语句。在 Java 中，可以用 switch 语句将动作组织起来，以一个较简单明了的方式来实现"多选一"的选择。

语法如下：

```
switch(表达式)
```

```
{
case 常量值 1:
    语句块 1
    [break;]
...
case 常量值 n:
    语句块 n
    [break;]
default:
    语句块 n+1;
    [break;]
}
```

switch 语句中表达式的值必须是整型、字符型或字符串类型，常量值 1~n 必须也是整型、字符型或字符串类型。switch 语句首先计算表达式的值，如果表达式的值和某个 case 后面的常量值相同，则执行该 case 语句后的若干个语句直到遇到 break 语句为止。此时如果该 case 语句中没有 break 语句，将继续执行后面 case 中的若干个语句，直到遇到 break 语句为止。若没有一个常量的值与表达式的值相同，则执行 default 后面的语句。default 语句为可选的，如果它不存在，且 switch 语句中表达式的值不与任何 case 的常量值相同，switch 则不做任何处理。

说明

在 JDK 1.6 及以前的版本中，switch 语句中表达式的值必须是整型或字符型，常量值 1~n 必须也是整型或字符型，但是在 JDK 1.7 中，switch 语句的表达式的值除了是整型或字符型，还可以是字符串类型。这是 JDK 7 新添加的特性。

【例 4.8】 要通过 switch 语句根据字符串 str 的值，输出不同的提示信息可以使用下面的代码。

```
String str="明日科技";
switch (str){
case "明日":                                              //定义 case 语句中的常量 1
    System.out.println("明日图书网 www.mingribook.com");   //输出信息
    break;
case "明日科技":                                          //定义 case 语句中的常量 2
    System.out.println("吉林省明日科技有限公司");           //输出信息
    break;
default:                                                  //default 语句
    System.out.println("以上条件都不是。");                //输出信息
}
```

注意

同一个 switch 语句，case 的常量值必须互不相同。

switch 语句的执行过程如图 4.8 所示。

【例 4.9】 在项目中创建类 GetSwitch，在主方法中应用 switch 语句将周一到周三的英文单词打印出来。（**实例位置：光盘\TM\sl\4.05**）

```
public class GetSwitch {                                    //创建类
    public static void main(String args[]) {                //主方法
        int week = 2;                                       //定义 int 型变量 week
        switch (week) {                                     //指定 switch 语句的表达式为变量 week
            case 1:                                         //定义 case 语句中的常量为 1
                System.out.println("Monday");               //输出信息
                break;
            case 2:                                         //定义 case 语句中的常量为 2
                System.out.println("Tuesday");              //输出信息
                break;
            case 3:                                         //定义 case 语句中的常量为 3
                System.out.println("Wednesday");            //输出信息
                break;
            default:                                        //default 语句
                System.out.println("Sorry,I don't Know");
        }
    }
}
```

运行结果如图 4.9 所示。

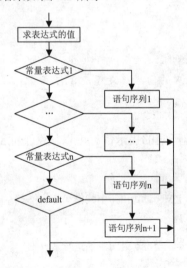

图 4.8　switch 语句的执行过程

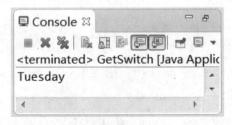

图 4.9　例 4.9 的运行结果

注意

在 switch 语句中，case 语句后常量表达式的值可以为整数，但绝不可以是实数。例如，下面的代码就是不合法的：
　　case 1.1:

4.3 循环语句

循环语句就是在满足一定条件的情况下反复执行某一个操作。在 Java 中提供了 3 种常用的循环语句，分别是 while 循环语句、do…while 循环语句和 for 循环语句，下面分别进行介绍。

4.3.1 while 循环语句

视频讲解：光盘\TM\lx\4\while 循环语句.mp4

while 语句也称条件判断语句，它的循环方式为利用一个条件来控制是否要继续反复执行这个语句。语法如下：

```
while(条件表达式)
{
    执行语句
}
```

当条件表达式的返回值为真时，则执行"{}"中的语句，当执行完"{}"中的语句后，重新判断条件表达式的返回值，直到表达式返回的结果为假时，退出循环。while 循环语句的执行过程如图 4.10 所示。

【例 4.10】 在项目中创建类 GetSum，在主方法中通过 while 循环将整数 1~10 相加，并将结果输出。（实例位置：光盘\TM\sl\4.06）

```java
public class GetSum {                                    //创建类
    public static void main(String args[]) {             //主方法
        int x = 1;                                       //定义 int 型变量 x，并赋给初值
        int sum = 0;                                     //定义变量用于保存相加后的结果
        while (x <= 10) {                                //while 循环语句，当变量满足条件表达式时执行循环体语句
            sum = sum + x;
            x++;
        }
        System.out.println("sum = " + sum);              //将变量 sum 输出
    }
}
```

运行结果如图 4.11 所示。

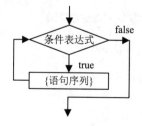

图 4.10 while 语句的执行过程

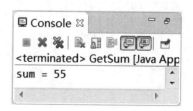

图 4.11 例 4.10 的运行结果

> **注意**
>
> 初学者经常犯的一个错误就是在 while 表达式的括号后加";"。如:
>
> while(x == 5);
> System.out.println("x 的值为5");
>
> 这时程序会认为要执行一条空语句,而进入无限循环,Java 编译器又不会报错。这可能会浪费很多时间去调试,应注意这个问题。

4.3.2 do…while 循环语句

> 视频讲解:光盘\TM\lx\4\do…while 循环语句.mp4

do…while 循环语句与 while 循环语句类似,它们之间的区别是 while 语句为先判断条件是否成立再执行循环体,而 do…while 循环语句则先执行一次循环后,再判断条件是否成立。也就是说,do…while 循环语句中"{}"中的程序段至少要被执行一次。

语法如下:

```
do
{
    执行语句
}
while(条件表达式);
```

do…while 语句与 while 语句的一个明显区别是,do…while 语句在结尾处多了一个分号(;)。根据 do…while 循环语句的语法特点总结出的 do…while 循环语句的执行过程,如图 4.12 所示。

【例 4.11】 在项目中创建类 Cycle,在主方法中编写如下代码。通过本实例可看出 while 语句与 do…while 语句的区别。(实例位置:光盘\TM\sl\4.07)

```
public class Cycle {
    public static void main(String args[]) {
        int a = 100;                        //声明 int 型变量 a 并赋初值 100
        while (a == 60)                     //指定进入循环体条件
        {
            System.out.println("ok1");      //while 语句循环体
            a--;
        }
        int b = 100;                        //声明 int 型变量 b 并赋初值 100
        do {
            System.out.println("ok2");      //do…while 语句循环体
            b--;
        } while (b == 60);                  //指定循环结束条件
    }
}
```

运行结果如图 4.13 所示。

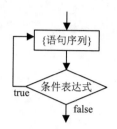

图 4.12 do…while 循环语句的执行过程

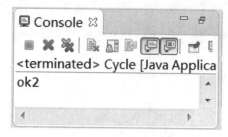

图 4.13 例 4.11 的运行结果

4.3.3 for 循环语句

视频讲解：光盘\TM\lx\4\for 循环语句.mp4

for 循环是 Java 程序设计中最有用的循环语句之一。一个 for 循环可以用来重复执行某条语句，直到某个条件得到满足。在 Java 5 以后新增了 foreach 语法，本节将对这两种 for 循环形式进行详细的介绍。

1．for 语句

语法如下：

```
for(表达式 1;表达式 2;表达式 3)
{
   语句序列
}
```

- ☑ 表达式 1：初始化表达式，负责完成变量的初始化。
- ☑ 表达式 2：循环条件表达式，值为 boolean 型的表达式，指定循环条件。
- ☑ 表达式 3：循环后操作表达式，负责修整变量，改变循环条件。

在执行 for 循环时，首先执行表达式 1，完成某一变量的初始化工作；下一步判断表达式 2 的值，若表达式 2 的值为 true，则进入循环体；在执行完循环体后紧接着计算表达式 3，这部分通常是增加或减少循环控制变量的一个表达式。这样一轮循环就结束了。第二轮循环从计算表达式 2 开始，若表达式 2 返回 true，则继续循环，否则跳出整个 for 语句。

for 循环语句的执行过程如图 4.14 所示。

【例 4.12】在项目中创建类 Circulate，在主方法中使用 for 循环来计算 2~100 之间所有偶数之和。（实例位置：光盘\TM\sl\4.08）

```java
public class Circulate {                                //创建类 Circulate
    public static void main(String args[]) {            //主方法
        int sum = 0;                                    //声明变量，用于保存各数相加后的结果
        for (int i = 2; i <= 100; i += 2) {
            sum = sum + i;                              //指定循环条件及循环体
        }
        //将相加后的结果输出
        System.out.println("2 到 100 之间的所有偶数之和为：" + sum);
```

		}
}

运行结果如图 4.15 所示。

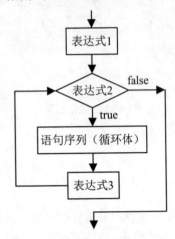

图 4.14　for 循环语句执行过程

图 4.15　例 4.12 的运行结果

> **技巧**
>
> 在编程时，有时会使用 for 循环的特殊语法格式来实现无限循环。语法格式为：
>
> for(;;)
> {
> 　…
> }
>
> 对于这种无限循环可以通过 break 语句跳出循环。例如：
>
> for(;;)
> {
> 　if(x <20)
> 　break;
> 　x++;
> }

2．foreach 语句

foreach 语句是 for 语句的特殊简化版本，不能完全取代 for 语句，但任何 foreach 语句都可以改写为 for 语句版本。foreach 并不是一个关键字，习惯上将这种特殊的 for 语句格式称为 foreach 语句。foreach 语句在遍历数组等方面为程序员提供了很大的方便（本书将在第 6 章对数组进行详细的介绍）。

语法如下：

for(元素变量 x : 遍历对象 obj){
　　引用了 x 的 java 语句；
}

foreach 语句中的元素变量 x，不必对其进行初始化。下面通过简单的例子来介绍 foreach 语句是如何遍历一维数组的。

【例 4.13】在项目中创建类 Repetition，在主方法中定义一维数组，并用 foreach 语句遍历该数组。（实例位置：光盘\TM\sl\4.09）

```java
public class Repetition {                            //创建类 Repetition
    public static void main(String args[]) {         //主方法
        int arr[] = { 7, 10, 1 };                    //声明一维数组
        System.out.println("一维数组中的元素分别为：");  //输出信息
        for (int x : arr) {
        //foreach 语句，int x 引用的变量，arr 指定要循环遍历的数组，最后将 x 输出
            System.out.println(x);
        }
    }
}
```

运行结果如图 4.16 所示。

图 4.16　例 4.13 的运行结果

4.4　循 环 控 制

　　视频讲解：光盘\TM\lx\4\循环控制.mp4

循环控制包含两方面的内容，一方面是控制循环变量的变化方式，另一方面是控制循环的跳转。控制循环的跳转需要用到 break 和 continue 两个关键字，这两条跳转语句的跳转效果不同，break 是中断循环，continue 是执行下一次循环。

4.4.1　break 语句

使用 break 语句可以跳出 switch 结构。在循环结构中，同样也可用 break 语句跳出当前循环体，从而中断当前循环。

在 3 种循环语句中使用 break 语句的形式如图 4.17 所示。

```
while(...)           do                for
{                    {                 {
   ...                  ...               ...
   break;               break;            break;
   ...                  ...               ...
}                    }while(...);      }
```

图 4.17　break 语句的使用形式

【例 4.14】　使用 break 跳出循环。（实例位置：光盘\TM\sl\4.10）

```
public class BreakTest {
    public static void main(String[] args) {
        for (int i = 0; i <= 100; i++) {
            System.out.println(i);
            if (i == 6) {                       //如果 i 等于 6 则跳出循环
                break;
            }
        }
        System.out.println("---end---");        //显示程序结束
    }
}
```

运行结果如图 4.18 所示。

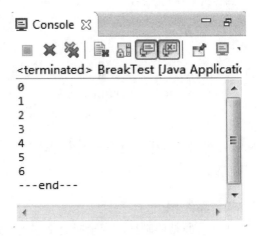

图 4.18　例 4.14 的运行结果

> **注意**
> 如果遇到循环嵌套的情况，break 语句将只会使程序流程跳出包含它的最内层的循环结构，只跳出一层循环。

【例 4.15】　在嵌套的循环中使用 break 跳出内层循环。（实例位置：光盘\TM\sl\4.11）

```
public class BreakInsideNested {
    public static void main(String[] args) {
        for (int i = 0; i < 3; i++) {
            for (int j = 0; j < 6; j++) {
                if (j == 4) {                   //如果 j 等于 4 就结束内部循环
```

```
                    break;
                }
                System.out.println("i=" + i + " j=" + j);
            }
        }
    }
}
```

运行结果如图 4.19 所示。

图 4.19　例 4.15 的运行结果

从这个运行结果我们可以看出：

（1）循环中的 if 语句判断：如果 j 等于 4 时，执行 break 语句，则中断了内层的循环，输出的 j 值最大到 3 为止。

（2）外层的循环没有受任何影响，输出的 i 值最大为 2，正是 for 循环设定的最大值。

如果想让 break 跳出外层循环，Java 提供了"标签"的功能，语法如下：

```
标签名：循环体{
        break 标签名;
}
```

- ☑ 标签名：任意标识符。
- ☑ 循环体：任意循环语句。
- ☑ break 标签名：break 跳出指定的循环体，此循环体的标签名必须与 break 的标签名一致。

带有标签的 break 可以制定跳出的循环，这个循环可以是内层循环，也可以是外层循环。

【例 4.16】 用带有标签的 break 跳出外层循环。（实例位置：光盘\TM\sl\4.12）

```java
public class BreakOutsideNested {
    public static void main(String[] args) {
        Loop: for (int i = 0; i < 3; i++) {           //在 for 循环前用标签标记
            for (int j = 0; j < 6; j++) {
                if (j == 4) {                          //如果 j 等于 4 就结束外层循环
                    break Loop;                        //跳出 Loop 标签标记的循环体
                }
```

```
            System.out.println("i=" + i + " j=" + j);
        }
      }
   }
}
```

运行结果如图 4.20 所示。

图 4.20　例 4.16 的运行结果

从这个结果我们可以看出，当 j 的值等于 4 时，i 的值没有继续增加，直接结束外层循环。

4.4.2　continue 语句

continue 语句是针对 break 语句的补充。continue 不是立即跳出循环体，而是跳过本次循环结束前的语句，回到循环的条件测试部分，重新开始执行循环。在 for 循环语句中遇到 continue 后，首先执行循环的增量部分，然后进行条件测试。在 while 和 do…while 循环中，continue 语句使控制直接回到条件测试部分。

在 3 种循环语句中，使用 continue 语句的形式如图 4.21 所示。

```
while(...)          do                 for
{                   {                  {
   ...                 ...                ...
   continue;           continue;          continue;
   ...                 ...                ...
}                   }while(...);       }
```

图 4.21　continue 语句的使用形式

【例 4.17】　输出 1～20 之间的奇数，使用 continue 跳出循环。（实例位置：光盘\TM\sl\4.13）

```java
public class ContinueTest {
    public static void main(String[] args) {
        for (int i = 1; i < 20; i++) {
            if (i % 2 == 0) {                       //如果 i 是偶数
                continue;                           //跳到下一循环
            }
            System.out.println(i);                  //输出 i 的值
        }
    }
}
```

运行结果如图 4.22 所示。

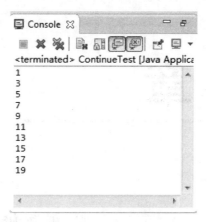

图 4.22　例 4.17 的运行结果

与 break 语句一样，continue 也支持标签功能，语法如下：

标签名：循环体{
　　　　continue 标签名;
}

- ☑ 标签名：任意标识符。
- ☑ 循环体：任意循环语句。
- ☑ continue 标签名：continue 跳出指定的循环体，此循环体的标签名必须与 continue 的标签名一致。

4.5　小　　结

本章介绍了流程控制语句（复合语句、条件语句和循环语句）；使用复合语句可以为变量定义一个有效区域；通过使用 if 与 switch 语句，可以基于布尔类型的测试，将一个程序分成不同的部分；通过 while、do…while 循环语句和 for 循环语句，可以让程序的一部分重复地执行，直到满足某个终止循环的条件。通过本章的学习，读者应该学会在程序中灵活使用流程控制语句。

4.6　实践与练习

1. 编写 Java 程序，实现判断变量 x 是奇数还是偶数。（**答案位置：光盘\TM\sl\4.14**）
2. 编写 Java 程序，应用 for 循环打印菱形。（**答案位置：光盘\TM\sl\4.15**）
3. 编写 Java 程序，使用 while 循环语句计算 1+1/2!+1/3!…1/20!之和。（**答案位置：光盘\TM\sl\4.16**）

第 5 章

字符串

（ 视频讲解：1 小时 53 分钟）

字符串是 Java 程序中经常处理的对象，如果字符串运用得不好，将影响到程序运行的效率。在 Java 中字符串作为 String 类的实例来处理。以对象的方式处理字符串，将使字符串更加灵活、方便。了解字符串上可用的操作，可以节省程序编写与维护的时间。

本章从创建字符串开始向读者介绍字符串本身的特性，以及字符串上可用的几个操作等。

通过阅读本章，您可以：

- 掌握字符串的创建方式
- 理解字符串连接的方式
- 掌握获取字符串信息的方式
- 掌握字符串的常用操作
- 掌握字符串的格式化
- 理解正则表达式
- 掌握字符串生成器的用法

5.1 String 类

视频讲解：光盘\TM\lx\5\ String 类.mp4

前面的章节中介绍了 char 类型，它只能表示单个字符，不能表示由多个字符连接而成的字符串。在 Java 语言中将字符串作为对象来处理，可以通过 java.lang 包中的 String 类来创建字符串对象。

5.1.1 声明字符串

在 Java 语言中字符串必须包含在一对双引号（""）之内。例如：

"23.23"、"ABCDE"、"你好"

以上这些都是字符串常量，字符串常量是系统能够显示的任何文字信息，甚至是单个字符。

> **注意**
> 在 Java 中由双引号（""）包围的都是字符串，不能作为其他数据类型来使用，如 "1+2" 的输出结果不可能是 3。

可以通过以下语法格式来声明字符串变量：

String str ;

- ☑ String：指定该变量为字符串类型。
- ☑ str：任意有效的标识符，表示字符串变量的名称。

【例 5.1】 声明字符串变量 s，实例代码如下：

String s;

> **说明**
> 声明字符串变量必须经过初始化才能使用，否则编译器会报出"变量未被初始化错误"。

5.1.2 创建字符串

在 Java 语言中将字符串作为对象来管理，因此可以像创建其他类对象一样来创建字符串对象（关于类与对象，以及构造方法的详细介绍可参见第 7 章内容）。创建对象要使用类的构造方法。String 类的常用构造方法如下：

（1）String(char a[])

用一个字符数组 a 创建 String 对象。

【例 5.2】 用一个字符数组 a 创建 String 对象，实例代码如下：

```
char a[ ] = {'g','o','o','d'};
String s = new String(a);
```
等价于 ⇒ `String s = new String("good");`

（2）String(char a[], int offset, int length)

提取字符数组 a 中的一部分创建一个字符串对象。参数 offset 表示开始截取字符串的位置，length 表示截取字符串的长度。

【例 5.3】 提取字符数组 a 中的一部分创建一个字符串对象，实例代码如下：

```
char a[]={'s','t','u','d','e','n','t'};
String s = new String(a,2,4);
```
等价于 ⇒ `String s = new String("uden");`

（3）String(char[] value)

该构造方法可分配一个新的 String 对象，使其表示字符数组参数中所有元素连接的结果。

【例 5.4】 创建字符数组，将数组中的所有元素连接成一个 String 对象，实例代码如下：

```
char a[]={'s','t','u','d','e','n','t'};
String s = new String(a);
```
等价于 ⇒ `String s = new String("student");`

除通过以上几种使用 String 类的构造方法来创建字符串变量外，还可通过字符串常量的引用赋值给一个字符串变量。

【例 5.5】 引用字符串常量来创建字符串变量，实例代码如下：

```
String str1,str2;
str1 = "We are students"
srt2 = "We are students"
```

此时 str1 与 str2 引用相同的字符串常量，因此具有相同的实体。内存示意图如图 5.1 所示。

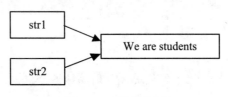

图 5.1　内存示意图

5.2　连接字符串

视频讲解：光盘\TM\lx\5\连接字符串.mp4

对于已声明的字符串，可以对其进行相应的操作。连接字符串就是字符操作中较简单的一种。可以对多个字符串进行连接，也可使字符串与其他数据类型进行连接。

5.2.1 连接多个字符串

使用"+"运算符可实现连接多个字符串的功能。"+"运算符可以连接多个运算符并产生一个 String 对象。

【例 5.6】 在项目中创建类 Join，在主方法中创建 String 型变量，并将字符变量连接的结果输出。（实例位置：光盘\TM\sl\5.01）

```java
public class Join {                                 //创建类
    public static void main(String args[]) {        //主方法
        String s1 = new String("hello");            //声明 String 对象 s1
        String s2 = new String("word");             //声明 String 对象 s2
        String s = s1 + " " + s2;                   //将对象 s1 和 s2 连接后的结果赋值给 s
        System.out.println(s);                      //将 s 输出
    }
}
```

运行结果如图 5.2 所示。

图 5.2　例 5.6 的运行结果

 技巧

Java 中一句相连的字符串不能分开在两行中写。例如：

System.out.println("I like
Java")

这种写法是错误的，如果一个字符串太长，为了便于阅读，可以将这个字符串分在两行上书写。此时就可以使用"+"将两个字符串联起来，之后在加号处换行。因此，上面的语句可以修改为：

System.out.println("I like"+
"Java");

5.2.2 连接其他数据类型

字符串也可同其他基本数据类型进行连接。如果将字符串同这些数据类型数据进行连接，会将这些数据直接转换成字符串。

【例 5.7】 在项目中创建类 Link，在主方法中创建数值型变量，实现将字符串与整型、浮点型变量相连的结果输出。（实例位置：光盘\TM\sl\5.02）

```
public class Link {                              //创建类
    public static void main(String args[]) {     //主方法
        int booktime = 4;                        //声明的 int 型变量 booktime
        float practice = 2.5f;                   //声明的 float 型变量 practice
        //将字符串与整型、浮点型变量相连，并将结果输出
        System.out.println("我每天花费" + booktime + "小时看书；"
                + practice + "小时上机练习");
    }
}
```

运行结果如图 5.3 所示。

本实例实现的是将字符串常量与整型变量 booktime 和浮点型变量 practice 相连后的结果输出。在这里 booktime 和 practice 都不是字符串，当它们与字符串相连时会自动调用 toString()方法，将其转换成字符串形式，然后参与连接。

> **注意**
> 只要 "+" 运算符的一个操作数是字符串，编译器就会将另一个操作数转换成字符串形式，所以应谨慎地将其他数据类型与字符串相连，以免出现意想不到的结果。

如果将上例中的输出语句修改为：

System.out.println("我每天花费"+booktime+"小时看书;"+(practice+booktime)+
              "小时上机练习");

则例 5.7 修改后的运行结果如图 5.4 所示。

图 5.3　例 5.7 的运行结果

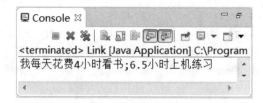

图 5.4　输出语句修改后例 5.7 的运行结果

为什么会这样呢？这是由于运算符是有优先级的，圆括号的优先级最高，所以先被执行，然后再将结果与字符串相连。

5.3　获取字符串信息

字符串作为对象，可通过相应方法获取字符串的有效信息，如获取某字符串的长度、某个索引位置的字符等。本节将介绍几种获取字符串的相关信息的方法。

5.3.1 获取字符串长度

视频讲解：光盘\TM\lx\5\获取字符串长度.mp4

使用 String 类的 length()方法可获取声明的字符串对象的长度。

语法如下：

str.length();

其中，str 为字符串对象。

【例 5.8】 获取字符串长度，实例代码如下：

```
String str = "We are students";
int size = str.length();
```

上段代码是将字符串 str 的长度赋值给 int 型变量 size，此时变量 size 的值为 15，这表示 length()方法返回的字符串的长度包括字符串中的空格。

5.3.2 字符串查找

视频讲解：光盘\TM\lx\5\字符串查找.mp4

String 类提供了两种查找字符串的方法，即 indexOf()与 lastIndexOf()方法。这两种方法都允许在字符串中搜索指定条件的字符或字符串。indexOf()方法返回的是搜索的字符或字符串首次出现的位置，lastIndexOf()方法返回的是搜索的字符或字符串最后一次出现的位置。

（1）indexOf(String s)

该方法用于返回参数字符串 s 在指定字符串中首次出现的索引位置。当调用字符串的 indexOf()方法时，会从当前字符串的开始位置搜索 s 的位置；如果没有检索到字符串 s，该方法的返回值是-1。

语法如下：

str.indexOf(substr)

- ☑ str：任意字符串对象。
- ☑ substr：要搜索的字符串。

【例 5.9】 查找字符 a 在字符串 str 中的索引位置，实例代码如下：

```
String str = "We are students";
int size = str.indexOf("a");          //变量 size 的值是 3
```

理解字符串的索引位置，要对字符串的下标有所了解。在计算机中 String 对象是用数组表示的。字符串的下标是 0~length()-1。例 5.9 中字符串 str 的下标如图 5.5 所示。

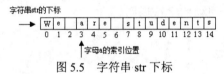

图 5.5 字符串 str 下标

（2）lastIndexOf(String str)

该方法用于返回指定字符串最后一次出现的索引位置。当调用字符串的 lastIndexOf()方法时，会从当前字符串的开始位置检索参数字符串 str，并将最后一次出现 str 的索引位置返回。如果没有检索到字符串 str，该方法返回-1。

语法如下：

str. lastIndexOf(substr)

- ☑ str：任意字符串对象。
- ☑ substr：要搜索的字符串。

说明

如果 lastIndexOf()方法中的参数是空字符串""（注意没有空格），则返回的结果与调用该字符串 length()方法的返回结果相同。例 5.10 的程序就可说明这个问题。

【例 5.10】 在项目中创建类 Text，在主方法中创建 String 对象，使用 lastIndexOf()方法查看字符串 str 中空字符串的位置，然后输出字符串的长度，看它们是否相同。（实例位置：光盘\TM\sl\5.03）

```
public class Text {                              //创建类
    public static void main(String args[]) {     //主方法
        String str = "We are students";          //定义字符串 str
        //将空字符串在 str 中的索引位置赋值给变量 size
        int size = str.lastIndexOf("");
        //将变量 size 输出
        System.out.println("空字符在字符串 str 中的索引位置是：" + size);
        //将字符串 str 的长度输出
        System.out.println("字符串 str 的长度是：" + str.length());
    }
}
```

运行结果如图 5.6 所示。

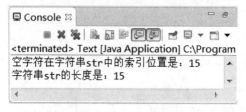

图 5.6 例 5.10 的运行结果

5.3.3 获取指定索引位置的字符

📹 视频讲解：光盘\TM\lx\5\获取指定索引位置的字符.mp4

使用 charAt()方法可将指定索引处的字符返回。

语法如下：

str.charAt(int index)

☑ str：任意字符串。
☑ index：整型值，用于指定要返回字符的下标。

【例 5.11】 在项目中创建类 Ref，在主方法中创建 String 对象，使用 charAt()方法查看字符串 str 中索引位置是 6 的字符。（实例位置：光盘\TM\sl\5.04）

```
public class Ref {                                          //创建类
    public static void main(String args[]) {                //主方法
        String str = "hello word";                          //定义字符串 str
        char mychar = str.charAt(6);                        //将字符串 str 中索引位置是 6 的字符返回
        System.out.println("字符串 str 中索引位置是 6 的字符为：" + mychar); //输出信息
    }
}
```

运行结果如图 5.7 所示。

图 5.7 例 5.11 的运行结果

5.4 字符串操作

String 类中包含了很多方法，允许程序员对字符串进行操作来满足实际编程中的需要。本节将介绍几种常见的字符串操作。

5.4.1 获取子字符串

🎬 视频讲解：光盘\TM\lx\5\获取子字符串.mp4

通过 String 类的 substring()方法可对字符串进行截取。这些方法的共同点就是都利用字符串的下标进行截取，且应明确字符串下标是从 0 开始的。

substring()方法被两种不同的方法重载，来满足不同的需要。

（1）substring(int beginIndex)

该方法返回的是从指定的索引位置开始截取直到该字符串结尾的子串。

语法如下：

str.substring(int beginIndex)

其中，beginIndex 指定从某一索引处开始截取字符串。

【例 5.12】 截取字符串，实例代码如下：

```
String str = "Hello Word";              //定义字符串 str
String substr = str.substring(3);       //获取字符串，此时 substr 值为 lo Word
```

使用 substring(beginIndex)截取字符串的过程如图 5.8 所示。

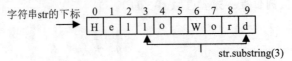

图 5.8　substring(3)的截取过程

> **注意**
> 在字符串中空格占用一个索引位置。

（2）substring(int beginIndex, int endIndex)

该方法返回的是从字符串某一索引位置开始截取至某一索引位置结束的子串。

语法如下：

substring(int beginIndex, int endIndex)

- ☑　beginIndex：开始截取子字符串的索引位置。
- ☑　endIndex：子字符串在整个字符串中的结束位置。

【例 5.13】　在项目中创建类 Subs，在主方法中创建 String 对象，实现使用 substring()方法对字符串进行截取，并将截取后形成的新串输出。（实例位置：光盘\TM\sl\5.05）

```java
public class Subs {                                 //创建类
    public static void main(String args[]) {        //主方法
        String str = "hello word";                  //定义的字符串
        String substr = str.substring(0, 3);        //对字符串进行截取
        System.out.println(substr);                 //输出截取后的字符串
    }
}
```

运行结果如图 5.9 所示。

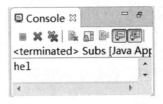

图 5.9　例 5.13 的运行结果

5.4.2　去除空格

> 视频讲解：光盘\TM\lx\5\去除空格.mp4

trim()方法返回字符串的副本，忽略前导空格和尾部空格。

语法如下：

str.trim()

其中，str 为任意字符串对象。

【例 5.14】 在项目中创建类 Blak，在主方法中创建 String 对象，将字符变量原来的长度与去掉前导和尾部空格后的长度输出。（实例位置：光盘\TM\sl\5.06）

```
public class Blak {                                          //创建类
    public static void main(String args[]) {                 //主方法
        String str = "   Java   class   ";                   //定义字符串 str
        System.out.println("字符串原来的长度：" + str.length());   //将 str 原来的长度输出
        //将 str 去掉前导和尾部的空格后的结果输出
        System.out.println("去掉空格后的长度：" + str.trim().length());
    }
}
```

运行结果如图 5.10 所示。

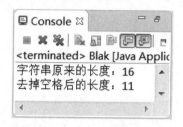

图 5.10　例 5.14 的运行结果

5.4.3　字符串替换

📹 视频讲解：光盘\TM\lx\5\字符串替换.mp4

replace()方法可实现将指定的字符或字符串替换成新的字符或字符串。

语法如下：

str.replace(char oldChar,char newChar)

☑ oldChar：要替换的字符或字符串。
☑ newChar：用于替换原来字符串的内容。

replace()方法返回的结果是一个新的字符串。如果字符串 oldChar 没有出现在该对象表达式中的字符串序列中，则将原字符串返回。

【例 5.15】 在项目中创建类 NewStr，在主方法中创建 String 型变量，将字符变量中的字母 a 替换成 A 后的结果输出。（实例位置：光盘\TM\sl\5.07）

```
public class NewStr {                                        //创建类
    public static void main(String args[]) {                 //主方法
        String str = "address";                              //定义字符串 str
        //字符串 str 中的字符"a"替换成"A"后返回的新字符串 newstr
        String newstr = str.replace("a", "A");
```

```
            System.out.println(newstr);            //将字符串 newstr 输出
    }
}
```

运行结果如图 5.11 所示。

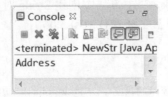

图 5.11 例 5.15 的运行结果

> 如果要替换的字符 oldChar 在字符串中重复出现多次，replace()方法会将所有 oldChar 全部替换成 newChar。例如：
>
> String str = "java project";
> String newstr = str.replace("j","J");
>
> 此时，newstr 的值为 Java proJect。
>
> 需要注意的是，要替换的字符 oldChar 的大小写要与原字符串中字符的大小写保持一致，否则不能成功地替换。例如，上面的实例如果写成如下语句，则不能成功替换。
>
> String str = "java project";
> String newstr = str.replace("P","t");

5.4.4 判断字符串的开始与结尾

 视频讲解：光盘\TM\lx\5\判断字符串的开始与结尾.mp4

startsWith()方法与 endsWith()方法分别用于判断字符串是否以指定的内容开始或结束。这两个方法的返回值都为 boolean 类型。

（1）startsWith()方法

该方法用于判断当前字符串对象的前缀是否为参数指定的字符串。

语法如下：

str.startsWith(String prefix)

其中，prefix 是指作为前缀的字符。

（2）endsWith()方法

该方法用于判断当前字符串是否为以给定的子字符串结束。

语法如下：

str.endsWith(String suffix)

其中，suffix 是指作为后缀的字符串。

【例 5.16】 在项目中创建类 StartOrEnd，在主方法中创建 String 型变量，并判断变量的前导和后置字符串。（实例位置：光盘\TM\sl\5.08）

```java
public class StartOrEnd {                              //创建类
    public static void main(String args[]) {           //主方法
        String num1 = "22045612";                      //定义字符串 num1
        String num2 = "21304578";                      //定义字符串 num2
        boolean b = num1.startsWith("22");             //判断字符串 num1 是否以'22'开头
        boolean b2 = num1.endsWith("78");              //判断字符串 num1 是否以'78'结束
        boolean b3 = num2.startsWith("22");            //判断字符串 num2 是否以'22'开头
        boolean b4 = num2.endsWith("78");              //判断字符串 num2 是否以'78'结束
        System.out.println("字符串 num1 是以'22'开始的吗？" + b);
        System.out.println("字符串 num1 是以'78'结束的吗？" + b2);   //输出信息
        System.out.println("字符串 num2 是以'22'开始的吗？" + b3);
        System.out.println("字符串 num2 是以'78'结束的吗？" + b4);
    }
}
```

运行结果如图 5.12 所示。

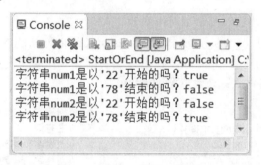

图 5.12　例 5.16 的运行结果

5.4.5　判断字符串是否相等

📹 视频讲解：光盘\TM\lx\5\判断字符串是否相等.mp4

对字符串对象进行比较不能简单地使用比较运算符"=="，因为比较运算符比较的是两个字符串的地址是否相同。即使两个字符串的内容相同，两个对象的内存地址也是不同的，使用比较运算符仍然会返回 false。

【例 5.17】 使用比较运算符比较两个字符串，实例代码如下：

```java
String tom = new String("I am a student");
String jerry = new String("I am a student");
boolean b = (tom == jerry);
```

此时，布尔型变量 b 的值为 false，因为字符串是对象，tom、jerry 是引用。内存示意图如图 5.13 所示。

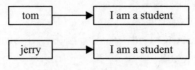

图 5.13　内存示意图

因此，要比较两个字符串内容是否相等，应使用 equals()方法和 equalsIgnoreCase()方法。

（1）equals()方法

如果两个字符串具有相同的字符和长度，则使用 equals()方法进行比较时，返回 true。

语法如下：

str.equals(String otherstr)

其中，str、otherstr 是要比较的两个字符串对象。

（2）equalsIgnoreCase()方法

使用 equals()方法对字符串进行比较时是区分大小写的，而使用 equalsIgnoreCase()方法是在忽略了大小写的情况下比较两个字符串是否相等，返回结果仍为 boolean 类型。

语法如下：

str.equalsIgnoreCase(String otherstr)

其中，str、otherstr 是要比较的两个字符串对象。

通过下面的例子可以看出 equals()方法和 equalsIgnoreCase()方法的区别。

【例 5.18】　在项目中创建类 Opinion，在主方法中创建 String 型变量，实现判断两个字符串是否相等，并将结果输出。（实例位置：光盘\TM\sl\5.09）

```java
public class Opinion {                                    //创建类
    public static void main(String args[]) {              //主方法
        String s1 = new String("abc");                    //创建字符串对象 s1
        String s2 = new String("ABC");                    //创建字符串对象 s2
        String s3 = new String("abc");                    //创建字符串对象 s3
        boolean b = s1.equals(s2);                        //使用 equals()方法比较 s1 与 s2
        //使用 equalsIgnoreCase()方法比较 s1 与 s2
        boolean b2 = s1.equalsIgnoreCase(s2);
        System.out.println(s1 + " equals " + s2 + " :" + b);       //输出信息
        System.out.println(s1 + " equalsIgnoreCase " + s2 + " :" + b2);
    }
}
```

运行结果如图 5.14 所示。

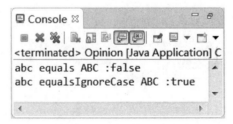

图 5.14　例 5.18 的运行结果

5.4.6 按字典顺序比较两个字符串

compareTo()方法为按字典顺序比较两个字符串,该比较基于字符串中各个字符的 Unicode 值,按字典顺序将此 String 对象表示的字符序列与参数字符串所表示的字符序列进行比较。如果按字典顺序此 String 对象位于参数字符串之前,则比较结果为一个负整数;如果按字典顺序此 String 对象位于参数字符串之后,则比较结果为一个正整数;如果这两个字符串相等,则结果为 0。

语法如下:

str.compareTo(String otherstr)

其中,str、otherstr 是要比较的两个字符串对象。

说明

compareTo()方法只有在 equals(Object)方法返回 true 时才返回 0。

【例 5.19】 在项目中创建类 Wordbook,在主方法中创建 String 变量,使用 compareTo()方法将字符变量进行比较,并将比较结果输出。(实例位置:光盘\TM\sl\5.10)

```java
public class Wordbook {                         //创建类
    public static void main(String args[]) {    //主方法
        String str = new String("b");
        String str2 = new String("a");          //用于比较的 3 个字符串
        String str3 = new String("c");
        System.out.println(str + " compareTo " + str2 + ":"
                + str.compareTo(str2));         //将 str 与 str2 比较的结果输出
        System.out.println(str + " compareTo " + str3 + ":"
                + str.compareTo(str3));         //将 str 与 str3 比较的结果输出
    }
}
```

运行结果如图 5.15 所示。

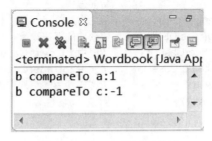

图 5.15　例 5.19 的运行结果

5.4.7 字母大小写转换

> 视频讲解：光盘\TM\lx\5\字母大小写转换.mp4

字符串的 toLowerCase() 方法可将字符串中的所有字符从大写字母改写为小写字母，而 toUpperCase() 方法可将字符串中的小写字母改写为大写字母。

（1）toLowerCase() 方法

该方法将 String 转换为小写。如果字符串中没有应该被转换的字符，则将原字符串返回；否则将返回一个新的字符串，将原字符串中每个该进行小写转换的字符都转换成等价的小写字符。字符长度与原字符长度相同。

语法如下：

str.toLowerCase()

其中，str 是要进行转换的字符串。

（2）toUpperCase() 方法

该方法将 String 转换为大写。如果字符串中没有应该被转换的字符，则将原字符串返回；否则返回一个新字符串，将原字符串中每个该进行大写转换的字符都转换成等价的大写字符。新字符长度与原字符长度相同。

语法如下：

str.toUpperCase()

其中，str 是要进行转换的字符串。

说明

使用 toLowerCase() 方法和 toUpperCase() 方法进行大小写转换时，数字或非字符不受影响。

【例 5.20】 在项目中创建类 UpAndLower，在主方法中创建 String 型变量，实现字符变量的大小写转换，并将转换后的结果输出。（实例位置：光盘\TM\sl\5.11）

```
public class UpAndLower {                              //创建类
    public static void main(String args[]) {           //主方法
        String str = new String("abc DEF");            //创建的字符串 str
        String newstr = str.toLowerCase();             //使用 toLowerCase()方法实行小写转换
        String newstr2 = str.toUpperCase();            //使用 toUpperCase()方法实行大写转换
        System.out.println(newstr);                    //将转换后的结果输出
        System.out.println(newstr2);
    }
}
```

运行结果如图 5.16 所示。

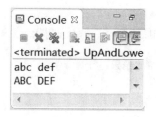

图 5.16　例 5.20 的运行结果

5.4.8　字符串分割

视频讲解：光盘\TM\lx\5\字符串分割.mp4

使用 split() 方法可以使字符串按指定的分割字符或字符串对内容进行分割，并将分割后的结果存放在字符串数组中。split() 方法提供了以下两种字符串分割形式。

（1）split(String sign)

该方法可根据给定的分割符对字符串进行拆分。

语法如下：

str.split(String sign)

其中，sign 为分割字符串的分割符，也可以使用正则表达式。

> **说明**
>
> 没有统一的对字符进行分割的符号。如果想定义多个分割符，可使用符号"|"。例如，",|="表示分割符分别为","和"="。

（2）split(String sign,int limit)

该方法可根据给定的分割符对字符串进行拆分，并限定拆分的次数。

语法如下：

str.split(String sign,int limit)

- sign：分割字符串的分割符，也可以使用正则表达式。
- limit：限制的分割次数。

【例 5.21】　在项目中创建类 Division，在主方法中创建 String 型变量，并将字符变量进行分割，将分割后的结果输出。（实例位置：光盘\TM\sl\5.12）

```
public class Division {
    public static void main(String[] args) {
        //创建字符串
        String str = "192.168.0.1";
        //按照"."进行分割，使用转义字符"\\."
        String[] firstArray = str.split("\\.");
        //按照"."进行两次分割，使用转义字符"\\."
        String[] secondArray = str.split("\\.", 2);
```

```
        //输出 str 原值
        System.out.println("str 的原值为: [" + str + "]");
        //输出全部分割的结果
        System.out.print("全部分割的结果: ");
        for (String a : firstArray) {
            System.out.print("[" + a + "]");
        }
        System.out.println();//  换行
        //输出分割两次的结果
        System.out.print("分割两次的结果: ");
        for (String a : secondArray) {
            System.out.print("[" + a + "]");
        }
        System.out.println();
    }
}
```

运行结果如图 5.17 所示。

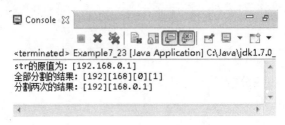

图 5.17　例 5.21 的运行结果

5.5　格式化字符串

String 类的静态 format()方法用于创建格式化的字符串。format()方法有两种重载形式。

（1）format(String format,Object…args)

该方法使用指定的格式字符串和参数返回一个格式化字符串，格式化后的新字符串使用本地默认的语言环境。

语法如下：

str.format(String format,Object…args)

☑　format：格式字符串。

☑　args：格式字符串中由格式说明符引用的参数。如果还有格式说明符以外的参数，则忽略这些额外的参数。此参数的数目是可变的，可以为 0。

（2）format(Local l,String format,Object…args)

☑　l：格式化过程中要应用的语言环境。如果 l 为 null，则不进行本地化。

- ☑ format：格式字符串。
- ☑ args：格式字符串中由格式说明符引用的参数。如果还有格式说明符以外的参数，则忽略这些额外的参数。此参数的数目是可变的，可以为 0。

5.5.1 日期和时间字符串格式化

视频讲解：光盘\TM\lx\5\日期和时间字符串格式化.mp4

在应用程序设计中，经常需要显示时间和日期。如果想输出满意的日期和时间格式，一般需要编写大量的代码经过各种算法才能实现。format()方法通过给定的特殊转换符作为参数来实现对日期和时间的格式化。

1．日期格式化

先来看下面的例子。

【例 5.22】 返回一个月中的天数，实例代码如下：

```
Date date = new Date();                      //创建 Date 对象 date
String s = String.format("%te", date);       //通过 format()方法对 date 进行格式化
```

上述代码中变量 s 的值是当前日期中的天数，如今天是 15 号，则 s 的值为 15；%te 是转换符。常用的日期格式化转换符如表 5.1 所示。

表 5.1 常用的日期格式化转换符

转 换 符	说　　明	示　　例
%te	一个月中的某一天（1~31）	2
%tb	指定语言环境的月份简称	Feb（英文）、二月（中文）
%tB	指定语言环境的月份全称	February（英文）、二月（中文）
%tA	指定语言环境的星期几全称	Monday（英文）、星期一（中文）
%ta	指定语言环境的星期几简称	Mon（英文）、星期一（中文）
%tc	包括全部日期和时间信息	星期二 三月 25 13:37:22 CST 2008
%tY	4 位年份	2008
%tj	一年中的第几天（001~366）	085
%tm	月份	03
%td	一个月中的第几天（01~31）	02
%ty	2 位年份	08

【例 5.23】 在项目中创建类 Eval，实现将当前日期信息以 4 位年份、月份全称、2 位日期形式输出。（实例位置：光盘\TM\sl\5.13）

```
import java.util.Date;                       //导入 java.util.Date 类
public class Eval {                          //新建类
    public static void main(String[] args) { //主方法
        Date date = new Date();              //创建 Date 对象 date
```

```
        String year = String.format("%tY", date);          //将 date 进行格式化
        String month = String.format("%tB", date);
        String day = String.format("%td", date);
        System.out.println("今年是：" + year + "年");        //输出信息
        System.out.println("现在是：" + month);
        System.out.println("今天是：" + day + "号");
    }
}
```

运行结果如图 5.18 所示。

图 5.18　例 5.23 的运行结果

2．时间格式化

使用 format()方法不仅可以完成日期的格式化，也可以实现时间的格式化。时间格式化转换符要比日期转换符更多、更精确，它可以将时间格式化为时、分、秒、毫秒。格式化时间的转换符如表 5.2 所示。

表 5.2　时间格式化转换符

转　换　符	说　　明	示　　例
%tH	2 位数字的 24 时制的小时（00~23）	14
%tI	2 位数字的 12 时制的小时（01~12）	05
%tk	2 位数字的 24 时制的小时（0~23）	5
%tl	2 位数字的 12 时制的小时（1~12）	10
%tM	2 位数字的分钟（00~59）	05
%tS	2 位数字的秒数（00~60）	12
%tL	3 位数字的毫秒数（000~999）	920
%tN	9 位数字的微秒数（000000000~999999999）	062000000
%tp	指定语言环境下上午或下午标记	下午（中文）、pm（英文）
%tz	相对于 GMT RFC 82 格式的数字时区偏移量	+0800
%tZ	时区缩写形式的字符串	CST
%ts	1970-01-01 00:00:00 至现在经过的秒数	1206426646
%tQ	1970-01-01 00:00:00 至现在经过的毫秒数	1206426737453

【例 5.24】　在项目中创建类 GetDate，实现将当前时间信息以 2 位小时数、2 位分钟数、2 位秒数形式输出。（实例位置：光盘\TM\sl\5.14）

```
import java.util.Date;                                    //导入 java.util.Date 类
public class GetDate {                                    //新建类
    public static void main(String[] args) {              //主方法
```

```
        Date date = new Date();                    //创建 Date 对象 date
        String hour = String.format("%tH", date);   //将 date 进行格式化
        String minute = String.format("%tM", date);
        String second = String.format("%tS", date);
        //输出的信息
        System.out.println("现在是：" + hour + "时" + minute + "分"
                + second + "秒");
    }
}
```

运行结果如图 5.19 所示。

3. 格式化常见的日期时间组合

格式化日期与时间的转换符定义了各种日期时间组合的格式，其中最常用的日期和时间的组合格式如表 5.3 所示。

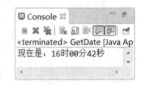

图 5.19　例 5.24 的运行结果

表 5.3　常见的日期和时间组合的格式

转换符	说　　明	示　　例
%tF	"年-月-日"格式（4 位年份）	2008-03-25
%tD	"月/日/年"格式（2 位年份）	03/25/08
%tc	全部日期和时间信息	星期二　三月　25 15:20:00 CST 2008
%tr	"时:分:秒 PM（AM）"格式（12 时制）	03:22:06 下午
%tT	"时:分:秒"格式（24 时制）	15:23:50
%tR	"时:分"格式（24 时制）	15:25

【例 5.25】 在项目中创建类 DateAndTime，在主方法中实现将当前日期时间的全部信息以及指定格式的日期输出。（实例位置：光盘\TM\sl\5.15）

```
import java.util.Date;                              //导入 java.util.Date 类
public class DateAndTime {                          //创建类
    public static void main(String[] args) {        //主方法
        Date date = new Date();                     //创建 Date 对象 date
        String time = String.format("%tc", date);   //将 date 格式化
        String form = String.format("%tF", date);
        //将格式化后的日期时间输出
        System.out.println("全部的时间信息是：" + time);
        System.out.println("年-月-日格式：" + form);
    }
}
```

运行结果如图 5.20 所示。

图 5.20　例 5.25 的运行结果

5.5.2 常规类型格式化

视频讲解：光盘\TM\lx\5\常规类型格式化.mp4

常规类型的格式化可应用于任何参数类型，可通过如表5.4所示的转换符来实现。

表5.4 常规转换符

转换符	说明	示例
%b、%B	结果被格式化为布尔类型	true
%h、%H	结果被格式化为散列码	A05A5198
%s、%S	结果被格式化为字符串类型	"abcd"
%c、%C	结果被格式化为字符类型	'a'
%d	结果被格式化为十进制整数	40
%o	结果被格式化为八进制整数	11
%x、%X	结果被格式化为十六进制整数	4b1
%e	结果被格式化为用计算机科学记数法表示的十进制数	1.700000e+01
%a	结果被格式化为带有效位数和指数的十六进制浮点值	0X1.C000000000001P4
%n	结果为特定于平台的行分隔符	
%%	结果为字面值'%'	%

【例5.26】在项目中创建类General，在主方法中实现不同数据类型到字符串的转换。（实例位置：光盘\TM\sl\5.16）

```
public class General {                                      //新建类
    public static void main(String[] args) {                //主方法
        String str = String.format("%d", 400 / 2);          //将结果以十进制格式显示
        String str2 = String.format("%b", 3 > 5);           //将结果以 boolean 型显示
        String str3 = String.format("%x", 200);             //将结果以十六进制格式显示
        System.out.println("400 的一半是：" + str);          //输出格式化字符串
        System.out.println("3>5 正确吗：" + str2);
        System.out.println("200 的十六进制数是：" + str3);
    }
}
```

运行结果如图5.21所示。

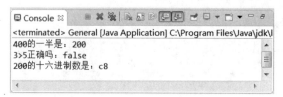

图5.21 例5.26的运行结果

5.6 使用正则表达式

> 视频讲解：光盘\TM\lx\5\使用正则表达式.mp4

正则表达式通常被用于判断语句中，用来检查某一字符串是否满足某一格式。正则表达式是含有一些具有特殊意义字符的字符串，这些特殊字符称为正则表达式的元字符。例如，"\d"表示数字0~9中的任何一个，"\d"就是元字符。正则表达式中元字符及其意义如表5.5所示。

表5.5 正则表达式中的元字符

元 字 符	正则表达式中的写法	意 义
.	.	代表任意一个字符
\d	\\d	代表0~9的任何一个数字
\D	\\D	代表任何一个非数字字符
\s	\\s	代表空白字符，如'\t'、'\n'
\S	\\S	代表非空白字符
\w	\\w	代表可用作标识符的字符，但不包括"$"
\W	\\W	代表不可用于标识符的字符
\p{Lower}	\\p{Lower}	代表小写字母a~z
\p{Upper}	\\p{Upper}	代表大写字母A~Z
\p{ASCII}	\\p{ASCII}	ASCII字符
\p{Alpha}	\\p{Alpha}	字母字符
\p{Digit}	\\p{Digit}	十进制数字，即0~9
\p{Alnum}	\\p{Alnum}	数字或字母字符
\p{Punct}	\\p{Punct}	标点符号：!"#$%&'()*+,-./:;<=>?@[\]^_`{|}~
\p{Graph}	\\p{Graph}	可见字符：[\p{Alnum}\p{Punct}]
\p{Print}	\\p{Print}	可打印字符：[\p{Graph}\x20]
\p{Blank}	\\p{Blank}	空格或制表符：[\t]
\p{Cntrl}	\\p{Cntrl}	控制字符：[\x00-\x1F\x7F]

说明

在正则表达式中"."代表任何一个字符，因此在正则表达式中如果想使用普通意义的点字符"."，必须使用转义字符"\"。

在正则表达式中可以使用方括号括起若干个字符来表示一个元字符，该元字符可代表方括号中的任何一个字符。例如，reg = "[abc]4"，这样字符串a4、b4、c4都是和正则表达式匹配的字符串。方括号元字符还可以为其他格式。如：

☑ [^456]：代表4、5、6之外的任何字符。
☑ [a-r]：代表a~r中的任何一个字母。

- [a-zA-Z]：可表示任意一个英文字母。
- [a-e[g-z]]：代表 a~e，或 g~z 中的任何一个字母（并运算）。
- [a-o&&[def]]：代表字母 d、e、f（交运算）。
- [a-d&&[^bc]]：代表字母 a、d（差运算）。

在正则表达式中允许使用限定修饰符来限定元字符出现的次数。例如，"A*"代表 A 可在字符串中出现 0 次或多次。限定修饰符的用法如表 5.6 所示。

表 5.6　限定修饰符

限定修饰符	意　义	示　例
?	0 次或 1 次	A?
*	0 次或多次	A*
+	一次或多次	A+
{n}	正好出现 n 次	A{2}
{n,}	至少出现 n 次	A{3,}
{n,m}	出现 n~m 次	A{2,6}

【例 5.27】　在项目中创建类 Judge，在主方法中实现使用正则表达式来判断指定的变量是否为合法的 E-mail 地址。（实例位置：光盘\TM\sl\5.17）

```java
public class Judge {
    public static void main(String[] args) {
        //定义要匹配 E-mail 地址的正则表达式
        String regex = "\\w+@\\w+(\\.\\w{2,3})*\\.\\w{2,3}";
        String str1 = "aaa@";            //定义要进行验证的字符串
        String str2 = "aaaaa";
        String str3 = "1111@111ffyu.dfg.com";
        if (str1.matches(regex)) {       //判断字符串变量是否与正则表达式匹配
            System.out.println(str1 + "是一个合法的 E-mail 地址格式");
        }
        if (str2.matches(regex)) {
            System.out.println(str2 + "是一个合法的 E-mail 地址格式");
        }
        if (str3.matches(regex)) {
            System.out.println(str3 + "是一个合法的 E-mail 地址格式");
        }
    }
}
```

运行结果如图 5.22 所示。

图 5.22　例 5.27 的运行结果

正则表达式分析：

通常情况下 E-mail 的格式为"X@X.com.cn"。字符 X 表示任意的一个或多个字符，@为 E-mail 地址中的特有符号，符号@后还有一个或多个字符，之后是字符".com"，也可能后面还有类似".cn"的标记。总结 E-mail 地址的这些特点，因此可以书写正则表达式"\\w+@\\w+(\\.\\w{2,3})*\\.\\w{2,3}"来匹配 E-mail 地址。字符集"\\w"匹配任意字符，符号"+"表示字符可以出现 1 次或多次，表达式"(\\.\\w{2,3})*"表示形如".com"格式的字符串可以出现 0 次或多次。而最后的表达式"\\.\\w{2,3}"用于匹配 E-mail 地址中的结尾字符，如".com"。

5.7 字符串生成器

视频讲解：光盘\TM\lx\5\字符串生成器.mp4

创建成功的字符串对象，其长度是固定的，内容不能被改变和编译。虽然使用"+"可以达到附加新字符或字符串的目的，但"+"会产生一个新的 String 实例，会在内存中创建新的字符串对象。如果重复地对字符串进行修改，将极大地增加系统开销。而 J2SE 5.0 新增了可变的字符序列 String- Builder 类，大大提高了频繁增加字符串的效率。

【例 5.28】 在项目中创建类 Jerque，在主方法中编写如下代码，验证字符串操作和字符串生成器操作的效率。（实例位置：光盘\TM\sl\5.18）

```java
public class Jerque {                                       //新建类
    public static void main(String[] args) {                //主方法
        String str = "";                                    //创建空字符串
        //定义对字符串执行操作的起始时间
        long starTime = System.currentTimeMillis();
        for (int i = 0; i < 10000; i++) {                   //利用 for 循环执行 10000 次操作
            str = str + i;                                  //循环追加字符串
        }
        long endTime = System.currentTimeMillis();          //定义对字符串操作后的时间
        long time = endTime - starTime;                     //计算对字符串执行操作的时间
        System.out.println("String 消耗时间：" + time);      //将执行的时间输出
        StringBuilder builder = new StringBuilder("");      //创建字符串生成器
        starTime = System.currentTimeMillis();              //定义操作执行前的时间
        for (int j = 0; j < 10000; j++) {                   //利用 for 循环进行操作
            builder.append(j);                              //循环追加字符
        }
        endTime = System.currentTimeMillis();               //定义操作后的时间
        time = endTime - starTime;                          //追加操作执行的时间
        System.out.println("StringBuilder 消耗时间：" + time); //将操作时间输出
    }
}
```

运行结果如图 5.23 所示。

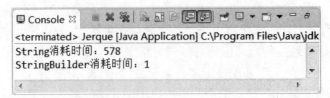

图 5.23 例 5.28 的运行结果

通过这一实例可以看出，两种操作执行的时间差距很大。如果在程序中频繁地附加字符串，建议使用 StringBuilder。新创建的 StringBuilder 对象初始容量是 16 个字符，可以自行指定初始长度。如果附加的字符超过可容纳的长度，则 StringBuilder 对象将自动增加长度以容纳被附加的字符。若要使用 StringBuilder 最后输出字符串结果，可使用 toString()方法。利用 StringBuilder 类中的方法可动态地执行添加、删除和插入等字符串的编辑操作。该类的常用方法如下。

（1）append()方法

该方法用于向字符串生成器中追加内容。通过该方法的多个重载形式，可实现接受任何类型的数据，如 int、boolean、char、String、double 或者另一个字符串生成器等。

语法如下：

append(content)

其中，content 表示要追加到字符串生成器中的内容，可以是任何类型的数据或者其他对象。

（2）insert(int offset, arg)方法

该方法用于向字符串生成器中的指定位置插入数据内容。通过该方法的不同重载形式，可实现向字符串生成器中插入 int、float、char 和 boolean 等基本数据类型或其他对象。

语法如下：

insert(int offset arg)

- offset：字符串生成器的位置。该参数必须大于等于 0，且小于等于此序列的长度。
- arg：将插入至字符串生成器的位置。该参数可以是任何的数据类型或其他对象。

【例 5.29】 向字符串生成器中指定的位置添加字符，实例代码如下：

```
StringBuilder bf = new StringBuilder("hello");        //创建字符生成器
bf.insert(5, "word");                                 //添加至字符串生成器的内容
System.out.println(bf.toString());                    //此时输出信息为 helloword
```

（3）delete(int start , int end)方法

移除此序列的子字符串中的字符。该子字符串从指定的 start 处开始，一直到索引 end-1 处的字符，如果不存在这种字符，则一直到序列尾部。如果 start 等于 end，则不发生任何更改。

语法如下：

delete(int start , int end)

- start：将要删除的字符串的起点位置。
- end：将要删除的字符串的终点位置。

【例 5.30】 删除指定位置的子字符串,实例代码如下:

```
StringBuilder bf = new StringBuilder("StringBuilder");    //创建字符串生成器
bf.delete(5, 10);                                         //删除的子字符串
System.out.println(bf.toString());                        //此时输出的信息为 Strinder
```

说明

想要了解更多的 StringBuilder 类方法,可查询 java.lang.StringBuilder 的 API 说明。

5.8 小　　结

精通 Java 中的字符串处理技术是学习 Java 语言的必修课。本章向读者介绍了字符串的创建和连接方式,以及获取字符串信息、常用的字符串操作等。这些对字符串的常规操作在实际编程中经常会遇到,因此应熟练掌握。另外还介绍了一些高级的字符串处理技术,如格式化字符串、使用正则表达式和字符串生成器等,这些也是字符串处理技术的重点,读者应该熟练掌握。

5.9 实践与练习

1. 使用 String 类的 toUpperCase()方法和 toLowerCase()方法来实现大小写的转换。(答案位置:光盘\TM\sl\5.19)
2. 分别截取字符串 str1 和字符串 str2 中的部分内容,如果截取后的两个子串相同(不区分大小写)会输出"两个子串相同",否则输出"两个子串并不相同"。(答案位置:光盘\TM\sl\5.20)
3. 使用正则表达式来判断字符串 text 是否为合法的手机号。(答案位置:光盘\TM\sl\5.21)
4. 使用字符串生成器,将字符串 str 追加 1~10 这 10 个数字。(答案位置:光盘\TM\sl\5.22)

第 6 章

数组

（▶ 视频讲解：1 小时 21 分钟）

　　数组是最为常见的一种数据结构，是相同类型的、用一个标识符封装到一起的基本类型数据序列或对象序列。可以用一个统一的数组名和下标来唯一确定数组中的元素。实质上，数组是一个简单的线性序列，因此访问速度很快。本章将介绍有关数组的知识。

　　通过阅读本章，您可以：

- ▶▶ 掌握一维数组创建和使用的方法
- ▶▶ 掌握二维数组创建和使用的方法
- ▶▶ 了解如何遍历数组
- ▶▶ 了解如何填充替换数组中的元素
- ▶▶ 了解如何对数组进行排序
- ▶▶ 了解如何复制数组
- ▶▶ 了解查询数组的方法

6.1 数组概述

数组是具有相同数据类型的一组数据的集合。例如，球类的集合——足球、篮球、羽毛球等；电器集合——电视机、洗衣机、电风扇等。在程序设计中，可以将这些集合称为数组。数组中的每个元素具有相同的数据类型。在 Java 中同样将数组看作一个对象，虽然基本数据类型不是对象，但由基本数据类型组成的数组却是对象。在程序设计中引入数组可以更有效地管理和处理数据。可根据数组的维数将数组分为一维数组、二维数组……

6.2 一维数组的创建及使用

视频讲解：光盘\TM\lx\6\一维数组.mp4

一维数组实质上是一组相同类型数据的线性集合，当在程序中需要处理一组数据，或者传递一组数据时，可以应用这种类型的数组。本节将介绍一维数组的创建及使用。

6.2.1 创建一维数组

数组作为对象允许使用 new 关键字进行内存分配。在使用数组之前，必须首先定义数组变量所属的类型。一维数组的创建有两种形式。

1. 先声明，再用 new 运算符进行内存分配

声明一维数组有下列两种方式：

```
数组元素类型 数组名字[ ];
数组元素类型[ ] 数组名字;
```

数组元素类型决定了数组的数据类型。它可以是 Java 中任意的数据类型，包括简单类型和组合类型。数组名字为一个合法的标识符，符号"[ ]"指明该变量是一个数组类型变量。单个"[ ]"表示要创建的数组是一个一维数组。

【例 6.1】 声明一维数组，实例代码如下：

```
int arr[];              //声明 int 型数组，数组中的每个元素都是 int 型数值
String str[];           //声明 String 数组，数组中的每个元素都是 String 型数值
```

声明数组后，还不能立即访问它的任何元素，因为声明数组只是给出了数组名字和元素的数据类型，要想真正使用数组，还要为它分配内存空间。在为数组分配内存空间时必须指明数组的长度。为数组分配内存空间的语法格式如下：

```
数组名字 = new 数组元素的类型[数组元素的个数];
```

☑ 数组名字：被连接到数组变量的名称。
☑ 数组元素的个数：指定数组中变量的个数，即数组的长度。

通过上面的语法可知，使用 new 关键字分配数组时，必须指定数组元素的类型和数组元素的个数，即数组的长度。

【例 6.2】 为数组分配内存，实例代码如下：

```
arr = new int[5];
```

以上代码表示要创建一个有 5 个元素的整型数组，并且将创建的数组对象赋给引用变量 arr，即引用变量 arr 引用这个数组，如图 6.1 所示。

在图 6.1 中 arr 为数组名称，方括号"[ ]"中的值为数组的下标。数组通过下标来区分数组中不同的元素。数组的下标是从 0 开始的。由于创建的数组 arr 中有 5 个元素，因此数组中元素的下标为 0~4。

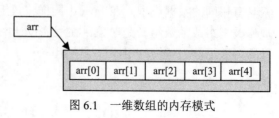

图 6.1 一维数组的内存模式

 说明

使用 new 关键字为数组分配内存时，整型数组中各个元素的初始值都为 0。

2．声明的同时为数组分配内存

这种创建数组的方法是将数组的声明和内存的分配合在一起执行。
语法如下：

数组元素的类型 数组名 = new 数组元素的类型[数组元素的个数];

【例 6.3】 声明并为数组分配内存，实例代码如下：

```
int month[ ] = new int[12]
```

上面的代码创建数组 month，并指定了数组长度为 12。这种创建数组的方法也是 Java 程序编写过程中普遍的做法。

6.2.2 初始化一维数组

数组与基本数据类型一样可以进行初始化操作。数组的初始化可分别初始化数组中的每个元素。数组的初始化有以下两种形式：

```
int arr[] = new int[]{1,2,3,5,25};       //第一种初始化方式
int arr2[] = {34,23,12,6};               //第二种初始化方式
```

从中可以看出，数组的初始化就是包括在大括号之内用逗号分开的表达式列表。用逗号（,）分割数组中的各个元素，系统自动为数组分配一定的空间。用第一种初始化方式，将创建 5 个元素的数组，依次为 1、2、3、5、25。第二种初始化方式，会创建 4 个元素的数组，依次为 34、23、12、6。

6.2.3 使用一维数组

在 Java 集合中一维数组是常见的一种数据结构。下面的实例是使用一维数组将 1~12 月各月的天数输出。

【例 6.4】 在项目中创建类 GetDay，在主方法中创建 int 型数组，并实现将各月的天数输出。（实例位置：光盘\TM\sl\6.01）

```java
public class GetDay {                                    //创建类
    public static void main(String[] args) {             //主方法
        //创建并初始化一维数组
        int day[]=new int[]{ 31, 28, 31, 30, 31, 30, 31, 31, 30, 31, 30, 31};
        for (int i = 0; i < 12; i++) {                   //利用循环将信息输出
            System.out.println((i + 1) + "月有" + day[i] + "天");  //输出的信息
        }
    }
}
```

运行结果如图 6.2 所示。

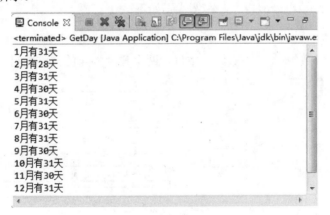

图 6.2　例 6.4 的运行结果

6.3　二维数组的创建及使用

　　视频讲解：光盘\TM\lx\6\二维数组.mp4

如果一维数组中的各个元素仍然是一个数组，那么它就是一个二维数组。二维数组常用于表示表，表中的信息以行和列的形式组织，第一个下标代表元素所在的行，第二个下标代表元素所在的列。

6.3.1 二维数组的创建

二维数组可以看作是特殊的一维数组，因此，二维数组的创建同样有两种方式。

1．先声明，再用 new 运算符进行内存分配

声明二维数组的语法如下：

```
数组元素的类型  数组名字[ ][ ];
数组元素的类型[ ][ ]  数组名字;
```

【例 6.5】 声明二维数组，实例代码如下：

```
int myarr[][];
```

同一维数组一样，二维数组在声明时也没有分配内存空间，同样要使用 new 关键字来分配内存，然后才可以访问每个元素。

对于高维数组，有两种为数组分配内存的方式：

（1）直接为每一维分配内存空间

【例 6.6】 为每一维数组分配内存，实例代码如下：

```
a = new int[2][4]
```

上述代码创建了二维数组 a，二维数组 a 中包括两个长度为 4 的一维数组，内存分配如图 6.3 所示。

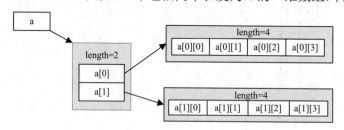

图 6.3　二维数组内存分配（第一种方式）

（2）分别为每一维分配内存

【例 6.7】 分别为每一维分配内存，实例代码如下：

```
a = new int[2][];
a[0] = new int[2];
a[1] = new int[3];
```

2．声明的同时为数组分配内存

第二种方式同第一种实现的功能相同。使用这种方式为二维数组分配内存时，首先指定最左边维数的内存，然后单独地给余下的维数分配内存。通过第二种方式为二维数组分配内存，如图 6.4 所示。

第 6 章 数组

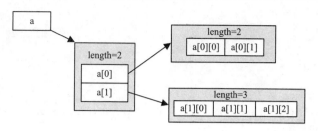

图 6.4 二维数组内存分配（第二种方式）

6.3.2 二维数组初始化

二维数组的初始化与一维数组初始化类似，同样可以使用大括号完成。
语法如下：

type arrayname[][] = {value1,value2…valuen};

- type：数组数据类型。
- arrayname：数组名称，一个合法的标识符。
- value：数组中各元素的值。

【例 6.8】 初始化二维数组，实例代码如下：

int myarr[][] = {{12,0},{45,10}};

初始化二维数组后，要明确数组的下标都是从 0 开始。例如，上面的代码中 myarr[1][1]的值为 10。
int 型二维数组是以 int a [][]来定义的，所以可以直接给 a[x][y]赋值。例如，给 a[1]的第 2 个元素赋值的语句如下：

a[1][1] = 20

6.3.3 使用二维数组

二维数组在实际应用中用得非常广泛。下面的实例就是使用二维数组输出一个 3 行 4 列且所有元素都是 0 的矩阵。

【例 6.9】 在项目中创建类 Matrix，在主方法中编写代码实现输出一个 3 行 4 列且所有元素都为 0 的矩阵。（实例位置：光盘\TM\sl\6.02）

```
public class Matrix {                                   //创建类
    public static void main(String[] args) {            //主方法
        int a[][] = new int[3][4];                      //定义二维数组
        for (int i = 0; i < a.length; i++) {
            for (int j = 0; j < a[i].length; j++) {     //循环遍历数组中的每个元素
                System.out.print(a[i][j]);              //将数组中的元素输出
            }
            System.out.println();                       //输出空格
        }
```

        }
}

运行结果如图 6.5 所示。

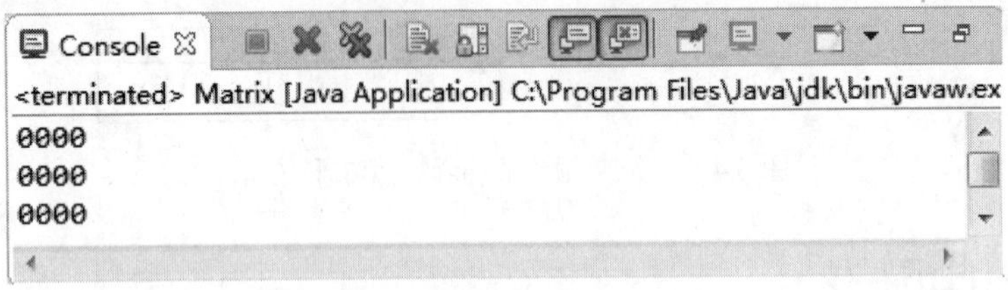

图 6.5　例 6.9 的运行结果

> **说明**
>
> 对于整型二维数组,创建成功之后系统会赋给数组中每个元素初始值 0。

6.4　数组的基本操作

　　java.util 包的 Arrays 类包含了用来操作数组(如排序和搜索)的各种方法,本节就将介绍数组的基本操作。

6.4.1　遍历数组

　　视频讲解:光盘\TM\lx\6\遍历数组.mp4

　　遍历数组就是获取数组中的每个元素。通常遍历数组都是使用 for 循环来实现。遍历一维数组很简单,也很好理解,下面详细介绍遍历二维数组的方法。

　　遍历二维数组需使用双层 for 循环,通过数组的 length 属性可获得数组的长度。

　　【例 6.10】 在项目中创建类 Trap,在主方法中编写代码,定义二维数组,实现将二维数组中的元素呈梯形输出。(实例位置:光盘\TM\sl\6.03)

```java
public class Trap {                                       //创建类
    public static void main(String[] args) {              //主方法
        int b[][] = new int[][]{{ 1 },{ 2, 3},{ 4, 5, 6 } };  //定义二维数组
        for (int k = 0; k < b.length; k++) {              //循环遍历二维数组中的每个元素
            for (int c=0;c<b[k].length; c++){
                System.out.print(b[k][c]);                //将数组中的元素输出
            }
            System.out.println();                         //输出空格
        }
    }
}
```

运行结果如图 6.6 所示。

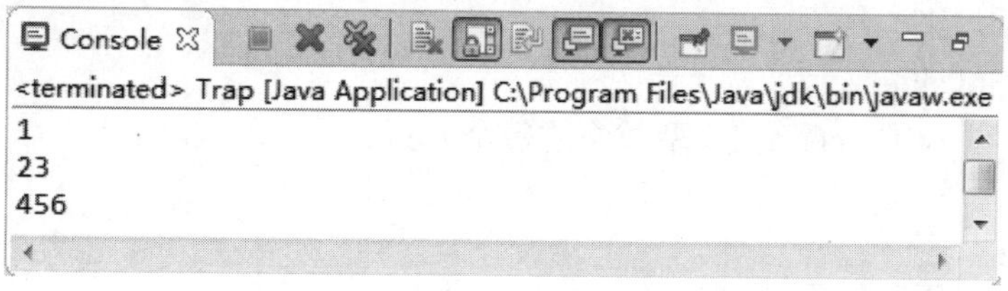

```
1
23
456
```

图 6.6 例 6.10 的运行结果

在遍历数组时,使用 foreach 语句可能会更简单。下面的实例就是通过 foreach 语句遍历二维数组。

【例 6.11】 在项目中创建类 Tautog,在主方法中定义二维数组,使用 foreach 语句遍历二维数组。(实例位置:光盘\TM\sl\6.04)

```java
public class Tautog {                                     //创建类
    public static void main(String[] args) {              //主方法
        int arr2[][] = { { 4, 3 }, { 1, 2 } };            //定义二维数组
        System.out.println("数组中的元素是:");            //提示信息
        int i = 0;                                         //外层循环计数器变量
        for (int x[] : arr2) {                             //外层循环变量为一维数组
            i++;                                           //外层计数器递增
            int j = 0;                                     //内层循环计数器
            for (int e : x) {                              //循环遍历每一个数组元素
                j++;                                       //内层计数器递增
                if (i == arr2.length && j == x.length) {   //判断变量是二维数组中的最后一个元素
                    System.out.print(e);                   //输出二维数组的最后一个元素
                } else                                     //如果不是二维数组中的最后一个元素
                    System.out.print(e + "、");            //输出信息
            }
        }
    }
}
```

运行结果如图 6.7 所示。

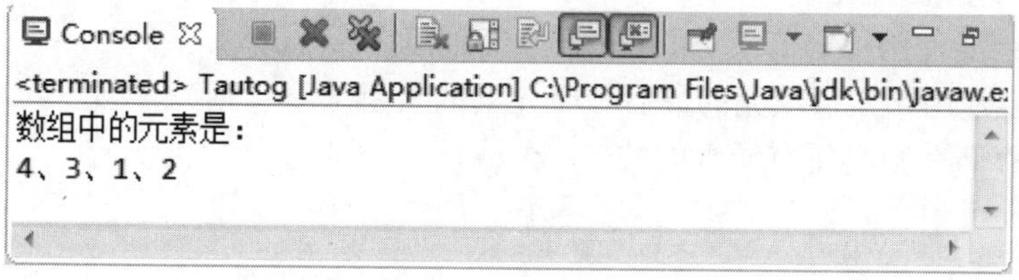

```
数组中的元素是:
4、3、1、2
```

图 6.7 例 6.11 的运行结果

6.4.2 填充替换数组元素

📹 视频讲解:光盘\TM\lx\6\填充替换数组元素.mp4

数组中的元素定义完成后,可通过 Arrays 类的静态方法 fill() 来对数组中的元素进行替换。该方法

通过各种重载形式可完成对任意类型的数组元素的替换。fill()方法有两种参数类型，下面以 int 型数组为例介绍 fill()方法的使用方法。

（1）fill(int[] a,int value)

该方法可将指定的 int 值分配给 int 型数组的每个元素。

语法如下：

fill(int[] a,int value)

- ☑ a：要进行元素替换的数组。
- ☑ value：要存储数组中所有元素的值。

【例6.12】 在项目中创建类 Swap，在主方法中创建一维数组，并实现通过 fill()方法填充数组元素，最后将数组中的各个元素输出。（实例位置：光盘\TM\sl\6.05）

```java
import java.util.Arrays;                           //导入 java.util.Arrays 类
public class Swap {                                //创建类
    public static void main(String[] args) {       //主方法
        int arr[] = new int[5];                    //创建 int 型数组
        Arrays.fill(arr, 8);                       //使用同一个值对数组进行填充
        for (int i = 0; i < arr.length; i++) {     //循环遍历数组中的元素
            //将数组中的元素依次输出
            System.out.println("第" + i + "个元素是：" + arr[i]);
        }
    }
}
```

运行结果如图 6.8 所示。

（2）fill(int[] a,int fromIndex,int toIndex,int value)

该方法将指定的 int 值分配给 int 型数组指定范围中的每个元素。填充的范围从索引 fromIndex（包括）一直到索引 toIndex（不包括）。如果 fromIndex == toIndex，则填充范围为空。

语法如下：

fill(int[] a,int fromIndex,int toIndex,int value)

- ☑ a：要进行填充的数组。
- ☑ fromIndex：要使用指定值填充的第一个元素的索引（包括）。
- ☑ toIndex：要使用指定值填充的最后一个元素的索引（不包括）。
- ☑ value：要存储在数组所有元素中的值。

> **注意**
> 如果指定的索引位置大于或等于要进行填充的数组的长度，则会报出 ArrayIndexOutOf-BoundsException（数组越界异常，关于异常的知识将在后面的章节讲解）异常。

【例6.13】 在项目中创建类 Displace，创建一维数组，并通过 fill()方法替换数组元素，最后将数组中的各个元素输出。（实例位置：光盘\TM\sl\6.06）

```java
import java.util.Arrays;                           //导入 java.util.Arrays 类
public class Displace {                            //创建类
```

```
    public static void main(String[] args) {              //主方法
        int arr[] = new int[] { 45, 12, 2, 10 };          //定义并初始化 int 型数组 arr
        Arrays.fill(arr, 1, 2, 8);                        //使用 fill()方法对数组进行初始化
        for (int i = 0; i < arr.length; i++) {            //循环遍历数组中的元素
            //将数组中的每个元素输出
            System.out.println("第" + i + "个元素是：" + arr[i]);
        }
    }
}
```

运行结果如图 6.9 所示。

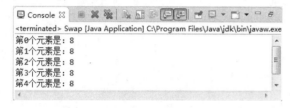

图 6.8　例 6.12 的运行结果

图 6.9　例 6.13 的运行结果

6.4.3　对数组进行排序

视频讲解：光盘\TM\lx\6\对数组进行排序.mp4

通过 Arrays 类的静态 sort()方法可以实现对数组的排序。sort()方法提供了多种重载形式，可对任意类型的数组进行升序排序。

语法如下：

Arrays.sort(object)

其中，object 是指进行排序的数组名称。

【例 6.14】　在项目中创建类 Taxis，在主方法中创建一维数组，将数组排序后输出。（**实例位置：光盘\TM\sl\6.07**）

```
import java.util.Arrays;                                  //导入 java.util.Arrays 类
public class Taxis {                                      //创建类
    public static void main(String[] args) {              //主方法
        int arr[] = new int[] { 23, 42, 12, 8 };          //声明数组
        Arrays.sort(arr);                                 //将数组进行排序
        for (int i = 0; i < arr.length; i++) {            //循环遍历排序后的数组
            System.out.println(arr[i]);                   //将排序后数组中的各个元素输出
        }
    }
}
```

运行结果如图 6.10 所示。

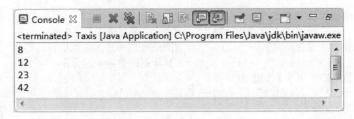

图 6.10 例 6.14 的运行结果

上述实例是对整型数组进行排序。Java 中的 String 类型数组的排序算法是根据字典编排顺序排序的，因此数字排在字母前面，大写字母排在小写字母前面。

6.4.4 复制数组

视频讲解：光盘\TM\lx\6\复制数组.mp4

Arrays 类的 copyOf()方法与 copyOfRange()方法可以实现对数组的复制。copyOf()方法是复制数组至指定长度，copyOfRange()方法则将指定数组的指定长度复制到一个新数组中。

（1）copyOf()方法

该方法提供了多种重载形式，用于满足不同类型数组的复制。

语法如下：

copyOf(arr,int newlength)

- arr：要进行复制的数组。
- newlength：int 型常量，指复制后的新数组的长度。如果新数组的长度大于数组 arr 的长度，则用 0 填充（根据复制数组的类型来决定填充的值，整型数组用 0 填充，char 型数组则使用 null 来填充）；如果复制后的数组长度小于数组 arr 的长度，则会从数组 arr 的第一个元素开始截取至满足新数组长度为止。

【例 6.15】 在项目中创建类 Cope，在主方法中创建一维数组，实现将此数组复制得到一个长度为 5 的新数组，并将新数组输出。（实例位置：光盘\TM\sl\6.08）

```java
import java.util.Arrays;                            //导入 java.util.Arrays 类
public class Cope {                                 //创建类
    public static void main(String[] args) {        //主方法
        int arr[] = new int[] { 23, 42, 12 };       //定义数组
        int newarr[] = Arrays.copyOf(arr, 5);       //复制数组 arr
        for (int i = 0; i < newarr.length; i++) {   //循环变量复制后的新数组
            System.out.println(newarr[i]);          //将新数组输出
        }
    }
}
```

运行结果如图 6.11 所示。

（2）copyOfRange()方法

该方法同样提供了多种重载形式。

语法如下：

copyOfRange(arr,int formIndex,int toIndex)

- arr：要进行复制的数组对象。
- formIndex：指定开始复制数组的索引位置。formIndex 必须在 0 至整个数组的长度之间。新数组包括索引是 formIndex 的元素。
- toIndex：要复制范围的最后索引位置。可大于数组 arr 的长度。新数组不包括索引是 toIndex 的元素。

【例 6.16】 在项目中创建类 Repeat，在主方法中创建一维数组，并将数组中索引位置是 0~3 之间的元素复制到新数组中，最后将新数组输出。（实例位置：光盘\TM\sl\6.09）

```java
import java.util.Arrays;                                //导入 java.util.Arrays
public class Repeat {                                   //创建类
    public static void main(String[] args) {            //主方法
        int arr[] = new int[] { 23, 42, 12, 84, 10 };   //定义数组
        int newarr[] = Arrays.copyOfRange(arr, 0, 3);   //复制数组
        for (int i = 0; i < newarr.length; i++) {       //循环遍历复制后的新数组
            System.out.println(newarr[i]);              //将新数组中的每个元素输出
        }
    }
}
```

运行结果如图 6.12 所示。

图 6.11　例 6.15 的运行结果

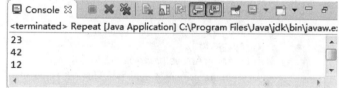

图 6.12　例 6.16 的运行结果

6.4.5　数组查询

Arrays 类的 binarySearch()方法，可使用二分搜索法来搜索指定数组，以获得指定对象。该方法返回要搜索元素的索引值。binarySearch()方法提供了多种重载形式，用于满足各种类型数组的查找需要。binarySearch()方法有两种参数类型。

（1）binarySearch(Object[],Object key)

语法如下：

binarySearch(Object[] a,Object key)

- a：要搜索的数组。
- key：要搜索的值。

如果 key 包含在数组中，则返回搜索值的索引；否则返回-1 或 "-"（插入点）。插入点是搜索键将

要插入数组的那一点，即第一个大于此键的元素索引。

【例 6.17】 查询数组元素，实例代码如下：

```
int arr[] = new int[] { 4, 25, 10 };            //创建并初始化数组
Arrays.sort(arr);                                //将数组进行排序
int index = Arrays.binarySearch(arr, 0, 1, 8);
```

上面的代码中变量 index 的值是元素"8"在数组 arr 中索引在 0~1 内的索引位置。由于在指定的范围内并不存在元素"8"，index 的值是"-"（插入点）。如果对数组进行排序，元素"8"应该在"25"的前面，因此插入点应是元素"25"的索引值 2，所以 index 的值是-2。

如果数组中的所有元素都小于指定的键，则为 a.length（注意，这保证了当且仅当此键被找到时，返回的值将大于等于 0）。

注意

必须在进行此调用之前对数组进行排序（通过sort()方法）。如果没有对数组进行排序，则结果是不确定的。如果数组包含多个带有指定值的元素，则无法保证找到的是哪一个。

【例 6.18】 在项目中创建类 Reference，在主方法中创建一维数组 ia，实现查找元素 4 在数组 ia 中的索引位置。（实例位置：光盘\TM\sl\6.10）

```
import java.util.Arrays;                              //导入 java.util.Arrays 类
public class Example {                                //创建类
    public static void main(String[] args) {          //主方法
        int ia[] = new int[] { 1, 8, 9, 4, 5 };       //定义 int 型数组 ia
        Arrays.sort(ia);                              //将数组进行排序
        int index = Arrays.binarySearch(ia, 4);       //查找数组 ia 中元素 4 的索引位置
        System.out.println("4 的索引位置是：" + index);  //将索引输出
    }
}
```

运行结果如图 6.13 所示。

说明

返回值"1"是对数组 ia 进行排序后元素 4 的索引位置。

（2）binarySearch(Object[],int fromIndex,int toIndex,Object key)

该方法在指定的范围内检索某一元素。

语法如下：

binarySearch(Object[] a,int fromIndex,int toIndex,Object key)

- ☑ a：要进行检索的数组。
- ☑ fromIndex：指定范围的开始处索引（包含）。
- ☑ toIndex：指定范围的结束处索引（不包含）。

☑ key：要搜索的元素。

在使用该方法之前同样要对数组进行排序，来获得准确的索引值。如果要搜索的元素 key 在指定的范围内，则返回搜索键的索引；否则返回-1或"-"（插入点）。如果范围中的所有元素都小于指定的键，则为 toIndex（注意，这保证了当且仅当此键被找到时，返回的值将大于等于0）。

> **注意**
> 如果指定的范围大于或等于数组的长度，则会报出 ArrayIndexOutOfBoundsException 异常。

【例 6.19】 在项目中创建类 Rakel，在主方法中创建 String 数组，实现查找元素 "cd" 在指定范围的数组 str 中的索引位置。（实例位置：光盘\TM\sl\6.11）

```java
import java.util.Arrays;                              //导入 java.util.Arrays 类
public class Rakel {                                  //创建类
    public static void main(String[] args) {          //主方法
        //定义 String 型数组 str
        String str[] = new String[] { "ab", "cd", "ef", "yz" };
        Arrays.sort(str);                             //将数组进行排序
        //在指定的范围内搜索元素 "cd" 的索引位置
        int index = Arrays.binarySearch(str, 0, 2, "cd");
        System.out.println("cd 的索引位置是：" + index); //将索引输出
    }
}
```

运行结果如图 6.14 所示。

图 6.13　例 6.18 的运行结果　　　　　　图 6.14　例 6.19 的运行结果

6.5　数组排序算法

数组有很多常用的算法，本节将介绍常用的排序算法，包括冒泡排序、直接选择排序和反转排序。

6.5.1　冒泡排序

> 视频讲解：光盘\TM\lx\6\冒泡排序.mp4

在程序设计中，经常需要将一组数列进行排序，这样更加方便统计与查询。程序常用的排序方法有冒泡排序、选择排序和快速排序等。本节将介绍冒泡排序方法，它以简洁的思想与实现方法而备受青睐，是广大学习者最先接触的一种排序算法。

冒泡排序是最常用的数组排序算法之一，它排序数组元素的过程总是将小数往前放、大数往后放，类似水中气泡往上升的动作，所以称做冒泡排序。

1. 基本思想

冒泡排序的基本思想是对比相邻的元素值，如果满足条件就交换元素值，把较小的元素移动到数组前面，把大的元素移动到数组后面（也就是交换两个元素的位置），这样较小的元素就像气泡一样从底部上升到顶部。

2. 算法示例

冒泡算法由双层循环实现，其中外层循环用于控制排序轮数，一般为要排序的数组长度减 1 次，因为最后一次循环只剩下一个数组元素，不需要对比，同时数组已经完成排序了。而内层循环主要用于对比数组中每个邻近元素的大小，以确定是否交换位置，对比和交换次数随排序轮数而减少。例如，一个拥有 6 个元素的数组，在排序过程中每一次循环的排序过程和结果如图 6.15 所示。

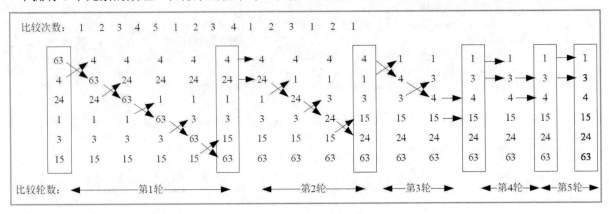

图 6.15　6 个元素数组的排序过程

第一轮外层循环时把最大的元素值 63 移动到了最后面（相应地，比 63 小的元素向前移动，类似气泡上升），第二轮外层循环不再对比最后一个元素值 63，因为它已经被确认为最大（不需要上升），应该放在最后，需要对比和移动的是其他剩余元素，这次将元素 24 移动到了 63 的前一个位置。其他循环将以此类推，继续完成排序任务。

3. 算法实现

下面来介绍一下冒泡排序的具体用法。

【例 6.20】 在项目中创建 BubbleSort 类，这个类的代码将实现冒泡排序的一个演示，其中排序使用的是正排序，读者可以根据本实例编写一个倒排序的例子。（实例位置：光盘\TM\sl\6.12）

```
public class BubbleSort {
    public static void main(String[] args) {
        //创建一个数组，这个数组元素是乱序的
        int[] array = { 63, 4, 24, 1, 3, 15 };
        //创建冒泡排序类的对象
        BubbleSort sorter = new BubbleSort();
```

```
        //调用排序方法将数组排序
        sorter.sort(array);
    }

    /**
     *冒泡排序
     *
     * @param array
     *              要排序的数组
     */
    public void sort(int[] array) {
        for (int i = 1; i < array.length; i++) {
            //比较相邻两个元素，较大的数往后冒泡
            for (int j = 0; j < array.length - i; j++) {
                if (array[j] > array[j + 1]) {
                    int temp = array[j];     //把第一个元素值保存到临时变量中
                    array[j] = array[j + 1];//把第二个元素值保存到第一个元素单元中
                    array[j + 1] = temp;    //把临时变量（也就是第一个元素原值）保存到第二个元素中
                }
            }
        }
        showArray(array);                    //输出冒泡排序后的数组元素
    }

    /**
     * 显示数组中的所有元素
     *
     * @param array
     *              要显示的数组
     */
    public void showArray(int[] array) {
        for (int i : array) {                //遍历数组
            System.out.print(" >" + i);      //输出每个数组元素值
        }
        System.out.println();
    }
}
```

运行结果如图 6.16 所示。

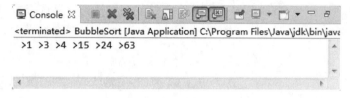

图 6.16 例 6.20 的运行结果

从实例的运行结果来看，数组中的元素已经按从小到大的顺序排列好了。冒泡排序的主要思想就是：把相邻两个元素进行比较，如满足一定条件则进行交换（如判断大小或日期前后等），每次循环都将最大（或最小）的元素排在最后，下一次循环是对数组中其他的元素进行类似操作。

6.5.2 直接选择排序

视频讲解：光盘\TM\lx\6\直接选择排序.mp4

直接选择排序方法属于选择排序的一种，它的排序速度要比冒泡排序快一些，也是常用的排序算法，初学者应该掌握。

1．基本思想

直接选择排序的基本思想是将指定排序位置与其他数组元素分别对比，如果满足条件就交换元素值，注意这里区别冒泡排序，不是交换相邻元素，而是把满足条件的元素与指定的排序位置交换（如从最后一个元素开始排序），这样排序好的位置逐渐扩大，最后整个数组都成为已排序好的格式。

这就好比有一个小学生，从包含数字 1~10 的乱序的数字堆中分别选择合适的数字，组成一个 1~10 的排序，而这个学生首先从数字堆中选出 1，放在第一位，然后选出 2（注意这时数字堆中已经没有 1 了），放在第二位，依此类推，直到其找到数字 9，放到 8 的后面，最后剩下 10，就不用选择了，直接放到最后就可以了。

与冒泡排序相比，直接选择排序的交换次数要少很多，所以速度会快些。

2．算法示例

每一趟从待排序的数据元素中选出最小（或最大）的一个元素，顺序地放在已排好序的数列的最后，直到全部待排序的数据元素排完。

例如：

初始数组资源	【63	4	24	1	3	15】
第一趟排序后	【15	4	24	1	3 】	63
第二趟排序后	【15	4	3	1】	24	63
第三趟排序后	【1	4	3】	15	24	63
第四趟排序后	【1	3】	4	15	24	63
第五趟排序后	【1】	3	4	15	24	63

3．算法实现

下面来介绍一下直接选择排序的具体用法。

【例 6.21】 在项目中创建 SelectSort 类，这个类的代码将作为直接选择排序的一个演示，其中排序使用的是正排序，读者可以根据本实例编写一个倒排序的例子。（**实例位置：光盘\TM\sl\6.13**）

```
/**
 * 直接选择排序算法实例
 *
 * @author Li Zhong Wei
 */
public class SelectSort {
    public static void main(String[] args) {
```

```java
        //创建一个数组，这个数组元素是乱序的
        int[] array = { 63, 4, 24, 1, 3, 15 };
        //创建直接排序类的对象
        SelectSort sorter = new SelectSort();
        //调用排序对象的方法将数组排序
        sorter.sort(array);
    }

    /**
     *直接选择排序
     *
     * @param array
     *             要排序的数组
     */
    public void sort(int[] array) {
        int index;
        for (int i = 1; i < array.length; i++) {
            index = 0;
            for (int j = 1; j <= array.length - i; j++) {
                if (array[j] > array[index]) {
                    index = j;
                }
            }
            //交换在位置 array.length-i 和 index(最大值)上的两个数
            int temp = array[array.length - i];          //把第一个元素值保存到临时变量中
            array[array.length - i] = array[index];      //把第二个元素值保存到第一个元素单元中
            array[index] = temp;                          //把临时变量也就是第一个元素原值保存到第二个元素中
        }
        showArray(array);                                 //输出直接选择排序后的数组值
    }
    /**
     * 显示数组中的所有元素
     *
     * @param array
     *             要显示的数组
     */
    public void showArray(int[] array) {
        for (int i : array) {                             //遍历数组
            System.out.print(" >" + i);                   //输出每个数组元素值
        }
        System.out.println();
    }
}
```

实例运行结果如图 6.17 所示。

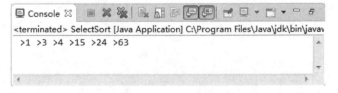

图 6.17　直接选择排序算法运行结果

6.5.3 反转排序

顾名思义,反转排序就是以相反的顺序把原有数组的内容重新排序。反转排序算法在程序开发中也经常用到。

1. 基本思想

反转排序的基本思想比较简单,也很好理解,其实现思路就是把数组最后一个元素与第一个元素替换,倒数第二个元素与第二个元素替换,依此类推,直到把所有数组元素反转替换。

2. 算法示例

反转排序是对数组两边的元素进行替换,所以只需要循环数组长度的半数次,如数组长度为7,那么for循环只需要循环3次。

例如:

初始数组资源	【10	20	30	40	50	60】
第一趟排序后	60	【20	30	40	50】	10
第二趟排序后	60	50	【30	40】	20	10
第三趟排序后	60	50	40	30	20	10

3. 算法实现

下面来介绍一下反转排序的具体用法。

【例 6.22】在项目中创建ReverseSort类,这个类的代码将作为反转排序的一个演示。(**实例位置:光盘\TM\sl\6.14**)

```java
/**
 * 反转排序算法实例
 *
 * @author Li Zhong Wei
 */
public class ReverseSort {
    public static void main(String[] args) {
        //创建一个数组
        int[] array = { 10, 20, 30, 40, 50, 60 };
        //创建反转排序类的对象
        ReverseSort sorter = new ReverseSort();
        //调用排序对象的方法将数组反转
        sorter.sort(array);
    }

    /**
     *反转排序
     *
     * @param array
     *           要排序的数组
```

```java
    */
    public void sort(int[] array) {
        System.out.println("数组原有内容：");
        showArray(array);           //输出排序前的数组值
        int temp;
        int len = array.length;
        for (int i = 0; i < len / 2; i++) {
            temp = array[i];
            array[i] = array[len - 1 - i];
            array[len - 1 - i] = temp;
        }
        System.out.println("数组反转后内容：");
        showArray(array);           //输出排序后的数组值
    }

    /**
     * 显示数组中的所有元素
     *
     * @param array
     *              要显示的数组
     */
    public void showArray(int[] array) {
        for (int i : array) {       //遍历数组
            System.out.print("\t" + i);   //输出每个数组元素值
        }
        System.out.println();
    }
}
```

实例运行结果如图 6.18 所示。

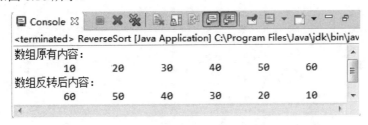

图 6.18　实例 6.22 的运行结果

6.6　小　　结

本章介绍的是数组的创建及使用方法。需要读者注意的是，数组的下标是从 0 开始的，最后一个元素的表示总是"数组名.length-1"。本章的重点是遍历数组以及使用 Arrays 类中的各种方法对数组进行操作，如填充替换数组、复制数组等。此外，Arrays 类还提供了其他操作数组的方法，有兴趣的读者可以查阅相关资料。

6.7 实践与练习

1．编写 Java 程序，创建数组 arr1 和 arr2，将数组 arr1 中索引位置是 0~3 中的元素复制到数组 arr2 中，最后将数组 arr1 和 arr2 中的元素输出。（**答案位置：光盘\TM\sl\6.15**）

2．编写 Java 程序，将数组中最小的数输出。（**答案位置：光盘\TM\sl\6.16**）

3．编写 Java 程序，实现将数组 arr 中索引位置是 2 的元素替换为"bb"，并将替换前数组中的元素和替换后数组中的元素全部输出。（**答案位置：光盘\TM\sl\6.17**）

4．编写 Java 程序，将二维数组中的行列互调显示出来。（**答案位置：光盘\TM\sl\6.18**）

例如：

```
1 2 3
4 5 6
7 8 9
```

显示出的结果为：

```
1 4 7
2 5 8
3 6 9
```

第 7 章

类和对象

（ 视频讲解：1 小时 27 分钟 ）

在 Java 语言中经常被提到的两个词是类与对象，实质上可以将类看作是对象的载体，它定义了对象所具有的功能。学习 Java 语言必须要掌握类与对象，这样可以从深层次去理解 Java 这种面向对象语言的开发理念，从而更好、更快地掌握 Java 编程思想与编程方式，因此，掌握类与对象是学习 Java 语言的基础。本章将详细介绍类的各种方法以及对象，为了使初学者更容易入门，在讲解过程中列举了大量实例。

通过阅读本章，您可以：

- ▶▶ 了解面向对象编程思想
- ▶▶ 掌握如何定义类
- ▶▶ 掌握类的成员变量、成员方法
- ▶▶ 掌握修饰权限
- ▶▶ 掌握局部变量以及作用范围
- ▶▶ 掌握 this、static 关键字
- ▶▶ 掌握构造方法以及通过构造方法创建对象
- ▶▶ 掌握类中的主方法以及如何运行带参数的 Java 程序
- ▶▶ 掌握使用对象获取对象的属性和行为
- ▶▶ 掌握对象的创建、比较和销毁

7.1 面向对象概述

> 视频讲解：光盘\TM\lx\7\面向对象概述.mp4

在程序开发初期人们使用结构化开发语言，但随着软件的规模越来越庞大，结构化语言的弊端也逐渐暴露出来，开发周期被延长，产品的质量也不尽如人意，结构化语言已经不再适合当前的软件开发。这时人们开始将另一种开发思想引入程序中，即面向对象的开发思想。面向对象思想是人类最自然的一种思考方式，它将所有预处理的问题抽象为对象，同时了解这些对象具有哪些相应的属性以及展示这些对象的行为，以解决这些对象面临的一些实际问题，这样就在程序开发中引入了面向对象设计的概念，面向对象设计实质上就是对现实世界的对象进行建模操作。

7.1.1 对象

> 视频讲解：光盘\TM\lx\7\对象.mp4

现实世界中，随处可见的一种事物就是对象。对象是事物存在的实体，如人类、书桌、计算机、高楼大厦等。人类解决问题的方式总是将复杂的事物简单化，于是就会思考这些对象都是由哪些部分组成的。通常都会将对象划分为两个部分，即静态部分与动态部分。静态部分，顾名思义，就是不能动的部分，这个部分被称为"属性"，任何对象都会具备其自身属性，如一个人，其属性包括高矮、胖瘦、性别、年龄等。然而具有这些属性的人会执行哪些动作也是一个值得探讨的部分，这个人可以哭泣、微笑、说话、行走，这些是这个人具备的行为（动态部分），人类通过探讨对象的属性和观察对象的行为了解对象。

在计算机的世界中，面向对象程序设计的思想要以对象来思考问题，首先要将现实世界的实体抽象为对象，然后考虑这个对象具备的属性和行为。例如，现在面临一只大雁要从北方飞往南方这样一个实际问题，试着以面向对象的思想来解决这一实际问题。步骤如下：

（1）首先可以从这一问题中抽象出对象，这里抽象出的对象为大雁。

（2）然后识别这个对象的属性。对象具备的属性都是静态属性，如大雁有一对翅膀、黑色的羽毛等。这些属性如图 7.1 所示。

（3）接着识别这个对象的动态行为，即这只大雁可以进行的动作，如飞行、觅食等，这些行为都是这个对象基于其属性而具有的动作。这些行为如图 7.2 所示。

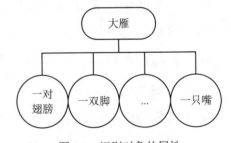

图 7.1 识别对象的属性

（4）识别出这个对象的属性和行为后，这个对象就被定义完成了，然后可以根据这只大雁具有的特性制定这只大雁要从北方飞向南方的具体方案以解决问题。

究其本质，所有的大雁都具有以上的属性和行为，可以将这些属性和行为封装起来以描述大雁这类动物。由此可见，类实质上就是封装对象属性和行为的载体，而对象则是类抽象出来的一个实例，两者之间的关系如图 7.3 所示。

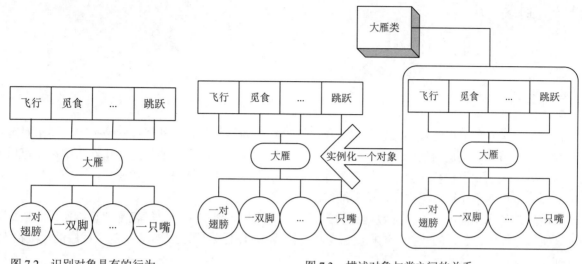

图 7.2　识别对象具有的行为　　　　图 7.3　描述对象与类之间的关系

7.1.2　类

> 视频讲解：光盘\TM\lx\7\类.mp4

不能将所谓的一个事物描述成一类事物，如一只鸟不能称为鸟类。如果需要对同一类事物统称，就不得不说明类这个概念。

类就是同一类事物的统称，如果将现实世界中的一个事物抽象成对象，类就是这类对象的统称，如鸟类、家禽类、人类等。类是构造对象时所依赖的规范，如一只鸟有一对翅膀，它可以用这对翅膀飞行，而基本上所有的鸟都具有有翅膀这个特性和飞行的技能，这样具有相同特性和行为的一类事物就称为类，类的思想就是这样产生的。在图 7.3 中已经描述过类与对象之间的关系，对象就是符合某个类的定义所产生出来的实例。更为恰当的描述是，类是世间事物的抽象称呼，而对象则是这个事物相对应的实体。如果面临实际问题，通常需要实例化类对象来解决。例如，解决大雁南飞的问题，这里只能拿这只大雁来处理这个问题，而不能拿大雁类或鸟类来解决。

类是封装对象的属性和行为的载体，反过来说具有相同属性和行为的一类实体被称为类。例如，鸟类封装了所有鸟的共同属性和应具有的行为，其结构如图 7.4 所示。

定义完鸟类之后，可以根据这个类抽象出一个实体对象，最后通过实体对象来解决相关的实际问题。

在 Java 语言中，类中对象的行为是以方法的形式定义的，对象的属性是以成员变量的形式定义的，而类包括对象的属性和方法，有关类的具体实现会在后续章节中进行介绍。

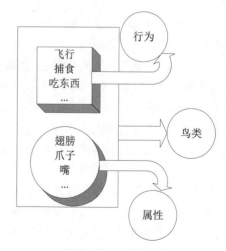

图 7.4　鸟类结构

7.1.3 封装

面向对象程序设计具有以下特点：
- ☑ 封装性。
- ☑ 继承性。
- ☑ 多态性。

封装是面向对象编程的核心思想。将对象的属性和行为封装起来，其载体就是类，类通常对客户隐藏其实现细节，这就是封装的思想。例如，用户使用计算机时，只需要使用手指敲击键盘就可以实现一些功能，无须知道计算机内部是如何工作的，即使可能知道计算机的工作原理，但在使用计算机时也并不完全依赖于计算机工作原理这些细节。

采用封装的思想保证了类内部数据结构的完整性，应用该类的用户不能轻易地直接操作此数据结构，只能执行类允许公开的数据。这样就避免了外部操作对内部数据的影响，提高了程序的可维护性。

使用类实现封装特性如图 7.5 所示。

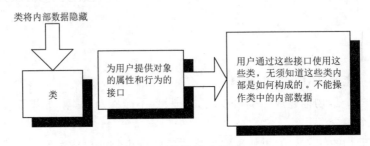

图 7.5　封装特性示意图

7.1.4 继承

类与类之间同样具有关系，如一个百货公司类与销售员类相联系，类之间的这种关系被称为关联。关联主要描述两个类之间的一般二元关系，例如，一个百货公司类与销售员类就是一个关联，学生类与教师类也是一个关联。两个类之间的关系有很多种，继承是关联中的一种。

当处理一个问题时，可以将一些有用的类保留下来，在遇到同样问题时拿来复用。假如这时需要解决信鸽送信的问题，我们很自然就会想到图 7.4 所示的鸟类。由于鸽子属于鸟类，具有与鸟类相同的属性和行为，便可以在创建信鸽类时将鸟类拿来复用，并且保留鸟类具有的属性和行为。不过，并不是所有的鸟都有送信的习惯，因此还需要再添加一些信鸽具有的独特属性及行为。鸽子类保留了鸟类的属性和行为，这样就节省了定义鸟和鸽子共同具有的属性和行为的时间，这就是继承的基本思想。可见设计软件的代码时使用继承思想可以缩短软件开发的时间，复用那些已经定义好的类可以提高系统性能，减少系统在使用过程中出现错误的几率。

继承性主要利用特定对象之间的共有属性。例如，平行四边形是四边形，正方形、矩形也都是四边形，平行四边形与四边形具有共同特性，就是拥有 4 个边，可以将平行四边形类看作四边形的延伸，平行四边形复用了四边形的属性和行为，同时添加了平行四边形独有的属性和行为，如平行四边形的对边平行且相等。这里可以将平行四边形类看作是从四边形类中继承的。在 Java 语言中将类似于平行四边形的类称为子类，将类似于四边形的类称为父类或超类。值得注意的是，可以说平行四边形是特殊的四边形，但不能说四边形是平行四边形，也就是说子类的实例都是父类的实例，但不能说父类的实例是子类的实例。图 7.6 阐明了图形类之间的继承关系。

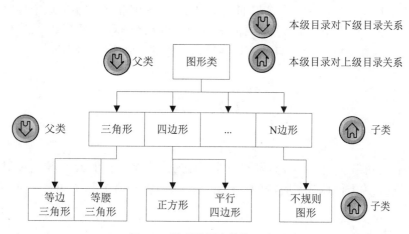

图 7.6　图形类层次结构示意图

从图 7.6 中可以看出，继承关系可以使用树形关系来表示，父类与子类存在一种层次关系。一个类处于继承体系中，它既可以是其他类的父类，为其他类提供属性和行为，也可以是其他类的子类，继承父类的属性和方法，如三角形既是图形类的子类也是等边三角形的父类。

7.1.5　多态

在 7.1.4 节中介绍了继承，了解了父类和子类，其实将父类对象应用于子类的特征就是多态。依然以图形类来说明多态，每个图形都拥有绘制自己的能力，这个能力可以看作是该类具有的行为，如果将子类的对象统一看作是父类的实例对象，这样当绘制图形时，简单地调用父类也就是图形类绘制图形的方法即可绘制任何图形，这就是多态最基本的思想。

多态性允许以统一的风格编写程序，以处理种类繁多的已存在的类及相关类。该统一风格可以由父类来实现，根据父类统一风格的处理，可以实例化子类的对象。由于整个事件的处理都只依赖于父类的方法，所以日后只要维护和调整父类的方法即可，这样就降低了维护的难度，节省了时间。

提到多态，就不得不提抽象类和接口，因为多态的实现并不依赖具体类，而是依赖于抽象类和接口。

再回到绘制图形的实例上来。图形类作为所有图形的父类，具有绘制图形的能力，这个方法可以称为"绘制图形"，但如果要执行这个"绘制图形"的命令，没有人知道应该画什么样的图形，并且如果要在图形类中抽象出一个图形对象，没有人能说清这个图形究竟是什么图形，所以使用"抽象"这个词来描述图形类比较恰当。在 Java 语言中称这样的类为抽象类，抽象类不能实例化对象。在多态的机制中，父类通常会被定义为抽象类，在抽象类中给出一个方法的标准，而不给出实现的具体流程。实质上这个方法也是抽象的，如图形类中的"绘制图形"方法只提供一个可以绘制图形的标准，并没有提供具体绘制图形的流程,因为没有人知道究竟需要绘制什么形状的图形。

在多态的机制中,比抽象类更方便的方式是将抽象类定义为接口。由抽象方法组成的集合就是接口。接口的概念在现实中也极为常见,如从不同的五金商店买来螺丝帽和螺丝钉,螺丝帽很轻松地就可以拧在螺丝钉上,可能螺丝帽和螺丝钉的厂家不同,但这两个物品可以轻易地组合在一起,这是因为生产螺丝帽和螺丝钉的厂家都遵循着一个标准,这个标准在 Java 中就是接口。依然拿"绘制图形"来说明,可以将"绘制图形"作为一个接口的抽象方法,然后使图形类实现这个接口,同时实现"绘制图形"这个抽象方法,当三角形类需要绘制时,就可以继承图形类,重写其中的"绘制图形"方法,并改写这个方法为"绘制三角形",这样就可以通过这个标准绘制不同的图形。

7.2 类

在 7.1.2 节中已经讲解过类是封装对象的属性和行为的载体,而在 Java 语言中对象的属性以成员变量的形式存在,对象的方法以成员方法的形式存在。本节将介绍在 Java 语言中类是如何定义的。

7.2.1 成员变量

在 Java 中对象的属性也称为成员变量。为了了解成员变量,首先定义一个图书类,成员变量对应于类对象的属性,在 Book 类中设置 3 个成员变量,分别为 id、name 和 category,分别对应于图书编号、图书名称和图书类别 3 个图书属性。

【例 7.1】 在项目中创建 Book 类,在该类中定义并使用成员变量。

```java
public class Book {
    private String name;                        //定义一个 String 型的成员变量

    public String getName() {                   //定义一个 getName()方法
        int id = 0;                             //局部变量
        setName("Java");                        //调用类中其他方法
        return id + this.name;                  //设置方法返回值
    }

    private void setName(String name) {         //定义一个 setName()方法
        this.name = name;                       //将参数值赋予类中的成员变量
    }

    public Book getBook() {
        return this;                            //返回 Book 类引用
    }
}
```

根据以上代码,读者可以看到在 Java 中使用 class 关键字来定义类,Book 是类的名称。同时在 Book 类中定义了 3 个成员变量,成员变量的类型可以设置为 Java 中合法的数据类型,其实成员变量就是普通的变量，可以为它设置初始值，也可以不设置初始值。如果不设置初始值，则会有默认值。读者应该注意到在 3 个成员变量前面的 private 关键字，它用来定义一个私有成员（关于权限修饰符的说明将在 7.2.3 节中进行介绍）。

7.2.2 成员方法

在 Java 语言中使用成员方法对应于类对象的行为。以 Book 类为例，它包含 getName()和 setName()两个方法，这两个成员方法分别为获取图书名称和设置图书名称的方法。

定义成员方法的语法格式如下：

```
权限修饰符 返回值类型 方法名(参数类型 参数名){
    …//方法体
    return 返回值;
}
```

一个成员方法可以有参数，这个参数可以是对象，也可以是基本数据类型的变量，同时成员方法有返回值和不返回任何值的选择，如果方法需要返回值，可以在方法体中使用 return 关键字，使用这个关键字后，方法的执行将被终止。

> **注意**
> Java 中的成员方法无返回值，可以使用 void 关键字表示。

成员方法的返回值可以是计算结果，也可以是其他想要的数值和对象，返回值类型要与方法返回的值类型一致。

在成员方法中可以调用其他成员方法和类成员变量，如在例7.1中的getName()方法中就调用了setName()方法将图书名称赋予一个值。同时在成员方法中可以定义一个变量，这个变量为局部变量（局部变量的内容将在7.2.4节中进行介绍）。

> **说明**
> 如果一个方法中含有与成员变量同名的局部变量，则方法中对这个变量的访问以局部变量进行。例如，变量 id 在 getName()方法中值为 0，而不是成员变量中 id 的值。
> 类成员变量和成员方法也可以统称为类成员。

7.2.3 权限修饰符

Java 中的权限修饰符主要包括 private、public 和 protected，这些修饰符控制着对类和类的成员变量以及成员方法的访问。如果一个类的成员变量或成员方法被修饰为 private，则该成员变量只能在本类中被使用，在子类中是不可见的，并且对其他包的类也是不可见的。如果将类的成员变量和成员方法的访问权限设置为 public，那么除了可以在本类使用这些数据之外，还可以在子类和其他包的类中使用。如果一个类的访问权限被设置为 private，这个类将隐藏其内的所有数据，以免用户直接访问它。如果需要使类中的数据被子类或其他包中的类使用，可以将这个类设置为 public 访问权限。如果一个类使用 protected 修饰符，那么只有本包内的该类的子类或其他类可以访问此类中的成员变量和成员方法。

这么看来，public 和 protected 修饰的类可以由子类访问，如果子类和父类不在同一包中，那么只有修饰符为 public 的类可以被子类进行访问。如果父类不允许通过继承产生的子类访问它的成员变量，那么必须使用 private 声明父类的这个成员变量。表 7.1 中描述了 private、protected 和 public 修饰符的修饰权限。

表 7.1　Java 语言中的修饰符权限

访问包位置	类 修 饰 符		
	private	protected	public
本类	可见	可见	可见
同包其他类或子类	不可见	可见	可见
其他包的类或子类	不可见	不可见	可见

注意

当声明类时不使用 public、protected 和 private 修饰符设置类的权限，则这个类预设为包存取范围，即只有一个包中的类可以调用这个类的成员变量或成员方法。

【例 7.2】　在项目中的 com.lzw 包下创建 AnyClass 类，该类使用默认的访问权限。

```
package com.lzw;
class AnyClass {
    public void doString(){
        …//方法体
    }
}
```

在上述代码中，由于类的修饰符为默认修饰符，即只有一个包内的其他类和子类可以对该类进行访问，而 AnyClass 类中的 doString()方法却又被设置为 public 访问权限，即使这样，doString()方法的访问权限依然与 AnyClass 类的访问权限相同，因为 Java 语言规定，类的权限设定会约束类成员的权限设定，所以上述代码等同于例 7.3 的代码。

【例 7.3】　本实例等同于例 7.2 的代码。

```
package com.lzw;
class AnyClass {
    void doString(){
        …//方法体
    }
}
```

7.2.4 局部变量

在 7.2.2 节中已经讲述过成员方法，如果在成员方法内定义一个变量，那么这个变量被称为局部变量。

例如，在例 7.1 定义的 Book 类中，getName()方法的 id 变量即为局部变量。实际上方法中的形参也可作为一个局部变量，如在定义 setName(String name)方法时，String name 这个形参就被看作是局部变量。

局部变量是在方法被执行时创建，在方法执行结束时被销毁。局部变量在使用时必须进行赋值操作或被初始化，否则会出现编译错误。

【例 7.4】 在项目中创建一个类文件，在该类中定义 getName()方法并进行调用。

```
public String getName(){          //定义一个 getName()方法
    int id=0;                     //局部变量
    setName("Java");              //调用类中其他方法
    return id+this.name;          //设置方法返回值
}
```

如果将 id 这个局部变量的初始值去掉，编译器将出现错误。

7.2.5 局部变量的有效范围

可以将局部变量的有效范围称为变量的作用域，局部变量的有效范围从该变量的声明开始到该变量的结束为止。图 7.7 描述了局部变量的作用范围。

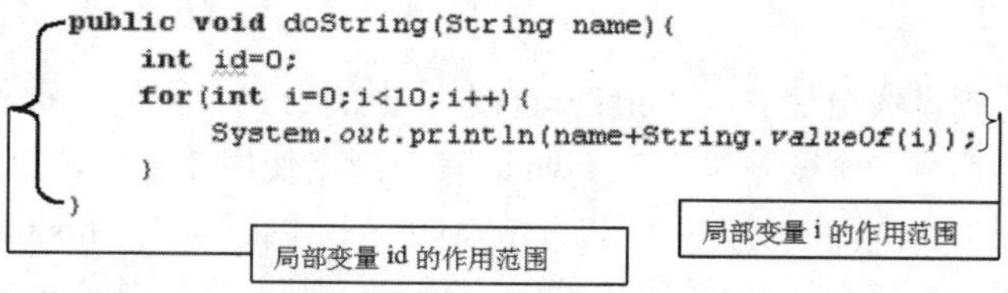

图 7.7 局部变量的作用范围

在相互不嵌套的作用域中可以同时声明两个名称和类型相同的局部变量，如图 7.8 所示。

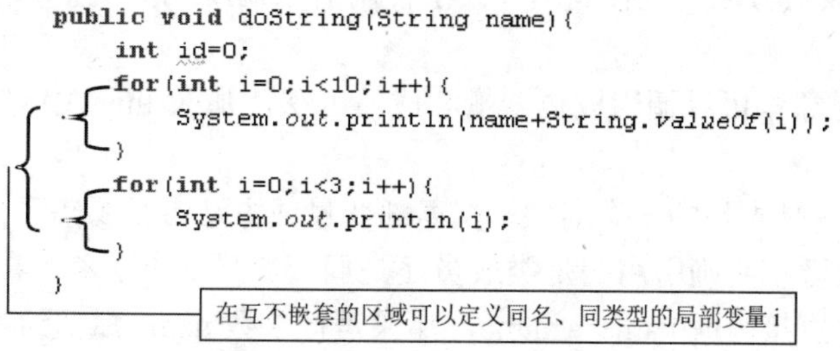

图 7.8 在不同嵌套区域可以定义相同名称和类型的局部变量

但是在相互嵌套的区域中不可以这样声明，如果将局部变量 id 在方法体的 for 循环中再次定义，编译器将会报错，如图 7.9 所示。

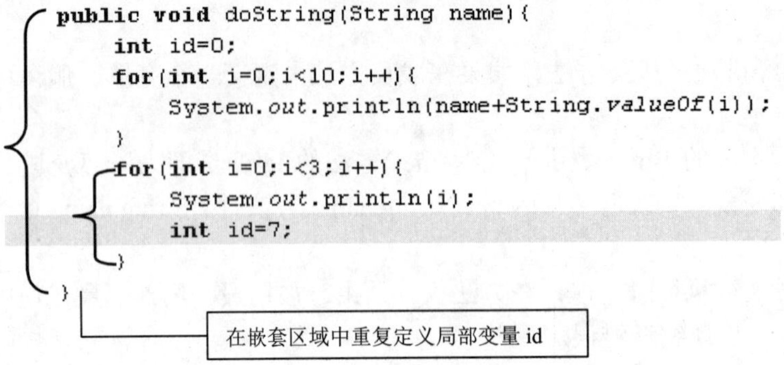

```
public void doString(String name){
    int id=0;
    for(int i=0;i<10;i++){
        System.out.println(name+String.valueOf(i));
    }
    for(int i=0;i<3;i++){
        System.out.println(i);
        int id=7;
    }
}
```

在嵌套区域中重复定义局部变量 id

图 7.9　在嵌套区域中不可以定义相同名称和类型的局部变量

注意

在作用范围外使用局部变量是一个常见的错误，因为在作用范围外没有声明局部变量的代码。

7.2.6　this 关键字

【例 7.5】 在项目中创建一个类文件，该类中定义了 setName()，并将方法的参数值赋予类中的成员变量。

```
private void setName(String name){    //定义一个 setName()方法
    this.name=name;                    //将参数值赋予类中的成员变量
}
```

在上述代码中可以看到，成员变量与 setName()方法中的形式参数的名称相同，都为 name，那么该如何在类中区分使用的是哪一个变量呢？在 Java 语言中规定使用 this 关键字来代表本类对象的引用，this 关键字被隐式地用于引用对象的成员变量和方法，如在上述代码中，this.name 指的就是 Book 类中的 name 成员变量，而 this.name=name 语句中的第二个 name 则指的是形参 name。实质上 setName()方法实现的功能就是将形参 name 的值赋予成员变量 name。

在这里读者明白了 this 可以调用成员变量和成员方法，但 Java 语言中最常规的调用方式是使用"对象.成员变量"或"对象.成员方法"进行调用（关于使用对象调用成员变量和方法的问题，将在后续章节中进行讲述）。

既然 this 关键字和对象都可以调用成员变量和成员方法，那么 this 关键字与对象之间具有怎样的关系呢？

事实上，this 引用的就是本类的一个对象。在局部变量或方法参数覆盖了成员变量时，如上面代码的情况，就要添加 this 关键字明确引用的是类成员还是局部变量或方法参数。

如果省略 this 关键字直接写成 name = name，那只是把参数 name 赋值给参数变量本身而已，成员变量 name 的值没有改变，因为参数 name 在方法的作用域中覆盖了成员变量 name。

其实，this 除了可以调用成员变量或成员方法之外，还可以作为方法的返回值。

【例 7.6】 在项目中创建一个类文件，在该类中定义 Book 类型的方法，并通过 this 关键字进行返回。

```
public Book getBook(){
    return this;        //返回 Book 类引用
}
```

在 getBook()方法中，方法的返回值为 Book 类，所以方法体中使用 return this 这种形式将 Book 类的对象进行返回。

7.3 类的构造方法

视频讲解：光盘\TM\lx\7\类的构造方法.mp4

在类中除了成员方法之外，还存在一种特殊类型的方法，那就是构造方法。构造方法是一个与类同名的方法，对象的创建就是通过构造方法完成的。每当类实例化一个对象时，类都会自动调用构造方法。

构造方法的特点如下：
- ☑ 构造方法没有返回值。
- ☑ 构造方法的名称要与本类的名称相同。

> **注意**
>
> 在定义构造方法时，构造方法没有返回值，但这与普通没有返回值的方法不同，普通没有返回值的方法使用 public void methodEx()这种形式进行定义，但构造方法并不需要使用 void 关键字进行修饰。

构造方法的定义语法格式如下：

```
public book(){
    …//构造方法体
}
```

- ☑ public：构造方法修饰符。
- ☑ book：构造方法的名称。

在构造方法中可以为成员变量赋值，这样当实例化一个本类的对象时，相应的成员变量也将被初始化。

如果类中没有明确定义构造方法，编译器会自动创建一个不带参数的默认构造方法。

> **注意**
>
> 如果在类中定义的构造方法都不是无参的构造方法，那么编译器也不会为类设置一个默认的无参构造方法，当试图调用无参构造方法实例化一个对象时，编译器会报错。所以只有在类中没有定义任何构造方法时，编译器才会在该类中自动创建一个不带参数的构造方法。

在 7.2.6 节中介绍过 this 关键字，了解了 this 可以调用类的成员变量和成员方法，事实上 this 还可以调用类中的构造方法。看下面的实例。

【例 7.7】 在项目中创建 AnyThting 类，在该类中使用 this 调用构造方法。

```
public class AnyThting {
    public AnyThting() {                            //定义无参构造方法
        this("this 调用有参构造方法");               //使用 this 调用有参构造方法
        System.out.println("无参构造方法");
    }

    public AnyThting(String name) {                 //定义有参构造方法
        System.out.println("有参构造方法");
    }
}
```

在例 7.7 中可以看到定义了两个构造方法，在无参构造方法中可以使用 this 关键字调用有参的构造方法。但使用这种方式需要注意的是只可以在无参构造方法中的第一句使用 this 调用有参构造方法。

7.4 静态变量、常量和方法

📀 **视频讲解**：光盘\TM\lx\7\静态变量、常量和方法（static 关键字）.mp4

在介绍静态变量、常量和方法之前首先需要介绍 static 关键字，因为由 static 修饰的变量、常量和方法被称做静态变量、常量和方法。

有时，在处理问题时会需要两个类在同一个内存区域共享一个数据。例如，在球类中使用 PI 这个常量，可能除了本类需要这个常量之外，在另外一个圆类中也需要使用这个常量。这时没有必要在两个类中同时创建 PI 常量，因为这样系统会将这两个不在同一个类中定义的常量分配到不同的内存空间中。为了解决这个问题，可以将这个常量设置为静态的。PI 常量在内存中被共享的布局如图 7.10 所示。

被声明为 static 的变量、常量和方法被称为静态成员。静态成员属于类所有，区别于个别对象，可以在本类或其他类使用类名和"."运算符调用静态成员。

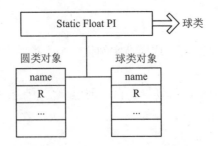

图 7.10　PI 常量在内存中被共享情况

语法如下：

类名.静态类成员

【例 7.8】 在项目中创建 StaticTest 类，该类中的主方法调用静态成员并在控制台中输出。

```java
public class StaticTest {
    final static double PI = 3.1415;        //在类中定义静态常量
    static int id;                          //在类中定义静态变量

    public static void method1() {          //在类中定义静态方法
        //do Something
    }

    public void method2() {
        System.out.println(StaticTest.PI);  //调用静态常量
        System.out.println(StaticTest.id);  //调用静态变量
        StaticTest.method1();               //调用静态方法
    }
}
```

在例 7.8 中设置了 3 个静态成员，分别为常量、变量和方法，然后在 method2()方法中分别调用这 3 个静态成员，直接使用"类名.静态成员"形式进行调用即可。

> **注意**
>
> 虽然静态成员也可以使用"对象.静态成员"的形式进行调用，但通常不建议用这样的形式，因为这样容易混淆静态成员和非静态成员。

静态数据与静态方法的作用通常是为了提供共享数据或方法，如数学计算公式等，以 static 声明并实现，这样当需要使用时，直接使用类名调用这些静态成员即可。尽管使用这种方式调用静态成员比较方便，但静态成员同样遵循着 public、private 和 protected 修饰符的约束。

【例 7.9】 在项目中创建 StaticTest 类，该类中的主方法调用静态成员并在控制台中输出。

```java
public class StaticTest {
    static double PI = 3.1415;              //在类中定义静态常量
    static int id;                          //在类中定义静态变量
    public static void method1() {          //在类中定义静态方法
        //do Something
    }
    public void method2() {                 //在类中定义一个非静态方法
        System.out.println(StaticTest.PI);  //调用静态常量
        System.out.println(StaticTest.id);  //调用静态变量
        StaticTest.method1();               //调用静态方法
    }
    public static StaticTest method3() {    //在类中定义一个静态方法
        method2();                          //调用非静态方法
        return this;                        //在 return 语句中使用 this 关键字
```

                }
        }

读者也许会发现在 Eclipse 中输入上述代码后，编译器会发生错误，这是因为 method3()方法为一个静态方法，而在其方法体中调用了非静态方法和 this 关键字。在 Java 语言中对静态方法有两点规定：
- ☑ 在静态方法中不可以使用 this 关键字。
- ☑ 在静态方法中不可以直接调用非静态方法。

> **注意**
>
> 在 Java 中规定不能将方法体内的局部变量声明为 static 的。例如下述代码就是错误的：
> ```
> public class example {
>     public void method() {
>         static int i = 0;
>     }
> }
> ```

> **技巧**
>
> 如果在执行类时，希望先执行类的初始化动作，可以使用 static 定义一个静态区域。例如：
> ```
> public class example {
>     static {
>         // some
>     }
> }
> ```
> 当这段代码被执行时，首先执行 static 块中的程序，并且只会执行一次。

7.5 类的主方法

📽 视频讲解：光盘\TM\lx\7\类的主方法.mp4

主方法是类的入口点，它定义了程序从何处开始；主方法提供对程序流向的控制，Java 编译器通过主方法来执行程序。主方法的语法如下：

```
public static void main(String[] args){
    //方法体
}
```

在主方法的定义中可以看到其具有以下特性：
- ☑ 主方法是静态的，所以如要直接在主方法中调用其他方法，则该方法必须也是静态的。
- ☑ 主方法没有返回值。
- ☑ 主方法的形参为数组。其中 args[0]~args[n]分别代表程序的第一个参数到第 n 个参数，可以使用 args.length 获取参数的个数。

【例 7.10】 在项目中创建 TestMain 类，在主方法中编写以下代码，并在 Eclipse 中设置程序参数。（实例位置：光盘\TM\sl\7.01）

```java
public class TestMain {
    public static void main(String[] args) {        //定义主方法
        for (int i = 0; i < args.length; i++) {     //根据参数个数做循环操作
            System.out.println(args[i]);            //循环打印参数内容
        }
    }
}
```

在 Eclipse 中运行本例，结果如图 7.11 所示。

在 Eclipse 中设置程序参数的步骤如下：

（1）在 Eclipse 中，在包资源管理器的项目名称节点上右击，在弹出的快捷菜单中选择 Run As / Run Configirations 命令，弹出 Run Configurations 对话框。

（2）在 Run Configurations 对话框中选择 Arguments 选项卡，在 Program arguments 文本框中输入相应的参数，每个参数间按 Enter 键隔开。具体设置如图 7.12 所示。

图 7.11　带参数程序的运行结果　　　　图 7.12　Eclipse 中的 Run Configurations 对话框

7.6　对　　象

Java 是一门面向对象的程序设计语言，对象是由类抽象出来的，所有的问题都通过对象来处理，对象可以操作类的属性和方法解决相应的问题，所以了解对象的产生、操作和消亡是十分必要的。本节就来讲解对象在 Java 语言中的应用。

7.6.1 对象的创建

在 7.1 节中曾经介绍过对象,对象可以认为是在一类事物中抽象出某一个特例,可以通过这个特例来处理这类事物出现的问题。在 Java 语言中通过 new 操作符来创建对象。前文在讲解构造方法时介绍过每实例化一个对象就会自动调用一次构造方法,实质上这个过程就是创建对象的过程。准确地说,可以在 Java 语言中使用 new 操作符调用构造方法创建对象。

语法如下:

```
Test test=new Test();
Test test=new Test("a");
```

其参数说明如表 7.2 所示。

表 7.2 创建对象语法中的参数说明

设 置 值	描 述
Test	类名
test	创建 Test 类对象
new	创建对象操作符
"a"	构造方法的参数

test 对象被创建出来时,就是一个对象的引用,这个引用在内存中为对象分配了存储空间,7.3 节中介绍过,可以在构造方法中初始化成员变量,当创建对象时,自动调用构造方法。也就是说,在 Java 语言中初始化与创建是被捆绑在一起的。

每个对象都是相互独立的,在内存中占据独立的内存地址,并且每个对象都具有自己的生命周期,当一个对象的生命周期结束时,对象就变成垃圾,由 Java 虚拟机自带的垃圾回收机制处理,不能再被使用(对于垃圾回收机制的知识将在 7.6.5 小节中进行介绍)。

注意

在 Java 语言中对象和实例事实上可以通用。

下面来看一个创建对象的实例。

【例 7.11】 在项目中创建 CreateObject 类,在该类中创建对象并在主方法中创建对象。(实例位置:光盘\TM\sl\7.02)

```
public class CreateObject {
    public CreateObject() {              //构造方法
        System.out.println("创建对象");
    }
    public static void main(String args[]) {    //主方法
        new CreateObject();               //创建对象
```

        }
}

在 Eclipse 中运行上述代码，结果如图 7.13 所示。

图 7.13　创建对象运行结果

在上述实例的主方法中使用 new 操作符创建对象，创建对象的同时，将自动调用构造方法中的代码。

7.6.2　访问对象的属性和行为

用户使用 new 操作符创建一个对象后，可以使用"对象.类成员"来获取对象的属性和行为。前文已经提到过，对象的属性和行为在类中是通过类成员变量和成员方法的形式来表示的，所以当对象获取类成员时，也相应地获取了对象的属性和行为。

【例 7.12】　在项目中创建 TransferProperty 类，在该类中说明对象是如何调用类成员的。（实例位置：光盘\TM\sl\7.03）

```java
public class TransferProperty {
    int i = 47;                                        //定义成员变量
    public void call() {                               //定义成员方法
        System.out.println("调用 call()方法");
        for (i = 0; i < 3; i++) {
            System.out.print(i + " ");
            if (i == 2) {
                System.out.println("\n");
            }
        }
    }
    public TransferProperty() {                        //定义构造方法
    }
    public static void main(String[] args) {
        TransferProperty t1 = new TransferProperty();  //创建一个对象
        TransferProperty t2 = new TransferProperty();  //创建另一个对象
        t2.i = 60;                                     //将类成员变量赋值为 60
        //使用第一个对象调用类成员变量
        System.out.println("第一个实例对象调用变量 i 的结果：" + t1.i++);
        t1.call();                                     //使用第一个对象调用类成员方法
        //使用第二个对象调用类成员变量
        System.out.println("第二个实例对象调用变量 i 的结果：" + t2.i);
        t2.call();                                     //使用第二个对象调用类成员方法
    }
}
```

在 Eclipse 中运行上述代码,结果如图 7.14 所示。

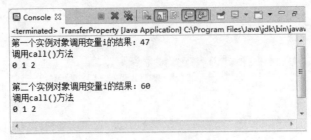

图 7.14 使用对象调用类成员运行结果

在上述代码的主方法中首先实例化一个对象,然后使用"."操作符调用类的成员变量和成员方法。但是在运行结果中可以看到,虽然使用两个对象调用同一个成员变量,结果却不相同,因为在打印这个成员变量的值之前将该值重新赋值为 60,但在赋值时使用的是第二个对象 t2 调用成员变量,所以在第一个对象 t1 调用成员变量打印该值时仍然是成员变量的初始值。由此可见,两个对象的产生是相互独立的,改变了 t2 的 i 值,不会影响到 t1 的 i 值。在内存中这两个对象的布局如图 7.15 所示。

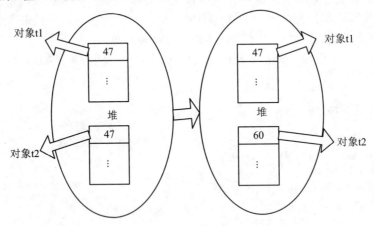

图 7.15 内存中 t1、t2 两个对象的布局

如果希望成员变量不被其中任何一个对象改变,可以使用 static 关键字(前文曾经介绍过一个被声明为 static 的成员变量的值可以被本类或其他类的对象共享)将上述代码改写为例 7.13 的形式。

【例 7.13】 在项目中创建 AccessProperty 类,该类举例说明对象调用静态成员变量。(实例位置:光盘\TM\sl\7.04)

```java
public class AccessProperty {
    static int i = 47;                          //定义静态成员变量
    public void call() {                        //定义成员方法
        System.out.println("调用 call()方法");
        for (i = 0; i < 3; i++) {
            System.out.print(i + " ");
            if (i == 2) {
                System.out.println("\n");
            }
        }
    }
```

```
    }
    public AccessProperty() {                    //定义构造方法
    }
    public static void main(String[] args) {     //定义主方法
        AccessProperty t1 = new AccessProperty();   //创建一个对象
        AccessProperty t2 = new AccessProperty();   //创建另一个对象
        t2.i = 60;                                   //将类成员变量赋值为60
        //使用第一个对象调用类成员变量
        System.out.println("第一个实例对象调用变量 i 的结果：" + t1.i++);
        t1.call();                                   //使用第一个对象调用类成员方法
        //使用第二个对象调用类成员变量
        System.out.println("第二个实例对象调用变量 i 的结果：" + t2.i);
        t2.call();                                   //使用第二个对象调用类成员方法
    }
}
```

在 Eclipse 中运行上述代码，结果如图 7.16 所示。

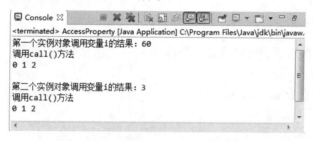

图 7.16　对象调用静态成员变量运行结果

从上述运行结果中可以看到，由于使用 t2.i=60 语句改变了静态成员变量的值，使用对象 t1 调用成员变量的值也为 60，这正是 i 值被定义为静态成员变量的效果，即使使用两个对象对同一个静态成员变量进行操作，依然可以改变静态成员变量的值，因为在内存中两个对象同时指向同一块内存区域。t1.i++语句执行完毕后，i 值变为 3。当再次调用 call()方法时又被重新赋值为 0，做循环打印操作。

7.6.3　对象的引用

在 Java 语言中尽管一切都可以看作对象，但真正的操作标识符实质上是一个引用，那么引用在 Java 中是如何体现的呢？来看下面的语法。

语法如下：

类名　对象引用名称

如一个 Book 类的引用可以使用以下代码：

Book book;

通常一个引用不一定需要有一个对象相关联。引用与对象相关联的语法如下：

Book book=new Book();

- ☑ Book：类名。
- ☑ book：对象。
- ☑ new：创建对象操作符。

> **注意**
> 引用只是存放一个对象的内存地址，并非存放一个对象。严格地说，引用和对象是不同的，但是可以将这种区别忽略，如可以简单地说 book 是 Book 类的一个对象，而事实上应该是 book 包含 Book 对象的一个引用。

7.6.4 对象的比较

在 Java 语言中有两种对象的比较方式，分别为 "=="运算符与 equals()方法。实质上这两种方式有着本质区别，下面举例说明。

【例 7.14】 在项目中创建 Compare 类，该类说明了 "=="运算符与 equals()方法的区别。（实例位置：光盘\TM\sl\7.05）

```
public class Compare {
    public static void main(String[] args) {
        String c1 = new String("abc");         //创建两个 String 型对象引用
        String c2 = new String("abc");
        String c3 = c1;                         //将 c1 对象引用赋予 c3
        //使用"=="运算符比较 c2 与 c3
        System.out.println("c2==c3 的运算结果为：" + (c2 == c3));
        //使用 equals()方法比较 c2 与 c3
        System.out.println("c2.equals(c3)的运算结果为：" + (c2.equals(c3)));
    }
}
```

在 Eclipse 中运行本例，结果如图 7.17 所示。

从上述运行结果中可以看出，"=="运算符和 equals()方法比较的内容是不相同的，equals()方法是 String 类中的方法，它用于比较两个对象引用所指的内容是否相等；而 "=="运算符比较的是两个对象引用的地址是否相等。由于 c1 与 c2 是两个不同的对象引用，两者在内存中的位置不同，而 "String c3=c1;" 语句将 c1 的引用赋给 c3，所以 c1 与 c3 这两个对象引用是相等的，也就是打印 c1==c3 这样的语句将返回 true 值。对象 c1、c2 和 c3 在内存中的布局如图 7.18 所示。

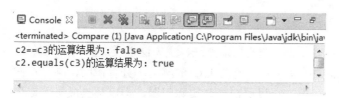
图 7.17　比较两个对象引用的运行结果

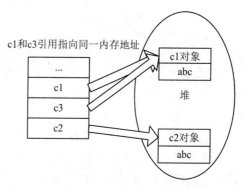
图 7.18　对象 c1、c2 和 c3 在内存中的布局

7.6.5　对象的销毁

每个对象都有生命周期，当对象的生命周期结束时，分配给该对象的内存地址将会被回收。在其他语言中需要手动回收废弃的对象，但是 Java 拥有一套完整的垃圾回收机制，用户不必担心废弃的对象占用内存，垃圾回收器将回收无用的但占用内存的资源。

在谈到垃圾回收机制之前，首先需要了解何种对象会被 Java 虚拟机视为垃圾。主要包括以下两种情况：

- ☑ 对象引用超过其作用范围，这个对象将被视为垃圾，如图 7.19 所示。
- ☑ 将对象赋值为 null，如图 7.20 所示。

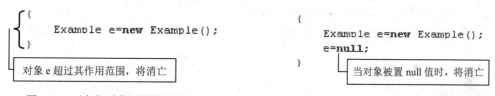

图 7.19　对象超过作用范围将消亡　　　　图 7.20　对象被置为 null 值时将消亡

虽然垃圾回收机制已经很完善，但垃圾回收器只能回收那些由 new 操作符创建的对象。如果某些对象不是通过 new 操作符在内存中获取一块内存区域，这种对象可能不能被垃圾回收机制所识别，所以在 Java 中提供了一个 finalize()方法。这个方法是 Object 类的方法，它被声明为 protected，用户可以在自己的类中定义这个方法。如果用户在类中定义了 finalize()方法，在垃圾回收时会首先调用该方法，在下一次垃圾回收动作发生时，才能真正回收被对象占用的内存。

> **说明**
>
> 有一点需要明确的是，垃圾回收或 finalize()方法不保证一定会发生，如 Java 虚拟机内存损耗待尽时，它是不会执行垃圾回收的。

由于垃圾回收不受人为控制，具体执行时间也不确定，所以 finalize()方法也就无法执行，为此，Java 提供了 System.gc()方法强制启动垃圾回收器，这与给 120 打电话通知医院来救护病人的道理一样，

147

来告知垃圾回收器进行清理。

7.7 小　　结

本章学习了面向对象的概念、类的定义、成员方法、类的构造方法、主方法以及对象的应用等。
通过对本章的学习,读者应该掌握面向对象的编程思想,这对 Java 的学习十分有帮助,同时在此基础上读者可以编写类,定义类成员、构造方法、主方法以解决一些实际问题,类以及类成员可以使用权限修饰符进行修饰,读者应该了解这些修饰符的具体范围。由于在 Java 中通过对象来处理问题,所以对象的创建、比较、销毁的应用就显得非常重要。初学者应该反复揣摩这些基本概念和面向对象的编程思想,为 Java 语言的学习打下坚实的基础。

7.8 实践与练习

1. 尝试编写一个类,定义一个修饰权限为 private 的成员变量,并定义两个成员方法,一个成员方法实现为此成员变量赋值,另一个成员方法获取这个成员变量的值,保证其他类继承该类时能获取该类的成员变量的值。(**答案位置:光盘\TM\sl\7.06**)

2. 尝试编写一个矩形类,将长与宽作为矩形类的属性,在构造方法中将长、宽初始化,定义一个成员方法求此矩形的面积。(**答案位置:光盘\TM\sl\7.07**)

3. 根据运行参数的个数决定循环打印变量 i 值的次数。(**答案位置:光盘\TM\sl\7.08**)

第 8 章

包装类

（ 视频讲解：11 分钟）

Java 是一种面向对象语言，Java 中的类把方法与数据连接在一起，构成了自包含式的处理单元。但在 Java 中不能定义基本类型（Primitive Type）对象，为了能将基本类型视为对象进行处理，并能连接相关的方法，Java 为每个基本类型都提供了包装类，如 int 型数值的包装类 Integer 和 boolean 型数值的包装类 Boolean 等，这样便可以把这些基本类型转换为对象来处理了。需要说明的是，Java 是可以直接处理基本类型的，但在有些情况下需要将其作为对象来处理，这时就需要将其转换为包装类了。本章将介绍 Java 中提供的各种包装类。

通过阅读本章，您可以：

- ▶▶ 掌握 Integer 对象的创建以及 Integer 类提供的各种方法
- ▶▶ 掌握 Long 对象的创建以及 Long 类提供的各种方法
- ▶▶ 掌握 Short 对象的创建以及 Short 类提供的各种方法
- ▶▶ 掌握 Boolean 对象的创建以及 Boolean 类提供的各种方法
- ▶▶ 掌握 Byte 对象的创建以及 Byte 类提供的各种方法
- ▶▶ 掌握 Character 对象的创建以及 Character 类提供的各种方法
- ▶▶ 掌握 Double 对象的创建以及 Double 类提供的各种方法
- ▶▶ 掌握 Float 对象的创建以及 Float 类提供的各种方法
- ▶▶ 了解所有数字类的父类 Number

8.1 Integer

🎬 视频讲解：光盘\TM\lx\8\Integer.exe

java.lang 包中的 Integer 类、Long 类和 Short 类，分别将基本类型 int、long 和 short 封装成一个类。由于这些类都是 Number 的子类，区别就是封装不同的数据类型，其包含的方法基本相同，所以本节以 Integer 类为例介绍整数包装类。

Integer 类在对象中包装了一个基本类型 int 的值。该类的对象包含一个 int 类型的字段。此外，该类提供了多个方法，能在 int 类型和 String 类型之间互相转换，同时还提供了其他一些处理 int 类型时非常有用的常量和方法。

1. 构造方法

Integer 类有以下两种构造方法。

☑ Integer (int number)

该方法以一个 int 型变量作为参数来获取 Integer 对象。

【例 8.1】 以 int 型变量作为参数创建 Integer 对象，实例代码如下：

Integer number = new Integer(7);

☑ Integer (String str)

该方法以一个 String 型变量作为参数来获取 Integer 对象。

【例 8.2】 以 String 型变量作为参数创建 Integer 对象，实例代码如下：

Integer number = new Integer("45");

注意

要用数值型 String 变量作为参数，如 123，否则将会抛出 NumberFormatException 异常。

2. 常用方法

Integer 类的常用方法如表 8.1 所示。

表 8.1 Integer 类的常用方法

方　　法	返 回 值	功 能 描 述
byteValue()	byte	以 byte 类型返回该 Integer 的值
compareTo(Integer anotherInteger)	int	在数字上比较两个 Integer 对象。如果这两个值相等，则返回 0；如果调用对象的数值小于 anotherInteger 的数值，则返回负值；如果调用对象的数值大于 anotherInteger 的数值，则返回正值
equals(Object IntegerObj)	boolean	比较此对象与指定的对象是否相等
intValue()	int	以 int 型返回此 Integer 对象
shortValue()	short	以 short 型返回此 Integer 对象

续表

方 法	返 回 值	功 能 描 述
toString()	String	返回一个表示该 Integer 值的 String 对象
valueOf(String str)	Integer	返回保存指定的 String 值的 Integer 对象
parseInt(String str)	int	返回包含在由 str 指定的字符串中的数字的等价整数值

Integer 类中的 parseInt()方法返回与调用该方法的数值字符串相应的整型（int）值。下面通过一个实例来说明 parseInt()方法的应用。

【例 8.3】 在项目中创建类 Summation，在主方法中定义 String 数组，实现将 String 类型数组中的元素转换成 int 型，并将各元素相加。（实例位置：光盘\TM\sl\8.01）

```
public class Summation {                                      //创建类 Summation
    public static void main(String args[]) {                  //主方法
        String str[] = { "89", "12", "10", "18", "35" };      //定义 String 数组
        int sum = 0;                                          //定义 int 型变量 sum
        for (int i = 0; i < str.length; i++) {                //循环遍历数组
            int myint=Integer.parseInt(str[i]);               //将数组中的每个元素都转换为 int 型
            sum = sum + myint;                                //将数组中的各元素相加
        }
        System.out.println("数组中的各元素之和是：" + sum);    //将计算后结果输出
    }
}
```

运行结果如图 8.1 所示。

图 8.1 例 8.3 的运行结果

Integer 类的 toString()方法，可将 Integer 对象转换为十进制字符串表示。toBinaryString()、toHexString()和 toOctalString()方法分别将值转换成二进制、十六进制和八进制字符串。实例 8.4 介绍了这 3 种方法的用法。

【例 8.4】 在项目中创建类 Charac，在主方法中创建 String 变量，实现将字符变量以二进制、十六进制和八进制形式输出。（实例位置：光盘\TM\sl\8.02）

```
public class Charac {                                         //创建类 Charac
    public static void main(String args[]) {                  //主方法
        String str = Integer.toString(456);                   //获取数字的十进制表示
        String str2 = Integer.toBinaryString(456);            //获取数字的二进制表示
        String str3 = Integer.toHexString(456);               //获取数字的十六进制表示
        String str4 = Integer.toOctalString(456);             //获取数字的八进制表示
        System.out.println("'456'的十进制表示为：" + str);
        System.out.println("'456'的二进制表示为：" + str2);
        System.out.println("'456'的十六进制表示为：" + str3);
        System.out.println("'456'的八进制表示为：" + str4);
```

}
}

运行结果如图 8.2 所示。

3．常量

Integer 类提供了以下 4 个常量。

- ☑ MAX_VALUE：表示 int 类型可取的最大值，即 $2^{31}-1$。
- ☑ MIN_VALUE：表示 int 类型可取的最小值，即 -2^{31}。
- ☑ SIZE：用来以二进制补码形式表示 int 值的位数。
- ☑ TYPE：表示基本类型 int 的 Class 实例。

可以通过程序来验证 Integer 类的常量。

【例 8.5】 在项目中创建类 GetCon，在主方法中实现将 Integer 类的常量值输出。（实例位置：光盘\TM\sl\8.03）

```java
public class GetCon {                                      //创建类 GetCon
    public static void main(String args[]) {               //主方法
        int maxint = Integer.MAX_VALUE;                    //获取 Integer 类的常量值
        int minint = Integer.MIN_VALUE;
        int intsize = Integer.SIZE;
        System.out.println("int 类型可取的最大值是：" + maxint);  //将常量值输出
        System.out.println("int 类型可取的最小值是：" + minint);
        System.out.println("int 类型的二进制位数是：" + intsize);
    }
}
```

运行结果如图 8.3 所示。

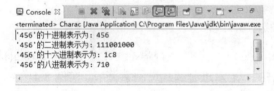

图 8.2　例 8.4 的运行结果

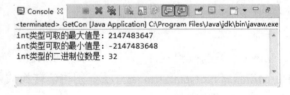

图 8.3　例 8.5 的运行结果

8.2　Boolean

视频讲解：光盘\TM\lx\8\Boolean.exe

Boolean 类将基本类型为 boolean 的值包装在一个对象中。一个 Boolean 类型的对象只包含一个类型为 boolean 的字段。此外，此类还为 boolean 和 String 的相互转换提供了许多方法，并提供了处理 boolean 时非常有用的其他一些常量和方法。

1．构造方法

☑ Boolean(boolean value)

该方法创建一个表示 value 参数的 Boolean 对象。

【例 8.6】 创建一个表示 value 参数的 Boolean 对象，实例代码如下：

```
Boolean b = new Boolean(true);
```

☑ Boolean(String str)

该方法以 String 变量作为参数创建 Boolean 对象。如果 String 参数不为 null 且在忽略大小写时等于 true，则分配一个表示 true 值的 Boolean 对象，否则获得一个 false 值的 Boolean 对象。

【例 8.7】 以 String 变量作为参数，创建 Boolean 对象。实例代码如下：

```
Boolean bool = new Boolean("ok");
```

2．常用方法

Boolean 类的常用方法如表 8.2 所示。

表 8.2　Boolean 类的常用方法

方　　法	返　回　值	功　能　描　述
booleanValue()	boolean	将 Boolean 对象的值以对应的 boolean 值返回
equals(Object obj)	boolean	判断调用该方法的对象与 obj 是否相等。当且仅当参数不是 null，而且与调用该方法的对象一样都表示同一个 boolean 值的 Boolean 对象时，才返回 true
parseBoolean(String s)	boolean	将字符串参数解析为 boolean 值
toString()	String	返回表示该 boolean 值的 String 对象
valueOf(String s)	boolean	返回一个用指定的字符串表示值的 boolean 值

【例 8.8】 在项目中创建类 GetBoolean，在主方法中以不同的构造方法创建 Boolean 对象，并调用 booleanValue()方法将创建的对象重新转换为 boolean 数据输出。（实例位置：光盘\TM\sl\8.04）

```
public class GetBoolean {                          //创建类 GetBoolean
    public static void main(String args[]) {       //主方法
        Boolean b1 = new Boolean(true);            //创建 Boolean 对象
        Boolean b2 = new Boolean("ok");            //创建 Boolean 对象
        System.out.println("b1：" + b1.booleanValue());
        System.out.println("b2：" + b2.booleanValue());
    }
}
```

运行结果如图 8.4 所示。

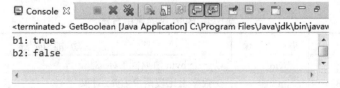

图 8.4　例 8.8 的运行结果

3. 常量

Boolean 提供了以下 3 个常量。
- ☑ TRUE：对应基值 true 的 Boolean 对象。
- ☑ FALSE：对应基值 false 的 Boolean 对象。
- ☑ TYPE：基本类型 boolean 的 Class 对象。

8.3 Byte

 视频讲解：光盘\TM\lx\8\Byte.exe

Byte 类将基本类型为 byte 的值包装在一个对象中。一个 Byte 类型的对象只包含一个类型为 byte 的字段。此外，该类还为 byte 和 String 的相互转换提供了方法，并提供了其他一些处理 byte 时非常有用的常量和方法。

1. 构造方法

Byte 类提供了以下两种构造方法的重载形式来创建 Byte 类对象。
- ☑ Byte(byte value)

通过这种方法创建的 Byte 对象，可表示指定的 byte 值。

【例 8.9】 以 byte 型变量作为参数，创建 Byte 对象。实例代码如下：

```
byte mybyte = 45;
Byte b = new Byte(mybyte);
```

- ☑ Byte(String str)

通过这种方法创建的 Byte 对象，可表示 String 参数所指示的 byte 值。

【例 8.10】 以 String 型变量作为参数，创建 Byte 对象。实例代码如下：

```
Byte mybyte = new Byte("12");
```

注意

> 要用数值型 String 变量作为参数，如 123，否则将会抛出 NumberFormatException 异常。

2. 常用方法

Byte 类的常用方法如表 8.3 所示。

表 8.3 Byte 类的常用方法

方　　法	返　回　值	功　能　描　述
byteValue()	byte	以一个 byte 值返回 Byte 对象
compareTo(Byte anotherByte)	int	在数字上比较两个 Byte 对象
doubleValue()	double	以一个 double 值返回此 Byte 的值

续表

方　　法	返 回 值	功 能 描 述
intValue()	int	以一个 int 值返回此 Byte 的值
parseByte(String s)	byte	将 String 型参数解析成等价的字节（byte）形式
toString()	String	返回表示此 Byte 的值的 String 对象
valueOf(String str)	byte	返回一个保持指定 String 所给出的值的 Byte 对象
equals(Object obj)	boolean	将此对象与指定对象比较，如果调用该方法的对象与 obj 相等，则返回 true，否则返回 false

3．常量

Byte 类中提供了如下 4 个常量。

- ☑ MIN_VALUE：byte 类型可取的最小值。
- ☑ MAX_VALUE：byte 类型可取的最大值。
- ☑ SIZE：用于以二进制补码形式表示 byte 值的位数。
- ☑ TYPE：表示基本类型 byte 的 Class 实例。

8.4　Character

视频讲解：光盘\TM\lx\8\Character.exe

Character 类在对象中包装一个基本类型为 char 的值。一个 Character 类型的对象包含类型为 char 的单个字段。该类提供了几种方法，以确定字符的类别（小写字母、数字等），并将字符从大写转换成小写，反之亦然。

1．构造方法

Character 类的构造方法的语法如下：

Character(char value)

该类的构造函数必须是一个 char 类型的数据。通过该构造函数创建的 Character 类对象包含由 char 类型参数提供的值。一旦 Character 类被创建，它包含的数值就不能改变了。

【例 8.11】 以 char 型变量作为参数，创建 Character 对象。实例代码如下：

Character mychar = new Character('s');

2．常用方法

Character 类提供了很多方法来完成对字符的操作，常用的方法如表 8.4 所示。

表 8.4　Character 类的常用方法

方　　法	返 回 值	功 能 描 述
charvalue()	char	返回此 Character 对象的值
compareTo(Character anotherCharacter)	int	根据数字比较两个 Character 对象，若这两个对象相等则返回 0

续表

方　　法	返 回 值	功 能 描 述
equals(Object obj)	Boolean	将调用该方法的对象与指定的对象相比较
toUpperCase(char ch)	char	将字符参数转换为大写
toLowerCase(char ch)	char	将字符参数转换为小写
toString()	String	返回一个表示指定 char 值的 String 对象
charValue()	char	返回此 Character 对象的值
isUpperCase(char ch)	boolean	判断指定字符是否为大写字符
isLowerCase(char ch)	boolean	判断指定字符是否为小写字符

下面通过实例来介绍 Character 对象的某些方法的使用。

【例 8.12】在项目中创建类 UpperOrLower，在主方法中创建 Character 类的对象，并判断字符的大小写状态。（实例位置：光盘\TM\sl\8.05）

```
public class UpperOrLower {                    //创建类 UpperOrLower
    public static void main(String args[]) {   //主方法
        Character mychar1 = new Character('A');   //声明 Character 对象
        Character mychar2 = new Character('a');   //声明 Character 对象
        System.out.println(mychar1 + "是大写字母吗? "
                + Character.isUpperCase(mychar1));
        System.out.println(mychar2 + "是小写字母吗? "
                + Character.isLowerCase(mychar2));
    }
}
```

运行结果如图 8.5 所示。

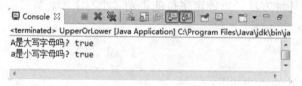

图 8.5　实例 8.12 的运行结果

3．常量

Character 类提供了大量表示特定字符的常量。例如：

- ☑ CONNECTOR_PUNCTUATION：返回 byte 型值，表示 Unicode 规范中的常规类别"Pc"。
- ☑ UNASSIGNED：返回 byte 型值，表示 Unicode 规范中的常规类别"Cn"。
- ☑ TITLECASE_LETTER：返回 byte 型值，表示 Unicode 规范中的常规类别"Lt"。

8.5　Double

视频讲解：光盘\TM\lx\8\Double.exe

Double 和 Float 包装类是对 double、float 基本类型的封装，它们都是 Number 类的子类，又都是对小数进行操作，所以常用方法基本相同，本节将对 Double 类进行介绍。对于 Float 类可以参考 Double 类的相关介绍。

Double 类在对象中包装一个基本类型为 double 的值。每个 Double 类的对象都包含一个 double 类型的字段。此外，该类还提供多个方法，可以将 double 转换为 String，也可以将 String 转换为 double，也提供了其他一些处理 double 时有用的常量和方法。

1．构造方法

Double 类提供了以下两种构造方法来获得 Double 类对象。

- Double(double value)：基于 double 参数创建 Double 类对象。
- Double(String str)：构造一个新分配的 Double 对象，表示用字符串表示的 double 类型的浮点值。

注意

如果不是以数值类型的字符串作为参数，则抛出 NumberFormatException 异常。

2．常用方法

Double 类的常用方法如表 8.5 所示。

表 8.5 Double 类的常用方法

方　　法	返　回　值	功　能　描　述
byteValue()	byte	以 byte 形式返回 Double 对象值（通过强制转换）
compareTo(Double d)	int	对两个 Double 对象进行数值比较。如果两个值相等，则返回 0；如果调用对象的数值小于 d 的数值，则返回负值；如果调用对象的数值大于 d 的值，则返回正值
equals(Object obj)	boolean	将此对象与指定的对象相比较
intValue()	int	以 int 形式返回 double 值
isNaN()	boolean	如果此 double 值是非数字（NaN）值，则返回 true；否则返回 false
toString()	String	返回此 Double 对象的字符串表示形式
valueOf(String str)	Double	返回保存用参数字符串 str 表示的 double 值的 Double 对象
doubleValue()	double	以 double 形式返回此 Double 对象
longValue()	long	以 long 形式返回此 double 的值（通过强制转换为 long 类型）

3．常量

Double 类提供了以下常量。

- MAX_EXPONENT：返回 int 值，表示有限 double 变量可能具有的最大指数。
- MIN_EXPONENT：返回 int 值，表示标准化 double 变量可能具有的最小指数。
- NEGATIVE_INFINITY：返回 double 值，表示保存 double 类型的负无穷大值的常量。
- POSITIVE_INFINITY：返回 double 值，表示保存 double 类型的正无穷大值的常量。

8.6 Number

> 视频讲解：光盘\TM\lx\8\Number.exe

抽象类 Number 是 BigDecimal、BigInteger、Byte、Double、Float、Integer、Long 和 Short 类的父类，Number 的子类必须提供将表示的数值转换为 byte、double、float、int、long 和 short 的方法。例如，doubleValue()方法返回双精度值，floatValue()方法返回浮点值。这些方法如表 8.6 所示。

表 8.6 Number 类的方法

方法	返回值	功能描述
byteValue()	byte	以 byte 形式返回指定的数值
intValue()	int	以 int 形式返回指定的数值
floatValue()	float	以 float 形式返回指定的数值
shortValue()	short	以 short 形式返回指定的数值
longValue()	long	以 long 形式返回指定的数值
doubleValue()	double	以 double 形式返回指定的数值

Number 类的方法分别被 Number 的各子类所实现，也就是说，在 Number 类的所有子类中都包含以上这几种方法。

8.7 小　　结

本章介绍了 Java 中表示数字、字符、布尔值的包装类，其中 Number 是所有数字类的父类，其子类包括 Integer、Float 等；Character 类是字符的包装类，该类提供了对字符的各种处理方法；Boolean 类是布尔类型值的包装类。通过学习本章，读者应该熟练掌握各种包装类所提供的方法，在实际开发中要灵活运用。

8.8 实践与练习

1. 创建 Integer 类对象，并以 int 类型将 Integer 的值返回。（答案位置：光盘\TM\sl\8.06）
2. 创建两个 Character 对象，通过 equals()方法比较它们是否相等；之后将这两个对象分别转换成小写形式，再通过 equals()方法比较这两个 Character 对象是否相等。（答案位置：光盘\TM\sl\8.07）
3. 编写程序，实现通过字符型变量创建 boolean 值，再将其转换成字符串输出，观察输出后的字符串与创建 Boolean 对象时给定的参数是否相同。（答案位置：光盘\TM\sl\8.08）

第 9 章

数字处理类

（▶ 视频讲解：16分钟）

在解决实际问题时，对数字的处理是非常普遍的，如数学问题、随机问题、商业货币问题、科学计数问题等。为了应对以上问题，Java 提供了处理相关问题的类，包括 DecimalFormat 类（用于格式化数字）、Math 类（为各种数学计算提供了工具方法）、Random 类（为 Java 处理随机数问题提供了各种方法）、BigInteger 类与 BigDecimal 类（为所有大数字的处理提供了相应的数学运算操作方法）。本章将学习这些数字处理类。

通过阅读本章，您可以：

- ▶▶ 掌握对数字进行格式化
- ▶▶ 掌握 Math 类中的各种数学运算方法
- ▶▶ 掌握生成任意范围内的随机数
- ▶▶ 掌握大整数与大小数的数学运算方式

9.1 数字格式化

视频讲解：光盘\TM\lx\9\数字格式化.exe

数字的格式化在解决实际问题时使用非常普遍，如表示某超市的商品价格，需要保留两位有效数字。Java 主要对浮点型数据进行数字格式化操作，其中浮点型数据包括 double 型和 float 型数据，在 Java 中使用 java.text.DecimalFormat 格式化数字，本节将着重讲解 DecimalFormat 类。

在 Java 中没有格式化的数据遵循以下原则：

- ☑ 如果数据绝对值大于 0.001 并且小于 10000000，Java 将以常规小数形式表示。
- ☑ 如果数据绝对值小于 0.001 或者大于 10000000，使用科学记数法表示。

由于上述输出格式不能满足解决实际问题的要求，通常将结果格式化为指定形式后输出。在 Java 中可以使用 DecimalFormat 类进行格式化操作。

DecimalFormat 是 NumberFormat 的一个子类，用于格式化十进制数字。它可以将一些数字格式化为整数、浮点数、百分数等。通过使用该类可以为要输出的数字加上单位或控制数字的精度。一般情况下可以在实例化 DecimalFormat 对象时传递数字格式，也可以通过 DecimalFormat 类中的 applyPattern() 方法来实现数字格式化。

当格式化数字时，在 DecimalFormat 类中使用一些特殊字符构成一个格式化模板，使数字按照一定的特殊字符规则进行匹配。在表 9.1 中列举了格式化模板中的特殊字符及其所代表的含义。

表 9.1 DecimalFormat 类中特殊字符说明

字 符	说 明
0	代表阿拉伯数字，使用特殊字符"0"表示数字的一位阿拉伯数字，如果该位不存在数字，则显示 0
#	代表阿拉伯数字，使用特殊字符"#"表示数字的一位阿拉伯数字，如果该位存在数字，则显示字符；如果该位不存在数字，则不显示
.	小数分隔符或货币小数分隔符
-	负号
,	分组分隔符
E	分隔科学记数法中的尾数和指数
%	本符号放置在数字的前缀或后缀，将数字乘以 100 显示为百分数
\u2030	本符号放置在数字的前缀或后缀，将数字乘以 1000 显示为千分数
\u00A4	本符号放置在数字的前缀或后缀，作为货币记号
'	本符号为单引号，当上述特殊字符出现在数字中时，应为特殊符号添加单引号，系统会将此符号视为普通符号处理

下面以实例说明数字格式化的使用。

【例 9.1】 在项目中创建 DecimalFormatSimpleDemo 类，在类中分别定义 SimgleFormat()方法和 UseApplyPatternMethodFormat()方法实现两种格式化数字的方式。（实例位置：光盘\TM\sl\9.01）

```
import java.text.DecimalFormat;

public class DecimalFormatSimpleDemo {
```

```java
//使用实例化对象时设置格式化模式
static public void SimgleFormat(String pattern, double value) {
    //实例化 DecimalFormat 对象
    DecimalFormat myFormat = new DecimalFormat(pattern);
    String output = myFormat.format(value);            //将数字进行格式化
    System.out.println(value + " " + pattern + " " + output);
}

//使用 applyPattern()方法对数字进行格式化
static public void UseApplyPatternMethodFormat(String pattern, double value) {
    DecimalFormat myFormat=new DecimalFormat();        //实例化 DecimalFormat 对象
    myFormat.applyPattern(pattern);                    //调用 applyPattern()方法设置格式化模板
    System.out
            .println(value + " " + pattern + " " + myFormat.format(value));
}

public static void main(String[] args) {
    SimgleFormat("###,###.###", 123456.789);           //调用静态 SimgleFormat()方法
    SimgleFormat("00000000.###kg", 123456.789);        //在数字后加上单位
    //按照格式模板格式化数字,不存在的位以 0 显示
    SimgleFormat("000000.000", 123.78);
    //调用静态 UseApplyPatternMethodFormat()方法
    UseApplyPatternMethodFormat("#.###%", 0.789);      //将数字转换为百分数形式
    //将小数点后格式化为两位
    UseApplyPatternMethodFormat("###.##", 123456.789);
    //将数字转化为千分数形式
    UseApplyPatternMethodFormat("0.00\u2030", 0.789);
}
}
```

最后在 Eclipse 中运行上述代码,结果如图 9.1 所示。

图 9.1 数字格式化

在本实例中可以看到,代码的第一行使用 import 关键字将 java.text.DecimalFormat 这个类包含进来,这是首先告知系统下面的代码将使用到 DecimalFormat 类;然后定义两个格式化数字的方法,这两个方法的参数个数都为两个,分别代表数字格式化模板和具体需要格式化的数字,虽然这两个方法都可以实现格式化数字的操作,但使用的方式有所不同,SimgleFormat()方法是在实例化 DecimalFormat 对象时设置数字格式化模板,而 UseApplyPatternMethodFormat()方法是在实例化 DecimalFormat 对象后调用 applyPattern()方法设置数字格式化模板;最后在主方法中根据不同形式模板格式化数字。在结果中可以

看到以"0"特殊字符构成的模板进行格式化时，当数字某位不存在时，将显示 0；而以"#"特殊字符构成的模板进行格式化操作时，格式化后的数字位数与数字本身的位数一致。

在 DecimalFormat 类中除了可以设置格式化模式来格式化数字之外，还可以使用一些特殊方法对数字进行格式化设置。例如：

```
DecimalFormat myFormat=new DecimalFormat();         //实例化 DecimalFormat 类对象
myFormat.setGroupingSize(2);                        //设置将数字分组的大小
myFormat.setGroupingUsed(false);                    //设置是否支持分组
```

在上述代码中，setGroupingSize()方法设置格式化数字的分组大小，setGroupingUsed()方法设置是否可以对数字进行分组操作。为了使读者更好地理解这两个方法的使用，来看下面的实例。

【例 9.2】在项目中创建 DecimalMethod 类，在类的主方法中调用 setGroupingSize()与 setGroupingUsed()方法实现数字的分组。（实例位置：光盘\TM\sl\9.02）

```java
import java.text.DecimalFormat;

public class DecimalMethod {
    public static void main(String[] args) {
        DecimalFormat myFormat = new DecimalFormat();
        myFormat.setGroupingSize(2);                    //设置将数字分组为 2
        String output = myFormat.format(123456.789);
        System.out.println("将数字以每两个数字分组 " + output);
        myFormat.setGroupingUsed(false);                //设置不允许数字进行分组
        String output2 = myFormat.format(123456.789);
        System.out.println("不允许数字分组 " + output2);
    }
}
```

在 Eclipse 中运行本实例，运行结果如图 9.2 所示。

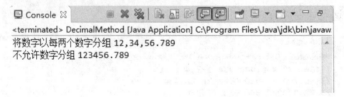

图 9.2　使用 setGroupingSize()与 setGroupingUsed()方法设置数字格式

9.2　数学运算

在 Java 语言中提供了一个执行数学基本运算的 Math 类，该类包括常用的数学运算方法，如三角函数方法、指数函数方法、对数函数方法、平方根函数方法等一些常用数学函数，除此之外还提供了一些常用的数学常量，如 PI、E 等。本节将介绍 Math 类以及其中的一些常用函数方法。

9.2.1 Math 类

> 视频讲解：光盘\TM\lx\9\Math 类.exe

在 Math 类中提供了众多数学函数方法，主要包括三角函数方法、指数函数方法、取整函数方法、取最大值、最小值以及平均值函数方法，这些方法都被定义为 static 形式，所以在程序中应用比较简便。可以使用如下形式调用：

```
Math.数学方法
```

在 Math 类中除了函数方法之外还存在一些常用数学常量，如 PI、E 等。这些数学常量作为 Math 类的成员变量出现，调用起来也很简单。可以使用如下形式调用：

```
Math.PI
Math.E
```

9.2.2 常用数学运算方法

> 视频讲解：光盘\TM\lx\9\常用数学运算方法.exe

在 Math 类中的常用数学运算方法较多，大致可以将其分为 4 大类别，分别为三角函数方法、指数函数方法、取整函数方法以及取最大值、最小值和绝对值函数方法。

1. 三角函数方法

在 Math 类中包含的三角函数方法如下。

- ☑ public static double sin(double a)：返回角的三角正弦。
- ☑ public static double cos(double a)：返回角的三角余弦。
- ☑ public static double tan(double a)：返回角的三角正切。
- ☑ public static double asin(double a)：返回一个值的反正弦。
- ☑ public static double acos(double a)：返回一个值的反余弦。
- ☑ public static double atan(double a)：返回一个值的反正切。
- ☑ public static double toRadians(double angdeg)：将角度转换为弧度。
- ☑ public static double toDegrees(double angrad)：将弧度转换为角度。

以上每个方法的参数和返回值都是 double 型的。将这些方法的参数的值设置为 double 型是有一定道理的，参数以弧度代替角度来实现，其中 1°等于 π/180 弧度，所以 180°可以使用 π 弧度来表示。除了可以获取角的正弦、余弦、正切、反正弦、反余弦、反正切之外，Math 类还提供了角度和弧度相互转换的方法 toRadians()和 toDegrees()。但需要注意的是，角度与弧度的转换通常是不精确的。

【例 9.3】 在项目中创建 TrigonometricFunction 类，在类的主方法中调用 Math 类提供的各种三角函数运算方法，并输出运算结果。（**实例位置：光盘\TM\sl\9.03**）

```
public class TrigonometricFunction {
    public static void main(String[] args) {
        //取 90°的正弦
        System.out.println("90 度的正弦值：" + Math.sin(Math.PI / 2));
        System.out.println("0 度的余弦值：" + Math.cos(0));        //取 0°的余弦
        //取 60°的正切
        System.out.println("60 度的正切值：" + Math.tan(Math.PI / 3));
        //取 2 的平方根与 2 商的反正弦
        System.out.println("2 的平方根与 2 商的反弦值："
                + Math.asin(Math.sqrt(2) / 2));
        //取 2 的平方根与 2 商的反余弦
        System.out.println("2 的平方根与 2 商的反余弦值："
                + Math.acos(Math.sqrt(2) / 2));
        System.out.println("1 的反正切值：" + Math.atan(1));        //取 1 的反正切
        //取 120°的弧度值
        System.out.println("120 度的弧度值：" + Math.toRadians(120.0));
        //取 π/2 的角度
        System.out.println("π/2 的角度值：" + Math.toDegrees(Math.PI / 2));
    }
}
```

在 Eclipse 中运行上述代码，运行结果如图 9.3 所示。

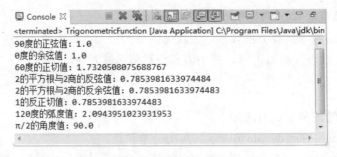

图 9.3　在程序中使用三角函数方法

通过运行结果可以看出，90°的正弦值为 1，0°的余弦值为 1，60°的正切与 Math.sqrt(3)的值应该是一致的，也就是取 3 的平方根。在结果中可以看到第 4~6 行的值是基本相同的，这个值换算后正是 45°，也就是获取的 Math.sqrt(2)/2 反正弦、反余弦值与 1 的反正切值都是 45°。最后两行打印语句实现的是角度和弧度的转换，其中 Math.toRadians(120.0)语句是获取 120°的弧度值，而 Math.toDegrees(Math.PI/2)语句是获取 π/2 的角度。读者可以将这些具体的值使用 π 的形式表示出来，与上述结果应该是基本一致的，这些结果不能做到十分精确，因为 π 本身也是一个近似值。

2．指数函数方法

Math 类中与指数相关的函数方法如下。

- ☑ public static double exp(double a)：用于获取 e 的 a 次方，即取 e^a。
- ☑ public static double log(double a)：用于取自然对数，即取 lna 的值。
- ☑ public static double log10(double a)：用于取底数为 10 的对数。
- ☑ public static double sqrt(double a)：用于取 a 的平方根，其中 a 的值不能为负值。

- ☑ public static double cbrt(double a)：用于取 a 的立方根。
- ☑ public static double pow(double a,double b)：用于取 a 的 b 次方。

指数运算包括求方根、取对数以及求 n 次方的运算。为了使读者更好地理解这些运算函数方法的用法，下面举例说明。

【例 9.4】 在项目中创建 ExponentFunction 类，在类的主方法中调用 Math 类中的方法实现指数函数的运算，并输出运算结果。（实例位置：光盘\TM\sl\9.04）

```java
public class ExponentFunction {
    public static void main(String[] args) {
        System.out.println("e 的平方值：" + Math.exp(2));        //取 e 的 2 次方
        //取以 e 为底 2 的对数
        System.out.println("以 e 为底 2 的对数值：" + Math.log(2));
        //取以 10 为底 2 的对数
        System.out.println("以 10 为底 2 的对数值：" + Math.log10(2));
        System.out.println("4 的平方根值：" + Math.sqrt(4));      //取 4 的平方根
        System.out.println("8 的立方根值：" + Math.cbrt(8));      //取 8 的立方根
        System.out.println("2 的 2 次方值：" + Math.pow(2, 2));   //取 2 的 2 次方
    }
}
```

在 Eclipse 中运行本实例，运行结果如图 9.4 所示。

在本实例中可以看到，使用 Math 类中的方法比较简单，直接使用 Math 类名调用相应的方法即可。

3．取整函数方法

在具体的问题中，取整操作使用也很普遍，所以 Java 在 Math 类中添加了数字取整方法。在 Math 类中主要包括以下几种取整方法。

- ☑ public static double ceil(double a)：返回大于等于参数的最小整数。
- ☑ public static double floor(double a)：返回小于等于参数的最大整数。
- ☑ public static double rint(double a)：返回与参数最接近的整数，如果两个同为整数且同样接近，则结果取偶数。
- ☑ public static int round(float a)：将参数加上 0.5 后返回与参数最近的整数。
- ☑ public static long round(double a)：将参数加上 0.5 后返回与参数最近的整数，然后强制转换为长整型。

下面以 1.5 作为参数，获取取整函数的返回值。在坐标轴上表示如图 9.5 所示。

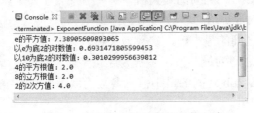

图 9.4 在程序中使用指数函数方法

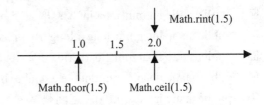

图 9.5 取整函数的返回值

注意

由于数 1.0 和数 2.0 距离数 1.5 都是 0.5 个单位长度,因此返回偶数 2.0。

下面举例说明 Math 类中取整方法的使用。

【例 9.5】 在项目中创建 IntFunction 类,在类的主方法中调用 Math 类中的方法实现取整函数的运算,并输出运算结果。(实例位置:光盘\TM\sl\9.05)

```
public class IntFunction {
    public static void main(String[] args) {
        //返回第一个大于等于参数的整数
        System.out.println("使用 ceil()方法取整: " + Math.ceil(5.2));
        //返回第一个小于等于参数的整数
        System.out.println("使用 floor()方法取整: " + Math.floor(2.5));
        //返回与参数最接近的整数
        System.out.println("使用 rint()方法取整: " + Math.rint(2.7));
        //返回与参数最接近的整数
        System.out.println("使用 rint()方法取整: " + Math.rint(2.5));
        //将参数加上 0.5 后返回最接近的整数
        System.out.println("使用 round()方法取整: " + Math.round(3.4f));
        //将参数加上 0.5 后返回最接近的整数,并将结果强制转换为长整型
        System.out.println("使用 round()方法取整: " + Math.round(2.5));
    }
}
```

在 Eclipse 中运行本实例,运行结果如图 9.6 所示。

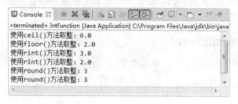

图 9.6 在程序中使用取整函数方法

4.取最大值、最小值、绝对值函数方法

在程序中最常用的方法就是取最大值、最小值、绝对值等,在 Math 类中包括的这些操作方法如下。

- ☑ public static double max(double a,double b):取 a 与 b 之间的最大值。
- ☑ public static int min(int a,int b):取 a 与 b 之间的最小值,参数为整型。
- ☑ public static long min(long a,long b):取 a 与 b 之间的最小值,参数为长整型。
- ☑ public static float min(float a,float b):取 a 与 b 之间的最小值,参数为浮点型。
- ☑ public static double min(double a,double b):取 a 与 b 之间的最小值,参数为双精度型。
- ☑ public static int abs(int a):返回整型参数的绝对值。
- ☑ public static long abs(long a):返回长整型参数的绝对值。
- ☑ public static float abs(float a):返回浮点型参数的绝对值。
- ☑ public static double abs(double a):返回双精度型参数的绝对值。

下面举例说明上述方法的使用。

【例 9.6】 在项目中创建 AnyFunction 类，在类的主方法中调用 Math 类中的方法实现求两数的最大值、最小值和取绝对值运算，并输出运算结果。（实例位置：光盘\TM\sl\9.06）

```java
public class AnyFunction {
    public static void main(String[] args) {
        System.out.println("4 和 8 较大者:" + Math.max(4, 8));
        //取两个参数的最小值
        System.out.println("4.4 和 4 较小者：" + Math.min(4.4, 4));
        System.out.println("-7 的绝对值：" + Math.abs(-7)); //取参数的绝对值
    }
}
```

在 Eclipse 中运行本实例，运行结果如图 9.7 所示。

图 9.7　在程序中使用 Math 类取最大值、最小值、绝对值的方法

9.3　随　机　数

在实际开发中产生随机数的使用是很普遍的，所以在程序中进行产生随机数操作很重要。在 Java 中主要提供了两种方式产生随机数，分别为调用 Math 类的 random()方法和 Random 类提供的产生各种数据类型随机数的方法。

9.3.1　Math.random()方法

> 视频讲解：光盘\TM\lx\9\Math.random()方法.exe

在 Math 类中存在一个 random()方法，用于产生随机数字，这个方法默认生成大于等于 0.0 且小于 1.0 的 double 型随机数，即 0<=Math.random()<1.0，虽然 Math.random()方法只可以产生 0~1 之间的 double 型数字，其实只要在 Math.random()语句上稍加处理，就可以使用这个方法产生任意范围的随机数，如图 9.8 所示。

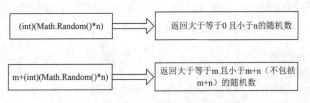

图 9.8　使用 random()方法示意图

为了更好地解释这种产生随机数的方式，下面举例说明。

【例9.7】 在项目中创建 MathRondom 类，在类中编写 GetEvenNum()方法产生两数之间的随机数，并在主方法中输出这个随机数。（实例位置：光盘\TM\sl\9.07）

```java
public class MathRondom {
    /**
     * 定义产生偶数的方法
     * @param num1 起始范围参数
     * @param num2 终止范围参数
     * @return 随机的范围内偶数
     */
    public static int GetEvenNum(double num1, double num2) {
        //产生 num1~num2 之间的随机数
        int s = (int) num1 + (int) (Math.random() * (num2 - num1));
        if (s % 2 == 0) {           //判断随机数是否为偶数
            return s;               //返回
        } else
            //如果是奇数
            return s + 1;           //将结果加 1 后返回
    }
    public static void main(String[] args) {
        //调用产生随机数方法
        System.out.println("任意一个 2~32 之间的偶数：" + GetEvenNum(2, 32));
    }
}
```

在 Eclipse 中运行本实例，结果如图 9.9 所示。

本实例每次运行时结果都不相同，这就实现了随机产生数据的功能，并且每次产生的值都是偶数。为了实现这个功能，这里定义了一个方法 GetEvenNum()，该方法的参数分别为产生随机数字的上限与下限。因为 m+(int)(Math.random()*n)语句可以获取 m~m+n 之间的随机数，所以 "2+(int)(Math.random()*(32-2));" 这个表达式就可以求出 2~32 之间的随机数。当获取到这个区间的随机数以后需要判断这个数字是否为偶数时，对该数字做对 2 取余操作即可。如果该数字为奇数，将该奇数加 1 也可以返回偶数。

使用 Math 类的 random()方法也可以随机生成字符，可以使用如下代码生成 a~z 之间的字符。

(char)('a'+Math.random()*('z'-'a'+1));

通过上述表达式可以求出更多的随机字符，如 A~Z 之间的随机字符，进而推理出求任意两个字符之间的随机字符，可以使用以下语句表示：

(char)(cha1+Math.random()*(cha2-cha1+1));

在这里可以将这个表达式设计为一个方法，参数设置为随机产生字符的上限与下限。下面举例说明。

【例9.8】 在项目中创建 MathRandomChar 类，在类中编写 GetRandomChar()方法产生随机字符，并在主方法中输出该字符。（实例位置：光盘\TM\sl\9.08）

```java
public class MathRandomChar {
    //定义获取任意字符之间的随机字符
    public static char GetRandomChar(char cha1, char cha2) {
        return (char) (cha1 + Math.random() * (cha2 - cha1 + 1));
```

```
    }
    public static void main(String[] args) {
        //获取 a~z 之间的随机字符
        System.out.println("任意小写字符" + GetRandomChar('a', 'z'));
        //获取 A~Z 之间的随机字符
        System.out.println("任意大写字符" + GetRandomChar('A', 'Z'));
        //获取 0~9 之间的随机字符
        System.out.println("0 到 9 任意数字字符" + GetRandomChar('0', '9'));
    }
}
```

在 Eclipse 中运行本实例,运行结果如图 9.10 所示。

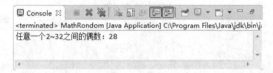

图 9.9 随机产生 2~32 之间的偶数

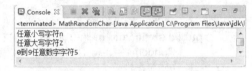

图 9.10 获取任意区间的随机字符

注意

random()方法返回的值实际上是伪随机数,它通过复杂的运算而得到一系列的数。该方法是通过当前时间作为随机数生成器的参数,所以每次执行程序都会产生不同的随机数。

9.3.2 Random 类

视频讲解:光盘\TM\lx\9\Random 类.exe

除了 Math 类中的 random()方法可以获取随机数之外,Java 中还提供了一种可以获取随机数的方式,那就是 java.util.Random 类。可以通过实例化一个 Random 对象创建一个随机数生成器。

语法如下:

Random r=new Random();

其中,r 是指 Random 对象。

以这种方式实例化对象时,Java 编译器以系统当前时间作为随机数生成器的种子,因为每时每刻的时间不可能相同,所以产生的随机数将不同,但是如果运行速度太快,也会产生两次运行结果相同的随机数。

同时也可以在实例化 Random 类对象时,设置随机数生成器的种子。

语法如下:

Random r=new Random(seedValue);

☑ r:Random 类对象。
☑ seedValue:随机数生成器的种子。

在 Random 类中提供了获取各种数据类型随机数的方法,下面列举几个常用的方法。

☑ public int nextInt():返回一个随机整数。

- public int nextInt(int n)：返回大于等于0且小于n的随机整数。
- public long nextLong()：返回一个随机长整型值。
- public boolean nextBoolean()：返回一个随机布尔型值。
- public float nextFloat()：返回一个随机浮点型值。
- public double nextDouble()：返回一个随机双精度型值。
- public double nextGaussian()：返回一个概率密度为高斯分布的双精度值。

【例9.9】 在项目中创建RandomDemo类，在类的主方法中创建Random类的对象，使用该对象生成各种类型的随机数，并输出结果。（实例位置：光盘\TM\sl\9.09）

```java
import java.util.Random;

public class RandomDemo {
    public static void main(String[] args) {
        Random r = new Random();    //实例化一个Random类
        //随机产生一个整数
        System.out.println("随机产生一个整数:" + r.nextInt());
        //随机产生一个大于等于0且小于10的整数
        System.out.println("随机产生一个大于等于0 小于10 的整数：" + r.nextInt(10));
        //随机产生一个布尔型的值
        System.out.println("随机产生一个布尔型的值：" + r.nextBoolean());
        //随机产生一个双精度型的值
        System.out.println("随机产生一个双精度型的值：" + r.nextDouble());
        //随机产生一个浮点型的值
        System.out.println("随机产生一个浮点型的值：" + r.nextFloat());
        //随机产生一个概率密度为高斯分布的双精度值
        System.out.println("随机产生一个概率密度为高斯分布的双精度值： "
                + r.nextGaussian());
    }
}
```

在Eclipse中运行本实例，运行结果如图9.11所示。

图9.11 使用Random类中的方法产生随机数

9.4 大数字运算

在Java中提供了大数字的操作类，即java.math.BigInteger类与java.math.BigDecimal类。这两个类用于高精度计算，其中BigInteger类是针对大整数的处理类，而BigDecimal类则是针对大小数的处理类。

9.4.1 BigInteger

视频讲解：光盘\TM\lx\9\BigInteger.exe

BigInteger 类型的数字范围较 Integer 类型的数字范围要大得多。前文介绍过 Integer 是 int 的包装类，int 的最大值为 $2^{31}-1$，如果要计算更大的数字，使用 Integer 数据类型就无法实现了，所以 Java 中提供了 BigInteger 类来处理更大的数字。BigInteger 支持任意精度的整数，也就是说在运算中 BigInteger 类型可以准确地表示任何大小的整数值而不会丢失任何信息。

在 BigInteger 类中封装了多种操作，除了基本的加、减、乘、除操作之外，还提供了绝对值、相反数、最大公约数以及判断是否为质数等操作。

使用 BigInteger 类，可以实例化一个 BigInteger 对象，并自动调用相应的构造函数。BigInteger 类具有很多构造函数，但最直接的一种方式是参数以字符串形式代表要处理的数字。

语法如下：

public BigInteger(String val)

其中，val 是十进制字符串。

如果将 2 转换为 BigInteger 类型，可以使用以下语句进行初始化操作：

BigInteger twoInstance=new BigInteger("2");   //将十进制 2 转换为 BigInteger 形式

> **注意**
>
> 参数 2 的双引号不能省略，因为参数是以字符串的形式存在的。

一旦创建了对象实例，就可以调用 BigInteger 类中的一些方法进行运算操作，包括基本的数学运算和位运算以及一些取相反数、取绝对值等操作。下面列举了 BigInteger 类中常用的几种运算方法。

- ☑ public BigInteger add(BigInteger val)：做加法运算。
- ☑ public BigInteger subtract(BigInteger val)：做减法运算。
- ☑ public BigInteger multiply(BigInteger val)：做乘法运算。
- ☑ public BigInteger divide(BigInteger val)：做除法运算。
- ☑ public BigInteger remainder(BigInteger val)：做取余操作。
- ☑ public BigInteger[] divideAndRemainder(BigInteger val)：用数组返回余数和商，结果数组中第一个值为商，第二个值为余数。
- ☑ public BigInteger pow(int exponent)：进行取参数的 exponent 次方操作。
- ☑ public BigInteger negate()：取相反数。
- ☑ public BigInteger shiftLeft(int n)：将数字左移 n 位，如果 n 为负数，做右移操作。
- ☑ public BigInteger shiftRight(int n)：将数字右移 n 位，如果 n 为负数，做左移操作。
- ☑ public BigInteger and(BigInteger val)：做与操作。
- ☑ public BigInteger or(BigInteger val)：做或操作。
- ☑ public int compareTo(BigInteger val)：做数字比较操作。

- public boolean equals(Object x)：当参数 x 是 BigInteger 类型的数字并且数值相等时，返回 true。
- public BigInteger min(BigInteger val)：返回较小的数值。
- public BigInteger max(BigInteger val)：返回较大的数值。

【例 9.10】 在项目中创建 BigIntegerDemo 类，在类的主方法中创建 BigInteger 类的实例对象，调用该对象的各种方法实现大整数的加、减、乘、除和其他运算，并输出运算结果。（**实例位置：光盘\TM\sl\9.10**）

```java
import java.math.BigInteger;

public class BigIntegerDemo {
    public static void main(String[] args) {
        BigInteger bigInstance = new BigInteger("4"); //实例化一个大数字
        //取该大数字加 2 的操作
        System.out.println("加法操作: " + bigInstance.add(new BigInteger("2")));
        //取该大数字减 2 的操作
        System.out.println("减法操作: "
                + bigInstance.subtract(new BigInteger("2")));
        //取该大数字乘以 2 的操作
        System.out.println("乘法操作: "
                + bigInstance.multiply(new BigInteger("2")));
        //取该大数字除以 2 的操作
        System.out.println("除法操作: "
                + bigInstance.divide(new BigInteger("2")));
        //取该大数字除以 3 的商
        System.out.println("取商: "
                + bigInstance.divideAndRemainder(new BigInteger("3"))[0]);
        //取该大数字除以 3 的余数
        System.out.println("取余数: "
                + bigInstance.divideAndRemainder(new BigInteger("3"))[1]);
        //取该大数字的 2 次方
        System.out.println("做 2 次方操作: " + bigInstance.pow(2));
        //取该大数字的相反数
        System.out.println("取相反数操作: " + bigInstance.negate());
    }
}
```

在 Eclipse 中运行本实例，运行结果如图 9.12 所示。

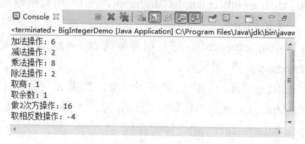

图 9.12 操作大数字

在本实例中需要注意的是 divideAndRemainder()方法，这个方法做除法操作，以数组的形式返回，数组中第一个值为做除法的商，第二个值为做除法的余数。

9.4.2 BigDecimal

视频讲解：光盘\TM\lx\9\BigDecimal.exe

BigDecimal 和 BigInteger 都能实现大数字的运算，不同的是 BigDecimal 加入了小数的概念。一般的 float 型和 double 型数据只可以用来做科学计算或工程计算，但由于在商业计算中要求数字精度比较高，所以要用到 java.math.BigDecimal 类。BigDecimal 类支持任何精度的定点数，可以用它来精确计算货币值。

在 BigDecimal 类中常用的两个构造方法如下。

- public BigDecimal(double val)：实例化时将双精度型转换为 BigDecimal 类型。
- public BigDecimal(String val)：实例化时将字符串形式转换为 BigDecimal 类型。

BigDecimal 类型的数字可以用来做超大的浮点数的运算，如加、减、乘、除等，但是在所有的运算中除法是最复杂的，因为在除不尽的情况下末位小数点的处理是需要考虑的。

下面列举了 BigDecimal 类中实现加、减、乘、除的方法。

- public BigDecimal add(BigDecimal augend)：做加法操作。
- public BigDecimal subtract(BigDecimal subtrahend)：做减法操作。
- public BigDecimal multiply(BigDecimal multiplicand)：做乘法操作。
- public BigDecimal divide(BigDecimal divisor,int scale,int roundingMode)：做除法操作，方法中 3 个参数分别代表除数、商的小数点后的位数、近似处理模式。

在上述方法中，BigDecimal类中divide()方法有多种设置，用于返回商末位小数点的处理，这些模式的名称与含义如表9.2所示。

表 9.2 BigDecimal 类中 divide()方法的多种处理模式

模 式	含 义
BigDecimal.ROUND_UP	商的最后一位如果大于 0，则向前进位，正负数都如此
BigDecimal.ROUND_DOWN	商的最后一位无论是什么数字都省略
BigDecimal.ROUND_CEILING	商如果是正数，按照 ROUND_UP 模式处理；如果是负数，按照 ROUND_DOWN 模式处理。这种模式的处理都会使近似值大于等于实际值
BigDecimal.ROUND_FLOOR	与 ROUND_CEILING 模式相反，商如果是正数，按照 ROUND_DOWN 模式处理；商如果是负数，则按照 ROUND_UP 模式处理。这种模式的处理都会使近似值小于等于实际值
BigDecimal.ROUND_HALF_DOWN	对商进行四舍五入操作，如果商最后一位小于等于 5，则做舍弃操作；如果最后一位大于 5，则做进位操作，如 7.5≈7
BigDecimal.ROUND_HALF_UP	对商进行四舍五入操作，如果商的最后一位小于 5 则舍弃；如果大于等于 5，进行进位操作，如 7.5≈8
BigDecimal.ROUND_HALF_EVEN	如果商的倒数第二位为奇数，则按照 ROUND_HALF_UP 处理；如果为偶数，则按照 ROUND_HALF_DOWN 处理，如 7.5≈8，8.5≈8

下面设计一个类，这个类包括任意两个 Decimal 类型数字的加、减、乘、除运算方法。

【例 9.11】 在项目中创建 BigDecimalDemo 类，在类中分别定义 add()、sub()、mul()和 div()方法实现加、减、乘、除运算，并输出运算结果。（实例位置：**光盘\TM\sl\9.11**）

```java
import java.math.BigDecimal;

public class BigDecimalDemo {
    static final int location = 10;

    /**
     * 定义加法方法，参数为加数与被加数
     *
     * @param value1
     *            相加的第一个数
     * @param value2
     *            相加的第二个数
     * @return 两数之和
     */
    public BigDecimal add(double value1, double value2) {
        //实例化 Decimal 对象
        BigDecimal b1 = new BigDecimal(Double.toString(value1));
        BigDecimal b2 = new BigDecimal(Double.toString(value2));
        return b1.add(b2); //调用加法方法
    }

    /**
     * 定义减法方法，参数为减数与被减数
     *
     * @param value1
     *            被减数
     * @param value2
     *            减数
     * @return 运算结果
     */
    public BigDecimal sub(double value1, double value2) {
        BigDecimal b1 = new BigDecimal(Double.toString(value1));
        BigDecimal b2 = new BigDecimal(Double.toString(value2));
        return b1.subtract(b2); //调用减法方法
    }

    /**
     * 定义乘法方法，参数为乘数与被乘数
     *
     * @param value1
     *            第一个乘数
     * @param value2
     *            第二个乘数
     * @return
     */
```

```java
    public BigDecimal mul(double value1, double value2) {
        BigDecimal b1 = new BigDecimal(Double.toString(value1));
        BigDecimal b2 = new BigDecimal(Double.toString(value2));
        return b1.multiply(b2); //调用乘法方法
    }

    /**
     * 定义除法方法，参数为除数与被除数
     *
     * @param value1 被除数
     * @param value2 除数
     * @return
     */
    public BigDecimal div(double value1, double value2) {
        return div(value1, value2, location); //调用自定义除法方法
    }

    //定义除法方法，参数分别为除数与被除数以及商小数点后的位数
    public BigDecimal div(double value1, double value2, int b) {
        if (b < 0) {
            System.out.println("b 值必须大于等于 0");
        }
        BigDecimal b1 = new BigDecimal(Double.toString(value1));
        BigDecimal b2 = new BigDecimal(Double.toString(value2));
        //调用除法方法，商小数点后保留 b 位，并将结果进行四舍五入操作
        return b1.divide(b2, b, BigDecimal.ROUND_HALF_UP);
    }

    public static void main(String[] args) {
        BigDecimalDemo b = new BigDecimalDemo();
        System.out.println("两个数字相加结果：" + b.add(-7.5, 8.9));
        System.out.println("两个数字相减结果：" + b.sub(-7.5, 8.9));
        System.out.println("两个数字相乘结果：" + b.mul(-7.5, 8.9));
        System.out.println("两个数字相除结果，结果小数后保留 10 位："+b.div(10, 2));
        System.out.println("两个数字相除，保留小数后 5 位："+b.div(-7.5,8.9,5));
    }
}
```

在 Eclipse 中运行本实例，运行结果如图 9.13 所示。

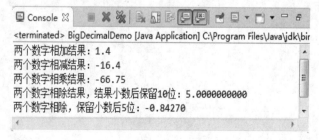

图 9.13　Decimal 类型数字的运算操作

9.5 小　　结

本章学习了 Java 数字格式的处理，以及数学运算、随机数、大数字处理等。其中，数学运算和随机数的产生是本章的重点，在解决实际问题中这两种技巧经常被用到，初学者应该熟练掌握。数字格式化操作在程序中使用也比较广泛，而大数字处理是针对商业货币或科学计算领域提出的解决方案，读者只要对其进行简单了解即可。

9.6　实践与练习

1．尝试开发一个程序，获取 2~32 之间（不包括 32）的 6 个偶数，并取得这 6 个偶数的和。（答案位置：光盘\TM\sl\9.12）

2．尝试开发一个程序，定义一个求圆面积的方法，其中以圆半径作为参数，并将计算结果保留 5 位小数。（答案位置：光盘\TM\sl\9.13）

3．尝试改写 BigDecimalDemo 类中的 div(double value1,double value2,int b)方法，以不同近似处理模式处理商的精度。（答案位置：光盘\TM\sl\9.14）

第 2 篇

核心技术

- 第 10 章 接口、继承与多态
- 第 11 章 类的高级特性
- 第 12 章 异常处理
- 第 13 章 Swing 程序设计
- 第 14 章 集合类
- 第 15 章 I/O（输入/输出）
- 第 16 章 反射
- 第 17 章 枚举类型与泛型
- 第 18 章 多线程
- 第 19 章 网络通信
- 第 20 章 数据库操作

本篇将介绍接口、继承与多态，类的高级特性，异常处理，Swing 程序设计，集合类，I/O（输入/输出），反射，枚举类型与泛型，多线程，网络通信和数据库操作等内容。学习完本篇，应能够开发一些小型应用程序。

第10章

接口、继承与多态

（视频讲解：23分钟）

学习好继承和多态是面向对象开发语言中非常重要的一个环节，如果在程序中使用继承和多态得当，整个程序的架构将变得非常有弹性，同时可以减少代码的冗余性。继承机制的使用可以复用一些定义好的类，减少重复代码的编写。多态机制的使用可以动态调整对象的调用，降低对象之间的依存关系。为了优化继承与多态，一些类除了继承父类外还使用接口的形式。Java中的类可以同时实现多个接口，接口被用来建立类与类之间关联的标准。正因为使用了这些机制，才使Java语言更具有生命力。

通过阅读本章，您可以：

- ▶▶ 掌握类的继承
- ▶▶ 掌握Object类中的几个重要方法
- ▶▶ 掌握对象类型的转换
- ▶▶ 掌握使用instanceof操作符判断对象类型
- ▶▶ 掌握方法的重载
- ▶▶ 掌握多态技术
- ▶▶ 掌握使用抽象类与接口

10.1 类的继承

视频讲解：光盘\TM\lx\10\类的继承.exe

继承在面向对象开发思想中是一个非常重要的概念，它使整个程序架构具有一定的弹性，在程序中复用一些已经定义完善的类不仅可以减少软件开发周期，也可以提高软件的可维护性和可扩展性。本节将详细讲解类的继承。

在第 7 章中曾简要介绍过继承，其基本思想是基于某个父类的扩展，制定出一个新的子类，子类可以继承父类原有的属性和方法，也可以增加原来父类所不具备的属性和方法，或者直接重写父类中的某些方法。例如，平行四边形是特殊的四边形，可以说平行四边形类继承了四边形类，这时平行四边形类将所有四边形具有的属性和方法都保留下来，并基于四边形类扩展了一些新的平行四边形类特有的属性和方法。

下面演示一下继承性。创建一个新类 Test，同时创建另一个新类 Test2 继承 Test 类，其中包括重写的父类成员方法（重写的概念将在下文中进行详细介绍）以及新增成员方法等。在图 10.1 中描述了类 Test 与 Test2 的结构以及两者之间的关系。

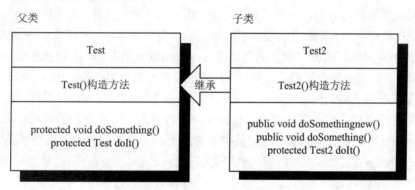

图 10.1 Test 与 Test2 类之间的继承关系

在 Java 中使用 extends 关键字来标识两个类的继承关系，下面将图 10.1 中的继承关系以代码的形式给出，如实例 10.1 所示。

【例 10.1】 在项目中分别创建 Test 类和 Test2 类，在 Test 类中编写成员方法 doSomething()和 doIt()，使 Test2 类继承 Test 类，重写父类的这两个方法和构造方法，并新增 doSomethingnew()方法。其中 Test2 类的构造方法中使用 super 关键字调用父类的构造方法和成员方法等。（**实例位置：光盘\TM\sl\10.01**）

```
class Test {
    public Test() {                      //构造方法
        //SomeSentence
    }
    protected void doSomething() {       //成员方法
        //SomeSentence
    }
    protected Test doIt() {              //方法返回值类型为 Test 类型
```

```java
        return new Test();
    }
}
class Test2 extends Test {                  //继承父类
    public Test2() {                        //构造方法
        super();                            //调用父类构造方法
        super.doSomething();                //调用父类成员方法
    }
    public void doSomethingnew() {          //新增方法
        //SomeSentence
    }
    public void doSomething() {             //重写父类方法
        //SomeNewSentence
    }
    protected Test2 doIt() {                //重写父类方法,方法返回值类型为Test2类型
        return new Test2();
    }
}
```

例 10.1 中定义了两个类,其中 Test2 类继承 Test 类,可以说 Test 类为 Test2 的父类,Test2 类为 Test 类的子类。在子类中可以连同初始化父类构造方法来完成子类初始化操作,既可以在子类的构造方法中使用 super()语句调用父类的构造方法,也可以在子类中使用 super 关键字调用父类的成员方法等。但是子类没有权限调用父类中被修饰为 private 的方法,只可以调用父类中修饰为 public 或 protected 的成员方法。例如,子类构造方法中可以使用 super 关键字调用父类的 doSomething()方法,因为 doSomething()方法的权限修饰符为 protected。同时在子类中也可以定义一些新方法,如子类中的 doSomethingnew()方法。

继承并不只是扩展父类的功能,还可以重写父类的成员方法。重写(还可以称为覆盖)就是在子类中将父类的成员方法的名称保留,重写成员方法的实现内容,更改成员方法的存储权限,或是修改成员方法的返回值类型(重写父类成员方法的返回值类型是基于 J2SE 5.0 版本以上编译器提供的新功能)。例如,子类中的 doSomething()方法,除了重写方法的实现内容之外,还将方法的修饰权限修改为 public。

在继承中还有一种特殊的重写方式,子类与父类的成员方法返回值、方法名称、参数类型及个数完全相同,唯一不同的是方法实现内容,这种特殊重写方式被称为重构。

注意

当重写父类方法时,修改方法的修饰权限只能从小的范围到大的范围改变,例如,父类中的 doSomething()方法的修饰权限为 protected,继承后子类中的方法 doSomething()的修饰权限只能修改为 public,不能修改为 private。如图 10.2 所示的重写关系就是错误的。

图 10.2　重写时不能降低方法的修饰权限范围

子类重写父类的方法还可以修改方法的返回值类型,但这只是在 J2SE 5.0 以上的版本中支持的新功能。例如,例 10.1 子类中的 doIt()方法就使用了这个新功能,父类中的 doIt()方法的返回值类型为 Test,而子类中的 doIt()方法的返回值类型为 Test2,子类中重写了父类的 doIt()方法。这种重写方式需要遵循一个原则,即重写的返回值类型必须是父类中同一方法返回值类型的子类,而 Test2 类正是 Test 类的子类。

在 Java 中一切都以对象的形式进行处理,在继承的机制中,创建一个子类对象,将包含一个父类子对象,这个对象与父类创建的对象是一样的。两者的区别在于后者来自外部,而前者来自子类对象的内部。当实例化子类对象时,父类对象也相应被实例化,换句话说,在实例化子类对象时,Java 编译器会在子类的构造方法中自动调用父类的无参构造方法。为了验证这个理论,来看下面的实例。

【例 10.2】 在项目中创建 Subroutine 类和两个父类,分别为 Parent 和 SubParent。这 3 个类的继承关系是 Subroutine 类继承 SubParent 类,而 SubParent 类继承 Parent 类。分别在这 3 个类的构造方法中输出构造方法名称,然后创建 Subroutine 类的实例对象,继承机制将使该类的父类对象自动初始化。(实例位置:光盘\TM\sl\10.02)

```java
class Parent {                                      //父类
    Parent() {
        System.out.println("调用父类的 Parent()构造方法");
    }
}
class SubParent extends Parent {                    //继承 Parent 类
    SubParent() {
        System.out.println("调用子类的 SubParent()构造方法");
    }
}
public class Subroutine extends SubParent {         //继承 SubParent 类
    Subroutine() {
        System.out.println("调用子类的 Subroutine()构造方法");
    }
    public static void main(String[] args) {
        Subroutine s = new Subroutine();            //实例化子类对象
    }
}
```

在 Eclipse 中运行本实例,运行结果如图 10.3 所示。

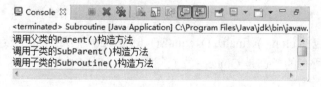

图 10.3 实例化子类对象自动调用父类构造方法

从本实例的运行结果可以看出,在子类 Subroutine 的主方法中只调用子类的构造方法实例化子类对象,并且在子类构造方法中没有调用父类构造方法的任何语句,但是在实例化子类对象时它相应调用了父类的构造方法。在结果中可以看到调用构造方法的顺序,首先是顶级父类,然后是上一级父类,最后是子类。也就是说,实例化子类对象时首先要实例化父类对象,然后再实例化子类对象,所以在子类构造方法访问父类的构造方法之前,父类已经完成实例化操作。

> **说明**
> 在实例化子类对象时，父类无参构造方法将被自动调用，但有参构造方法并不能被自动调用，只能依赖于 super 关键字显式地调用父类的构造方法。

> **技巧**
> 如果使用 finalize()方法对对象进行清理，需要确保子类的 finalize()方法的最后一个动作是调用父类的 finalize()方法，以保证当垃圾回收对象占用内存时，对象的所有部分都能被正常终止。

10.2　Object 类

　　📺 视频讲解：光盘\TM\lx\10\Object 类.exe

在开始学习使用 class 关键字定义类时，就应用到了继承原理，因为在 Java 中，所有的类都直接或间接继承了 java.lang.Object 类。Object 类是比较特殊的类，它是所有类的父类，是 Java 类层中的最高层类。当创建一个类时，总是在继承，除非某个类已经指定要从其他类继承，否则它就是从 java.lang.Object 类继承而来的，可见 Java 中的每个类都源于 java.lang.Object 类，如 String、Integer 等类都是继承于 Object 类；除此之外，自定义的类也都继承于 Object 类。由于所有类都是 Object 子类，所以在定义类时，省略了 extends Object 关键字，如图 10.4 所示便描述了这一原则。

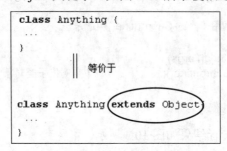

图 10.4　定义类时可以省略 extends Object 关键字

在 Object 类中主要包括 clone()、finalize()、equals()、toString()等方法，其中常用的两个方法为 equals()和 toString()方法。由于所有的类都是 Object 类的子类，所以任何类都可以重写 Object 类中的方法。

> **注意**
> Object 类中的 getClass()、notify()、notifyAll()、wait()等方法不能被重写，因为这些方法被定义为 final 类型。

下面详细讲述 Object 类中的几个重要方法。

1. getClass()方法

getClass()方法是 Object 类定义的方法，它会返回对象执行时的 Class 实例，然后使用此实例调用 getName()方法可以取得类的名称。

语法如下：

```
getClass().getname();
```

可以将 getClass()方法与 toString()方法联合使用。

2. toString()方法

toString()方法的功能是将一个对象返回为字符串形式，它会返回一个 String 实例。在实际的应用中通常重写 toString()方法，为对象提供一个特定的输出模式。当这个类转换为字符串或与字符串连接时，将自动调用重写的 toString()方法。

【例 10.3】 在项目中创建 ObjectInstance 类，在类中重写 Object 类的 toString()方法，并在主方法中输出该类的实例对象。（**实例位置：光盘\TM\sl\10.03**）

```java
public class ObjectInstance {
    public String toString() {                          //重写 toString()方法
        return "在" + getClass().getName() + "类中重写 toString()方法";
    }
    public static void main(String[] args) {
        System.out.println(new ObjectInstance());       //打印本类对象
    }
}
```

在 Eclipse 中运行本实例，运行结果如图 10.5 所示。

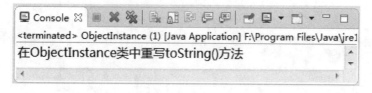

图 10.5　在 ObjectInstance 类中重写 toString()方法

在本实例中重写父类 Object 的 toString()方法，在子类的 toString()方法中使用 Object 类中的 getClass() 方法获取当前运行的类名，定义一段输出字符串，当用户打印 ObjectInstance 类对象时，将自动调用 toString()方法。

3. equals()方法

第 7 章中曾讲解过 equals()方法，当时是比较"=="运算符与 equals()方法，说明"=="比较的是两个对象的引用是否相等，而 equals()方法比较的是两个对象的实际内容。带着这样一个理论来看下面的实例。

【例 10.4】 在项目中创建 OverWriteEquals 类，在类的主方法中定义两个字符串对象，调用 equals() 方法判断两个字符串对象是否相等。（**实例位置：光盘\TM\sl\10.04**）

```
class V {                                    //自定义类 V
}
public class OverWriteEquals {
    public static void main(String[] args) {
        String s1 = "123";                   //实例化两个对象，内容相同
        String s2 = "123";
        System.out.println(s1.equals(s2));   //使用 equals()方法调用
        V v1 = new V();                      //实例化两个 V 类对象
        V v2 = new V();
        System.out.println(v1.equals(v2));   //使用 equals()方法比较 v1 与 v2 对象
    }
}
```

在 Eclipse 中运行本实例，运行结果如图 10.6 所示。

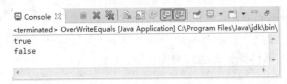

图 10.6　使用 equals()方法比较两个对象

从本实例的结果中可以看出，在自定义的类中使用 equals()方法进行比较时，将返回 false，因为 equals()方法的默认实现是使用 "==" 运算符比较两个对象的引用地址，而不是比较对象的内容，所以要想真正做到比较两个对象的内容，需要在自定义类中重写 equals()方法。

10.3　对象类型的转换

对象类型的转换在 Java 编程中经常遇到，主要包括向上转型与向下转型操作。本节将详细讲解对象类型转换的内容。

10.3.1　向上转型

　　视频讲解：光盘\TM\lx\10\向上转型.exe

因为平行四边形是特殊的四边形，也就是说平行四边形是四边形的一种，那么就可以将平行四边形对象看作是一个四边形对象。例如，鸡是家禽的一种，而家禽是动物中的一类，那么也可以将鸡对象看作是一个动物对象。可以使用例 10.5 所示的代码表示平行四边形与四边形的关系。

【例 10.5】　在项目中创建 Parallelogram 类，再创建 Quadrangle 类，并使 Parallelogram 类继承 Quadrangle 类，然后在主方法中调用父类的 draw()方法。（实例位置：光盘\TM\sl\10.05）

```
class Quadrangle {                           //四边形类
    public static void draw(Quadrangle q) {  //四边形类中的方法
        //SomeSentence
```

```
            }
    }
    public class Parallelogram extends Quadrangle {        //平行四边形类,继承了四边形类
            public static void main(String args[]) {
                    Parallelogram p = new Parallelogram();      //实例化平行四边形类对象引用
                    draw(p);                                    //调用父类方法
            }
    }
```

在例 10.5 中,平行四边形类继承了四边形类,四边形类存在一个 draw()方法,它的参数是 Quadrangle (四边形类)类型,而在平行四边形类的主方法中调用 draw()时给予的参数类型却是 Parallelogram(平行四边形类)类型的。这里一直在强调一个问题,就是平行四边形也是一种类型的四边形,所以可以将平行四边形类的对象看作是一个四边形类的对象,这就相当于"Quadrangle obj = new Parallelogram();",就是把子类对象赋值给父类类型的变量,这种技术被称为"向上转型"。试想一下正方形类对象可以作为 draw()方法的参数,梯形类对象同样也可以作为 draw()方法的参数,如果在四边形类的 draw()方法中根据不同的图形对象设置不同的处理,就可以做到在父类中定义一个方法完成各个子类的功能,这样可以使同一份代码毫无差别地运用到不同类型之上,这就是多态机制的基本思想(在 10.6 节中将对多态进行详细介绍)。

图 10.7 中演示了平行四边形类继承四边形类的关系。

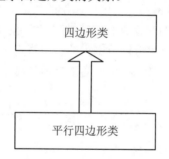

图 10.7 平行四边形类与四边形类的关系

从图 10.7 中可以看出,平行四边形类继承了四边形类,常规的继承图都是将顶级类设置在页面的顶部,然后逐渐向下,所以将子类对象看作是父类对象被称为"向上转型"。由于向上转型是从一个较具体的类到较抽象的类的转换,所以它总是安全的,如可以说平行四边形是特殊的四边形,但不能说四边形是平行四边形。

10.3.2 向下转型

视频讲解:光盘\TM\lx\10\向下转型.exe

通过向上转型可以推理出向下转型是将较抽象类转换为较具体的类。这样的转型通常会出现问题,例如,不能说四边形是平行四边形的一种、所有的鸟都是鸽子,因为这非常不合乎逻辑。可以说子类对象总是父类的一个实例,但父类对象不一定是子类的实例。如果修改例 10.5,将四边形类对象赋予平行四边形类对象,来看一下在程序中如何处理这种情况。

【例 10.6】 修改例 10.5,在 Parallelogram 类的主方法中将父类 Quadrangle 的对象赋值给子类

Parallelogram 的对象的引用变量将使程序产生错误。

```
class Quadrangle {
    public static void draw(Quadrangle q) {
        //SomeSentence
    }
}
public class Parallelogram extends Quadrangle {
    public static void main(String args[]) {
        draw(new Parallelogram());
        //将平行四边形类对象看作是四边形对象，称为向上转型操作
        Quadrangle q = new Parallelogram();
        //Parallelogram p=q;
        //将父类对象赋予子类对象，这种写法是错误的
        //将父类对象赋予子类对象，并强制转换为子类型，这种写法是正确的
        Parallelogram p = (Parallelogram) q;
    }
}
```

从例 10.6 中可以看到，如果将父类对象直接赋予子类，会发生编译器错误，因为父类对象不一定是子类的实例。例如，一个四边形不一定就是指平行四边形，它也许是梯形，也许是正方形，也许是其他带有四条边的不规则图形，图 10.8 表明了这些图形的关系。

从图 10.8 中可以看出，越是具体的对象具有的特性越多，越抽象的对象具有的特性越少。在做向下转型操作时，将特性范围小的对象转换为特性范围大的对象肯定会出现问题，所以这时需要告知编译器这个四边形就是平行四边形。将父类对象强制转换为某个子类对象，这种方式称为显式类型转换。

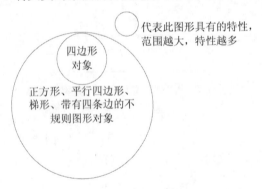

图 10.8　四边形与具体的四边形的关系

当在程序中使用向下转型技术时，必须使用显式类型转换，向编译器指明将父类对象转换为哪一种类型的子类对象。

10.4　使用 instanceof 操作符判断对象类型

视频讲解：光盘\TM\lx\10\使用 instanceof 操作符判断对象类型.exe

当在程序中执行向下转型操作时，如果父类对象不是子类对象的实例，就会发生 ClassCastException

异常,所以在执行向下转型之前需要养成一个良好的习惯,就是判断父类对象是否为子类对象的实例。这个判断通常使用 instanceof 操作符来完成。可以使用 instanceof 操作符判断是否一个类实现了某个接口(接口会在 10.6 节中进行介绍),也可以用它来判断一个实例对象是否属于一个类。

instanceof 的语法格式如下:

myobject instanceof ExampleClass

- ☑ myobject:某类的对象引用。
- ☑ ExampleClass:某个类。

使用 instanceof 操作符的表达式返回值为布尔值。如果返回值为 true,说明 myobject 对象为 ExampleClass 的实例对象;如果返回值为 false,说明 myobject 对象不是 ExampleClass 的实例对象。

注意

instanceof 是 Java 语言的关键字,在 Java 语言中的关键字都为小写。

下面来看一个向下转型与 instanceof 操作符结合的例子。

【例 10.7】 在项目中创建 Parallelogram 类和 Quadrangle、Square、Anything 三个类。其中 Parallelogram 类和 Square 类继承 Quadrangle 类,在 Parallelogram 类的主方法中分别创建这些类的对象,然后使用 instanceof 操作符判断它们的类型并输出结果。(实例位置:光盘\TM\sl\10.06)

```java
class Quadrangle {
    public static void draw(Quadrangle q) {
        //SomeSentence
    }
}
class Square extends Quadrangle {
    //SomeSentence
}
class Anything {
    //SomeSentence
}
public class Parallelogram extends Quadrangle {
    public static void main(String args[]) {
        Quadrangle q = new Quadrangle();            //实例化父类对象
        //判断父类对象是否为 Parallelogram 子类的一个实例
        if (q instanceof Parallelogram) {
            Parallelogram p = (Parallelogram) q;    //向下转型操作
        }
        //判断父类对象是否为 Square 子类的一个实例
        if (q instanceof Square) {
            Square s = (Square) q;                  //进行向下转型操作
        }
        //由于 q 对象不为 Anything 类的对象,所以这条语句是错误的
        //System.out.println(q instanceof Anything);
    }
}
```

在本实例中将 instanceof 操作符与向下转型操作结合使用。在程序中定义了两个子类，即平行四边形类和正方形类，这两个类分别继承四边形类。在主方法中首先创建四边形类对象，然后使用 instanceof 操作符判断四边形类对象是否为平行四边形类的一个实例，是否为正方形类的一个实例，如果判断结果为 true，将进行向下转型操作。

10.5 方法的重载

视频讲解：光盘\TM\lx\10\方法的重载.exe

在第 7 章中曾学习过构造方法，知道构造方法的名称已经由类名决定，所以构造方法只有一个名称，但如果希望以不同的方式来实例化对象，就需要使用多个构造方法来完成。由于这些构造方法都需要根据类名进行命名，为了让方法名相同而形参不同的构造方法同时存在，必须用到"方法重载"。虽然方法重载起源于构造方法，但是它也可以应用到其他方法中。本节将讲述方法的重载。

方法的重载就是在同一个类中允许同时存在一个以上的同名方法，只要这些方法的参数个数或类型不同即可。为了更好地解释重载，来看下面的实例。

【例 10.8】 在项目中创建 OverLoadTest 类，在类中编写 add() 方法的多个重载形式，然后在主方法中分别输出这些方法的返回值。（实例位置：光盘\TM\sl\10.07）

```
public class OverLoadTest {
    public static int add(int a, int b) {          //定义一个方法
        return a + b;
    }
    //定义与第一个方法相同名称、参数类型不同的方法
    public static double add(double a, double b) {
        return a + b;
    }
    public static int add(int a) {                 //定义与第一个方法参数个数不同的方法
        return a;
    }
    public static int add(int a, double b) {       //定义一个成员方法
        return 1;
    }
    //这个方法与前一个方法参数次序不同
    public static int add(double a, int b) {
        return 1;
    }
    public static void main(String args[]) {
        System.out.println("调用 add(int,int)方法：" + add(1, 2));
        System.out.println("调用 add(double,double)方法：" + add(2.1, 3.3));
        System.out.println("调用 add(int)方法：" + add(1));
    }
}
```

在 Eclipse 中运行本实例，运行结果如图 10.9 所示。

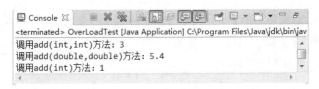

图 10.9　方法的重载

在本实例中分别定义了 5 个方法，在这 5 个方法中，前两个方法的参数类型不同，并且方法的返回值类型也不同，所以这两个方法构成重载关系；前两个方法与第 3 个方法相比，第 3 个方法的参数个数少于前两个方法，所以这 3 个方法也构成了重载关系；最后两个方法相比，发现除了参数的出现顺序不同之外，其他都相同，这样同样可以根据这个区别将两个方法构成重载关系。图 10.10 表明了所有可以构成重载的条件。

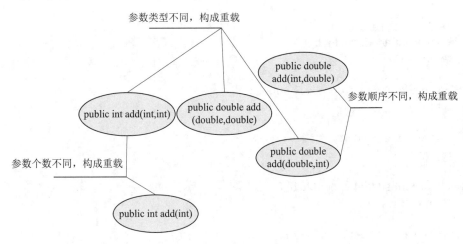

图 10.10　构成方法重载的条件

> **注意**
> 虽然在方法重载中可以使两个方法的返回类型不同，但只有返回类型不同并不足以区分两个方法的重载，还需要通过参数的个数以及参数的类型来设置。

根据图 10.10 所示的构成方法重载的条件，可以总结出编译器是利用方法名、方法各参数类型和参数的个数以及参数的顺序来确定类中的方法是否唯一。方法的重载使得方法以统一的名称被管理，使程序代码有条理。

在谈到参数个数可以确定两个方法是否具有重载关系时，会想到定义不定长参数方法。

【例 10.9】 修改例 10.8，在例 10.8 中添加如下方法。

```
public static int add(int...a){                //定义不定长参数方法
    int s=0;
    for(int i=0;i<a.length;i++)
    s+=a[i];                                    //做参数累加操作
    return s;                                   //将结果返回
}
```

上述方法又是一个 add()重载方法,它与例 10.8 中方法的不同之处在于该方法为不定长参数方法。不定长方法的语法如下:

返回值 方法名(参数数据类型…参数名称)

在参数列表中使用"…"形式定义不定长参数,其实这个不定长参数 a 就是一个数组,编译器会将(int…a)这种形式看作是(int[]a),所以在 add()方法体做累加操作时使用到了 for 循环语句,在循环中是根据数组 a 的长度作为循环条件的,最后将累加结果返回。

如果将上述代码放在例 10.8 中,关键代码如例 10.10。

【例 10.10】 在项目中创建 OverLoadTest2 类,在类中编写 add()方法的多种重载形式,并编写该方法的不定长参数形式。然后在主方法中调用这些重载方法,并输出返回值。(**实例位置:光盘\TM\sl\10.08**)

```java
public class OverLoadTest2 {
    public static int add(int a, int b) {
        return a + b;
    }
    public static double add(double a, double b) {
        return a + b;
    }
    public static int add(int a) {
        return 1;
    }
    public static int add(int a, double b) {
        return 1;
    }
    public static int add(double a, int b) {
        return 1;
    }
    public static int add(int... a) {          //定义不定长参数方法
        int s = 0;
        for (int i = 0; i < a.length; i++)
            //根据参数个数做循环操作
            s += a[i];                          //将每个参数累加
        return s;                               //将计算结果返回
    }
    public static void main(String args[]) {
        System.out.println("调用 add(int,int)方法:" + add(1, 2));
        System.out.println("调用 add(double,double)方法:" + add(2.1, 3.3));
        System.out.println("调用 add(int)方法:" + add(1));
        //调用不定长参数方法
        System.out.println("调用不定长参数方法:" + add(1,2, 3,4, 5,6, 7, 8, 9));
        System.out.println("调用不定长参数方法:" + add(1));
    }
}
```

在 Eclipse 中运行例 10.10,运行结果如图 10.11 所示。

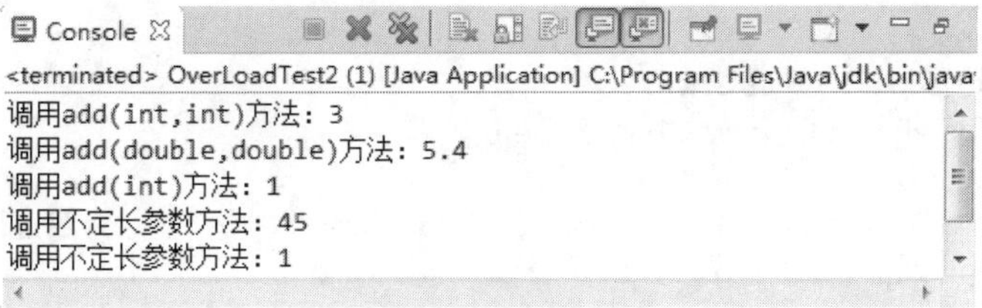

图 10.11　调用不定长参数方法

从例 10.10 中可以看出，定义不定长参数依然可以作为 add()方法的重载方法，由于它的参数是不定长的，所以满足根据参数个数区分重载的条件。

10.6　多　　态

视频讲解：光盘\TM\lx\10\多态.exe

利用多态可以使程序具有良好的扩展性，并可以对所有类对象进行通用的处理。在 10.3 节中已经学习过对象可以作为父类的对象实例使用，这种将子类对象视为父类对象的做法称为"向上转型"。假如现在需要绘制一个平行四边形，这时可以在平行四边形类中定义一个 draw()方法，具体实现代码如例 10.11 所示。

【例 10.11】　定义一个平行四边形的类 Parallelogram，在类中定义一个 draw()方法。

```
public class Parallelogram {
    //实例化保存平行四边形对象的数组对象
    public void draw(Parallelogram p){//定义 draw()方法，参数为本类对象
        …//绘图语句
    }
}
```

如果需要定义一个绘制正方形的方法，通过定义一个正方形类来处理正方形对象，会出现代码冗余的缺点；通过定义一个正方形和平行四边形的综合类，分别处理正方形和平行四边形对象，也没有太大意义。

如果定义一个四边形类，让它处理所有继承该类的对象，根据"向上转型"原则可以使每个继承四边形类的对象作为 draw()方法的参数，然后在 draw()方法中作一些限定就可以根据不同图形类对象绘制相应的图形，从而以更为通用的四边形类来取代具体的正方形类和平行四边形类。这样处理能够很好地解决代码冗余问题，同时也易于维护，因为可以加入任何继承父类的子类对象，而父类方法也无须修改。

创建四边形类的具体实现代码如例 10.12 所示。

【例 10.12】　创建 Quadrangle 类，再分别创建两个内部类 Square 和 Parallelogramgle，它们都继承了 Quadrangle 类。编写 draw()方法，该方法接收 Quadrangle 类的对象作为参数，即使用这两个内部类的父类作为方法参数。在主方法中分别以两个内部类的实例对象作为参数执行 draw()方法。(**实例位置：光盘\TM\sl\10.09**)

```java
public class Quadrangle {
    //实例化保存四边形对象的数组对象
    private Quadrangle[] qtest = new Quadrangle[6];
    private int nextIndex = 0;
    public void draw(Quadrangle q) {             //定义 draw()方法，参数为四边形对象
        if (nextIndex < qtest.length) {
            qtest[nextIndex] = q;
            System.out.println(nextIndex);
            nextIndex++;
        }
    }
    public static void main(String[] args) {
        //实例化两个四边形对象，用于调用 draw()方法
        Quadrangle q = new Quadrangle();
        q.draw(new Square());                    //以正方形对象为参数调用 draw()方法
        q.draw(new Parallelogramgle());          //以平行四边形对象为参数调用 draw()方法
    }
}
//定义一个正方形类，继承四边形类
class Square extends Quadrangle {
    public Square() {
        System.out.println("正方形");
    }
}
//定义一个平行四边形类，继承四边形类
class Parallelogramgle extends Quadrangle {
    public Parallelogramgle() {
        System.out.println("平行四边形");
    }
}
```

运行 Quadrangle 类，结果如图 10.12 所示。

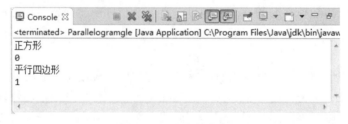

图 10.12　多态的实现

从本实例的运行结果中可以看出，以不同类对象为参数调用 draw()方法可以处理不同的图形问题。使用多态节省了开发和维护时间，因为程序员无须在所有的子类中定义执行相同功能的方法，避免了大量重复代码的开发，同时只要实例化一个继承父类的子类对象即可调用相应的方法，这里只要维护父类中的这个方法即可。

10.7　抽象类与接口

通常可以说四边形具有 4 条边，或者更具体一点，平行四边形是具有对边平行且相等特性的特殊四边形，等腰三角形是其中两条边相等的三角形，这些描述都是合乎情理的，但对于图形对象却不能使用具体的语言进行描述，它有几条边，究竟是什么图形，没有人能说清楚，这种类在 Java 中被定义为抽象类。

10.7.1　抽象类

🎥 视频讲解：光盘\TM\lx\10\抽象类.exe

在解决实际问题时，一般将父类定义为抽象类，需要使用这个父类进行继承与多态处理。回想继承和多态原理，继承树中越是在上方的类越抽象，如鸽子类继承鸟类、鸟类继承动物类等。在多态机制中，并不需要将父类初始化对象，我们需要的只是子类对象，所以在 Java 语言中设置抽象类不可以实例化对象，因为图形类不能抽象出任何一种具体图形，但它的子类却可以。

抽象类的语法如下：

```
public abstract class Test {
    abstract void testAbstract(); //定义抽象方法
}
```

其中，abstract 是定义抽象类的关键字。

使用 abstract 关键字定义的类称为抽象类，而使用这个关键字定义的方法称为抽象方法。抽象方法没有方法体，这个方法本身没有任何意义，除非它被重写，而承载这个抽象方法的抽象类必须被继承，实际上抽象类除了被继承之外没有任何意义。

反过来讲，如果声明一个抽象的方法，就必须将承载这个抽象方法的类定义为抽象类，不可能在非抽象类中获取抽象方法。换句话说，只要类中有一个抽象方法，此类就被标记为抽象类。

抽象类被继承后需要实现其中所有的抽象方法，也就是保证相同的方法名称、参数列表和相同返回值类型创建出非抽象方法，当然也可以是抽象方法。图 10.13 说明了抽象类的继承关系。

从图 10.13 中可以看出，继承抽象类的所有子类需要将抽象类中的抽象方法进行覆盖。这样在多态机制中，就可以将父类修改为抽象类，将 draw()方法设置为抽象方法，然后每个子类都重写这个方法来处理。但这又会出现我们刚探讨多态时讨论的问题，程序中会有太多冗余的代码，同时这样的父类局限性很大，也许某个不需要 draw()方法的子类也不得不重写 draw()方法。如果将 draw()方法放置在另外一个类中，这样让那些需要 draw()方法的类继承该类，而不需要 draw()方法的类继承图形类，但所有的子类都需要图形类，因为这些类是从图形类中被导出的，同时某些类还需要 draw()方法，但是在 Java 中规定，类不能同时继承多个父类，面临这种问题，接口的概念便出现了。

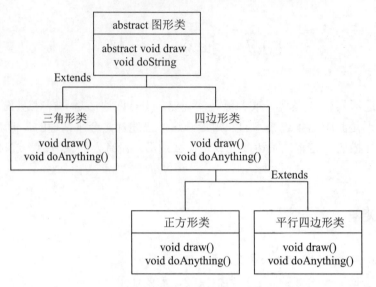

图 10.13　抽象类继承关系

10.7.2　接口

> 视频讲解：光盘\TM\lx\10\接口.exe

1．接口简介

接口是抽象类的延伸，可以将它看作是纯粹的抽象类，接口中的所有方法都没有方法体。对于 10.7.1 小节中遗留的问题，可以将 draw()方法封装到一个接口中，使需要 draw()方法的类实现这个接口，同时也继承图形类，这就是接口存在的必要性。在图 10.14 中描述了各个子类继承图形类后使用接口的关系。

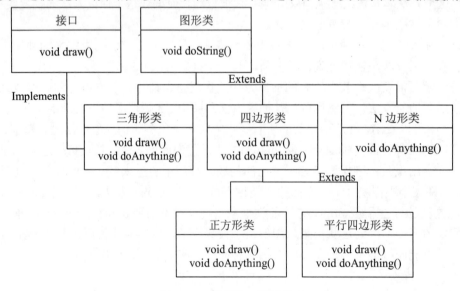

图 10.14　使用接口继承关系

接口使用 interface 关键字进行定义，其语法如下：

```
public interface drawTest {
    void draw(); //接口内的方法，省略 abstract 关键字
}
```

- ☑ public：接口可以像类一样被权限修饰符修饰，但 public 关键字仅限用于接口在与其同名的文件中被定义。
- ☑ interface：定义接口关键字。
- ☑ drawTest：接口名称。

一个类实现一个接口可以使用 implements 关键字，代码如下：

```
public class Parallelogram extends Quadrangle implements drawTest{
    …//
}
```

注意

在接口中定义的方法必须被定义为 public 或 abstract 形式，其他修饰权限不被 Java 编译器认可，即使不将该方法声明为 public 形式，它也是 public。

说明

在接口中定义的任何字段都自动是 static 和 final 的。

下面将修改例 10.12，将多态技术与接口相结合，如例 10.13 所示。

【例 10.13】在项目中创建 QuadrangleUseInterface 类，在类中创建两个继承该类的内部类 ParallelogramgleUseInterface 和 SquareUseInterface；再创建 drawTest 接口，并使前两个内部类实现该接口；然后在主方法中分别调用这两个内部类的 draw()方法。（*实例位置：光盘\TM\sl\10.10*）

```
interface drawTest {                    //定义接口
    public void draw();                 //定义方法
}
//定义平行四边形类，该类继承了四边形类，并实现了 drawTest 接口
class ParallelogramgleUseInterface extends QuadrangleUseInterface
        implements drawTest {
    public void draw() {                //由于该类实现了接口，所以需要覆盖 draw()方法
        System.out.println("平行四边形.draw()");
    }

    void doAnyThing() {                 //覆盖父类方法
        //SomeSentence
    }
}
class SquareUseInterface extends QuadrangleUseInterface implements
        drawTest {
```

```
    public void draw() {
        System.out.println("正方形.draw()");
    }
    void doAnyThing() {
        //SomeSentence
    }
}
class AnyThingUseInterface extends QuadrangleUseInterface {
    void doAnyThing() {
    }
}
public class QuadrangleUseInterface {    //定义四边形类
    public void doAnyTthing() {
        //SomeSentence
    }
    public static void main(String[] args) {
        drawTest[] d = {                  //接口也可以进行向上转型操作
        new SquareUseInterface(), new ParallelogramgleUseInterface() };
        for (int i = 0; i < d.length; i++) {
            d[i].draw();                  //调用 draw()方法
        }
    }
}
```

在 Eclipse 中运行 QuadrangleUseInterface 类，运行结果如图 10.15 所示。

图 10.15 多态与接口结合

在本实例中，正方形类与平行四边形类分别实现了 drawTest 接口并继承了四边形类，所以需要覆盖接口中的方法。在调用 draw()方法时，首先将平行四边形类对象与正方形类对象向上转型为 drawTest 接口形式。这里也许很多读者会有疑问，接口是否可以向上转型？其实在 Java 中无论是将一个类向上转型为父类对象，还是向上转型为抽象父类对象，或者向上转型为该类实现接口，都是没有问题的。然后使用 d[i]数组中的每一个对象调用 draw()，由于向上转型，所以 d[i]数组中的每一个对象分别代表正方形类对象与平行四边形类对象，最后结果分别调用正方形类与平行四边形类中覆盖的 draw()方法。

2．接口与继承

我们知道在 Java 中不允许多重继承，但使用接口就可以实现多重继承，因为一个类可以同时实现多个接口，这样可以将所有需要继承的接口放置在 implements 关键字后并使用逗号隔开，但这可能会在一个类中产生庞大的代码量，因为继承一个接口时需要实现接口中所有的方法。

多重继承的语法如下：

```
class 类名 implements 接口 1,接口 2,…,接口 n
```

【例 10.14】 在定义一个接口时使该接口继承另外一个接口。

```
interface intf1 {
}
interface intf2 extends intf1 {
}
```

10.8 小 结

通过对本章的学习，读者可以了解继承与多态的机制，掌握重载、类型转换等技术，学会使用接口与抽象类，从而对继承和多态有一个比较深入的了解。尽管读者已经学习过本章，但还是建议初学者仔细揣摩继承与多态机制，因为继承和多态本身是比较抽象的概念，深入理解需要一段时间，使用多态机制必须扩展自己的编程视野，将编程的着眼点放在类与类之间的共同特性以及关系上，使软件开发具有更快的速度、更完善的代码组织架构，以及更好的扩展性和维护性。

10.9 实践与练习

1. 创建一个抽象类，验证它是否可以实例化对象。（答案位置：光盘\TM\sl\10.11）

2. 尝试创建一个父类，在父类中创建两个方法，在子类中覆盖第二个方法，为子类创建一个对象，将它向上转型到基类并调用这个方法。（答案位置：光盘\TM\sl\10.12）

3. 尝试创建一个父类和子类，分别创建构造方法，然后向父类和子类添加成员变量和方法，并总结构建子类对象时的顺序。（答案位置：光盘\TM\sl\10.13）

第 11 章

类的高级特性

（▶ 视频讲解：23 分钟）

　　类除了具有普通的特性之外，还具有一些高级特性，如包、内部类等。包在整个管理过程中起到了非常重要的作用，使用包可以有效地管理繁杂的类文件，解决类重名的问题，当在类中配合包与权限修饰符使用时，可以控制其他人对类成员的访问。同时在 Java 中一个更为有效的隐藏实现细节的技巧是使用内部类，通过使用内部类机制可以向上转型为被内部类实现的公共接口。由于在类中可以定义多个内部类，实现接口的方式也不止一个，只要将内部类中的方法设置为类最小范围的修饰权限即可将内部类的实现细节有效地隐藏。

　　通过阅读本章，您可以：

- ▶▶ 掌握包的创建规则
- ▶▶ 掌握在程序中导入其他类包
- ▶▶ 掌握 final 变量、方法、类
- ▶▶ 掌握内部类

11.1 Java 类包

在 Java 中每定义好一个类,通过 Java 编译器进行编译之后,都会生成一个扩展名为.class 的文件,当这个程序的规模逐渐庞大时,就很容易发生类名称冲突的现象。那么 JDK API 中提供了成千上万具有各种功能的类,又是如何管理的呢?Java 中提供了一种管理类文件的机制,就是类包。

11.1.1 类名冲突

视频讲解:光盘\TM\lx\11\类名冲突.exe

Java 中每个接口或类都来自不同的类包,无论是 Java API 中的类与接口还是自定义的类与接口都需要隶属于某一个类包,这个类包包含了一些类和接口。如果没有包的存在,管理程序中的类名称将是一件非常麻烦的事情。如果程序只由一个类定义组成,并不会给程序带来什么影响,但是随着程序代码的增多,难免会出现类同名的问题。例如,在程序中定义一个 Login 类,因业务需要,还要定义一个名称为 Login 的类,但是这两个类所实现的功能完全不同,于是问题就产生了,编译器不会允许存在同名的类文件。解决这类问题的办法是将这两个类放置在不同的类包中。

11.1.2 完整的类路径

视频讲解:光盘\TM\lx\11\完整的类路径.exe

在第 9 章中曾经讲述过 Math 类,其实 Math 类并不是它的完整名称,就如同一个人的名称需要有名有姓一样,Math 类的完整名称如图 11.1 所示。

从图 11.1 中可以看出,一个完整的类名需要包名与类名的组合,每个类都隶属于一个类包,只要保证同一类包中的类不同名,就可以有效地避免同名类冲突的情况。例如,一个程序中同时使用到 java.util.Date

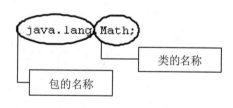

图 11.1 定义完整的类名

类与 java.sql.Date 类,如果在程序中不指定完整类路径,编译器不会知道这段代码使用的是 java.util 类包中的 Date 类还是 java.sql 类包中的 Date 类,所以需要在指定代码中给出完整的类路径。

【例 11.1】 在程序中使用两个不同 Date 类的完整类路径,可以使用如下代码:

```
java.util.Date date=new java.util.Date();
java.sql.Date date2=new java.sql.Date(233);
```

在 Java 中采用类包机制非常重要,类包不仅可以解决类名冲突问题,还可以在开发庞大的应用程序时,帮助开发人员管理庞大的应用程序组件,方便软件复用。下面来看一下在 Java 中如何创建类包(以下简称包)。

说明

同一个包中的类相互访问时,可以不指定包名。

注意

同一个包中的类不必存放在同一个位置,如 com.lzw.class1 和 com.lzw.class2 可以一个放置在 C 盘,一个放置在 D 盘,只要将 CLASSPATH 分别指向这两个位置即可。

11.1.3 创建包

视频讲解:光盘\TM\lx\11\创建包.exe

在 Eclipse 中创建包的步骤如下:

(1) 在项目的 src 节点上右击,选择 New / Package 命令。

(2) 弹出 New Java Package 对话框,在 Name 文本框中输入新建的包名,如 com.lzw,然后单击 Finish 按钮,如图 11.2 所示。

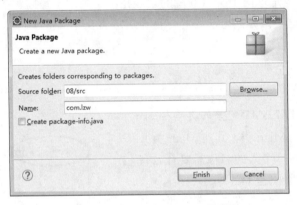

图 11.2　New Java Package 对话框

(3) 在 Eclipse 中创建类时,可以在新建立的包上右击,选择 New 命令,这样新建的类会默认保存在该包中。另外也可以在 New Java Class 对话框中指定新建类所在的包。有关新建类的步骤,可参见 2.2.2 小节。

在 Java 中包名设计应与文件系统结构相对应,如一个包名为 com.lzw,那么该包中的类位于 com 文件夹下的 lzw 子文件夹下。没有定义包的类会被归纳在预设包(默认包)中。在实际开发中,应该为所有类设置包名,这是良好的编程习惯。

在类中定义包名的语法如下:

package 包名

在类中指定包名时需要将 package 表达式放置在程序的第一行,它必须是文件中的第一行非注释代码,当使用 package 关键字为类指定包名之后,包名将会成为类名中的一部分,预示着这个类必须指定全名。例如，在使用位于com.lzw包下的Dog.java类时，需要使用形如com.lzw.Dog这样的表达式。

> 注意
>
> Java包的命名规则是全部使用小写字母。

在11.1.1小节中已经谈到类名的冲突问题，也许有的读者会产生疑问，如此之多的包不会产生包名冲突现象吗？这是有可能的。为了避免这样的问题，在Java中定义包名时通常使用创建者的Internet域名的反序，由于Internet域名是独一无二的，包名自然不会发生冲突。下面来看一个实例。

【例11.2】 在项目中创建Math类，在创建类的对话框中指定包名为com.lzw，并在主方法中输出说明该类并非java.lang包的Math类。（实例位置：光盘\TM\sl\11.01）

```java
package com.lzw;    //指定包名

public class Math {
    public static void main(String[] args) {
        System.out.println("不是java.lang.Math类，而是com.lzw.Math类");
    }
}
```

在Eclipse中运行本实例，运行结果如图11.3所示。

图11.3 在程序中指定包名

在本实例中，在程序的第一行指定包名，同时在com.lzw包中定义Math类，读者不禁会想到java.lang.Math类，而本实例定义的为com.lzw.Math类，可以看出在不同包中定义相同类名也是没有问题的，所以在Java中使用包可以有效管理各种功能的类。

11.1.4 导入包

> 视频讲解：光盘\TM\lx\11\导入包.exe

1. 使用import关键字导入包

如果某个类中需要使用Math类，那么如何告知编译器当前应该使用哪一个包中的Math类，是java.lang.Math类还是com.lzw.Math类？这是一个令人困扰的问题。此时，可以使用Java中的import关键字指定。例如，如果在程序中使用 import com.lzw 表达式，在程序中使用Math类时就会选择com.lzw.Math类来使用，当然也可以直接在程序中使用Math类时指定com.lzw.Math类。

import关键字的语法如下：

```
import com.lzw.*;              //指定com.lzw包中的所有类在程序中都可以使用
```

201

import com.lzw.Math   //指定 com.lzw 包中的 Math 类在程序中可以使用

在使用 import 关键字时,可以指定类的完整描述,如果为了使用包中更多的类,可以在使用 import 关键字指定时在包指定后加上*,这表示可以在程序中使用包中的所有类。

注意

如果类定义中已经导入 com.lzw.Math 类,在类体中再使用其他包中的 Math 类时则必须指定完整的带有包格式的类名,如这种情况再使用 java.lang 包的 Math 类时就要使用全名格式 java.lang.Math。

在程序中添加 import 关键字时,就开始在 CLASSPATH 指定的目录中进行查找,查找子目录 com.lzw,然后从这个目录下编译完成的文件中查找是否有名称符合者,最后寻找到 Math.class 文件。另外,当使用 import 指定了一个包中的所有类时,并不会指定这个包的子包中的类,如果用到这个包中的子类,需要再次对子包作单独引用。

在 Java 中将 Java 源文件与类文件放在一起管理是极为不好的管理方式。可以在编译时使用-d 参数设置编译后类文件产生的位置。使用 DOS 进入程序所在的根目录下,执行如下命令:

javac -d ./bin/ ./com/lzw/*.java

这样编译成功后将在当前运行路径下的 bin 目录中产生 com/lzw 路径,并在该路径下出现相应源文件的类文件。如果使用 Eclipse 编译器,并在创建项目时设置了源文件与输出文件的路径,编译后的类文件会自动保存在输出文件的路径中。

说明

如果不能在程序所在的根目录下使用 javac.exe 命令,注意在 path 环境变量中设置 Java 编译器所在的位置,假如是 C:\Java\jdk1.6.0_03\bin,可以使用 set path=C:\Java\jdk1.6.0_03\bin;%path%命令在 DOS 中设置 path 环境变量。

2. 使用 import 导入静态成员

import 关键字除了导入包之外,还可以导入静态成员,这是 JDK 5.0 以上版本提供的新功能。导入静态成员可以使程序员编程更为方便。

使用 import 导入静态成员的语法如下:

import static 静态成员

为了使读者了解如何使用 import 关键字导入静态成员,来看下面的实例。

【例 11.3】 在项目中创建 ImportTest 类,在该类中使用 import 关键字导入静态成员。(**实例位置:光盘\TM\sl\11.02**)

package com.lzw;

```
import static java.lang.Math.max;           //导入静态成员方法
import static java.lang.System.out;         //导入静态成员变量

public class ImportTest {
    public static void main(String[] args) {
        //在主方法中可以直接使用这些静态成员
        out.println("1 和 4 的较大值为：" + max(1, 4));
    }
}
```

本实例在 Eclipse 中的运行结果如图 11.4 所示。

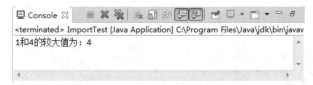

图 11.4 使用 import 关键字导入静态成员

从本实例中可以看出，分别使用 import static 导入了 java.lang.Math 类中的静态成员方法 max()和 java.lang.System 类中的 out 成员变量，这时就可以在程序中直接引用这些静态成员，如在主方法中的 out.println()表达式以及直接使用 max()方法。

11.2 final 变量

视频讲解：光盘\TM\lx\11\final 变量.exe

final 关键字可用于变量声明，一旦该变量被设定，就不可以再改变该变量的值。通常，由 final 定义的变量为常量。例如，在类中定义 PI 值，可以使用如下语句：

```
final double PI=3.14;
```

当在程序中使用到 PI 这个常量时，它的值就是 3.14，如果在程序中再次对定义为 final 的常量赋值，编译器将不会接受。

final 关键字定义的变量必须在声明时对其进行赋值操作。final 除了可以修饰基本数据类型的常量，还可以修饰对象引用。由于数组也可以被看作一个对象来引用，所以 final 可以修饰数组。一旦一个对象引用被修饰为 final 后，它只能恒定指向一个对象，无法将其改变以指向另一个对象。一个既是 static 又是 final 的字段只占据一段不能改变的存储空间。为了深入了解 final 关键字，来看下面的实例。

【例 11.4】 在项目的 com.lzw 包中创建 FinalData 类，在该类中创建 Test 内部类，并定义各种类型的 final 变量。（实例位置：光盘\TM\sl\11.03）

```
package com.lzw;
import static java.lang.System.out;
import java.util.Random;
class Test {
```

```
        int i = 0;
}
public class FinalData {
    static Random rand = new Random();
    private final int VALUE_1 = 9;              //声明一个 final 常量
    private static final int VALUE_2 = 10;      //声明一个 final、static 常量
    private final Test test = new Test();       //声明一个 final 引用
    private Test test2 = new Test();            //声明一个不是 final 的引用
    private final int[] a = {1,2,3,4,5,6};      //声明一个定义为 final 的数组
    private final int i4 = rand.nextInt(20);
    private static final int i5 = rand.nextInt(20);
    public String toString() {
        return i4 + " " + i5 + " ";
    }
    public static void main(String[] args) {
        FinalData data = new FinalData();
        data.test=new Test();
        //可以对指定为 final 的引用中的成员变量赋值
        //但不能将定义为 final 的引用指向其他引用
        data.value2++;
        //不能改变定义为 final 的常量值
        data.test2 = new Test();                //可以将没有定义为 final 的引用指向其他引用
        for (int i = 0; i < data.a.length; i++) {
            a[i]=9;
            //不能对定义为 final 的数组赋值
        }
        out.println(data);
        out.println("data2");
        out.println(new FinalData());
        out.println(data);
    }
}
```

在本实例中，被定义为 final 的常量定义时需要使用大写字母命名，并且中间使用下划线进行连接，这是 Java 中的编码规则。同时，定义为 final 的数据无论是常量、对象引用还是数组，在主函数中都不可以被改变。

我们知道一个被定义为 final 的对象引用只能指向唯一一个对象，不可以将它再指向其他对象，但是一个对象本身的值却是可以改变的，那么为了使一个常量真正做到不可更改，可以将常量声明为 static final。为了验证这个理论，来看下面的实例。

【例 11.5】 在项目的 com.lzw 包中创建 FinalStaticData 类，在该类中创建 Random 类的对象，在主方法中分别输出类中定义的 final 变量 a1 与 a2。（实例位置：光盘\TM\sl\11.04）

```
package com.lzw;
import java.util.Random;
import static java.lang.System.out;
public class FinalStaticData {
    private static Random rand = new Random(); //实例化一个 Random 类对象
    //随机产生 0~10 之间的随机数赋予定义为 final 的 a1
```

第 11 章 类的高级特性

```
    private final int a1 = rand.nextInt(10);
    //随机产生 0~10 之间的随机数赋予定义为 static final 的 a2
    private static final int a2 = rand.nextInt(10);
    public static void main(String[] args) {
        FinalStaticData fdata = new FinalStaticData();  //实例化一个对象
        //调用定义为 final 的 a1
        out.println("重新实例化对象调用 a1 的值：" + fdata.a1);
        //调用定义为 static final 的 a2
        out.println("重新实例化对象调用 a1 的值：" + fdata.a2);
        //实例化另外一个对象
        FinalStaticData fdata2 = new FinalStaticData();
        out.println("重新实例化对象调用 a1 的值：" + fdata2.a1);
        out.println("重新实例化对象调用 a2 的值：" + fdata2.a2);
    }
}
```

在 Eclipse 中运行上述实例，运行结果如图 11.5 所示。

从本实例的运行结果中可以看出，定义为 final 的常量不是恒定不变的，将随机数赋予定义为 final 的常量，可以做到每次运行程序时改变 a1 的值。但是 a2 与 a1 不同，由于它被声明为 static final 形式，所以在内存中为 a2 开辟了一个恒定不变的区域，当再次实例化一个 FinalStaticData 对象时，仍然指向 a2 这块内存区域，所以 a2 的值保持不变。a2 是在装载时被初始化，而不是每次创建新对象时都被初始化；而 a1 会在重新实例化对象时被更改。

技巧

在 Java 中定义全局常量，通常使用 public static final 修饰，这样的常量只能在定义时被赋值。

可以将方法的参数定义为 final 类型，这预示着无法在方法中更改参数引用所指向的对象。

最后总结一下在程序中 final 数据可以出现的位置。图 11.6 清晰地表明了在程序中哪些位置可以定义 final 数据。

图 11.5 比较 static final 与 final 定义数据的区别

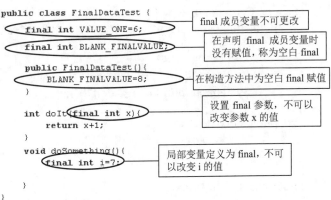

图 11.6 程序中可以定义为 final 的数据

11.3　final 方法

视频讲解：光盘\TM\lx\11\final 方法.exe

首先，读者应该了解定义为 final 的方法不能被重写。

将方法定义为 final 类型可以防止子类修改该类的定义与实现方式，同时定义为 final 的方法的执行效率要高于非 final 方法。在修饰权限中曾经提到过 private 修饰符，如果一个父类的某个方法被设置为 private 修饰符，子类将无法访问该方法，自然无法覆盖该方法，所以一个定义为 private 的方法隐式被指定为 final 类型，这样无须将一个定义为 private 的方法再定义为 final 类型。例如下面的语句：

```
private final void test(){
    …//省略一些程序代码
}
```

但是在父类中被定义为 private final 的方法似乎可以被子类覆盖，来看下面的实例。

【例 11.6】　在项目中创建 FinalMethod 类，在该类中创建 Parents 类和继承该类的 Sub 类，在主方法中分别调用这两个类中的方法，并查看 final 类型方法能否被覆盖。（实例位置：光盘\TM\sl\11.05）

```
class Parents {
    private final void doit() {
        System.out.println("父类.doit()");
    }
    final void doit2() {
        System.out.println("父类.doit2()");
    }
    public void doit3() {
        System.out.println("父类.doit3()");
    }
}
class Sub extends Parents {
    public final void doit() {         //在子类中定义一个 doit()方法
        System.out.print("子类.doit()");
    }
//    final void doit2(){                //final 方法不能覆盖
//        System.out.println("子类.doit2()");
//    }
    public void doit3() {
        System.out.println("子类.doit3()");
    }
}
public class FinalMethod {
    public static void main(String[] args) {
        Sub s = new Sub();            //实例化
        s.doit();                     //调用 doit()方法
        Parents p = s;                //执行向上转型操作
        //p.doit();                   //不能调用 private 方法
```

```
        p.doit2();
        p.doit3();
    }
}
```

在 Eclipse 中运行本实例，结果如图 11.7 所示。

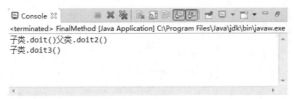

图 11.7　验证是否可以覆盖 private final 方法

从本实例中可以看出，final 方法不能被覆盖，例如，doit2()方法不能在子类中被重写，但是在父类中定义了一个 private final 的 doit()方法，同时在子类中也定义了一个 doit()方法，从表面上来看，子类中的 doit()方法覆盖了父类的 doit()方法，但是覆盖必须满足一个对象向上转型为它的基本类型并调用相同方法这样一个条件。例如，在主方法中使用 "Parents p=s;" 语句执行向上转型操作，对象 p 只能调用正常覆盖的 doit3()方法，却不能调用 doit()方法，可见子类中的 doit()方法并不是正常覆盖，而是生成一个新的方法。

11.4　final 类

视频讲解：光盘\TM\lx\11\final 类.exe

定义为 final 的类不能被继承。

如果希望一个类不允许任何类继承，并且不允许其他人对这个类进行任何改动，可以将这个类设置为 final 形式。

final 类的语法如下：

final 类名{}

如果将某个类设置为 final 形式，则类中的所有方法都被隐式设置为 final 形式，但是 final 类中的成员变量可以被定义为 final 或非 final 形式。

【例 11.7】　在项目中创建 FinalClass 类，在类中定义 doit()方法和变量 a，实现在主方法中操作变量 a 自增。（实例位置：光盘\TM\sl\11.06）

```
final class FinalClass {
    int a = 3;
    void doit() {
    }
    public static void main(String args[]) {
        FinalClass f = new FinalClass();
        f.a++;
        System.out.println(f.a);
```

}
}

11.5 内　部　类

前面曾经学习过在一个文件中定义两个类，但其中任何一个类都不在另一个类的内部，而如果在类中再定义一个类，则将在类中再定义的那个类称为内部类。内部类可分为成员内部类、局部内部类以及匿名类。本节将具体进行介绍。

11.5.1 成员内部类

视频讲解：光盘\TM\lx\11\成员内部类.exe

1．成员内部类简介

在一个类中使用内部类，可以在内部类中直接存取其所在类的私有成员变量。本节首先介绍成员内部类。

成员内部类的语法如下：

```
public class OuterClass {              //外部类
    private class InnerClass {         //内部类
        //…
    }
}
```

在内部类中可以随意使用外部类的成员方法以及成员变量，尽管这些类成员被修饰为 private。图 11.8 充分说明了内部类的使用，尽管成员变量 i 以及成员方法 f() 都在外部类中被修饰为 private，但在内部类中可以直接使用外部类中的类成员。

内部类的实例一定要绑定在外部类的实例上，如果从外部类中初始化一个内部类对象，那么内部类对象就会绑定在外部类对象上。内部类初始化方式与其他类初始化方式相同，都是使用 new 关键字。下面来看一个实例。

【例 11.8】 在项目中创建 OuterClass 类，在类中定义 innerClass 内部类和 doit() 方法，在主方法中创建 OuterClass 类的实例对象和 doit() 方法。（实例位置：光盘\TM\sl\11.07）

```
public class OuterClass {
    innerClass in = new innerClass();           //在外部类实例化内部类对象引用
    public void ouf() {
        in.inf();                               //在外部类方法中调用内部类方法
    }
    class innerClass {
        innerClass() {                          //内部类构造方法
        }
```

```
            public void inf() {              //内部类成员方法
            }
            int y = 0;                       //定义内部类成员变量
        }
        public innerClass doit() {           //外部类方法，返回值为内部类引用
            //y=4;                           //外部类不可以直接访问内部类成员变量
            in.y = 4;
            return new innerClass();         //返回内部类引用
        }
        public static void main(String args[]) {
            OuterClass out = new OuterClass();
            //内部类的对象实例化操作必须在外部类或外部类的非静态方法中实现
            OuterClass.innerClass in = out.doit();
            OuterClass.innerClass in2 = out.new innerClass();
        }
    }
```

例 11.8 中的外部类创建内部类实例与其他类创建对象引用时相同。内部类可以访问它的外部类成员，但内部类的成员只有在内部类的范围之内是可知的，不能被外部类使用。例如，在例 11.8 中对内部类的成员变量 y 再次赋值时将会出错，但是可以使用内部类对象引用调用成员变量 y。图 11.9 说明了内部类 InnerClass 对象与外部类 OuterClass 对象的关系。

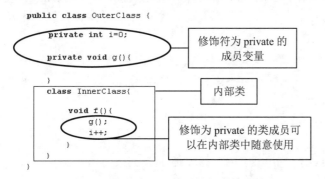
图 11.8　内部类可以使用外部类的成员

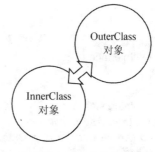
图 11.9　内部类对象与外部类对象的关系

从图 11.9 中可以看出，内部类对象与外部类对象关系非常紧密，内外可以交互使用彼此类中定义的变量。

注意

如果在外部类和非静态方法之外实例化内部类对象，需要使用外部类.内部类的形式指定该对象的类型。

在例 11.8 的主方法中如果不使用 doit()方法返回内部类对象引用，可以直接使用内部类实例化内部类对象，但由于是在主方法中实例化内部类对象，必须在 new 操作符之前提供一个外部类的引用。

【例 11.9】　在主方法中实例化一个内部类对象。

```
public static void main(String args[]){
    OuterClass out=new OuterClass();
    OuterClass.innerClass in=out.doit();
```

```
        OuterClass.innerClass in2=out.new innerClass();        //实例化内部类对象
}
```

从例 11.9 中可以看出，在实例化内部类对象时，不能在 new 操作符之前使用外部类名称实例化内部类对象，而是应该使用外部类的对象来创建其内部类的对象。

> **注意**
> 内部类对象会依赖于外部类对象，除非已经存在一个外部类对象，否则类中不会出现内部类对象。

2．内部类向上转型为接口

如果将一个权限修饰符为 private 的内部类向上转型为其父类对象，或者直接向上转型为一个接口，在程序中就可以完全隐藏内部类的具体实现过程。可以在外部提供一个接口，在接口中声明一个方法。如果在实现该接口的内部类中实现该接口的方法，就可以定义多个内部类以不同的方式实现接口中的同一个方法，而在一般的类中是不能多次实现接口中同一个方法的，这种技巧经常被应用在 Swing 编程中，可以在一个类中做出多个不同的响应事件（Swing 编程技术会在后文中详细介绍）。

【例 11.10】 下面修改例 11.8，在项目中创建 InterfaceInner 类，并定义接口 OutInterface，使内部类 InnerClass 实现这个接口，最后使 doit()方法返回值类型为该接口。代码如下：（**实例位置：光盘\TM\sl\11.08**）

```
package com.lzw;
interface OutInterface {                              //定义一个接口
    public void f();
}
public class InterfaceInner {
    public static void main(String args[]) {
        OuterClass2 out = new OuterClass2();          //实例化一个 OuterClass2 对象
        //调用 doit()方法，返回一个 OutInterface 接口
        OutInterface outinter = out.doit();
        outinter.f();                                  //调用 f()方法
    }
}
class OuterClass2 {
    //定义一个内部类实现 OutInterface 接口
    private class InnerClass implements OutInterface {
        InnerClass(String s) {                         //内部类构造方法
            System.out.println(s);
        }
        public void f() {                              //实现接口中的 f()方法
            System.out.println("访问内部类中的 f()方法");
        }
    }
    public OutInterface doit() {                       //定义一个方法，返回值类型为 OutInterface 接口
        return new InnerClass("访问内部类构造方法");
```

		}
}

在 Eclipse 中运行上述实例，运行结果如图 11.10 所示。

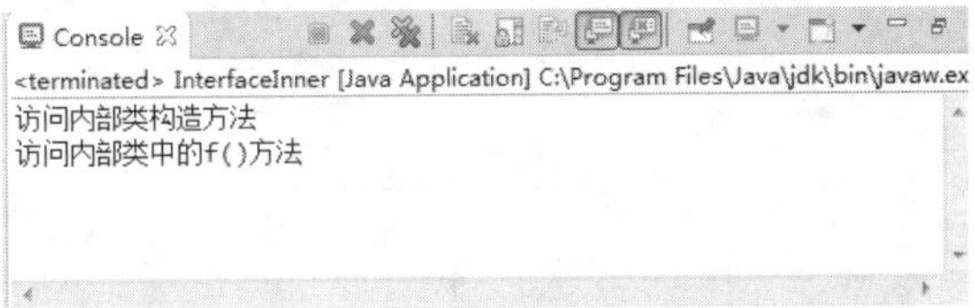

图 11.10　内部类向上转型为接口

从上述实例中可以看出，OuterClass2 类中定义了一个修饰权限为 private 的内部类，这个内部类实现了 OutInterface 接口，然后修改 doit()方法，使该方法返回一个 OutInterface 接口。由于内部类 InnerClass 修饰权限为 private，所以除了 OuterClass2 类可以访问该内部类之外，其他类都不能访问，而可以访问 doit()方法。由于该方法返回一个外部接口类型，这个接口可以作为外部使用的接口。它包含一个 f()方法，在继承此接口的内部类中实现了该方法，如果某个类继承了外部类，由于内部的权限不可以向下转型为内部类 InnerClass，同时也不能访问 f()方法，但是却可以访问接口中的 f()方法。例如，InterfaceInner 类中最后一条语句，接口引用调用 f()方法，从执行结果可以看出，这条语句执行的是内部类中的 f()方法，很好地对继承该类的子类隐藏了实现细节，仅为编写子类的人留下一个接口和一个外部类，同时也可以调用 f()方法，但是 f()方法的具体实现过程却被很好地隐藏了，这就是内部类最基本的用途。

注意

非内部类不能被声明为 private 或 protected 访问类型。

3．使用 this 关键字获取内部类与外部类的引用

如果在外部类中定义的成员变量与内部类的成员变量名称相同，可以使用 this 关键字。

【例 11.11】 在项目中创建 TheSameName 类，在类中定义成员变量 x，再定义一个内部类 Inner，在内部类中也创建 x 变量，并在内部类的 doit()方法中分别操作两个 x 变量。关键代码如下：（**实例位置：光盘\TM\sl\11.09**）

```
public class TheSameName {
    private int x;
    private class Inner {
        private int x = 9;
        public void doit(int x) {
            x++;                         //调用的是形参 x
            this.x++;                    //调用内部类的变量 x
            TheSameName.this.x++;        //调用外部类的变量 x
        }
    }
}
```

在类中，如果遇到内部类与外部类的成员变量重名的情况，可以使用 this 关键字进行处理。例如，

在内部类中使用 this.x 语句可以调用内部类的成员变量 x，而使用 TheSameName.this.x 语句可以调用外部类的成员变量 x，即使用外部类名称后跟一个点操作符和 this 关键字便可获取外部类的一个引用。

图 11.11 给出了例 11.11 在内存中变量的布局情况。

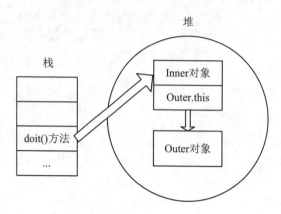

图 11.11　内部类对象与外部类对象在内存中的分布情况

读者应该明确一点，在内存中所有对象均被放置在堆中，方法以及方法中的形参或局部变量放置在栈中。在图 11.11 中，栈中的 doit()方法指向内部类的对象，而内部类的对象与外部类的对象是相互依赖的，Outer.this 对象指向外部类对象。

11.5.2　局部内部类

　　视频讲解：光盘\TM\lx\11\局部内部类.exe

内部类不仅可以在类中进行定义，也可以在类的局部位置定义，如在类的方法或任意的作用域中均可以定义内部类。

【例 11.12】　修改例 11.10，将 InnerClass 类放在 doit()方法的内部。关键代码如下：（**实例位置：光盘\TM\sl\11.10**）

```java
interface OutInterface2 {                        //定义一个接口
}
class OuterClass3 {
    public OutInterface2 doit(final String x) {  //doit()方法参数为 final 类型
        //在 doit()方法中定义一个内部类
        class InnerClass2 implements OutInterface2 {
            InnerClass2(String s) {
                s = x;
                System.out.println(s);
            }
        }
        return new InnerClass2("doit");
    }
}
```

从上述代码中可以看出，内部类被定义在了 doit() 方法内部。但是有一点值得注意，内部类 InnerClass2 是 doit() 方法的一部分，并非 OuterClass3 类中的一部分，所以在 doit() 方法的外部不能访问该内部类，但是该内部类可以访问当前代码块的常量以及此外部类的所有成员。

有的读者会注意到例 11.12 中的一个修改细节，就是将 doit() 方法的参数设置为 final 类型。如果需要在方法体中使用局部变量，该局部变量需要被设置为 final 类型，换句话说，在方法中定义的内部类只能访问方法中 final 类型的局部变量，这是因为在方法中定义的局部变量相当于一个常量，它的生命周期超出方法运行的生命周期，由于该局部变量被设置为 final，所以不能在内部类中改变该局部变量的值。

11.5.3 匿名内部类

视频讲解：光盘\TM\lx\11\匿名内部类.exe

下面将例 11.12 中定义的内部类再次进行修改，在 doit() 方法中将 return 语句和内部类定义语句合并在一起，下面通过一个实例说明。

【例 11.13】 在 return 语句中编写返回值为一个匿名内部类。

```
class OuterClass4 {
    public OutInterface2 doit() {            //定义 doit()方法
        return new OutInterface2() {         //声明匿名内部类
            private int i = 0;
            public int getValue() {
                return i;
            }
        };
    }
}
```

从例 11.13 中可以看出，笔者将 doit() 方法修改得有一些莫名其妙，但这种写法确实被 Java 编译器认可，在 doit() 方法内部首先返回一个 OutInterface2 的引用，然后在 return 语句中插入一个定义内部类的代码，由于这个类没有名称，所以这里将该内部类称为匿名内部类。实质上这种内部类的作用就是创建一个实现于 OutInterface2 接口的匿名类的对象。

匿名类的所有实现代码都需要在大括号之间进行编写。语法如下：

```
return new A(){
    …//内部类体
};
```

其中，A 指类名。

由于匿名内部类没有名称，所以匿名内部类使用默认构造方法来生成 OutInterface2 对象。在匿名内部类定义结束后，需要加分号标识，这个分号并不是代表定义内部类结束的标识，而是代表创建 OutInterface2 引用表达式的标识。

说明

匿名内部类编译以后，会产生以"外部类名$序号"为名称的.class 文件，序号以 1~n 排列，分别代表 1~n 个匿名内部类。

11.5.4 静态内部类

> 视频讲解：光盘\TM\lx\11\静态内部类.exe

在内部类前添加修饰符 static，这个内部类就变为静态内部类了。一个静态内部类中可以声明 static 成员，但是在非静态内部类中不可以声明静态成员。静态内部类有一个最大的特点，就是不可以使用外部类的非静态成员，所以静态内部类在程序开发中比较少见。

可以这样认为，普通的内部类对象隐式地在外部保存了一个引用，指向创建它的外部类对象，但如果内部类被定义为 static，就会有更多的限制。静态内部类具有以下两个特点：

- ☑ 如果创建静态内部类的对象，不需要其外部类的对象。
- ☑ 不能从静态内部类的对象中访问非静态外部类的对象。

【例 11.14】 定义一个静态内部类 StaticInnerClass，可以使用如下代码：

```java
public class StaticInnerClass {
    int x = 100;
    static class Inner {
        void doitInner() {
            // System.out.println("外部类"+x); //调用外部类的成员变量 x
        }
    }
}
```

例 11.14 中，在内部类的 doitInner()方法中调用成员变量 x，由于 Inner 被修饰为 static 形式，而成员变量 x 却是非 static 类型的，所以在 doitInner()方法中不能调用 x 变量。

进行程序测试时，如果在每一个 Java 文件中都设置一个主方法，将出现很多额外代码，而程序本身并不需要这些主方法，为了解决这个问题，可以将主方法写入静态内部类中。

【例 11.15】 在静态内部类中定义主方法。

```java
public class StaticInnerClass {
    int x = 100;
    static class Inner {
        void doitInner() {
            // System.out.println("外部类"+x);
        }
        public static void main(String args[]) {
            System.out.println("a");
        }
    }
}
```

如果编译例 11.15 中的类,将生成一个名称为 StaticInnerClass$Inner 的独立类和一个 StaticInnerClass 类,只要使用 java StaticInnerClass$Inner,就可以运行主方法中的内容,这样当完成测试,需要将所有.class 文件打包时,只要删除 StaticInnerClass$Inner 独立类即可。

11.5.5 内部类的继承

视频讲解:光盘\TM\lx\11\内部类的继承.exe

内部类和其他普通类一样可以被继承,但是继承内部类比继承普通类复杂,需要设置专门的语法来完成。

【例 11.16】 在项目中创建 OutputInnerClass 类,使 OutputInnerClass 类继承 ClassA 类中的内部类 ClassB。

```
public class OutputInnerClass extends ClassA.ClassB {     //继承内部类 ClassB
    public OutputInnerClass(ClassA a) {
        a.super();
    }
}
class ClassA {
    class ClassB {
    }
}
```

在某个类继承内部类时,必须硬性给予这个类一个带参数的构造方法,并且该构造方法的参数为需要继承内部类的外部类的引用,同时在构造方法体中使用 a.super()语句,这样才为继承提供了必要的对象引用。

11.6 小　　结

在本章中读者学习了 Java 语言中的包、final 关键字的用法以及内部类。通过本章的学习,读者应该掌握在程序中如何导入包,如何定义 final 变量、final 方法以及 final 类,同时还应掌握内部类的用法,内部类是 Java 中类的高级用法,而匿名类在 Swing 编程中的使用尤为频繁,所以初学者应该多加练习,为今后的 Swing 学习打下良好的基础。

11.7 实践与练习

1. 尝试在方法中编写一个匿名内部类。(答案位置:光盘\TM\sl\11.11)
2. 尝试将主方法编写到静态内部类中,然后在 DOS 中编译运行,注意编译后出现的.class 文件。(答案位置:光盘\TM\sl\11.12)
3. 尝试编写一个静态内部类,在主方法中创建其内部类的实例。(答案位置:光盘\TM\sl\11.13)

第12章

异常处理

（ 视频讲解：17分钟 ）

　　在程序设计和运行的过程中，发生错误是不可避免的。尽管 Java 语言的设计从根本上提供了便于写出整洁、安全的代码的方法，并且程序员也尽量地减少错误的产生，但使程序被迫停止的错误的存在仍然不可避免。为此，Java 提供了异常处理机制来帮助程序员检查可能出现的错误，保证了程序的可读性和可维护性。Java 中将异常封装到一个类中，出现错误时，就会抛出异常。本章将介绍异常处理的概念以及如何创建、激活自定义异常等知识。

　　通过阅读本章，您可以：

- ▶▶ 了解异常的概念
- ▶▶ 掌握捕捉异常
- ▶▶ 了解 Java 中常见的异常
- ▶▶ 掌握自定义异常
- ▶▶ 了解如何在方法中抛出异常
- ▶▶ 了解运行时异常的种类
- ▶▶ 了解异常处理的使用原则

12.1 异常概述

视频讲解：光盘\TM\lx\12\异常概述.exe

在程序中，错误可能产生于程序员没有预料到的各种情况，或者是超出了程序员可控范围的环境因素，如用户的坏数据、试图打开一个根本不存在的文件等。在 Java 中这种在程序运行时可能出现的一些错误称为异常。异常是一个在程序执行期间发生的事件，它中断了正在执行的程序的正常指令流。

【例 12.1】在项目中创建类 Baulk，在主方法中定义 int 型变量，将 0 作为除数赋值给该变量。（**实例位置：光盘\TM\sl\12.01**）

```
public class Baulk {                              //创建类 Baulk
    public static void main(String[] args) {      //主方法
        int result = 3 / 0;                        //定义 int 型变量并赋值
        System.out.println(result);                //将变量输出
    }
}
```

运行结果如图 12.1 所示。

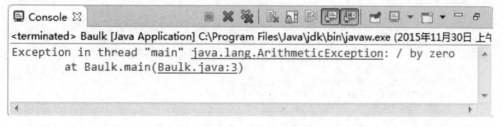

图 12.1 例 12.1 的运行结果

程序运行的结果报告发生了算术异常 ArithmeticException（根据给出的错误提示可知发生错误是因为在算术表达式"3/0"中，0 作为除数出现），系统不再执行下去，提前结束。这种情况就是所说的异常。

有许多异常的例子，如空指针、数组溢出等。Java 语言是一门面向对象的编程语言，因此，异常在 Java 语言中也是作为类的实例的形式出现的。当某一方法中发生错误时，这个方法会创建一个对象，并且把它传递给正在运行的系统。这个对象就是异常对象。通过异常处理机制，可以将非正常情况下的处理代码与程序的主逻辑分离，即在编写代码主流程的同时在其他地方处理异常。

12.2 处理程序异常错误

为了保证程序有效地执行，需要对发生的异常进行相应的处理。在 Java 中，如果某个方法抛出异常，既可以在当前方法中进行捕捉，然后处理该异常，也可以将异常向上抛出，由方法调用者来处理。本节将介绍 Java 中捕获异常的方法。

12.2.1 错误

📹 视频讲解：光盘\TM\lx\12\错误.exe

异常产生后，如果不做任何处理，程序就会被终止。例如，将一个字符串转换为整型，可以通过 Integer 类的 parseInt()方法来实现。但如果该字符串不是数字形式，parseInt()方法就会抛出异常，程序将在出现异常的位置终止，不再执行下面的语句。

【例 12.2】 在项目中创建类 Thundering，在主方法中实现将非字符型数值转换为 int 型。运行程序，系统会报出异常提示。（实例位置：光盘\TM\sl\12.02）

```
public class Thundering {                          //创建类
    public static void main(String[] args) {       //主方法
        String str = "lili";                       //定义字符串
        System.out.println(str + "年龄是：");       //输出的提示信息
        int age = Integer.parseInt("20L");         //数据类型的转换
        System.out.println(age);                   //输出信息
    }
}
```

运行结果如图 12.2 所示。

```
Console
<terminated> Thundering [Java Application] C:\Program Files\Java\jdk\bin\javaw.exe (2015年11月30日 上午9:37:07)
Exception in thread "main" java.lang.NumberFormatException: For input string: "20L"
        at java.lang.NumberFormatException.forInputString(NumberFormatException.java:65)
        at java.lang.Integer.parseInt(Integer.java:580)
        at java.lang.Integer.parseInt(Integer.java:615)
        at Thundering.main(Thundering.java:5)
```

图 12.2　例 12.2 的运行结果

从图 12.2 中可以看出，本实例报出的是 NumberFormatException（字符串转换为数字）异常。提示信息"lili 年龄是"已经输出，可知该句代码之前并没有异常，而变量 age 没有输出，可知程序在执行类型转换代码时已经终止。

12.2.2 捕捉异常

📹 视频讲解：光盘\TM\lx\12\捕捉异常.exe

Java 语言的异常捕获结构由 try、catch 和 finally 3 部分组成。其中，try 语句块存放的是可能发生异常的 Java 语句；catch 程序块在 try 语句块之后，用来激发被捕获的异常；finally 语句块是异常处理结构的最后执行部分，无论 try 语句块中的代码如何退出，都将执行 finally 语句块。

语法如下：

```
try{
    //程序代码块
```

```
}
catch(Exceptiontype1 e){
    //对 Exceptiontype1 的处理
}
catch(Exceptiontype2 e){
    //对 Exceptiontype2 的处理
}
…
finally{
    //程序块
}
```

通过异常处理器的语法可知，异常处理器大致分为 try-catch 语句块和 finally 语句块。

1．try-catch 语句块

下面将例 12.2 中的代码进行修改。

【例 12.3】 在项目中创建类 Take，在主方法中使用 try-catch 语句块将可能出现的异常语句进行异常处理。（实例位置：光盘\TM\sl\12.03）

```
public class Take {                                      //创建类
    public static void main(String[] args) {
        try {                                            //try 语句中包含可能出现异常的程序代码
            String str = "lili";                         //定义字符串变量
            System.out.println(str + "年龄是：");         //输出的信息
            int age = Integer.parseInt("20L");           //数据类型转换
            System.out.println(age);
        } catch (Exception e) {                          //catch 语句块用来获取异常信息
            e.printStackTrace();                         //输出异常性质
        }
        System.out.println("program over");              //输出信息
    }
}
```

运行结果如图 12.3 所示。

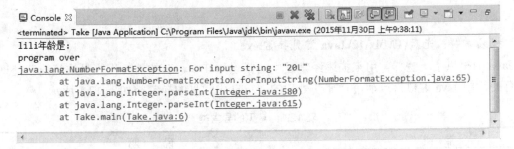

图 12.3　应用 try-catch 语句块对可能出现的异常语句进行异常处理

从图 12.3 中可以看出，程序仍然输出最后的提示信息，没有因为异常而终止。在例 12.3 中将可能出现异常的代码用 try-catch 语句块进行处理，当 try 代码块中的语句发生异常时，程序就会调转到 catch 代码块中执行，执行完 catch 代码块中的程序代码后，将继续执行 catch 代码块后的其他代码，而不会执行 try 代码块中发生异常语句后面的代码。由此可知，Java 的异常处理是结构化的，不会因为一个异常影响整个程序的执行。

> **注意**
> Exception 是 try 代码块传递给 catch 代码块的变量类型，e 是变量名。catch 代码块中语句"e.getMessage();"用于输出错误性质。通常，异常处理常用以下3个函数来获取异常的有关信息。
> - ☑ getMessage()函数：输出错误性质。
> - ☑ toString()函数：给出异常的类型与性质。
> - ☑ printStackTrace()函数：指出异常的类型、性质、栈层次及出现在程序中的位置。

> **注意**
> 有时为了编程简单会忽略 catch 语句后的代码，这样 try-catch 语句就成了一种摆设，一旦程序在运行过程中出现了异常，就会导致最终运行结果与期望的不一致，而错误发生的原因很难查找。因此要养成良好的编程习惯，最好在 catch 代码块中写入处理异常的代码。

2. finally 语句块

完整的异常处理语句一定要包含 finally 语句，无论程序中有无异常发生，并且无论之间的 try-catch 是否顺利执行完毕，都会执行 finally 语句。

在以下 4 种特殊情况下，finally 块不会被执行：
- ☑ 在 finally 语句块中发生了异常。
- ☑ 在前面的代码中使用了 System.exit()退出程序。
- ☑ 程序所在的线程死亡。
- ☑ 关闭 CPU。

12.3 Java 常见异常

视频讲解：光盘\TM\lx\12\Java 常见异常.exe

在 Java 中提供了一些异常用来描述经常发生的错误，其中，有的需要程序员进行捕获处理或声明抛出，有的是由 Java 虚拟机自动进行捕获处理的。Java 中常见的异常类如表 12.1 所示。

表 12.1 常见的异常类

异 常 类	说 明
ClassCastException	类型转换异常
ClassNotFoundException	未找到相应类异常
ArithmeticException	算术异常
ArrayIndexOutOfBoundsException	数组下标越界异常

第 12 章 异常处理

续表

异　常　类	说　　　明
ArrayStoreException	数组中包含不兼容的值抛出的异常
SQLException	操作数据库异常类
NullPointerException	空指针异常
NoSuchFieldException	字段未找到异常
NoSuchMethodException	方法未找到抛出的异常
NumberFormatException	字符串转换为数字抛出的异常
NegativeArraySizeException	数组元素个数为负数抛出的异常
StringIndexOutOfBoundsException	字符串索引超出范围抛出的异常
IOException	输入输出异常
IllegalAccessException	不允许访问某类异常
InstantiationException	当应用程序试图使用 Class 类中的 newInstance()方法创建一个类的实例，而指定的类对象无法被实例化时，抛出该异常
EOFException	文件已结束异常
FileNotFoundException	文件未找到异常

12.4　自定义异常

视频讲解：光盘\TM\lx\12\自定义异常.exe

使用 Java 内置的异常类可以描述在编程时出现的大部分异常情况。除此之外，用户只需继承 Exception 类即可自定义异常类。

在程序中使用自定义异常类，大体可分为以下几个步骤：

（1）创建自定义异常类。

（2）在方法中通过 throw 关键字抛出异常对象。

（3）如果在当前抛出异常的方法中处理异常，可以使用 try-catch 语句块捕获并处理，否则在方法的声明处通过 throws 关键字指明要抛出给方法调用者的异常，继续进行下一步操作。

（4）在出现异常方法的调用者中捕获并处理异常。

【例 12.4】 创建自定义异常。在项目中创建类 MyException，该类继承 Exception。（实例位置：光盘\TM\sl\12.04）

```
public class MyException extends Exception {        //创建自定义异常，继承 Exception 类
    public MyException(String ErrorMessage) {       //构造方法
        super(ErrorMessage);                        //父类构造方法
    }
}
```

字符串 ErrorMessage 是要输出的错误信息。若想抛出用户自定义的异常对象，要使用 throw 关键字（throw 关键字的介绍可参考 12.5 节）。

【例 12.5】 在项目中创建类 Tran，该类中创建一个带有 int 型参数的方法 avg()，该方法用来检查

参数是否小于 0 或大于 100。如果参数小于 0 或大于 100，则通过 throw 关键字抛出一个 MyException 异常对象，并在 main()方法中捕捉该异常。（实例位置：光盘\TM\sl\12.05）

```java
public class Tran {                                             //创建类
    //定义方法，抛出异常
    static int avg(int number1, int number2) throws MyException {
        if (number1 < 0 || number2 < 0) {                       //判断方法中参数是否满足指定条件
            throw new MyException("不可以使用负数");             //错误信息
        }
        if (number1 > 100 || number2 > 100) {                   //判断方法中参数是否满足指定条件
            throw new MyException("数值太大了");                 //错误信息
        }
        return (number1 + number2) / 2;                         //将参数的平均值返回
    }
    public static void main(String[] args) {                    //主方法
        try {                                                   //try 代码块处理可能出现异常的代码
            int result = avg(102, 150);                         //调用 avg()方法
            System.out.println(result);                         //将 avg()方法的返回值输出
        } catch (MyException e) {
            System.out.println(e);                              //输出异常信息
        }
    }
}
```

运行结果如图 12.4 所示。

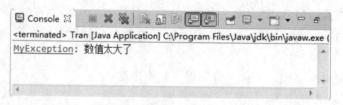

图 12.4　例 12.5 的运行结果

12.5　在方法中抛出异常

若某个方法可能会发生异常，但不想在当前方法中处理这个异常，则可以使用 throws、throw 关键字在方法中抛出异常。

12.5.1　使用 throws 关键字抛出异常

　　视频讲解：光盘\TM\lx\12\使用 throws 关键字抛出异常.exe

throws 关键字通常被应用在声明方法时，用来指定方法可能抛出的异常。多个异常可使用逗号分隔。

【例 12.6】 在项目中创建类 Shoot，在该类中创建方法 pop()，在该方法中抛出 NegativeArraySize-Exception 异常，在主方法中调用该方法，并实现异常处理。（实例位置：光盘\TM\sl\12.06）

```java
public class Shoot {                                          //创建类
    static void pop() throws NegativeArraySizeException {
        //定义方法并抛出 NegativeArraySizeException 异常
        int[] arr = new int[-3];                              //创建数组
    }
    public static void main(String[] args) {                  //主方法
        try {                                                 //try 语句处理异常信息
            pop();                                            //调用 pop()方法
        } catch (NegativeArraySizeException e) {
            System.out.println("pop()方法抛出的异常");         //输出异常信息
        }
    }
}
```

运行结果如图 12.5 所示。

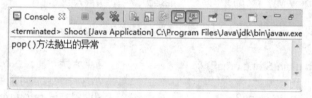

图 12.5　例 12.6 的运行结果

使用 throws 关键字将异常抛给上一级后，如果不想处理该异常，可以继续向上抛出，但最终要有能够处理该异常的代码。

 说明

如果是 Error、RuntimeException 或它们的子类，可以不使用 throws 关键字来声明要抛出的异常，编译仍能顺利通过，但在运行时会被系统抛出。

12.5.2　使用 throw 关键字抛出异常

视频讲解：光盘\TM\lx\12\使用 throw 关键字抛出异常.exe

throw 关键字通常用于方法体中，并且抛出一个异常对象。程序在执行到 throw 语句时立即终止，它后面的语句都不执行。通过 throw 抛出异常后，如果想在上一级代码中来捕获并处理异常，则需要在抛出异常的方法中使用 throws 关键字在方法的声明中指明要抛出的异常；如果要捕捉 throw 抛出的异常，则必须使用 try-catch 语句块。

throw 通常用来抛出用户自定义异常。下面通过实例介绍 throw 的用法。

【例 12.7】 在项目中创建自定义异常类 MyException，继承类 Exception。（实例位置：光盘\TM\sl\12.07）

```java
public class MyException extends Exception {         //创建自定义异常类
    String message;                                   //定义 String 类型变量
    public MyException(String ErrorMessagr) {         //父类方法
        message = ErrorMessagr;
    }
    public String getMessage() {                      //覆盖 getMessage()方法
        return message;
    }
}
```

【例 12.8】 使用 throw 关键字捕捉异常。在项目中创建 Captor 类，该类中的 quotient()方法传递两个 int 型参数，如果其中的一个参数为负数，则会抛出 MyException 异常，最后在 main()方法中捕捉异常。（实例位置：光盘\TM\sl\12.08）

```java
public class Captor {                                 //创建类
    static int quotient(int x, int y) throws MyException {   //定义方法抛出异常
        if (y < 0) {                                  //判断参数是否小于 0
            throw new MyException("除数不能是负数");   //异常信息
        }
        return x / y;                                 //返回值
    }
    public static void main(String args[]) {          //主方法
        try {                                         //try 语句包含可能发生异常的语句
            int result = quotient(3, -1);             //调用方法 quotient()
        } catch (MyException e) {                     //处理自定义异常
            System.out.println(e.getMessage());       //输出异常信息
        } catch (ArithmeticException e) {             //处理 ArithmeticException 异常
            System.out.println("除数不能为 0");        //输出提示信息
        } catch (Exception e) {                       //处理其他异常
            System.out.println("程序发生了其他的异常"); //输出提示信息
        }
    }
}
```

运行结果如图 12.6 所示。

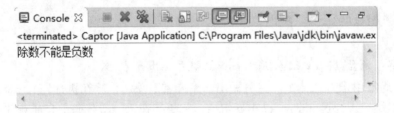

图 12.6 例 12.8 的运行结果

上面的实例使用了多个 catch 语句来捕捉异常。如果调用 quotient(3,-1)方法，将发生 MyException 异常，程序调转到 catch (MyException e)代码块中执行；如果调用 quotient(5,0)方法，会发生 ArithmeticException 异常，程序调转到 catch(ArithmeticException e)代码块中执行；如还有其他异常发生，将使用 catch(Exception e)捕捉异常。由于 Exception 是所有异常类的父类，如果将 catch(Exception e)代码块

放在其他两个代码块的前面,后面的代码块将永远得不到执行,也就没有什么意义了,所以 catch 语句的顺序不可调换。

12.6 运行时异常

视频讲解:光盘\TM\lx\12\运行时异常.exe

RuntimeException 异常是程序运行过程中产生的异常。Java 类库的每个包中都定义了异常类,所有这些类都是 Throwable 类的子类。Throwable 类派生了两个子类,分别是 Exception 和 Error 类。Error 类及其子类用来描述 Java 运行系统中的内部错误以及资源耗尽的错误,这类错误比较严重。Exception 类称为非致命性类,可以通过捕捉处理使程序继续执行。Exception 类又根据错误发生的原因分为 RuntimeException 异常和除 RuntimeException 之外的异常,如图 12.7 所示。

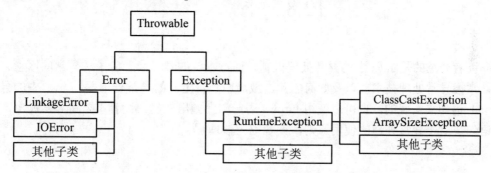

图 12.7 Java 异常类结构

Java 中提供了常见的 RuntimeException 异常,这些异常可通过 try-catch 语句捕获,如表 12.2 所示。

表 12.2 RuntimeException 异常的种类

种　　类	说　　明
NullPointerException	空指针异常
ArrayIndexOutOfBoundsException	数组下标越界异常
ArithmeticException	算术异常
ArrayStoreException	数组中包含不兼容的值抛出的异常
IllegalArgumentException	非法参数异常
SecurityException	安全性异常
NegativeArraySizeException	数组长度为负异常

12.7 异常的使用原则

> 视频讲解：光盘\TM\lx\12\异常的使用原则.exe

Java 异常强制用户去考虑程序的强健性和安全性。异常处理不应用来控制程序的正常流程，其主要作用是捕获程序在运行时发生的异常并进行相应的处理。编写代码处理某个方法可能出现的异常时，可遵循以下几条原则：

- ☑ 在当前方法声明中使用 try-catch 语句捕获异常。
- ☑ 一个方法被覆盖时，覆盖它的方法必须抛出相同的异常或异常的子类。
- ☑ 如果父类抛出多个异常，则覆盖方法必须抛出那些异常的一个子集，不能抛出新异常。

12.8 小 结

本章向读者介绍的是 Java 中的异常处理机制。通过本章的学习读者应了解异常的概念、几种常见的异常类，掌握异常处理技术，以及如何创建、激活用户自定义的异常处理器。Java 中的异常处理是通过 try-catch 语句来实现的，也可以使用 throws 语句向上抛出。建议读者不要将异常抛出，应该编写异常处理语句。对于异常处理的使用原则，读者也应该理解。

12.9 实践与练习

1. 编写一个异常类 MyException，再编写一个类 Student，该类有一个产生异常的方法 speak(int m)。要求参数 m 的值大于 1000 时，方法抛出一个 MyException 对象。最后编写主类，在主方法中创建 Student 对象，让该对象调用 speak()方法。（答案位置：光盘\TM\sl\12.09）

2. 创建类 Number，通过类中的方法 count 可得到任意两个数相乘的结果，并在调用该方法的主方法中使用 try-catch 语句捕捉可能发生的异常。（答案位置：光盘\TM\sl\12.10）

3. 创建类 Computer，该类中有一个计算两个数的最大公约数的方法，如果向该方法传递负整数，该方法就会抛出自定义异常。（答案位置：光盘\TM\sl\12.11）

第13章

Swing 程序设计

（ 视频讲解：1小时3分钟）

Swing 较早期版本中的 AWT 更为强大、性能更加优良。Swing 中除了保留 AWT 中几个重要的重量级组件之外，其他组件都为轻量级，这样使用 Swing 开发出的窗体风格会与当前运行平台上的窗体风格一致，程序员也可以在跨平台时指定窗体统一的风格与外观。Swing 的使用很复杂，本章主要讲解 Swing 中的基本要素，包括容器、组件、窗体布局、事件和监听器。

通过阅读本章，您可以：

- 了解 Swing 组件
- 掌握常用窗体的使用方法
- 掌握在标签上设置图标的方法
- 掌握应用程序中的布局管理器的方法
- 掌握常用面板
- 掌握按钮组件
- 掌握列表组件
- 掌握文本组件
- 学会常用事件监听器的使用方法

13.1　Swing 概述

GUI（图形用户界面）为程序提供图形界面，它最初的设计目的是为程序员构建一个通用的 GUI，使其能够在所有的平台上运行，但 Java 1.0 中基础类 AWT（抽象窗口工具箱）并没有达到这个要求，于是 Swing 出现了，它是 AWT 组件的增强组件，但是它并不能完全替代 AWT 组件，这两种组件需要同时出现在一个图形用户界面中。

13.1.1　Swing 特点

　　视频讲解：光盘\TM\lx\13\Swing 特点.exe

原来的 AWT 组件来自 java.awt 包，当含有 AWT 组件的 Java 应用程序在不同的平台上执行时，每个平台的 GUI 组件的显示会有所不同，但是在不同平台上运行使用 Swing 开发的应用程序时，就可以统一 GUI 组件的显示风格，因为 Swing 组件允许编程人员在跨平台时指定统一的外观和风格。

Swing 组件通常被称为"轻量级组件"，因为它完全由 Java 语言编写，而 Java 是不依赖于操作系统的语言，它可以在任何平台上运行；相反，依赖于本地平台的组件被称为"重量级组件"，如 AWT 组件就是依赖本地平台的窗口系统来决定组件的功能、外观和风格。Swing 主要具有以下特点：

- ☑ 轻量级组件。
- ☑ 可插入外观组件。

13.1.2　Swing 包

　　视频讲解：光盘\TM\lx\13\Swing 包.mp4

为了有效地使用 Swing 组件，必须了解 Swing 包的层次结构和继承关系，其中比较重要的类是 Component 类、Container 类和 JComponent 类。图 13.1 描述了这些类的层次和继承关系。

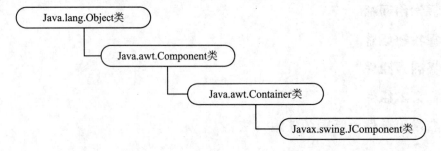

图 13.1　Swing 组件的类的层次和继承关系

在 Swing 组件中大多数 GUI 组件都是 Component 类的直接子类或间接子类，JComponent 类是 Swing 组件各种特性的存放位置，这些组件的特性包括设定组件边界、GUI 组件自动滚动等。

在 Swing 组件中最重要的父类是 Container 类，而 Container 类有两个最重要的子类，分别为 java.awt.Window 与 java.awt.Frame，除了以往的 AWT 类组件会继承这两个类之外，现在的 Swing 组件也扩展了这两个类。从图 13.1 中可以发现，顶层父类是 Component 类与 Container 类，所以 Java 关于窗口组件的编写，都与组件以及容器的概念相关联。

13.1.3 常用 Swing 组件概述

> 视频讲解：光盘\TM\lx\13\常用 Swing 组件概述.exe

下面给出基本 Swing 组件的概述，有关这些组件的内容将在后面详细讲解。表 13.1 列举了常用的 Swing 组件及其含义。

表 13.1 常用的 Swing 组件

组 件 名 称	定 义
JButton	代表 Swing 按钮，按钮可以带一些图片或文字
JCheckBox	代表 Swing 中的复选框组件
JComBox	代表下拉列表框，可以在下拉显示区域显示多个选项
JFrame	代表 Swing 的框架类
JDialog	代表 Swing 版本的对话框
JLabel	代表 Swing 中的标签组件
JRadioButton	代表 Swing 的单选按钮
JList	代表能够在用户界面中显示一系列条目的组件
JTextField	代表文本框
JPasswordField	代表密码框
JTextArea	代表 Swing 中的文本区域
JOptionPane	代表 Swing 中的一些对话框

13.2 常用窗体

窗体作为 Swing 应用程序中组件的承载体，处于非常重要的位置。Swing 中常用的窗体包括 JFrame 和 JDialog，本节将着重讲解这两个窗体的使用方法。

13.2.1 JFrame 窗体

> 视频讲解：光盘\TM\lx\13\JFrame 窗体.exe

JFrame 窗体是一个容器，它是 Swing 程序中各个组件的载体，可以将 JFrame 看作是承载这些 Swing

组件的容器。在开发应用程序时可以通过继承 java.swing.JFrame 类创建一个窗体，在这个窗体中添加组件，同时为组件设置事件。由于该窗体继承了 JFrame 类，所以它拥有"最大化""最小化""关闭"等按钮。

下面将详细讲解 JFrame 窗体在 Java 应用程序中的使用方法。

JFrame 在程序中的语法格式如下：

```
JFrame jf=new JFrame(title);
Container container=jf.getContentPane();
```

☑ jf：JFrame 类的对象。

☑ container：Container 类的对象，可以使用 JFrame 对象调用 getContentPane()方法获取。

读者大致应该有这样一个概念，Swing 组件的窗体通常与组件和容器相关，所以在 JFrame 对象创建完成后，需要调用 getContentPane()方法将窗体转换为容器，然后在容器中添加组件或设置布局管理器。通常，这个容器用来包含和显示组件。如果需要将组件添加至容器，可以使用来自 Container 类的 add()方法进行设置。例如：

```
container.add(new JButton("按钮"));                //JButton 按钮组件
```

在容器中添加组件后，也可以使用 Container 类的 remove()方法将这些组件从容器中删除。例如：

```
container.remove(new JButton("按钮"));
```

下面的实例中实现了 JFrame 对象创建一个窗体，并在其中添加一个组件。

【例 13.1】在项目中创建 Example1 类，该类继承 JFrame 类成为窗体类，在该类中创建标签组件，并添加到窗体界面中。（实例位置：光盘\TM\sl\13.01）

```java
import java.awt.*;                                //导入 awt 包
import javax.swing.*;                             //导入 swing 包
public class Example1 extends JFrame {            //定义一个类继承 JFrame 类
    public void CreateJFrame(String title) {      //定义一个 CreateJFrame()方法
        JFrame jf = new JFrame(title);            //实例化一个 JFrame 对象
        Container container = jf.getContentPane(); //获取一个容器
        JLabel jl = new JLabel("这是一个 JFrame 窗体"); //创建一个 JLabel 标签
        //使标签上的文字居中
        jl.setHorizontalAlignment(SwingConstants.CENTER);
        container.add(jl);                        //将标签添加到容器中
        container.setBackground(Color.white);     //设置容器的背景颜色
        jf.setVisible(true);                      //使窗体可视
        jf.setSize(200, 150);                     //设置窗体大小
        //设置窗体关闭方式
        jf.setDefaultCloseOperation(WindowConstants.EXIT_ON_CLOSE);
    }
    public static void main(String args[]){       //在主方法中调用 CreateJFrame()方法
        new Example1().CreateJFrame("创建一个 JFrame 窗体");
    }
}
```

运行本实例程序，结果如图 13.2 所示。

第 13 章　Swing 程序设计

图 13.2　创建 JFrame 窗体

在例 13.1 中，Example1 类继承了 JFrame 类，在 CreateJFrame()方法中实例化 JFrame 对象。JFrame 类的常用构造方法包括以下两种形式：

- ☑ public JFrame()。
- ☑ public JFrame(String title)。

JFrame 类中的两种构造方法分别为无参的构造方法与有参的构造方法，第 1 种形式的构造方法可以创建一个初始不可见、没有标题的新窗体；第 2 种形式的构造方法在实例化该 JFrame 对象时可以创建一个不可见但具有标题的窗体。可以使用 JFrame 对象调用 show()方法使窗体可见，但是该方法早已被新版 JDK 所弃用，通常使用 setVisible(true)方法使窗体可见。

同时可以使用 setSize(int x,int y)方法设置窗体大小，其中 x 与 y 变量分别代表窗体的宽与高。

创建窗体后，需要给予窗体一个关闭方式，可以调用 setDefaultCloseOperation()方法关闭窗体。Java 为窗体关闭提供了多种方式，常用的有以下 4 种：

- ☑ DO_NOTHING_ON_CLOSE。
- ☑ DISPOSE_ON_CLOSE。
- ☑ HIDE_ON_CLOSE。
- ☑ EXIT_ON_CLOSE。

这几种操作实质上是将一个 int 类型的常量封装在 javax.swing.WindowConstants 接口中。

第 1 种窗体退出方式代表什么都不做就将窗体关闭；第 2 种退出方式则代表任何注册监听程序对象后会自动隐藏并释放窗体；第 3 种方式表示隐藏窗口的默认窗口关闭；第 4 种退出方式表示退出应用程序默认窗口关闭。

13.2.2　JDialog 窗体

视频讲解：光盘\TM\lx\13\JDialog 窗体.exe

JDialog 窗体是 Swing 组件中的对话框，它继承了 AWT 组件中的 java.awt.Dialog 类。

JDialog 窗体的功能是从一个窗体中弹出另一个窗体，就像是在使用 IE 浏览器时弹出的确定对话框一样。JDialog 窗体实质上就是另一种类型的窗体，它与 JFrame 窗体类似，在使用时也需要调用 getContentPane()方法将窗体转换为容器，然后在容器中设置窗体的特性。

在应用程序中创建 JDialog 窗体需要实例化 JDialog 类，通常使用以下几个 JDialog 类的构造方法。
- ☑ public JDialog()：创建一个没有标题和父窗体的对话框。
- ☑ public JDialog(Frame f)：创建一个指定父窗体的对话框，但该窗体没有标题。
- ☑ public JDialog(Frame f,boolean model)：创建一个指定类型的对话框，并指定父窗体，但该窗体没有指定标题。
- ☑ public JDialog(Frame f,String title)：创建一个指定标题和父窗体的对话框。
- ☑ public JDialog(Frame f,String title,boolean model)：创建一个指定标题、窗体和模式的对话框。

下面来看一个实例，该实例主要实现单击 JFrame 窗体中的按钮后，弹出一个对话框窗体。

【例 13.2】 在项目中创建 MyJDialog 类，该类继承 JDialog 窗体，并在窗口中添加按钮，当用户单击该按钮后，将弹出一个对话框窗体。本实例关键代码如下：（实例位置：光盘\TM\sl\13.02）

```java
class MyJDialog extends JDialog {                              //创建新类继承 JDialog 类
    public MyJDialog(MyFrame frame) {
        //实例化一个 JDialog 类对象，指定对话框的父窗体、窗体标题和类型
        super(frame, "第一个 JDialog 窗体", true);
        Container container = getContentPane();                //创建一个容器
        container.add(new JLabel("这是一个对话框"));            //在容器中添加标签
        setBounds(120, 120, 100, 100);                         //设置对话框窗体大小
    }
}
public class MyFrame extends JFrame {                          //创建新类
    public static void main(String args[]) {
        new MyFrame();                                         //实例化 MyJDialog 类对象
    }
    public MyFrame() {
        Container container = getContentPane();                //创建一个容器
        container.setLayout(null);
        JLabel jl = new JLabel("这是一个 JFrame 窗体");        //在窗体中设置标签
        //将标签的文字置于标签中间位置
        jl.setHorizontalAlignment(SwingConstants.CENTER);
        container.add(jl);
        JButton bl = new JButton("弹出对话框");                //定义一个按钮
        bl.setBounds(10, 10, 100, 21);
        bl.addActionListener(new ActionListener() {            //为按钮添加鼠标单击事件
            public void actionPerformed(ActionEvent e) {
                //使 MyJDialog 窗体可见
                new MyJDialog(MyFrame.this).setVisible(true);
            }
        });
        container.add(bl);                                     //将按钮添加到容器中
        …//省略部分代码
    }
}
```

运行本实例，结果如图 13.3 所示。

第 13 章　Swing 程序设计

在本实例中，为了使对话框在父窗体弹出，定义了一个 JFrame 窗体，首先在该窗体中定义一个按钮，然后为此按钮添加一个鼠标单击监听事件（在这里使用了匿名内部类的形式，如果读者对这部分的代码实现有疑问，不妨回顾一下第 11 章中该部分的内容，而监听事件会在后续章节中进行讲解，在这里读者只需知道这部分代码是当用户单击该按钮后实现的某种功能即可），这里使用 new MyJDialog().setVisible(true)语句使对话框窗体可见，这样就实现了用户单击该按钮后弹出对话框的功能。

图 13.3　弹出 JDialog 窗体

在 MyJDialog 类中，由于它继承了 JDialog 类，所以可以在构造方法中使用 super 关键字调用 JDialog 构造方法。在这里使用了 public JDialog(Frame f,String title,boolean model)这种形式的构造方法，相应地设置了自定义的 JFrame 窗体以及对话框的标题和窗体类型。

在本实例代码中可以看到，JDialog 窗体与 JFrame 窗体形式基本相同，甚至在设置窗体的特性时调用的方法名称都基本相同，如设置窗体大小、窗体关闭状态等。

13.3　标签组件与图标

在 Swing 中显示文本或提示信息的方法是使用标签，它支持文本字符串和图标。在应用程序的用户界面中，一个简短的文本标签可以使用户知道这些组件的目的，所以标签在 Swing 中是比较常用的组件。本节将探讨 Swing 标签的用法、如何创建标签，以及如何在标签上放置文本与图标。

13.3.1　标签的使用

> 视频讲解：光盘\TM\lx\13\标签的使用.exe

标签由 JLabel 类定义，它的父类为 JComponent 类。

标签可以显示一行只读文本、一个图像或带图像的文本，它并不能产生任何类型的事件，只是简单地显示文本和图片，但是可以使用标签的特性指定标签上文本的对齐方式。

JLabel 类提供了多种构造方法，可以创建多种标签，如显示只有文本的标签、只有图标的标签或包含文本与图标的标签。JLabel 类常用的几个构造方法如下。

- ☑ public JLabel()：创建一个不带图标和文本的 JLabel 对象。
- ☑ public JLabel(Icon icon)：创建一个带图标的 JLabel 对象。
- ☑ public JLabel(Icon icon,int aligment)：创建一个带图标的 JLabel 对象，并设置图标水平对齐方式。
- ☑ public JLabel(String text,int aligment)：创建一个带文本的 JLabel 对象，并设置文字水平对齐方式。
- ☑ public JLabel(String text,Icon icon,int aligment)：创建一个带文本、带图标的 JLabel 对象，并设置标签内容的水平对齐方式。

在这里读者可以大致了解 JLabel 类的用法，13.4.2 小节中将结合图标的使用来举例说明 JLabel 类的具体用法。

13.3.2 图标的使用

> 视频讲解：光盘\TM\lx\13\图标的使用.mp4

Swing 中的图标可以放置在按钮、标签等组件上，用于描述组件的用途。图标可以用 Java 支持的图片文件类型进行创建，也可以使用 java.awt.Graphics 类提供的功能方法来创建。

1. 创建图标

在 Swing 中通过 Icon 接口来创建图标，可以在创建时给定图标的大小、颜色等特性。如果使用 Icon 接口，必须实现 Icon 接口中的 3 个方法：

- ☑ public int getIconHeight()。
- ☑ public int getIconWidth()。
- ☑ public void paintIcon(Component arg0, Graphics arg1, int arg2, int arg3)。

getIconHeigth()与 getIconWidth()方法用于获取图标的长与宽，paintIcon()方法用于实现在指定坐标位置画图。

下面列举一个实现 Icon 接口创建图标的例子。

【例 13.3】 在项目中创建实现 Icon 接口的 DrawIcon 类，该类实现自定义的图标类。本实例关键代码如下：（实例位置：光盘\TM\sl\13.03）

```java
public class DrawIcon implements Icon {           //实现 Icon 接口
    private int width;                             //声明图标的宽
    private int height;                            //声明图标的长
    public int getIconHeight() {                   //实现 getIconHeight()方法
        return this.height;
    }
    public int getIconWidth() {                    //实现 getIconWidth()方法
        return this.width;
    }
    public DrawIcon(int width, int height) {       //定义构造方法
        this.width = width;
        this.height = height;
    }
    //实现 paintIcon()方法
    public void paintIcon(Component arg0, Graphics arg1, int x, int y) {
        arg1.fillOval(x, y, width, height);        //绘制一个圆形
    }
    public static void main(String[] args) {
        DrawIcon icon = new DrawIcon(15, 15);
        //创建一个标签，并设置标签上的文字在标签正中间
        JLabel j = new JLabel("测试", icon, SwingConstants.CENTER);
        JFrame jf = new JFrame();                  //创建一个 JFrame 窗口
        Container c = jf.getContentPane();
        …//省略部分代码
```

}
}

运行本实例，结果如图 13.4 所示。

在本实例中，由于 DrawIcon 类继承了 Icon 接口，所以在该类中必须实现 Icon 接口中定义的所有方法，其中在实现 paintIcon() 方法中使用 Graphics 类中的方法绘制一个圆形的图标，其余实现接口的方法为返回图标的长与宽。在 DrawIcon 类的构造方法中设置了图标的长与宽，这样如果需要在窗体中使用图标，就可以使用如下代码创建图标：

图 13.4　实现 Icon 接口创建图标

DrawIcon icon=new DrawIcon(15,15);

在前文中提到过，一般情况下会将图标放置在按钮或标签上，这里将图标放置在标签上，然后将标签添加到容器中，这样就实现了在窗体中使用图标的功能。

2．使用图片图标

Swing 中的图标除了可以绘制之外，还可以使用某个特定的图片创建。Swing 利用 javax.swing. ImageIcon 类根据现有图片创建图标，ImageIcon 类实现了 Icon 接口，同时 Java 支持多种图片格式。

ImageIcon 类有多个构造方法，下面是其中几个常用的构造方法。

- ☑ public ImageIcon()：该构造方法创建一个通用的 ImageIcon 对象，当真正需要设置图片时再使用 ImageIcon 对象调用 setImage(Image image) 方法来操作。
- ☑ public ImageIcon(Image image)：可以直接从图片源创建图标。
- ☑ public ImageIcon(Image image,String description)：除了可以从图片源创建图标之外，还可以为这个图标添加简短的描述，但这个描述不会在图标上显示，可以使用 getDescription() 方法获取这个描述。
- ☑ public ImageIcon(URL url)：该构造方法利用位于计算机网络上的图像文件创建图标。

下面来看一个创建图片图标的实例。

【例 13.4】 在项目中创建继承 JFrame 类的 MyImageIcon 类，在类中创建 ImageIcon 类的实例对象，该对象使用现有图片创建图标对象，并应用到组件上。（实例位置：光盘\TM\sl\13.04）

```
public class MyImageIcon extends JFrame {
    public MyImageIcon() {
        Container container = getContentPane();
        //创建一个标签
        JLabel jl = new JLabel("这是一个 JFrame 窗体", JLabel.CENTER);
        //获取图片所在的 URL
        URL url = MyImageIcon.class.getResource("imageButton.jpg");
        Icon icon = new ImageIcon(url);          //实例化 Icon 对象
        jl.setIcon(icon);                         //为标签设置图片
        //设置文字放置在标签中间
        jl.setHorizontalAlignment(SwingConstants.CENTER);
        jl.setOpaque(true);                       //设置标签为不透明状态
        container.add(jl);                        //将标签添加到容器中
```

235

```
            setSize(250, 100);                    //设置窗体大小
            setVisible(true);                     //使窗体可见
            //设置窗体关闭模式
            setDefaultCloseOperation(WindowConstants.EXIT_ON_CLOSE);
        }
        public static void main(String args[]) {
            new MyImageIcon();                    //实例化 MyImageIcon 对象
        }
    }
```

运行本实例，结果如图 13.5 所示。

图 13.5 使用图片创建图标

> **注意**
> java.lang.Class 类中的 getResource()方法可以获取资源文件的 URL 路径。例 13.4 中该方法的参数是 imageButton.jpg，这个路径是相对于 MyImageIcon 类文件的，所以可将 imageButton.jpg 图片文件与 MyImageIcon 类文件放在同一个文件夹下。

在本实例中，首先使用 public JLabel(String text,int aligment)构造方法创建一个 JLabel 对象，然后调用 setIcon()方法为标签设置图标。当然，读者也可以选择在初始化 JLabel 对象时为标签指定图标，这时需要获取一个 Icon 实例。

13.4 常用布局管理器

在 Swing 中，每个组件在容器中都有一个具体的位置和大小，而在容器中摆放各种组件时很难判断其具体位置和大小。布局管理器提供了 Swing 组件安排、展示在容器中的方法及基本的布局功能。使用布局管理器较程序员直接在容器中控制 Swing 组件的位置和大小方便得多，可以有效地处理整个窗体的布局。Swing 提供的常用布局管理器包括流布局管理器、边界布局管理器和网格布局管理器。本节将探讨 Swing 中常用的布局管理器。

13.4.1 绝对布局

视频讲解：光盘\TM\lx\13\绝对布局.exe

在 Swing 中，除了使用布局管理器之外还可以使用绝对布局。绝对布局，就是硬性指定组件在容器中的位置和大小，可以使用绝对坐标的方式来指定组件的位置。

使用绝对布局的步骤如下：

（1）使用 Container.setLayout(null)方法取消布局管理器。
（2）使用 Component.setBounds()方法设置每个组件的大小与位置。

下面来看一个绝对布局的例子。

【例 13.5】 在项目中创建继承 JFrame 窗体组件的 AbsolutePosition 类，设置布局管理器为 null，即使用绝对定位的布局方式，创建两个按钮组件，将按钮分别定位在不同的窗体位置上。（**实例位置：光盘\TM\sl\13.05**）

```java
public class AbsolutePosition extends JFrame {
    public AbsolutePosition() {
        setTitle("本窗体使用绝对布局");          //设置该窗体的标题
        setLayout(null);                         //使该窗体取消布局管理器设置
        setBounds(0, 0, 200, 150);               //绝对定位窗体的位置与大小
        Container c = getContentPane();          //创建容器对象
        JButton b1 = new JButton("按钮 1");      //创建按钮
        JButton b2 = new JButton("按钮 2");      //创建按钮
        b1.setBounds(10, 30, 80, 30);            //设置按钮的位置与大小
        b2.setBounds(60, 70, 100, 20);
        c.add(b1);                               //将按钮添加到容器中
        c.add(b2);
        setVisible(true);                        //使窗体可见
        //设置窗体关闭方式
        setDefaultCloseOperation(WindowConstants.EXIT_ON_CLOSE);
    }
    public static void main(String[] args) {
        new AbsolutePosition();
    }
}
```

运行本例，结果如图 13.6 所示。

在本实例中，窗体的大小、位置以及窗体内组件的大小与位置都被进行绝对布局操作。绝对布局使用 setBounds(int x,int y,int width,int height)方法进行设置，如果使窗体对象调用 setBounds()方法，它的参数 x 与 y 分别代表这个窗体在整个屏幕上出现的位置，width 与 height 则代表这个窗体的宽与长；如果使窗体内的组件调用 setBounds()方法，参数 x 与 y 则代表这个组件在整个窗体摆放的位置，width 与 height 则代表这

图 13.6 绝对布局效果

个组件的大小。

需要注意的是，在使用绝对布局之前需要调用 setLayout(null)方法告知编译器，这里不再使用布局管理器。

13.4.2 流布局管理器

视频讲解：光盘\TM\lx\13\流布局管理器.exe

流（FlowLayout）布局管理器是最基本的布局管理器，在整个容器中的布局正如其名，像"流"一样从左到右摆放组件，直到占据了这一行的所有空间，然后再向下移动一行。默认情况下，组件在每一行都是居中排列的，但是通过设置也可以更改组件在每一行上的排列位置。

FlowLayout 类中具有以下常用的构造方法：

☑ public FlowLayout()。
☑ public FlowLayout(int alignment)。
☑ public FlowLayout(int alignment,int horizGap,int vertGap)。

构造方法中的 alignment 参数表示使用流布局管理器后组件在每一行的具体摆放位置。它可以被赋予以下 3 个值之一：

☑ FlowLayout.LEFT=0。
☑ FlowLayout.CENTER=1。
☑ FlowLayout.RIGHT=2。

上述 3 个值分别代表容器使用流布局管理器后组件在每一行中的摆放位置。例如，将 alignment 设置为 0 时，每一行的组件将被指定按照左对齐排列；而将 alignment 设置为 2 时，每一行的组件将被指定为按照右对齐排列。

在 public FlowLayout(int alignment,int horizGap,int vertGap)构造方法中还存在 horizGap 与 vertGap 两个参数，这两个参数分别以像素为单位指定组件之间的水平间隔与垂直间隔。

下面是一个流布局管理器的例子。在此例中，首先将容器的布局管理器设置为 FlowLayout，然后在窗体上摆放组件。

【例 13.6】 在项目中创建 FlowLayoutPosition 类，该类继承 JFrame 类成为窗体组件。设置该窗体的布局管理器为 FlowLayout 布局管理器的实例对象。（实例位置：光盘\TM\sl\13.06）

```
public class FlowLayoutPosition extends JFrame {
    public FlowLayoutPosition() {
        setTitle("本窗体使用流布局管理器");        //设置窗体标题
        Container c = getContentPane();
        //设置窗体使用流布局管理器，使组件右对齐，并且设置组件之间的水平间隔与垂直间隔
        setLayout(new FlowLayout(2, 10, 10));
        for (int i = 0; i < 10; i++) {            //在容器中循环添加 10 个按钮
            c.add(new JButton("button" + i));
        }
        setSize(300, 200);                        //设置窗体大小
```

```
            setVisible(true);                    //设置窗体可见
            //设置窗体关闭方式
            setDefaultCloseOperation(WindowConstants.DISPOSE_ON_CLOSE);
    }
    public static void main(String[] args) {
        new FlowLayoutPosition();
    }
}
```

运行本实例，结果如图 13.7 所示。

图 13.7　在应用程序使用流布局管理器

从本实例的运行结果中可以看出，如果改变整个窗体的大小，其中组件的摆放位置也会相应地发生变化，这正好验证了使用流布局管理器时组件从左到右摆放，当组件填满一行后，将自动换行，直到所有的组件都摆放在容器中为止。

13.4.3　边界布局管理器

视频讲解：光盘\TM\lx\13\边界布局管理器.exe

在默认不指定窗体布局的情况下，Swing 组件的布局模式是边界（BorderLayout）布局管理器。例如，在例 13.3 中，容器中只添加了一个标签组件，在运行结果中可以看到这个标签被放置在窗体中间，并且整个组件占据了窗体的所有空间，实质上在这个容器中默认使用了边界布局管理器。

但是边界布局管理器的功能不止如此，边界布局管理器还可以将容器划分为东、南、西、北、中 5 个区域，可以将组件加入到这 5 个区域中。容器调用 Container 类的 add()方法添加组件时可以设置此组件在边界布局管理器中的区域，区域的控制可以由 BorderLayout 类中的成员变量来决定，这些成员变量的具体含义如表 13.2 所示。

表 13.2　BorderLayout 类的主要成员变量

成 员 变 量	含 义
BorderLayout.NORTH	在容器中添加组件时，组件置于顶端
BorderLayout.SOUTH	在容器中添加组件时，组件置于底端
BorderLayout.EAST	在容器中添加组件时，组件置于右端
BorderLayout.WEST	在容器中添加组件时，组件置于左端
BorderLayout.CENTER	在容器中添加组件时，组件置于中间开始填充，直到与其他组件边界连接

下面举一个在容器中设置边界布局管理器的例子，分别在容器的东、南、西、北、中区域添加 5 个按钮。

【例 13.7】 在项目中创建 BorderLayoutPosition 类，该类继承 JFrame 类成为窗体组件，设置该窗体的布局管理器使用 BorderLayout 类的实例对象。（实例位置：光盘\TM\sl\13.07）

```java
public class BorderLayoutPosition extends JFrame {
    //定义组件摆放位置的数组
    String[] border = { BorderLayout.CENTER, BorderLayout.NORTH,
            BorderLayout.SOUTH, BorderLayout.WEST, BorderLayout.EAST };
    String[] buttonName = { "center button", "north button",
            "south button", "west button", "east button" };
    public BorderLayoutPosition() {
        setTitle("这个窗体使用边界布局管理器");
        Container c = getContentPane();          //定义一个容器
        setLayout(new BorderLayout());           //设置容器为边界布局管理器
        for (int i = 0; i < border.length; i++) {
            //在容器中添加按钮，并设置按钮布局
            c.add(border[i], new JButton(buttonName[i]));
        }
        setSize(350, 200);                       //设置窗体大小
        setVisible(true);                        //设置窗体可见
        //设置窗体关闭方式
        setDefaultCloseOperation(WindowConstants.DISPOSE_ON_CLOSE);
    }
    public static void main(String[] args) {
        new BorderLayoutPosition();
    }
}
```

运行本实例，结果如图 13.8 所示。

图 13.8 在应用程序中使用边界布局管理器

在本实例中将布局以及组件名称分别放置在数组中，然后设置容器使用边界布局管理器，最后在循环中将按钮添加至容器中，并设置组件布局。add()方法提供在容器中添加组件的功能，并同时设置组件的摆放位置。

13.4.4 网格布局管理器

视频讲解：光盘\TM\lx\13\网格布局管理器.exe

网格（GridLayout）布局管理器将容器划分为网格，所以组件可以按行和列进行排列。在网格布局管理器中，每一个组件的大小都相同，并且网格中空格的个数由网格的行数和列数决定，如一个两行两列的网格能产生 4 个大小相等的网格。组件从网格的左上角开始，按照从左到右、从上到下的顺序加入到网格中，而且每一个组件都会填满整个网格，改变窗体的大小，组件的大小也会随之改变。

网格布局管理器主要有以下两个常用的构造方法。

- ☑ public GridLayout(int rows,int columns)。
- ☑ public GridLayout(int rows,int columns,int horizGap,int vertGap)。

在上述构造方法中，rows 与 columns 参数代表网格的行数与列数，这两个参数只有一个参数可以为 0，代表一行或一列可以排列任意多个组件；参数 horizGap 与 vertGap 指定网格之间的距离，其中 horizGap 参数指定网格之间的水平距离，vertGap 参数指定网格之间的垂直距离。

下面来看一个在应用程序中使用网格布局管理器的例子。

【例 13.8】 在项目中创建 GridLayoutPosition 类，该类继承 JFrame 类成为窗体组件，设置该窗体使用网格布局管理器。本实例关键代码如下：（**实例位置：光盘\TM\sl\13.08**）

```java
package com.lzw;
import java.awt.*;
import javax.swing.*;
public class GridLayoutPosition extends JFrame {
    public GridLayoutPosition() {
        Container c = getContentPane();
        //设置容器使用网格布局管理器，设置 7 行 3 列的网格
        setLayout(new GridLayout(7, 3, 5, 5));
        for (int i = 0; i < 20; i++) {
            c.add(new JButton("button" + i));          //循环添加按钮
        }
        setSize(300, 300);
        setTitle("这是一个使用网格布局管理器的窗体");
        setVisible(true);
        setDefaultCloseOperation(WindowConstants.EXIT_ON_CLOSE);
    }
    public static void main(String[] args) {
        new GridLayoutPosition();
    }
}
```

运行本实例，结果如图 13.9 所示。

从本实例的运行结果中可以看出，组件在窗体中的布局呈现出一个 3 行 7 列的网格，并且添加到该布局中的组件被放置在网格中。如果尝试改变窗体的大小，将发现其中的组件大小也会发生相应的改变。

图 13.9 在应用程序中使用网格布局管理器

13.5 常用面板

面板也是一个 Swing 容器,它可以作为容器容纳其他组件,但它也必须被添加到其他容器中。Swing 中常用的面板包括 JPanel 面板以及 JScrollPane 面板。下面着重讲解 Swing 中的常用面板。

13.5.1 JPanel 面板

视频讲解：光盘\TM\lx\13\JPanel 面板.mp4

JPanel 面板可以聚集一些组件来布局。读者首先应该明确的是面板也是一种容器,因为它也继承自 java.awt.Container 类。

例 13.9 给出一个小程序,在窗体中使用了 4 个面板,然后在每个面板中设置布局管理器,最后分别在 4 个面板中放置一些组件。

【例 13.9】 在项目中创建 JPanelTest 类,该类继承 JFrame 类成为窗体组件,在该类中创建 4 个 JPanel 面板组件,并将它们添加到窗体中。本实例关键代码如下：(实例位置：光盘\TM\sl\13.09)

```
package com.lzw;
import java.awt.*;
import javax.swing.*;
public class JPanelTest extends JFrame {
    public JPanelTest() {
        Container c = getContentPane();
        //将整个容器设置为 2 行 1 列的网格布局
        c.setLayout(new GridLayout(2,1,10,10));
        //初始化一个面板,设置 1 行 3 列的网格布局
        JPanel p1 = new JPanel(new GridLayout(1, 3, 10, 10));
        JPanel p2 = new JPanel(new GridLayout(1, 2, 10, 10));
        JPanel p3 = new JPanel(new GridLayout(1, 2, 10, 10));
```

```
        JPanel p4 = new JPanel(new GridLayout(2, 1, 10, 10));
        p1.add(new JButton("1"));              //在面板中添加按钮
        …//省略部分代码
        c.add(p1);                             //在容器中添加面板
        c.add(p2);
        c.add(p3);
        c.add(p4);
        …//省略部分代码
    }
    public static void main(String[] args) {
        new JPanelTest();
    }
}
```

运行本实例，结果如图 13.10 所示。

图 13.10　在应用程序中使用面板

在本实例中，首先设置整个窗体的布局为 2 行 1 列的网格布局，然后先后定义 4 个面板，分别为 4 个面板设置网格布局，当然，行列数会有所不同，将按钮放置在每个面板中，最后将面板添加至容器中。

13.5.2　JScrollPane 面板

　　视频讲解：光盘\TM\lx\13\JScrollPane 面板.exe

在设置界面时，可能会遇到在一个较小的容器窗体中显示一个较大部分的内容的情况，这时可以使用 JScrollPane 面板。JScrollPane 面板是带滚动条的面板，它也是一种容器，但是 JScrollPane 只能放置一个组件，并且不可以使用布局管理器。如果需要在 JScrollPane 面板中放置多个组件，需要将多个组件放置在 JPanel 面板上，然后将 JPanel 面板作为一个整体组件添加在 JScrollPane 组件上。

下面列举一个 JScrollPane 面板的例子。

【例 13.10】　在项目中创建 JScrollPaneTest 类，该类继承 JFrame 类成为窗体组件，在类中创建 JScrollPane 滚动面板组件，该滚动面板组件包含 JTextArea 文本域组件。本实例关键代码如下：（**实例位置：光盘\TM\sl\13.10**）

```
import javax.swing.*;                          //包含 swing 包
public class JScrollPaneTest extends JFrame {
    public JScrollPaneTest() {
        Container c = getContentPane();        //创建容器
```

```
        JTextArea ta = new JTextArea(20, 50);         //创建文本区域组件
        JScrollPane sp = new JScrollPane(ta);         //创建 JScrollPane 面板对象
        c.add(sp);                                    //将该面板添加到该容器中
        setTitle("带滚动条的文字编译器");
        setSize(200, 200);
        setVisible(true);
        setDefaultCloseOperation(WindowConstants.DISPOSE_ON_CLOSE);
    }
    public static void main(String[] args) {
        new JScrollPaneTest();
    }
}
```

运行本实例，结果如图 13.11 所示。

从本实例的运行结果中可以看出，在窗体中创建一个带滚动条的文字编译器，首先需要初始化编译器（在 Swing 中编译器类为 JTextArea 类），并在初始化时指定编译器的大小完成（如果读者对编译器的概念有些困惑，可以参见后续章节）。当创建带滚动条的面板时，需将编译器加入面板中，最后将带滚动条的编译器放置在容器中即可。

图 13.11　在应用程序中使用 JScrollPane 面板

13.6　按 钮 组 件

按钮在 Swing 中是较为常见的组件，用于触发特定动作。Swing 中提供多种按钮，包括提交按钮、复选框、单选按钮等，这些按钮都是从 AbstractButton 类中继承而来的，本节将着重讲解这些按钮的应用。

13.6.1　提交按钮组件

　　视频讲解：光盘\TM\lx\13\提交按钮组件.exe

Swing 中的提交按钮（JButton）由 JButton 对象表示，其构造方法主要有以下几种形式：

☑　public JButton()。
☑　public JButton(String text)。
☑　public JButton(Icon icon)。
☑　public JButton(String text,Icon icon)。

通过使用上述构造方法，在 Swing 按钮上不仅能显示文本标签，还可以显示图标。上述构造方法中的第一个构造方法可以生成不带任何文本组件的对象和图标，可以在以后使用相应方法为按钮设置指定的文本和图标；其他构造方法都在初始化时指定了按钮上显示的图标或文字。

下面来看一个例子，在设置的窗体中指定了一个同时带文字与图标的按钮。

【例 13.11】 在项目中新建 JButtonTest 类，该类继承 JFrame 类成为窗体组件，在该窗体中创建按钮组件，并为按钮设置图标，添加动作监听器。本实例关键代码如下：（**实例位置：光盘\TM\sl\13.11**）

```java
public class JButtonTest extends JFrame {
    public JButtonTest() {
        URL url = MyImageIcon.class.getResource("/imageButtoo.jpg");
        Icon icon = new ImageIcon(url);
        setLayout(new GridLayout(3, 2, 5, 5));            //设置网格布局管理器
        Container c = getContentPane();                    //创建容器
        for (int i = 0; i < 5; i++) {
            //创建按钮，同时设置按钮文字与图标
            JButton J = new JButton("button" + i, icon);
            c.add(J);                                      //在容器中添加按钮
            if (i % 2 == 0) {
                J.setEnabled(false);                       //设置其中一些按钮不可用
            }
        }
        JButton jb = new JButton();                        //实例化一个没有文字与图片的按钮
        jb.setMaximumSize(new Dimension(90, 30));          //设置按钮与图片相同大小
        jb.setIcon(icon);                                  //为按钮设置图标
        jb.setHideActionText(true);
        jb.setToolTipText("图片按钮");                      //设置按钮提示为文字
        jb.setBorderPainted(false);                        //设置按钮边界不显示
        jb.addActionListener(new ActionListener() {        //为按钮添加监听事件
            public void actionPerformed(ActionEvent e) {
                //弹出确认对话框
                JOptionPane.showMessageDialog(null, "弹出对话框");
            }
        });
        c.add(jb);                                         //将按钮添加到容器中
        …  //省略非关键代码
    }
    …  //省略主方法
}
```

运行本实例，结果如图 13.12 所示。

图 13.12　按钮组件的应用

在本实例中使用了两种方式创建按钮：第一种方式是在初始化按钮时赋予按钮图标与文字；另一种方式是首先创建一个没有定义图标和文字的按钮对象，然后使用 setIcon()方法为这个按钮定制一个图标，其中 setToolTipText()方法是为按钮设置提示文字，setBorderPainted()方法设置按钮边界是否显示。

最后为该按钮定制了一个鼠标单击事件,实现当用户单击该按钮时弹出提示对话框的功能。这里值得注意的一点是,使用 setMaximumSize()方法设置按钮的大小与图标的大小一致,该方法需要的参数类型为 Dimension 类对象,这样看上去此图片就如同按钮一样摆放在窗体中,同时也可以使用 setEnabled()方法设置按钮是否可用。

说明

上述这些设置按钮属性的方法多来自 JButton 的父类 AbstractButton 类,这里只是简单列举了几个常用的方法,读者如果有需要可以查询 Java API,使用自己需要的方法实现相应的功能。

13.6.2 单选按钮组件

视频讲解:光盘\TM\lx\13\单选按钮组件.exe

在默认情况下,单选按钮(JRadioButton)显示一个圆形图标,并且通常在该图标旁放置一些说明性文字,而在应用程序中,一般将多个单选按钮放置在按钮组中,使这些单选按钮表现出某种功能,当用户选中某个单选按钮后,按钮组中其他按钮将被自动取消。单选按钮是 Swing 组件中 JRadioButton 类的对象,该类是 JToggleButton 的子类,而 JToggleButton 类又是 AbstractButton 类的子类,所以控制单选按钮的诸多方法都是 AbstractButton 类中的方法。

1. 单选按钮

可以使用 JRadioButton 类中的构造方法创建单选按钮对象。JRadioButton 类的常用构造方法主要有以下几种形式。

- ☑ public JRadioButton()。
- ☑ public JRadioButton(Icon icon)。
- ☑ public JRadioButton(Icon icon,boolean selected)。
- ☑ public JRadioButton(String text)。
- ☑ public JRadioButton(String text,Icon icon)。
- ☑ public JRadioButton(String text,Icon icon,boolean selected)。

根据上述构造方法的形式,可以知道在初始化单选按钮时,可以同时设置单选按钮的图标、文字以及默认是否被选中等属性。

2. 按钮组

在 Swing 中存在一个 ButtonGroup 类,用于产生按钮组,如果希望将所有的单选按钮放置在按钮组中,需要实例化一个 JRadioButton 对象,并使用该对象调用 add()方法添加单选按钮。

【例 13.12】 在应用程序窗体中定义一个单选按钮组。

```
JRadioButton jr1 = new JRadioButton();
JRadioButton jr2 = new JRadioButton();
JRadioButton jr3 = new JRadioButton();
ButtonGroup group = new ButtonGroup();
```

```
group.add(jr1);
group.add(jr2);
group.add(jr3);
```

从上述代码中可以看出,单选按钮与提交按钮的用法基本类似,只是实例化单选按钮对象后需要将其添加至按钮组中。

13.6.3 复选框组件

> 视频讲解:光盘\TM\lx\13\复选框组件.exe

复选框(JCheckBox)在 Swing 组件中的使用也非常广泛,它具有一个方块图标,外加一段描述性文字。与单选按钮唯一不同的是,复选框可以进行多选设置,每一个复选框都提供"选中"与"不选中"两种状态。复选框用 JCheckBox 类的对象表示,它同样继承于 AbstractButton 类,所以复选框组件的属性设置也来源于 AbstractButton 类。

JCheckBox 的常用构造方法如下:
- ☑ public JCheckBox()。
- ☑ public JCheckBox(Icon icon,boolean checked)。
- ☑ public JCheckBox(String text,boolean checked)。

复选框与其他按钮设置基本相同,除了可以在初始化时设置图标之外,还可以设置复选框的文字是否被选中。

下面来看一个实例,在这个实例中笔者将滚动面板与复选框结合使用。

【例 13.13】 在项目中创建 CheckBoxTest 类,该类继承 JFrame 类成为窗体组件,在类中设置窗体使用边界布局管理器,为窗体添加多个复选框对象。本实例关键代码如下:(**实例位置:光盘\TM\sl\13.12**)

```
import …;
public class CheckBoxTest extends JFrame{
    …//省略非关键代码
    public CheckBoxTest(){
        …//省略非关键代码
        c.setLayout(new BorderLayout());
        c.add(panel1, BorderLayout.NORTH);
        final JScrollPane scrollPane = new JScrollPane(jt);
        panel1.add(scrollPane);
        c.add(panel2, BorderLayout.SOUTH);
        panel2.add(jc1);
        jc1.addActionListener(new ActionListener(){
            public void actionPerformed(ActionEvent e){
                jt.append("复选框 1 被选中\n");
            }
        });
        …//省略其他复选框监听事件
    }
    …//省略主方法
}
```

运行本实例，结果如图 13.13 所示。

本实例中的窗体使用了边界布局管理器，将编译器放置在面板中置于窗体的最北端，同时将 3 个复选框放置在面板中置于窗体的最南端（带滚动条的编译器在 13.6.2 节中已经讲解过，这里不再赘述）。使用 JCheckBox 类中的构造方法实例化 3 个复选框对象，将这 3 个复选框放置在面板中，分别为这 3 个复选框设置监听事件，当用户选中某个复选框时，相应文本框将显示相关内容，这里使用的是 JTextArea 类中的 append()方法为文本域添加文字。

图 13.13　复选框的应用

13.7　列表组件

Swing 中提供两种列表组件，分别为下拉列表框与列表框。下拉列表框与列表框都是带有一系列项目的组件，用户可以从中选择需要的项目。列表框较下拉列表框更直观，它将所有的项目罗列在列表框中；但下拉列表框较列表框更为便捷、美观，它将所有的项目隐藏起来，当用户选用其中的项目时才会显现出来。本节将详细讲解列表框与下拉列表框的应用。

13.7.1　下拉列表框组件

视频讲解：光盘\TM\lx\13\下拉列表框组件.exe

1. JComboBox 类

初次使用 Swing 中的下拉列表框时，会感觉到该类下拉列表框与 Windows 操作系统中的下拉列表框有一些相似，实质上两者并不完全相同，因为 Swing 中的下拉列表框不仅可以供用户从中选择项目，也提供编辑项目中内容的功能。

下拉列表框是一个带条状的显示区，它具有下拉功能。在下拉列表框的右方存在一个倒三角形的按钮，当用户单击该按钮时，下拉列表框中的项目将会以列表形式显示出来。

Swing 中的下拉列表框使用 JComboBox 类对象来表示，它是 javax.swing.JComponent 类的子类。它的常用构造方法如下：

- ☑　public JComboBox()。
- ☑　public JComboBox(ComboBoxModel dataModel)。
- ☑　public JComboBox(Object[] arrayData)。
- ☑　public JComboBox(Vector vector)。

在初始化下拉列表框时，可以选择同时指定下拉列表框中的项目内容，也可以在程序中使用其他方法设置下拉列表框中的内容，下拉列表框中的内容可以被封装在 ComboBoxModel 类型、数组或 Vector 类型中。

2. JComboBox 模型

在开发程序中，一般将下拉列表框中的项目封装为 ComboBoxModel 的情况比较多。ComboBoxModel 为接口，它代表一般模型，可以自定义一个类实现该接口，然后在初始化 JComboBox 对象时向上转型为 ComboBoxModel 接口类型，但是必须实现以下两种方法：

- ☑ public void setSelectedItem(Object item)。
- ☑ public Object getSelectedItem()。

其中，setSelectedItem()方法用于设置下拉列表框中的选中项，getSelectedItem()方法用于返回下拉列表框中的选中项，有了这两个方法，就可以轻松地对下拉列表框中的项目进行操作。

自定义这个类除了实现该接口之外，还可以继承 AbstractListModel 类，在该类中也有两个操作下拉列表框的重要方法。

- ☑ getSize()：返回列表的长度。
- ☑ getElementAt(int index)：返回指定索引处的值。

下面来看一个使用 JComboBox 模型的实例。

【例 13.14】 在项目中创建 JComboBoxModelTest 类，使该类继承 JFrame 类成为窗体组件，在类中创建下拉列表框，并添加到窗体中。本实例关键代码如下：（**实例位置：光盘\TM\sl\13.13**）

```
import …;
public class JComboBoxModelTest extends JFrame{
    JComboBox<String> jc = new JComboBox<>(new MyComboBox());        //此处应用了JDK 7 的新特性
    JLabel jl=new JLabel("请选择证件:");
    public JComboBoxModelTest(){
        …//省略非关键代码
        cp.setLayout(new FlowLayout());
        cp.add(jl);
        cp.add(jc);
    }
    …//省略主方法
}
class MyComboBox extends AbstractListModel<String> implements ComboBoxModel<String> {
    String selecteditem=null;
    String[] test={"身份证","军人证","学生证","工作证"};
    public Object getElementAt(int index){        //根据索引返回值
        return test[index];
    }
    public int getSize(){                          //返回下拉列表框中项目的数目
        return test.length;
    }
    public void setSelectedItem(Object item){     //设置下拉列表框项目
        selecteditem=(String)item;
    }
    public Object getSelectedItem(){              //获取下拉列表框中的项目
        return selecteditem;
    }
    …//省略非关键代码
}
```

运行本实例，结果如图 13.14 所示。

在本实例中，笔者自定义了一个实现 ComboBoxModel 接口并继承 AbstractListModel 类的类，这样这个类就可以实现或重写该接口与该类中的重要方法，同时在定义下拉列表框时，只要将该类向上转型为 ComboBoxModel 接口即可。

图 13.14　下拉列表框的应用

13.7.2　列表框组件

　　　视频讲解：光盘\TM\lx\13\列表框组件.exe

列表框（JList）与下拉列表框的区别不仅表现在外观上，当激活下拉列表框时，还会出现下拉列表框中的内容；但列表框只是在窗体上占据固定的大小，如果需要列表框具有滚动效果，可以将列表框放入滚动面板中。用户在选择列表框中的某一项时，按住 Shift 键并选择列表框中的其他项目，则当前选项和其他项目之间的选项将全部被选中；也可以按住 Ctrl 键并单击列表框中的单个项目，这样可以使列表框中被单击的项目反复切换非选择状态或选择状态。

Swing 中使用 JList 类对象来表示列表框，下面列举几个常用的构造方法。

☑　public void JList()。
☑　public void JList(Object[] listData)。
☑　public void JList(Vector listData)。
☑　public void JList(ListModel dataModel)。

在上述构造方法中，存在一个没有参数的构造方法，可以通过在初始化列表框后使用 setListData() 方法对列表框进行设置，也可以在初始化的过程中对列表框中的项目进行设置。设置的方式有 3 种类型，包括数组、Vector 类型和 ListModel 模型。

当使用数组作为构造方法的参数时，首先需要创建列表项目的数组，然后再利用构造方法来初始化列表框。

【例 13.15】　使用数组作为初始化列表框的参数。

```
String[] contents={"列表 1","列表 2","列表 3","列表 4"};
JList jl=new JList(contents);
```

如果使用上述构造方法中的第 3 个构造方法，将 Vector 类型的数据作为初始化 JList 组件的参数，通常可以使用例 13.16 中的代码。

【例 13.16】　使用 Vector 类型数据作为初始化列表框的参数。

```
Vector contents=new Vector();
JList jl=new JList(contents);
contents.add("列表 1");
contents.add("列表 2");
contents.add("列表 3");
contents.add("列表 4");
```

如果使用 ListModel 模型为参数，需要创建 ListModel 对象。ListModel 是 Swing 包中的一个接口，它提供了获取列表框属性的方法。但是在通常情况下，为了使用户不完全实现 ListModel 接口中的方法，通常自定义一个类继承实现该接口的抽象类 AbstractListModel。在这个类中提供了 getElementAt()与 getSize()方法，其中 getElementAt()方法代表根据项目的索引获取列表框中的值，而 getSize()方法用于获取列表框中的项目个数。例 13.17 描述了使用第 4 种构造方法初始化列表框的基本方法。

【例 13.17】 在项目中创建 JListTest 类，使该类继承 JFrame 类成为窗体组件，在该类中创建列表框，并添加到窗体中。本实例关键代码如下：（实例位置：光盘\TM\sl\13.14）

```java
public class JListTest extends JFrame{
    public JListTest(){
        Container cp=getContentPane();
        cp.setLayout(null);
        JList<String> jl = new JList<>(new MyListModel());   //此处应用了 JDK7 的新特性
        JScrollPane js=new JScrollPane(jl);
        js.setBounds(10, 10, 100, 100);
        cp.add(js);
        …//省略非关键代码
    }
    …//省略主方法
}
class MyListModel extends AbstractListModel<String> {        //继承抽象类 AbstractListModel
    //设置列表框内容
    private String[] contents={"列表 1","列表 2","列表 3","列表 4","列表 5","列表 6"};
    public String getElementAt(int x){                       //重写 getElementAt()方法
        if(x<contents.length)
            return contents[x++];
        else
            return null;
    }
    public int getSize() {                                   //重写 getSize()方法
        return contents.length;
    }
}
```

运行本实例，结果如图 13.15 所示。

除了可以使用例 13.17 中的方式创建列表框之外，还可以使用 DefaultListModel 类创建列表框，该类扩展了 AbstractListModel 类，所以也可以通过 DefaultListModel 对象向上转型为 ListModel 接口初始化列表框，同时 DefaultListModel 类提供 addElement()方法实现将内容添加至列表框中。

图 13.15 列表框的使用

【例 13.18】 使用 DefaultListModel 类创建列表框。

```java
final String[] flavors={"列表 1","列表 2","列表 3","列表 4","列表 5","列表 6"};
final DefaultListModel iItems=new DefaultListModel();
final JList lst=new JList(iItems);          //实例化 JList 对象
for(int i=0;i<4;i++){
```

```
        iItems.addElement(flavors[i]);          //为模型添加内容
}
```

13.8 文本组件

文本组件在实际项目开发中使用最为广泛，尤其是文本框与密码框组件。通过文本组件可以很轻松地处理单行文字、多行文字、口令字段。本节将探讨文本组件的定义以及使用。

13.8.1 文本框组件

> 视频讲解：光盘\TM\lx\13\文本框组件.exe

文本框（JTextField）用来显示或编辑一个单行文本，在 Swing 中通过 javax.swing.JTextField 类对象创建，该类继承了 javax.swing.text.JTextComponent 类。下面列举了一些创建文本框常用的构造方法。

- ☑ public JTextField()。
- ☑ public JTextField(String text)。
- ☑ public JTextField(int fieldwidth)。
- ☑ public JTextField(String text,int fieldwidth)。
- ☑ public JTextField(Document docModel,String text,int fieldWidth)。

从上述构造方法可以看出，定义 JTextField 组件很简单，可以通过在初始化文本框时设置文本框的默认文字、文本框的长度等实现。

下面来看一个关于文本框的实例。

【例 13.19】 在项目中创建 JTextFieldTest 类，使该类继承 JFrame 类成为窗体组件，在该类中创建文本框和按钮组件，并添加到窗体中。本实例关键代码如下：（实例位置：光盘\TM\sl\13.15）

```
import …;
public class JTextFieldTest extends JFrame{
    public JTextFieldTest(){
        …//省略非关键代码
        final JTextField jt=new JTextField("aaa",20);
        final JButton jb=new JButton("清除");
        …//省略非关键代码
        jt.addActionListener(new ActionListener(){       //为文本框添加事件
            public void actionPerformed(ActionEvent arg0) {
                jt.setText("触发事件");                    //设置文本框中的值
            }
        });
        jb.addActionListener(new ActionListener(){       //为按钮添加事件
            public void actionPerformed(ActionEvent arg0) {
                jt.setText("");                          //将文本框置空
                jt.requestFocus();                       //焦点回到文本框
```

```
                }
            });
    }
    …//省略主方法
}
```

运行本实例，结果如图 13.16 所示。

图 13.16 按钮控制文本框中的值

在本实例的窗体中主要设置一个文本框和一个按钮，然后分别为文本框和按钮设置事件，当用户将光标焦点落于文本框中并按下 Enter 键时，文本框将执行 actionPerformed()方法中设置的操作。同时还为按钮添加了相应的事件，当用户单击"清除"按钮时，文本框中的字符串将被清除。

13.8.2 密码框组件

视频讲解：光盘\TM\lx\13\密码框组件.exe

密码框（JPasswordField）与文本框的定义与用法基本相同，唯一不同的是密码框将用户输入的字符串以某种符号进行加密。密码框对象是通过 javax.swing.JPasswordField 类来创建的，JPasswordField 类的构造方法与 JTextField 类的构造方法非常相似。下面列举几个常用的构造方法。

- ☑ public JPasswordField()。
- ☑ public JPasswordFiled(String text)。
- ☑ public JPasswordField(int fieldwidth)。
- ☑ public JPasswordField(String text,int fieldwidth)。
- ☑ public JPasswordField(Document docModel,String text,int fieldWidth)。

【例 13.20】 在程序中定义密码框。

```
JPasswordField jp=new JPasswordField();
jp.setEchoChar('#');                    //设置回显字符
```

在 JPasswordField 类中提供一个 setEchoChar()方法，可以改变密码框的回显字符。

13.8.3 文本域组件

视频讲解：光盘\TM\lx\13\文本域组件.exe

在 13.6.2 小节中曾讲述过文本域（JTextArea）这一组件，其使用方法也非常简单。它在程序中接受用户的多行文字输入。

Swing 中任何一个文本区域都是 JTextArea 类型的对象。JTextArea 常用的构造方法如下：
- ☑ public JTextArea()。
- ☑ public JTextArea(String text)。
- ☑ public JTextArea(int rows,int columns)。
- ☑ public JTextArea(Document doc)。
- ☑ public JTextArea(Document doc,String Text,int rows,int columns)。

上述构造方法可以在初始化文本域时提供默认文本以及文本域的长与宽。

下面来看一个实例。

【例 13.21】 在项目中创建 JTextAreaTest 类，使该类继承 JFrame 类成为窗体组件，在该类中创建 JTextArea 组件的实例，并添加到窗体中。本实例关键代码如下：（实例位置：光盘\TM\sl\13.16）

```java
public class JTextAreaTest extends JFrame{
    public JTextAreaTest(){
        setSize(200,100);
        setTitle("定义自动换行的文本域");
        setDefaultCloseOperation(WindowConstants.DISPOSE_ON_CLOSE);
        Container cp=getContentPane();
        JTextArea jt=new JTextArea("文本域",6,6);
        jt.setLineWrap(true);//可以自动换行
        cp.add(jt);
        setVisible(true);
    }
    public static void main(String[] args) {
        new JTextAreaTest();
    }
}
```

运行本实例，结果如图 13.17 所示。

图 13.17　定义文本域

JTextArea 类中存在一个 setLineWrap()方法，该方法用于设置文本域是否可以自动换行，如果将该方法的参数设置为 true，文本域将自动换行，否则不自动换行。

13.9　常用事件监听器

前文中一直在讲解组件，这些组件本身并不带有任何功能。例如，在窗体中定义一个按钮，当用户单击该按钮时，虽然按钮可以凹凸显示，但在窗体中并没有实现任何功能。这时需要为按钮添加特定事件监听器，该监听器负责处理用户单击按钮后实现的功能。本节将着重讲解 Swing 中常用的两个事件监听器，即动作事件监听器与焦点事件监听器。

13.9.1 监听事件简介

> 视频讲解：光盘\TM\lx\13\监听事件简介.exe

在 Swing 事件模型中由 3 个分离的对象完成对事件的处理，分别为事件源、事件以及监听程序。事件源触发一个事件，它被一个或多个"监听器"接收，监听器负责处理事件。

所谓事件监听器，实质上就是一个"实现特定类型监听器接口"的类对象。具体地说，事件几乎都以对象来表示，它是某种事件类的对象，事件源（如按钮）会在用户做出相应的动作（如按钮被按下）时产生事件对象，如动作事件对应 ActionEvent 类对象，同时要编写一个监听器的类必须实现相应的接口，如 ActionEvent 类对应的是 ActionListener 接口，需要获取某个事件对象就必须实现相应的接口，同时需要将接口中的方法一一实现。最后事件源（按钮）调用相应的方法加载这个"实现特定类型监听器接口"的类对象，所有的事件源都具有 addXXXListener()和 removeXXXListener()方法（其中"XXX"表示监听事件类型），这样就可以为组件添加或移除相应的事件监听器。

13.9.2 动作事件监听器

> 视频讲解：光盘\TM\lx\13\动作事件监听器.exe

动作事件（ActionEvent）监听器是 Swing 中比较常用的事件监听器，很多组件的动作都会使用它监听，如按钮被单击。表 13.3 描述了动作事件监听器的接口与事件源。

表 13.3 动作事件监听器

事 件 名 称	事 件 源	监 听 接 口	添加或删除相应类型监听器的方法
ActionEvent	JButton、JList、JTextField 等	ActionListener	addActionListener()、removeActionListener()

下面以单击按钮事件为例来说明动作事件监听器，当用户单击按钮时，将触发动作事件。例 13.22 演示了按钮被按下时产生的事件处理。

【例 13.22】 在项目中创建 SimpleEvent 类，使该类继承 JFrame 类成为窗体组件，在类中创建按钮组件，为按钮组件添加动作监听器，然后将按钮组件添加到窗体中。本实例关键代码如下：（**实例位置：光盘\TM\sl\13.17**）

```
public class SimpleEvent extends JFrame{
    private JButton jb=new JButton("我是按钮，单击我");
    public SimpleEvent(){
        setLayout(null);
        …//省略非关键代码
        cp.add(jb);
        jb.setBounds(10, 10,100,30);
        //为按钮添加一个实现 ActionListener 接口的对象
```

255

```
        jb.addActionListener(new jbAction());
    }
    //定义内部类实现 ActionListener 接口
    class jbAction implements ActionListener{
        //重写 actionPerformed()方法
        public void actionPerformed(ActionEvent arg0) {
            jb.setText("我被单击了");
        }
    }
    …//省略主方法
}
```

运行本实例，结果如图 13.18 所示。

图 13.18　动作事件的应用

在本实例中，为按钮设置了动作监听器。由于获取事件监听时需要获取实现 ActionListener 接口的对象，所以笔者定义了一个内部类 jbAction 实现 ActionListener 接口，同时在该内部类中实现了 actionPerformed()方法，也就是在 actionPerformed()方法中定义当用户单击该按钮后实现怎样的功能。

也许有的读者会产生这样的疑问，难道一定要使用内部类来完成事件监听吗？或许可以使用 SimpleEvent 类实现 ActionListener 接口，或者在获取其他事件的同时实现其他接口，如例 13.23 中使用的方法。

【例 13.23】　在 SimpleEvent 类中，不使用内部类实现事件监听。本实例关键代码如下：

```
//实现 ActionListener 接口
public class SimpleEvent extends JFrame implements ActionListener{
    private JButton jb=new JButton("我是按钮，单击我");
    public SimpleEvent(){
        …//省略非关键代码
        cp.add(jb);
        jb.addActionListener(this); //添加本类对象
    }
    //重写 actionPerformed()方法
    public void actionPerformed(ActionEvent arg0){
        jb.setText("我被单击了");
    }
    …//省略主方法
}
```

显然，上述代码在编译器中不会报错。如果再定义一个按钮对象 jb2，并为该按钮也设置一个监听事件，这个监听事件与按钮对象 jb 不同，所以也需要重写 actionPerformed()方法，那么可以在同一个类中重写两次 actionPerformed()方法吗？这样是不可以的。所以为事件源做监听事件时，使用内部类的方式来解决这个问题。

说明

一般情况下，为事件源做监听事件应使用匿名内部类形式，如果读者对这方面的知识不熟悉，可以参看第11章的内容。

13.9.3 焦点事件监听器

视频讲解：光盘\TM\lx\13\焦点事件监听器.exe

焦点事件（FocusEvent）监听器在实际项目开发中应用也比较广泛，如将光标焦点离开一个文本框时需要弹出一个对话框，或者将焦点返回给该文本框等。焦点事件监听器的相关内容如表13.4所示。

表13.4 焦点事件监听器

事件名称	事件源	监听接口	添加或删除相应类型监听器的方法
FocusEvent	Component 以及派生类	FocusListener	addFocusListener()、removeFocusListener()

下面来看一个焦点事件的实例，当用户将焦点离开文本框时，将弹出相应对话框。

【例13.24】 在项目中创建 FocusEventTest 类，使该类继承 JFrame 类成为窗体组件，在类中创建文本框组件，并为文本框添加焦点事件监听器，将文本框组件添加到窗体中。本实例关键代码如下：（实例位置：光盘\TM\sl\13.18）

```
public class FocusEventTest extends JFrame{
    public FocusEventTest() {
        …//省略非关键代码
        JTextField jt=new JTextField("请单击其他文本框",10);    //创建一个文本框
        JTextField jt2=new JTextField("请单击我",10);           //创建另外一个文本框
        cp.add(jt);
        cp.add(jt2);
        jt.addFocusListener(new FocusListener(){
            //组件失去焦点时调用的方法
            public void focusLost(FocusEvent arg0) {
                JOptionPane.showMessageDialog(null, "文本框失去焦点");
            }
            //组件获取焦点时调用的方法
            public void focusGained(FocusEvent arg0) {
            }
        });
    }
    …//省略主方法
}
```

运行本实例，结果如图13.19所示。

图 13.19　焦点事件的应用

在本实例中,为文本框组件添加了焦点事件监听器。这个监听需要实现 FocusListener 接口。在该接口中定义了两个方法,分别为 focusLost()与 focusGained()方法,其中 focusLost()方法是在组件失去焦点时调用的,而 focusGained()方法是在组件获取焦点时调用的。由于本实例需要实现在文本框失去焦点时弹出相应对话框的功能,所以重写 focusLost()方法,同时在为文本框添加监听时使用了匿名内部类的形式,将实现 FocusListener 接口对象传递给 addFocusListener()方法。

13.10　小　　结

本章主要讲解了 Swing 的基本要素,包括各种常用的组件、窗体、布局、事件监听器等。通过对本章的学习,读者应该能够开发带 GUI 界面的应用程序窗体,灵活运用各种组件完善窗体的功能,并实现组件的各种事件处理。

13.11　实　践　与　练　习

1．尝试开发一个窗体,如图 13.20 所示。(答案位置:光盘\TM\sl\13.19)

图 13.20　窗体

2．尝试创建一个窗体,选择合适的布局管理器,并在窗体中设置一个下拉列表框,初始状态下拉列表框中没有项目,并设置一个按钮,为按钮设置动作事件监听器,当用户单击该按钮时,下拉列表框中相应添加数组中的内容。(答案位置:光盘\TM\sl\13.20)

3．尝试开发一个登录窗体,包括用户名、密码以及提交按钮和重置按钮,当用户输入用户名 mr、密码 mrsoft 时,弹出登录成功提示对话框。(答案位置:光盘\TM\sl\13.21)

第14章

集合类

（ 视频讲解：13分钟 ）

　　集合可以看作是一个容器，如红色的衣服可以看作是一个集合，所有 Java 类的书也可以看作是一个集合。对于集合中的各个对象很容易将其存放到集合中，也很容易将其从集合中取出来，还可以将其按照一定的顺序进行摆放。Java 中提供了不同的集合类，这些类具有不同的存储对象的方式，并提供了相应的方法以方便用户对集合进行遍历、添加、删除以及查找指定的对象。学习 Java 语言一定要学会使用集合。本章将介绍 Java 中的各种集合类。

　　通过阅读本章，您可以：

▶▶ 了解集合类的概念

▶▶ 掌握 Collection 接口

▶▶ 掌握 List 集合

▶▶ 掌握 Set 集合

▶▶ 掌握 Map 集合

14.1 集合类概述

> 视频讲解：光盘\TM\lx\14\集合类概述.exe

java.util 包中提供了一些集合类，这些集合类又被称为容器。提到容器不难想到数组，集合类与数组的不同之处是，数组的长度是固定的，集合的长度是可变的；数组用来存放基本类型的数据，集合用来存放对象的引用。常用的集合有 List 集合、Set 集合和 Map 集合，其中 List 与 Set 继承了 Collection 接口，各接口还提供了不同的实现类。上述集合类的继承关系如图 14.1 所示。

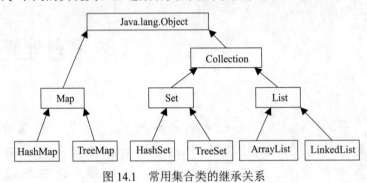

图 14.1 常用集合类的继承关系

14.2 Collection 接口

> 视频讲解：光盘\TM\lx\14\Collection 接口.exe

Collection 接口是层次结构中的根接口。构成 Collection 的单位称为元素。Collection 接口通常不能直接使用，但该接口提供了添加元素、删除元素、管理数据的方法。由于 List 接口与 Set 接口都继承了 Collection 接口，因此这些方法对 List 集合与 Set 集合是通用的。常用方法如表 14.1 所示。

表 14.1 Collection 接口的常用方法

方　　法	功　能　描　述
add(E e)	将指定的对象添加到该集合中
remove(Object o)	将指定的对象从该集合中移除
isEmpty()	返回 boolean 值，用于判断当前集合是否为空
iterator()	返回在此 Collection 的元素上进行迭代的迭代器。用于遍历集合中的对象
size()	返回 int 型值，获取该集合中元素的个数

如何遍历集合中的每个元素呢？通常遍历集合，都是通过迭代器（Iterator）来实现。Collection 接口中的 iterator()方法可返回在此 Collection 进行迭代的迭代器。下面的实例就是典型的遍历集合的方法。

【例 14.1】 在项目中创建类 Muster，在主方法中实例化集合对象，并向集合中添加元素，最后将集合中的对象以 String 形式输出。（实例位置：光盘\TM\sl\14.01）

```java
import java.util.*;                                    //导入 java.util 包，其他实例都要添加该语句
public class Muster {                                  //创建类 Muster
    public static void main(String args[]) {
        Collection<String> list = new ArrayList<>();   //实例化集合类对象
        list.add("a");                                 //向集合添加数据
        list.add("b");
        list.add("c");
        Iterator<String> it = list.iterator();         //创建迭代器
        while (it.hasNext()) {                         //判断是否有下一个元素
            String str = (String) it.next();           //获取集合中元素
            System.out.println(str);
        }
    }
}
```

运行结果如图 14.2 所示。

图 14.2　例 14.1 的运行结果

注意

Iterator 的 next()方法返回的是 Object。

14.3　List 集合

List 集合包括 List 接口以及 List 接口的所有实现类。List 集合中的元素允许重复，各元素的顺序就是对象插入的顺序。类似 Java 数组，用户可通过使用索引（元素在集合中的位置）来访问集合中的元素。

14.3.1　List 接口

视频讲解：光盘\TM\lx\14\List 接口.exe

List 接口继承了 Collection 接口，因此包含 Collection 中的所有方法。此外，List 接口还定义了以下两个非常重要的方法。

- get(int index)：获得指定索引位置的元素。
- set(int index,Object obj)：将集合中指定索引位置的对象修改为指定的对象。

14.3.2 List 接口的实现类

> 视频讲解：光盘\TM\lx\14\List 接口的实现类.exe

List 接口的常用实现类有 ArrayList 与 LinkedList。
- ArrayList 类实现了可变的数组，允许保存所有元素，包括 null，并可以根据索引位置对集合进行快速的随机访问；缺点是向指定的索引位置插入对象或删除对象的速度较慢。
- LinkedList 类采用链表结构保存对象。这种结构的优点是便于向集合中插入和删除对象，需要向集合中插入、删除对象时，使用 LinkedList 类实现的 List 集合的效率较高；但对于随机访问集合中的对象，使用 LinkedList 类实现 List 集合的效率较低。

使用 List 集合时通常声明为 List 类型，可通过不同的实现类来实例化集合。

【例 14.2】 分别通过 ArrayList、LinkedList 类实例化 List 集合，代码如下：

```
List<E> list = new ArrayList<>();
List<E> list2 = new LinkedList<>();
```

在上面的代码中，E 可以是合法的 Java 数据类型。例如，如果集合中的元素为字符串类型，那么 E 可以修改为 String。

【例 14.3】 在项目中创建类 Gather，在主方法中创建集合对象，通过 Math 类的 random()方法随机获取集合中的某个元素，然后移除数组中索引位置是"2"的元素，最后遍历数组。(实例位置：光盘\TM\sl\14.02)

```
public class Gather {                                    //创建类 Gather
    public static void main(String[] args) {             //主方法
        List<String> list = new ArrayList<>();           //创建集合对象
        list.add("a");                                   //向集合添加元素
        list.add("b");
        list.add("c");
        int i = (int) (Math.random()*list.size());       //获得 0~2 之间的随机数
        System.out.println("随机获取数组中的元素：" + list.get(i));
        list.remove(2);                                  //将指定索引位置的元素从集合中移除
        System.out.println("将索引是'2'的元素从数组移除后，数组中的元素是：");
        for (int j = 0; j < list.size(); j++) {          //循环遍历集合
            System.out.println(list.get(j));
        }
    }
}
```

运行结果如图 14.3 所示。Math 类的 random()方法可获得一个 0.0~1.0 之间的随机数。

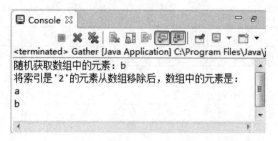

图 14.3　例 14.3 的运行结果

说明

与数组相同，集合的索引也是从 0 开始。

14.4　Set 集合

　　视频讲解：光盘\TM\lx\14\Set 集合.exe

Set 集合中的对象不按特定的方式排序，只是简单地把对象加入集合中，但 Set 集合中不能包含重复对象。Set 集合由 Set 接口和 Set 接口的实现类组成。Set 接口继承了 Collection 接口，因此包含 Collection 接口的所有方法。

注意

Set 的构造有一个约束条件，传入的 Collection 对象不能有重复值，必须小心操作可变对象（Mutable Object）。如果一个 Set 中的可变元素改变了自身状态导致 Object.equals(Object)=true，则会出现一些问题。

Set 接口常用的实现类有 HashSet 类与 TreeSet 类。
- ☑ HashSet 类实现 Set 接口，由哈希表（实际上是一个 HashMap 实例）支持。它不保证 Set 的迭代顺序，特别是它不保证该顺序恒久不变。此类允许使用 null 元素。
- ☑ TreeSet 类不仅实现了 Set 接口，还实现了 java.util.SortedSet 接口，因此，TreeSet 类实现的 Set 集合在遍历集合时按照自然顺序递增排序，也可以按照指定比较器递增排序，即可以通过比较器对用 TreeSet 类实现的 Set 集合中的对象进行排序。TreeSet 类新增的方法如表 14.2 所示。

表 14.2　TreeSet 类增加的方法

方　　法	功　能　描　述
first()	返回此 Set 中当前第一个（最低）元素
last()	返回此 Set 中当前最后一个（最高）元素
comparator()	返回对此 Set 中的元素进行排序的比较器。如果此 Set 使用自然顺序，则返回 null

方法	功能描述
headSet(E toElement)	返回一个新的 Set 集合，新集合是 toElement（不包含）之前的所有对象
subSet(E fromElement, E fromElement)	返回一个新的 Set 集合，是 fromElement（包含）对象与 fromElement（不包含）对象之间的所有对象
tailSet(E fromElement)	返回一个新的 Set 集合，新集合包含对象 fromElement（包含）之后的所有对象

【例 14.4】 在项目中创建类 UpdateStu，实现 Comparable 接口，重写该接口中的 compareTo() 方法。在主方法中创建 UpdateStu 对象，创建集合，并将 UpdateStu 对象添加到集合中。遍历该集合中的全部元素，以及通过 headSet()、subSet() 方法获得的部分集合。（**实例位置：光盘\TM\sl\14.03**）

```java
import java.util.Iterator;
import java.util.TreeSet;

public class UpdateStu implements Comparable<Object> {        //创建类实现 Comparable 接口
    String name;
    long id;

    public UpdateStu(String name, long id) {                   //构造方法
        this.id = id;
        this.name = name;
    }

    public int compareTo(Object o) {
        UpdateStu upstu = (UpdateStu) o;
        int result = id > upstu.id ? 1 : (id == upstu.id ? 0 : -1);    //参照代码说明
        return result;
    }

    public String getName() {
        return name;
    }

    public void setName(String name) {
        this.name = name;
    }

    public long getId() {
        return id;
    }

    public void setId(long id) {
        this.id = id;
    }

    public static void main(String[] args) {
        UpdateStu stu1 = new UpdateStu("李同学", 01011);
        UpdateStu stu2 = new UpdateStu("陈同学", 01021);         //创建 UpdateStu 对象
```

```
        UpdateStu stu3 = new UpdateStu("王同学", 01051);
        UpdateStu stu4 = new UpdateStu("马同学", 01012);
        TreeSet<UpdateStu> tree = new TreeSet<>();
        tree.add(stu1);                              //向集合添加对象
        tree.add(stu2);
        tree.add(stu3);
        tree.add(stu4);
        Iterator<UpdateStu> it = tree.iterator();    //Set 集合中的所有对象的迭代器
        System.out.println("Set 集合中的所有元素：");
        while (it.hasNext()) {                       //遍历集合
            UpdateStu stu = (UpdateStu) it.next();
            System.out.println(stu.getId() + " " + stu.getName());
        }
        it = tree.headSet(stu2).iterator();          //截取排在 stu2 对象之前的对象
        System.out.println("截取前面部分的集合：");
        while (it.hasNext()) {                       //遍历集合
            UpdateStu stu = (UpdateStu) it.next();
            System.out.println(stu.getId() + " " + stu.getName());
        }
        it = tree.subSet(stu2, stu3).iterator();     //截取排在 stu2 与 stu3 之间的对象
        System.out.println("截取中间部分的集合");
        while (it.hasNext()) {                       //遍历集合
            UpdateStu stu = (UpdateStu) it.next();
            System.out.println(stu.getId() + " " + stu.getName());
        }
    }
}
```

运行结果如图 14.4 所示。

图 14.4　例 14.4 的运行结果

代码说明：存入 TreeSet 类实现的 Set 集合必须实现 Comparable 接口，该接口中的 compareTo(Object o) 方法比较此对象与指定对象的顺序。如果该对象小于、等于或大于指定对象，则分别返回负整数、0 或正整数。

> **技巧**
> headSet()、subSet()、tailSet()方法截取对象生成新集合时是否包含指定的参数,可通过如下方法来判别:如果指定参数位于新集合的起始位置,则包含该对象,如 subSet()方法的第一个参数和 tailSet()方法的参数;如果指定参数是新集合的终止位置,则不包含该参数,如 headSet()方法的入口参数和 subSet()方法的第二个入口参数。

14.5 Map 集合

Map 集合没有继承 Collection 接口,其提供的是 key 到 value 的映射。Map 中不能包含相同的 key,每个 key 只能映射一个 value。key 还决定了存储对象在映射中的存储位置,但不是由 key 对象本身决定的,而是通过一种"散列技术"进行处理,产生一个散列码的整数值。散列码通常用作一个偏移量,该偏移量对应分配给映射的内存区域的起始位置,从而确定存储对象在映射中的存储位置。Map 集合包括 Map 接口以及 Map 接口的所有实现类。

14.5.1 Map 接口

> 视频讲解:光盘\TM\lx\14\Map 接口.exe

Map 接口提供了将 key 映射到值的对象。一个映射不能包含重复的 key,每个 key 最多只能映射到一个值。Map 接口中同样提供了集合的常用方法,除此之外还包括如表 14.3 所示的常用方法。

表 14.3 Map 接口中的常用方法

方法	功能描述
put(K key, V value)	向集合中添加指定的 key 与 value 的映射关系
containsKey(Object key)	如果此映射包含指定 key 的映射关系,则返回 true
containsValue(Object value)	如果此映射将一个或多个 key 映射到指定值,则返回 true
get(Object key)	如果存在指定的 key 对象,则返回该对象对应的值,否则返回 null
keySet()	返回该集合中的所有 key 对象形成的 Set 集合
values()	返回该集合中所有值对象形成的 Collection 集合

下面通过实例介绍 Map 接口中某些方法的使用。

【例 14.5】 在项目中创建类 UpdateStu,在主方法中创建 Map 集合,并获取 Map 集合中所有 key 对象的集合和所有 values 值的集合,最后遍历集合。(实例位置:光盘\TM\sl\14.04)

```
public class UpdateStu {
    public static void main(String[] args) {
        Map<String,String> map = new HashMap<>();        //创建 Map 实例
        map.put("01", "李同学");                          //向集合中添加对象
        map.put("02", "魏同学");
```

```
            Set <String> set = map.keySet();              //构建 Map 集合中所有 key 对象的集合
            Iterator <String> it = set.iterator();        //创建集合迭代器
            System.out.println("key 集合中的元素：");
            while (it.hasNext()) {                        //遍历集合
                System.out.println(it.next());
            }
            Collection <String> coll = map.values();      //构建 Map 集合中所有 values 值的集合
            it = coll.iterator();
            System.out.println("values 集合中的元素：");
            while (it.hasNext()) {                        //遍历集合
                System.out.println(it.next());
            }
        }
    }
```

运行结果如图 14.5 所示。

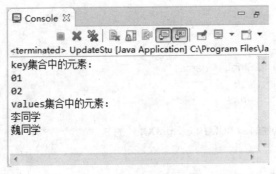

图 14.5　例 14.5 的运行结果

> **说明**
> Map 集合中允许值对象是 null，而且没有个数限制。例如，可通过 "map.put("05",null);" 语句向集合中添加对象。

14.5.2　Map 接口的实现类

视频讲解：光盘\TM\lx\14\Map 接口的实现类.exe

Map 接口常用的实现类有 HashMap 和 TreeMap。建议使用 HashMap 类实现 Map 集合，因为由 HashMap 类实现的 Map 集合添加和删除映射关系效率更高。HashMap 是基于哈希表的 Map 接口的实现，HashMap 通过哈希码对其内部的映射关系进行快速查找；而 TreeMap 中的映射关系存在一定的顺序，如果希望 Map 集合中的对象也存在一定的顺序，应该使用 TreeMap 类实现 Map 集合。

- HashMap 类是基于哈希表的 Map 接口的实现,此实现提供所有可选的映射操作,并允许使用 null 值和 null 键,但必须保证键的唯一性。HashMap 通过哈希表对其内部的映射关系进行快速查找。此类不保证映射的顺序,特别是它不保证该顺序恒久不变。
- TreeMap 类不仅实现了 Map 接口,还实现了 java.util.SortedMap 接口,因此,集合中的映射关系具有一定的顺序。但在添加、删除和定位映射关系时,TreeMap 类比 HashMap 类性能稍差。由于 TreeMap 类实现的 Map 集合中的映射关系是根据键对象按照一定的顺序排列的,因此不允许键对象是 null。

可以通过 HashMap 类创建 Map 集合,当需要顺序输出时,再创建一个完成相同映射关系的 TreeMap 类实例。

【例 14.6】 通过 HashMap 类实例化 Map 集合,并遍历该 Map 集合,然后创建 TreeMap 实例实现将集合中的元素顺序输出。(实例位置:光盘\TM\sl\14.05)

(1)首先创建 Emp 类,代码如下:

```java
public class Emp {
    private String e_id;
    private String e_name;
    public Emp( String e_id,String e_name) {
        this.e_id = e_id;
        this.e_name = e_name;
    }
    /*************省略了属性的 setXXX()以及 getXXX()方法********************/
}
```

(2)创建一个用于测试的主类。首先新建一个 Map 集合,并添加集合对象。分别遍历由 HashMap 类与 TreeMap 类实现的 Map 集合,观察两者的不同点。关键代码如下:

```java
public class MapText {                                          //创建类 MapText
    public static void main(String[] args) {                    //主方法
        Map<String,String> map = new HashMap<>();               //由 HashMap 实现的 Map 对象

        Emp emp = new Emp("351", "张三");                        //创建 Emp 对象
        Emp emp2 = new Emp("512", "李四");
        Emp emp3 = new Emp("853", "王一");
        Emp emp4 = new Emp("125", "赵六");
        Emp emp5 = new Emp("341", "黄七");

        map.put(emp4.getE_id(), emp4.getE_name());              //将对象添加到集合中
        map.put(emp5.getE_id(), emp5.getE_name());
        map.put(emp.getE_id(), emp.getE_name());
        map.put(emp2.getE_id(), emp2.getE_name());
        map.put(emp3.getE_id(), emp3.getE_name());

        Set <String> set = map.keySet();                        //获取 Map 集合中的 key 对象集合
        Iterator <String> it = set.iterator();
        System.out.println("HashMap 类实现的 Map 集合,无序:");
        while (it.hasNext()) {
```

```
            String str = (String) it.next();
            String name = (String) map.get(str);         //遍历 Map 集合
            System.out.println(str + " " + name);
        }
        TreeMap<String,String> treemap = new TreeMap<>();    //创建 TreeMap 集合对象
        treemap.putAll(map);                                 //向集合添加对象
        Iterator <String> iter = treemap.keySet().iterator();
        System.out.println("TreeMap 类实现的 Map 集合，键对象升序：");
        while (iter.hasNext()) {                             //遍历 TreeMap 集合对象
            String str = (String) iter.next();               //获取集合中的所有 key 对象
            String name = (String) treemap.get(str);         //获取集合中的所有 values 值
            System.out.println(str + " " + name);
        }
    }
}
```

运行结果如图 14.6 所示。

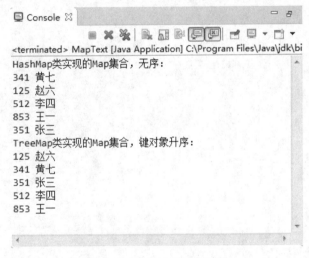

图 14.6　例 14.6 的运行结果

14.6　小　　结

本章介绍了 Java 中常见的集合，包括 List 集合、Set 集合和 Map 集合。对于每种集合的特点应该有所了解，重点掌握集合的遍历、添加对象、删除对象的方法。本章在介绍每种集合时都给出了典型、实用的小例子，以帮助读者掌握集合类的常用方法。集合是 Java 语言中很重要的部分，通过本章的学习，读者应该学会使用集合类。

14.7 实践与练习

1. 将 1~100 之间的所有正整数存放在一个 List 集合中，并将集合中索引位置是 10 的对象从集合中移除。（答案位置：光盘\TM\sl\14.06）

2. 分别向 Set 集合以及 List 集合中添加 "A" "a" "c" "C" "a" 5 个元素，观察重复值 "a" 能否重复地在 List 集合以及 Set 集合中添加。（答案位置：光盘\TM\sl\14.07）

3. 创建 Map 集合，创建 Emp 对象，并将 Emp 对象添加到集合中（Emp 对象的 id 作为 Map 集合的键），并将 id 为 "015" 的对象从集合中移除。（答案位置：光盘\TM\sl\14.08）

第15章

I/O（输入/输出）

（■● 视频讲解：22分钟）

在变量、数组和对象中存储的数据是暂时存在的，程序结束后它们就会丢失。为了能够永久地保存程序创建的数据，需要将其保存在磁盘文件中，这样就可以在其他程序中使用它们。Java 的 I/O 技术可以将数据保存到文本文件、二进制文件甚至是 ZIP 压缩文件中，以达到永久性保存数据的要求。掌握 I/O 处理技术能够提高对数据的处理能力。本章将向读者介绍 Java 的 I/O（输入/输出）技术。

通过阅读本章，您可以：

▶▶ 了解流的概念
▶▶ 了解输入/输出流的分类
▶▶ 掌握文件输入/输出流的使用方法
▶▶ 掌握带缓存的输入/输出流的使用方法
▶▶ 理解 ZIP 压缩输入/输出流的应用

15.1 流概述

📹 **视频讲解：光盘\TM\lx\15\流概述.exe**

流是一组有序的数据序列，根据操作的类型，可分为输入流和输出流两种。I/O（Input/Output，输入/输出）流提供了一条通道程序，可以使用这条通道把源中的字节序列送到目的地。虽然I/O流通常与磁盘文件存取有关，但是程序的源和目的地也可以是键盘、鼠标、内存或显示器窗口等。

Java由数据流处理输入/输出模式，程序从指向源的输入流中读取源中的数据，如图15.1所示。源可以是文件、网络、压缩包或其他数据源。

输出流的指向是数据要到达的目的地，程序通过向输出流中写入数据把信息传递到目的地，如图15.2所示。输出流的目标可以是文件、网络、压缩包、控制台和其他数据输出目标。

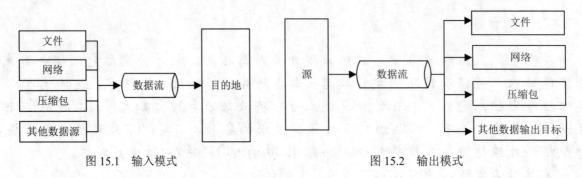

图 15.1　输入模式　　　　　　　　　　图 15.2　输出模式

15.2 输入/输出流

Java语言定义了许多类专门负责各种方式的输入/输出，这些类都被放在java.io包中。其中，所有输入流类都是抽象类InputStream（字节输入流）或抽象类Reader（字符输入流）的子类；而所有输出流都是抽象类OutputStream（字节输出流）或抽象类Writer（字符输出流）的子类。

15.2.1 输入流

📹 **视频讲解：光盘\TM\lx\15\输入流.exe**

InputStream类是字节输入流的抽象类，是所有字节输入流的父类。InputStream类的具体层次结构如图15.3所示。

该类中所有方法遇到错误时都会引发IOException异常。下面是对该类中的一些方法的简要说明。

- ☑ read()方法：从输入流中读取数据的下一个字节。返回0~255范围内的int字节值。如果因为已经到达流末尾而没有可用的字节，则返回值为-1。

第 15 章 I/O（输入/输出）

- ☑ read(byte[] b)：从输入流中读入一定长度的字节，并以整数的形式返回字节数。
- ☑ mark(int readlimit)方法：在输入流的当前位置放置一个标记，readlimit 参数告知此输入流在标记位置失效之前允许读取的字节数。
- ☑ reset()方法：将输入指针返回到当前所做的标记处。
- ☑ skip(long n)方法：跳过输入流上的 n 个字节并返回实际跳过的字节数。
- ☑ markSupported()方法：如果当前流支持 mark()/reset()操作就返回 true。
- ☑ close 方法：关闭此输入流并释放与该流关联的所有系统资源。

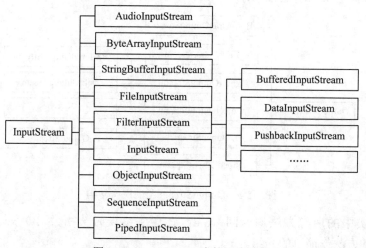

图 15.3　InputStream 类的层次结构

> **说明**
> 并不是所有的 InputStream 类的子类都支持 InputStream 中定义的所有方法，如 skip()、mark()、reset()等方法只对某些子类有用。

Java 中的字符是 Unicode 编码，是双字节的。InputStream 是用来处理字节的，并不适合处理字符文本。Java 为字符文本的输入专门提供了一套单独的类 Reader，但 Reader 类并不是 InputStream 类的替换者，只是在处理字符串时简化了编程。Reader 类是字符输入流的抽象类，所有字符输入流的实现都是它的子类。Reader 类的具体层次结构如图 15.4 所示。

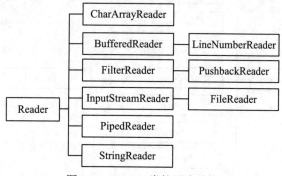

图 15.4　Reader 类的层次结构

Reader 类中的方法与 InputStream 类中的方法类似，读者在需要时可查看 JDK 文档。

15.2.2 输出流

📹 视频讲解：光盘\TM\lx\15\输出流.exe

OutputStream 类是字节输出流的抽象类，此抽象类是表示输出字节流的所有类的超类。OutputStream 类的具体层次如图 15.5 所示。

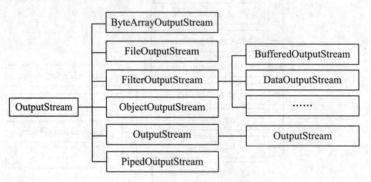

图 15.5　OutputStream 类的层次结构

OutputStream 类中的所有方法均返回 void，在遇到错误时会引发 IOException 异常。下面对 OutputStream 类中的方法作简单的介绍。

- ☑ write(int b)方法：将指定的字节写入此输出流。
- ☑ write(byte[] b)方法：将 b 个字节从指定的 byte 数组写入此输出流。
- ☑ write(byte[] b,int off,int len)方法：将指定 byte 数组中从偏移量 off 开始的 len 个字节写入此输出流。
- ☑ flush()方法：彻底完成输出并清空缓存区。
- ☑ close()方法：关闭输出流。

Writer 类是字符输出流的抽象类，所有字符输出类的实现都是它的子类。Writer 类的层次结构如图 15.6 所示。

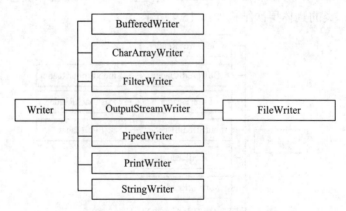

图 15.6　Writer 类的层次结构

15.3 File 类

📹 视频讲解：光盘\TM\lx\15\File 类.exe

File 类是 java.io 包中唯一代表磁盘文件本身的对象。File 类定义了一些与平台无关的方法来操作文件，可以通过调用 File 类中的方法，实现创建、删除、重命名文件等操作。File 类的对象主要用来获取文件本身的一些信息，如文件所在的目录、文件的长度、文件读写权限等。数据流可以将数据写入到文件中，文件也是数据流最常用的数据媒体。

15.3.1 文件的创建与删除

📹 视频讲解：光盘\TM\lx\15\文件的创建与删除.exe

可以使用 File 类创建一个文件对象。通常使用以下 3 种构造方法来创建文件对象。

（1）File(String pathname)

该构造方法通过将给定路径名字符串转换为抽象路径名来创建一个新 File 实例。

语法如下：

new File(String pathname)

其中，pathname 指路径名称（包含文件名）。例如：

File file = new File("d:/1.txt");

（2）File(String parent,String child)

该构造方法根据定义的父路径和子路径字符串（包含文件名）创建一个新的 File 对象。

语法如下：

new File(String parent,String child)

- ☑ parent：父路径字符串。例如，D:/或 D:/doc。
- ☑ child：子路径字符串。例如，letter.txt。

（3）File(File f , String child)

该构造方法根据 parent 抽象路径名和 child 路径名字符串创建一个新 File 实例。

语法如下：

new File(File f,String child)

- ☑ f：父路径对象。例如，D:/doc/。
- ☑ child：子路径字符串。例如，letter.txt。

📖 **说明**

对于 Microsoft Windows 平台，包含盘符的路径名前缀由驱动器号和一个 ":" 组成。如果路径名是绝对路径名，还可能后跟 "\\"。

当使用 File 类创建一个文件对象后,例如:

File file = new File("word.txt");

如果当前目录中不存在名称为 word 的文件,File 类对象可通过调用 createNewFile()方法创建一个名称为 word.txt 的文件;如果存在 word.txt 文件,可以通过文件对象的 delete()方法将其删除,如例 15.1 所示。

【例 15.1】 在项目中创建类 FileTest,在主方法中判断 D 盘的 myword 文件夹是否存在 word.txt 文件,如果该文件存在则将其删除,不存在则创建该文件。(实例位置:光盘\TM\sl\15.01)

```
public class FileTest {                                    //创建类 FileTest
    public static void main(String[] args) {               //主方法
        File file = new File("word.txt");                  //创建文件对象
        if (file.exists()) {                               //如果该文件存在
            file.delete();                                 //将文件删除
            System.out.println("文件已删除");                //输出的提示信息
        } else {                                           //如果文件不存在
            try {                                          //try 语句块捕捉可能出现的异常
                file.createNewFile();                      //创建该文件
                System.out.println("文件已创建");            //输出的提示信息
            } catch (Exception e) {
                e.printStackTrace();
            }
        }
    }
}
```

运行结果如图 15.7 所示。

图 15.7　例 15.1 的运行结果

说明

由于 D:/myword 目录下并没有 word.txt 文件,因此运行程序会创建 word.txt 文件。

15.3.2　获取文件信息

　　视频讲解:光盘\TM\lx\15\获取文件信息.exe

File 类提供了很多方法用于获取一些文件本身信息,其中常用的方法如表 15.1 所示。

表 15.1　File 类的常用方法

方　　法	返　回　值	说　　明
getName()	String	获取文件的名称
canRead()	boolean	判断文件是否为可读的
canWrite()	boolean	判断文件是否可被写入
exits()	boolean	判断文件是否存在
length()	long	获取文件的长度（以字节为单位）
getAbsolutePath()	String	获取文件的绝对路径
getParent()	String	获取文件的父路径
isFile()	boolean	判断文件是否存在
isDirectory()	boolean	判断文件是否为一个目录
isHidden()	boolean	判断文件是否为隐藏文件
lastModified()	long	获取文件最后修改时间

下面通过实例来介绍如何使用上述的某些方法来获取文件的信息。

【例 15.2】获取当前文件夹下的 word.txt 文件的文件名、文件长度并判断该文件是否为隐藏文件。（实例位置：光盘\TM\sl\15.02）

```java
public class FileTest {                                      //创建类
    public static void main(String[] args) {
        File file = new File("word.txt");                    //创建文件对象
        if (file.exists()) {                                 //如果文件存在
            String name = file.getName();                    //获取文件名称
            long length = file.length();                     //获取文件长度
            boolean hidden = file.isHidden();                //判断文件是否为隐藏文件
            System.out.println("文件名称：" + name);          //输出信息
            System.out.println("文件长度是：" + length);
            System.out.println("该文件是隐藏文件吗？" + hidden);
        } else {                                             //如果文件不存在
            System.out.println("该文件不存在");               //输出信息
        }
    }
}
```

运行结果如图 15.8 所示。

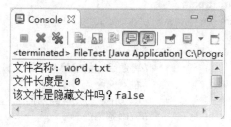

图 15.8　例 15.2 的运行结果

15.4 文件输入/输出流

程序运行期间,大部分数据都在内存中进行操作,当程序结束或关闭时,这些数据将消失。如果需要将数据永久保存,可使用文件输入/输出流与指定的文件建立连接,将需要的数据永久保存到文件中。本节将介绍文件输入/输出流。

15.4.1 FileInputStream 与 FileOutputStream 类

视频讲解:光盘\TM\lx\15\FileInputStream 与 FileOutputStream 类.exe

FileInputStream 类与 FileOutputStream 类都用来操作磁盘文件。如果用户的文件读取需求比较简单,则可以使用 FileInputStream 类,该类继承自 InputStream 类。FileOutputStream 类与 FileInputStream 类对应,提供了基本的文件写入能力。FileOutputStream 类是 OutputStream 类的子类。

FileInputStream 类常用的构造方法如下:

☑ FileInputStream(String name)。
☑ FileInputStream(File file)。

第一个构造方法使用给定的文件名 name 创建一个 FileInputStream 对象,第二个构造方法使用 File 对象创建 FileInputStream 对象。第一个构造方法比较简单,但第二个构造方法允许在把文件连接输入流之前对文件作进一步分析。

FileOutputStream 类有与 FileInputStream 类相同的参数构造方法,创建一个 FileOutputStream 对象时,可以指定不存在的文件名,但此文件不能是一个已被其他程序打开的文件。下面的实例就是使用 FileInputStream 与 FileOutputStream 类实现文件的读取与写入功能的。

【例 15.3】 使用 FileOutputStream 类向文件 word.txt 写入信息,然后通过 FileInputStream 类将文件中的数据读取到控制台上。(实例位置:光盘\TM\sl\15.03)

```
public class FileTest {                              //创建类
    public static void main(String[] args) {         //主方法
        File file = new File("word.txt");            //创建文件对象
        try {                                        //捕捉异常
            //创建 FileOutputStream 对象
            FileOutputStream out = new FileOutputStream(file);
            //创建 byte 型数组
            byte buy[] = "我有一只小毛驴,我从来也不骑。".getBytes();
            out.write(buy);                          //将数组中的信息写入到文件中
            out.close();                             //将流关闭
        } catch (Exception e) {                      //catch 语句处理异常信息
            e.printStackTrace();                     //输出异常信息
        }
        try {
            //创建 FileInputStream 类对象
```

```
            FileInputStream in = new FileInputStream(file);
            byte byt[] = new byte[1024];          //创建 byte 数组
            int len = in.read(byt);               //从文件中读取信息
            //将文件中的信息输出
            System.out.println("文件中的信息是：" + new String(byt, 0, len));
            in.close();                           //关闭流
        } catch (Exception e) {
            e.printStackTrace();
        }
    }
}
```

运行结果如图 15.9 所示。

图 15.9　例 15.3 的运行结果

> **说明**
> 虽然 Java 在程序结束时自动关闭所有打开的流，但是当使用完流后，显式地关闭所有打开的流仍是一个好习惯。一个被打开的流有可能会用尽系统资源，这取决于平台和实现。如果没有将打开的流关闭，当另一个程序试图打开另一个流时，可能会得不到需要的资源。

15.4.2　FileReader 和 FileWriter 类

视频讲解：光盘\TM\lx\15\FileReader 和 FileWriter 类.exe

使用 FileOutputStream 类向文件中写入数据与使用 FileInputStream 类从文件中将内容读出来，都存在一点不足，即这两个类都只提供了对字节或字节数组的读取方法。由于汉字在文件中占用两个字节，如果使用字节流，读取不好可能会出现乱码现象，此时采用字符流 Reader 或 Writer 类即可避免这种现象。

FileReader 和 FileWriter 字符流对应了 FileInputStream 和 FileOutputStream 类。FileReader 流顺序地读取文件，只要不关闭流，每次调用 read()方法就顺序地读取源中其余的内容，直到源的末尾或流被关闭。

下面通过一个应用程序介绍 FileReader 与 FileWriter 类的用法。

【例 15.4】 本实例创建 Swing 窗体，单击窗体中的"写入文件"按钮实现将文本框中的数据写入到磁盘文件中，单击"读取文件"按钮，系统将磁盘文件中的信息显示在文本框中。（**实例位置：光盘\TM\sl\15.04**）

```
/***************** 省略了导入相应的包 *****************/
public class Ftest extends JFrame {                    //创建类，继承 JFrame 类
    private static final long serialVersionUID = 1L;
    private JPanel jContentPane = null;                //创建面板对象
```

```java
        private JTextArea jTextArea = null;                    //创建文本域对象
        private JPanel controlPanel = null;                    //创建面板对象
        private JButton openButton = null;                     //创建按钮对象
        private JButton closeButton = null;                    //创建按钮对象
        /******************** 省略了对窗体进行布局代码 ******************/
        private JButton getOpenButton() {
            if (openButton == null) {
                openButton = new JButton();
                openButton.setText("写入文件");                //修改按钮的提示信息
                openButton.addActionListener(new ActionListener() {
                    //按钮的单击事件
                    public void actionPerformed(ActionEvent e) {
                        //创建文件对象
                        File file = new File("word.txt");
                        try {
                            //创建 FileWriter 对象
                            FileWriter out = new FileWriter(file);
                            //获取文本域中文本
                            String s = jTextArea.getText();
                            out.write(s);                       //将信息写入磁盘文件
                            out.close();                        //将流关闭
                        } catch (Exception e1) {
                            e1.printStackTrace();
                        }
                    }
                });
            }
            return openButton;
        }
        private JButton getCloseButton() {
            if (closeButton == null) {
                closeButton = new JButton();
                closeButton.setText("读取文件");               //修改按钮的提示信息
                closeButton.addActionListener(new ActionListener(){
                    //按钮的单击事件
                    public void actionPerformed(ActionEvent e) {
                        File file = new File("word.txt");      //创建文件对象
                        try {
                            //创建 FileReader 对象
                            FileReader in = new FileReader(file);
                            char byt[] = new char[1024];       //创建 char 型数组
                            int len = in.read(byt);            //将字节读入数组
                            //设置文本域的显示信息
                            jTextArea.setText(new String(byt, 0, len));
                            in.close();                        //关闭流
                        } catch (Exception e1) {
                            e1.printStackTrace();
                        }
                    }
                });
```

```
        }
        return closeButton;
    }
    public Ftest() {
        super();
        initialize();
    }
    private void initialize() {
        this.setSize(300, 200);
        this.setContentPane(getJContentPane());
        this.setTitle("JFrame");
    }
    private JPanel getJContentPane() {
        if (jContentPane == null) {
            jContentPane = new JPanel();
            jContentPane.setLayout(new BorderLayout());
            jContentPane.add(getJTextArea(), BorderLayout.CENTER);
            jContentPane.add(getControlPanel(), BorderLayout.SOUTH);
        }
        return jContentPane;
    }
    public static void main(String[] args) {        //主方法
        Ftest thisClass = new Ftest();              //创建本类对象
        thisClass.setDefaultCloseOperation(JFrame.EXIT_ON_CLOSE);
        thisClass.setVisible(true);                 //设置该窗体为显示状态
    }
}
```

运行结果如图 15.10 所示。

图 15.10　例 15.4 的运行结果

该程序设计了一个文本域和两个按钮，当单击"读取文件"按钮时，会将磁盘文件中的数据信息显示到文本域中；当单击"写入文件"按钮时，会将用户在文本域中的输入信息写入到磁盘文件中。

15.5 带缓存的输入/输出流

缓存是 I/O 的一种性能优化。缓存流为 I/O 流增加了内存缓存区。有了缓存区，使得在流上执行 skip()、mark()和 reset()方法都成为可能。

15.5.1 BufferedInputStream 与 BufferedOutputStream 类

📷 视频讲解：光盘\TM\lx\15\BufferedInputStream 与 BufferedOutputStream 类.exe

BufferedInputStream 类可以对所有 InputStream 类进行带缓存区的包装以达到性能的优化。BufferedInputStream 类有两个构造方法：

- ☑ BufferedInputStream(InputStream in)。
- ☑ BufferedInputStream(InputStream in,int size)。

第一种形式的构造方法创建了一个带有 32 个字节的缓存流；第二种形式的构造方法按指定的大小来创建缓存区。一个最优的缓存区的大小，取决于它所在的操作系统、可用的内存空间以及机器配置。从构造方法可以看出，BufferedInputStream 对象位于 InputStream 类对象之前。图 15.11 描述了字节数据读取文件的过程。

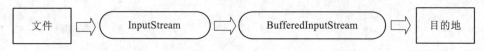

图 15.11 BufferedInputStream 读取文件过程

使用 BufferedOutputStream 输出信息和用 OutputStream 输出信息完全一样，只不过 BufferedOutputStream 有一个 flush()方法用来将缓存区的数据强制输出完。BufferedOutputStream 类也有两个构造方法：

- ☑ BufferedOutputStream(OutputStream in)。
- ☑ BufferedOutputStream(OutputStream in,int size)。

第一种构造方法创建一个有 32 个字节的缓存区，第二种构造方法以指定的大小来创建缓存区。

📢 注意

flush()方法就是用于即使在缓存区没有满的情况下，也将缓存区的内容强制写入到外设，习惯上称这个过程为刷新。flush()方法只对使用缓存区的 OutputStream 类的子类有效。当调用 close()方法时，系统在关闭流之前，也会将缓存区中的信息刷新到磁盘文件中。

15.5.2 BufferedReader 与 BufferedWriter 类

📷 视频讲解：光盘\TM\lx\15\BufferedReader 与 BufferedWriter 类.exe

BufferedReader 类与 BufferedWriter 类分别继承 Reader 类与 Writer 类。这两个类同样具有内部缓存

机制，并可以以行为单位进行输入/输出。

根据 BufferedReader 类的特点，总结出如图 15.12 所示的字符数据读取文件的过程。

图 15.12　BufferedReader 类读取文件的过程

BufferedReader 类常用的方法如下。

- ☑ read()方法：读取单个字符。
- ☑ readLine()方法：读取一个文本行，并将其返回为字符串。若无数据可读，则返回 null。

BufferedWriter 类中的方法都返回 void。常用的方法如下。

- ☑ write(String s, int off, int len)方法：写入字符串的某一部分。
- ☑ flush()方法：刷新该流的缓存。
- ☑ newLine()方法：写入一个行分隔符。

在使用 BufferedWriter 类的 Write()方法时，数据并没有立刻被写入输出流，而是首先进入缓存区中。如果想立刻将缓存区中的数据写入输出流，一定要调用 flush()方法。

【例 15.5】 本实例向指定的磁盘文件中写入数据，并通过 BufferedReader 类将文件中的信息分行显示。代码如下：（实例位置：光盘\TM\sl\15.05）

```java
public class Student {                                       //创建类
    public static void main(String args[]) {                 //主方法
        //定义字符串数组
        String content[] = { "好久不见", "最近好吗", "常联系" };
        File file = new File("word.txt");                    //创建文件对象
        try {
            FileWriter fw = new FileWriter(file);            //创建 FileWriter 类对象
            //创建 BufferedWriter 类对象
            BufferedWriter bufw = new BufferedWriter(fw);
            for (int k = 0; k < content.length; k++) {       //循环遍历数组
                bufw.write(content[k]);                      //将字符串数组中的元素写入到磁盘文件中
                bufw.newLine();                              //将数组中的单个元素以单行的形式写入文件
            }
            bufw.close();                                    //将 BufferedWriter 流关闭
            fw.close();                                      //将 FileWriter 流关闭
        } catch (Exception e) {                              //处理异常
            e.printStackTrace();
        }
        try {
            FileReader fr = new FileReader(file);            //创建 FileReader 类对象
            //创建 BufferedReader 类对象
            BufferedReader bufr = new BufferedReader(fr);
            String s = null;                                 //创建字符串对象
            int i = 0;                                       //声明 int 型变量
            //如果文件的文本行数不为 null，则进入循环
            while ((s = bufr.readLine()) != null) {
                i++;                                         //将变量做自增运算
```

```
                System.out.println("第" + i + "行:" + s);      //输出文件数据
            }
            bufr.close();                                    //将 FileReader 流关闭
            fr.close();                                      //将 FileReader 流关闭
        } catch (Exception e) {                              //处理异常
            e.printStackTrace();
        }
    }
}
```

运行结果如图 15.13 所示。

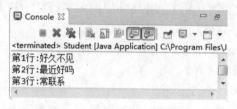

图 15.13　例 15.5 的运行结果

15.6　数据输入/输出流

视频讲解：光盘\TM\lx\15\数据输入输出流.exe

数据输入/输出流（DataInputStream 类与 DataOutputStream 类）允许应用程序以与机器无关的方式从底层输入流中读取基本 Java 数据类型。也就是说，当读取一个数据时，不必再关心这个数值应当是哪种字节。

DataInputStream 类与 DataOutputStream 类的构造方法如下。

☑　DataInputStream(InputStream in)：使用指定的基础 InputStream 创建一个 DataInputStream。

☑　DataOutputStream(OutputStream out)：创建一个新的数据输出流，将数据写入指定基础输出流。

DataOutputStream 类提供了如下 3 种写入字符串的方法。

☑　writeBytes(String s)。

☑　writeChars(String s)。

☑　writeUTF(String s)。

由于 Java 中的字符是 Unicode 编码，是双字节的，writeBytes 只是将字符串中的每一个字符的低字节内容写入目标设备中；而 writeChars 将字符串中的每一个字符的两个字节的内容都写到目标设备中；writeUTF 将字符串按照 UTF 编码后的字节长度写入目标设备，然后才是每一个字节的 UTF 编码。

DataInputStream 类只提供了一个 readUTF()方法返回字符串。这是因为要在一个连续的字节流读取一个字符串，如果没有特殊的标记作为一个字符串的结尾，并且不知道这个字符串的长度，就无法知道读取到什么位置才是这个字符串的结束。DataOutputStream 类中只有 writeUTF()方法向目标设备中写入字符串的长度，所以也能准确地读回写入字符串。

【例 15.6】　分别通过 DataOutputStream 类的 writeUTF()、writeChars()和 writeBytes()方法向指定的

磁盘文件中写入数据,并通过 DataInputStream 类的 readUTF()方法将写入的数据输出到控制台上。(实例位置:光盘\TM\sl\15.06)

```java
public class Example_01 {                          //创建类
    public static void main(String[] args) {       //主方法
        try {
            //创建 FileOutputStream 对象
            FileOutputStream fs = new FileOutputStream("word.txt");
            //创建 DataOutputStream 对象
            DataOutputStream ds = new DataOutputStream(fs);
            ds.writeUTF("使用 writeUFT()方法写入数据;");  //写入磁盘文件数据
            ds.writeChars("使用 writeChars()方法写入数据;");
            ds.writeBytes("使用 writeBytes()方法写入数据.");
            ds.close();                            //将流关闭
            //创建 FileInputStream 对象
            FileInputStream fis = new FileInputStream("word.txt");
            //创建 DataInputStream 对象
            DataInputStream dis = new DataInputStream(fis);
            System.out.print(dis.readUTF());       //将文件数据输出
        } catch (Exception e) {
            e.printStackTrace();                   //输出异常信息
        }
    }
}
```

运行结果如图 15.14 所示。

使用记事本程序将 word.txt 打开,如图 15.15 所示。尽管在记事本程序中看不出 writeUTF()写入的字符串是"使用 writeUFT()方法写入数据",但程序通过 readUTF()读回后显示在屏幕上的仍是"使用 writeUFT()方法写入数据"。但如果使用 writeChars()和 writeBytes()方法写入字符串后,再读取回来就不容易了,读者不妨编写程序尝试一下。

图 15.14 例 15.6 的运行结果

图 15.15 word.txt 文件内容

15.7 ZIP 压缩输入/输出流

ZIP 压缩管理文件(ZIP archive)是一种十分典型的文件压缩形式,使用它可以节省存储空间。关于 ZIP 压缩的 I/O 实现,在 Java 的内置类中提供了非常好用的相关类,所以其实现方式非常简单。本节将介绍使用 java.util.zip 包中的 ZipOutputStream 与 ZipInputStream 类来实现文件的压缩/解压缩。如要从 ZIP 压缩管理文件内读取某个文件,要先找到对应该文件的"目录进入点"(从它可知该文件在 ZIP 文件内的位置），才能读取这个文件的内容。如果要将文件内容写入 ZIP 文件内，必须先写入对应于该文件的"目录进入点"，并且把要写入文件内容的位置移到此进入点所指的位置，然后再写入文件内容。

Java 实现了 I/O 数据流与网络数据流的单一接口，因此数据的压缩、网络传输和解压缩的实现比较容易。ZipEntry 类产生的对象，是用来代表一个 ZIP 压缩文件内的进入点（entry）。ZipInputStream 类用来读取 ZIP 压缩格式的文件，所支持的包括已压缩及未压缩的进入点（entry）。ZipOutputStream 类用来写出 ZIP 压缩格式的文件，而且所支持的包括已压缩及未压缩的进入点（entry）。下面介绍利用 ZipEntry、ZipInputStream 和 ZipOutputStream 3 个 Java 类实现 ZIP 数据压缩方式的编程方法。

15.7.1 压缩文件

视频讲解：光盘\TM\lx\15\压缩文件.exe

利用 ZipOutputStream 类对象，可将文件压缩为.zip 文件。ZipOutputStream 类的构造方法如下：

`ZipOutputStream(OutputStream out);`

ZipOutputStream 类的常用方法如表 15.2 所示。

表 15.2 ZipOutputStream 类的常用方法

方　　法	返　回　值	说　　明
putNextEntry(ZipEntry e)	void	开始写一个新的 ZipEntry，并将流内的位置移至此 entry 所指数据的开头
write(byte[] b , int off , int len)	void	将字节数组写入当前 ZIP 条目数据
finish()	void	完成写入 ZIP 输出流的内容，无须关闭它所配合的 OutputStream
setComment(String comment)	void	可设置此 ZIP 文件的注释文字

下面的实例为压缩 E 盘的 hello 文件夹，在该文件夹中有 hello1.txt 和 hello2.txt 文件，并将压缩后的 hello.zip 文件夹保存在 E 盘根目录下。

【例 15.7】 本实例创建类 MyZip，在 zip()方法中实现使用 ZipOutputStream 类对文件进行压缩，在主方法中调用该方法。（实例位置：光盘\TM\sl\15.07）

```java
public class MyZip {                                                    //创建类
    private void zip(String zipFileName, File inputFile) throws Exception {
        ZipOutputStream out = new ZipOutputStream(new FileOutputStream(
                zipFileName));                                          //创建 ZipOutputStream 类对象
        zip(out, inputFile, "");                                        //调用方法
        System.out.println("压缩中…");                                  //输出信息
        out.close();                                                    //将流关闭
    }
    private void zip(ZipOutputStream out, File f, String base)
            throws Exception {                                          //方法重载
        if (f.isDirectory()) {                                          //测试此抽象路径名表示的文件是否为一个目录
            File[] fl = f.listFiles();                                  //获取路径数组
            if (base.length() != 0) {
                out.putNextEntry(new ZipEntry(base + "/"));             //写入此目录的 entry
            }
```

```
                for (int i = 0; i < fl.length; i++) {        //循环遍历数组中的文件
                    zip(out, fl[i], base + fl[i]);
                }
            } else {
                out.putNextEntry(new ZipEntry(base));        //创建新的进入点
                //创建 FileInputStream 对象
                FileInputStream in = new FileInputStream(f);
                int b;                                        //定义 int 型变量
                System.out.println(base);
                while ((b = in.read()) != -1) {               //如果没有到达流的尾部
                    out.write(b);                              //将字节写入当前 ZIP 条目
                }
                in.close();                                    //关闭流
            }
        }
        public static void main(String[] temp) {              //主方法
            MyZip book = new MyZip();                         //创建本例对象
            try {
                //调用方法，参数为压缩后的文件与要压缩的文件
                book.zip("E:/hello.zip", new File("E:/hello"));
                System.out.println("压缩完成");                //输出信息
            } catch (Exception ex) {
            }
        }
    }
```

运行程序，可发现控制台的变化如图 15.16 所示。

从这个实例中可以看出，每一个 ZIP 文件中可能包含多个文件（本实例中包含了实例的源代码文件）。使用 ZipOutputStream 类将文件写入目标 ZIP 文件时，必须先使用 ZipOutputStream 对象的 putNextEntry()方法，写入个别文件的 entry，将流内目前指到的位置移到该 entry 所指的开头位置。

执行完之后，在当前项目目录下会产生 hello.zip 压缩文件，将其打开后如图 15.17 所示。

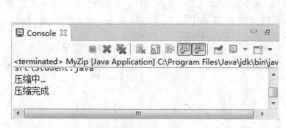

图 15.16 例 15.7 的运行结果

图 15.17 hello.zip 文件

15.7.2 解压缩 ZIP 文件

视频讲解：光盘\TM\lx\15\解压缩 ZIP 文件.exe

ZipInputStream 类可读取 ZIP 压缩格式的文件，包括已压缩和未压缩的条目（entry）。ZipInputStream

类的构造方法如下：

ZipInputStream(InputStream in)

ZipInputStream 类的常用方法如表 15.3 所示。

表 15.3 ZipInputStream 类的常用方法

方法	返回值	说明
read(byte[] b , int off , int len)	int	读取目标 b 数组内 off 偏移量的位置，长度是 len 字节
available()	int	判断是否已读完目前 entry 所指定的数据。已读完返回 0，否则返回 1
closeEntry()	void	关闭当前 ZIP 条目并定位流以读取下一个条目
skip(long n)	long	跳过当前 ZIP 条目中指定的字节数
getNextEntry()	ZipEntry	读取下一个 ZipEntry，并将流内的位置移至该 entry 所指数据的开头
createZipEntry(String name)	ZipEntry	以指定的 name 参数新建一个 ZipEntry 对象

下面的实例是将执行例 15.7 后生成的压缩文件 hello.zip 进行解压，解压后的文件存储在 ZipEntry 类的 getName()方法获取的目录下。

【例 15.8】 创建类 Decompressing，通过 ZipInputStream 类将例 15.7 生成的压缩文件解压到指定文件夹中。（实例位置：光盘\TM\sl\15.08）

```java
public class Decompressing {                                          //创建文件
    public static void main(String[] temp) {
        File file = new File("hello.zip");                            //当前压缩文件
        ZipInputStream zin;                                           //创建 ZipInputStream 对象
        try {                                                         //try 语句捕获可能发生的异常
            ZipFile zipFile = new ZipFile(file);                      //创建压缩文件对象
            zin = new ZipInputStream(new FileInputStream(file));      //实例化对象，指明要进行解压的文件
            ZipEntry entry = zin.getNextEntry();                      //跳过根目录，获取下一个 ZipEntry
            while (((entry = zin.getNextEntry()) != null)
                    && !entry.isDirectory()) {                        //如果 entry 不为空，并不在同一目录下
                File tmp = new File("C:\\" + entry.getName());        //解压出的文件路径
                if (!tmp.exists()) {                                  //如果该文件不存在
                    tmp.getParentFile().mkdirs();                     //创建文件父类文件夹路径
                    OutputStream os = new FileOutputStream(tmp);      //将文件目录中的文件放入输出流
                    //用输入流读取压缩文件中制定目录中的文件
                    InputStream in = zipFile.getInputStream(entry);
                    int count = 0;                                    //创建临时变量
                    while ((count = in.read()) != -1) {               //如有输入流可以读取到数值
                        os.write(count);                              //输出流写入
                    }
                    os.close();                                       //关闭输出流
                    in.close();                                       //关闭输入流
                }
                zin.closeEntry();                                     //关闭当前 entry
                System.out.println(entry.getName() + "解压成功");
            }
            zin.close();                                              //关闭流
        } catch (Exception e) {
```

```
            e.printStackTrace();
        }
    }
}
```

运行结果如图 15.18 所示。

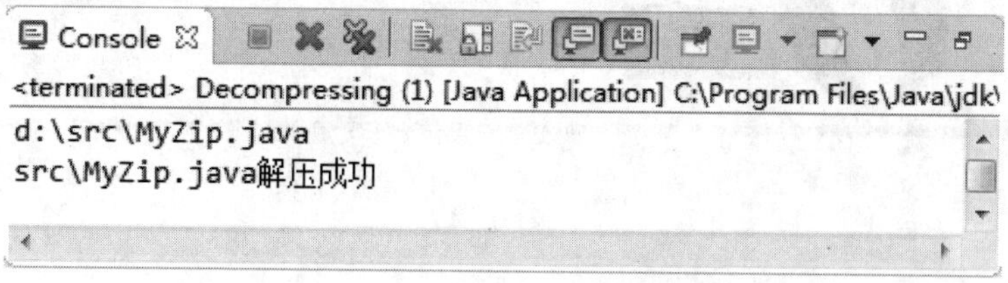

图 15.18　例 15.8 的运行结果

程序执行完毕之后，E 盘的 hello 文件夹中将包含 hello1.txt 与 hello2.txt 文件。本实例是通过 ZipEntry 类的 getName()方法得知此文件的名称（含 path），借此来决定压缩之后的目录和文件名。使用 ZipInputStream 类来解压文件，必须先使用 ZipInputStream 类的 getNextEntry()方法来取得其内的第一个 ZipEntry。

15.8　小　　结

本章介绍了 Java 输入/输出流，Java I/O（输入/输出）机制提供了一套简单的标准化 API，以方便从不同的数据源读取和写入字符或字节数据。学习 Java 的 I/O 处理技术，必须了解 Java 的字节流和字符流。对于字节流和字符流扩展的子类也应熟练掌握。这些子类所实现的数据流可以把数据输出到指定的设备终端，或者从指定的设备终端输入数据。另外，使用数据流来读取磁盘文件信息以及使用数据流向磁盘文件写入信息，也是本章的重点，读者应该熟练掌握。

15.9　实践与练习

1．编写程序，实现读取文件时出现一个表示读取进度的进度条。可使用 javax.swing 包提供的输入流类 ProgressMonitorInputStream。（**答案位置：光盘\TM\sl\15.09**）

2．编写程序，使用字符输入、输出流读取文件，将一段文字加密后存入文件，然后再读取，并将加密前与加密后的文件输出。（**答案位置：光盘\TM\sl\15.10**）

3．编写程序，实现当用户输入姓名和密码时，将每一个姓名和密码加在文件中，如果用户输入 done，就结束程序。（**答案位置：光盘\TM\sl\15.11**）

第16章

反射

（ 视频讲解：22分钟）

通过 Java 的反射机制，程序员可以更深入地控制程序的运行过程，如在程序运行时对用户输入的信息进行验证，还可以逆向控制程序的执行过程。

另外，Java 还提供了 Annotation 功能，该功能建立在反射机制的基础上，本章对此也作了讲解，包括定义 Annotation 类型的方法和在程序运行时访问 Annotation 信息的方法。为了便于读者理解，在讲解过程中还结合了大量的实例。

通过阅读本章，您可以：

- ▶▶ 学会通过反射访问构造方法的方法
- ▶▶ 学会通过反射访问成员变量的方法
- ▶▶ 学会通过反射访问方法的方法
- ▶▶ 学会定义 Annotation 类型的方法
- ▶▶ 学会访问 Annotation 信息的方法

16.1　Class 类与 Java 反射

通过 Java 反射机制，可以在程序中访问已经装载到 JVM 中的 Java 对象的描述，实现访问、检测和修改描述 Java 对象本身信息的功能。Java 反射机制的功能十分强大，在 java.lang.reflect 包中提供了对该功能的支持。

众所周知，所有 Java 类均继承了 Object 类，在 Object 类中定义了一个 getClass()方法，该方法返回一个类型为 Class 的对象。例如下面的代码：

Class textFieldC = textField.getClass();　　　//textField 为 JTextField 类的对象

利用 Class 类的对象 textFieldC，可以访问用来返回该对象的 textField 对象的描述信息。可以访问的主要描述信息如表 16.1 所示。

表 16.1　通过反射可访问的主要描述信息

组成部分	访问方法	返回值类型	说明
包路径	getPackage()	Package 对象	获得该类的存放路径
类名称	getName()	String 对象	获得该类的名称
继承类	getSuperclass()	Class 对象	获得该类继承的类
实现接口	getInterfaces()	Class 型数组	获得该类实现的所有接口
构造方法	getConstructors()	Constructor 型数组	获得所有权限为 public 的构造方法
	getConstructor(Class<?>…parameterTypes)	Constructor 对象	获得权限为 public 的指定构造方法
	getDeclaredConstructors()	Constructor 型数组	获得所有构造方法；按声明顺序返回
	getDeclaredConstructor(Class<?>…parameterTypes)	Constructor 对象	获得指定构造方法
方法	getMethods()	Method 型数组	获得所有权限为 public 的方法
	getMethod(String name, Class<?>…parameterTypes)	Method 对象	获得权限为 public 的指定方法
	getDeclaredMethods()	Method 型数组	获得所有方法，按声明顺序返回
	getDeclaredMethod(String name, Class<?>…parameterTypes)	Method 对象	获得指定方法
成员变量	getFields()	Field 型数组	获得所有权限为 public 的成员变量
	getField(String name)	Field 对象	获得权限为 public 的指定成员变量
	getDeclaredFields()	Field 型数组	获得所有成员变量，按声明顺序返回
	getDeclaredField(String name)	Field 对象	获得指定成员变量
内部类	getClasses()	Class 型数组	获得所有权限为 public 的内部类
	getDeclaredClasses()	Class 型数组	获得所有内部类
内部类的声明类	getDeclaringClass()	Class 对象	如果该类为内部类,则返回它的成员类,否则返回 null

> **说明**
>
> 在通过getFields()和getMethods()方法依次获得权限为public的成员变量和方法时,将包含从超类中继承到的成员变量和方法;而通过方法getDeclaredFields()和getDeclaredMethods()只是获得在本类中定义的所有成员变量和方法。

16.1.1 访问构造方法

视频讲解:光盘\TM\lx\16\访问构造方法.exe

在通过下列一组方法访问构造方法时,将返回 Constructor 类型的对象或数组。每个 Constructor 对象代表一个构造方法,利用 Constructor 对象可以操纵相应的构造方法。

- ☑ getConstructors()。
- ☑ getConstructor(Class<?>…parameterTypes)。
- ☑ getDeclaredConstructors()。
- ☑ getDeclaredConstructor(Class<?>…parameterTypes)。

如果是访问指定的构造方法,需要根据该构造方法的入口参数的类型来访问。例如,访问一个入口参数类型依次为 String 和 int 型的构造方法,通过下面两种方式均可实现。

```
objectClass.getDeclaredConstructor(String.class, int.class);
objectClass.getDeclaredConstructor(new Class[] { String.class, int.class });
```

Constructor 类中提供的常用方法如表 16.2 所示。

表 16.2 Constructor 类的常用方法

方法	说明
isVarArgs()	查看该构造方法是否允许带有可变数量的参数,如果允许则返回 true,否则返回 false
getParameterTypes()	按照声明顺序以 Class 数组的形式获得该构造方法的各个参数的类型
getExceptionTypes()	以 Class 数组的形式获得该构造方法可能抛出的异常类型
newInstance(Object…initargs)	通过该构造方法利用指定参数创建一个该类的对象,如果未设置参数则表示采用默认无参数的构造方法
setAccessible(boolean flag)	如果该构造方法的权限为 private,默认为不允许通过反射利用 newInstance(Object…initargs)方法创建对象。如果先执行该方法,并将入口参数设为 true,则允许创建
getModifiers()	获得可以解析出该构造方法所采用修饰符的整数

通过 java.lang.reflect.Modifier 类可以解析出 getModifiers()方法的返回值所表示的修饰符信息,在该类中提供了一系列用来解析的静态方法,既可以查看是否被指定的修饰符修饰,还可以以字符串的形式获得所有修饰符。该类常用静态方法如表 16.3 所示。

表 16.3 Modifier 类中的常用解析方法

静态方法	说明
isPublic(int mod)	查看是否被 public 修饰符修饰,如果是则返回 true,否则返回 false
isProtected(int mod)	查看是否被 protected 修饰符修饰,如果是则返回 true,否则返回 false
isPrivate(int mod)	查看是否被 private 修饰符修饰,如果是则返回 true,否则返回 false

续表

静 态 方 法	说　明
isStatic(int mod)	查看是否被 static 修饰符修饰，如果是则返回 true，否则返回 false
isFinal(int mod)	查看是否被 final 修饰符修饰，如果是则返回 true，否则返回 false
toString(int mod)	以字符串的形式返回所有修饰符

例如，判断对象 constructor 所代表的构造方法是否被 private 修饰，以及以字符串形式获得该构造方法的所有修饰符的典型代码如下：

```
int modifiers = constructor.getModifiers();
boolean isEmbellishByPrivate = Modifier.isPrivate(modifiers);
String embellishment = Modifier.toString(modifiers);
```

【例 16.1】 访问构造方法。（实例位置：光盘\TM\sl\16.01）

首先创建一个 Example_01 类，在该类中声明一个 String 型成员变量和 3 个 int 型成员变量，并提供 3 个构造方法。具体代码如下：

```java
public class Example_01 {
    String s;
    int i, i2, i3;
    private Example_01() {
    }
    protected Example_01(String s, int i) {
        this.s = s;
        this.i = i;
    }
    public Example_01(String... strings) throws NumberFormatException {
        if (0 < strings.length)
            i = Integer.valueOf(strings[0]);
        if (1 < strings.length)
            i2 = Integer.valueOf(strings[1]);
        if (2 < strings.length)
            i3 = Integer.valueOf(strings[2]);
    }
    public void print() {
        System.out.println("s=" + s);
        System.out.println("i=" + i);
        System.out.println("i2=" + i2);
        System.out.println("i3=" + i3);
    }
}
```

然后编写测试类 Main_01，在该类中通过反射访问 Example_01 类中的所有构造方法，并将该构造方法是否允许带有可变数量的参数、入口参数类型和可能抛出的异常类型信息输出到控制台。关键代码如下：

```java
public class Main_01 {
    public static void main(String[] args) {
```

```java
        Example_01 example = new Example_01("10", "20", "30");
        Class<? extends Example_01> exampleC = example.getClass();
        //获得所有构造方法
        Constructor[] declaredConstructors = exampleC.getDeclaredConstructors();
        for (int i = 0; i < declaredConstructors.length; i++) {            //遍历构造方法
            Constructor<?> constructor = declaredConstructors[i];
            System.out.println("查看是否允许带有可变数量的参数：" + constructor.isVarArgs());
            System.out.println("该构造方法的入口参数类型依次为：");
            Class[] parameterTypes = constructor.getParameterTypes();      //获取所有参数类型
            for (int j = 0; j < parameterTypes.length; j++) {
                System.out.println(" " + parameterTypes[j]);
            }
            System.out.println("该构造方法可能抛出的异常类型为：");
            //获得所有可能抛出的异常信息类型
            Class[] exceptionTypes = constructor.getExceptionTypes();
            for (int j = 0; j < exceptionTypes.length; j++) {
                System.out.println(" " + exceptionTypes[j]);
            }
            Example_01 example2 = null;
            while (example2 == null) {
                try {//如果该成员变量的访问权限为private，则抛出异常，即不允许访问
                    if (i == 2)//通过执行默认没有参数的构造方法创建对象
                        example2 = (Example_01) constructor.newInstance();
                    else if (i == 1)
                        //通过执行具有两个参数的构造方法创建对象
                        example2 = (Example_01) constructor.newInstance("7", 5);
                    else {//通过执行具有可变数量参数的构造方法创建对象
                        Object[] parameters = new Object[] { new String[] { "100", "200", "300" } };
                        example2 = (Example_01) constructor.newInstance(parameters);
                    }
                } catch (Exception e) {
                    System.out.println("在创建对象时抛出异常，下面执行setAccessible()方法");
                    constructor.setAccessible(true);// 设置为允许访问
                }
            }
            if (example2 != null) {
                example2.print();
                System.out.println();
            }
        }
    }
}
```

运行本实例，当通过反射访问构造方法 Example_01()时，将输出如图 16.1 所示的信息；当通过反射访问构造方法 Example_01(String s, int i)时，将输出如图 16.2 所示的信息；当通过反射访问构造方法 Example_01(String…strings)时，将输出如图 16.3 所示的信息。

第16章 反射

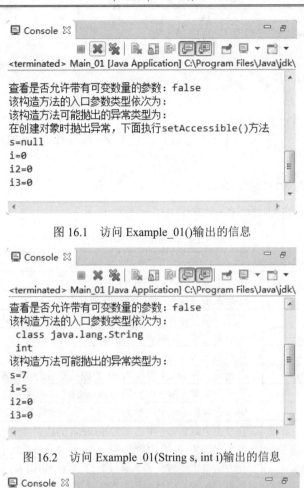

图16.1 访问 Example_01()输出的信息

图16.2 访问 Example_01(String s, int i)输出的信息

图16.3 访问 Example_01(String…strings)输出的信息

16.1.2 访问成员变量

视频讲解：光盘\TM\lx\16\访问成员变量.exe

在通过下列一组方法访问成员变量时，将返回 Field 类型的对象或数组。每个 Field 对象代表一个

成员变量，利用 Field 对象可以操纵相应的成员变量。
- ☑ getFields()。
- ☑ getField(String name)。
- ☑ getDeclaredFields()。
- ☑ getDeclaredField(String name)。

如果是访问指定的成员变量，可以通过该成员变量的名称来访问。例如，访问一个名称为 birthday 的成员变量，访问方法如下：

object. getDeclaredField("birthday");

Field 类中提供的常用方法如表 16.4 所示。

表 16.4 Field 类的常用方法

方 法	说 明
getName()	获得该成员变量的名称
getType()	获得表示该成员变量类型的 Class 对象
get(Object obj)	获得指定对象 obj 中成员变量的值，返回值为 Object 型
set(Object obj, Object value)	将指定对象 obj 中成员变量的值设置为 value
getInt(Object obj)	获得指定对象 obj 中类型为 int 的成员变量的值
setInt(Object obj, int i)	将指定对象 obj 中类型为 int 的成员变量的值设置为 i
getFloat(Object obj)	获得指定对象 obj 中类型为 float 的成员变量的值
setFloat(Object obj, float f)	将指定对象 obj 中类型为 float 的成员变量的值设置为 f
getBoolean(Object obj)	获得指定对象 obj 中类型为 boolean 的成员变量的值
setBoolean(Object obj, boolean z)	将指定对象 obj 中类型为 boolean 的成员变量的值设置为 z
setAccessible(boolean flag)	此方法可以设置是否忽略权限限制直接访问 private 等私有权限的成员变量
getModifiers()	获得可以解析出该成员变量所采用修饰符的整数

【例 16.2】 访问成员变量。（实例位置：光盘\TM\sl\16.02）

首先创建一个 Example_02 类，在该类中依次声明一个 int、float、boolean 和 String 型的成员变量，并将它们设置为不同的访问权限。具体代码如下：

```
public class Example_02 {
    int i;
    public float f;
    protected boolean b;
    private String s;
}
```

然后通过反射访问 Example_02 类中的所有成员变量，将成员变量的名称和类型信息输出到控制台，并分别将各个成员变量在修改前后的值输出到控制台。关键代码如下：

```
import java.lang.reflect.Field;
public class Main_02 {
    public static void main(String[] args) {
        Example_02 example = new Example_02();
        Class exampleC = example.getClass();
```

```java
//获得所有成员变量
Field[] declaredFields = exampleC.getDeclaredFields();
for (int i = 0; i < declaredFields.length; i++) {
    Field field = declaredFields[i];                    //遍历成员变量
    //获得成员变量名称
    System.out.println("名称为：" + field.getName());
    Class fieldType = field.getType();                  //获得成员变量类型
    System.out.println("类型为：" + fieldType);
    boolean isTurn = true;
    while (isTurn) {
        //如果该成员变量的访问权限为 private，则抛出异常，即不允许访问
        try {
            isTurn = false;
            //获得成员变量值
            System.out.println("修改前的值为：" + field.get(example));
            //判断成员变量的类型是否为 int 型
            if (fieldType.equals(int.class)) {
                System.out.println("利用方法 setInt()修改成员变量的值");
                field.setInt(example, 168);             //为 int 型成员变量赋值
            //判断成员变量的类型是否为 float 型
            } else if (fieldType.equals(float.class)) {
                System.out.println("利用方法 setFloat()修改成员变量的值");
                //为 float 型成员变量赋值
                field.setFloat(example, 99.9F);
                //判断成员变量的类型是否为 boolean 型
            } else if (fieldType.equals(boolean.class)) {
                System.out.println("利用方法 setBoolean()修改成员变量的值");
                //为 boolean 型成员变量赋值
                field.setBoolean(example, true);
            } else {
                System.out.println("利用方法 set()修改成员变量的值");
                //可以为各种类型的成员变量赋值
                field.set(example, "MWQ");
            }
            //获得成员变量值
            System.out.println("修改后的值为：" + field.get(example));
        } catch (Exception e) {
            System.out.println("在设置成员变量值时抛出异常，"
                    + "下面执行 setAccessible()方法！");
            field.setAccessible(true);  //设置为允许访问
            isTurn = true;
        }
    }
    System.out.println();
}
}
```

运行本例，在控制台将输出如图16.4所示的信息，会发现在访问权限为private的成员变量s时，需要执行setAccessible()方法，并将入口参数设为true，否则不允许访问。

图16.4　通过反射访问成员变量

16.1.3　访问方法

　　视频讲解：光盘\TM\lx\16\访问方法.exe

在通过下列一组方法访问方法时，将返回Method类型的对象或数组。每个Method对象代表一个方法，利用Method对象可以操纵相应的方法。

- ☑ getMethods()。
- ☑ getMethod(String name, Class<?>…parameterTypes)。
- ☑ getDeclaredMethods()。
- ☑ getDeclaredMethod(String name, Class<?>…parameterTypes)。

如果是访问指定的方法，需要根据该方法的名称和入口参数的类型来访问。例如，访问一个名称为print、入口参数类型依次为String和int型的方法，通过下面两种方式均可实现：

- ☑ objectClass.getDeclaredMethod("print", String.class, int.class);
- ☑ objectClass.getDeclaredMethod("print", new Class[] {String.class, int.class });

Method类中提供的常用方法如表16.5所示。

第 16 章 反射

表 16.5 Method 类的常用方法

方 法	说 明
getName()	获得该方法的名称
getParameterTypes()	按照声明顺序以 Class 数组的形式获得该方法的各个参数的类型
getReturnType()	以 Class 对象的形式获得该方法的返回值的类型
getExceptionTypes()	以 Class 数组的形式获得该方法可能抛出的异常类型
invoke(Object obj, Object…args)	利用指定参数 args 执行指定对象 obj 中的该方法，返回值为 Object 型
isVarArgs()	查看该构造方法是否允许带有可变数量的参数，如果允许则返回 true，否则返回 false
getModifiers()	获得可以解析出该方法所采用修饰符的整数

【例 16.3】 访问方法。（实例位置：光盘\TM\sl\16.03）

首先创建一个 Example_03 类，并编写 4 个典型的方法。具体代码如下：

```java
public class Example_03 {
    static void staticMethod() {
        System.out.println("执行 staticMethod()方法");
    }
    public int publicMethod(int i) {
        System.out.println("执行 publicMethod()方法");
        return i * 100;
    }
    protected int protectedMethod(String s, int i)
            throws NumberFormatException {
        System.out.println("执行 protectedMethod()方法");
        return Integer.valueOf(s) + i;
    }
    private String privateMethod(String… strings) {
        System.out.println("执行 privateMethod()方法");
        StringBuffer stringBuffer = new StringBuffer();
        for (int i = 0; i < strings.length; i++) {
            stringBuffer.append(strings[i]);
        }
        return stringBuffer.toString();
    }
}
```

然后通过反射访问 Example_03 类中的所有方法，将各个方法的名称、入口参数类型、返回值类型等信息输出到控制台，并执行部分方法。关键代码如下：

```java
//获得所有方法
Method[] declaredMethods = exampleC.getDeclaredMethods();
for (int i = 0; i < declaredMethods.length; i++) {
    Method method = declaredMethods[i];              //遍历方法
    System.out.println("名称为：" + method.getName());   //获得方法名称
    System.out.println("是否允许带有可变数量的参数：" + method.isVarArgs());
    System.out.println("入口参数类型依次为：");
    //获得所有参数类型
    Class[] parameterTypes = method.getParameterTypes();
    for (int j = 0; j < parameterTypes.length; j++) {
```

```java
            System.out.println(" " + parameterTypes[j]);
    }
    //获得方法返回值类型
    System.out.println("返回值类型为：" + method.getReturnType());
    System.out.println("可能抛出的异常类型有：");
    //获得方法可能抛出的所有异常类型
    Class[] exceptionTypes = method.getExceptionTypes();
    for (int j = 0; j < exceptionTypes.length; j++) {
            System.out.println(" " + exceptionTypes[j]);
    }
    boolean isTurn = true;
    while (isTurn) {
            //如果该方法的访问权限为 private，则抛出异常，即不允许访问
            try {
                    isTurn = false;
                    if("staticMethod".equals(method.getName()))
                        method.invoke(example);                     //执行没有入口参数的方法
                    else if("publicMethod".equals(method.getName()))
                        System.out.println("返回值为："
                                    + method.invoke(example, 168));    //执行方法
                    else if("protectedMethod".equals(method.getName()))
                        System.out.println("返回值为："
                                    + method.invoke(example, "7", 5));  //执行方法
                    else if("privateMethod".equals(method.getName())) {
                        Object[] parameters = new Object[] { new String[] {
                                "M", "W", "Q" } };                  //定义二维数组
                        System.out.println("返回值为："
                                    + method.invoke(example, parameters));
                    }
            } catch (Exception e) {
                    System.out.println("在执行方法时抛出异常，"
                                + "下面执行 setAccessible()方法！");
                    method.setAccessible(true);                      //设置为允许访问
                    isTurn = true;
            }
    }
    System.out.println();
}
```

注意

在反射中执行具有可变数量的参数的构造方法时，需要将入口参数定义成二维数组。

运行本实例，将依次访问方法 staticMethod()、publicMethod()、protectedMethod()和 privateMethod()，输出到控制台的信息依次如图 16.5、图 16.6、图 16.7 和图 16.8 所示。

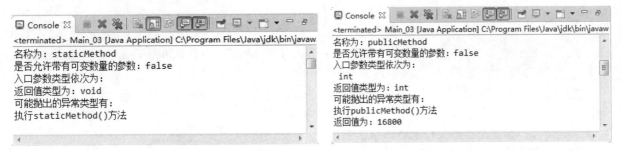

图 16.5　访问 staticMethod()方法输出的信息　　图 16.6　访问 publicMethod()方法输出的信息

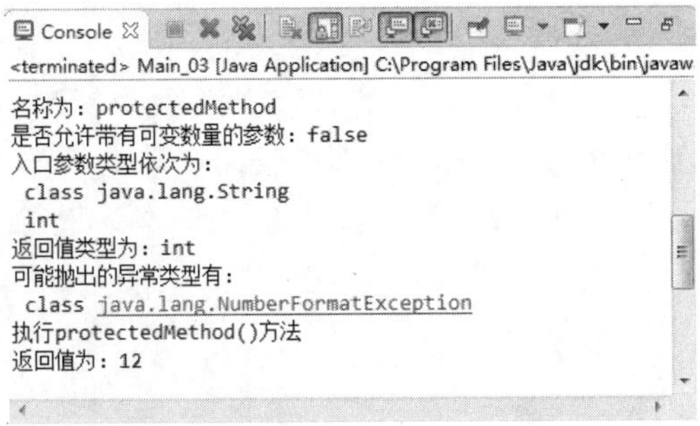

图 16.7　访问 protectedMethod()方法输出的信息 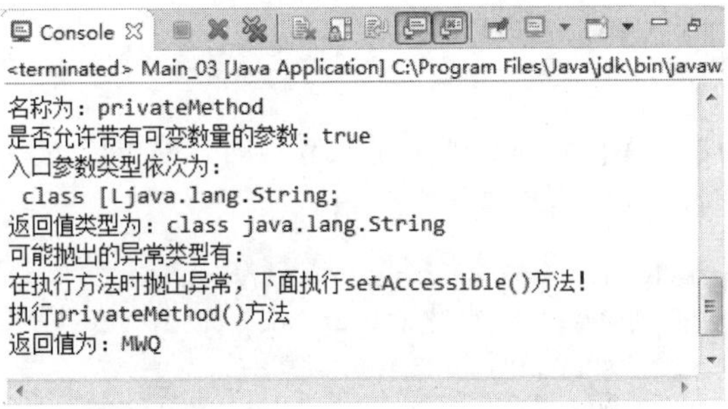　　图 16.8　访问 privateMethod()方法输出的信息

16.2　使用 Annotation 功能

Java 中提供了 Annotation 功能，该功能可用于类、构造方法、成员变量、方法、参数等的声明中。该功能并不影响程序的运行，但是会对编译器警告等辅助工具产生影响。本节将介绍 Annotation 功能的使用方法。

16.2.1　定义 Annotation 类型

视频讲解：光盘\TM\lx\16\定义 Annotation 类型.exe

在定义 Annotation 类型时，也需要用到用来定义接口的 interface 关键字，但需要在 interface 关键字前加一个"@"符号，即定义 Annotation 类型的关键字为@interface，这个关键字的隐含意思是继承了 java.lang.annotation.Annotation 接口。例如，下面的代码就定义了一个 Annotation 类型。

public @interface NoMemberAnnotation {
}

上面定义的 Annotation 类型@NoMemberAnnotation 未包含任何成员，这样的 Annotation 类型被称为 marker annotation。下面的代码定义了一个只包含一个成员的 Annotation 类型。

public @interface OneMemberAnnotation {

```
    String value();
}
```

- ☑ String：成员类型。可用的成员类型有 String、Class、primitive、enumerated 和 annotation，以及所列类型的数组。
- ☑ value：成员名称。如果在所定义的 Annotation 类型中只包含一个成员，通常将成员名称命名为 value。

下面的代码定义了一个包含多个成员的 Annotation 类型。

```
public @interface MoreMemberAnnotation {
    String describe();
    Class type();
}
```

在为 Annotation 类型定义成员时，也可以为成员设置默认值。例如，下面的代码在定义 Annotation 类型时就为成员设置了默认值。

```
public @interface DefaultValueAnnotation {
    String describe() default "<默认值>";
    Class type() default void.class;
}
```

在定义 Annotation 类型时，还可以通过 Annotation 类型@Target 来设置 Annotation 类型适用的程序元素种类。如果未设置@Target，则表示适用于所有程序元素。枚举类 ElementType 中的枚举常量用来设置@Targer，如表 16.6 所示。

表 16.6　枚举类 ElementType 中的枚举常量

枚 举 常 量	说　　明
ANNOTATION_TYPE	表示用于 Annotation 类型
TYPE	表示用于类、接口和枚举，以及 Annotation 类型
CONSTRUCTOR	表示用于构造方法
FIELD	表示用于成员变量和枚举常量
METHOD	表示用于方法
PARAMETER	表示用于参数
LOCAL_VARIABLE	表示用于局部变量
PACKAGE	表示用于包

通过 Annotation 类型@Retention 可以设置 Annotation 的有效范围。枚举类 RetentionPolicy 中的枚举常量用来设置@Retention，如表 16.7 所示。如果未设置@Retention，Annotation 的有效范围为枚举常量 CLASS 表示的范围。

表 16.7　枚举类 RetentionPolicy 中的枚举常量

枚 举 常 量	说　　明
SOURCE	表示不编译 Annotation 到类文件中，有效范围最小
CLASS	表示编译 Annotation 到类文件中，但是在运行时不加载 Annotation 到 JVM 中
RUNTIME	表示在运行时加载 Annotation 到 JVM 中，有效范围最大

【例 16.4】 定义并使用 Annotation 类型。（实例位置：光盘\TM\sl\16.04）

首先定义一个用来注释构造方法的 Annotation 类型@Constructor_Annotation，有效范围为在运行时加载 Annotation 到 JVM 中。完整代码如下：

```java
import java.lang.annotation.*;
@Target(ElementType.CONSTRUCTOR)
//用于构造方法
@Retention(RetentionPolicy.RUNTIME)
//在运行时加载 Annotation 到 JVM 中
public @interface Constructor_Annotation {
    String value() default "默认构造方法"; //定义一个具有默认值的 String 型成员
}
```

然后定义一个用来注释字段、方法和参数的 Annotation 类型@Field_Method_Parameter_Annotation，有效范围为在运行时加载 Annotation 到 JVM 中。完整代码如下：

```java
import java.lang.annotation.*;
//用于字段、方法和参数
@Target( { ElementType.FIELD, ElementType.METHOD, ElementType.PARAMETER })
@Retention(RetentionPolicy.RUNTIME)
//在运行时加载 Annotation 到 JVM 中
public @interface Field_Method_Parameter_Annotation {
    String describe();                  //定义一个没有默认值的 String 型成员
    Class type() default void.class;    //定义一个具有默认值的 Class 型成员
}
```

最后编写一个 Record 类，在该类中运用前面定义的 Annotation 类型@Constructor_Annotation 和 @Field_Method_Parameter_Annotation 对构造方法、字段、方法和参数进行注释。完整代码如下：

```java
public class Record {
    @Field_Method_Parameter_Annotation(describe = "编号", type = int.class)
    //注释字段
    int id;
    @Field_Method_Parameter_Annotation(describe = "姓名", type = String.class)
    String name;
    @Constructor_Annotation()
    //采用默认值注释构造方法
    public Record() {
    }
    @Constructor_Annotation("立即初始化构造方法")
    public Record(//注释构造方法
        @Field_Method_Parameter_Annotation(describe = "编号",
            type = int.class) int id,
        @Field_Method_Parameter_Annotation(describe = "姓名",
            type = String.class) String name) {
        this.id = id;
        this.name = name;
    }
    @Field_Method_Parameter_Annotation(describe = "获得编号",type=int.class)
```

```
    public int getId() {//注释方法
        return id;
    }
    @Field_Method_Parameter_Annotation(describe = "设置编号")
    public void setId(//成员 type 采用默认值注释方法
    //注释方法的参数
            @Field_Method_Parameter_Annotation(describe = "编号",
                    type = int.class) int id) {
        this.id = id;
    }
    @Field_Method_Parameter_Annotation(describe = "获得姓名",
            type = String.class)
    public String getName() {
        return name;
    }
    @Field_Method_Parameter_Annotation(describe = "设置姓名")
    public void setName(
            @Field_Method_Parameter_Annotation(describe = "姓名",
                    type = String.class) String name) {
        this.name = name;
    }
}
```

16.2.2 访问 Annotation 信息

视频讲解：光盘\TM\lx\16\访问 Annotation 信息.exe

如果在定义 Annotation 类型时将@Retention 设置为 RetentionPolicy.RUNTIME，那么在运行程序时通过反射就可以获取到相关的 Annotation 信息，如获取构造方法、字段和方法的 Annotation 信息。

类 Constructor、Field 和 Method 均继承了 AccessibleObject 类，在 AccessibleObject 中定义了 3 个关于 Annotation 的方法，其中方法 isAnnotationPresent(Class<? extends Annotation> annotationClass)用来查看是否添加了指定类型的 Annotation，如果是则返回 true,否则返回 false；方法 getAnnotation(Class<T> annotationClass)用来获得指定类型的 Annotation，如果存在则返回相应的对象，否则返回 null；方法 getAnnotations()用来获得所有的 Annotation，该方法将返回一个 Annotation 数组。

在类 Constructor 和 Method 中还定义了方法 getParameterAnnotations()，用来获得为所有参数添加的 Annotation，将以 Annotation 类型的二维数组返回，在数组中的顺序与声明的顺序相同，如果没有参数则返回一个长度为 0 的数组；如果存在未添加 Annotation 的参数，将用一个长度为 0 的嵌套数组占位。

【例 16.5】 访问 Annotation 信息。（实例位置：光盘\TM\sl\16.05）

本例将对 16.2.1 节中的例 16.4 进行扩展，实现在程序运行时通过反射访问 Record 类中的 Annotation 信息。首先编写访问构造方法及其包含参数的 Annotation 信息的代码。完整代码如下：

```
Constructor[] declaredConstructors = recordC
        .getDeclaredConstructors();                    //获得所有构造方法
for (int i = 0; i < declaredConstructors.length; i++) {
    Constructor constructor = declaredConstructors[i];    //遍历构造方法
```

```java
        //查看是否具有指定类型的注释
        if (constructor
                .isAnnotationPresent(Constructor_Annotation.class)) {
            //获得指定类型的注释
            Constructor_Annotation ca = (Constructor_Annotation) constructor
                    .getAnnotation(Constructor_Annotation.class);
            System.out.println(ca.value());                    //获得注释信息
        }
        Annotation[][] parameterAnnotations = constructor
                .getParameterAnnotations();                    //获得参数的注释
        for (int j = 0; j < parameterAnnotations.length; j++) {
            //获得指定参数注释的长度
            int length = parameterAnnotations[j].length;
            if (length == 0)            //如果长度为 0，则表示没有为该参数添加注释
                System.out.println("    未添加 Annotation 的参数");
            else
                for (int k = 0; k < length; k++) {
                    //获得参数的注释
                    Field_Method_Parameter_Annotation pa =
                        (Field_Method_Parameter_Annotation)
                        parameterAnnotations[j][k];
                    System.out.print("    " + pa.describe());   //获得参数描述
                    System.out.println("    " + pa.type());     //获得参数类型
                }
        }
        System.out.println();
}
```

然后编写访问字段的 Annotation 信息的代码。完整代码如下：

```java
Field[] declaredFields = recordC.getDeclaredFields();          //获得所有字段
for (int i = 0; i < declaredFields.length; i++) {
    Field field = declaredFields[i];                           //遍历字段
    //查看是否具有指定类型的注释
    if (field.isAnnotationPresent(
            Field_Method_Parameter_Annotation.class)) {
        //获得指定类型的注释
        Field_Method_Parameter_Annotation fa = field
                .getAnnotation(Field_Method_Parameter_Annotation.class);
        System.out.print("    " + fa.describe());              //获得字段的描述
        System.out.println("    " + fa.type());                //获得字段的类型
    }
}
```

最后编写访问方法及其包含参数的 Annotation 信息的代码。完整代码如下：

```java
Method[] methods = recordC.getDeclaredMethods();               //获得所有方法
for (int i = 0; i < methods.length; i++) {
    Method method = methods[i];                                //遍历方法
    //查看是否具有指定类型的注释
    if (method
```

```java
                    .isAnnotationPresent(Field_Method_Parameter_Annotation.class)) {
                //获得指定类型的注释
                Field_Method_Parameter_Annotation ma = method
                        .getAnnotation(Field_Method_Parameter_Annotation.class);
                System.out.println(ma.describe());               //获得方法的描述
                System.out.println(ma.type());                   //获得方法的返回值类型
            }
            Annotation[][] parameterAnnotations = method
                    .getParameterAnnotations();                  //获得参数的注释
            for (int j = 0; j < parameterAnnotations.length; j++) {
                int length = parameterAnnotations[j].length;     //获得指定参数注释的长度
                if (length == 0)                                 //如果长度为0，表示没有为该参数添加注释
                    System.out.println("    未添加 Annotation 的参数");
                else
                    for (int k = 0; k < length; k++) {
                        //获得指定类型的注释
                        Field_Method_Parameter_Annotation pa =
                            (Field_Method_Parameter_Annotation)
                            parameterAnnotations[j][k];
                        System.out.print("    " + pa.describe());   //获得参数的描述
                        System.out.println("    " + pa.type());     //获得参数的类型
                    }
            }
            System.out.println();
        }
```

运行本实例，当执行第一段测试代码时，控制台将输出如图 16.9 所示的信息；当执行第二段测试代码时，控制台将输出如图 16.10 所示的信息；当执行最后一段测试代码时，控制台将输出如图 16.11 所示的信息。

图 16.9　访问构造方法的 Annotation 信息

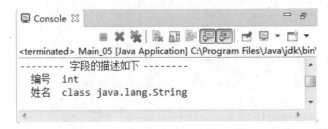

图 16.10　访问字段的 Annotation 信息

图 16.11　访问方法的 Annotation 信息

16.3　小　　结

通过对本章的学习，相信读者已经掌握了 Java 反射机制的使用方法。利用 Java 反射机制，可以在程序运行时访问类的所有描述信息（经常需要访问的有类的构造方法、成员变量和方法），实现逆向控制程序的执行过程。利用 Annotation 功能，可以对类、构造方法、成员变量、方法、参数等进行注释，在程序运行时通过反射可以读取这些信息，根据读取的信息也可以实现逆向控制程序的执行过程。

16.4　实践与练习

1. 利用反射实现通用扩展数组长度的方法。（答案位置：光盘\TM\sl\16.06）
2. 利用反射初步验证用户输入的信息。（答案位置：光盘\TM\sl\16.07）

第17章

枚举类型与泛型

（ 视频讲解：20分钟 ）

枚举类型可以取代以往常量的定义方式，即将常量封装在类或接口中，此外，它还提供了安全检查功能。枚举类型本质上还是以类的形式存在。泛型的出现不仅可以让程序员少写某些代码，主要的作用是解决类型安全问题，它提供编译时的安全检查，不会因为将对象置于某个容器中而失去其类型。本章将着重讲解枚举类型与泛型。

通过阅读本章，您可以：

▶▶ 掌握枚举类型

▶▶ 掌握泛型

17.1 枚举类型

使用枚举类型可以取代以往定义常量的方式，同时枚举类型还赋予程序在编译时进行检查的功能。本节就来详细介绍枚举类型。

17.1.1 使用枚举类型设置常量

> 视频讲解：光盘\TM\lx\17\使用枚举类型设置常量.exe

以往设置常量，通常将常量放置在接口中，这样在程序中就可以直接使用，并且该常量不能被修改，因为在接口中定义常量时，该常量的修饰符为 final 与 static。常规定义常量的代码如例 17.1 所示。

【例 17.1】 在项目中创建 Constants 接口，在接口中定义常量的常规方式。

```
public interface Constants {
    public static final int Constants_A=1;
    public static final int Constants_B=12;
}
```

枚举类型出现后，逐渐取代了这种常量定义方式。使用枚举类型定义常量的语法如下：

```
public enum Constants{
    Constants_A,
    Constants_B,
    Constants_C
}
```

其中，enum 是定义枚举类型关键字。当需要在程序中使用该常量时，可以使用 Constants.Constants_A 来表示。

下面举例介绍枚举类型定义常量的方式。

【例 17.2】 在项目中创建 Constants 接口，在该接口中定义两个整型变量，其修饰符都是 static 和 final；之后定义名称为 Constants2 的枚举类，将 Constants 接口的常量放置在该枚举类中；最后，创建名称为 Constants 的类文件，在该类中通过 doit()和 doit2()进行不同方式的调用，然后再通过主方法进行调用，体现枚举类型定义常量的方式。（实例位置：光盘\TM\sl\17.01）

```
interface Constants {                              //将常量放置在接口中
    public static final int Constants_A = 1;
    public static final int Constants_B = 12;
}
public class ConstantsTest {
    enum Constants2 {                              //将常量放置在枚举类型中
        Constants_A, Constants_B
    }
```

```java
//使用接口定义常量
public static void doit(int c) {                    //定义一个方法,这里的参数为 int 型
    switch (c) {                                    //根据常量的值做不同操作
        case Constants.Constants_A:
            System.out.println("doit() Constants_A");
            break;
        case Constants.Constants_B:
            System.out.println("doit() Constants_B");
            break;
    }
}
public static void doit2(Constants2 c) {            //定义一个参数对象是枚举类型的方法
    switch (c) {                                    //根据枚举类型对象做不同操作
        case Constants_A:
            System.out.println("doit2() Constants_A");
            break;
        case Constants_B:
            System.out.println("doit2() Constants_B");
            break;
    }
}
public static void main(String[] args) {
    ConstantsTest.doit(Constants.Constants_A);      //使用接口中定义的常量
    ConstantsTest.doit2(Constants2.Constants_A);    //使用枚举类型中的常量
    ConstantsTest.doit2(Constants2.Constants_B);    //使用枚举类型中的常量
    ConstantsTest.doit(3);
    //ConstantsTest.doit2(3);
}
}
```

在 Eclipse 中运行本实例,运行结果如图 17.1 所示。

图 17.1 使用枚举类型定义常量

在上述代码中,当用户调用 doit()方法时,即使编译器不接受在接口中定义的常量参数,也不会报错;但调用 doit2()方法,任意传递参数,编译器就会报错,因为这个方法只接受枚举类型的常量作为其参数。

枚举类型也可以在类的内部进行定义,下面将介绍如何在类的内部进行枚举类型的定义。

【例 17.3】 在项目中创建 ConstantsTest 类,该类中以内部类的形式定义枚举类型。

```java
public class ConstantsTest {
    enum Constants2{  //将常量放置在枚举类型中
        Constants_A,
        Constants_B
```

```
        }
    ...
}
```

这种形式类似于内部类形式，当编译该类时，除了 ConstantsTest.class 外，还存在 ConstantsTest$1.class 与 ConstantsTest$Constants2.class 文件。

17.1.2 深入了解枚举类型

> 视频讲解：光盘\TM\lx\17\深入了解枚举类型.exe

1. 操作枚举类型成员的方法

枚举类型较传统定义常量的方式，除了具有参数类型检测的优势之外，还具有其他方面的优势。

用户可以将一个枚举类型看作是一个类，它继承于 java.lang.Enum 类，当定义一个枚举类型时，每一个枚举类型成员都可以看作是枚举类型的一个实例，这些枚举类型成员都默认被 final、public、static 修饰，所以当使用枚举类型成员时直接使用枚举类型名称调用枚举类型成员即可。

由于枚举类型对象继承于 java.lang.Enum 类，所以该类中一些操作枚举类型的方法都可以应用到枚举类型中。表 17.1 中列举了枚举类型中的常用方法。

表 17.1 枚举类型的常用方法

方法名称	具体含义	使用方法	举 例
values()	该方法可以将枚举类型成员以数组的形式返回	枚举类型名称.values()	Constants2.values()
valueOf()	该方法可以实现将普通字符串转换为枚举实例	枚举类型名称.valueOf("abc")	Constants2.valueOf("abc")
compareTo()	该方法用于比较两个枚举对象在定义时的顺序	枚举对象.compareTo()	Constants_A.compareTo(Constants_B)
ordinal()	该方法用于得到枚举成员的位置索引	枚举对象.ordinal()	Constants_A.ordinal()

（1）values()

枚举类型实例包含一个 values() 方法，该方法将枚举类型的成员变量实例以数组的形式返回，也可以通过该方法获取枚举类型的成员。

【例 17.4】 在项目中创建 ShowEnum 类，在该类中使用枚举类型中的 values() 方法获取枚举类型中的成员变量。（实例位置：光盘\TM\sl\17.02）

```
import static java.lang.System.out;
public class ShowEnum {
    enum Constants2 {    //将常量放置在枚举类型中
        Constants_A, Constants_B
    }
    //循环由 values()方法返回的数组
    public static void main(String[] args) {
        for (int i = 0; i < Constants2.values().length; i++) {
```

```
        //将枚举成员变量打印
        out.println("枚举类型成员变量: " + Constants2.values()[i]);
    }
}
```

在 Eclipse 中运行本实例,结果如图 17.2 所示。

在例 17.4 中,由于 values()方法将枚举类型的成员以数组的形式返回,所以根据该数组的长度进行循环操作,然后将该数组中的值返回。

(2)valueOf()与 compareTo()

枚举类型中静态方法 valueOf()可以将普通字符串转换为枚举类型,而 compareTo()方法用于比较两个枚举类型对象定义时的顺序。

【例 17.5】 在项目中创建 EnumMethodTest 类,在该类中使用枚举类型中的 valueOf()与 compareTo()方法。(实例位置:光盘\TM\sl\17.03)

```
import static java.lang.System.out;
public class EnumMethodTest {
    enum Constants2 { //将常量放置在枚举类型中
        Constants_A, Constants_B
    }
    //定义比较枚举类型方法,参数类型为枚举类型
    public static void compare(Constants2 c) {
        //根据 values()方法返回的数组做循环操作
        for (int i = 0; i < Constants2.values().length; i++) {
            //将比较结果返回
            out.println(c + "与" + Constants2.values()[i] + "的比较结果为: "
                    + c.compareTo(Constants2.values()[i]));
        }
    }
    //在主方法中调用 compare()方法
    public static void main(String[] args) {
        compare(Constants2.valueOf("Constants_B"));
    }
}
```

在 Eclipse 中运行本实例,结果如图 17.3 所示。

图 17.2　使用枚举类型中的 values()方法获取枚举类型中的成员变量　　　　图 17.3　使用 compareTo()方法比较两个枚举类型成员定义的顺序

调用 compareTo()方法返回的结果,正值代表方法中参数在调用该方法的枚举对象位置之前;0 代表两个互相比较的枚举成员的位置相同;负值代表方法中参数在调用该方法的枚举对象位置之后。

（3）ordinal()

枚举类型中的 ordinal()方法用于获取某个枚举对象的位置索引值。

【例 17.6】 在项目中创建 EnumIndexTest 类，在该类中使用枚举类型中的 ordinal()方法获取枚举类型成员的位置索引。（实例位置：光盘\TM\sl\17.04）

```
import static java.lang.System.out;
public class EnumIndexTest {
    enum Constants2 {    //将常量放置在枚举类型中
        Constants_A, Constants_B, Constants_C
    }
    public static void main(String[] args) {
        for (int i = 0; i < Constants2.values().length; i++) {
            //在循环中获取枚举类型成员的索引位置
            out.println(Constants2.values()[i] + "在枚举类型中位置索引值"
                    + Constants2.values()[i].ordinal());
        }
    }
}
```

在 Eclipse 中运行本实例，结果如图 17.4 所示。

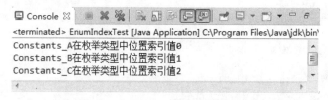

图 17.4　获取枚举类型成员的位置索引

在例 17.6 中，在循环中获取每个枚举对象时，调用 ordinal()方法即可相应获取该枚举类型成员的索引位置。

2．枚举类型中的构造方法

在枚举类型中，可以添加构造方法，但是规定这个构造方法必须为 private 修饰符所修饰。枚举类型定义的构造方法语法如下：

```
enum 枚举类型名称{
    Constants_A("我是枚举成员 A"),
    Constants_B("我是枚举成员 B"),
    Constants_C("我是枚举成员 C"),
    Constants_D(3);
    private String description;
    private Constants2(){           //定义默认构造方法
    }
    //定义带参数的构造方法，参数类型为字符串型
    private Constants2(String description) {
        this.description=description;
    }
    private Constants2(int i){      //定义带参数的构造方法，参数类型为整型
```

```
        this.i=this.i+i;
    }
}
```

从枚举类型构造方法的语法中可以看出，无论是无参构造方法还是有参构造方法，修饰权限都为 private。定义一个有参构造方法后，需要对枚举类型成员相应地使用该构造方法，如 Constants_A("我是枚举成员 A")和 Constants_D(3)语句，相应地使用了参数为 String 型和参数为 int 型的构造方法。然后可以在枚举类型中定义两个成员变量，在构造方法中为这两个成员变量赋值，这样就可以在枚举类型中定义该成员变量的 getXXX()方法了。

下面是在枚举类型中定义构造方法的实例。

【例 17.7】 在项目中创建 EnumIndexTest 类，在该类中定义枚举类型的构造方法。（实例位置：光盘\TM\sl\17.05）

```java
import static java.lang.System.out;
public class EnumIndexTest {
    enum Constants2 {                              //将常量放置在枚举类型中
        Constants_A("我是枚举成员 A"),              //定义带参数的枚举类型成员
        Constants_B("我是枚举成员 B"),
        Constants_C("我是枚举成员 C"),
        Constants_D(3);
        private String description;
        private int i = 4;
        private Constants2() {
        }
        //定义参数为 String 型的构造方法
        private Constants2(String description) {
            this.description = description;
        }
        private Constants2(int i) {                 //定义参数为 int 型的构造方法
            this.i = this.i + i;
        }
        public String getDescription() {            //获取 description 的值
            return description;
        }
        public int getI() {                         //获取 i 的值
            return i;
        }
    }
    public static void main(String[] args) {
        for (int i = 0; i < Constants2.values().length; i++) {
            out.println(Constants2.values()[i]+"调用 getDescription()方法为："
                    + Constants2.values()[i].getDescription());
        }
        out.println(Constants2.valueOf("Constants_D") + "调用 getI()方法为："
                + Constants2.valueOf("Constants_D").getI());
    }
}
```

在 Eclipse 中运行本实例，结果如图 17.5 所示。

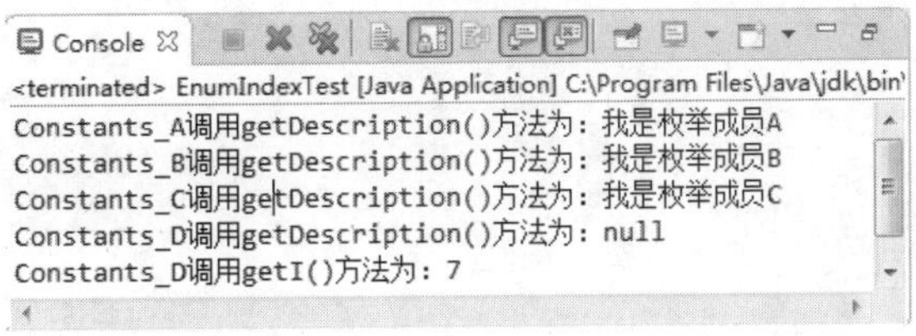

第 17 章 枚举类型与泛型

图 17.5 在枚举类型中定义构造方法

在本实例中,调用 getDescription()和 getI()方法,返回在枚举类型定义的构造方法中设置的操作。这里将枚举类型中的构造方法设置为 private 修饰,以防止客户代码实例化一个枚举对象。

除了可以使用例 17.7 中所示的方式定义 getDescription()方法获取枚举类型成员定义时的描述之外,还可以将这个 getDescription()方法放置在接口中,使枚举类型实现该接口,然后使每个枚举类型实现接口中的方法。

【例 17.8】 在项目中创建 d 接口和枚举类型的 AnyEnum 类,在枚举类型 AnyEnum 类中实现带方法的接口,使每个枚举类型成员实现该接口中的方法。(实例位置:光盘\TM\sl\17.06)

```java
import static java.lang.System.out;
interface d {
    public String getDescription();
    public int getI();
}
public enum AnyEnum implements d {
    Constants_A { //可以在枚举类型成员内部设置方法
        public String getDescription() {
            return ("我是枚举成员 A");
        }
        public int getI() {
            return i;
        }
    },
    Constants_B {
        public String getDescription() {
            return ("我是枚举成员 B");
        }
        public int getI() {
            return i;
        }
    },
    Constants_C {
        public String getDescription() {
            return ("我是枚举成员 C");
        }
        public int getI() {
            return i;
        }
    },
    Constants_D {
        public String getDescription() {
            return ("我是枚举成员 D");
```

```
            }
            public int getI() {
                return i;
            }
        };
        private static int i = 5;
        public static void main(String[] args) {
            for (int i = 0; i < AnyEnum.values().length; i++) {
                out.println(AnyEnum.values()[i] + "调用 getDescription()方法为："
                        + AnyEnum.values()[i].getDescription());
                out.println(AnyEnum.values()[i] + "调用 getI()方法为："
                        + AnyEnum.values()[i].getI());
            }
        }
}
```

在 Eclipse 中运行本实例，结果如图 17.6 所示。

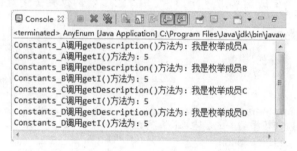

图 17.6　在每个枚举类型成员中实现接口中的方法

17.1.3　使用枚举类型的优势

视频讲解：光盘\TM\lx\17\使用枚举类型的优势.exe

枚举类型声明提供了一种用户友好的变量定义方法，枚举了某种数据类型所有可能出现的值。总结枚举类型，它具有以下特点：

- ☑ 类型安全。
- ☑ 紧凑有效的数据定义。
- ☑ 可以和程序其他部分完美交互。
- ☑ 运行效率高。

17.2　泛　　型

泛型实质上就是使程序员定义安全的类型。在没有出现泛型之前，Java 也提供了对 Object 的引用"任意化"操作，这种"任意化"操作就是对 Object 引用进行向下转型及向上转型操作，但某些强制类型转换的错误也许不会被编译器捕捉,而在运行后出现异常,可见强制类型转换存在安全隐患,所以在此提供了泛型机制。本节就来探讨泛型机制。

17.2.1 回顾向上转型与向下转型

视频讲解:光盘\TM\lx\17\回顾向上转型与向下转型.exe

在介绍泛型之前,先来看一个例子。

【例 17.9】 在项目中创建 Test 类,在该类中使基本类型向上转型为 Object 类型。(实例位置:光盘\TM\sl\17.07)

```
public class Test {
    private Object b;                          //定义 Object 类型成员变量
    public Object getB() {                     //设置相应的 getXXX()方法
        return b;
    }
    public void setB(Object b) {               //设置相应的 setXXX()方法
        this.b = b;
    }
    public static void main(String[] args) {
        Test t = new Test();
        t.setB(new Boolean(true));             //向上转型操作
        System.out.println(t.getB());
        t.setB(new Float(12.3));
        Float f = (Float) (t.getB());          //向下转型操作
        System.out.println(f);
    }
}
```

运行本实例,结果如图 17.7 所示。

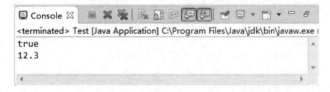

图 17.7 使基本类型向上转型为 Object 类型

在本实例中,Test 类中定义了私有的成员变量 b,它的类型为 Object 类型,同时为其定义了相应的 setXXX()与 getXXX()方法。在类主方法中,将 new Boolean(true)对象作为 setB()方法的参数,由于 setB() 方法的参数类型为 Object,这样就实现了向上转型操作。同时在调用 getB()方法时,将 getB()方法返回的 Object 对象以相应的类型返回,这个就是向下转型操作,问题通常就会出现在这里。因为向上转型是安全的,而如果进行向下转型操作时用错了类型,或者并没有执行该操作,就会出现异常,例如以下代码:

```
t.setB(new Float(12.3));
Integer f=(Integer)(t.getB());
System.out.println(f);
```

并不存在语法错误，所以可以被编译器接受，但在执行时会出现 ClassCastException 异常。这样看来，向下转型操作通常会出现问题，而泛型机制有效地解决了这一问题。

17.2.2 定义泛型类

视频讲解：光盘\TM\lx\17\定义泛型类.exe

Object 类为最上层的父类，很多程序员为了使程序更为通用，设计程序时通常使传入的值与返回的值都以 Object 类型为主。当需要使用这些实例时，必须正确地将该实例转换为原来的类型，否则在运行时将会发生 ClassCastException 异常。

在 JDK 1.5 版本以后，提出了泛型机制。其语法如下：

类名<T>

其中，T 代表一个类型的名称。

如果将例 17.9 改写为定义类时使用泛型的形式，关键代码如例 17.10 所示。

【例 17.10】 在项目中创建 OverClass 类，该类定义了泛型类。

```
public class OverClass<T> {                    //定义泛型类
    private T over;                            //定义泛型成员变量
    public T getOver() {                       //设置 getXXX()方法
        return over;
    }
    public void setOver(T over) {              //设置 setXXX()方法
        this.over = over;
    }
    public static void main(String[] args) {
        //实例化一个 Boolean 型的对象
        OverClass<Boolean> over1 = new OverClass<Boolean>();
        //实例化一个 Float 型的对象
        OverClass<Float> over2 = new OverClass<Float>();
        over1.setOver(true);                   //不需要进行类型转换
        over2.setOver(12.3f);
        Boolean b = over1.getOver();           //不需要进行类型转换
        Float f = over2.getOver();
        System.out.println(b);
        System.out.println(f);
    }
}
```

运行上述代码，结果与图 17.7 所示的结果一致。在例 17.10 中定义类时，在类名后添加了一个<T>语句，这里便使用了泛型机制。可以将 OverClass 类称为泛型类，同时返回和接受的参数使用 T 这个类型。最后在主方法中可以使用 Over<Boolean>形式返回一个 Boolean 型的对象，使用 OverClass<Float>形式返回一个 Float 型的对象，使这两个对象分别调用 setOver()方法不需要进行显式向上转型操作，setOver()方法直接接受相应类型的参数，而调用 getOver()方法时，不需要进行向下转型操作，直接将 getOver()方法返回的值赋予相应的类型变量即可。

从例 17.10 中可以看出，使用泛型定义的类在声明该类对象时可以根据不同的需求指定<T>真正的类型，而在使用类中的方法传递或返回数据类型时将不再需要进行类型转换操作，而是使用在声明泛型类对象时"<>"符号中设置的数据类型。

使用泛型这种形式将不会发生 ClassCastException 异常，因为在编译器中就可以检查类型匹配是否正确。

【例 17.11】 在项目中定义泛型类。

```
OverClass<Float> over2=new OverClass<Float>();
over2.setOver(12.3f);
//Integer i=over2.getOver(); //不能将 boolean 型的值赋予 Integer 变量
```

在例 17.11 中，由于 over2 对象在实例化时已经指定类型为 Float，而最后一条语句却将该对象获取出的 Float 类型值赋予 Integer 类型，所以编译器会报错。而如果使用向下转型操作，就会在运行上述代码时发生异常。

> **说明**
> 在定义泛型类时，一般类型名称使用 T 来表达，而容器的元素使用 E 来表达，具体的设置读者可以参看 JDK 5.0 以上版本的 API。

17.2.3 泛型的常规用法

视频讲解：光盘\TM\lx\17\泛型的常规用法.exe

1. 定义泛型类时声明多个类型

在定义泛型类时，可以声明多个类型。语法如下：

```
MutiOverClass<T1,T2>
MutiOverClass:泛型类名称
```

其中，T1 和 T2 为可能被定义的类型。

这样在实例化指定类型的对象时就可以指定多个类型。例如：

```
MutiOverClass<Boolean,Float>=new MutiOverClass<Boolean,Float>();
```

2. 定义泛型类时声明数组类型

定义泛型类时也可以声明数组类型，下面的实例中定义泛型时便声明了数组类型。

【例 17.12】 在项目中创建 ArrayClass 类，在该类中定义泛型类声明数组类型。（实例位置：光盘\TM\sl\17.08）

```
public class ArrayClass<T> {
    private T[] array;                    //定义泛型数组
    public void SetT(T[] array) {         //设置 SetXXX()方法为成员数组赋值
        this.array = array;
    }
```

```java
    public T[] getT() {                              //获取成员数组
        return array;
    }
    public static void main(String[] args) {
        ArrayClass<String> a = new ArrayClass<String>();
        String[] array = { "成员1", "成员2", "成员3", "成员4", "成员5" };
        a.SetT(array);                               //调用 SetT()方法
        for (int i = 0; i < a.getT().length; i++) {
            System.out.println(a.getT()[i]);   //调用 getT()方法返回数组中的值
        }
    }
}
```

在 Eclipse 中运行本实例，结果如图 17.8 所示。

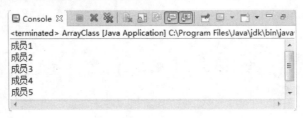

图 17.8　定义泛型类时声明数组类型

本实例在定义泛型类时声明一个成员数组，数组的类型为泛型，然后在泛型类中相应设置 setXXX() 与 getXXX()方法。

可见，可以在使用泛型机制时声明一个数组，但是不可以使用泛型来建立数组的实例。例如，下面的代码就是错误的：

```java
public class ArrayClass <T>{
    //private T[] array=new T[10]; //不能使用泛型来建立数组的实例
    ...
}
```

3．集合类声明容器的元素

可以使用 K 和 V 两个字符代表容器中的键值和与键值相对应的具体值。

【例 17.13】　在项目中创建 MutiOverClass 类，在该类中使用集合类声明容器的元素。（**实例位置：光盘\TM\sl\17.09**）

```java
import java.util.HashMap;
import java.util.Map;
public class MutiOverClass<K, V> {
    public Map<K, V> m = new HashMap<K, V>();        //定义一个集合 HashMap 实例
        //设置 put()方法，将对应的键值与键名存入集合对象中
    public void put(K k, V v) {
        m.put(k, v);
    }
    public V get(K k) {                              //根据键名获取键值
```

```
            return m.get(k);
        }
        public static void main(String[] args) {
            //实例化泛型类对象
            MutiOverClass<Integer, String> mu
            = new MutiOverClass<Integer, String>();
            for (int i = 0; i < 5; i++) {
                //根据集合的长度循环将键名与具体值放入集合中
                mu.put(i, "我是集合成员" + i);
            }
            for (int i = 0; i < mu.m.size(); i++) {
                //调用 get()方法获取集合中的值
                System.out.println(mu.get(i));
            }
        }
}
```

在 Eclipse 中运行本实例，结果如图 17.9 所示。

图 17.9　集合类声明容器的元素

其实在例 17.13 中定义的泛型类 MutiOverClass 纯属多余，因为在 Java 中这些集合框架已经都被泛型化了，可以在主方法中直接使用"public Map<K,V> m=new HashMap<K,V>();"语句创建实例，然后相应调用 Map 接口中的 put()与 get()方法完成填充容器或根据键名获取集合中具体值的功能。集合中除了 HashMap 这种集合类型之外，还包括 ArrayList、Vector 等。表 17.2 列举了几个常用的被泛型化的集合类。

表 17.2　常用的被泛型化的集合类

集　合　类	泛　型　定　义
ArrayList	ArrayList<E>
HashMap	HashMap<K,V>
HashSet	HashSet<E>
Vector	Vector<E>

下面的实例演示了这些集合的使用方式。

【例 17.14】 在项目中创建 AnyClass 类，在该类中使用泛型实例化常用集合类。（**实例位置：光盘\TM\sl\17.10**）

```
import java.util.ArrayList;
import java.util.HashMap;
import java.util.Map;
import java.util.Vector;
public class AnyClass {
```

```java
public static void main(String[] args) {
    //定义 ArrayList 容器, 设置容器内的值类型为 Integer
    ArrayList<Integer> a = new ArrayList<Integer>();
    a.add(1);                              //为容器添加新值
    for (int i = 0; i < a.size(); i++) {
        //根据容器的长度循环显示容器内的值
        System.out.println("获取 ArrayList 容器的值: " + a.get(i));
    }
    //定义 HashMap 容器, 设置容器的键名与键值类型分别为 Integer 与 String 型
    Map<Integer, String> m = new HashMap<Integer, String>();
    for (int i = 0; i < 5; i++) {
        m.put(i, "成员" + i);              //为容器填充键名与键值
    }
    for (int i = 0; i < m.size(); i++) {
        //根据键名获取键值
        System.out.println("获取 Map 容器的值" + m.get(i));
    }
    //定义 Vector 容器, 使容器中的内容为 String 型
    Vector<String> v = new Vector<String>();
    for (int i = 0; i < 5; i++) {
        v.addElement("成员" + i);          //为 Vector 容器添加内容
    }
    for (int i = 0; i < v.size(); i++) {
        //显示容器中的内容
        System.out.println("获取 Vector 容器的值" + v.get(i));
    }
}
```

在 Eclipse 中运行本实例, 结果如图 17.10 所示。

图 17.10　使用泛型实例化常用集合类

17.2.4　泛型的高级用法

视频讲解: 光盘\TM\lx\17\泛型的高级用法.exe

泛型的高级用法包括限制泛型可用类型和使用类型通配符等。

1. 限制泛型可用类型

默认可以使用任何类型来实例化一个泛型类对象，但 Java 中也对泛型类实例的类型作了限制。语法如下：

class 类名称<T extends anyClass>

其中，anyClass 指某个接口或类。

使用泛型限制后，泛型类的类型必须实现或继承了 anyClass 这个接口或类。无论 anyClass 是接口还是类，在进行泛型限制时都必须使用 extends 关键字。

【例 17.15】 在项目中创建 LimitClass 类，在该类中限制泛型类型。

```
import java.util.ArrayList;
import java.util.LinkedList;
import java.util.List;
public class LimitClass<T extends List> { //限制泛型的类型
    public static void main(String[] args) {
        //可以实例化已经实现 List 接口的类
        LimitClass<ArrayList> l1 = new LimitClass<ArrayList>();
        LimitClass<LinkedList> l2 = new LimitClass<LinkedList>();
        //这句是错误的，因为 HashMap 没有实现 List()接口
        //LimitClass<HashMap> l3=new LimitClass<HashMap>();
    }
}
```

在例 17.15 中，将泛型作了限制，设置泛型类型必须实现 List 接口。例如，ArrayList 和 LinkedList 都实现了 List 接口，而 HashMap 没有实现 List 接口，所以在这里不能实例化 HashMap 类型的泛型对象。

当没有使用 extends 关键字限制泛型类型时，默认 Object 类下的所有子类都可以实例化泛型类对象。如图 17.11 所示的两个语句是等价的。

```
public class a<T>{
    //...
}
        ⇩
public class a<T extends Object>{
    //...
}
```

图 17.11 两个等价的泛型类

2. 使用类型通配符

在泛型机制中，提供了类型通配符，其主要作用是在创建一个泛型类对象时限制这个泛型类的类型实现或继承某个接口或类的子类。要声明这样一个对象可以使用"?"通配符来表示，同时使用 extends 关键字来对泛型加以限制。

使用泛型类型通配符的语法如下：

泛型类名称<? extends List> a=null;

其中，<? extends List>表示类型未知，当需要使用该泛型对象时，可以单独实例化。

【例 17.16】 在项目中创建一个类文件，在该类中限制泛型类型。

```
A<? extends List> a=null;
a=new A<ArrayList>();
a=new A<LinkedList>();
```

如果实例化没有实现 List 接口的泛型对象，编译器将会报错。例如，实例化 HashMap 对象时，编

译器将会报错，因为 HashMap 类没有实现 List 接口。

除了可以实例化一个限制泛型类型的实例之外，还可以将该实例放置在方法的参数中。

【例 17.17】 在项目中创建一个类文件，在该类中的方法参数中使用匹配字符串。

```java
public void doSomething(A<? extends List> a){
}
```

在上述代码中，定义方式有效地限制了传入 doSomething()方法的参数类型。

如果使用 A<?>这种形式实例化泛型类对象，则默认表示可以将 A 指定为实例化 Object 及以下的子类类型。读者可能对这种编码类型有些疑惑，例 17.18 将直观地介绍 A<?>泛型机制。

【例 17.18】 在泛型中使用通配符形式。

```java
List<String> l1=new ArrayList<String>();      //实例化一个 ArrayList 对象
l1.add("成员");                                 //在集合中添加内容
List<?> l2=l1;                                 //使用通配符
List<?> l3=new LinkedList<Integer>();
System.out.println(l2.get(0));                 //获取集合中第一个值
```

在例 17.18 中，List<?>类型的对象可以接受 String 类型的 ArrayList 集合，也可以接受 Integer 类型的 LinkedList 集合。也许有的读者会有疑问，List<?> l2=l1 语句与 List l2=l1 存在何种本质区别？这里需要注意的是，使用通配符声明的名称实例化的对象不能对其加入新的信息，只能获取或删除。例如：

```java
l1.set(0, "成员改变");            //没有使用通配符的对象调用 set()方法
//l2.set(0, "成员改变");          //使用通配符的对象调用 set()方法，不能被调用
//l3.set(0, 1);
l2.get(0);                       //可以使用 l2 的实例获取集合中的值
l2.remove(0);                    //根据键名删除集合中的值
```

从上述代码中可以看出，由于对象 l1 是没有使用 A<?>这种形式初始化出来的对象，所以它可以调用 set()方法改变集合中的值，但 l2 与 l3 则是通过使用通配符的方式创建出来的，所以不能改变集合中的值。

> **技巧**
> 泛型类型限制除了可以向下限制之外，还可以进行向上限制，只要在定义时使用 super 关键字即可。例如，"A<? super List> a=null;"这样定义后，对象 a 只接受 List 接口或上层父类类型，如 "a=new A<Object>();"。

3．继承泛型类与实现泛型接口

定义为泛型的类和接口也可以被继承与实现。

【例 17.19】 在项目中创建一个类文件，在该类中继承泛型类。

```java
public class ExtendClass<T1>{
}
class SubClass<T1,T2,T3> extends ExtendClass<T1>{
}
```

如果在 SubClass 类继承 ExtendClass 类时保留父类的泛型类型，需要在继承时指明，如果没有指明，直接使用 extends ExtendsClass 语句进行继承操作，则 SubClass 类中的 T1、T2 和 T3 都会自动变为 Object，所以在一般情况下都将父类的泛型类型保留。

定义的泛型接口也可以被实现。

【例 17.20】 在项目中创建一个类文件，在该类中实现泛型接口。

```
interface i<T1>{
}
class SubClass2<T1,T2,T3> implements i<T1>{
}
```

17.2.5 泛型总结

视频讲解：光盘\TM\lx\17\泛型总结.exe

下面总结一下泛型的使用方法。
- ☑ 泛型的类型参数只能是类类型，不可以是简单类型，如 A<int>这种泛型定义就是错误的。
- ☑ 泛型的类型个数可以是多个。
- ☑ 可以使用 extends 关键字限制泛型的类型。
- ☑ 可以使用通配符限制泛型的类型。

17.3 小　　结

本章主要讲述了枚举类型以及泛型的用法。虽然枚举类型与泛型的语法比较简单，但是展开后的写法比较复杂，所以初学者应该仔细揣摩，并且对这两种机制做到简单掌握。此外，读者应该积极了解每个 JDK 版本新增的内容，而查看相应版本的 API 便是一种极为有效的手段。

17.4 实践与练习

1. 尝试定义一个枚举类型类，使用 switch 语句获取枚举类型的值。（答案位置：光盘\TM\sl\17.11）
2. 尝试定义一个泛型类，使用 extends 关键字限制该泛型类的类型为 List 接口，并分别创建两个泛型对象。（答案位置：光盘\TM\sl\17.12）
3. 尝试定义一个泛型类，并使用通配符。（答案位置：光盘\TM\sl\17.13）

第18章

多线程

（ 视频讲解：21分钟 ）

如果一次只完成一件事情，会很容易实现，但现实生活中很多事情都是同时进行的，所以在Java中为了模拟这种状态，引入了线程机制。简单地说，当程序同时完成多件事情时，就是所谓的多线程程序。多线程应用相当广泛，使用多线程可以创建窗口程序、网络程序等。本章将由浅入深地介绍多线程，除了介绍其概念之外，还结合实例让读者了解如何使程序具有多线程功能。

通过阅读本章，您可以：

- ▶▶ 了解线程
- ▶▶ 掌握实现线程的两种方式
- ▶▶ 掌握线程的生命周期
- ▶▶ 掌握线程的操作方法
- ▶▶ 掌握线程的优先级
- ▶▶ 掌握线程同步机制

第18章 多线程

18.1 线程简介

📹 视频讲解：光盘\TM\lx\18\线程简介.exe

世间万物都可以同时完成很多工作，例如，人体可以同时进行呼吸、血液循环、思考问题等活动，用户既可以使用计算机听歌，也可以使用它打印文件，而这些活动完全可以同时进行，这种思想放在 Java 中被称为并发，而将并发完成的每一件事情称为线程。

在 Java 中，并发机制非常重要，但并不是所有的程序语言都支持线程。在以往的程序中，多以一个任务完成后再进行下一个项目的模式进行开发，这样下一个任务的开始必须等待前一个任务的结束。Java 语言提供了并发机制，程序员可以在程序中执行多个线程，每一个线程完成一个功能，并与其他线程并发执行，这种机制被称为多线程。

多线程是非常复杂的机制，比如同时阅读 3 本书，首先阅读第 1 本书第 1 章，然后再阅读第 2 本书第 1 章，再阅读第 3 本书第 1 章，回过头再阅读第 1 本书第 2 章，依此类推，就体现了多线程的复杂性。

既然多线程这样复杂，那么它在操作系统中是怎样工作的呢？其实 Java 中的多线程在每个操作系统中的运行方式也存在差异，在此着重说明多线程在 Windows 操作系统中的运行模式。Windows 操作系统是多任务操作系统，它以进程为单位。一个进程是一个包含有自身地址的程序，每个独立执行的程序都称为进程，也就是正在执行的程序。系统可以分配给每个进程一段有限的使用 CPU 的时间（也可以称为 CPU 时间片），CPU 在这段时间中执行某个进程，然后下一个时间片又跳至另一个进程中去执行。由于 CPU 转换较快，所以使得每个进程好像是同时执行一样。

图 18.1 表明了 Windows 操作系统的执行模式。

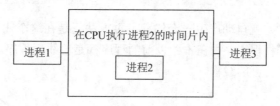

图 18.1 Windows 操作系统的执行模式

一个线程则是进程中的执行流程，一个进程中可以同时包括多个线程，每个线程也可以得到一小段程序的执行时间，这样一个进程就可以具有多个并发执行的线程。在单线程中，程序代码按调用顺序依次往下执行，如果需要一个进程同时完成多段代码的操作，就需要产生多线程。

18.2 实现线程的两种方式

在 Java 中主要提供两种方式实现线程，分别为继承 java.lang.Thread 类与实现 java.lang.Runnable 接口。本节将着重讲解这两种实现线程的方式。

18.2.1 继承 Thread 类

 视频讲解：光盘\TM\lx\18\继承 Thread 类.exe

Thread 类是 java.lang 包中的一个类，从这个类中实例化的对象代表线程，程序员启动一个新线程需要建立 Thread 实例。Thread 类中常用的两个构造方法如下：

- ☑ public Thread()：创建一个新的线程对象。
- ☑ public Thread(String threadName)：创建一个名称为 threadName 的线程对象。

继承 Thread 类创建一个新的线程的语法如下：

```
public class ThreadTest extends Thread{
}
```

完成线程真正功能的代码放在类的 run()方法中，当一个类继承 Thread 类后，就可以在该类中覆盖 run()方法，将实现该线程功能的代码写入 run()方法中，然后同时调用 Thread 类中的 start()方法执行线程，也就是调用 run()方法。

Thread 对象需要一个任务来执行，任务是指线程在启动时执行的工作，该工作的功能代码被写在 run()方法中。run()方法必须使用以下语法格式：

```
public void run(){
}
```

注意

如果 start()方法调用一个已经启动的线程，系统将抛出 IllegalThreadStateException 异常。

当执行一个线程程序时，就自动产生一个线程，主方法正是在这个线程上运行的。当不再启动其他线程时，该程序就为单线程程序，如在本章以前的程序都是单线程程序。主方法线程启动由 Java 虚拟机负责，程序员负责启动自己的线程。

代码如下：

```
public static void main(String[] args) {
    new ThreadTest().start();
}
```

下面看一个继承 Thread 类的实例。

【例 18.1】 在项目中创建 ThreadTest 类，该类继承 Thread 类方法创建线程。（实例位置：光盘\TM\sl\18.01）

```
public class ThreadTest extends Thread {          //指定类继承 Thread 类
    private int count = 10;
    public void run() {                            //重写 run()方法
        while (true) {
            System.out.print(count+" ");           //打印 count 变量
```

```
                if (--count == 0) {                    //使 count 变量自减,当自减为 0 时,退出循环
                    return;
                }
            }
        }
        public static void main(String[] args) {
            new ThreadTest().start();
        }
    }
```

在 Eclipse 中运行本实例,结果如图 18.2 所示。

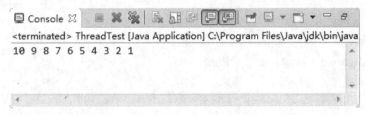

图 18.2　使用继承 Thread 类方法创建线程

在上述实例中,继承了 Thread 类,然后在类中覆盖了 run()方法。通常在 run()方法中使用无限循环的形式,使得线程一直运行下去,所以要指定一个跳出循环的条件,如本实例中使用变量 count 递减为 0 作为跳出循环的条件。

在 main 方法中,使线程执行需要调用 Thread 类中的 start()方法,start()方法调用被覆盖的 run()方法,如果不调用 start()方法,线程永远都不会启动,在主方法没有调用 start()方法之前,Thread 对象只是一个实例,而不是一个真正的线程。

18.2.2　实现 Runnable 接口

视频讲解:光盘\TM\lx\18\实现 Runnable 接口.exe

到目前为止,线程都是通过扩展 Thread 类来创建的,如果程序员需要继承其他类(非 Thread 类),而且还要使当前类实现多线程,那么可以通过 Runnable 接口来实现。例如,一个扩展 JFrame 类的 GUI 程序不可能再继承 Thread 类,因为 Java 语言中不支持多继承,这时该类就需要实现 Runnable 接口使其具有使用线程的功能。

实现 Runnable 接口的语法如下:

public class Thread extends Object implements Runnable

> **说明**
> 有兴趣的读者可以查询 API,从中可以发现,实质上 Thread 类实现了 Runnable 接口,其中的 run()方法正是对 Runnable 接口中的 run()方法的具体实现。

实现 Runnable 接口的程序会创建一个 Thread 对象,并将 Runnable 对象与 Thread 对象相关联。Thread

类中有以下两个构造方法：
- ☑ public Thread(Runnable target)。
- ☑ public Thread(Runnable target,String name)。

这两个构造方法的参数中都存在 Runnable 实例，使用以上构造方法就可以将 Runnable 实例与 Thread 实例相关联。

使用 Runnable 接口启动新的线程的步骤如下：
（1）建立 Runnable 对象。
（2）使用参数为 Runnable 对象的构造方法创建 Thread 实例。
（3）调用 start()方法启动线程。

通过 Runnable 接口创建线程时程序员首先需要编写一个实现 Runnable 接口的类,然后实例化该类的对象，这样就建立了 Runnable 对象；接下来使用相应的构造方法创建 Thread 实例；最后使用该实例调用 Thread 类中的 start()方法启动线程。图 18.3 表明了实现 Runnable 接口创建线程的流程。

线程最引人注目的部分应该是与 Swing 相结合创建 GUI 程序，下面演示一个 GUI 程序，该程序实现了图标滚动的功能。

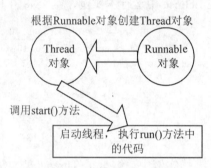

图 18.3　实现 Runnable 接口创建线程的流程

【例 18.2】 在项目中创建 SwingAndThread 类，该类继承了 JFrame 类，实现图标移动的功能，其中使用了 Swing 与线程相结合的技术。（实例位置：光盘\TM\sl\18.02）

```java
import java.awt.Container;
import java.net.URL;
import javax.swing.*;

public class SwingAndThread extends JFrame {
    private JLabel jl = new JLabel();                              //声明 JLabel 对象
    private static Thread t;                                        //声明线程对象
    private int count = 0;                                          //声明计数变量
    private Container container = getContentPane();                 //声明容器

    public SwingAndThread() {
        setBounds(300, 200, 250, 100);                              //绝对定位窗体大小与位置
        container.setLayout(null);                                  //使窗体不使用任何布局管理器
        URL url = SwingAndThread.class.getResource("/1.gif");       //获取图片的 URL
        Icon icon = new ImageIcon(url);                             //实例化一个 Icon
        jl.setIcon(icon);                                           //将图标放置在标签中
        //设置图片在标签的最左方
        jl.setHorizontalAlignment(SwingConstants.LEFT);
        jl.setBounds(10, 10, 200, 50);                              //设置标签的位置与大小
        jl.setOpaque(true);
        t = new Thread(new Runnable() {                             //定义匿名内部类，该类实现 Runnable 接口
            public void run() {                                     //重写 run()方法
                while (count <= 200) {                              //设置循环条件
                    //将标签的横坐标用变量表示
```

```
                    jl.setBounds(count, 10, 200, 50);
                    try {
                        Thread.sleep(1000);              //使线程休眠 1000 毫秒
                    } catch (Exception e) {
                        e.printStackTrace();
                    }
                    count += 4;                          //使横坐标每次增加 4
                    if (count == 200) {
                        //当图标到达标签的最右边时,使其回到标签最左边
                        count = 10;
                    }
                }
            }
        });
        t.start();                                       //启动线程
        container.add(jl);                               //将标签添加到容器中
        setVisible(true);                                //使窗体可见
        //设置窗体的关闭方式
        setDefaultCloseOperation(WindowConstants.DISPOSE_ON_CLOSE);
    }
    public static void main(String[] args) {
        new SwingAndThread();    //实例化一个 SwingAndThread 对象
    }
}
```

运行本实例,结果如图 18.4 所示。

图 18.4　使图标移动

在本实例中,为了使图标具有滚动功能,需要在类的构造方法中创建 Thread 实例。在创建该实例的同时需要 Runnable 对象作为 Thread 类构造方法的参数,然后使用内部类形式实现 run()方法。在 run()方法中主要循环图标的横坐标位置,当图标横坐标到达标签的最右方时,再次将图标的横坐标置于图标滚动的初始位置。

注意

启动一个新的线程,不是直接调用 Thread 子类对象的 run()方法,而是调用 Thread 子类的 start() 方法,Thread 类的 start()方法产生一个新的线程,该线程运行 Thread 子类的 run()方法。

18.3　线程的生命周期

视频讲解:光盘\TM\lx\18\线程的生命周期.exe

线程具有生命周期,其中包含 7 种状态,分别为出生状态、就绪状态、运行状态、等待状态、休眠状态、阻塞状态和死亡状态。出生状态就是线程被创建时处于的状态,在用户使用该线程实例调用

start()方法之前线程都处于出生状态；当用户调用 start()方法后，线程处于就绪状态（又被称为可执行状态）；当线程得到系统资源后就进入运行状态。

一旦线程进入可执行状态，它会在就绪与运行状态下转换，同时也有可能进入等待、休眠、阻塞或死亡状态。当处于运行状态下的线程调用 Thread 类中的 wait()方法时，该线程便进入等待状态，进入等待状态的线程必须调用 Thread 类中的 notify()方法才能被唤醒，而 notifyAll()方法是将所有处于等待状态下的线程唤醒；当线程调用 Thread 类中的 sleep()方法时，则会进入休眠状态。如果一个线程在运行状态下发出输入/输出请求，该线程将进入阻塞状态，在其等待输入/输出结束时线程进入就绪状态，对于阻塞的线程来说，即使系统资源空闲，线程依然不能回到运行状态。当线程的 run()方法执行完毕时，线程进入死亡状态。

说明

使线程处于不同状态下的方法会在 18.4 节中进行介绍，在此读者只需了解线程的多个状态即可。

图 18.5 描述了线程生命周期中的各种状态。

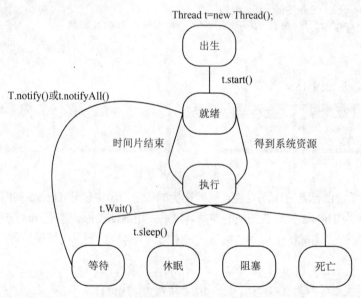

图 18.5　线程的生命周期状态图

虽然多线程看起来像同时执行，但事实上在同一时间点上只有一个线程被执行，只是线程之间切换较快，所以才会使人产生线程是同时进行的假象。在 Windows 操作系统中，系统会为每个线程分配一小段 CPU 时间片，一旦 CPU 时间片结束就会将当前线程换为下一个线程，即使该线程没有结束。

根据图 18.5 所示，可以总结出使线程处于就绪状态有以下几种方法：

- ☑ 调用 sleep()方法。
- ☑ 调用 wait()方法。
- ☑ 等待输入/输出完成。

当线程处于就绪状态后，可以用以下几种方法使线程再次进入运行状态。
- ☑ 线程调用 notify()方法。
- ☑ 线程调用 notifyAll()方法。
- ☑ 线程调用 interrupt()方法。
- ☑ 线程的休眠时间结束。
- ☑ 输入/输出结束。

图 18.5 中描述了线程的生命周期状态，下面将着重讲解使线程处于各种状态的方法。

18.4 操作线程的方法

操作线程有很多方法，这些方法可以使线程从某一种状态过渡到另一种状态。

18.4.1 线程的休眠

视频讲解：光盘\TM\lx\18\线程的休眠.exe

一种能控制线程行为的方法是调用 sleep()方法，sleep()方法需要一个参数用于指定该线程休眠的时间，该时间以毫秒为单位。在前面的实例中已经演示过 sleep()方法，它通常是在 run()方法内的循环中被使用。

sleep()方法的语法如下：

```
try{
    Thread.sleep(2000);
}catch(InterruptedException e){
    e.printStackTrace();
}
```

上述代码会使线程在 2 秒之内不会进入就绪状态。由于 sleep()方法的执行有可能抛出 InterruptedException 异常，所以将 sleep()方法的调用放在 try-catch 块中。虽然使用了 sleep()方法的线程在一段时间内会醒来，但是并不能保证它醒来后进入运行状态，只能保证它进入就绪状态。

为了使读者更深入地了解线程的休眠方法，来看下面的实例。

【例 18.3】 在项目中创建 SleepMethodTest 类，该类继承了 JFrame 类，实现在窗体中自动画线段的功能，并且为线段设置颜色，颜色是随机产生的。（**实例位置：光盘\TM\sl\18.03**）

```
import java.awt.*;
import java.util.Random;
import javax.swing.*;
public class SleepMethodTest extends JFrame {
    private Thread t;
    //定义颜色数组
    private static Color[] color = { Color.BLACK, Color.BLUE, Color.CYAN,
            Color.GREEN, Color.ORANGE, Color.YELLOW, Color.RED,
```

```java
            Color.PINK, Color.LIGHT_GRAY };
    private static final Random rand = new Random();        //创建随机对象
    private static Color getC() {                            //获取随机颜色值的方法
        return color[rand.nextInt(color.length)];
    }
    public SleepMethodTest() {
        t = new Thread(new Runnable() {                      //创建匿名线程对象
            int x = 30;                                      //定义初始坐标
            int y = 50;
            public void run() {                              //覆盖线程接口方法
                while (true) {                               //无限循环
                    try {
                        Thread.sleep(100);                   //线程休眠 0.1 秒
                    } catch (InterruptedException e) {
                        e.printStackTrace();
                    }
                    //获取组件绘图上下文对象
                    Graphics graphics = getGraphics();
                    graphics.setColor(getC());               //设置绘图颜色
                    //绘制直线并递增垂直坐标
                    graphics.drawLine(x, y, 100, y++);
                    if (y >= 80) {
                        y = 50;
                    }
                }
            }
        });
        t.start();                                           //启动线程
    }
    public static void main(String[] args) {
        init(new SleepMethodTest(), 100, 100);
    }
    //初始化程序界面的方法
    public static void init(JFrame frame, int width, int height) {
        frame.setDefaultCloseOperation(JFrame.EXIT_ON_CLOSE);
        frame.setSize(width, height);
        frame.setVisible(true);
    }
}
```

运行本实例，结果如图 18.6 所示。

图 18.6　线程的休眠

在本实例中定义了 getC()方法，该方法用于随机产生 Color 类型的对象，并且在产生线程的匿名内部类中使用 getGraphics()方法获取 Graphics 对象，使用该对象调用 setColor()方法为图形设置颜色；调用 drawLine()方法绘制一条线段，同时线段会根据纵坐标的变化自动调整。

18.4.2 线程的加入

视频讲解：光盘\TM\lx\18\线程的加入.exe

如果当前某程序为多线程程序，假如存在一个线程 A，现在需要插入线程 B，并要求线程 B 先执行完毕，然后再继续执行线程 A，此时可以使用 Thread 类中的 join()方法来完成。这就好比此时读者正在看电视，突然有人上门收水费，读者必须付完水费后才能继续看电视。

当某个线程使用 join()方法加入到另外一个线程时，另一个线程会等待该线程执行完毕后再继续执行。

下面来看一个使用 join()方法的实例。

【例 18.4】 在项目中创建 JoinTest 类，该类继承了 JFrame 类。该实例包括两个进度条，进度条的进度由线程来控制，通过使用 join()方法使上面的进度条必须等待下面的进度条完成后才可以继续。（实例位置：光盘\TM\sl\18.04）

```java
import java.awt.BorderLayout;
import javax.swing.JFrame;
import javax.swing.JProgressBar;
public class JoinTest extends JFrame {
    private Thread threadA;                                 //定义两个线程
    private Thread threadB;
    final JProgressBar progressBar = new JProgressBar();    //定义两个进度条组件
    final JProgressBar progressBar2 = new JProgressBar();
    int count = 0;
    public static void main(String[] args) {
        init(new JoinTest(), 100, 100);
    }
    public JoinTest() {
        super();
        //将进度条设置在窗体最北面
        getContentPane().add(progressBar, BorderLayout.NORTH);
        //将进度条设置在窗体最南面
        getContentPane().add(progressBar2, BorderLayout.SOUTH);
        progressBar.setStringPainted(true);                 //设置进度条显示数字字符
        progressBar2.setStringPainted(true);
        //使用匿名内部类形式初始化 Thread 实例
        threadA = new Thread(new Runnable() {
            int count = 0;
            public void run() {                             //重写 run()方法
                while (true) {
                    progressBar.setValue(++count);          //设置进度条的当前值
                    try {
                        Thread.sleep(100);                  //使线程 A 休眠 100 毫秒
                        threadB.join();                     //使线程 B 调用 join()方法
```

```java
                } catch (Exception e) {
                    e.printStackTrace();
                }
            }
        }
    });
    threadA.start();                                        //启动线程 A
    threadB = new Thread(new Runnable() {
        int count = 0;
        public void run() {
            while (true) {
                progressBar2.setValue(++count);             //设置进度条的当前值
                try {
                    Thread.sleep(100);                      //使线程 B 休眠 100 毫秒
                } catch (Exception e) {
                    e.printStackTrace();
                }
                if (count == 100)                           //当 count 变量增长为 100 时
                    break;                                  //跳出循环
            }
        }
    });
    threadB.start();                                        //启动线程 B
}
//设置窗体的各种属性的方法
public static void init(JFrame frame, int width, int height) {
    frame.setDefaultCloseOperation(JFrame.EXIT_ON_CLOSE);
    frame.setSize(width, height);
    frame.setVisible(true);
}
```

运行本实例,结果如图 18.7 所示。

图 18.7 使用 join()方法控制进度条的滚动

在本实例中同时创建了两个线程,这两个线程分别负责进度条的滚动。在线程 A 的 run()方法中使线程 B 的对象调用 join()方法,而 join()方法使当前运行线程暂停,直到调用 join()方法的线程执行完毕后再执行,所以线程 A 等待线程 B 执行完毕后再开始执行,即下面的进度条滚动完毕后上面的进度条才开始滚动。

18.4.3 线程的中断

视频讲解:光盘\TM\lx\18\线程的中断.exe

以往有的时候会使用 stop()方法停止线程,但当前版本的 JDK 早已废除了 stop()方法,不建议使用

stop()方法来停止一个线程的运行。现在提倡在 run()方法中使用无限循环的形式,然后使用一个布尔型标记控制循环的停止。

【例 18.5】 在项目中创建 InterruptedTest 类,该类实现了 Runnable 接口,并设置线程正确的停止方式。

```java
public class InterruptedTest implements Runnable {
    private boolean isContinue = false;         //设置一个标记变量,默认值为 false
    public void run() {                         //重写 run()方法
        while (true) {
            //...
            if (isContinue)                     //当 isContinue 变量为 true 时,停止线程
                break;
        }
    }
    public void setContinue() {                 //定义设置 isContinue 变量为 true 的方法
        this.isContinue = true;
    }
}
```

如果线程是因为使用了 sleep()或 wait()方法进入了就绪状态,可以使用 Thread 类中 interrupt()方法使线程离开 run()方法,同时结束线程,但程序会抛出 InterruptedException 异常,用户可以在处理该异常时完成线程的中断业务处理,如终止 while 循环。

下面的实例演示了某个线程使用 interrupted()方法,同时程序抛出了 InterruptedException 异常,在异常处理时结束了 while 循环。在项目中,经常在这里执行关闭数据库连接和关闭 Socket 连接等操作。

【例 18.6】 在项目中创建 InterruptedSwing 类,该类实现了 Runnable 接口,创建一个进度条,在表示进度条的线程中使用 interrupted()方法。(实例位置:光盘\TM\sl\18.05)

```java
import java.awt.BorderLayout;
import javax.swing.JFrame;
import javax.swing.JProgressBar;
public class InterruptedSwing extends JFrame {
    Thread thread;
    public static void main(String[] args) {
        init(new InterruptedSwing(), 100, 100);
    }
    public InterruptedSwing() {
        super();
        final JProgressBar progressBar = new JProgressBar();    //创建进度条
        //将进度条放置在窗体合适位置
        getContentPane().add(progressBar, BorderLayout.NORTH);
        progressBar.setStringPainted(true);                     //设置进度条上显示数字
        thread = new Thread(new Runnable() {
            int count = 0;

            public void run() {
                while (true) {
                    progressBar.setValue(++count);              //设置进度条的当前值
```

```
                    try {
                        thread.sleep(1000);              //使线程休眠 1000 毫秒
                        //捕捉 InterruptedException 异常
                    } catch (InterruptedException e) {
                        System.out.println("当前线程序被中断");
                        break;
                    }
                }
            }
        });
        thread.start();                                  //启动线程
        thread.interrupt();                              //中断线程
    }
    public static void init(JFrame frame, int width, int height) {
        frame.setDefaultCloseOperation(JFrame.EXIT_ON_CLOSE);
        frame.setSize(width, height);
        frame.setVisible(true);
    }
}
```

运行本实例,结果如图 18.8 所示。

图 18.8　线程的中断

在本实例中,由于调用了 interrupted()方法,所以抛出了 InterruptedException 异常。

18.4.4　线程的礼让

视频讲解:光盘\TM\lx\18\线程的礼让.exe

Thread 类中提供了一种礼让方法,使用 yield()方法表示,它只是给当前正处于运行状态的线程一个提醒,告知它可以将资源礼让给其他线程,但这仅是一种暗示,没有任何一种机制保证当前线程会将资源礼让。

yield()方法使具有同样优先级的线程有进入可执行状态的机会,当当前线程放弃执行权时会再度回到就绪状态。对于支持多任务的操作系统来说,不需要调用 yield()方法,因为操作系统会为线程自动分配 CPU 时间片来执行。

18.5　线程的优先级

视频讲解:光盘\TM\lx\18\线程的优先级.exe

每个线程都具有各自的优先级,线程的优先级可以表明在程序中该线程的重要性,如果有很多线程处于就绪状态，系统会根据优先级来决定首先使哪个线程进入运行状态。但这并不意味着低优先级的线程得不到运行，而只是它运行的几率比较小，如垃圾回收线程的优先级就较低。

Thread 类中包含的成员变量代表了线程的某些优先级，如 Thread.MIN_PRIORITY（常数 1）、Thread.MAX_PRIORITY（常数 10）、Thread.NORM_PRIORITY（常数 5）。其中每个线程的优先级都在 Thread.MIN_PRIORITY~Thread.MAX_PRIORITY 之间，在默认情况下其优先级都是 Thread.NORM_PRIORITY。每个新产生的线程都继承了父线程的优先级。

在多任务操作系统中，每个线程都会得到一小段 CPU 时间片运行，在时间结束时，将轮换另一个线程进入运行状态，这时系统会选择与当前线程优先级相同的线程予以运行。系统始终选择就绪状态下优先级较高的线程进入运行状态。处于各个优先级状态下的线程的运行顺序如图 18.9 所示。

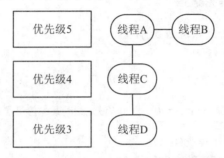

图 18.9 处于各个优先级状态下的线程的运行顺序

在图 18.9 中，优先级为 5 的线程 A 首先得到 CPU 时间片；当该时间结束后，轮换到与线程 A 相同优先级的线程 B；当线程 B 的运行时间结束后，会继续轮换到线程 A，直到线程 A 与线程 B 都执行完毕，才会轮换到线程 C；当线程 C 结束后，才会轮换到线程 D。

线程的优先级可以使用 setPriority()方法调整，如果使用该方法设置的优先级不在 1~10 之内，将产生 IllegalArgumentException 异常。

下面的实例演示了图 18.9 描述的状况，依然以进度条为例说明。

【例 18.7】 在项目中创建 PriorityTest 类，该类实现了 Runnable 接口。创建 4 个进度条，分别由 4 个线程来控制，并且为这 4 个线程设置不同的优先级。本实例关键代码如下：（实例位置：光盘\TM\sl\18.06）

```
import java.awt.*;
import javax.swing.*;
public class PriorityTest extends JFrame{
    …//非关键代码省略
    public PriorityTest() {
        …//非关键代码省略
        threadA=new Thread(new MyThread(progressBar));//分别实例化 4 个线程
        threadB=new Thread(new MyThread(progressBar2));
        threadC=new Thread(new MyThread(progressBar3));
        threadD=new Thread(new MyThread(progressBar4));
        setPriority("threadA", 5, threadA);
        setPriority("threadB", 5, threadB);
        setPriority("threadC", 4, threadC);
        setPriority("threadD", 3, threadD);
    }
    //定义设置线程的名称、优先级的方法
```

```
public static void setPriority(String threadName,int priority,Thread t){
    t.setPriority(priority);                //设置线程的优先级
    t.setName(threadName);                  //设置线程的名称
    t.start();                              //启动线程
}
public static void main(String[] args) {
    init(new PriorityTest(),100,100);
}
...//非关键代码省略
//定义一个实现 Runnable 接口的类
private final class MyThread implements Runnable {
    private final JProgressBar bar;
    int count=0;
    private MyThread(JProgressBar bar) {
        this.bar = bar;
    }
    public void run(){                      //重写 run()方法
        while(true){
            bar.setValue(count+=10);        //设置滚动条的值每次自增 10
            try{
                Thread.sleep(1000);
            }catch(InterruptedException e){
                System.out.println("当前线程被中断");
            }
        }
    }
}
}
```

运行上述代码，结果如图 18.10 所示。

图 18.10　线程的优先级

在本实例中定义了 4 个线程，这 4 个线程用于设置 4 个进度条的进度。这里定义了 setPriority()方法，该方法设置了每个线程的优先级和名称等。虽然在图 18.10 中看这 4 个进度条好像是在一起滚动，但如果仔细观察还是可以看出细微差别，可以看到第一个进度条总是最先变化。由于 threadA 线程和 threadB 线程优先级最高，所以系统首先处理这两个线程，然后是 threadC 和 threadD 这两个线程。

18.6　线程同步

在单线程程序中，每次只能做一件事情，后面的事情需要等待前面的事情完成后才可以进行，但是如果使用多线程程序，就会发生两个线程抢占资源的问题，如两个人同时说话、两个人同时过同一个独木桥等。所以在多线程编程中需要防止这些资源访问的冲突。Java 提供了线程同步的机制来防止资源访问的冲突。

18.6.1 线程安全

视频讲解：光盘\TM\lx\18\线程安全.exe

实际开发中，使用多线程程序的情况很多，如银行排号系统、火车站售票系统等。这种多线程的程序通常会发生问题，以火车站售票系统为例，在代码中判断当前票数是否大于 0，如果大于 0 则执行将该票出售给乘客的功能，但当两个线程同时访问这段代码时（假如这时只剩下一张票），第一个线程将票售出，与此同时第二个线程也已经执行完成判断是否有票的操作，并得出票数大于 0 的结论，于是它也执行售出操作，这样就会产生负数。所以在编写多线程程序时，应该考虑到线程安全问题。实质上线程安全问题来源于两个线程同时存取单一对象的数据。

【例 18.8】 在项目中创建 ThreadSafeTest 类，该类实现了 Runnable 接口，主要实现模拟火车站售票系统的功能。（实例位置：光盘\TM\sl\18.07）

```java
public class ThreadSafeTest implements Runnable {
    int num = 10;                                    //设置当前总票数
    public void run() {
        while (true) {
            if (num > 0) {
                try {
                    Thread.sleep(100);
                } catch (Exception e) {
                    e.printStackTrace();
                }
                System.out.println("tickets" + num--);
            }
        }
    }
    public static void main(String[] args) {
        ThreadSafeTest t = new ThreadSafeTest();     //实例化类对象
        Thread tA = new Thread(t);                   //以该类对象分别实例化4个线程
        Thread tB = new Thread(t);
        Thread tC = new Thread(t);
        Thread tD = new Thread(t);
        tA.start();                                  //分别启动线程
        tB.start();
        tC.start();
        tD.start();
    }
}
```

运行本实例，最后几行结果如图 18.11 所示。

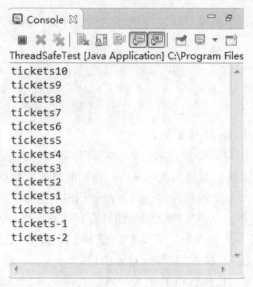

图 18.11　资源共享冲突后出现的问题

从图 18.11 中可以看出，最后打印售剩下的票为负值，这样就出现了问题。这是由于同时创建了 4 个线程，这 4 个线程执行 run()方法，在 num 变量为 1 时，线程 1、线程 2、线程 3、线程 4 都对 num 变量有存储功能，当线程 1 执行 run()方法时，还没有来得及做递减操作，就指定它调用 sleep()方法进入就绪状态，这时线程 2、线程 3 和线程 4 都进入了 run()方法，发现 num 变量依然大于 0，但此时线程 1 休眠时间已到，将 num 变量值递减，同时线程 2、线程 3、线程 4 也都对 num 变量进行递减操作，从而产生了负值。

18.6.2　线程同步机制

视频讲解：光盘\TM\lx\18\线程同步机制.exe

那么该如何解决资源共享的问题呢？基本上所有解决多线程资源冲突问题的方法都是采用给定时间只允许一个线程访问共享资源，这时就需要给共享资源上一道锁。这就好比一个人上洗手间时，他进入洗手间后会将门锁上，出来时再将锁打开，然后其他人才可以进入。

1. 同步块

在 Java 中提供了同步机制，可以有效地防止资源冲突。同步机制使用 synchronized 关键字。

【例 18.9】 在本实例中，创建类 ThreadSafeTest.java，在该类中修改例 18.8 中的 run()方法，把对 num 操作的代码设置在同步块中。本实例关键代码如下：（**实例位置：光盘\TM\sl\18.08**）

```
public class ThreadSafeTest implements Runnable {
    int num = 10;
    public void run() {
        while (true) {
            synchronized ("") {
                if (num > 0) {
```

```java
                try {
                    Thread.sleep(1000);
                } catch (Exception e) {
                    e.printStackTrace();
                }
                System.out.println("tickets" + --num);
            }
        }
    }
    public static void main(String[] args) {
        ThreadSafeTest t = new ThreadSafeTest();
        Thread tA = new Thread(t);
        Thread tB = new Thread(t);
        Thread tC = new Thread(t);
        Thread tD = new Thread(t);
        tA.start();
        tB.start();
        tC.start();
        tD.start();
    }
}
```

运行本实例，结果如图 18.12 所示。

图 18.12　修改例 18.8 中的 run()方法

从图 18.12 中可以看出，打印到最后票数没有出现负数，这是因为将资源放置在了同步块中。这个同步块也被称为临界区，它使用 synchronized 关键字建立，其语法如下：

```
synchronized(Object){
}
```

通常将共享资源的操作放置在 synchronized 定义的区域内，这样当其他线程也获取到这个锁时，必须等待锁被释放时才能进入该区域。Object 为任意一个对象，每个对象都存在一个标志位，并具有两个值，分别为 0 和 1。一个线程运行到同步块时首先检查该对象的标志位，如果为 0 状态，表明此同步块中存在其他线程在运行。这时该线程处于就绪状态，直到处于同步块中的线程执行完同步块中的代码为止。这时该对象的标志位被设置为 1，该线程才能执行同步块中的代码，并将 Object 对象的标志位设置为 0，防止其他线程执行同步块中的代码。

2．同步方法

同步方法就是在方法前面修饰 synchronized 关键字的方法，其语法如下：

```
synchronized void f(){ }
```

当某个对象调用了同步方法时，该对象上的其他同步方法必须等待该同步方法执行完毕后才能被执行。必须将每个能访问共享资源的方法修饰为 synchronized，否则就会出错。

修改例 18.9，将共享资源操作放置在一个同步方法中，如例 18.10 所示。

【例 18.10】 在项目中创建一个类文件，在该类中定义同步方法。

```java
public synchronized void doit() {        //定义同步方法
    if(num>0){
        try{
            Thread.sleep(10);
        }catch(Exception e){
            e.printStackTrace();
        }
        System.out.println("tickets"+--num);
    }
}
public void run(){
    while(true){
        doit();                           //在 run()方法中调用该同步方法
    }
}
```

将共享资源的操作放置在同步方法中，运行结果与使用同步块的结果一致。

18.7 小　　结

本章讲述了线程，通过对其学习读者应该掌握线程与 Swing 技术相结合使用的方法。

学习多线程编程就像进入了一个全新的领域，它与以往的编程思想截然不同，随着大多数操作系统对多线程的支持，很多程序语言都已支持和扩展多线程，初学者应该积极转换编程思维，以进入多线程编程的思维方式。多线程本身是一种非常复杂的机制，完全理解它也需要一段时间，并且需要深入地学习。本章将多线程与 Swing 技术联系在一起，列举了大量实例，使读者从实例中体会多线程机制，为读者掌握多线程的基础知识打下了坚实的基础，从而深刻理解其概念并编写出合理的多线程程序。

18.8 实践与练习

1. 尝试定义一个继承 Thread 类的类，并覆盖 run()方法，在 run()方法中每隔 100 毫秒打印一句话。（答案位置：光盘\TM\sl\18.09）

2. 尝试开发一个窗体，在窗体中有两个按钮，一个是"开始"按钮，另一个是"结束"按钮。当用户单击"开始"按钮时，在控制台中持续打印一段话；当用户单击"停止"按钮时，控制台结束打印。（答案位置：光盘\TM\sl\18.10）

3. 尝试开发一个窗体，在窗体中设计一个进度条，使进度条每次递增滚动。（答案位置：光盘\TM\sl\18.11）

第 19 章

网络通信

（ 视频讲解：24 分钟）

Internet 提供了大量、多样的信息，很少有人能在接触过 Internet 后拒绝它的诱惑。计算机网络实现了多个计算机互连系统，相互连接的计算机之间彼此能够进行数据交流。网络应用程序就是在已连接的不同计算机上运行的程序，这些程序相互之间可以交换数据。而编写网络应用程序，首先必须明确网络应用程序所要使用的网络协议，TCP/IP 协议是网络应用程序的首选。本章将从介绍网络协议开始，向读者介绍 TCP 网络程序和 UDP 网络程序。

通过阅读本章，您可以：

- ▶▶ 了解网络程序设计基础
- ▶▶ 学会编写 TCP 程序
- ▶▶ 学会编写 UDP 程序

19.1 网络程序设计基础

网络程序设计是指编写与其他计算机进行通信的程序。Java 已经将网络程序所需要的东西封装成不同的类。只要创建这些类的对象，使用相应的方法，即使设计人员不具备有关的网络知识，也可以编写出高质量的网络通信程序。

19.1.1 局域网与因特网

▶ 视频讲解：光盘\TM\lx\19\局域网与因特网.exe

为了实现两台计算机的通信，必须用一个网络线路连接两台计算机，如图 19.1 所示。

图 19.1 服务器、客户机和网络

服务器是指提供信息的计算机或程序，客户机是指请求信息的计算机或程序，而网络用于连接服务器与客户机，实现两者相互通信。但有时在某个网络中很难将服务器与客户机区分开。我们通常所说的局域网（Local Area Network，LAN），就是一群通过一定形式连接起来的计算机。它可以由两台计算机组成，也可以由同一区域内的上千台计算机组成。由 LAN 延伸到更大的范围，这样的网络称为广域网（Wide Area Network，WAN）。我们熟悉的因特网（Internet），就是由无数的 LAN 和 WAN 组成的。

19.1.2 网络协议

▶ 视频讲解：光盘\TM\lx\19\网络协议.exe

网络协议规定了计算机之间连接的物理、机械（网线与网卡的连接规定）、电气（有效的电平范围）等特征以及计算机之间的相互寻址规则、数据发送冲突的解决、长的数据如何分段传送与接收等。就像不同的国家有不同的法律一样，目前网络协议也有多种，下面简单地介绍几个常用的网络协议。

1. IP 协议

IP 是 Internet Protocol 的简称，它是一种网络协议。Internet 网络采用的协议是 TCP/IP 协议，其全称是 Transmission Control Protocol/Internet Protocol。Internet 依靠 TCP/IP 协议，在全球范围内实现不同硬件结构、不同操作系统、不同网络系统的互联。在 Internet 网络上存有数以亿计的主机，每一台主机在网络上用为其分配的 Internet 地址代表自己，这个地址就是 IP 地址。到目前为止，IP 地址用 4 个字节，也就是 32 位的二进制数来表示，称为 IPv4。为了便于使用，通常取用每个字节的十进制数，并且每个字节之间用圆点隔开来表示 IP 地址，如 192.168.1.1。现在人们正在试验使用 16 个字节来表示 IP 地址，这就是 IPv6，但 IPv6 还没有投入使用。

TCP/IP 模式是一种层次结构，共分为 4 层，分别为应用层、传输层、互联网层和网络层。各层实现特定的功能，提供特定的服务和访问接口，并具有相对的独立性，如图 19.2 所示。

2．TCP 与 UDP 协议

在 TCP/IP 协议栈中，有两个高级协议是网络应用程序编写者应该了解的，即传输控制协议（Transmission Control Protocol，TCP）与用户数据报协议（User Datagram Protocol，UDP）。

图 19.2　TCP/IP 层次结构

TCP 协议是一种以固接连线为基础的协议，它提供两台计算机间可靠的数据传送。TCP 可以保证从一端数据送至连接的另一端时，数据能够确实送达，而且抵达的数据的排列顺序和送出时的顺序相同，因此，TCP 协议适合可靠性要求比较高的场合。就像拨打电话，必须先拨号给对方，等两端确定连接后，相互才能听到对方说话，也知道对方回应的是什么。

HTTP、FTP 和 Telnet 等都需要使用可靠的通信频道。例如，HTTP 从某个 URL 读取数据时，如果收到的数据顺序与发送时不相同，可能就会出现一个混乱的 HTML 文件或是一些无效的信息。

UDP 是无连接通信协议，不保证可靠数据的传输，但能够向若干个目标发送数据，接收发自若干个源的数据。UDP 是以独立发送数据包的方式进行。这种方式就像邮递员送信给收信人，可以寄出很多信给同一个人，而每一封信都是相对独立的，各封信送达的顺序并不重要，收信人接收信件的顺序也不能保证与寄出信件的顺序相同。

UDP 协议适合于一些对数据准确性要求不高的场合，如网络聊天室、在线影片等。这是由于 TCP 协议在认证上存在额外耗费，可能使传输速度减慢，而 UDP 协议可能会更适合这些对传输速度和时效要求非常高的网站，即使有一小部分数据包遗失或传送顺序有所不同，也不会严重危害该项通信。

注意

一些防火墙和路由器会设置成不允许 UDP 数据包传输，因此，若遇到 UDP 连接方面的问题，应先确定所在网络是否允许 UDP 协议。

19.1.3　端口和套接字

视频讲解：光盘\TM\lx\19\端口和套接字.exe

一般而言，一台计算机只有单一的连到网络的物理连接（Physical Connection），所有的数据都通过此连接对内、对外送达特定的计算机，这就是端口。网络程序设计中的端口（port）并非真实的物理存在，而是一个假想的连接装置。端口被规定为一个在 0~65535 之间的整数。HTTP 服务一般使用 80 端口，FTP 服务使用 21 端口。假如一台计算机提供了 HTTP、FTP 等多种服务，那么客户机会通过不同的端口来确定连接到服务器的哪项服务上，如图 19.3 所示。

通常，0~1023 之间的端口数用于一些知名的网络服务和应用，用户的普通网络应用程序应该使用 1024 以上的端口数，以避免端口号与另一个应用或系统服务所用端口冲突。

网络程序中的套接字（Socket）用于将应用程序与端口连接起来。套接字是一个假想的连接装置，就像插插头的设备"插座"用于连接电器与电线一样，如图 19.4 所示。Java 将套接字抽象化为类，程序设计者只需创建 Socket 类对象，即可使用套接字。

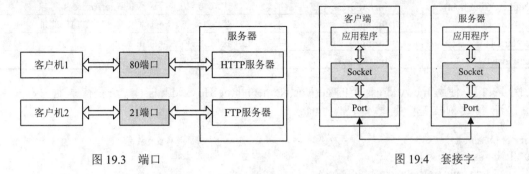

图 19.3　端口　　　　　　　　　　　　图 19.4　套接字

19.2　TCP 程序设计基础

TCP 网络程序设计是指利用 Socket 类编写通信程序。利用 TCP 协议进行通信的两个应用程序是有主次之分的，一个称为服务器程序，另一个称为客户机程序，两者的功能和编写方法大不一样。服务器端与客户端的交互过程如图 19.5 所示。

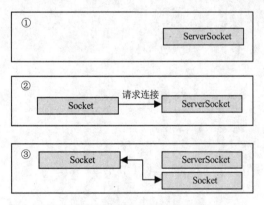

图 19.5　服务器端与客户端的交互

①——服务器程序创建一个 ServerSocket（服务器端套接字），调用 accept()方法等待客户机来连接
②——客户端程序创建一个 Socket，请求与服务器建立连接
③——服务器接收客户机的连接请求，同时创建一个新的 Socket 与客户建立连接。服务器继续等待新的请求

19.2.1　InetAddress 类

　　视频讲解：光盘\TM\lx\19\InetAddress 类.exe

java.net 包中的 InetAddress 类是与 IP 地址相关的类，利用该类可以获取 IP 地址、主机地址等信息。InetAddress 类的常用方法如表 19.1 所示。

表 19.1 InetAddress 类的常用方法

方法	返回值	说明
getByName(String host)	InetAddress	获取与 Host 相对应的 InetAddress 对象
getHostAddress()	String	获取 InetAddress 对象所包含的 IP 地址
getHostName()	String	获取此 IP 地址的主机名
getLocalHost()	InetAddress	返回本地主机的 InetAddress 对象

【例 19.1】 使用 InetAddress 类的 getHostName()和 getHostAddress()方法获得本地主机的本机名、本机 IP 地址。（实例位置：光盘\TM\sl\19.01）

```java
import java.net.*;                                    //导入 java.net 包
public class Address {                                //创建类
    public static void main(String[] args) {
        InetAddress ip;                               //创建 InetAddress 对象
        try {                                         //使用 try 语句块捕捉可能出现的异常
            ip = InetAddress.getLocalHost();          //实例化对象
            String localname = ip.getHostName();      //获取本机名
            String localip = ip.getHostAddress();     //获取本机 IP 地址
            System.out.println("本机名：" + localname); //将本机名输出
            System.out.println("本机 IP 地址：" + localip); //将本机 IP 地址输出
        } catch (UnknownHostException e) {
            e.printStackTrace();                      //输出异常信息
        }
    }
}
```

运行结果如图 19.6 所示。

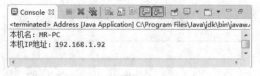

图 19.6 例 19.1 的运行结果

注意

InetAddress 类的方法会抛出 UnknownHostException 异常，所以必须进行异常处理。这个异常在主机不存在或网络连接错误时发生。

19.2.2 ServerSocket 类

视频讲解：光盘\TM\lx\19\ServerSocket 类.exe

java.net 包中的 ServerSocket 类用于表示服务器套接字，其主要功能是等待来自网络上的"请求"，它可通过指定的端口来等待连接的套接字。服务器套接字一次可以与一个套接字连接。如果多台客户机同时提出连接请求，服务器套接字会将请求连接的客户机存入列队中，然后从中取出一个套接字，与服务器新建的套接字连接起来。若请求连接数大于最大容纳数,则多出的连接请求被拒绝。队列的默认大小是 50。

ServerSocket 类的构造方法都抛出 IOException 异常,分别有以下几种形式。

- ☑ ServerSocket():创建非绑定服务器套接字。
- ☑ ServerSocket(int port):创建绑定到特定端口的服务器套接字。
- ☑ ServerSocket(int port, int backlog):利用指定的 backlog 创建服务器套接字并将其绑定到指定的本地端口号。
- ☑ ServerSocket(int port, int backlog, InetAddress bindAddress):使用指定的端口、侦听 backlog 和要绑定到的本地 IP 地址创建服务器。这种情况适用于计算机上有多块网卡和多个 IP 地址的情况,用于可以明确规定 ServerSocket 在哪块网卡或 IP 地址上等待客户的连接请求。

ServerSocket 类的常用方法如表 19.2 所示。

表 19.2 ServerSocket 类的常用方法

方法	返回值	说明
accept()	Socket	等待客户机的连接。若连接,则创建一套接字
isBound()	boolean	判断 ServerSocket 的绑定状态
getInetAddress()	InetAddress	返回此服务器套接字的本地地址
isClosed()	boolean	返回服务器套接字的关闭状态
close()	void	关闭服务器套接字
bind(SocketAddress endpoint)	void	将 ServerSocket 绑定到特定地址(IP 地址和端口号)
getInetAddress()	int	返回服务器套接字等待的端口号

调用 ServerSocket 类的 accept()方法会返回一个和客户端 Socket 对象相连接的 Socket 对象,服务器端的 Socket 对象使用 getOutputStream()方法获得的输出流将指向客户端 Socket 对象使用 getInputStream()方法获得的那个输入流;同样,服务器端的 Socket 对象使用 getInputStream()方法获得的输入流将指向客户端 Socket 对象使用 getOutputStream()方法获得的那个输出流。也就是说,当服务器向输出流写入信息时,客户端通过相应的输入流就能读取,反之亦然。

> **注意**
>
> accept()方法会阻塞线程的继续执行,直到接收到客户的呼叫。如果没有客户呼叫服务器,那么 System.out.println("连接中")语句将不会执行。语句如果没有客户请求,accept()方法没有发生阻塞,肯定是程序出现了问题。通常是使用了一个还在被其他程序占用的端口号,ServerSocket 绑定没有成功。
>
>   yu = server.accept();
>   System.out.println("连接中");

19.2.3 TCP 网络程序

视频讲解:光盘\TM\lx\19\TCP 网络程序.exe

明白了 TCP 程序工作的过程,就可以编写 TCP 服务器程序了。在网络编程中如果只要求客户机向服务器发送消息，不要求服务器向客户机发送消息，称为单向通信。客户机套接字和服务器套接字连接成功后，客户机通过输出流发送数据，服务器则通过输入流接收数据。下面是简单的单向通信的实例。

【例 19.2】 本实例是一个 TCP 服务器端程序，在 getserver()方法中建立服务器套接字，调用 getClientMessage()方法获取客户端信息。（实例位置：光盘\TM\sl\19.02）

```java
import java.io.*;                                          //导入 java.io 包
import java.net.*;                                         //导入 java.net 包
public class MyTcp {                                       //创建类 MyTcp
    private BufferedReader reader;                         //创建 BufferedReader 对象
    private ServerSocket server;                           //创建 ServerSocket 对象
    private Socket socket;                                 //创建 Socket 对象 socket
    void getserver() {
        try {
            server = new ServerSocket(8998);               //实例化 Socket 对象
            System.out.println("服务器套接字已经创建成功");   //输出信息
            while (true) {                                 //如果套接字是连接状态
                System.out.println("等待客户机的连接");      //输出信息
                socket = server.accept();                  //实例化 Socket 对象
                reader = new BufferedReader(new InputStreamReader(socket
                        .getInputStream()));               //实例化 BufferedReader 对象
                getClientMessage();                        //调用 getClientMessage()方法
            }
        } catch (Exception e) {
            e.printStackTrace();                           //输出异常信息
        }
    }
    private void getClientMessage() {
        try {
            while (true) {                                 //如果套接字是连接状态
                //获得客户端信息
                System.out.println("客户机:" + reader.readLine());
            }
        } catch (Exception e) {
            e.printStackTrace();                           //输出异常信息
        }
        try {
            if (reader != null) {
                reader.close();                            //关闭流
            }
            if (socket != null) {
                socket.close();                            //关闭套接字
            }
        } catch (IOException e) {
            e.printStackTrace();
        }
    }
    public static void main(String[] args) {               //主方法
        MyTcp tcp = new MyTcp();                           //创建本类对象
        tcp.getserver();                                   //调用方法
    }
}
```

运行结果如图 19.7 所示。

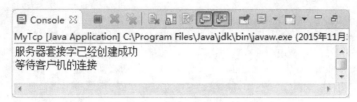

图 19.7　例 19.2 的运行结果

运行服务器端程序，将输出提示信息，等待客户呼叫。下面再来看一下客户端程序。

【例 19.3】 客户端程序，实现将用户在文本框中输入的信息发送至服务器端，并将文本框中输入的信息显示在客户端的文本域中。（实例位置：光盘\TM\sl\19.03）

```java
package com.lzw;
public class MyClien extends JFrame {                   //创建类继承 JFrame 类
    private PrintWriter writer;                         //声明 PrintWriter 类对象
    Socket socket;                                      //声明 Socket 对象
    private JTextArea ta = new JTextArea();             //创建 JtextArea 对象
    private JTextField tf = new JTextField();           //创建 JtextField 对象
    Container cc;                                       //声明 Container 对象
    public MyClien(String title) {                      //构造方法
        super(title);                                   //调用父类的构造方法
        setDefaultCloseOperation(JFrame.EXIT_ON_CLOSE);
        cc = this.getContentPane();                     //实例化对象
        final JScrollPane scrollPane = new JScrollPane();
        scrollPane.setBorder(new BevelBorder(BevelBorder.RAISED));
        getContentPane().add(scrollPane, BorderLayout.CENTER);
        scrollPane.setViewportView(ta);
        cc.add(tf, "South");                            //将文本框放在窗体的下部
        tf.addActionListener(new ActionListener() {
            //绑定事件
            public void actionPerformed(ActionEvent e) {
                //将文本框中的信息写入流
                writer.println(tf.getText());
                //将文本框中的信息显示在文本域中
                ta.append(tf.getText() + '\n');
                ta.setSelectionEnd(ta.getText().length());
                tf.setText("");                         //将文本框清空
            }
        });
    }
    private void connect() {                            //连接套接字方法
        ta.append("尝试连接\n");                         //文本域中提示信息
        try {                                           //捕捉异常
            socket = new Socket("127.0.0.1", 8998);     //实例化 Socket 对象
            writer = new PrintWriter(socket.getOutputStream(), true);
            ta.append("完成连接\n");                     //文本域中提示信息
        } catch (Exception e) {
            e.printStackTrace();                        //输出异常信息
```

```
        }
    }
    public static void main(String[] args) {              //主方法
        MyClien clien = new MyClien("向服务器送数据");      //创建本例对象
        clien.setSize(200, 200);                          //设置窗体大小
        clien.setVisible(true);                           //将窗体显示
        clien.connect();                                  //调用连接方法
    }
}
```

运行服务器端，再运行这个客户端，运行结果如图 19.8 所示。

从图 19.8 中可以看出，客户端与服务器端已经创建了连接。向文本框中输入信息，会发现输入的信息在服务器端输出，并在客户端的文本域中显示，如图 19.9 和图 19.10 所示。

说明

当一台机器上安装了多个网络应用程序时，很可能指定的端口号已被占用。还可能遇到以前运行良好的网络程序突然运行不了的情况，这种情况很可能也是由于端口被别的程序占用了。此时可以运行 netstat-help 来获得帮助，使用命令 netstat-an 来查看该程序所使用的端口，如图 19.11 所示。

图 19.8　例 19.3 的运行结果

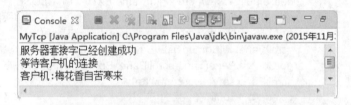

图 19.9　服务器端运行结果

图 19.10　客户端运行结果

图 19.11　查看端口

19.3　UDP 程序设计基础

用户数据报协议（UDP）是网络信息传输的另一种形式。基于 UDP 的通信和基于 TCP 的通信不同，基于 UDP 的信息传递更快，但不提供可靠的保证。使用 UDP 传递数据时，用户无法知道数据能否正确地到达主机，也不能确定到达目的地的顺序是否和发送的顺序相同。虽然 UDP 是一种不可靠的协议，但如果需要较快地传输信息，并能容忍小的错误，可以考虑使用 UDP。

基于 UDP 通信的基本模式如下：
- ☑ 将数据打包（称为数据包），然后将数据包发往目的地。
- ☑ 接收别人发来的数据包，然后查看数据包。

下面是总结的 UDP 程序的步骤。

发送数据包：

（1）使用 DatagramSocket()创建一个数据包套接字。

（2）使用 DatagramPacket(byte[] buf, int offset, int length, InetAddress address, int port)创建要发送的数据包。

（3）使用 DatagramSocket 类的 send()方法发送数据包。

接收数据包：

（1）使用 DatagramSocket(int port)创建数据包套接字，绑定到指定的端口。

（2）使用 DatagramPacket(byte[] buf, int length)创建字节数组来接收数据包。

（3）使用 DatagramPacket 类的 receive()方法接收 UDP 包。

> **注意**
> DatagramSocket 类的 receive()方法接收数据时，如果还没有可以接收的数据，在正常情况下 receive()方法将阻塞，一直等到网络上有数据传来，receive()方法接收该数据并返回。如果网络上没有数据发送过来，receive()方法也没有阻塞，肯定是程序有问题，大多数是使用了一个被其他程序占用的端口号。

19.3.1　DatagramPacket 类

📽 视频讲解：光盘\TM\lx\19\DatagramPacket 类.exe

java.net 包的 DatagramPacket 类用来表示数据包。DatagramPacket 类的构造函数有：
- ☑ DatagramPacket(byte[] buf, int length)。
- ☑ DatagramPacket(byte[] buf, int length, InetAddress address, int port)。

第一种构造函数创建 DatagramPacket 对象，指定了数据包的内存空间和大小。第二种构造函数不仅指定了数据包的内存空间和大小，还指定了数据包的目标地址和端口。在发送数据时，必须指定接收方的 Socket 地址和端口号，因此使用第二种构造函数可创建发送数据的 DatagramPacket 对象。

19.3.2 DatagramSocket 类

📺 **视频讲解**：光盘\TM\lx\19\DatagramSocket 类.exe

java.net 包中的 DatagramSocket 类用于表示发送和接收数据包的套接字。该类的构造函数有：
- ☑ DatagramSocket()。
- ☑ DatagramSocket(int port)。
- ☑ DatagramSocket(int port, InetAddress addr)。

第一种构造函数创建 DatagramSocket 对象，构造数据报套接字并将其绑定到本地主机上任何可用的端口。第二种构造函数创建 DatagramSocket 对象，创建数据报套接字并将其绑定到本地主机上的指定端口。第三种构造函数创建 DatagramSocket 对象，创建数据报套接字并将其绑定到指定的本地地址。第三种构造函数适用于有多块网卡和多个 IP 地址的情况。

在接收程序时，必须指定一个端口号，不要让系统随机产生，此时可以使用第二种构造函数。比如有个朋友要你给他写信，可他的地址不确定是不行的。在发送程序时，通常使用第一种构造函数，不指定端口号，这样系统就会为我们分配一个端口号。就像寄信不需要到指定的邮局去寄一样。

19.3.3 UDP 网络程序

📺 **视频讲解**：光盘\TM\lx\19\UDP 网络程序.exe

根据前面所讲的网络编程的基本知识，以及 UDP 网络编程的特点，下面创建一个广播数据报程序。广播数据报是一种较新的技术，类似于电台广播，广播电台需要在指定的波段和频率上广播信息，收听者也要将收音机调到指定的波段、频率才可以收听广播内容。

【例 19.4】 主机不断地重复播出节目预报，可以保证加入到同一组的主机随时可接收到广播信息。接收者将正在接收的信息放在一个文本域中，并将接收的全部信息放在另一个文本域中。（**实例位置：光盘\TM\sl\19.04**）

（1）广播主机程序不断地向外播出信息，代码如下：

```
import java.net.*;
public class Weather extends Thread {                    //创建类。该类为多线程执行程序
    String weather = "节目预报：八点有大型晚会，请收听";
    int port = 9898;                                     //定义端口
    InetAddress iaddress = null;                         //创建 InetAddress 对象
    MulticastSocket socket = null;                       //声明多点广播套接字
    Weather() {                                          //构造方法
        try {
            //实例化 InetAddress，指定地址
            iaddress = InetAddress.getByName("224.255.10.0");
            socket = new MulticastSocket(port);          //实例化多点广播套接字
            socket.setTimeToLive(1);                     //指定发送范围是本地网络
            socket.joinGroup(iaddress);                  //加入广播组
        } catch (Exception e) {
```

```
                e.printStackTrace();                    //输出异常信息
            }
        }
        public void run() {                             //run()方法
            while (true) {
                DatagramPacket packet = null;           //声明 DatagramPacket 对象
                byte data[] = weather.getBytes();       //声明字节数组
                //将数据打包
                packet = new DatagramPacket(data, data.length, iaddress, port);
                System.out.println(new String(data));   //将广播信息输出
                try {
                    socket.send(packet);                //发送数据
                    sleep(3000);                        //线程休眠
                } catch (Exception e) {
                    e.printStackTrace();                //输出异常信息
                }
            }
        }
        public static void main(String[] args) {        //主方法
            Weather w = new Weather();                  //创建本类对象
            w.start();                                  //启动线程
        }
    }
```

运行结果如图 19.12 所示。

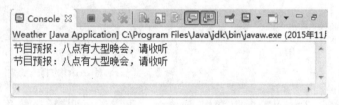

图 19.12　广播主机程序的运行结果

（2）接收广播程序：单击"开始接收"按钮，系统开始接收主机播出的信息；单击"停止接收"按钮，系统会停止接收广播主机播出的信息。

```
import java.awt.*;
import java.awt.event.*;
import java.net.*;
import javax.swing.*;
public class Receive extends JFrame implements Runnable, ActionListener {
    int port;                                           //定义 int 型变量
    InetAddress group = null;                           //声明 InetAddress 对象
    MulticastSocket socket = null;                      //创建多点广播套接字对象
    JButton ince = new JButton("开始接收");              //创建按钮对象
    JButton stop = new JButton("停止接收");
    JTextArea inceAr = new JTextArea(10, 10);           //显示接收广播的文本域
    JTextArea inced = new JTextArea(10, 10);
    Thread thread;                                      //创建 Thread 对象
```

```java
    boolean b = false;                                          //创建 boolean 型变量
    public Receive() {                                          //构造方法
        super("广播数据报");                                     //调用父类方法
        setDefaultCloseOperation(WindowConstants.EXIT_ON_CLOSE);
        thread = new Thread(this);
        ince.addActionListener(this);                           //绑定按钮 ince 的单击事件
        stop.addActionListener(this);                           //绑定按钮 stop 的单击事件
        inceAr.setForeground(Color.blue);                       //指定文本域中文字的颜色
        JPanel north = new JPanel();                            //创建 Jpanel 对象
        north.add(ince);                                        //将按钮添加到面板 north 上
        north.add(stop);
        add(north, BorderLayout.NORTH);                         //将 north 放置在窗体的上部
        JPanel center = new JPanel();                           //创建面板对象 center
        center.setLayout(new GridLayout(1, 2));                 //设置面板布局
        center.add(inceAr);                                     //将文本域添加到面板上
        center.add(inced);
        add(center, BorderLayout.CENTER);                       //设置面板布局
        validate();                                             //刷新
        port = 9898;                                            //设置端口号
        try {
            group = InetAddress.getByName("224.255.10.0");      //指定接收地址
            socket = new MulticastSocket(port);                 //绑定多点广播套接字
            socket.joinGroup(group);                            //加入广播组
        } catch (Exception e) {
            e.printStackTrace();                                //输出异常信息
        }
        setBounds(100, 50, 360, 380);                           //设置布局
        setVisible(true);                                       //将窗体设置为显示状态
    }
    public void run() {                                         //run()方法
        while (true) {
            byte data[] = new byte[1024];                       //创建 byte 数组
            DatagramPacket packet = null;                       //创建 DatagramPacket 对象
            //待接收的数据包
            packet = new DatagramPacket(data, data.length, group, port);
            try {
                socket.receive(packet);                         //接收数据包
                String message = new String(packet.getData(), 0, packet
                        .getLength());                          //获取数据包中的内容
                //将接收内容显示在文本域中
                inceAr.setText("正在接收的内容：\n" + message);
                inced.append(message + "\n");                   //每条信息为一行
            } catch (Exception e) {
                e.printStackTrace();                            //输出异常信息
            }
            if (b == true) {                                    //当变量等于 true 时，退出循环
                break;
            }
        }
```

```java
    }
    public void actionPerformed(ActionEvent e) {            //单击事件
        if (e.getSource() == ince) {                        //单击按钮 ince 触发的事件
            ince.setBackground(Color.red);                  //设置按钮颜色
            stop.setBackground(Color.yellow);
            if (!(thread.isAlive())) {                      //如线程不处于"新建状态"
                thread = new Thread(this);                  //实例化 Thread 对象
            }
            thread.start();                                 //启动线程
            b = false;                                      //设置变量值
        }
        if (e.getSource() == stop) {                        //单击按钮 stop 触发的事件
            ince.setBackground(Color.yellow);               //设置按钮颜色
            stop.setBackground(Color.red);
            b = true;                                       //设置变量值 s
        }
    }
    public static void main(String[] args) {                //主方法
        Receive rec = new Receive();                        //创建本类对象
        rec.setSize(460, 200);                              //设置窗体大小
    }
}
```

运行结果如图 19.13 所示。

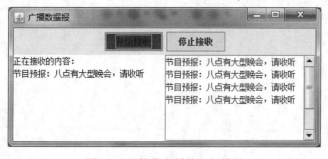

图 19.13 接收广播的运行结果

要广播或接收广播的主机地址必须加入到一个组内，地址范围为 224.0.0.0~224.255.255.255，这类地址并不代表某个特定主机的位置。加入到同一个组的主机可以在某个端口上广播信息，也可以在某个端口上接收信息。

19.4 小 结

本章介绍了 Java 网络编程知识，对于网络协议等内容，程序设计人员都应该有所了解，有兴趣的

读者还可以查阅其他资料来获取更详细的信息。TCP 与 UDP 网络编程的区别、java.net 包中提供的网络应用程序的常用类，以及这些类中的常用方法是本章的重点。通过本章的学习，读者应该能够自己尝试着编写一些网络程序来巩固所学知识。

19.5　实践与练习

1．编写 Java 程序，获得指定端口的主机名、主机地址和本机地址。（**答案位置：光盘\TM\sl\19.05**）

2．编写 TCP 服务器程序，实现创建一个在 8001 端口上等待的 ServerSocket 对象，当接收到一个客户机的连接请求后，程序从与客户机建立了连接的 Socket 对象中获得输入/输出流。通过输出流向客户机发送信息。（**答案位置：光盘\TM\sl\19.06**）

3．编写聊天室程序。（**答案位置：光盘\TM\sl\19.07**）

第20章

数据库操作

（ 视频讲解：48分钟 ）

　　数据库系统是由数据库、数据库管理系统和应用系统、数据库管理员构成的。数据库管理系统简称DBMS，是数据库系统的关键组成部分，包括数据库定义、数据查询、数据维护等。JDBC技术是连接数据库与应用程序的纽带。学习Java语言，必须学习JDBC技术，因为JDBC技术是在Java语言中被广泛使用的一种操作数据库的技术。每个应用程序的开发都是使用数据库保存数据，而使用JDBC技术访问数据库可达到查找满足条件的记录，或者向数据库添加、修改、删除数据。本章将向读者介绍Java语言的数据库操作部分。

　　通过阅读本章，您可以：

- ▶▶ 了解数据库的基础知识
- ▶▶ 了解JDBC技术的概念
- ▶▶ 掌握JDBC中常用的类和接口
- ▶▶ 掌握数据库操作的步骤

20.1 数据库基础知识

视频讲解:光盘\TM\lx\20\数据库基础.mp4

数据库在应用程序中占据着非常重要的地位。从原来的 Sybase 数据库,发展到今天的 SQL Server、MySQL、Oracle 等高级数据库,数据库已经相当成熟了。

20.1.1 什么是数据库

数据库是一种存储结构,它允许使用各种格式输入、处理和检索数据,不必在每次需要数据时重新输入。例如,当需要某人的电话号码时,需要查看电话簿,按照姓名来查阅,这个电话簿就是一个数据库。数据库具有以下主要特点。

- ☑ 实现数据共享。数据共享包含所有用户可同时存取数据库中的数据,也包括用户可以用各种方式通过接口使用数据库,并提供数据共享。
- ☑ 减少数据的冗余度。同文件系统相比,数据库实现了数据共享,从而避免了用户各自建立应用文件,减少了大量重复数据,减少了数据冗余,维护了数据的一致性。
- ☑ 数据的独立性。数据的独立性包括数据库中数据库的逻辑结构和应用程序相互独立,也包括数据物理结构的变化不影响数据的逻辑结构。
- ☑ 数据实现集中控制。文件管理方式中,数据处于一种分散的状态,不同的用户或同一用户在不同处理中其文件之间毫无关系。利用数据库可对数据进行集中控制和管理,并通过数据模型表示各种数据的组织以及数据间的联系。
- ☑ 数据的一致性和可维护性,以确保数据的安全性和可靠性。主要包括:
  - ➢ 安全性控制,以防止数据丢失、错误更新和越权使用。
  - ➢ 完整性控制,保证数据的正确性、有效性和相容性。
  - ➢ 并发控制,使在同一时间周期内,允许对数据实现多路存取,又能防止用户之间的不正常交互作用。
  - ➢ 故障的发现和恢复。

从发展的历史来看,数据库是数据管理的高级阶段,是由文件管理系统发展起来的。数据库的基本结构分为 3 个层次。

- ☑ 物理数据层:它是数据库的最内层,是物理存储设备上实际存储的数据集合。这些数据是原始数据,是用户加工的对象,由内部模式描述的指令操作处理的字符和字组成。
- ☑ 概念数据层:它是数据库的中间一层,是数据库的整体逻辑表示,指出了每个数据的逻辑定义及数据间的逻辑联系,是存储记录的集合。它所涉及的是数据库所有对象的逻辑关系,而不是它们的物理情况,是数据库管理员概念下的数据库。
- ☑ 逻辑数据层:它是用户所看到和使用的数据库,是一个或一些特定用户使用的数据集合,即逻辑记录的集合。

20.1.2　数据库的种类及功能

数据库系统一般基于某种数据模型，可以分为层次型、网状型、关系型及面向对象型等。
- ☑ 层次型数据库：层次型数据库类似于树结构，是一组通过链接而相互联系在一起的记录。层次模型的特点是记录之间的联系通过指针实现。由于层次模型层次顺序严格而且复杂，因此对数据进行各项操作都很困难。层次型数据库如图 20.1 所示。
- ☑ 网状型数据库：网络模型是使用网络结构表示实体类型、实体间联系的数据模型。网络模型容易实现多对多的联系。但在编写应用程序时，程序员必须熟悉数据库的逻辑结构，如图 20.2 所示。

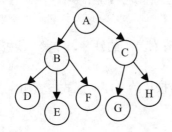

图 20.1　层次型数据库

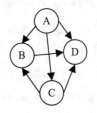

图 20.2　网状型数据库

- ☑ 面向对象型数据库：建立在面向对象模型基础上。
- ☑ 关系型数据库：关系型数据库是目前最流行的数据库，是基于关系模型建立的数据库，关系模型是由一系列表格组成的。后面会详细地讲解它。

在当前比较流行的数据库中，MySQL 数据库是开发源代码的软件，具有功能强、使用简便、管理方便、运行速度快、安全可靠性强等优点，同时也是具有客户机/服务器体系结构的分布式数据库管理系统。MySQL 是完全网络化的跨平台关系型数据库系统，它还支持多种平台，在 UNIX/Linux 系统上 MySQL 支持多线程运行方式，从而能获得相当好的性能。对于不使用 UNIX 系统的用户，可以在 Windows NT 系统上以系统服务方式运行，或者在 Windows 95/98 系统上以普通进程方式运行。

从 JDK 6 开始，在 JDK 的安装目录中，除了传统的 bin、jre 等目录，还新增了一个名为 db 的目录，这便是 Java DB。这是一个纯 Java 实现的、开源的数据库管理系统（DBMS），源于 Apache 软件基金会（ASF）名下的项目 Derby。它只有 2MB 大小，但这并不妨碍 Derby 功能齐备、支持几乎大部分的数据库应用所需要的特性。更难能可贵的是，作为内嵌的数据库，Derby 得到了包括 IBM 和 Sun 等大公司以及全世界优秀程序员们的支持。这就好像为 JDK 注入了一股全新的活力，Java 程序员不再需要耗费大量精力安装和配置数据库，就能进行安全、易用、标准且免费的数据库编程了。

20.1.3　SQL 语言

SQL（Structure Query Language，结构化查询语言）被广泛地应用于大多数数据库中，使用 SQL 语言可以方便地查询、操作、定义和控制数据库中的数据。SQL 语言主要由以下几部分组成。
- ☑ 数据定义语言（Data Definition Language，DDL），如 create、alter、drop 等。
- ☑ 数据操纵语言（Data Manipulation Language，DML），如 select、insert、update、delete 等。

☑ 数据控制语言（Data Control Language，DCL），如 grant、revoke 等。
☑ 事务控制语言（Transaction Control Language），如 commit、rollback 等。

在应用程序中使用最多的就是数据操纵语言，它也是最常用的核心 SQL 语言。下面对数据操纵语言进行简单的介绍。

1．select 语句

select 语句用于从数据表中检索数据。

语法如下：

```
SELECT 所选字段列表 FROM 数据表名
WHERE 条件表达式 GROUP BY 字段名 HAVING 条件表达式(指定分组的条件)
ORDER BY 字段名[ASC|DESC]
```

假设数据表名称是 tb_emp，要检索出 tb_emp 表中所有女员工的姓名、年龄，并按年龄升序排序，代码如例 20.1 所示。

【例 20.1】 将 tb_emp 表中所有女员工的姓名、年龄按年龄升序的形式检索出来。

```
select name,age form tb_emp where sex = '女' order by age;
```

2．insert 语句

insert 语句用于向表中插入新数据。

语法如下：

```
insert into 表名[(字段名 1,字段名 2…)]
values(属性值 1,属性值 2 …)
```

假设要向数据表 tb_emp（包含字段 id、name、sex、department）中插入数据，代码如例 20.2 所示。

【例 20.2】 向 tb_emp 表中插入数据。

```
insert into tb_emp values(2,'lili','女','销售部');
```

3．update 语句

update 语句用于更新数据表中的某些记录。

语法如下：

```
UPDATE 数据表名 SET 字段名 = 新的字段值 WHERE 条件表达式
```

假设要将数据表 tb_emp 中 2 号员工的年龄修改为 24，代码如例 20.3 所示。

【例 20.3】 修改 tb_emp 表中编号是 2 的员工年龄。

```
update tb_emp set age = 24 where id = 2;
```

4．delete 语句

delete 语句用于删除数据。

语法如下：

```
delete from 数据表名 where 条件表达式
```

假设要删除数据表 tb_emp 中编号为 1024 的员工，代码如例 20.4 所示。

【例 20.4】 将 tb_emp 表中编号为 1024 的员工删除。

```
delete from tb_emp where id = 1024;
```

20.2 JDBC 概述

> 视频讲解：光盘\TM\lx\20\JDBC 概述.mp4

JDBC 是一种可用于执行 SQL 语句的 Java API（Application Programming Interface，应用程序设计接口），是连接数据库和 Java 应用程序的纽带。

20.2.1 JDBC-ODBC 桥

JDBC-ODBC 桥是一个 JDBC 驱动程序，完成了从 JDBC 操作到 ODBC 操作之间的转换工作，允许 JDBC 驱动程序被用作 ODBC 的驱动程序。使用 JDBC-ODBC 桥连接数据库的步骤如下：

（1）首先加载 JDBC-ODBC 桥的驱动程序。代码如下：

```
Class.forName("sun.jdbc.odbc.JdbcOdbcDriver");
```

Class 类是 java.lang 包中的一个类，通过该类的静态方法 forName()可加载 sun.jdbc.odbc 包中的 JdbcOdbcDriver 类来建立 JDBC-ODBC 桥连接器。

（2）使用 java.sql 包中的 Connection 接口，并通过 DriverManager 类的静态方法 getConnection() 创建连接对象。代码如下：

```
Connection conn = DriverManager.getConnection("jdbc:odbc:数据源名字" , "user name" , "password");
```

数据源必须给出一个简短的描述名。假设没有设置 user name 和 password，则要与数据源 tom 交换数据。建立 Connection 对象的代码如下：

```
Connection conn = DriverManager.getConnection("jdbc:odbc:tom","","");
```

（3）向数据库发送 SQL 语句。使用 Statement 接口声明一个 SQL 语句对象，并通过刚才创建的连接数据库对象 conn 的 createStatement()方法创建这个 SQL 对象。代码如下：

```
Statement sql = conn.createStatement();
```

JDBC-ODBC 桥作为连接数据库的过渡性技术，现在已经不被 Java 广泛应用了，现在被广泛应用的是 JDBC 技术。但这并不表示 JDBC-ODBC 桥技术已经被淘汰，由于 ODBC 技术被广泛地使用，使得 Java 可以利用 JDBC-ODBC 桥访问几乎所有的数据库。JDBC-ODBC 桥作为 sun.jdbc.odbc 包与 JDK 一起自动安装，不需要特殊配置。

20.2.2　JDBC 技术

JDBC 的全称是 Java DataBase Connectivity，是一套面向对象的应用程序接口，指定了统一的访问各种关系型数据库的标准接口。JDBC 是一种底层的 API，因此访问数据库时需要在业务逻辑层中嵌入 SQL 语句。SQL 语句是面向关系的，依赖于关系模型，所以通过 JDBC 技术访问数据库也是面向关系的。JDBC 技术主要完成以下几个任务：
- ☑ 与数据库建立一个连接。
- ☑ 向数据库发送 SQL 语句。
- ☑ 处理从数据库返回的结果。

需要注意的是，JDBC 并不能直接访问数据库，必须依赖于数据库厂商提供的 JDBC 驱动程序。下面详细介绍 JDBC 驱动程序的分类。

20.2.3　JDBC 驱动程序的类型

JDBC 的总体结构由 4 个组件——应用程序、驱动程序管理器、驱动程序和数据源组成。JDBC 驱动基本上分为以下 4 种。
- ☑ JDBC-ODBC 桥：依靠 ODBC 驱动器和数据库通信。这种连接方式必须将 ODBC 二进制代码加载到使用该驱动程序的每台客户机上。这种类型的驱动程序最适合于企业网或者用 Java 编写的三层结构的应用程序服务器代码。
- ☑ 本地 API 一部分用 Java 编写的驱动程序：这类驱动程序把客户机的 API 上的 JDBC 调用转换为 Oracle、DB2、Sybase 或其他 DBMS 的调用。这种驱动程序也需要将某些二进制代码加载到每台客户机上。
- ☑ JDBC 网络驱动：这种驱动程序将 JDBC 转换为与 DBMS 无关的网络协议，又被某个服务器转换为一种 DBMS 协议，是一种利用 Java 编写的 JDBC 驱动程序，也是最为灵活的 JDBC 驱动程序。这种方案的提供者提供了适合于企业内部互联网（Intranet）用的产品。为使这种产品支持 Internet 访问，需要处理 Web 提出的安全性、通过防火墙的访问等额外的要求。
- ☑ 本地协议驱动：这是一种纯 Java 的驱动程序。这种驱动程序将 JDBC 调用直接转换为 DBMS 所使用的网络协议，允许从客户机上直接调用 DBMS 服务器，是一种很实用的访问 Intranet 的解决方法。

JDBC 网络驱动和本地协议驱动是 JDBC 访问数据库的首选，这两类驱动程序提供了 Java 的所有优点。

20.3　JDBC 中常用的类和接口

在 Java 语言中提供了丰富的类和接口用于数据库编程，利用这些类和接口可以方便地进行数据访问和处理。本节将介绍一些常用的 JDBC 接口和类，这些类或接口都在 java.sql 包中。

20.3.1　Connection 接口

Connection 接口代表与特定的数据库的连接，在连接上下文中执行 SQL 语句并返回结果。Connection 接口的常用方法如表 20.1 所示。

表 20.1　Connection 接口的常用方法

方　　法	功　能　描　述
createStatement()	创建 Statement 对象
createStatement(int resultSetType, int resultSetConcurrency)	创建一个 Statement 对象，该对象将生成具有给定类型、并发性和可保存性的 ResultSet 对象
preparedStatement()	创建预处理对象 preparedStatement
isReadOnly()	查看当前 Connection 对象的读取模式是否为只读形式
setReadOnly()	设置当前 Connection 对象的读写模式，默认是非只读模式
commit()	使所有上一次提交/回滚后进行的更改成为持久更改，并释放此 Connection 对象当前持有的所有数据库锁
roolback()	取消在当前事务中进行的所有更改，并释放此 Connection 对象当前持有的所有数据库锁
close()	立即释放此 Connection 对象的数据库和 JDBC 资源，而不是等待它们被自动释放

20.3.2　Statement 接口

Statement 接口用于在已经建立连接的基础上向数据库发送 SQL 语句。在 JDBC 中有 3 种 Statement 对象，分别是 Statement、PreparedStatement 和 CallableStatement。Statement 对象用于执行不带参数的简单的 SQL 语句；PreparedStatement 继承了 Statement，用来执行动态的 SQL 语句；CallableStatement 继承了 PreparedStatement，用于执行对数据库的存储过程的调用。Statement 接口的常用方法如表 20.2 所示。

表 20.2　Statement 接口中常用的方法

方　　法	功　能　描　述
execute(String sql)	执行静态的 SELECT 语句，该语句可能返回多个结果集
executeQuery(String sql)	执行给定的 SQL 语句，该语句返回单个 ResultSet 对象
clearBatch()	清空此 Statement 对象的当前 SQL 命令列表
executeBatch()	将一批命令提交给数据库来执行，如果全部命令执行成功，则返回更新计数组成的数组。数组元素的排序与 SQL 语句的添加顺序对应
addBatch(String sql)	将给定的 SQL 命令添加到此 Statement 对象的当前命令列表中。如果驱动程序不支持批量处理，将抛出异常
close()	释放 Statement 实例占用的数据库和 JDBC 资源

20.3.3 PreparedStatement 接口

PreparedStatement 接口用来动态地执行 SQL 语句。通过 PreparedStatement 实例执行的动态 SQL 语句，将被预编译并保存到 PreparedStatement 实例中，从而可以反复地执行该 SQL 语句。PreparedStatement 接口的常用方法如表 20.3 所示。

表 20.3 PreparedStatement 接口提供的常用方法

方　　法	功　能　描　述
setInt(int index , int k)	将指定位置的参数设置为 int 值
setFloat(int index , float f)	将指定位置的参数设置为 float 值
setLong(int index,long l)	将指定位置的参数设置为 long 值
setDouble(int index , double d)	将指定位置的参数设置为 double 值
setBoolean(int index ,boolean b)	将指定位置的参数设置为 boolean 值
setDate(int index , date date)	将指定位置的参数设置为对应的 date 值
executeQuery()	在此 PreparedStatement 对象中执行 SQL 查询，并返回该查询生成的 ResultSet 对象
setString(int index String s)	将指定位置的参数设置为对应的 String 值
setNull(int index , intsqlType)	将指定位置的参数设置为 SQL NULL
executeUpdate()	执行前面包含的参数的动态 INSERT、UPDATE 或 DELETE 语句
clearParameters()	清除当前所有参数的值

20.3.4 DriverManager 类

DriverManager 类用来管理数据库中的所有驱动程序。它是 JDBC 的管理层，作用于用户和驱动程序之间，跟踪可用的驱动程序，并在数据库的驱动程序之间建立连接。如果通过 getConnection()方法可以建立连接，则经连接返回，否则抛出 SQLException 异常。DriverManager 类的常用方法如表 20.4 所示。

表 20.4 DriverManager 类的常用方法

方　　法	功　能　描　述
getConnection(String url, String user, String password)	指定 3 个入口参数（依次是连接数据库的 URL、用户名、密码）来获取与数据库的连接
setLoginTimeout()	获取驱动程序试图登录到某一数据库时可以等待的最长时间，以秒为单位
println(String message)	将一条消息打印到当前 JDBC 日志流中

20.3.5 ResultSet 接口

ResultSet 接口类似于一个临时表，用来暂时存放数据库查询操作所获得的结果集。ResultSet 实例具有指向当前数据行的指针，指针开始的位置在第一条记录的前面，通过 next()方法可将指针向下移。在 JDBC 2.0（JDK 1.2）之后，该接口添加了一组更新方法 updateXXX()，该方法有两个重载方法，可根据列的索引号和列的名称来更新指定列。但该方法并没有将对数据进行的操作同步到数据库中，需要执行 updateRow()或 insertRow()方法更新数据库。ResultSet 接口的常用方法如表 20.5 所示。

表 20.5 ResultSet 接口提供的常用方法

方　　法	功　能　描　述
getInt()	以 int 形式获取此 ResultSet 对象的当前行的指定列值。如果列值是 NULL，则返回值是 0
getFloat()	以 float 形式获取此 ResultSet 对象的当前行的指定列值。如果列值是 NULL，则返回值是 0
getDate()	以 data 形式获取 ResultSet 对象的当前行的指定列值。如果列值是 NULL，则返回值是 null
getBoolean()	以 boolean 形式获取 ResultSet 对象的当前行的指定列值。如果列值是 NULL，则返回 null
getString()	以 String 形式获取 ResultSet 对象的当前行的指定列值。如果列值是 NULL，则返回 null
getObject()	以 Object 形式获取 ResultSet 对象的当前行的指定列值。如果列值是 NULL，则返回 null
first()	将指针移到当前记录的第一行
last()	将指针移到当前记录的最后一行
next()	将指针向下移一行
beforeFirst()	将指针移到集合的开头（第一行位置）
afterLast()	将指针移到集合的尾部（最后一行位置）
absolute(int index)	将指针移到 ResultSet 给定编号的行
isFrist()	判断指针是否位于当前 ResultSet 集合的第一行。如果是返回 true，否则返回 false
isLast()	判断指针是否位于当前 ResultSet 集合的最后一行。如果是返回 true，否则返回 false
updateInt()	用 int 值更新指定列
updateFloat()	用 float 值更新指定列
updateLong()	用指定的 long 值更新指定列
updateString()	用指定的 String 值更新指定列
updateObject()	用 Object 值更新指定列
updateNull()	将指定的列值修改为 NULL
updateDate()	用指定的 date 值更新指定列
updateDouble()	用指定的 double 值更新指定列
getrow()	查看当前行的索引号
insertRow()	将插入行的内容插入到数据库
updateRow()	将当前行的内容同步到数据表
deleteRow()	删除当前行，但并不同步到数据库中，而是在执行 close()方法后同步到数据库

20.4 数据库操作

要对数据库表中的数据进行操作，应该首先建立与数据库的连接。通过 JDBC 的 API 中提供的各种类可实现对数据表中的数据进行查找、添加、修改、删除等操作。本节以操作 MySQL 数据库为例，介绍几种常见的数据库操作。

20.4.1 连接数据库

📹 视频讲解：光盘\TM\lx\20\连接数据库.mp4

要访问数据库，首先要加载数据库的驱动程序（只需要在第一次访问数据库时加载一次），然后每次访问数据时创建一个 Connection 对象，接着执行操作数据库的 SQL 语句，最后在完成数据库操作后销毁前面创建的 Connection 对象，释放与数据库的连接。

【例 20.5】 在项目中创建类 Conn，并创建 getConnection()方法，获取与 MySQL 数据库的连接，在主方法中调用该方法。（实例位置：光盘\TM\sl\20.01）

```java
import java.sql.*;                                  //导入 java.sql 包
public class Conn {                                 //创建类 Conn
    Connection con;                                 //声明 Connection 对象
    public Connection getConnection(){              //建立返回值为 Connection 的方法
        try {                                       //加载数据库驱动类
            Class.forName("com.mysql.jdbc.Driver"); System.out.println("数据库驱动加载成功");   //(1)
        } catch (ClassNotFoundException e) {
            e.printStackTrace();
        }
        try {                                       //通过访问数据库的 URL 获取数据库连接对象
            con=DriverManager.getConnection("jdbc:mysql:" +
                    "//127.0.0.1:3306/test"
                                    ,"root","123456");                                        //(2)
            System.out.println("数据库连接成功");
        } catch (SQLException e) {
            e.printStackTrace();
        }
        return con;                                 //按方法要求返回一个 Connection 对象
    }
    public static void main(String[] args) {        //主方法
        Conn c = new Conn();                        //创建本类对象
        c.getConnection();                          //调用连接数据库的方法
    }
}
```

运行结果如图 20.3 所示。

图 20.3　例 20.5 的运行结果

代码说明：

- 代码块（1）：通过 java.lang 包的静态方法 forName()来加载 JDBC 驱动程序，如果加载失败会抛出 ClassNotFoundException 异常。应该确定数据库驱动类是否成功加载到程序中。
- 代码块（2）：通过 java.sql 包中类 DriverManager 的静态方法 getConnection(String url, String user, String password)建立数据库连接。该方法的 3 个参数依次指定预连接数据库的路径、用户名和密码。返回 Connection 对象。如果连接失败，则抛出 SQLException 异常。

> **注意**
> 本实例中将连接数据库作为单独的一个方法，并以 Connection 对象作为返回值。这样写的好处是在遇到对数据库执行操作的程序时可直接调用 Conn 类的 getConnection()方法获取连接，增加了代码的重用性。

20.4.2 向数据库发送 SQL 语句

例 20.5 中的 getConnection()方法只是获取与数据库的连接，要执行 SQL 语句首先要获得 Statement 类对象。通过例 20.5 创建的连接数据库对象 con 的 createStatement()方法可获得 Statement 对象。

【例 20.6】 创建 Statement 类对象 sql。代码如下：

```
try {
    Statement sql = con.createStatement();
} catch (SQLException e) {
    e.printStackTrace();
}
```

20.4.3 处理查询结果集

有了 Statement 对象以后，可调用相应的方法实现对数据库的查询和修改，并将查询的结果集存放在 ResultSet 类的对象中。

【例 20.7】 获取查询结果集。代码如下：

```
ResultSet res = sql.executeQuery("select * from tb_emp");
```

运行结果为返回一个 ResultSet 对象，ResultSet 对象一次只可以看到结果集中的一行数据，使用该类的 next()方法可将光标从当前位置移向下一行（关于 Statement 类的其他方法可参见 20.3 节）。

20.4.4 顺序查询

📺 **视频讲解：光盘\TM\lx\20\数据库查询.mp4**

ResultSet 类的 next()方法的返回值是 boolean 类型的数据，当游标移动到最后一行之后会返回 false。下面的实例就是将数据表 tb_emp 中的全部信息显示在控制台上。

【例 20.8】 本实例在 getConnection()方法中获取与数据库的连接，在主方法中将数据表 tb_stu 中的数据检索出来，保存在遍历查询结果集 ResultSet 中，并遍历该结果集。（实例位置：光盘\TM\sl\20.02）

```java
import java.sql.*;                                  //导入 java.sql 包
public class Gradation {                            //创建类
    static Connection con;                          //声明 Connection 对象
    static Statement sql;                           //声明 Statement 对象
    static ResultSet res;                           //声明 ResultSet 对象
    public Connection getConnection() {             //连接数据库方法
        /********* 省略了获取数据库连接的代码，读者可参考 20.4.1 节的内容 *******/
        return con;                                 //返回 Connection 对象
    }
    public static void main(String[] args) {        //主方法
        Gradation c = new Gradation();              //创建本类对象
        con = c.getConnection();                    //与数据库建立连接
        try {
            sql = con.createStatement();            //实例化 Statement 对象
            //执行 SQL 语句，返回结果集
            res = sql.executeQuery("select * from tb_stu");
            while (res.next()) {                    //如果当前语句不是最后一条，则进入循环
                String id = res.getString("id");    //获取列名是 id 的字段值
                //获取列名是 name 的字段值
                String name = res.getString("name");
                //获取列名是 sex 的字段值
                String sex = res.getString("sex");
                //获取列名是 birthday 的字段值
                String birthday = res.getString("birthday");
                System.out.print("编号：" + id);     //将列值输出
                System.out.print(" 姓名:" + name);
                System.out.print(" 性别:" + sex);
                System.out.println(" 生日：" + birthday);
            }
        } catch (Exception e) {
            e.printStackTrace();
        }
    }
}
```

运行结果如图 20.4 所示。

注意

可以通过列的序号来获取结果集中指定的列值。例如，获取结果集中 id 列的列值，可以写成 getString("id")。由于 id 列是数据表中的第一列，所以也可以写成 getString(1)来获取。结果集 res 的结构如图 20.5 所示。

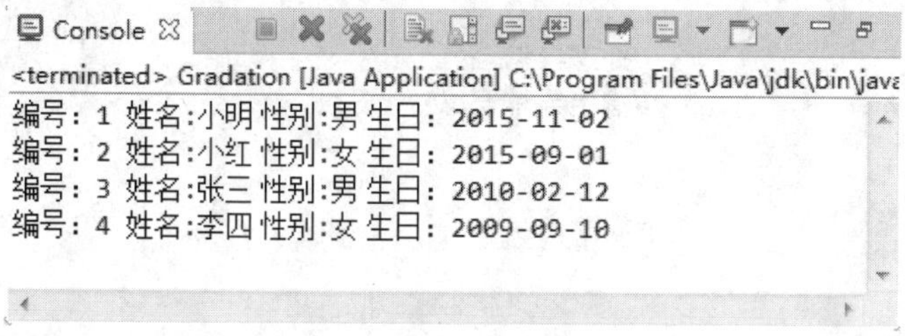

图 20.4　例 20.8 的运行结果

```
mysql> select * from tb_stu;
+----+------+-----+------------+
| id | name | sex | birthday   |
+----+------+-----+------------+
|  1 | 小明 | 男  | 2015-11-02 |
|  2 | 小红 | 女  | 2015-09-01 |
|  3 | 张三 | 男  | 2010-02-12 |
|  4 | 李四 | 女  | 2009-09-10 |
+----+------+-----+------------+
4 rows in set
```

图 20.5　结果集结构

20.4.5　模糊查询

SQL 语句中提供了 LIKE 操作符用于模糊查询，可使用“%”来代替 0 个或多个字符，使用下划线“_”来代替一个字符。例如，在查询姓张的同学的信息时，可使用以下 SQL 语句：

```
select * from tb_stu where name like '张%'
```

【例 20.9】　本实例在 getConnection()方法中获取与数据库的连接，在主方法中将数据表 tb_stu 中姓张的同学的信息检索出来，保存在 ResultSet 结果集中，并遍历该集合。（**实例位置：光盘\TM\sl\20.03**）

```
import java.sql.*;                                       //导入 java.sql 包
public class Train {                                     //创建类 Train
    static Connection con;                               //声明 Connection 对象
    static Statement sql;                                //声明 Statement 对象
    static ResultSet res;                                //声明 ResultSet 对象
    public Connection getConnection() {                  //与数据库连接方法
        /******* 省略了获取数据库连接的代码，读者可参考 20.4.1 节的内容 ********/
        return con;                                      //返回 Connection 对象
    }
    public static void main(String[] args) {             //主方法
        Train c = new Train();                           //创建本类对象
        con = c.getConnection();                         //获取与数据库的连接
        try {                                            //try 语句捕捉异常
            sql = con.createStatement();                 //实例化 Statement 对象
            //执行 SQL 语句
            res = sql.executeQuery("select * from tb_stu where"
                    + " name like '张%'");
            //如果当前记录不是结果集中的最后一条，进入循环体
            while (res.next()) {
                String id = res.getString(1);            //获取 id 字段值
```

```
                    String name = res.getString("name");        //获取 name 字段值
                    String sex = res.getString("sex");          //获取 sex 字段值
                    //获取 birthday 字段值
                    String birthday = res.getString("birthday");
                    System.out.print("编号：" + id);             //输出信息
                    System.out.print(" 姓名：" + name);
                    System.out.print(" 性别:" + sex);
                    System.out.println(" 生日：" + birthday);
                }
            } catch (Exception e) {                             //处理异常
                e.printStackTrace();                            //输出异常信息
            }
        }
    }
}
```

运行结果如图 20.6 所示。

图 20.6　例 20.9 的运行结果

20.4.6　预处理语句

　　　视频讲解：光盘\TM\lx\20\动态查询.mp4

　　向数据库发送一个 SQL 语句，数据库中的 SQL 解释器负责把 SQL 语句生成底层的内部命令，然后执行该命令，完成相关的数据操作。如果不断地向数据库提交 SQL 语句，肯定会增加数据库中 SQL 解释器的负担，影响执行的速度。

　　对于 JDBC，可以通过 Connection 对象的 preparedStatement(String sql)方法对 SQL 语句进行预处理，生成数据库底层的内部命令，并将该命令封装在 PreparedStatement 对象中，通过调用该对象的相应方法执行底层数据库命令。这样应用程序能针对连接的数据库，实现将 SQL 语句解释为数据库底层的内部命令，然后让数据库执行这个命令，这样可以减轻数据库的负担，提高访问数据库的速度。

　　对 SQL 进行预处理时可以使用通配符"?"来代替任何的字段值。例如：

sql = con.prepareStatement("select * from tb_stu where id = ?");

在执行预处理语句前，必须用相应方法来设置通配符所表示的值。例如：

sql.setInt(1,2);

上述语句中的"1"表示从左向右的第几个通配符，"2"表示设置的通配符的值。将通配符的值设置为 2 后，功能等同于：

sql = con.prepareStatement("select * from tb_stu where id = 2");

尽管书写两条语句看似麻烦了一些，但使用预处理语句可使应用程序更容易动态地改变 SQL 语句中关于字段值条件的设定。

> **注意**
>
> 通过 setXXX()方法为 SQL 语句中的参数赋值时，建议利用与参数匹配的方法，也可以利用 setObject()方法为各种类型的参数赋值。例如：
> sql.setObject(2,'李丽');

【例 20.10】本实例预处理语句动态地获取指定编号的同学的信息，在此以查询编号为 19 的同学的信息为例介绍预处理语句的用法。（实例位置：光盘\TM\sl\20.04）

```java
import java.sql.*;                                           //导入 java.sql 包
public class Prep {                                          //创建类 Perp
    static Connection con;                                   //声明 Connection 对象
    static PreparedStatement sql;                            //声明预处理对象
    static ResultSet res;                                    //声明结果集对象
    public Connection getConnection() {                      //与数据库连接的方法
        try {
            Class.forName("com.mysql.jdbc.Driver");
            con = DriverManager.getConnection("jdbc:mysql:"
                + "//127.0.0.1:3306/test", "root", "123456");  } catch (Exception e) {
            e.printStackTrace();
        }
        return con;                                          //返回 Connection 对象
    }
    public static void main(String[] args) {                 //主方法
        Prep c = new Prep();                                 //创建本类对象
        con = c.getConnection();                             //获取与数据库的连接
        try {
            //实例化预处理对象
            sql = con.prepareStatement("select * from tb_stu"
                + " where id = ?");
            sql.setInt(1, 19);                               //设置参数
            res = sql.executeQuery();                        //执行预处理语句
            //如果当前记录不是结果集中的最后一行，则进入循环体
            while (res.next()) {
                String id = res.getString(1);                //获取结果集中第一列的值
                String name = res.getString("name");         //获取 name 列的列值
                String sex = res.getString("sex");           //获取 sex 列的列值
                //获取 birthday 列的列值
                String birthday = res.getString("birthday");
                System.out.print("编号：" + id);              //输出信息
                System.out.print(" 姓名：" + name);
                System.out.print(" 性别:" + sex);
                System.out.println(" 生日：" + birthday);
            }
        } catch (Exception e) {
```

```
            e.printStackTrace();
        }
    }
}
```

运行结果如图 20.7 所示。

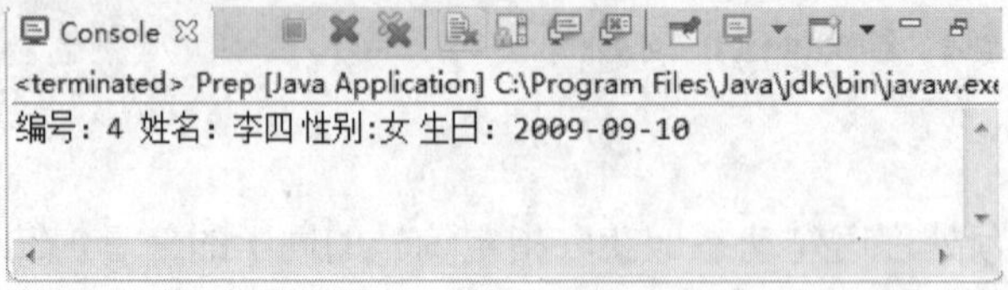

图 20.7 例 20.10 的运行结果

20.4.7 添加、修改、删除记录

 视频讲解：光盘\TM\lx\20\添加、修改、删除记录.mp4

通过 SQL 语句可以对数据执行添加、修改和删除操作。可通过 PreparedStatement 类的指定参数动态地对数据表中原有数据进行修改操作，并通过 executeUpdate()方法执行更新语句操作。

【例 20.11】 本实例通过预处理语句动态地对数据表 tb_stu 中的数据执行添加、修改、删除操作，并遍历对数据进行操作之前与对数据进行操作之后的 tb_stu 表中的数据。（实例位置：光盘\TM\sl\20.05）

```java
import java.sql.*;                                        //导入 java.sql 包
public class Renewal {                                    //创建类
    static Connection con;                                //声明 Connection 对象
    static PreparedStatement sql;                         //声明 PreparedStatement 对象
    static ResultSet res;                                 //声明 ResultSet 对象
    public Connection getConnection() {
        /********* 省略了获取数据库连接的代码，读者可参考 20.4.1 节的内容 *********/
        return con;
    }
    public static void main(String[] args) {
        Renewal c = new Renewal();                        //创建本类对象
        con = c.getConnection();                          //调用连接数据库的方法
        try {
            sql = con.prepareStatement("select * from tb_stu");  //查询数据库
            res = sql.executeQuery();                     //执行 SQL 语句
            System.out.println("执行增加、修改、删除前数据:");
            while (res.next()) {
                String id = res.getString(1);
                String name = res.getString("name");
                String sex = res.getString("sex");
                String brithday = res.getString("birthday");
                System.out.print("编号： " + id);
                System.out.print(" 姓名： " + name);
                System.out.print(" 性别:" + sex);
                System.out.println(" 生日： " + birthday);
            }                                             //遍历查询结果集
```

第 20 章 数据库操作

```
            }
            sql = con.prepareStatement("insert into tb_stu"
                    + " values(?,?,?)");
            sql.setString(1, "张一");                      //预处理添加数据
            sql.setString(2, "女");
            sql.setString(3, "2012-12-1");
            sql.executeUpdate();
            sql = con.prepareStatement("update tb_stu set birthday "
                    + "= ? where id = (select min(id) from tb_stu)");
            sql.setString(1, " 2012-12-02");              //更新数据
            sql.executeUpdate();
            stmt.executeUpdate("delete from tb_stu where id = "
                    + "(select min(id)from tb_stu)")
            sql.setInt(1, 1);
            sql.executeUpdate();                          //删除数据
            //查询修改数据后 tb_stu 表中的数据
            sql = con.prepareStatement("select * from tb_stu");
            res = sql.executeQuery();                     //执行 SQL 语句
            System.out.println("执行增加、修改、删除后的数据:");
            while (res.next()) {
                /************** 省略了数据修改之后遍历结果集的代码 **********/
            }
        } catch (Exception e) {
            e.printStackTrace();
        }
    }
}
```

运行结果如图 20.8 所示。

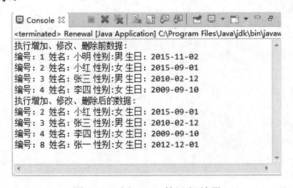

图 20.8 例 20.11 的运行结果

> **说明**
>
> executeQuery()方法是在 PreparedStatement 对象中执行 SQL 查询,并返回该查询生成的 ResultSet 对象,而 executeUpdate()方法是在 PreparedStatement 对象中执行 SQL 语句,该语句必须是一个 SQL 数据操作语言(Data Manipulation Language,DML)语句,如 INSERT、UPDATE 或 DELETE 语句,或者是无返回内容的 SQL 语句,如 DDL 语句。

20.5　小　　结

本章主要介绍了 Java 程序中的数据库操作部分。通过对本章的学习，读者应该了解什么是数据库，数据库的种类、功能以及常用的 SQL 语言的基本语法，重点要掌握使用 JDBC 技术操作数据库，以及对数据执行增加、删除、修改、查找操作的方法。

20.6　实践与练习

1．创建类 SearchEmp，实现查找数据表 tb_emp 中销售部的所有成员的功能。（答案位置：光盘\TM\sl\20.06）

2．编写程序，实现向数据表 tb_stu 中添加数据的功能，要求姓名为"李某"，性别是"女"，出生日期是"1999-10-20"。（答案位置：光盘\TM\sl\20.07）

3．编写程序，实现删除出生日期在"2010-01-01"之前的学生的功能。（答案位置：光盘\TM\sl\20.08）

高级应用

- 第 21 章 Swing 表格组件
- 第 22 章 Swing 树组件
- 第 23 章 Swing 其他高级组件
- 第 24 章 高级布局管理器
- 第 25 章 高级事件处理
- 第 26 章 AWT 绘图与音频播放
- 第 27 章 打印技术

本篇介绍了 Swing 表格组件、Swing 树组件、Swing 其他高级组件、高级布局管理器、高级事件处理、AWT 绘图与音频播放、打印技术等内容。学习完本篇，读者将能够开发高级的桌面应用程序、多媒体程序和打印程序等。

第 21 章

Swing 表格组件

（ 视频讲解：20 分钟 ）

表格是最常用的数据统计形式之一，在日常生活中经常需要使用表格统计数据，如对销售数据的统计、日常开销的统计，以及生成员工待遇报表等。本章将介绍 Swing 表格的使用方法，在最后还将讲解提供行标题栏表格的实现思路和方法。在讲解过程中，为了便于读者理解结合了大量的实例。

通过阅读本章，您可以：

- ▶▶ 学会创建 Swing 表格的方法
- ▶▶ 学会定义和操纵表格的常用方法
- ▶▶ 学会维护表格模型的常用方法
- ▶▶ 掌握 JTable 和 DefaultTableModel 类的主要功能
- ▶▶ 掌握提供行标题栏表格的开发思路
- ▶▶ 了解 Swing 表格的设计思路

21.1 利用 JTable 类直接创建表格

表格是最常用的数据统计形式之一，在 Swing 中由 JTable 类实现表格。本节将学习利用 JTable 类创建和定义表格，以及操纵表格的方法。

21.1.1 创建表格

视频讲解：光盘\TM\lx\21\创建表格.exe

在 JTable 类中除了默认的构造方法外，还提供了利用指定表格列名数组和表格数据数组创建表格的构造方法，代码如下：

JTable(Object[][] rowData, Object[] columnNames)

- ☑ rowData：封装表格数据的数组。
- ☑ columnNames：封装表格列名的数组。

在使用表格时，通常将其添加到滚动面板中，然后将滚动面板添加到相应的位置。下面看一个这样的例子。

【例 21.1】 创建可以滚动的表格。（实例位置：光盘\TM\sl\21.01）

本例利用构造方法 JTable(Object[][] rowData, Object[] columnNames)创建了一个表格，并将表格添加到了滚动面板中。本例的完整代码如下：

```
import java.awt.*;
import javax.swing.*;
public class ExampleFrame_01 extends JFrame {
    public static void main(String args[]) {
        ExampleFrame_01 frame = new ExampleFrame_01();
        frame.setVisible(true);
    }
    public ExampleFrame_01() {
        super();
        setTitle("创建可以滚动的表格");
        setBounds(100, 100, 240, 150);
        setDefaultCloseOperation(JFrame.EXIT_ON_CLOSE);
        String[] columnNames = { "A", "B" }; //定义表格列名数组
        //定义表格数据数组
        String[][] tableValues = { { "A1", "B1" }, { "A2", "B2" },
                { "A3", "B3" }, { "A4", "B4" }, { "A5", "B5" } };
        //创建指定列名和数据的表格
        JTable table = new JTable(tableValues, columnNames);
        //创建显示表格的滚动面板
        JScrollPane scrollPane = new JScrollPane(table);
        //将滚动面板添加到边界布局的中间
```

```
        getContentPane().add(scrollPane, BorderLayout.CENTER);
    }
}
```

运行本实例,将得到如图 21.1 所示的窗体;当调小窗体的高度时,将出现滚动条,如图 21.2 所示。

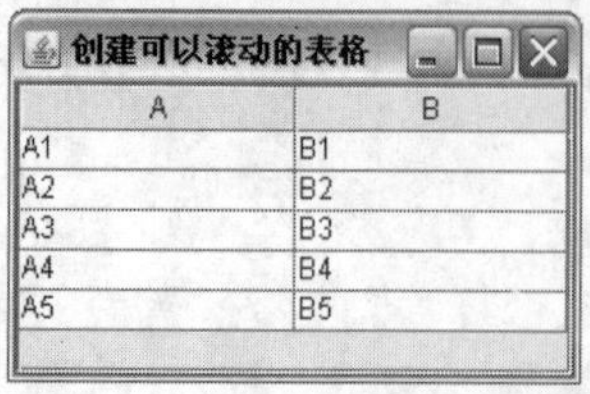

图 21.1　创建可以滚动的表格 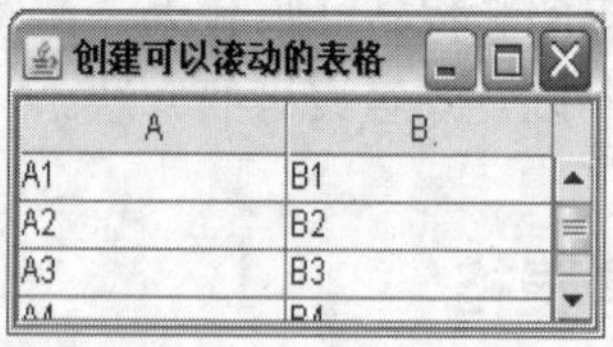　　　　图 21.2　出现滚动条的表格

在 JTable 类中还提供了利用指定表格列名向量和表格数据向量创建表格的构造方法,代码如下:

JTable(Vector rowData, Vector columnNames)

- ☑ rowData:封装表格数据的向量。
- ☑ columnNames:封装表格列名的向量。

在使用表格时,有时并不需要使用滚动条,即在窗体中可以显示出整个表格,在这种情况下,也可以直接将表格添加到相应的容器中。

注意

如果是直接将表格添加到相应的容器中,则首先需要通过 JTable 类的 getTableHeader()方法获得 JTableHeader 类的对象,然后再将该对象添加到容器的相应位置,否则表格将没有列名。

【例 21.2】 创建不可滚动的表格。(实例位置:光盘\TM\sl\21.02)

本例利用构造方法 JTable(Vector rowData, Vector columnNames)创建了一个表格,并将表格直接添加到了容器中。本例的关键代码如下:

```java
public class ExampleFrame_02 extends JFrame {
    public static void main(String args[]) {
        ExampleFrame_02 frame = new ExampleFrame_02();
        frame.setVisible(true);
    }
    public ExampleFrame_02() {
        super();
        setTitle("创建不可滚动的表格");
        setBounds(100, 100, 240, 150);
        setDefaultCloseOperation(JFrame.EXIT_ON_CLOSE);
        Vector<String> columnNameV = new Vector<>();              //定义表格列名向量
        columnNameV.add("A");                                      //添加列名
        columnNameV.add("B");                                      //添加列名
        Vector<Vector<String>> tableValueV = new Vector<>();       //定义表格数据向量
        for (int row = 1; row < 6; row++) {
            Vector<String> rowV = new Vector<>();                  //定义表格行向量
            rowV.add("A" + row);                                   //添加单元格数据
```

```
            rowV.add("B" + row);                           //添加单元格数据
            tableValueV.add(rowV);                         //将表格行向量添加到表格数据向量中
        }
        //创建指定表格列名和表格数据的表格
        JTable table = new JTable(tableValueV, columnNameV);
        //将表格添加到边界布局的中间
        getContentPane().add(table, BorderLayout.CENTER);
        JTableHeader tableHeader = table.getTableHeader();       //获得表格头对象
        //将表格头添加到边界布局的上方
        getContentPane().add(tableHeader, BorderLayout.NORTH);
    }
}
```

运行本例，将得到如图 21.3 所示的窗体；当调小窗体的高度时，不会出现滚动条，如图 21.4 所示。如果将上面代码中的最后两行去掉，再次运行本例，将得到如图 21.5 所示的窗体，会发现表格没有列名。

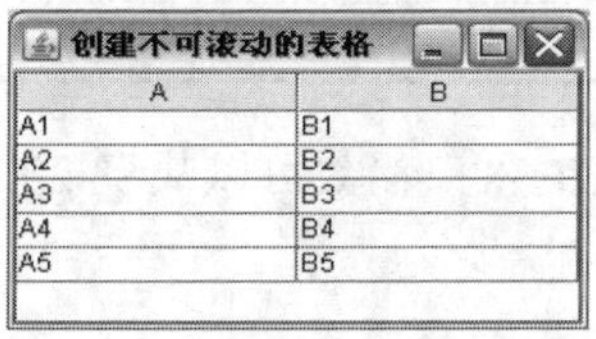

图 21.3　创建不可滚动的表格 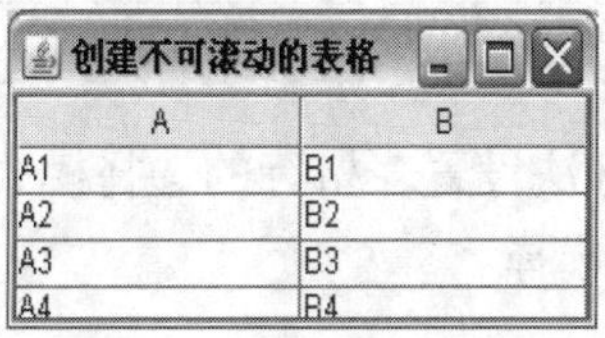　　　　图 21.4　不出现滚动条的表格 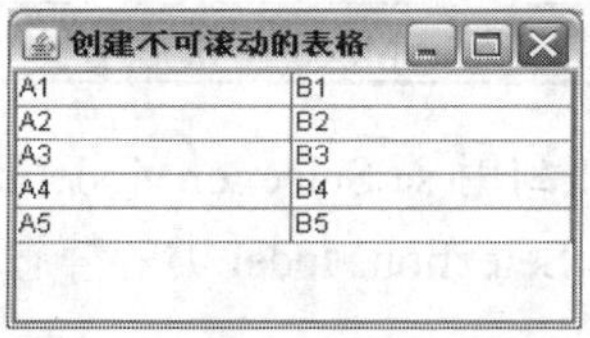　　　　图 21.5　没有表格列名的表格

21.1.2　定制表格

视频讲解：光盘\TM\lx\21\定制表格.exe

表格创建完成后，还需要对其进行一系列的定义，以便适合于具体的使用情况。默认情况下通过双击表格中的单元格就可以对其进行编辑，如图 21.6 所示。如果不需要提供该功能，可以通过重构 JTable 类的 isCellEditable(int row, int column)方法实现。默认情况下该方法返回 boolean 型值 true，表示指定单元格可编辑，如果返回 false 则表示不可编辑。

如果表格只有几列，通常不需要表格列的可重新排列功能。在创建不支持滚动条的表格时已经使用了 JTableHeader 类的对象，通过该类的 setReorderingAllowed(boolean reorderingAllowed)方法即可设置表格是否支持重新排列功能，设为 false 表示不支持重新排列功能，如图 21.7 所示。

默认情况下单元格中的内容靠左侧显示，如果需要令单元格中的内容居中显示，如图 21.8 所示，可以通过重构 JTable 类的 getDefaultRenderer(Class<?> columnClass)方法来实现。下面是重构后的代码：

```
public TableCellRenderer getDefaultRenderer(Class<?> columnClass) {
    DefaultTableCellRenderer cr = (DefaultTableCellRenderer)
                                          super.getDefaultRenderer(columnClass);
    cr.setHorizontalAlignment(DefaultTableCellRenderer.CENTER);
    return cr;
}
```

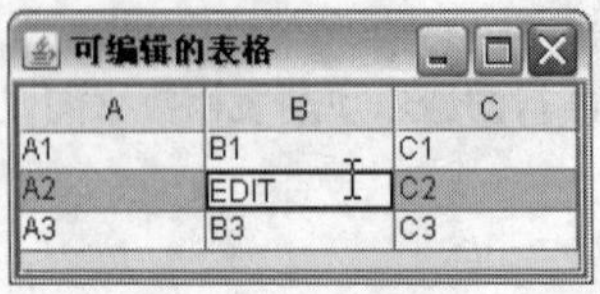

图21.6 可编辑的表格 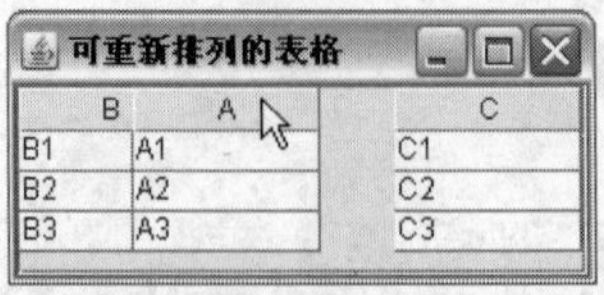　　　图21.7 可重新排列的表格 　　　图21.8 单元格内容居中显示

表21.1中列出了JTable类中用来定义表格的常用方法。

表21.1　JTable类中用来定义表格的常用方法

方　法	说　明
setRowHeight(int rowHeight)	设置表格的行高，默认为16像素
setRowSelectionAllowed(boolean sa)	设置是否允许选中表格行，默认为允许选中，设为false表示不允许选中
setSelectionMode(int sm)	设置表格行的选择模式
setSelectionBackground(Color bc)	设置表格选中行的背景色
setSelectionForeground(Color fc)	设置表格选中行的前景色（通常情况下为文字的颜色）
setAutoResizeMode(int mode)	设置表格的自动调整模式

在利用setSelectionMode(int sm)方法设置表格行的选择模式时，它的入口参数可以从表21.2列出的ListSelectionModel类的静态常量中选择。

表21.2　ListSelectionModel类中用来设置选择模式的静态常量

静 态 常 量	常 量 值	代表的选择模式
SINGLE_SELECTION	0	只允许选择一个，如图21.9所示
SINGLE_INTERVAL_SELECTION	1	允许连续选择多个，如图21.10所示
MULTIPLE_INTERVAL_SELECTION	2	可以随意选择多个，如图21.11所示

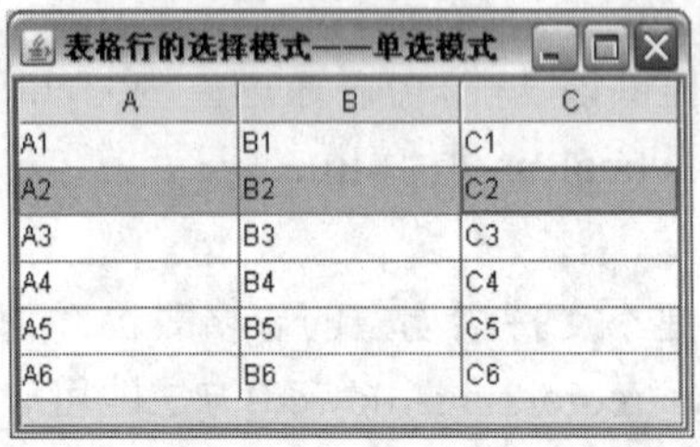

图21.9 单选模式 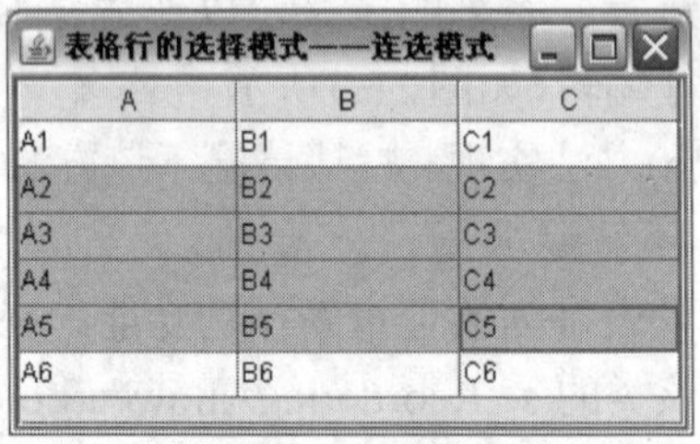　　　图21.10 连选模式 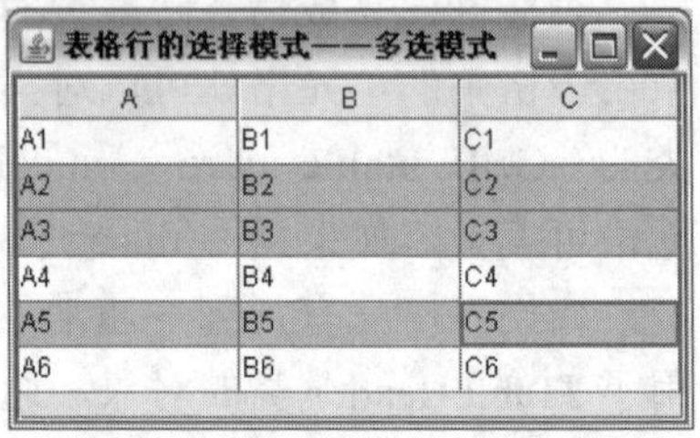　　　图21.11 多选模式

在利用setAutoResizeMode(int mode)方法设置表格的自动调整模式时，它的入口参数可以从表21.3列出的JTable类的静态常量中选择。

说明

所谓表格的自动调整模式，就是在调整表格某一列的宽度时，表格采用何种方式保持其总宽度不变。

表 21.3　JTable 类中用来设置自动调整模式的静态常量

静 态 常 量	常 量 值	代表的自动调整模式
AUTO_RESIZE_OFF	0	关闭自动调整功能，使用水平滚动条时的必要设置，如图 21.12 所示
AUTO_RESIZE_NEXT_COLUMN	1	只调整其下一列的宽度，如图 21.13 所示
AUTO_RESIZE_SUBSEQUENT_COLUMNS	2	按比例调整其后所有列的宽度，为默认设置，如图 21.14 所示
AUTO_RESIZE_LAST_COLUMN	3	只调整最后一列的宽度，如图 21.15 所示
AUTO_RESIZE_ALL_COLUMNS	4	按比例调整表格所有列的宽度，如图 21.16 所示

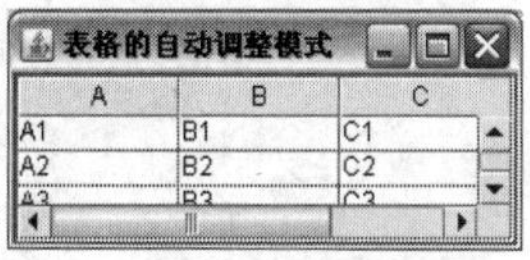

图 21.12　关闭调整功能 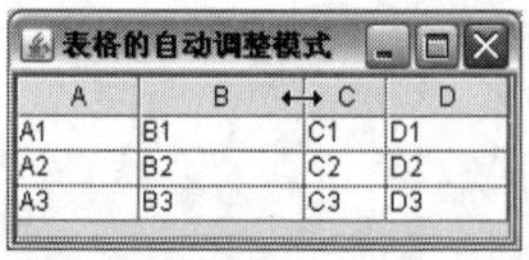　　　图 21.13　只调整其下一列的宽度 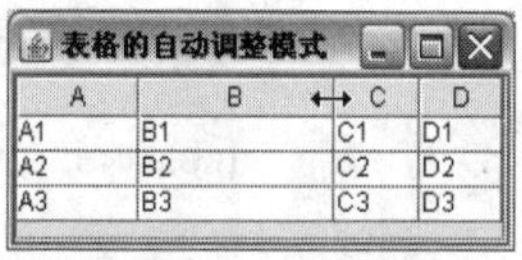　　　图 21.14　按比例调整其后所有列的宽度

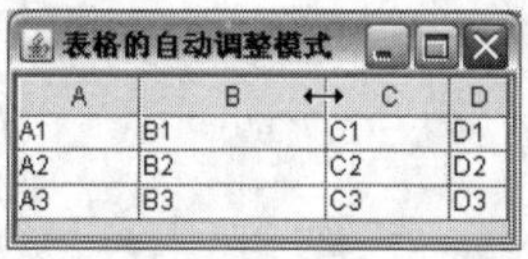

图 21.15　只调整最后一列的宽度 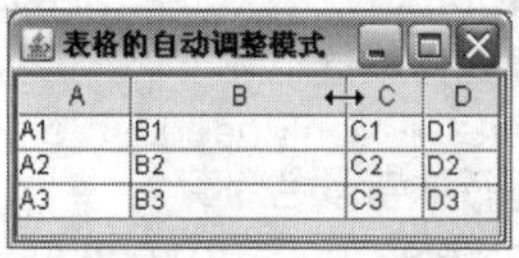　　　图 21.16　按比例调整表格所有列的宽度

说明

调整表格所在窗体的宽度时，如果关闭了表格的自动调整功能，表格的总宽度仍保持不变，如图 21.17 所示；如果开启了表格的自动调整功能，表格将按比例调整所有列的宽度至适合窗体的宽度，如图 21.18 所示。

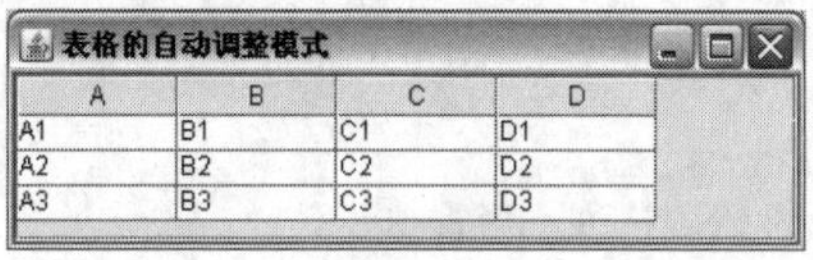

图 21.17　关闭的情况下调整窗体宽度 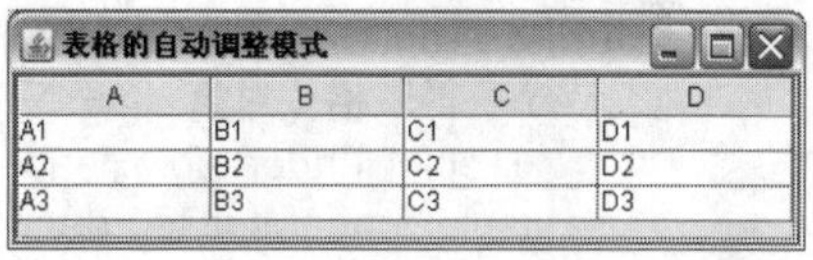　　　图 21.18　开启的情况下调整窗体宽度

【例 21.3】　定义表格。（实例位置：光盘\TM\sl\21.03）

本例利用本节所讲的全部知识对表格进行了定义，完整代码如下：

```
public class ExampleFrame_03 extends JFrame {
    public static void main(String args[]) {
        ExampleFrame_03 frame = new ExampleFrame_03();
        frame.setVisible(true);
    }
    public ExampleFrame_03() {
        super();
        setTitle("定义表格");
        setBounds(100, 100, 500, 375);
        setDefaultCloseOperation(JFrame.EXIT_ON_CLOSE);
```

```java
        final JScrollPane scrollPane = new JScrollPane();
        getContentPane().add(scrollPane, BorderLayout.CENTER);
        String[] columnNames = { "A", "B", "C", "D", "E", "F", "G" };
        Vector<String> columnNameV = new Vector<>();
        for (int column = 0; column < columnNames.length; column++) {
            columnNameV.add(columnNames[column]);
        }
        Vector<Vector<String>> tableValueV = new Vector<>();
        for (int row = 1; row < 21; row++) {
            Vector<String> rowV = new Vector<String>();
            for (int column = 0; column < columnNames.length; column++) {
                rowV.add(columnNames[column] + row);
            }
            tableValueV.add(rowV);
        }
        JTable table = new MTable(tableValueV, columnNameV);
        //关闭表格列的自动调整功能
        table.setAutoResizeMode(JTable.AUTO_RESIZE_OFF);
        //选择模式为单选
        table.setSelectionMode(ListSelectionModel.SINGLE_SELECTION);
        //被选择行的背景色为黄色
        table.setSelectionBackground(Color.YELLOW);
        //被选择行的前景色（文字颜色）为红色
        table.setSelectionForeground(Color.RED);
        table.setRowHeight(30);                         //表格的行高为 30 像素
        scrollPane.setViewportView(table);
    }
    private class MTable extends JTable {               //实现自己的表格类
        public MTable(Vector<Vector<String>> rowData, Vector<String> columnNames) {
            super(rowData, columnNames);
        }
        @Override
        public JTableHeader getTableHeader() {          //定义表格头
            //获得表格头对象
            JTableHeader tableHeader = super.getTableHeader();
            tableHeader.setReorderingAllowed(false);    //设置表格列不可重排
            DefaultTableCellRenderer hr = (DefaultTableCellRenderer)
                    tableHeader.getDefaultRenderer();   //获得表格头的单元格对象
            //设置列名居中显示
            hr.setHorizontalAlignment(DefaultTableCellRenderer.CENTER);
            return tableHeader;
        }
        //定义单元格
        @Override
        public TableCellRenderer getDefaultRenderer(Class<?> columnClass) {
            DefaultTableCellRenderer cr = (DefaultTableCellRenderer) super
                    .getDefaultRenderer(columnClass);   //获得表格的单元格对象
            //设置单元格内容居中显示
            cr.setHorizontalAlignment(DefaultTableCellRenderer.CENTER);
            return cr;
        }
        @Override
```

```
            public boolean isCellEditable(int row, int column) {  //表格不可编辑
                return false;
            }
        }
}
```

运行本例，选中表格的第 2 行，将得到如图 21.19 所示的效果。选中行的背景色为黄色，文字颜色为红色，并且所有单元格的内容均居中显示。

图 21.19　定义表格

21.1.3　操纵表格

> 视频讲解：光盘\TM\lx\21\操纵表格.exe

在编写应用表格的程序时，经常需要获得表格的一些信息，如表格拥有的行数和列数。下面是 JTable 类中 3 个经常用来获得表格信息的方法。

- ☑ getRowCount()：获得表格拥有的行数，返回值为 int 型。
- ☑ getColumnCount()：获得表格拥有的列数，返回值为 int 型。
- ☑ getColumnName(int column)：获得位于指定索引位置的列的名称，返回值为 String 型。

在表 21.4 中列出了经常用来操纵表格选中行的方法，包括设置、查看、统计、获取和取消选中行的方法。

表 21.4　JTable 类中经常用来操纵表格选中行的方法

方　　法	说　　明
setRowSelectionInterval(int from, int to)	选中行索引从 from 到 to 的所有行（包括索引为 from 和 to 的行）
addRowSelectionInterval(int from, int to)	将行索引从 from 到 to 的所有行追加为表格的选中行
isRowSelected(int row)	查看行索引为 row 的行是否被选中
selectAll()	选中表格中的所有行
clearSelection()	取消所有选中行的选择状态
getSelectedRowCount()	获得表格中被选中行的数量，返回值为 int 型，如果没有被选中的行，则返回-1
getSelectedRow()	获得被选中行中最小的行索引值，返回值为 int 型，如果没有被选中的行，则返回-1
getSelectedRows()	获得所有被选中行的索引值，返回值为 int 型数组

> **注意**
> 由 JTable 类实现的表格的行索引和列索引均从 0 开始，即第一行的索引为 0，第二行的索引为 1，依此类推。

在 JTable 类中还提供了一个用来移动表格列位置的方法 moveColumn(int column, int targetColumn)，其中 column 为欲移动列的索引值，targetColumn 为目的列的索引值。移动表格列的具体执行方式如图 21.20 所示。

图 21.20　移动表格列的具体执行方式

【例 21.4】　操纵表格。（实例位置：光盘\TM\sl\21.04）

本例展示了本节讲到的所有方法的功能。关键代码如下：

```
table = new JTable(tableValueV, columnNameV);
table.setRowSelectionInterval(1, 3);                    //设置选中行
table.addRowSelectionInterval(5, 5);                    //添加选中行
scrollPane.setViewportView(table);
JPanel buttonPanel = new JPanel();
getContentPane().add(buttonPanel, BorderLayout.SOUTH);
JButton selectAllButton = new JButton("全部选择");
selectAllButton.addActionListener(new ActionListener() {
    public void actionPerformed(ActionEvent e) {
        table.selectAll();                              //选中所有行
    }
});
buttonPanel.add(selectAllButton);
JButton clearSelectionButton = new JButton("取消选择");
clearSelectionButton.addActionListener(new ActionListener() {
    public void actionPerformed(ActionEvent e) {
        table.clearSelection();                         //取消所有选中行的选择状态
    }
});
buttonPanel.add(clearSelectionButton);
System.out.println("表格共有" + table.getRowCount() + "行"
        + table.getColumnCount() + "列");
System.out.println("共有" + table.getSelectedRowCount() + "行被选中");
System.out.println("第 3 行的选择状态为：" + table.isRowSelected(2));
System.out.println("第 5 行的选择状态为：" + table.isRowSelected(4));
System.out.println("被选中的第一行的索引是：" + table.getSelectedRow());
int[] selectedRows = table.getSelectedRows();           //获得所有被选中行的索引
System.out.print("所有被选中行的索引是：");
for (int row = 0; row < selectedRows.length; row++) {
    System.out.print(selectedRows[row] + "  ");
}
System.out.println();
System.out.println("列移动前第 2 列的名称是：" + table.getColumnName(1));
System.out.println("列移动前第 2 行第 2 列的值是：" + table.getValueAt(1, 1));
table.moveColumn(1, 5);                                 //将位于索引 1 的列移动到索引 5 处
System.out.println("列移动后第 2 列的名称是：" + table.getColumnName(1));
System.out.println("列移动后第 2 行第 2 列的值是：" + table.getValueAt(1, 1));
```

运行本例，将得到如图 21.21 所示的窗体，其中表格的第 2、3、4、6 行被选中，并且列名为 B 的列从索引 1 处移动到了索引 5 处。单击"全部选择"按钮将选中表格的所有行，单击"取消选择"按钮将取消所有选中行的选择状态。运行本例后在控制台将输出如图 21.22 所示的信息。

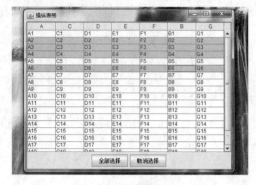

图 21.21　被选中指定行的表格

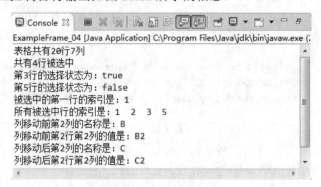

图 21.22　输出到控制台的信息

21.2　表格模型与表格

用来创建表格的 JTable 类并不负责存储表格中的数据，而是由表格模型负责存储。当利用 JTable 类直接创建表格时，只是将数据封装到了默认的表格模型中。本节将学习表格模型的使用方法。

21.2.1　利用表格模型创建表格

视频讲解：光盘\TM\lx\21\利用表格模型创建表格.exe

接口 TableModel 定义了一个表格模型，抽象类 AbstractTableModel 实现了 TableModel 接口的大部分方法，只有以下 3 个抽象方法没有实现。

- ☑　public int getRowCount()。
- ☑　public int getColumnCount()。
- ☑　public Object getValueAt(int rowIndex, int columnIndex)。

通过继承 AbstractTableModel 类实现上面 3 个抽象方法可以创建自己的表格模型类。DefaultTableModel 类便是由 Swing 提供的继承了 AbstractTableModel 类并实现了上面 3 个抽象方法的表格模型类。DefaultTableModel 类提供的常用构造方法如表 21.5 所示。

表 21.5　DefaultTableModel 类提供的常用构造方法

构 造 方 法	说　　明
DefaultTableModel()	创建一个 0 行 0 列的表格模型
DefaultTableModel(int rowCount, int columnCount)	创建一个 rowCount 行 columnCount 列的表格模型
DefaultTableModel(Object[][] data, Object[] columnNames)	按照数组中指定的数据和列名创建一个表格模型
DefaultTableModel(Vector data, Vector columnNames)	按照向量中指定的数据和列名创建一个表格模型

表格模型创建完成后，通过 JTable 类的构造方法 JTable(TableModel dm)创建表格，就实现了利用表格模型创建表格。

从 JDK 1.6 开始，提供了对表格进行排序的功能。通过 JTable 类的 setRowSorter(RowSorter<? extends TableModel> sorter)方法可以为表格设置排序器。TableRowSorter 类是由 Swing 提供的排序器类。为表格设置排序器的典型代码如下：

```
DefaultTableModel tableModel = new DefaultTableModel();       //创建表格模型
JTable table = new JTable(tableModel);                        //创建表格
table.setRowSorter(new TableRowSorter(tableModel));           //设置排序器
```

如果为表格设置了排序器，当单击表格的某一列头时，在该列名称的后面将出现▲标记，说明按该列升序排列表格中的所有行，如图 21.23 所示；当再次单击该列头时，标记将变为▼，说明按该列降序排列表格中的所有行，如图 21.24 所示。

> **注意**
> 在使用表格排序器时，通常要为其设置表格模型，否则将出现如图 21.25 所示的效果。一种方法是通过构造方法 TableRowSorter(TableModel model)创建排序器；另一种方法是通过 setModel (TableModel model)方法为排序器设置表格模型。

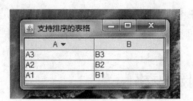

图 21.23　按升序排列　　　　图 21.24　按降序排列　　　　图 21.25　未设置表格模型

【例 21.5】 利用表格模型创建表格，并使用表格排序器。（实例位置：光盘\TM\sl\21.05）

本例利用表格模型创建了一个表格，并对表格使用了表格排序器。本例的关键代码如下：

```
JScrollPane scrollPane = new JScrollPane();
getContentPane().add(scrollPane, BorderLayout.CENTER);
String[] columnNames = { "A", "B" };         //定义表格列名数组
String[][] tableValues = { { "A1", "B1" }, { "A2", "B2" },
    { "A3", "B3" } };                        //定义表格数据数组
DefaultTableModel tableModel = new DefaultTableModel(tableValues,
    columnNames);                            //创建指定表格列名和表格数据的表格模型
JTable table = new JTable(tableModel);       //创建指定表格模型的表格
table.setRowSorter(new TableRowSorter<>(tableModel));
scrollPane.setViewportView(table);
```

运行本例，将得到如图 21.26 所示的窗体；单击名称为 B 列的列头后，将得到如图 21.27 所示的效果，表格按 B 列升序排列；再次单击名称为 B 列的列头后，将得到如图 21.28 所示的效果，表格按 B 列降序排列。

| 图 21.26 运行效果 | 图 21.27 升序排列 | 图 21.28 降序排列 |

21.2.2 维护表格模型

> 视频讲解：光盘\TM\lx\21\维护表格模型.exe

使用表格时，经常需要对表格中的内容进行维护，如向表格中添加新的数据行、修改表格中某一单元格的值、从表格中删除指定的数据行等，这些操作均可以通过维护表格模型来完成。

在向表格模型中添加新的数据行时有两种情况：一种是添加到表格模型的尾部，另一种是添加到表格模型的指定索引位置。

（1）添加到表格模型的尾部，可以通过 addRow()方法完成。它的两个重载方法如下。

- ☑ addRow(Object[] rowData)：将由数组封装的数据添加到表格模型的尾部。
- ☑ addRow(Vector rowData)：将由向量封装的数据添加到表格模型的尾部。

（2）添加到表格模型的指定位置，可以通过 insertRow()方法完成。它的两个重载方法如下。

- ☑ insertRow(int row, Object[] rowData)：将由数组封装的数据添加到表格模型的指定索引位置。
- ☑ insertRow(int row, Vector rowData)：将由向量封装的数据添加到表格模型的指定索引位置。

如果需要修改表格模型中某一单元格的数据，可以通过方法 setValueAt(Object aValue, int row, int column)完成，其中 aValue 为单元格修改后的值，row 为单元格所在行的索引，column 为单元格所在列的索引；可以通过方法 getValueAt(int row, int column)获得指定单元格的值，该方法的返回值类型为 Object。

如果需要删除表格模型中某一行的数据，可以通过方法 removeRow(int row)完成，其中 row 为欲删除行的索引。

> **注意**
> 在删除表格模型中的数据时，每删除一行，其后所有行的索引值将相应地减 1，所以当连续删除多行时，需要注意对删除行索引的处理。

【例 21.6】 维护表格模型。（实例位置：光盘\TM\sl\21.06）

本例通过维护表格模型，实现了向表格中添加新的数据行、修改表格中某一单元格的值，以及从表格中删除指定的数据行。本例的完整代码如下：

```
import java.awt.*;
import java.awt.event.*;
import javax.swing.*;
import javax.swing.table.*;
public class ExampleFrame_06 extends JFrame {
    private DefaultTableModel tableModel;    //定义表格模型对象
    private JTable table;                    //定义表格对象
```

```java
    private JTextField aTextField;
    private JTextField bTextField;
    public static void main(String args[]) {
        ExampleFrame_06 frame = new ExampleFrame_06();
        frame.setVisible(true);
    }
    public ExampleFrame_06() {
        super();
        setTitle("维护表格模型");
        setBounds(100, 100, 510, 375);
        setDefaultCloseOperation(JFrame.EXIT_ON_CLOSE);
        final JScrollPane scrollPane = new JScrollPane();
        getContentPane().add(scrollPane, BorderLayout.CENTER);
        String[] columnNames = { "A", "B" };                          //定义表格列名数组
        String[][] tableValues = { { "A1", "B1" }, { "A2", "B2" },
                { "A3", "B3" } };                                     //定义表格数据数组
        //创建指定表格列名和表格数据的表格模型
        tableModel = new DefaultTableModel(tableValues, columnNames);

        table = new JTable(tableModel);                               //创建指定表格模型的表格
        table.setRowSorter(new TableRowSorter<>(tableModel));         //设置表格的排序器
        //设置表格的选择模式为单选
        table.setSelectionMode(ListSelectionModel.SINGLE_SELECTION);
        //为表格添加鼠标事件监听器
        table.addMouseListener(new MouseAdapter() {
            //发生了单击事件
            public void mouseClicked(MouseEvent e) {
                //获得被选中行的索引
                int selectedRow = table.getSelectedRow();
                //从表格模型中获得指定单元格的值
                Object oa = tableModel.getValueAt(selectedRow, 0);
                //从表格模型中获得指定单元格的值
                Object ob = tableModel.getValueAt(selectedRow, 1);
                aTextField.setText(oa.toString());                    //将值赋值给文本框
                bTextField.setText(ob.toString());                    //将值赋值给文本框
            }
        });
        scrollPane.setViewportView(table);
        final JPanel panel = new JPanel();
        getContentPane().add(panel, BorderLayout.SOUTH);
        panel.add(new JLabel("A："));
        aTextField = new JTextField("A4", 10);
        panel.add(aTextField);
        panel.add(new JLabel("B："));
        bTextField = new JTextField("B4", 10);
        panel.add(bTextField);
        final JButton addButton = new JButton("添加");
        addButton.addActionListener(new ActionListener() {
            public void actionPerformed(ActionEvent e) {
                String[] rowValues = { aTextField.getText(),
```

```
                        bTextField.getText() };           //创建表格行数组
                tableModel.addRow(rowValues);             //向表格模型中添加一行
                int rowCount = table.getRowCount() + 1;
                aTextField.setText("A" + rowCount);
                bTextField.setText("B" + rowCount);
            }
        });
        panel.add(addButton);
        final JButton updButton = new JButton("修改");
        updButton.addActionListener(new ActionListener() {
            public void actionPerformed(ActionEvent e) {
                int selectedRow = table.getSelectedRow();     //获得被选中行的索引
                if (selectedRow != -1) {                      //判断是否存在被选中行
                    tableModel.setValueAt(aTextField.getText(),
                            selectedRow, 0);                  //修改表格模型中的指定值
                    tableModel.setValueAt(bTextField.getText(),
                            selectedRow, 1);                  //修改表格模型中的指定值
                }
            }
        });
        panel.add(updButton);
        final JButton delButton = new JButton("删除");
        delButton.addActionListener(new ActionListener() {
            public void actionPerformed(ActionEvent e) {
                int selectedRow = table.getSelectedRow();     //获得被选中行的索引
                if (selectedRow != -1)                         //判断是否存在被选中行
                    //从表格模型当中删除指定行
                    tableModel.removeRow(selectedRow);
            }
        });
        panel.add(delButton);
    }
}
```

运行本例,将得到如图 21.29 所示的窗体,其中 A、B 文本框分别用来编辑 A、B 列的信息。单击"添加"按钮可以将编辑好的信息添加到表格中,选中表格的某一行后,在 A、B 文本框中将显示该行对应列的信息。重新编辑后单击"修改"按钮可以修改表格中的信息,单击"删除"按钮可以删除表格中被选中的行。

图 21.29 维护表格模型

21.3 提供行标题栏的表格

视频讲解:光盘\TM\lx\21\提供行标题栏的表格.exe

通过 JTable 类创建的表格的列标题栏是永远可见的,即使是向下滚动了垂直滚动条,这就大大增

强了表格的可读性。但是当窗体不能显示出表格的所有列时，如果向右滚动水平滚动条则会导致表格左侧的部分列不可见，而通常情况下表格左侧的一列或几列为表格的基本数据，如图 21.30 所示。如果通过移动滚动条查看未显示出的列数据时，则会导致如图 21.31 所示的效果，即不知道每一行的具体销售日期，但是针对表格列则不会出现这样的问题。如果能够使表格左侧的一列或几列不随着水平滚动条滚动，也能够永远可见，就解决了上面的问题。

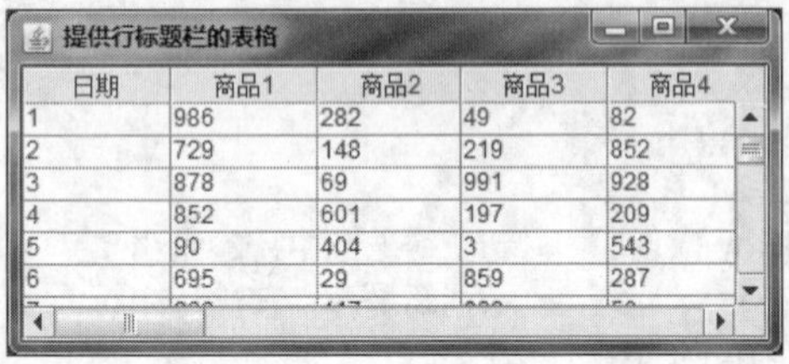

图 21.30　表格左侧的一列为表格的基本数据 　　　图 21.31　移动滚动条查看未显示出的列数据

可以通过两个并列显示的表格实现这样的效果，其中左侧的表格用来显示永远可见的一列或几列，右侧的表格则用来显示其他的表格列。下面来看一个实现该效果的例子。

【例 21.7】　提供行标题栏的表格。（**实例位置：光盘\TM\sl\21.07**）

本例实现了一个提供行标题栏的表格，运行本例后将得到如图 21.32 所示的窗体，在表格最左侧的"日期"列下方并没有滚动条，移动水平滚动条后将得到如图 21.33 所示的效果，表格最左侧的"日期"列仍然可见。

图 21.32　提供行标题栏的表格 　　　图 21.33　移动滚动条后的效果

实现本例的基本步骤如下：

（1）创建 MfixedColumnTable 类，该类继承了 JPanel 类，并声明 3 个属性。具体代码如下：

```
public class MfixedColumnTable extends JPanel {
    private Vector<String> columnNameV;              //表格列名数组
    private Vector<Vector<Object>> tableValueV;      //表格数据数组
    private int fixedColumn = 1;                     //固定列数量
}
```

（2）创建用于左侧固定列表格的模型类 FixedColumnTableModel，该类继承了 AbstractTableModel 类，并且为 MfixedColumnTable 类的内部类。FixedColumnTableModel 类除了需要实现 AbstractTableModel 类的 3 个抽象方法外，还需要重构 getColumnName(int columnIndex)方法。具体代码如下：

```
private class FixedColumnTableModel extends AbstractTableModel {
    public int getColumnCount() {                    //返回固定列的数量
        return fixedColumn;
```

```java
    public int getRowCount() {                    //返回行数
        return tableValueV.size();
    }
    //返回指定单元格的值
    public Object getValueAt(int rowIndex, int columnIndex) {
        return tableValueV.get(rowIndex).get(columnIndex);
    }
    public String getColumnName(int columnIndex) {    //返回指定列的名称
        return columnNameV.get(columnIndex);
    }
}
```

（3）创建用于右侧可移动列表格的模型类 FloatingColumnTableModel，该类继承了 AbstractTableModel 类，并且为 MfixedColumnTable 类的内部类。FixedColumnTableModel 类除了需要实现 AbstractTableModel 类的 3 个抽象方法外，还需要重构 getColumnName(int columnIndex)方法。具体代码如下：

```java
private class FloatingColumnTableModel extends AbstractTableModel {
    public int getColumnCount() {                 //返回可移动列的数量
        return columnNameV.size() - fixedColumn;  //需要扣除固定列的数量
    }
    public int getRowCount() {                    //返回行数
        return tableValueV.size();
    }
    //返回指定单元格的值
    public Object getValueAt(int rowIndex, int columnIndex) {
        //为列索引加上固定列的数量
        return tableValueV.get(rowIndex).get(columnIndex + fixedColumn);
    }
    public String getColumnName(int columnIndex) {    //返回指定列的名称
        //需要为列索引加上固定列的数量
        return columnNameV.get(columnIndex + fixedColumn);
    }
}
```

> **注意**
> 在处理与表格列有关的信息时，均需要在表格总列数的基础上减去固定列的数量。

（4）在 MfixedColumnTable 类中再声明以下 4 个属性。

```java
private JTable fixedColumnTable;                              //固定列表格对象
private FixedColumnTableModel fixedColumnTableModel;          //固定列表格模型对象
private JTable floatingColumnTable;                           //移动列表格对象
//移动列表格模型对象
private FloatingColumnTableModel floatingColumnTableModel;
```

（5）创建用于同步两个表格中被选中行的事件监听器类 MListSelectionListener，即当选中左侧固定列表格中的某一行时，监听器会同步选中右侧可移动列表格中的对应行；同样，当选中右侧可移动列表格中的某一行时，监听器会同步选中左侧固定列表格中的对应行。该类继承了 ListSelectionListener 类，并且为 MfixedColumnTable 类的内部类。具体代码如下：

```java
private class MListSelectionListener implements ListSelectionListener {
    boolean isFixedColumnTable = true;        //默认由选中固定列表格中的行触发
    public MListSelectionListener(boolean isFixedColumnTable) {
        this.isFixedColumnTable = isFixedColumnTable;
    }
    public void valueChanged(ListSelectionEvent e) {
        if (isFixedColumnTable) {              //由选中固定列表格中的行触发
            //获得固定列表格中的选中行
            int row = fixedColumnTable.getSelectedRow();
            //同时选中右侧可移动列表格中的相应行
            floatingColumnTable.setRowSelectionInterval(row, row);
        } else {                               //由选中可移动列表格中的行触发
            //获得可移动列表格中的选中行
            int row = floatingColumnTable.getSelectedRow();
            //同时选中左侧固定列表格中的相应行
            fixedColumnTable.setRowSelectionInterval(row, row);
        }
    }
}
```

注意

这里实现的事件监听器要求两个表格必须均是单选模式的，即一次只允许选中一行。

（6）编写 MfixedColumnTable 类的构造方法，需要传入 3 个参数，分别为表格列名数组、表格数据数组和固定列数量，之后便是创建固定列表格、可移动列表格和滚动面板。具体代码如下：

```java
public MfixedColumnTable(Vector<String> columnNameV,
        Vector<Vector<Object>> tableValueV, int fixedColumn) {
    super();
    setLayout(new BorderLayout());
    this.columnNameV = columnNameV;
    this.tableValueV = tableValueV;
    this.fixedColumn = fixedColumn;
    //创建固定列表格模型对象
    fixedColumnTableModel = new FixedColumnTableModel();
    //创建固定列表格对象
    fixedColumnTable = new JTable(fixedColumnTableModel);
    //获得选择模型对象
    ListSelectionModel fixed = fixedColumnTable.getSelectionModel();
    //选择模式为单选
    fixed.setSelectionMode(ListSelectionModel.SINGLE_SELECTION);
    //添加行被选中的事件监听器
    fixed.addListSelectionListener(new MListSelectionListener(true));
    //创建可移动列表格模型对象
    floatingColumnTableModel = new FloatingColumnTableModel();
```

```java
//创建可移动列表格对象
floatingColumnTable = new JTable(floatingColumnTableModel);
//关闭表格的自动调整功能
floatingColumnTable.setAutoResizeMode(JTable.AUTO_RESIZE_OFF);
ListSelectionModel floating = floatingColumnTable
        .getSelectionModel();                    //获得选择模型对象
//选择模式为单选
floating.setSelectionMode(ListSelectionModel.SINGLE_SELECTION);
//添加行被选中的事件监听器
MListSelectionListener listener = new MListSelectionListener(false);
floating.addListSelectionListener(listener);
JScrollPane scrollPane = new JScrollPane();       //创建一个滚动面板对象
//将固定列表格头放到滚动面板的左上方
scrollPane.setCorner(JScrollPane.UPPER_LEFT_CORNER,
        fixedColumnTable.getTableHeader());
//创建一个用来显示基础信息的视图对象
JViewport viewport = new JViewport();
viewport.setView(fixedColumnTable);               //将固定列表格添加到视图中
//设置视图的首选大小为固定列表格的首选大小
viewport.setPreferredSize(fixedColumnTable.getPreferredSize());
//将视图添加到滚动面板的标题视图中
scrollPane.setRowHeaderView(viewport);
//将可移动表格添加到默认视图
scrollPane.setViewportView(floatingColumnTable);
add(scrollPane, BorderLayout.CENTER);
}
```

（7）创建 ExampleFrame_07 类，编写测试提供行标题栏表格的代码，首先封装表格列名数组和表格数据数组，然后创建 MfixedColumnTable 类的对象，最后将其添加到窗体中。关键代码如下：

```java
Vector<String> columnNameV = new Vector<>();
columnNameV.add("日期");
for (int i = 1; i < 21; i++) {
    columnNameV.add("商品" + i);
}
Vector<Vector<Object>> tableValueV = new Vector<>();
for (int row = 1; row < 31; row++) {
    Vector<Object> rowV = new Vector<>();
    rowV.add(row);
    for (int col = 0; col < 20; col++) {
        rowV.add((int) (Math.random() * 1000));
    }
    tableValueV.add(rowV);
}
final MfixedColumnTable panel
            = new MfixedColumnTable(columnNameV, tableValueV, 1);
getContentPane().add(panel, BorderLayout.CENTER);
```

21.4　小　　结

通过对本章的学习,相信读者已经可以熟练地使用 JTable 表格,包括通过各种方式创建表格、根据实际需要定制表格、通过编码操纵表格及维护表格模型。在本章的最后还讲解了提供行标题栏表格的实现方法,以帮助读者拓宽表格的设计思路,这也是一种很适用的表格形式。

21.5　实践与练习

1. 利用 Swing 表格设计一个用来选择日期的对话框。(答案位置:光盘\TM\sl\21.08)
2. 设计一个以多列为行标题栏的例子。(答案位置:光盘\TM\sl\21.09)

第22章

Swing 树组件

（视频讲解：20分钟）

树状结构是一种常用的信息表现形式，它可以直观地显示出一组信息的层次结构。Swing 中的 JTree 类用来创建树。本章将深入学习该类的使用方法，以及一些相关类的使用方法，为了便于读者理解，在讲解过程中结合了大量的实例。

通过阅读本章，您可以：

- ▶▶ 学会创建树的方法
- ▶▶ 学会处理选中节点事件的方法
- ▶▶ 学会定制树的基本方法
- ▶▶ 掌握遍历树节点的方法
- ▶▶ 掌握维护树模型的方法
- ▶▶ 掌握处理展开节点事件的方法

22.1 简单的树

> 视频讲解：光盘\TM\lx\22\简单的树.exe

树状结构是一种常用的信息表现形式，它可以直观地显示出一组信息的层次结构。Swing 中的 JTree 类用来创建树，该类的常用构造方法如表 22.1 所示。

表 22.1 JTree 类的常用构造方法

构 造 方 法	说 明
JTree()	创建一个默认的树
JTree(TreeNode root)	根据指定根节点创建树
JTree(TreeModel newModel)	根据指定树模型创建树

DefaultMutableTreeNode 类实现了 TreeNode 接口，用来创建树的节点。一个树只能有一个父节点，可以有 0 个或多个子节点，默认情况下每个节点都允许有子节点，如果需要可以设置为不允许。该类的常用构造方法如表 22.2 所示。

表 22.2 DefaultMutableTreeNode 类的常用构造方法

构 造 方 法	说 明
DefaultMutableTreeNode()	创建一个默认的节点，默认情况下允许有子节点
DefaultMutableTreeNode(Object userObject)	创建一个具有指定标签的节点
DefaultMutableTreeNode(Object userObject, boolean allowsChildren)	创建一个具有指定标签的节点，并且指定是否允许有子节点

利用 DefaultMutableTreeNode 类的 add(MutableTreeNode newChild)方法可以为该节点添加子节点，该节点则称为父节点，没有父节点的节点则称为根节点。可以通过根节点利用构造方法 JTree(TreeNode root) 直接创建树，也可以先创建一个树模型 TreeModel，然后再通过树模型利用构造方法 JTree (TreeModel newModel)创建树。

DefaultTreeModel 类实现了 TreeModel 接口，该类仅提供了以下两个构造方法，所以在利用该类创建树模型时，必须指定树的根节点。

- ☑ DefaultTreeModel(TreeNode root)：创建一个采用默认方式判断节点是否为叶子节点的树模型。
- ☑ DefaultTreeModel(TreeNode root, boolean asksAllowsChildren)：创建一个采用指定方式判断节点是否为叶子节点的树模型。

由 DefaultTreeModel 类实现的树模型判断节点是否为叶子节点有两种方式：默认方式为如果节点不存在子节点则为叶子节点，如图 22.1 所示；另一种方式则是根据节点是否允许有子节点，只要不允许有子节点就是叶子节点，如果允许有子节点，即使并不包含任何子节点，也不是叶子节点，如图 22.2 所示。将入口参数 asksAllowsChildren 设置为 true 即表示采用后一种方式。

第 22 章 Swing 树组件

图 22.1　采用默认方式

图 22.2　采用非默认方式

【例 22.1】　简单的树。（实例位置：光盘\TM\sl\22.01）

本例利用一个根节点创建了 3 个树，从左到右依次添加到了窗体中，其中的一个是利用构造方法 JTree(TreeNode root)直接创建的，其他两个是通过树模型创建的，分别采用默认和非默认的方式判断节点是否为叶子节点。下面是本例的关键代码：

```
//创建根节点
DefaultMutableTreeNode root = new DefaultMutableTreeNode("根节点");
//创建一级节点
DefaultMutableTreeNode nodeFirst = new DefaultMutableTreeNode(
        "一级子节点 A");
root.add(nodeFirst);                                        //将一级节点添加到根节点
DefaultMutableTreeNode nodeSecond = new DefaultMutableTreeNode(
        "二级子节点", false);                                //创建不允许有子节点的二级节点
nodeFirst.add(nodeSecond);                                  //将二级节点添加到一级节点
root.add(new DefaultMutableTreeNode("一级子节点 B"));        //创建一级节点
JTree treeRoot = new JTree(root);                           //利用根节点直接创建树
getContentPane().add(treeRoot, BorderLayout.WEST);
//利用根节点创建树模型，采用默认的判断方式
DefaultTreeModel treeModelDefault = new DefaultTreeModel(root);
//利用树模型创建树
JTree treeDefault = new JTree(treeModelDefault);
getContentPane().add(treeDefault, BorderLayout.CENTER);
//利用根节点创建树模型，并采用非默认的判断方式
DefaultTreeModel treeModelPointed = new DefaultTreeModel(root, true);
JTree treePointed = new JTree(treeModelPointed);            //利用树模型创建树
getContentPane().add(treePointed, BorderLayout.EAST);
```

运行本例，将得到如图 22.3 所示的窗体。窗体左侧的树是直接创建的，中间的树是采用默认方式判断节点的，这两个树中名称为"一级子节点 B"的节点图标均为叶子节点图标；右侧的树是采用非默认方式判断节点的，该树中名称为"一级子节点 B"的节点图标均为非叶子节点图标。

图 22.3　简单的树

22.2　处理选中节点事件

视频讲解：光盘\TM\lx\22\处理选中节点事件.exe

树的节点允许为被选中和取消选中状态，通过捕获树节点的选择事件，可以处理相应的操作。树

的选择模式有 3 种，通过 TreeSelectionModel 类的对象可以设置树的选择模式。可以通过 JTree 类的 getSelectionModel()方法获得 TreeSelectionModel 类的对象，然后通过 TreeSelectionModel 类的 setSelectionMode(int mode)方法设置选择模式。该方法的入口参数可以从表 22.3 列出的该类的静态常量中选择。

表 22.3　TreeSelectionModel 类中代表选择模式的静态常量

静态常量	常量值	说　　明
SINGLE_TREE_SELECTION	1	只允许选中一个，如图 22.4 所示
CONTIGUOUS_TREE_SELECTION	2	允许连续选中多个，如图 22.5 所示
DISCONTIGUOUS_TREE_SELECTION	4	允许任意选中多个，为树的默认模式，如图 22.6 所示

图 22.4　单选模式

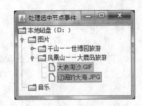
图 22.5　连选模式

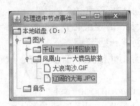
图 22.6　多选模式

当选中树节点和取消树节点的选中状态时，将发出 TreeSelectionEvent 事件，通过实现 TreeSelectionListener 接口可以捕获该事件。TreeSelectionListener 接口的具体定义如下：

```
public interface TreeSelectionListener extends EventListener {
    void valueChanged(TreeSelectionEvent e);
}
```

当捕获发出的 TreeSelectionEvent 事件时，valueChanged(TreeSelectionEvent e)方法将被触发执行，此时通过 JTree 类的 getSelectionPaths()方法可以获得所有被选中节点的路径，该方法将返回一个 TreePath 类型的数组；通过 getSelectionPath()方法将获得选中节点中索引值最小的节点的路径，即 TreePath 类的对象，也可以理解为选中节点中距离根节点最近的节点的路径。在获得选中节点的路径之前，可以通过 JTree 类的 isSelectionEmpty()方法查看是否存在被选中的节点，如果返回 false，则表示存在被选中的节点，通过 getSelectionCount()方法可以获得被选中节点的数量。

TreePath 类表示树节点的路径，即通过该类可以获得子节点所属的父节点，以及父节点所属的上级节点，直到树的根节点。TreePath 类的常用方法如表 22.4 所示。

表 22.4　TreePath 类的常用方法

方　　法	说　　明
getPath()	以 Object 数组的形式返回该路径中所有节点的对象，在数组中的顺序按照从根节点到子节点的顺序
getLastPathComponent()	获得路径中最后一个节点的对象
getParentPath()	获得路径中除了最后一个节点的路径
pathByAddingChild(Object child)	获得向路径中添加指定节点后的路径
getPathCount()	获得路径中包含节点的数量
getPathComponent(int element)	获得路径中指定索引位置的节点对象

第 22 章 Swing 树组件

【例 22.2】 处理选中节点事件。（实例位置：光盘\TM\sl\22.02）

本例利用 TreeSelectionListener 监听器捕获了选中树节点和取消选中树节点的事件，并将选中节点的路径信息全部输出到控制台。下面是本例的关键代码：

```
TreeSelectionModel treeSelectionModel;                    //获得树的选择模式
treeSelectionModel = tree.getSelectionModel();
//设置树的选择模式为连选
treeSelectionModel.setSelectionMode(CONTIGUOUS_TREE_SELECTION);
tree.addTreeSelectionListener(new TreeSelectionListener() {
    public void valueChanged(TreeSelectionEvent e) {
        if (!tree.isSelectionEmpty()) {                   //查看是否存在被选中的节点
            //获得所有被选中节点的路径
            TreePath[] selectionPaths = tree.getSelectionPaths();
            for (int i = 0; i < selectionPaths.length; i++) {
                //获得被选中节点的路径
                TreePath treePath = selectionPaths[i];
                //以 Object 数组的形式返回该路径中所有节点的对象
                Object[] path = treePath.getPath();
                for (int j = 0; j < path.length; j++) {
                    DefaultMutableTreeNode node;          //获得节点
                    node = (DefaultMutableTreeNode) path[j];
String s = node.getUserObject()+ (j == (path.length - 1) ? "" : "-->");
                    System.out.print(s);                  //输出节点标签
                }
                System.out.println();
            } System.out.println();
        }}});
```

运行本例，将得到如图 22.7 所示的窗体，首先展开树的所有节点，然后选中"千山——世博园旅游"节点，最后追加选中"凤凰山——大鹿岛旅游"节点，在控制台将输出如图 22.8 所示的信息。

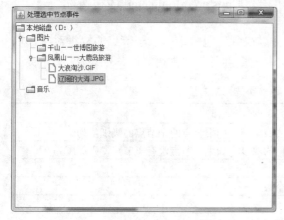

图 22.7 处理选中节点事件

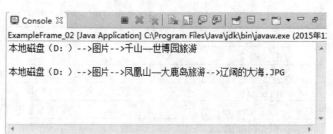

图 22.8 输出到控制台的信息

22.3 遍历树节点

视频讲解：光盘\TM\lx\22\遍历树节点.exe

有时需要对树进行遍历，也就是遍历树中的部分或全部节点，以便查找某一节点，或者是对树中的节点执行某一操作。DefaultMutableTreeNode 类提供了两组相对的遍历方式，下面详细介绍。

前序遍历和后序遍历是一组相对的遍历方式，按前序遍历树节点的顺序如图 22.9 所示，通过 preorderEnumeration()方法将返回按前序遍历的枚举对象；按后序遍历树节点的顺序如图 22.10 所示，通过 postorderEnumeration()方法将返回按后序遍历的枚举对象。

广度优先遍历和深度优先遍历是一组相对的遍历方式，以广度优先遍历树节点的顺序如图 22.11 所示，通过 breadthFirstEnumeration()方法将返回以广度优先遍历的枚举对象；以深度优先遍历树节点的顺序如图 22.12 所示，通过 depthFirstEnumeration()方法将返回以深度优先遍历的枚举对象。

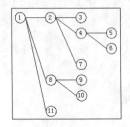 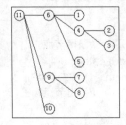 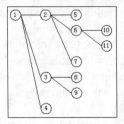 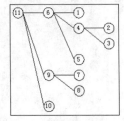

图 22.9　按前序遍历　　图 22.10　按后序遍历　　图 22.11　以广度优先遍历　　图 22.12　以深度优先遍历

说明

因为后序遍历和深度优先遍历这两种遍历方式的具体遍历方法相同，所以图 22.10 和图 22.12 是相同的，实际上方法 depthFirstEnumeration()只是调用了方法 postorderEnumeration()。

通过 DefaultMutableTreeNode 类的 children()方法，可以得到仅包含该节点子节点的枚举对象，以便快速遍历节点的子节点。在 DefaultMutableTreeNode 类中还提供了一些常用方法，如表 22.5 所示。

表 22.5　DefaultMutableTreeNode 类的常用方法

方　　法	说　　明
getLevel()	获得该节点相对于根节点的级别值，如根节点的子节点的级别值为 1
getDepth()	获得以此节点为根节点的树的深度，如果该节点没有子节点，则深度为 0
getParent()	获得该节点的父节点对象
getChildCount()	获得该节点拥有子节点的个数
getFirstChild()	获得该节点的第一个子节点对象
getSiblingCount()	获得该节点拥有兄弟节点的个数
getNextSibling()	获得该节点的后一个兄弟节点
getPreviousSibling()	获得该节点的前一个兄弟节点
getPath()	获得该节点的路径

方　　法	说　　明
isRoot()	判断该节点是否为根节点
isLeaf()	判断该节点是否为叶子节点

【例 22.3】 遍历树节点。（实例位置：光盘\TM\sl\22.03）

本例以按钮的方式提供了本节讲解的 5 种遍历方式，通过单击相应的按钮可以在控制台查看具体的遍历方式。下面是本例的关键代码：

```
public void actionPerformed(ActionEvent e) {
    Enumeration<?> enumeration;                        //声明节点枚举对象
    if (mode.equals("按前序遍历"))
        //按前序遍历所有树节点
        enumeration = root.preorderEnumeration();
    else if (mode.equals("按后序遍历"))
        //按后序遍历所有树节点
        enumeration = root.postorderEnumeration();
    else if (mode.equals("以广度优先遍历"))
        //以广度优先遍历所有树节点
        enumeration = root.breadthFirstEnumeration();
    else if (mode.equals("以深度优先遍历"))
        //以深度优先遍历所有树节点
        enumeration = root.depthFirstEnumeration();
    else
        enumeration = root.children();                 //遍历该节点的子节点
    while (enumeration.hasMoreElements()) {            //遍历节点枚举对象
        DefaultMutableTreeNode node;                   //获得节点
        node = (DefaultMutableTreeNode) enumeration.nextElement();
        //根据节点级别输出占位符
        for (int l = 0; l < node.getLevel(); l++) {
            System.out.print("----");
        }
        System.out.println(node.getUserObject());      //输出节点标签
    }
}
```

程序运行界面如图 22.13 所示。

图 22.13　遍历树节点

22.4 定制树

📼 **视频讲解**：光盘\TM\lx\22\定制树.exe

在使用树时,经常需要对树进行一系列的设置,例如,对节点图标的设置,对节点间连接线的设置,以及对树展开状况的设置等,以便实现实际需要的视觉效果。本节将学习利用 JTree 类的一些方法定制树。

默认情况下显示树的根节点,但是不显示根节点手柄,如图 22.14 所示。如果并不希望显示树的根节点,则可以调用 setRootVisible(boolean rootVisible)方法,并将入口参数设为 false,效果如图 22.15 所示。如果希望在树的根节点前面也显示手柄,可以调用 setShowsRootHandles(boolean newValue)方法,并将入口参数设为 true,效果如图 22.16 所示。

图 22.14 默认根节点设置

图 22.15 不显示根节点

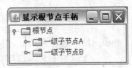
图 22.16 显示根节点手柄

默认情况下树节点的图标效果如图 22.17 所示,其中□为非叶子节点的图标,▯为叶子节点的图标。通过 DefaultTreeCellRenderer 类的对象可以修改节点图标,通过 JTree 类的 getCellRenderer()方法可以得到该对象。方法 setLeafIcon(Icon newIcon)用来设置叶子节点图标,如图 22.18 所示为不采用叶子节点图标的效果;方法 setClosedIcon(Icon newIcon)用来设置节点处于折叠状态时采用的图标,如图 22.19 所示为不采用节点折叠图标的效果;方法 setOpenIcon(Icon newIcon)用来设置节点处于展开状态时采用的图标,如图 22.20 所示为不采用节点展开图标的效果。

图 22.17 默认图标

图 22.18 叶子节点图标

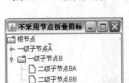
图 22.19 不采用节点折叠图标

图 22.20 不采用节点展开图标

默认情况下在树节点之间绘制连接线,效果如图 22.21 所示。通过 putClientProperty(Object key, Object value)方法可以设置连接线的绘制方式,此时需要将入口参数 key 设置为 JTree.lineStyle;将入口参数 value 设置为 None 表示不绘制节点间的连接线,效果如图 22.22 所示;设置为 Horizontal 表示绘制水平分栏线,绘制方式为仅在根节点和一级节点之间,或者是一级节点和一级节点之间,效果如图 22.23 所示;设置为 Angled 则表示绘制节点间的连接线,等效于默认设置。

图 22.21　默认节点连接线　　　图 22.22　取消节点连接线　　　图 22.23　绘制水平分栏线

默认情况下只有树的根节点是展开的，其他子节点均处于折叠状态，如果希望在初次运行时树的某一节点就处于展开状态，可以通过 expandPath(TreePath path)方法实现。在调用该方法时需要传入要展开节点的路径。

【例 22.4】 定制树。（实例位置：光盘\TM\sl\22.04）

本例利用树实现了一个分层的导航栏，并且在初次运行时树的所有节点就处于展开状态，效果如图 22.24 所示。关键代码如下：

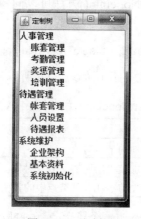

图 22.24　定制树

```
tree = new JTree(root);
tree.setRootVisible(false);                          //不显示树的根节点
tree.setRowHeight(20);                               //树节点的行高为 20 像素
tree.setFont(new Font("宋体", Font.BOLD, 14));       //设置树节点的字体
tree.putClientProperty("JTree.lineStyle", "None");   //节点间不采用连接线
DefaultTreeCellRenderer treeCellRenderer;            //获得树节点的绘制对象
treeCellRenderer = (DefaultTreeCellRenderer) tree.getCellRenderer();
treeCellRenderer.setLeafIcon(null);                  //设置叶子节点不采用图标
treeCellRenderer.setClosedIcon(null);                //设置节点折叠时不采用图标
treeCellRenderer.setOpenIcon(null);                  //设置节点展开时不采用图标
Enumeration<?> enumeration;                          //按前序遍历所有树节点
enumeration = root.preorderEnumeration();
while (enumeration.hasMoreElements()) {
    DefaultMutableTreeNode node;
    node = (DefaultMutableTreeNode) enumeration.nextElement();
    if (!node.isLeaf()) {                            //判断是否为叶子节点
        //创建该节点的路径
```

```
        TreePath path = new TreePath(node.getPath());
        tree.expandPath(path);                    //如果不是，则展开该节点
    }
}
```

22.5 维护树模型

> 视频讲解：光盘\TM\lx\22\维护树模型.exe

在使用树时，有时需要提供对树的维护功能，包括向树中添加新节点，以及修改或删除树中的现有节点，这些操作需要通过树的模型类 DefaultTreeModel 实现。下面就来介绍维护树模型的方法。

（1）添加树节点

利用 DefaultTreeModel 类的 insertNodeInto()方法可以向树模型中添加新的节点。insertNodeInto()方法的具体定义如下：

insertNodeInto(MutableTreeNode newChild, MutableTreeNode parent, int index)

insertNodeInto()方法中各个入口参数的说明如表 22.6 所示。

表 22.6　insertNodeInto()方法中各个入口参数的说明

入口参数	说　　明
newChild	新添加的节点对象
parent	新添加节点所属的父节点对象，该对象必须为树模型中的一个节点
index	新添加节点在其父节点中的索引位置，索引值从 0 开始

例如，假设要为节点 parentNode 添加一个子节点 treeNode，当前在父节点 parentNode（父节点 parentNode 为树模型 treeModel 中的一个节点）已经存在 6 个子节点，现在要将该节点添加到所有子节点之后，典型代码如下：

treeModel.insertNodeInto(treeNode, parentNode, parentNode.getChildCount());

（2）修改树节点

DefaultTreeModel 类的 nodeChanged(TreeNode node)方法用来通知树模型某节点已经被修改，如果修改的是节点的用户对象，修改信息将不会被同步到 GUI 界面。其中入口参数为被修改的节点对象。

例如，假设现在已经修改了树模型 treeModel 中的节点 treeNode（修改的是节点 treeNode 的用户对象），通知树模型 treeModel 其组成节点 treeNode 已经被修改的典型代码如下：

treeModel.nodeChanged(treeNode);

（3）删除树节点

DefaultTreeModel 类的 removeNodeFromParent(MutableTreeNode node)方法用来从树模型中删除指定节点 node。

例如，假设要从树模型 treeModel 中删除节点 treeNode，典型代码如下：

treeModel.removeNodeFromParent(treeNode);

> **注意**
> 树的根节点不允许删除，当试图删除根节点时，将抛出 java.lang.IllegalArgumentException: node does not have a parent.异常。

【例 22.5】 维护树模型。（实例位置：光盘\TM\sl\22.05）

本例通过维护树模型，实现了维护企业架构树。关键代码如下：

```java
final JButton addButton = new JButton("添加");
addButton.addActionListener(new ActionListener() {
    public void actionPerformed(ActionEvent e) {
        DefaultMutableTreeNode node = new DefaultMutableTreeNode(
                textField.getText());                          //创建欲添加节点
        TreePath selectionPath = tree.getSelectionPath();      //获得选中的父节点路径
        DefaultMutableTreeNode parentNode = (DefaultMutableTreeNode)
                selectionPath.getLastPathComponent();          //获得选中的父节点
        treeModel.insertNodeInto(node, parentNode, parentNode
                .getChildCount());                             //插入节点到所有子节点之后
        //获得新添加节点的路径
        TreePath path = selectionPath.pathByAddingChild(node);
        if (!tree.isVisible(path))
            tree.makeVisible(path);                            //如果该节点不可见，则令其可见
    }
});
panel.add(addButton);
final JButton updButton = new JButton("修改");
updButton.addActionListener(new ActionListener() {
    public void actionPerformed(ActionEvent e) {
        //获得选中的要修改节点的路径
        TreePath selectionPath = tree.getSelectionPath();
        DefaultMutableTreeNode node = (DefaultMutableTreeNode) selectionPath
                .getLastPathComponent();                       //获得选中的要修改的节点
        node.setUserObject(textField.getText());               //修改节点的用户标签
        treeModel.nodeChanged(node);                           //通知树模型该节点已经被修改
        tree.setSelectionPath(selectionPath);                  //选中被修改的节点
    }
});
panel.add(updButton);
final JButton delButton = new JButton("删除");
delButton.addActionListener(new ActionListener() {
    public void actionPerformed(ActionEvent e) {
        DefaultMutableTreeNode node = (DefaultMutableTreeNode) tree
                .getLastSelectedPathComponent();               //获得选中的欲删除的节点
        //查看要删除的节点是否为根节点，根节点不允许删除
        if (!node.isRoot()) {
            DefaultMutableTreeNode nextSelectedNode = node
                    .getNextSibling();                         //获得下一个兄弟节点，以备选中
```

```
                    if (nextSelectedNode == null)                      //查看是否存在兄弟节点
                        nextSelectedNode = (DefaultMutableTreeNode) node
                            .getParent();                              //如果不存在则选中其父节点
                    treeModel.removeNodeFromParent(node);              //删除节点
                    tree.setSelectionPath(new TreePath(nextSelectedNode
                        .getPath()));                                  //选中节点
                }
            }
        });
        panel.add(delButton);
```

运行本例，将得到如图22.25所示的窗体，单击"添加"按钮后将向当前选中的节点中添加一个标签为"名称"文本框中内容的子节点；单击"修改"按钮后将把当前选中节点的标签修改为"名称"文本框中的内容；单击"删除"按钮后将删除当前选中的节点，根节点除外。

图 22.25　维护树模型

22.6　处理展开节点事件

视频讲解：光盘\TM\lx\22\处理展开节点事件.exe

有时需要捕获树节点被展开和折叠的事件，例如，需要验证用户的权限，如果用户没有权限查看该节点包含的子节点，则不允许树节点展开。

当展开和折叠树节点时，将发出 TreeExpansionEvent 事件，通过实现 TreeWillExpandListener 接口，可以在树节点展开和折叠之前捕获该事件。TreeWillExpandListener 接口的具体定义如下：

```
public interface TreeWillExpandListener extends EventListener {
    public void treeWillExpand(TreeExpansionEvent event)
        throws ExpandVetoException;
    public void treeWillCollapse(TreeExpansionEvent event)
        throws ExpandVetoException;
}
```

如果此次事件是由将要展开节点发出的，treeWillExpand()方法将被触发；如果此次事件是由将要折叠节点发出的，treeWillCollapse()方法将被触发。

第 22 章　Swing 树组件

通过实现 TreeExpansionListener 接口，可以在树节点展开和折叠时捕获该事件。TreeExpansionListener 接口的具体定义如下：

```java
public interface TreeExpansionListener extends EventListener {
    public void treeExpanded(TreeExpansionEvent event);
    public void treeCollapsed(TreeExpansionEvent event);
}
```

如果此次事件是由展开节点发出的，treeExpanded()方法将被触发；如果此次事件是由折叠节点发出的，treeCollapsed()方法将被触发。

【例 22.6】 处理展开节点事件。（实例位置：光盘\TM\sl\22.06）

本例同时为树添加了 TreeWillExpandListener 和 TreeExpansionListener 监听器，目的是向控制台输出相应的提示信息，以展示这两个监听器的使用方法。关键代码如下：

```java
//捕获树节点将要被展开或折叠的事件
tree.addTreeWillExpandListener(new TreeWillExpandListener() {
    //树节点将要被折叠时触发
    public void treeWillCollapse(TreeExpansionEvent e) {
        TreePath path = e.getPath();                    //获得将要被折叠节点的路径
        DefaultMutableTreeNode node = (DefaultMutableTreeNode) path
                .getLastPathComponent();                //获得将要被折叠的节点
        System.out.println("节点"" + node + ""将要被折叠！");
    }
    //树节点将要被展开时触发
    public void treeWillExpand(TreeExpansionEvent e) {
        TreePath path = e.getPath();                    //获得将要被展开节点的路径
        DefaultMutableTreeNode node = (DefaultMutableTreeNode) path
                .getLastPathComponent();                //获得将要被展开的节点
        System.out.println("节点"" + node + ""将要被展开！");
    }
});
//捕获树节点已经被展开或折叠的事件
tree.addTreeExpansionListener(new TreeExpansionListener() {
    //树节点已经折叠时触发
    public void treeCollapsed(TreeExpansionEvent e) {
        TreePath path = e.getPath();                    //获得已经被折叠节点的路径
        DefaultMutableTreeNode node = (DefaultMutableTreeNode) path
                .getLastPathComponent();                //获得已经被折叠的节点
        System.out.println("节点"" + node + ""已经被折叠！");
        System.out.println();
    }
    //树节点已经被展开时触发
    public void treeExpanded(TreeExpansionEvent e) {
        TreePath path = e.getPath();                    //获得已经被展开节点的路径
        DefaultMutableTreeNode node = (DefaultMutableTreeNode) path
                .getLastPathComponent();                //获得已经被展开的节点
        System.out.println("节点"" + node + ""已经被展开！");
        System.out.println();
    }
});
```

运行本例,将得到如图 22.26 所示的窗体,首先展开"技术部"节点,然后展开"服务部"节点,最后折叠"技术部"节点,在控制台将输出如图 22.27 所示的信息。

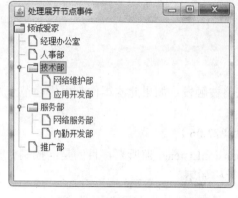

图 22.26　处理展开节点事件

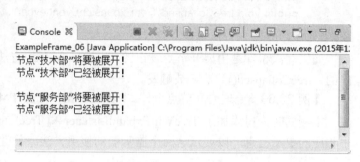

图 22.27　控制台的输出信息

22.7　小　　结

通过对本章的学习,相信读者已经能够熟练地使用 JTree 树,包括通过各种方式创建树、根据实际需要定制树、各种遍历树节点的方法、维护树模型的方法,以及处理选中节点事件和展开节点事件的方法。通过对 JTree 树的灵活使用,可以直观地显示出各种具有层次结构的信息。

22.8　实践与练习

1. 尝试开发一个用来维护树结构的小程序。(答案位置:光盘\TM\sl\22.07)
2. 尝试开发一个支持树状结构的下拉菜单。(答案位置:光盘\TM\sl\22.08)

第 23 章

Swing 其他高级组件

（视频讲解：41 分钟）

Swing 还提供了一些高级组件，如分割面板、选项卡面板、菜单、工具栏和文件选择器，以及进度条、系统托盘和桌面集成控件，通过对这些组件的使用，不仅可以设计出更人性化的界面，还可以为应用程序添加一些快捷操作，如为菜单添加快捷键、使用工具栏等。

通过阅读本章，您可以：

- ▶▶ 学会使用分割面板和选项卡面板
- ▶▶ 掌握桌面面板和内部窗体的使用方法
- ▶▶ 掌握菜单的使用方法
- ▶▶ 学会工具栏的使用方法
- ▶▶ 掌握文件选择器的使用方法
- ▶▶ 掌握进度条、系统托盘和桌面集成控件的使用方法

23.1 高级组件面板

前面已经学习了 JPanel 和 JScrollPane 面板的使用方法，但是在某些情况下，这两个面板并不是很合适。本节将再讲解几种面板的使用方法。

23.1.1 分割面板

视频讲解：光盘\TM\lx\23\分割面板.exe

分割面板由 javax.swing.JSplitPane 类实现，用来将其所在的区域分割成两部分，程序员可以根据实际情况决定是在水平方向上分割还是在垂直方向上分割。在这两部分之间存在一个分隔条，通过调整分隔条的位置，可以改变这两部分的相对大小，用户可以根据实际情况自行调整。该功能可以有效地增加界面的可用空间，这也是分割面板的主要特点。

JSplitPane 类提供的常用构造方法如表 23.1 所示。

表 23.1 JSplitPane 类的常用构造方法

构造方法	说明
JSplitPane()	创建一个默认的分割面板。默认情况下为在水平方向上分割，重绘方式为只在调整分隔条位置完成时重绘
JSplitPane(int newOrientation)	创建一个按照指定方向分割的分割面板。入口参数 newOrientation 的可选静态常量有 HORIZONTAL_SPLIT（在水平方向分割，效果如图 23.1 所示，为默认值）和 VERTICAL_SPLIT（在垂直方向分割，效果如图 23.2 所示）
JSplitPane(int newOrientation, boolean newContinuousLayout)	创建一个按照指定方向分割，并且按照指定方式重绘的分割面板。如果将入口参数 newContinuousLayout 设为 true，表示在调整分隔条位置的过程中连续重绘，设为 false 则表示只在调整分隔条位置完成时重绘

JSplitPane 类的 oneTouchExpandable 属性用来控制是否在分隔条上提供一个 UI 小部件，该小部件用来快速展开和折叠被分割的两个区域。它的默认值为 false，即不提供该小部件，如图 23.1 和图 23.2 所示；如果设置为 true，则表示提供该小部件，如图 23.3 所示，在分隔条的上方提供了两个三角形按钮，单击这两个按钮，就可以快速地将相应的部分调整为占据分割面板所在整个区域，或者是恢复为之前的状态，通过 setOneTouchExpandable(boolean isProvide)方法可以设置该属性的值。

图 23.1 水平分割

图 23.2 垂直分割

图 23.3 使用 UI 小部件

说明

有些外观可能不支持在分隔条上方提供 UI 小部件的功能。

JSplitPane 类中的常用方法如表 23.2 所示。

表 23.2　JSplitPane 中的常用方法

方　　法	说　　明
setOrientation(int orientation)	设置分割面板的分割方向，即水平分割（默认）或垂直分割
setDividerLocation(int location)	设置分隔条的绝对位置，即分隔条左侧（水平分割）的宽度或上方（垂直分割）的高度
setDividerLocation(double proportionalLocation)	设置分隔条的相对位置，即分隔条左侧（水平分割）或上方（垂直分割）的大小与分割面板大小的百分比
setDividerSize(int newSize)	设置分隔条的宽度。默认为 5 像素
setLeftComponent(Component comp)	将组件添加到分隔条的左侧（水平分割）或上方（垂直分割）
setTopComponent(Component comp)	将组件添加到分隔条的上方（垂直分割）或左侧（水平分割）
setRightComponent(Component comp)	将组件设置到分隔条的右侧（水平分割）或下方（垂直分割）
setBottomComponent(Component comp)	将组件设置到分隔条的下方（垂直分割）或右侧（水平分割）
setOneTouchExpandable(boolean newValue)	设置分割面板是否提供 UI 小部件。设为 true 表示提供，有些外观可能不支持该功能，这时将忽略该设置；设为 false 则表示不提供，默认为不提供
setContinuousLayout(boolean newContinuousLayout)	设置调整分隔条位置时面板的重绘方式。设为 true 表示在调整的过程中连续重绘，设为 false 则表示只在调整完成时重绘

【例 23.1】 设置分割面板的相关属性。（**实例位置：光盘\TM\sl\23.01**）

在本例中使用了两个分割面板，一个添加到了窗体中，为水平方向分割，对该面板只设置了分隔条的显示位置；另一个添加到了水平分割面板的右侧，为垂直方向分割，对该面板主要设置了提供 UI 小部件，以及在调整分隔条位置时面板的重绘方式为连续绘制。该实例的具体代码如下：

```
public class ExampleFrame_01 extends JFrame {
    public static void main(String args[]) {
        ExampleFrame_01 frame = new ExampleFrame_01();
        frame.setVisible(true);
    }
    public ExampleFrame_01() {
        super();
        setTitle("分割面板");
        setBounds(100, 100, 500, 375);
        setDefaultCloseOperation(JFrame.EXIT_ON_CLOSE);
        //创建一个水平方向的分割面板
        final JSplitPane hSplitPane = new JSplitPane();
        //分隔条左侧的宽度为 40 像素
        hSplitPane.setDividerLocation(40);
        //添加到指定区域
        getContentPane().add(hSplitPane, BorderLayout.CENTER);
        //在水平面板左侧添加一个标签组件
```

```
        hSplitPane.setLeftComponent(new JLabel("        1"));
        //创建一个垂直方向的分割面板
        final JSplitPane vSplitPane = new JSplitPane(
                JSplitPane.VERTICAL_SPLIT);
        //分隔条上方的高度为 30 像素
        vSplitPane.setDividerLocation(30);
        vSplitPane.setDividerSize(8);                    //分隔条的宽度为 8 像素
        vSplitPane.setOneTouchExpandable(true);          //提供 UI 小部件
        //在调整分隔条位置时面板的重绘方式为连续绘制
        vSplitPane.setContinuousLayout(true);
        hSplitPane.setRightComponent(vSplitPane);        //添加到水平面板的右侧
        //在垂直面板上方添加一个标签组件
        vSplitPane.setLeftComponent(new JLabel("        2"));
        //在垂直面板下方添加一个标签组件
        vSplitPane.setRightComponent(new JLabel("        3"));
    }
}
```

运行该实例,将得到如图 23.4 所示的窗体。单击 ▲ 按钮,将得到如图 23.5 所示的窗体,标签内容为 "2" 的部分不可见;再单击 ▼ 按钮,将恢复为如图 23.4 所示的窗体。同样,利用该功能也可以将标签内容为 "3" 的部分调整为不可见。当用鼠标拖曳水平分割面板的分隔条时,面板并未重绘(标签内容的位置并未改变),如图 23.6 所示;但是当用鼠标拖曳垂直分割面板的分隔条时,面板则重绘了(标签内容的位置在随时改变),如图 23.7 所示。当用拖曳分隔条的方式调整分隔条的位置时,并不能将分隔条拖曳到分割面板的边缘,如图 23.8 所示;但是利用 UI 小部件则可以,如图 23.5 所示。

图 23.4　运行效果

图 23.5　单击 ▼ 按钮后恢复位置

图 23.6　完成后重绘

图 23.7　过程中重绘

图 23.8　拖曳分隔条无法实现最小组件

> **技巧**
> 在向分割面板中添加组件或面板时,如果是在水平方向上分割面板,通过方法 setTopComponent(Component comp) 和 setBottomComponent(Component comp) 也可以分别将组件或面板添加到分隔条的左侧和右侧;同样,如果是在垂直方向上分割面板,通过方法 setLeftComponent(Component comp) 和 setRightComponent(Component comp) 也可以分别将组件或面板添加到分隔条的上方和下方。

23.1.2 选项卡面板

> 视频讲解：光盘\TM\lx\23\选项卡面板.exe

选项卡面板由 javax.swing.JTabbedPane 类实现，它实现了一个多卡片的用户界面，通过它可以将一个复杂的对话框分割成若干个选项卡，实现对信息的分类显示和管理，使界面更简洁大方，还可以有效地减少窗体的个数。

JTabbedPane 类提供的所有构造方法如表 23.3 所示。

表 23.3 JTabbedPane 类的所有构造方法

构 造 方 法	说 明
JTabbedPane()	创建一个默认的选项卡面板。默认情况下标签在选项卡的上方，布局方式为限制布局
JTabbedPane(int tabPlacement)	创建一个指定标签显示位置的选项卡面板。入口参数 tabPlacement 的可选静态常量有 TOP（在选项卡上方，效果如图 23.9 所示，为默认值）、BOTTOM（在选项卡下方，效果如图 23.10 所示）、LEFT（在选项卡左侧，效果如图 23.11 所示）和 RIGHT（在选项卡右侧，效果如图 23.12 所示）
JTabbedPane(int tabPlacement, int tabLayoutPolicy)	创建一个既指定标签显示位置，又指定选项卡布局方式的选项卡面板。入口参数 tabLayoutPolicy 的可选静态常量有 WRAP_TAB_LAYOUT（限制布局为默认值）和 SCROLL_TAB_LAYOUT（滚动布局）

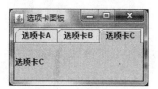

图 23.9 在选项卡上方

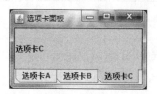

图 23.10 在选项卡下方

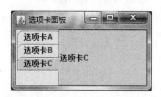

图 23.11 在选项卡左侧

图 23.12 在选项卡右侧

如果窗体中能够显示出所有选项卡的标签，显示效果如图 23.13 所示。如果窗体中不能够显示出所有选项卡的标签，且采用的是默认布局，即 WRAP_TAB_LAYOUT，显示效果如图 23.14 所示；如果采用的是滚动布局，即 SCROLL_TAB_LAYOUT，显示效果如图 23.15 所示。

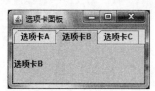

图 23.13 能够显示出所有选项卡标签

图 23.14 限制布局（默认布局）

图 23.15 滚动布局

JTabbedPane 类中的常用方法如表 23.4 所示。

表 23.4 JTabbedPane 类中的常用方法

方法	说明
addTab(String title, Component component)	添加一个标签为 title 的选项卡
addTab(String title, Icon icon, Component component)	添加一个标签为 title、图标为 icon 的选项卡
addTab(String title, Icon icon, Component component, String tip)	添加一个标签为 title、图标为 icon、提示为 tip 的选项卡
InsertTab(String title, Icon icon, Component component, String tip, int index)	在索引位置 index 处插入一个标签为 title、图标为 icon、提示为 tip 的选项卡。索引值从 0 开始
setTabPlacement(int tabPlacement)	设置选项卡标签的显示位置
setTabLayoutPolicy(int tabLayoutPolicy)	设置选项卡标签的布局方式
setSelectedIndex(int index)	设置指定索引位置的选项卡被选中
setEnabledAt(int index, boolean enabled)	设置指定索引位置的选项卡是否可用。设为 true 表示可用，设为 false 则表示不可用
setDisabledIconAt(int index, Icon disabledIcon)	为指定索引位置的选项卡设置不可用时显示的图标
getTabCount()	获得该选项卡面板拥有选项卡的数量
getSelectedIndex()	获得被选中选项卡的索引值
getTitleAt(int index)	获得指定索引位置的选项卡标签
addChangeListener(ChangeListener l)	为选项卡面板添加捕获被选中选项卡发生改变的事件

说明

3 个重载的 addTab()方法的所有入口参数均可以设置为空，即设置为 null。例如：
tabbedPane.addTab(null, null);

【例 23.2】 设置选项卡面板的相关属性。（实例位置：光盘\TM\sl\23.02）

选项卡标签采用默认的在选项卡上方；标签的布局方式为滚动布局；为选项卡面板添加了捕获被选中选项卡发生改变的事件，目的是输出被选中选项卡的标签；将索引为 2 的选项卡设置为被选中；索引为 0 的选项卡设置为不可用。关键代码如下：

```
final JTabbedPane tabbedPane = new JTabbedPane();
//设置选项卡标签的布局方式
tabbedPane.setTabLayoutPolicy(JTabbedPane.SCROLL_TAB_LAYOUT);
tabbedPane.addChangeListener(new ChangeListener() {
    public void stateChanged(ChangeEvent e) {
        //获得被选中选项卡的索引
        int selectedIndex = tabbedPane.getSelectedIndex();
        //获得指定索引的选项卡标签
        String title = tabbedPane.getTitleAt(selectedIndex);
        System.out.println(title);
    }
});
getContentPane().add(tabbedPane, BorderLayout.CENTER);
URL resource = ExampleFrame_02.class.getResource("/tab.JPG");
```

```
ImageIcon imageIcon = new ImageIcon(resource);
final JLabel tabLabelA = new JLabel();
tabLabelA.setText("选项卡 A");
//将标签组件添加到选项卡中
tabbedPane.addTab("选项卡 A", imageIcon, tabLabelA, "点击查看选项卡 A");
final JLabel tabLabelB = new JLabel();
tabLabelB.setText("选项卡 B");
tabbedPane.addTab("选项卡 B", imageIcon, tabLabelB, "点击查看选项卡 B");
final JLabel tabLabelC = new JLabel();
tabLabelC.setText("选项卡 C");
tabbedPane.addTab("选项卡 C", imageIcon, tabLabelC, "点击查看选项卡 C");
tabbedPane.setSelectedIndex(2);           //设置索引为 2 的选项卡被选中
tabbedPane.setEnabledAt(0, false);        //设置索引为 0 的选项卡不可用
```

运行该实例,将得到如图 23.16 所示的窗体,标签为"选项卡 C"的选项卡被选中,标签为"选项卡 A"的选项卡变为灰色,表示该选项卡不可用;将光标移动到标签"选项卡 B"上方,将弹出如图 23.17 所示的提示框"点击查看选项卡 B";单击该标签,并查看控制台,在控制台将输出如图 23.18 所示的信息。

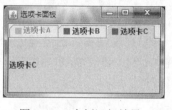
图 23.16 实例运行效果

图 23.17 查看提示信息

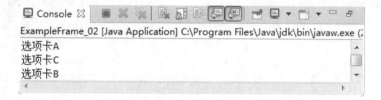
图 23.18 查看控制台的输出信息

23.1.3 桌面面板和内部窗体

视频讲解:光盘\TM\lx\23\桌面面板和内部窗体.exe

通常情况下,在一个 GUI 应用程序中需要使用多个窗口,针对这些窗口可以采用两种管理策略:一种是每个窗口都是一个独立的窗体,它的优点是可以通过系统主窗体上的按钮及快捷键浏览所有窗口;另一种则是提供一个主窗体,然后将其他窗口放在主窗体中,它的优点是减少了窗口的混乱。这两种策略各有各的优点,具体采用哪种策略,还要根据实际情况来决定。第一种策略的实现方法很简单,只需要通过 JFrame 类实现窗口就可以了,本节将详细介绍第二种策略的具体实施方法。

在利用第二种策略管理窗口时,必须使用 JDesktopPane 类和 JInternalFrame 类(分别称为桌面面板类和内部窗体类)。JDesktopPane 类是一个容器类,用来创建一个虚拟的桌面;JInternalFrame 类是一个轻量级对象,用来创建支持拖动、关闭、图标化、调整大小、标题显示和菜单栏的内部窗体,该内部

窗体需要显示在由 JDesktopPane 类创建的桌面面板中。下面就来学习这两个类的使用方法。

1. JDesktopPane 类

JDesktopPane 类中的常用方法如表 23.5 所示。

表 23.5 JDesktopPane 类中的常用方法

方 法	说 明
getAllFrames()	以数组的形式返回桌面中当前显示的所有 JInternalFrame
getSelectedFrame()	获得桌面中当前被选中的 JInternalFrame，如果没有被选中的 JInternalFrame，则返回 null
removeAll()	从桌面中移除所有的 JInternalFrame
remove(int index)	从桌面中移除位于指定索引的 JInternalFrame
setSelectedFrame(JInternalFrame f)	设置指定的 JInternalFrame 为当前被选中的窗体
setDragMode(int dragMode)	设置窗体的拖动模式，入口参数的可选静态常量有 LIVE_DRAG_MODE 和 OUTLINE_DRAG_MODE

所谓窗体的拖动模式，就是在拖动窗体时窗体的重绘方式。有两种可选模式：一种是在拖动窗体的过程中连续重绘被拖动的窗体，由静态常量 LIVE_DRAG_MODE 表示，如图 23.19 所示为拖动前的位置，如图 23.20 所示为该模式下拖动窗体时的效果；另一种是在拖动窗体的过程中只连续重绘被拖动窗体的边框，拖动完成后再重绘被拖动的窗体，由静态常量 OUTLINE_DRAG_MODE 表示，如图 23.19 所示为拖动前的位置，如图 23.21 所示为该模式下拖动窗体时的效果。

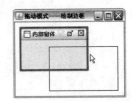

图 23.19 拖动前的位置　　图 23.20 完全绘制拖动模式　　图 23.21 绘制边框拖动模式

在使用桌面面板时，通常希望在桌面中显示一个背景图片，这样既美观，又可以显示关于软件的一些信息。下面是一个为桌面面板添加背景图片的实例。

【例 23.3】 为桌面面板添加背景图片。（实例位置：光盘\TM\sl\23.03）

可以通过下面的代码实现为桌面面板添加背景图片的功能，实现思路是将一个显示背景图片的标签组件添加到桌面中所有窗体的最后方。

```
//创建一个桌面面板对象
final JDesktopPane desktopPane = new JDesktopPane();
getContentPane().add(desktopPane, BorderLayout.CENTER);
final JLabel backLabel = new JLabel();          //创建一个标签组件对象
//获得背景图片的路径
URL resource = this.getClass().getResource("/back.JPG");
ImageIcon icon = new ImageIcon(resource);       //创建背景图片对象
backLabel.setIcon(icon);                        //令标签组件显示背景图片
//设置组件的显示位置及大小
backLabel.setBounds(0, 0, icon.getIconWidth(), icon
        .getIconHeight());
```

```
//将标签组件添加到指定索引位置
desktopPane.add(backLabel, new Integer(Integer.MIN_VALUE));
```

> **注意**
> 为了防止桌面的背景图片遮挡住其包含的窗口，这里将用来显示背景图片的标签组件添加到桌面面板的最底层，即 new Integer(Integer.MIN_VALUE)层，以保证它总是绘制在桌面中所有内容的后面。

2．JInternalFrame 类

JInternalFrame 类共有 6 个构造方法，其中入口参数最多的为 5 个，用来创建具有指定标题，并且可自由调整大小、可关闭、可最大化和最小化的窗体。该构造方法的具体定义如下：

JInternalFrame(String title, boolean resizable, boolean closable, boolean maximizable, boolean iconifiable)

各入口参数的具体功能如表 23.6 所示。

表 23.6　JInternalFrame 类的构造方法入口参数说明

入口参数	说　　明
title	为内部窗体的标题
resizable	设置是否允许自由调整大小，设为 true 表示允许，设为 false（为默认值）则表示不允许
closable	设置是否提供"关闭"按钮，设为 true 表示提供，设为 false（为默认值）则表示不提供
maximizable	设置是否提供"最大化"按钮，设为 true 表示提供，设为 false（为默认值）则表示不提供
iconifiable	设置是否提供"最小化"按钮，设为 true 表示提供，设为 false（为默认值）则表示不提供

创建得到的可自由调整大小、可关闭、可最大化和最小化的窗体依次如图 23.22~图 23.25 所示。

图 23.22　允许自由调整大小　　图 23.23　提供"关闭"按钮　　图 23.24　提供"最大化"按钮　　图 23.25　提供"最小化"按钮

JInternalFrame 类中的常用方法如表 23.7 所示。

表 23.7　JInternalFrame 类中的常用方法

方　　法	说　　明
setResizable(boolean b)	设置是否允许自由调整大小
setClosable(boolean b)	设置是否提供关闭按钮
setMaximizable(boolean b)	设置是否提供"最大化"按钮
setIconifiable(boolean b)	设置是否提供"最小化"按钮
setSelected(boolean selected)	设置窗体是否被激活，设为 true 表示激活窗体，设为 false（为默认值）则表示不激活窗体
isMaximum()	查看窗体是否处于最大化状态
isIcon()	查看窗体是否处于最小化状态

方　法	说　明
isClosed()	查看窗体是否已经被关闭
setFrameIcon(Icon icon)	设置窗体标题栏显示的图标

【例 23.4】 使用桌面面板和内部窗体。（实例位置：光盘\TM\sl\23.04）

本例展示了桌面面板和内部窗体的使用方法，主要包括为桌面面板添加背景图片、设置内部窗体的拖曳方式、设置窗体的相关属性、判断窗体的状态，以及级联显示窗体的方法。该实例的具体代码如下：

```java
public class ExampleFrame_03 extends JFrame {
    JDesktopPane desktopPane = null;                //定义一个桌面面板对象
    InternalFrame pInFrame = null;                  //定义一个人事管理内部窗体对象
    InternalFrame rInFrame = null;                  //定义一个账套管理内部窗体对象
    InternalFrame tInFrame = null;                  //定义一个待遇报表内部窗体对象
    public static void main(String args[]) {
        ExampleFrame_03 frame = new ExampleFrame_03();
        frame.setVisible(true);
    }
    public ExampleFrame_03() {
        super();
        setTitle("企业人事管理系统");
        setBounds(100, 100, 570, 470);
        setDefaultCloseOperation(JFrame.EXIT_ON_CLOSE);
        //创建桌面面板
        desktopPane = new JDesktopPane();              //创建桌面面板对象
        //设置内部窗体的拖曳方式
        desktopPane.setDragMode(JDesktopPane.OUTLINE_DRAG_MODE);
        getContentPane().add(desktopPane, BorderLayout.CENTER);
        //为桌面面板添加背景图片
        final JLabel backLabel = new JLabel();         //创建一个标签组件对象
        //获得背景图片的路径
        URL resource = this.getClass().getResource("/back.JPG");
        ImageIcon icon = new ImageIcon(resource);      //创建背景图片对象
        backLabel.setIcon(icon);                       //令标签组件显示背景图片
        //设置组件的显示位置及大小
        backLabel.setBounds(0,0,icon.getIconWidth(),icon.getIconHeight());
        //将标签组件添加到指定索引位置
        desktopPane.add(backLabel, new Integer(Integer.MIN_VALUE));
        …//由于篇幅有限，此处省略了添加按钮的代码
    }
    private class BAListener implements ActionListener {
        InternalFrame inFrame;
        String title;
        public BAListener(InternalFrame inFrame, String title) {
            this.inFrame = inFrame;
            this.title = title;
        }
        public void actionPerformed(ActionEvent e) {
            if (inFrame == null || inFrame.isClosed()) {
                //获得桌面面板中的所有内部窗体
```

```
                    JInternalFrame[] allFrames = desktopPane.getAllFrames();
                    //获得桌面面板中拥有内部窗体的数量
                    int titleBarHight = 30 * allFrames.length;
                    int x = 10 + titleBarHight, y = x;        //设置窗体的显示位置
                    int width = 250, height = 180;            //设置窗体的大小
                    inFrame = new InternalFrame(title);       //创建指定标题的内部窗体
                    //设置窗体的显示位置及大小
                    inFrame.setBounds(x, y, width, height);
                    inFrame.setVisible(true);                 //设置窗体可见
                    desktopPane.add(inFrame);                 //将窗体添加到桌面面板中
                }
                try {
                    inFrame.setSelected(true);                //选中窗体
                } catch (PropertyVetoException propertyVetoE) {
                    propertyVetoE.printStackTrace();
                }
            }
        }
        private class InternalFrame extends JInternalFrame {
            public InternalFrame(String title) {
                super();
                setTitle(title);                              //设置内部窗体的标题
                setResizable(true);                           //设置允许自由调整大小
                setClosable(true);                            //设置提供"关闭"按钮
                setIconifiable(true);                         //设置提供"最小化"按钮
                setMaximizable(true);                         //设置提供"最大化"按钮
                //获得图片的路径
                URL resource = this.getClass().getResource("/in_frame.JPG");
                ImageIcon icon = new ImageIcon(resource);     //创建图片对象
                setFrameIcon(icon);                           //设置窗体图标
            }
        }
    }
```

运行本实例，依次单击"人事管理""账套管理""待遇报表"按钮，将得到如图 23.26 所示的窗体；依次将这 3 个窗体最小化后的效果如图 23.27 所示；图 23.28 所示为最大化"人事管理"窗体后的效果。

图 23.26 级联显示内部窗体

图 23.27 最小化的内部窗体

图 23.28 最大化的内部窗体

23.2 菜　　单

菜单包括菜单栏和弹出式菜单，它的优点是内容丰富、层次鲜明、使用快捷，其中弹出式菜单还具有方便灵活的特点。本节将详细介绍这两种菜单的使用方法。

23.2.1 创建菜单栏

▶ 视频讲解：光盘\TM\lx\23\创建菜单栏.exe

位于窗口顶部的菜单栏包括菜单名称、菜单项以及子菜单。创建菜单栏的基本步骤如下：
（1）创建菜单栏对象，并添加到窗体的菜单栏中。
（2）创建菜单对象，并将菜单对象添加到菜单栏对象中。
（3）创建菜单项对象，并将菜单项对象添加到菜单对象中。
（4）为菜单项添加事件监听器，捕获菜单项被单击的事件，从而完成相应的业务逻辑。
（5）如果需要，还可以在菜单中包含子菜单，即将菜单对象添加到其所属的上级菜单对象中。
（6）通常情况下一个菜单栏包含多个菜单，可以反复通过步骤（2）~（5）向菜单栏中添加。

JMenuBar 类用来创建菜单栏。该类的常用方法有 add(JMenu c)和 isSelected()，方法 add(JMenu c) 用来向菜单栏中添加菜单对象；方法 isSelected()用来查看菜单栏是否处于被选中的状态，即是否已经选中了菜单栏中的菜单项或子菜单。如果处于被选中的状态则返回 true，否则返回 false。

JMenu 类用来创建菜单，菜单用来添加菜单项和子菜单，从而实现对菜单项的分类管理。该类除了拥有默认的没有入口参数的构造方法外，还有一个常用的构造方法 JMenu(String s)，用来创建一个具有指定名称的菜单。JMenu 类中的常用方法如表 23.8 所示。

表 23.8　JMenu 类中的常用方法

方　　法	说　　明
add(JMenuItem menuItem)	向菜单中添加菜单项和子菜单
add(String s)	向菜单中添加指定名称的菜单项。该方法的返回值为添加的菜单项对象，以便对菜单项进行设置，如为菜单项添加事件监听器
insert(JMenuItem mi, int pos)	向指定位置插入菜单项
insert(String s, int pos)	向指定位置插入指定名称的菜单项。需要注意的是，该方法并不返回插入的菜单项对象
getMenuComponentCount()	获得菜单中包含的组件数，组件包括菜单项、子菜单和分隔线
isTopLevelMenu()	查看菜单是否为顶层菜单，即是否为添加到菜单栏对象中的菜单对象，如果是则返回 true，否则返回 false
isMenuComponent(Component c)	查看指定菜单项或子菜单是否包含在该菜单中

> **说明**
>
> 表23.8中方法getMenuComponentCount()的说明提到了分隔线，在23.2.3节中将讲解分隔线的使用方法。

JMenuItem类用来创建菜单项，当用户单击菜单项时，将触发一个动作事件，通过捕获该事件，可以完成菜单项对应的业务逻辑。

【例23.5】 创建菜单栏。（实例位置：光盘\TM\sl\23.05）

本例按照创建菜单栏的步骤，创建了一个典型的菜单栏，目的是展示创建菜单栏的具体步骤，以及所得菜单栏的具体效果。

（1）利用JMenuBar类创建一个菜单栏对象，并将该菜单栏对象添加到窗体的菜单栏中。关键代码如下：

```
JMenuBar menuBar = new JMenuBar();          //创建菜单栏对象
setJMenuBar(menuBar);                       //将菜单栏对象添加到窗体的菜单栏中
```

（2）利用JMenu类创建一个菜单对象，并将该菜单对象添加到菜单栏对象中。关键代码如下：

```
JMenu menu = new JMenu("菜单名称");          //创建菜单对象
menuBar.add(menu);                          //将菜单对象添加到菜单栏对象中
```

（3）利用JMenuItem类创建一个菜单项对象，并将该菜单项对象添加到菜单对象中。关键代码如下：

```
JMenuItem menuItem = new JMenuItem("菜单项名称");   //创建菜单项对象
menuItem.addActionListener(new ItemListener());    //为菜单项添加事件监听器
```

（4）为菜单项添加ActionListener监听器，捕获菜单项被单击的事件，从而完成相应的业务逻辑。这里只是输出了被单击菜单项的标签。下面是监听器的完整代码：

```
private class ItemListener implements ActionListener {
    public void actionPerformed(ActionEvent e) {
        JMenuItem menuItem=(JMenuItem) e.getSource();   //获得触发此次事件的菜单项
        System.out.println("您单击的是菜单项：" + menuItem.getText());
    }
}
```

下面的代码负责为相应的菜单项添加事件监听器。

```
menuItem.addActionListener(new ItemListener());
```

运行本例，如图23.29所示为本实例所创建菜单"菜单名称"的展开效果。如图23.30所示为本实例所创建菜单"菜单名称2"的展开效果。

图23.29 菜单"菜单名称"的展开效果

图23.30 菜单"菜单名称2"的展开效果

23.2.2 创建弹出式菜单

> 视频讲解：光盘\TM\lx\23\创建弹出式菜单.exe

创建弹出式菜单和创建菜单栏的步骤基本相似，只是在创建菜单栏时第一步创建的是 JMenuBar 类的对象，而创建弹出式菜单的第一步创建的是 JPopupMenu 类的对象，然后通过为需要弹出该菜单的组件添加鼠标事件监听器，在捕获弹出菜单事件时弹出该菜单。

【例 23.6】 创建弹出式菜单。（实例位置：光盘\TM\sl\23.06）

本例实现了一个弹出式菜单，目的是展示弹出式菜单的创建方法。由于仅与创建菜单栏的第一步不同，这里只给出了创建弹出式菜单以及将弹出式菜单注册给指定组件的代码。关键代码如下：

```
final JPopupMenu popupMenu = new JPopupMenu();        //创建弹出式菜单对象
//为窗体的顶层容器添加鼠标事件监听器
getContentPane().addMouseListener(new MouseAdapter() {
    //鼠标按键被释放时触发该方法
    public void mouseReleased(MouseEvent e) {
        //判断此次鼠标事件是否为该组件的弹出菜单触发事件
        //如果是则在释放鼠标的位置弹出菜单
        if (e.isPopupTrigger())
            popupMenu.show(e.getComponent(), e.getX(), e.getY());
    }
});
```

运行本实例，在窗口中右击，在弹出的快捷菜单中依次选择"编辑"/"字体"/"斜体"命令，将得到如图 23.31 所示的效果。

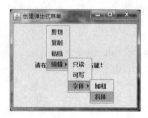

图 23.31　弹出式菜单的展开效果

23.2.3 定制个性化菜单

> 视频讲解：光盘\TM\lx\23\定制个性化菜单.exe

在设计菜单时，只是简单地使用类似按钮的菜单项是不够的，因为这样的菜单既不美观，又不实用。本节将深入学习定制个性化菜单的方法，例如，对分隔线和图标的使用、为菜单设置快捷键和加速器的方法、单选按钮和复选框菜单项的使用方法，以及启用和禁用菜单的方法。

1．使用分隔线和图标

在定制菜单时，通常将功能相似或相关的菜单项放在一起，然后用分隔线将它们与其他的菜单项隔开，这样用户在使用时会更加方便和直观。JMenu 类的 addSeparator()方法和 insertSeparator(int index)方法均用来向菜单中添加分隔线，addSeparator()方法用来向菜单的尾部添加分隔线，insertSeparator (int index) 方法用来向指定索引位置插入分隔线，索引值从 0 开始。例如，实现一个如图 23.32 所示的"文件"菜单，如果是通过 addSeparator()方法向菜单中添加分隔线，向"文件"菜单中添加菜单项、子菜单和分隔线的顺序依次为"新建"菜单项、"打开"子菜单、分隔线、"保存"菜单项、分隔线、"退出"菜单项；如果是通过 insertSeparator(int index)方法向菜单中添加分隔线，可以先向"文件"菜单中添加菜单项和子菜单，最后再向索引为 2 和 4 的位置插入分隔线。

在定制菜单时，还可以为菜单和菜单项设置图标。可以通过 setIcon(Icon defaultIcon)方法设置，因为它们均继承了 AbstractButton 类。设置了图标的菜单和菜单项如图 23.33 所示。

图 23.32　使用分隔线

图 23.33　使用图标

2．设置快捷键和加速器

对于用户来说，使用快捷键会给他们使用软件带来很大方便。下面介绍为菜单和菜单项设置快捷键的方法，以及为菜单项设置加速器的方法。

为菜单和菜单项设置快捷键均通过 setMnemonic(int mnemonic)或 setMnemonic(char mnemonic)方法实现。setMnemonic(int mnemonic)方法的入口参数为与键盘助记符对应的键值，可以是键盘上的任意键，可以通过 java.awt.event.KeyEvent 类中定义的以"VK_"开头的静态常量指定；setMnemonic(char mnemonic)方法的入口参数为键盘助记符，该方法仅支持将 A~Z 的键设置为快捷键。如果在菜单或菜单项名称中存在指定的键盘助记符，会为该键盘助记符添加一条下划线，如图 23.32 和图 23.33 所示，所有带有下划线的键盘助记符所对应的键均为快捷键。例如，为"文件"菜单设置快捷键可以通过下面两种方式来实现：

```
menu.setMnemonic(KeyEvent.VK_F);        //通过键值设置
menu.setMnemonic('F');                  //通过键盘助记符设置
```

注意　快捷键不区分大小写，即无论是否按下 Shift 键，都将激活相应的菜单或菜单项。

菜单项还支持设置加速器。在使用加速器时菜单并不被展开，它只是直接激活相应菜单项对应的事件。为菜单项设置加速器通过 setAccelerator(KeyStroke keyStroke)方法实现，该方法接受 KeyStroke 类的对象，可以通过静态方法 getKeyStroke(int keyCode, int modifiers)获得该类的对象。入口参数 keyCode 为键值，可以通过 KeyEvent 类中定义的以"VK_"开头的静态常量指定；入口参数 modifiers 为一组修饰符，可以为下面的一个或多个，如果是多个，则用"|"隔开。

- java.awt.event.InputEvent.CTRL_MASK。
- java.awt.event.InputEvent.ALT_MASK。
- java.awt.event.InputEvent.SHIFT_MASK。
- java.awt.event.InputEvent.META_MASK。

对于入口参数 modifiers 也可以不设置任何修饰符，此时需要将其设置为 0。下面是 3 种比较典型的设置方法：

```
getKeyStroke(KeyEvent.VK_A, 0);                                    //加速器按键为 A
getKeyStroke(KeyEvent.VK_A, InputEvent.CTRL_MASK);                  //加速器按键为 Ctrl+A
//加速器按键为 Ctrl+Alt+A
getKeyStroke(KeyEvent.VK_A, InputEvent.CTRL_MASK | InputEvent.ALT_MASK);
```

3．使用单选按钮和复选框菜单项

在定制菜单时，也可以将单选按钮和复选框菜单项添加到菜单中，它们在有些情况下会更适用。例如，在如图 23.34 所示的设置字体的菜单中，使用复选框菜单项则更加直观；在如图 23.35 所示的设置文件属性的菜单中，使用单选按钮菜单项则更加直观。

复选框菜单项通过 JCheckBoxMenuItem 类实现，单选按钮菜单项通过 JRadioButtonMenuItem 类实现，这两个类均继承了 JMenuItem 类，所以针对普通菜单项的设置对这两个菜单项均适用。

注意　对于单选按钮菜单项，也必须添加到按钮组中，这样才能实现单选按钮的功能。

4．启用和禁用菜单项

新创建的菜单项在默认情况下是启用的，但是在某些情况下该菜单项可能并不能使用。例如，在一个阅读器刚刚被打开时，在此次运行中"刚打开过的"菜单项就应该是禁用的，如图 23.36 所示（被禁用的菜单项将变为灰色）。可以通过方法 setEnabled(boolean b)设置菜单项的启用或禁用状态，如果设为 true，则表示启用菜单项，设为 false 则表示禁用菜单项，也可以通过该方法启用或禁用菜单。

图 23.34　使用复选框菜单项　　　图 23.35　使用单选按钮菜单项　　　图 23.36　被禁用的菜单项

【例 23.7】　定制个性化菜单。（**实例位置：光盘\TM\sl\23.07**）

本例实现了一个典型的菜单栏，其中包括对菜单项、分隔线、子菜单、快捷键、加速器、单选按钮和复选框菜单项等功能的使用，以及禁用菜单项功能，并且为所有菜单项添加了动作事件监听器，在菜单项被激活时控制台将输出该菜单项被执行的提示。

下面是创建"文件"菜单及其"新建"菜单项和"打开"子菜单的关键代码。

```
final JMenu fileMenu = new JMenu("文件（F）");        //创建"文件"菜单
fileMenu.setMnemonic('F');                           //设置快捷键
menuBar.add(fileMenu);                               //添加到菜单栏
```

```java
final JMenuItem newItem = new JMenuItem("新建（N）");      //创建菜单项
newItem.setMnemonic('N');                                  //设置快捷键
//设置加速器为 Ctrl+N
newItem.setAccelerator(KeyStroke.getKeyStroke(VK_N, CTRL_MASK));
newItem.addActionListener(new ItemListener());             //添加动作监听器
fileMenu.add(newItem);                                     //添加到"文件"菜单
final JMenu openMenu = new JMenu("打开（O）");             //创建"打开"子菜单
openMenu.setMnemonic('O');                                 //设置快捷键
fileMenu.add(openMenu);                                    //添加到"文件"菜单
//创建子菜单项
final JMenuItem openNewItem = new JMenuItem("未打开过的（N）");
openNewItem.setMnemonic('N');                              //设置快捷键
openNewItem.setAccelerator(KeyStroke.getKeyStroke(VK_N, CTRL_MASK
        | ALT_MASK));                                      //设置加速器为 Ctrl+Alt+N
openNewItem.addActionListener(new ItemListener());         //添加动作监听器
openMenu.add(openNewItem);                                 //添加到"打开"子菜单
//创建子菜单项
final JMenuItem openClosedItem = new JMenuItem("刚打开过的（C）");
openClosedItem.setMnemonic('C');                           //设置快捷键
//设置加速器
openClosedItem.setAccelerator(KeyStroke.getKeyStroke(VK_C,
        CTRL_MASK | ALT_MASK));
openClosedItem.setEnabled(false);                          //禁用菜单项
openClosedItem.addActionListener(new ItemListener());      //添加动作监听器
openMenu.add(openClosedItem);                              //添加到"打开"子菜单
fileMenu.addSeparator();                                   //添加分隔线
```

下面是创建"字体"子菜单的关键代码，它包含的为复选框菜单项：

```java
final JMenu fontMenu = new JMenu("字体（F）");             //创建"字体"子菜单
fontMenu.setIcon(icon);                                    //设置菜单图标
fontMenu.setMnemonic('F');                                 //设置快捷键
editMenu.add(fontMenu);                                    //添加到"编辑"菜单
final JCheckBoxMenuItem bCheckBoxItem = new JCheckBoxMenuItem(
        "加粗（B）");                                       //创建复选框菜单项
bCheckBoxItem.setMnemonic('B');                            //设置快捷键
bCheckBoxItem.setAccelerator(KeyStroke.getKeyStroke(VK_B,
        CTRL_MASK | ALT_MASK));                            //设置加速器为 Ctrl+Alt+B
bCheckBoxItem.addActionListener(new ItemListener());       //添加动作监听器
fontMenu.add(bCheckBoxItem);                               //添加到"字体"子菜单
final JCheckBoxMenuItem iCheckBoxItem = new JCheckBoxMenuItem(
        "斜体（I）");                                       //创建复选框菜单项
iCheckBoxItem.setMnemonic('I');                            //设置快捷键
iCheckBoxItem.setAccelerator(KeyStroke.getKeyStroke(VK_I,
        CTRL_MASK | ALT_MASK));                            //设置加速器为 Ctrl+Alt+I
iCheckBoxItem.addActionListener(new ItemListener());       //添加动作监听器
fontMenu.add(iCheckBoxItem);                               //添加到"字体"子菜单
```

下面是创建"属性"子菜单的关键代码，它包含的为单选按钮菜单项。在使用一组单选按钮时，一定要将这些单选按钮添加到按钮组中：

```
final JMenu attributeMenu = new JMenu("属性（A）");      //创建"属性"子菜单
attributeMenu.setIcon(icon);                             //设置菜单图标
attributeMenu.setMnemonic('A');                          //设置快捷键
editMenu.add(attributeMenu);                             //添加到"编辑"菜单
final JRadioButtonMenuItem rRadioButtonItem = new JRadioButtonMenuItem(
    "只读（R）");                                         //创建单选按钮菜单项
rRadioButtonItem.setMnemonic('R');                       //设置快捷键
rRadioButtonItem.setAccelerator(KeyStroke.getKeyStroke(VK_R,
    CTRL_MASK | ALT_MASK));                              //设置加速器为 Ctrl+Alt+R
buttonGroup.add(rRadioButtonItem);                       //添加到按钮组
rRadioButtonItem.setSelected(true);                      //设置为被选中
rRadioButtonItem.addActionListener(new ItemListener());  //添加动作监听器
attributeMenu.add(rRadioButtonItem);                     //添加到"属性"子菜单
final JRadioButtonMenuItem eRadioButtonItem = new JRadioButtonMenuItem(
    "编辑（E）");                                         //创建单选按钮菜单项
eRadioButtonItem.setMnemonic('E');                       //设置快捷键
eRadioButtonItem.setAccelerator(KeyStroke.getKeyStroke(VK_E,
    CTRL_MASK | ALT_MASK));                              //设置加速器为 Ctrl+Alt+E
buttonGroup.add(eRadioButtonItem);                       //添加到按钮组
eRadioButtonItem.addActionListener(new ItemListener());  //添加动作监听器
attributeMenu.add(eRadioButtonItem);                     //添加到"属性"子菜单
```

运行本例，依次选择"文件"/"打开"命令，将得到如图 23.37 所示的效果，会发现"刚打开过的"菜单项为灰色，即被禁用了；依次选择"编辑"/"字体"命令，将得到如图 23.38 所示的效果，该子菜单包含的是复选框菜单项；依次选择"编辑"/"属性"命令，将得到如图 23.39 所示的效果，该子菜单包含的是单选按钮菜单项。

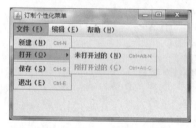

图 23.37　不可用的菜单项

图 23.38　复选框菜单项

图 23.39　单选按钮菜单项

23.3　工　具　栏

视频讲解：光盘\TM\lx\23\工具栏.exe

工具栏中提供了快速执行常用命令的按钮，可以将它随意拖曳到窗体的四周，如图 23.40~图 23.43 所示；甚至可以脱离窗体，如图 23.44 所示，在这种情况下，关闭工具栏时会自动恢复到脱离之前的位置。

第 23 章 Swing 其他高级组件

图 23.40　在上方

图 23.41　在左侧

图 23.42　在下方

图 23.43　在右侧

图 23.44　脱离窗体

如果希望工具栏可以随意拖动，窗体一定要采用默认的边界布局方式，并且不能在边界布局的四周添加任何组件。工具栏默认是可以随意拖动的，如果不允许随意拖动，可以通过调用 setFloatable(boolean b)方法将入口参数设为 false 实现，设为 true 则表示允许随意拖动。

在利用 JToolBar 类创建工具栏对象时，如果是通过构造方法 JToolBar()创建的，当工具栏脱离窗体时，工具栏窗体则没有标题。可以通过构造方法 JToolBar(String name)创建具有指定标题的工具栏。

利用 add(Component comp)方法可以将按钮添加到工具栏的末尾，在这期间可以利用 addSeparator()方法在按钮之间添加默认大小的分隔符，也可以利用 addSeparator(Dimension size)方法添加指定大小的分隔符。

【例 23.8】 创建工具栏。（实例位置：光盘\TM\sl\23.08）

本例实现了一个典型的不允许拖动的工具栏，并分别添加了默认大小和指定大小的分隔符。关键代码如下：

```java
final JToolBar toolBar = new JToolBar("工具栏");            //创建工具栏对象
toolBar.setFloatable(false);                                //设置为不允许拖动
getContentPane().add(toolBar, BorderLayout.NORTH);          //添加到网格布局的上方
final JButton newButton = new JButton("新建");              //创建按钮对象
newButton.addActionListener(new ButtonListener());          //添加动作事件监听器
toolBar.add(newButton);                                     //添加到工具栏中
toolBar.addSeparator();                                     //添加默认大小的分隔符
final JButton saveButton = new JButton("保存");             //创建按钮对象
saveButton.addActionListener(new ButtonListener());         //添加动作事件监听器
toolBar.add(saveButton);                                    //添加到工具栏中
toolBar.addSeparator(new Dimension(20, 0));                 //添加指定大小的分隔符
final JButton exitButton = new JButton("退出");             //创建按钮对象
```

```
exitButton.addActionListener(new ButtonListener());      //添加动作事件监听器
toolBar.add(exitButton);                                 //添加到工具栏中
```

运行本例,将得到如图 23.45 所示的窗体,可以看到在工具栏的左侧未提供拖曳的手柄,并且 3 个按钮之间的间隔并不相同。

图 23.45　创建工具栏

23.4　文件选择器

在开发应用程序时,经常需要选择文件,例如,从文件中导入数据,或者选择用户照片等,通过 javax.swing.JFileChooser 类可以轻松地实现这个功能。

23.4.1　文件选择对话框

> 视频讲解:光盘\TM\lx\23\文件选择对话框.exe

JFileChooser 类提供了一个供用户选择文件的对话框。利用该类创建文件选择对话框以及获取用户选择文件的基本步骤如下:

(1)创建一个 JFileChooser 类的对象。

(2)默认情况下每次只能选择一个文件,如果希望允许同时选择多个文件,可以通过调用 setMultiSelectionEnabled(boolean b) 方法设置,将入口参数设为 true 即表示允许多选。

(3)默认情况下只允许选择文件,如果希望允许选择文件夹,可以通过调用 setFileSelectionMode(int mode)方法设置,入口参数可选的静态常量有 FILES_ONLY(只允许选择文件)、DIRECTORIES_ONLY(只允许选择路径)和 FILES_AND_DIRECTORIES(均可选择)。

(4)如果只希望在对话框中列出指定类型的文件,可以调用 setFileFilter(FileFilter filter)方法设置文件过滤器。

(5)设置完成后调用 showOpenDialog(Component parent)方法显示对话框,该方法将返回一个 int 型值,用来判断用户是否选择了文件或路径。

(6)如果用户选择了文件或路径,可以通过 getSelectedFile()或 getSelectedFiles()方法获得,getSelectedFile()方法返回的是 File 对象,getSelectedFiles()方法返回的是 File 型数组。

【例 23.9】　文件选择对话框。(实例位置:光盘\TM\sl\23.09)

本例实现了通过文件选择对话框选择文件的功能。关键代码如下:

```
final JButton button = new JButton();
```

```
button.addActionListener(new ActionListener() {
    public void actionPerformed(ActionEvent e) {
        JFileChooser fileChooser = new JFileChooser();          //创建文件选择对话框
        //显示文件选择对话框
        int i = fileChooser.showOpenDialog(getContentPane());
        //判断用户单击的是否为"打开"按钮
        if (i == JFileChooser.APPROVE_OPTION) {
            //获得选中的文件对象
            File selectedFile = fileChooser.getSelectedFile();
            //显示选中文件的名称
            textField.setText(selectedFile.getName());
        }
    }
});
```

运行本例后单击"上传"按钮，将弹出如图 23.46 所示的文件选择对话框，其中将列出当前路径下的所有文件。

图 23.46　文件选择对话框

23.4.2　使用文件过滤器

视频讲解：光盘\TM\lx\23\使用文件过滤器.exe

如果只希望在对话框中列出指定类型的文件，可以调用 setFileFilter(FileFilter filter)方法设置文件过滤器。javax.swing.filechooser.FileFilter 类是一个抽象类，该类的具体定义如下：

```
public abstract class FileFilter {
    public abstract boolean accept(File f);
    public abstract String getDescription();
}
```

可以通过实现该类对文件进行过滤，其中 accept(File f)方法用来过滤文件，如果返回 true，则表示显示到文件选择对话框中，如果返回 false，则不显示；getDescription()方法用来返回对话框中"文件类型"的描述信息。

类 javax.swing.filechooser.FileNameExtensionFilter 实现了 FileFilter 类，该类只提供了一个构造方法

FileNameExtensionFilter(String description, String…extensions)，其第一个入口参数为"文件类型"的描述信息，其他参数均为允许显示到文件选择对话框中的文件类型。

【例 23.10】 使用文件过滤器。（实例位置：光盘\TM\sl\23.10）

本例的文件选择对话框利用文件过滤器对文件进行了过滤，使文件选择对话框中只列出格式为 JPG 或 GIF 格式的图片。关键代码如下：

```java
final JLabel label = new JLabel("<双击选择照片>", SwingConstants.CENTER);
label.addMouseListener(new MouseAdapter() {
    JFileChooser fileChooser;
    {
        //创建文件选择对话框
        fileChooser = new JFileChooser();
        //设置文件过滤器，只列出 JPG 或 GIF 格式的图片
        FileFilter filter = new FileNameExtensionFilter(
                "图像文件（JPG/GIF）", "JPG", "JPEG", "GIF");
        fileChooser.setFileFilter(filter);
    }
    public void mouseClicked(MouseEvent e) {
        if (e.getClickCount() == 2) {
            //显示文件选择对话框
            int i = fileChooser.showOpenDialog(getContentPane());
            //判断用户单击的是否为"打开"按钮
            if (i == JFileChooser.APPROVE_OPTION) {
                //获得选中的图片对象
                File selectedFile = fileChooser.getSelectedFile();
                label.setIcon(new ImageIcon(selectedFile
                        .getAbsolutePath()));          //将图片显示到标签上
                label.setText(null);
            }
        }
    }
});
getContentPane().add(label, BorderLayout.CENTER);
```

运行本例后双击窗口，将弹出如图 23.47 所示的文件选择对话框，此时打开的路径与图 23.46 相同，但这里只列出了文件夹以及格式为 JPG 和 GIF 的图片。

图 23.47 使用文件过滤器

23.5 进度条

> 视频讲解：光盘\TM\lx\23\进度条.exe

利用 JProgressBar 类可以实现一个进度条。进度条是一个矩形组件，通过填充它的部分或全部来指示一个任务的执行情况。

默认情况下为确定任务执行进度的进度条效果如图 23.48 所示，填充区域会逐渐增大；如果并不确定任务的执行进度，可以通过调用 setIndeterminate(boolean b)方法设置进度条的样式，设为 true 表示不确定任务的执行进度，填充区域会来回滚动，效果如图 23.49 所示；设为 false 则表示确定任务的执行进度。

默认情况下在进度条中不显示提示信息，可以通过调用 setStringPainted(boolean b)方法设置是否显示提示信息，设为 true 表示显示，设为 false 则表示不显示。如果是将确定进度的进度条设置为显示提示信息，默认为显示当前任务完成的百分比，如图 23.50 所示，也可以通过 setString(String s)方法设置指定的提示信息；如果是将不确定进度的进度条设置为显示提示信息，则必须设置指定的提示信息，否则将出现如图 23.51 所示的不和谐效果。

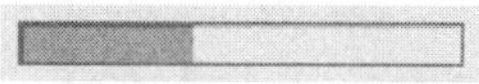

图 23.48 指示确定进度 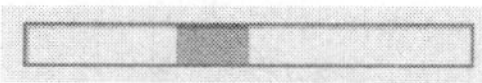   图 23.49 指示不确定进度    图 23.50 显示提示信息 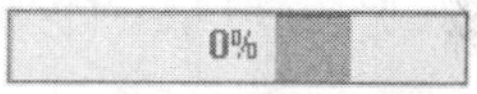   图 23.51 不和谐效果

如果采用确定进度的进度条，进度条并不能自动获取任务的执行进度，必须通过 setValue(int n)方法反复修改当前的执行进度，如将入口参数设置为 66，则将显示为 66%；如果是采用不确定进度的进度条，则需要在任务执行完成后将其设置为采用确定进度的进度条，并将任务的执行进度设置为 100%，或者是设置指定的提示已经完成的信息。

【例 23.11】 使用进度条。（实例位置：光盘\TM\sl\23.11）

本例实现了一个模拟在线升级过程的进度条，通过本例可以掌握进度条的使用方法。下面是创建进度条的关键代码：

```
final JProgressBar progressBar = new JProgressBar();        //创建进度条对象
progressBar.setStringPainted(true);                          //设置显示提示信息
progressBar.setIndeterminate(true);                          //设置采用不确定进度条
progressBar.setString("升级进行中......");                    //设置提示信息
new Progress(progressBar, button).start();                   //利用线程模拟一个在线升级任务
```

下面的代码利用线程模拟了一个在线升级的任务，在执行任务的过程中反复修改任务的执行进度，并在任务完成后设置了指定的提示信息。

```
class Progress extends Thread {                              //利用线程模拟一个在线升级任务
    private final int[] progressValue = { 6, 18, 27, 39, 51, 66, 81,
            100 };                                           //模拟任务完成百分比
    private JProgressBar progressBar;                        //进度条对象
    private JButton button;                                  //完成按钮对象
    public Progress(JProgressBar progressBar, JButton button) {
```

```
            this.progressBar = progressBar;
            this.button = button;
        }
        public void run() {
            //通过循环更新任务完成百分比
            for (int i = 0; i < progressValue.length; i++) {
                try {
                    Thread.sleep(1000);                    //令线程休眠 1 秒
                } catch (InterruptedException e) {
                    e.printStackTrace();
                }
                progressBar.setValue(progressValue[i]);    //设置任务完成百分比
            }
            progressBar.setIndeterminate(false);           //设置采用确定进度条
            progressBar.setString("升级完成！");            //设置提示信息
            button.setEnabled(true);                       //设置按钮可用
        }
    }
```

（此处模拟一个任务）

运行本实例，将得到如图 23.52 所示的效果；升级结束后将得到如图 23.53 所示的效果；如果将下面的代码注释掉，将得到如图 23.54 所示的效果。

```
progressBar.setIndeterminate(true);            //设置采用不确定进度条
progressBar.setString("升级进行中......");       //设置提示信息
```

图 23.52　不确定进度的效果

图 23.53　完成后的效果

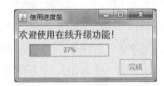
图 23.54　确定进度的效果

23.6　系统托盘

视频讲解：光盘\TM\lx\23\系统托盘.exe

利用 SystemTray 类可以访问系统托盘，每个 Java 应用程序在运行时都会被分配一个该类的实例，可以通过该类的静态方法 getSystemTray()获得。某些系统可能不支持系统托盘功能，此时可以通过静态方法 isSupported()判断当前系统是否支持该功能，如果支持则返回 true，否则返回 false。

通过方法 add(TrayIcon trayIcon)可以为当前应用程序添加托盘图标到系统托盘；可以为一个应用程序添加多个托盘图标；当不再需要托盘图标时，可以通过方法 remove(TrayIcon trayIcon)移除指定的托盘图标。

每个 TrayIcon 类的对象代表一个托盘图标，托盘图标必须包含图像，可以通过 getSize()方法（或 SystemTray 类的 getTrayIconSize()方法）获得系统托盘支持托盘图像的最大尺寸，也可以包含提示信息和弹出菜单。TrayIcon 类提供的构造方法如表 23.9 所示。

表 23.9　TrayIcon 类的构造方法

构造方法	说明
TrayIcon(Image image)	创建只具有图像的托盘图标对象
TrayIcon(Image image, String tooltip)	创建具有图像和提示信息的托盘图标对象
TrayIcon(Image image, String tooltip, PopupMenu popup)	创建具有图像、提示信息和弹出菜单的托盘图标对象

当将光标移动到托盘图标上时，将显示托盘图标的提示信息，如果右击托盘图标将弹出菜单。

【例 23.12】　使用系统托盘。（实例位置：光盘\TM\sl\23.12）

本例实现了向系统托盘中添加托盘图标，并且为托盘图标设置了提示信息和弹出菜单，通过弹出菜单可以退出程序。本例的关键代码如下：

```
if (SystemTray.isSupported()) {
    URL resource = this.getClass().getResource("/img.JPG");   //获得图片路径
    ImageIcon icon = new ImageIcon(resource);                 //创建图片对象
    PopupMenu popupMenu = new PopupMenu();                    //创建弹出菜单对象
    MenuItem item = new MenuItem("退出");                     //创建"退出"菜单项对象
    //为菜单项目添加动作监听器
    item.addActionListener(new ActionListener() {
        public void actionPerformed(ActionEvent e) {
            System.exit(0);                                    //退出系统
        }
    });
    popupMenu.add(item);                                       //将"退出"菜单项添加到弹出菜单中
    TrayIcon trayIcon = new TrayIcon(icon.getImage(), "使用系统托盘",
            popupMenu);                                        //创建托盘图片对象
    SystemTray systemTray = SystemTray.getSystemTray();        //获得系统托盘对象
    systemTray.add(trayIcon);                                  //将托盘图片添加到系统托盘中
}
```
//判断系统是否支持系统托盘功能

运行本实例后将光标移动到系统托盘图标上，将显示提示信息，效果如图 23.55 所示；然后右击，将弹出一个菜单，效果如图 23.56 所示，单击菜单中的"退出"菜单项，将退出程序。

　　图 23.55　提示信息　　　　　　图 23.56　弹出菜单

23.7　桌面集成控件

视频讲解：光盘\TM\lx\23\桌面集成控件.exe

利用 Desktop 类可以在 Java 应用程序中启动已经在本机上注册的应用程序，如通过启动默认的浏览器显示指定的网站、打开或编辑指定的文件等。

通过 Desktop 类的静态方法 isDesktopSupported()可以判断当前系统是否提供了对该类的支持，如果支持，则返回 true，否则将返回 false。

Desktop 类提供的每一种操作都属于 Desktop.Action 类表示的一种动作类型，所以在执行具体操作之前，还可以通过 isSupported(Action action)方法判断是否支持相应的动作。

【例 23.13】 使用桌面集成控件。（实例位置：光盘\TM\sl\23.13）

本例通过使用 Desktop 类，提供了快速打开指定网站、记事本文件和 Word 文件的功能。关键代码如下：

```
if (Desktop.isDesktopSupported()) {                //判断系统是否提供了对该类的支持
    Desktop desktop = Desktop.getDesktop();        //获得该类的对象
    switch (index) {
        case 1:
            //判断是否支持浏览动作
            if (desktop.isSupported(Desktop.Action.BROWSE))
                desktop.browse(new URI(
                    "http://www.mrbccd.com"));      //浏览网站
            break;
        case 2:
            //判断是否支持编辑动作
            if (desktop.isSupported(Desktop.Action.EDIT))
                desktop.edit(new File("src/new.txt"));  //编辑记事本文件
            break;
        default:
            //判断是否支持打开动作
            if (desktop.isSupported(Desktop.Action.OPEN))
                desktop.open(new File("src/new.doc"));  //打开 Word
    }
}
```

23.8 小　　结

通过对本章的学习，相信读者已经掌握了 Swing 的一些高级组件，如分割面板、选项卡面板、菜单、工具栏、文件选择器、进度条、系统托盘等的用法。通过对分割面板、选项卡面板、菜单和工具栏的使用，可以根据实际情况设计出更友好的程序界面，提高程序界面的适用性，还可以根据实际需要为程序界面添加菜单和工具栏，以方便执行程序中的各种功能。此外还讲解了文件选择器的使用方法，以及利用文件过滤器过滤文件的方法，通过使用文件选择器，用户可以快速地选择系统中的文件。在最后还讲解了进度条、系统托盘和桌面集成控件的使用方法，通过对这些功能的使用，可以有效地提高程序的人性化程度，增加程序的适用性和灵活性。熟练掌握本章的知识，有助于开发出优秀的 Java 应用程序。

23.9 实践与练习

1．利用本章学到的知识，开发一个简单的应用程序，要注意对分割面板、选项卡面板、菜单、工具栏、文件选择器、进度条、系统托盘和桌面集成控件的使用。（答案位置：光盘\TM\sl\23.14）

2．利用桌面面板和内部窗体开发一个小应用程序。（答案位置：光盘\TM\sl\23.15）

第24章

高级布局管理器

（ 视频讲解：32分钟 ）

Swing还提供了一些高级布局管理器，如箱式布局管理器、卡片布局管理器、网格组布局管理器以及弹簧布局管理器，通过使用这些布局管理器，可以设计出更好、更适用的程序界面。为了便于读者理解，在讲解过程中结合了大量的图例，还针对每个知识点进行了举例。

通过阅读本章，您可以：

- ▶▶ 学会箱式布局管理器的使用方法
- ▶▶ 学会卡片布局管理器的使用方法
- ▶▶ 学会网格组布局管理器的使用方法
- ▶▶ 掌握弹簧布局管理器的使用方法

24.1　箱式布局管理器

> 视频讲解：光盘\TM\lx\24\箱式布局管理器.exe

　　由 BoxLayout 类实现的布局管理器称为箱式布局管理器，用来管理一组水平或垂直排列的组件。如果是用来管理一组水平排列的组件，则称为水平箱，效果如图 24.1 所示；如果是用来管理一组垂直排列的组件，则称为垂直箱，效果如图 24.2 所示。

　　BoxLayout 类仅提供了一个构造方法 BoxLayout(Container target, int axis)，其入口参数 target 为要采用该布局方式的容器对象；入口参数 axis 为要采用的布局方式，如果将其设置为静态常量 X_AXIS，表示创建一个水平箱，组件将从左到右排列，设置为静态常量 Y_AXIS 则表示创建一个垂直箱，组件将从上到下排列。无论水平箱还是垂直箱，当将窗体调小至不能显示所有组件时，组件仍会排列在一行或一列，如图 24.3 所示。组件按照添加到容器中的先后顺序进行排列。

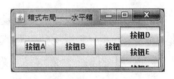

图 24.1　水平箱　　　　　图 24.2　垂直箱　　　　　图 24.3　调小窗体效果

　　箱式布局在排列组件时，对于水平箱，会试图将所有组件的高度调整到其中最高组件的高度，如果某一组件不能满足这个要求，会根据该组件的垂直调整值（即 alignmentY 属性的值）进行调整，具体的调整方案如图 24.4 所示；对于垂直箱，会试图将所有组件的宽度调整到其中最宽组件的宽度，如果某一组件不能满足这个要求，会根据该组件的水平调整值（即 alignmentX 属性的值）进行调整，具体的调整方案如图 24.5 所示。

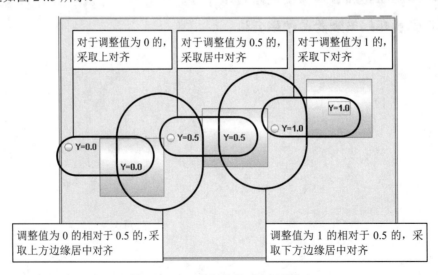

图 24.4　水平箱组件的垂直调整方案

第24章 高级布局管理器

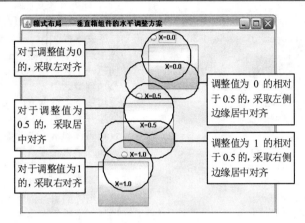

图 24.5 垂直箱组件的水平调整方案

默认情况下，由箱式布局管理器实现的组件之间没有间距，如果需要在组件之间设置间距，可以通过使用 Box 类提供的 6 个不可见组件实现，这些组件就是专门用来设置箱式布局的。

Box 类以 BoxLayout 类为其布局管理器的轻量级容器，可以分别通过静态方法 createHorizontalBox()和 createVerticalBox()获得水平或垂直布局管理器的箱式容器。在该类中提供了两种类型的不可见组件，分别为支柱（Strut）类型和胶水（Glue）类型，它们具体包含的组件如图 24.6 所示。

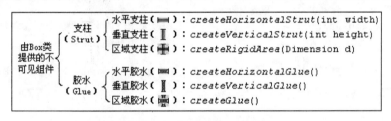

图 24.6 Box 类提供的不可见组件

支柱类型的组件具有指定的宽度、高度或大小，通常用来设置组件间的固定间距，如使用水平支柱设置 3 个按钮间距后的效果如图 24.7 所示。胶水类型的组件类似于一个弹簧，通常用来将组件平均分布到容器中，如使用水平胶水设置 3 个按钮间距后的效果如图 24.8 所示。

图 24.7 使用水平支柱　　　　　图 24.8 使用水平胶水

【例 24.1】 使用箱式布局管理器。（**实例位置：光盘\TM\sl\24.01**）

本例利用箱式布局管理器实现了组件的右对齐和上对齐，以及控制组件之间的间距。关键代码如下：

```
Box topicBox = Box.createHorizontalBox();                //创建一个水平箱容器
getContentPane().add(topicBox, BorderLayout.NORTH);      //添加到窗体中
topicBox.add(Box.createHorizontalStrut(5));              //添加一个 5 像素宽的水平支柱
JLabel topicLabel = new JLabel("主题：");                //创建主题标签
topicBox.add(topicLabel);                                //添加到水平箱容器中
```

```
topicBox.add(Box.createHorizontalStrut(5));              //添加一个 5 像素宽的水平支柱
JTextField topicTextField = new JTextField(30);          //创建文本框
topicBox.add(topicTextField);                            //添加到水平箱容器中
Box box = Box.createVerticalBox();                       //创建一个垂直箱容器
getContentPane().add(box, BorderLayout.CENTER);          //添加到窗体中
box.add(Box.createVerticalStrut(5));                     //添加一个 5 像素高的垂直支柱
Box contentBox = Box.createHorizontalBox();              //创建一个水平箱容器
contentBox.setAlignmentX(1);                             //设置组件的水平调整值,靠右侧对齐
box.add(contentBox);                                     //添加到垂直箱容器中
contentBox.add(Box.createHorizontalStrut(5));            //添加一个 5 像素宽的水平支柱
JLabel contentLabel = new JLabel("内容:");               //创建一个标签组件
contentLabel.setAlignmentY(0);                           //设置组件的垂直调整值,靠上方对齐
contentBox.add(contentLabel);                            //添加到水平箱容器中
contentBox.add(Box.createHorizontalStrut(5));            //添加一个 5 像素宽的水平支柱
JScrollPane scrollPane = new JScrollPane();              //创建一个滚动面板
scrollPane.setAlignmentY(0);                             //设置组件的垂直调整值,靠上方对齐
contentBox.add(scrollPane);                              //添加到水平箱容器中
JTextArea contentTextArea = new JTextArea();             //创建一个文本区域
contentTextArea.setLineWrap(true);
scrollPane.setViewportView(contentTextArea);             //添加到滚动面板中
box.add(Box.createVerticalStrut(5));                     //添加一个 5 像素高的垂直支柱
JButton submitButton = new JButton("确定");              //创建一个按钮
submitButton.setAlignmentX(1);                           //设置组件的水平调整值,靠右侧对齐
box.add(submitButton);                                   //添加到垂直箱容器中
```

运行本实例,将得到如图 24.9 所示的窗体,窗体中的内容标签和内容文本区实现了上对齐,并且它们所在的水平箱容器和"确定"按钮实现了靠右侧对齐。

图 24.9 使用箱式布局管理器

24.2 卡片布局管理器

视频讲解:光盘\TM\lx\24\卡片布局管理器.exe

由 CardLayout 类实现的布局管理器称为卡片布局管理器,用来操纵其所管理容器中包含的容器或组件。每个直接添加到其所管理容器中的容器或组件为一个卡片,最先被添加的容器或组件被认为是第一个卡片,最后被添加的则为最后一个卡片,初次运行时将显示第一个卡片。

在 CardLayout 类中提供了 5 个用来显示卡片的方法，如表 24.1 所示。具体的使用方法如图 24.10 所示。

表 24.1　CardLayout 类中用来显示卡片的方法

方　　法	说　　明
first(Container parent)	显示第一个卡片
last(Container parent)	显示最后一个卡片
next(Container parent)	显示当前所显示卡片之后的卡片
previous(Container parent)	显示当前所显示卡片之前的卡片
show(Container parent, String name)	显示指定标签的卡片

说明

表 24.1 中的 5 种方法均需要传入一个 Container 型的对象，该对象为布局管理器对象所管理的容器对象。

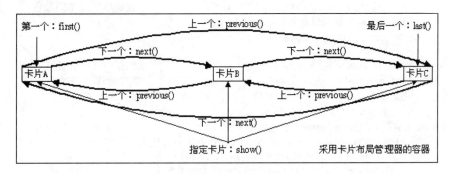

图 24.10　显示采用卡片布局管理器的容器中的卡片

注意

当利用 next()或 previous ()方法显示卡片时，将循环显示所有卡片。例如，如果当前显示的是最后一个卡片，再调用 next()方法将显示第一个卡片；如果当前显示的是第一个卡片，再调用 previous ()方法将显示最后一个卡片。

如果需要使用 show(Container parent, String name)方法显示卡片，则需要利用 add(Component comp, Object constraints)方法向其所管理的容器中添加组件，其中入口参数 parent 为卡片对象，name 为卡片的标签。

【例 24.2】　使用卡片布局管理器。（实例位置：光盘\TM\sl\24.02）

本例演示了使用卡片布局管理器的方法，并利用 CardLayout 类中用来显示卡片的方法实现了各种显示卡片的按钮。关键代码如下：

```
public class ExampleFrame_02 extends JFrame {
    private JPanel cardPanel;                        //采用卡片布局管理器的面板对象
```

```java
    private CardLayout cardLayout;                                  //卡片布局管理器对象
    public static void main(String args[]) {
        ExampleFrame_02 frame = new ExampleFrame_02();
        frame.setVisible(true);
    }
    public ExampleFrame_02() {
        super();
        setTitle("使用卡片布局管理器");
        setBounds(100, 100, 600, 400);
        setDefaultCloseOperation(JFrame.EXIT_ON_CLOSE);
        cardLayout = new CardLayout();                              //创建一个卡片布局管理器对象
        cardPanel = new JPanel(cardLayout);                         //创建一个采用卡片布局管理器的面板对象
        getContentPane().add(cardPanel, BorderLayout.CENTER);       //添加到窗体中间
        String[] labelNames = { "卡片 A", "卡片 B", "卡片 C" };
        for (int i = 0; i < labelNames.length; i++) {
            //创建代表卡片的标签对象
            final JLabel label = new JLabel(labelNames[i]);
            //设置标签文本的位置
            label.setHorizontalAlignment(SwingConstants.CENTER);
            label.setFont(new Font("", Font.BOLD, 16));             //设置标签文本的字体
            label.setForeground(new Color(255, 0, 0));              //设置标签文本的颜色
            //向采用卡片布局管理器的面板中添加卡片
            cardPanel.add(label, labelNames[i]);
        }
        final JPanel buttonPanel = new JPanel();                    //创建一个按钮面板
        getContentPane().add(buttonPanel,BorderLayout.SOUTH);       //添加到窗体下方
        String[] buttonNames = { "第一个", "前一个", "卡片 A", "卡片 B", "卡片 C",
                "后一个", "最后一个" };
        for (int i = 0; i < buttonNames.length; i++) {
            final JButton button = new JButton(buttonNames[i]);
            button.addActionListener(new ActionListener() {
                public void actionPerformed(ActionEvent e) {
                    String buttonText = button.getText();
                    if (buttonText.equals("第一个"))
                        cardLayout.first(cardPanel);                //显示第一个卡片
                    else if (buttonText.equals("前一个"))
                        cardLayout.previous(cardPanel);             //显示上一个卡片
                    else if (buttonText.equals("卡片 A"))
                        cardLayout.show(cardPanel, "卡片 A");//显示卡片 A
                    else if (buttonText.equals("卡片 B"))
                        cardLayout.show(cardPanel, "卡片 B");//显示卡片 B
                    else if (buttonText.equals("卡片 C"))
                        cardLayout.show(cardPanel, "卡片 C");//显示卡片 C
                    else if (buttonText.equals("后一个"))
                        cardLayout.next(cardPanel);                 //显示下一个卡片
                    else
                        cardLayout.last(cardPanel);                 //显示最后一个卡片
                }
            });
            buttonPanel.add(button);
        }
    }
}
```

运行结果如图 24.11 所示。

图 24.11　使用卡片布局管理器

24.3　网格组布局管理器

> 视频讲解：光盘\TM\lx\24\网格组布局管理器.exe

由 GridBagLayout 类实现的布局管理器称为网格组布局管理器，它实现了一个动态的矩形网格，这个矩形网格由无数个矩形单元格组成，每个组件可以占用一个或多个这样的单元格。所谓动态的矩形网格，就是可以根据实际需要随意增减矩形网格的行数和列数。

在向由 GridBagLayout 类管理的容器中添加组件时，需要为每个组件创建一个与之关联的 GridBagConstraints 类的对象，通过该类中的属性可以设置组件的布局信息，如组件在网格组中位于第几行、第几列，以及需要占用几行几列等。

通过 GridBagLayout 类实现的矩形网格的绘制方向由容器决定，如果容器的方向是从左到右，则位于矩形网格左上角的单元格的列索引为 0，此时组件左上角的点为起始点；如果容器的方向是从右到左，则位于矩形网格右上角的单元格的列索引为 0，此时组件右上角的点为起始点。

下面就详细讲解 GridBagLayout 类中各个属性的功能和使用方法，以及在使用过程中需要注意的一些事项。

（1）gridx 和 gridy 属性

这两个属性用来设置组件起始点所在单元格的索引值。需要注意的是，属性 gridx 设置的是 X 轴（即网格水平方向）的索引值，所以它表示的是组件起始点所在列的索引；属性 gridy 设置的是 Y 轴（即网格垂直方向）的索引值，所以它表示的是组件起始点所在行的索引，如图 24.12 所示。

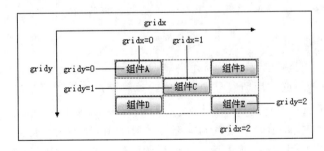

图 24.12　gridx 和 gridy 属性

（2）gridwidth 和 gridheight 属性

这两个属性用来设置组件占用网格组的行数和列数。属性 gridwidth 为组件占用网格组的列数，也可以理解为以单元格为单位组件的宽度；属性 gridheight 为组件占用网格组的行数，也可以理解为以单元格为单位组件的高度，如图 24.13 所示。

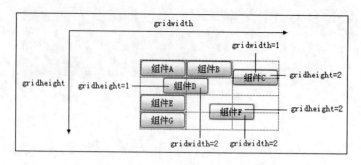

图 24.13　gridwidth 和 gridheight 属性

（3）anchor 属性

属性 anchor 用来设置组件在其所在显示区域的显示位置。通常将显示区域从方向上划分为 9 个方位，分别为北方（NORTH）、东北（NORTHEAST）、东方（EAST）、东南（SOUTHEAST）、南方（SOUTH）、西南（SOUTHWEST）、西方（WEST）、西北（NORTHWEST）和中心（CENTER），如图 24.14 所示。代表这 9 个方位的单词也是该类中的静态常量，可以利用这 9 个静态常量设置 anchor 属性，其中静态常量 CENTER 为默认位置。如图 24.15 所示为将组件设置为各个静态常量的效果，图中的黑点为将相应组件的 anchor 属性设置为 CENTER 时组件中心所在的位置。

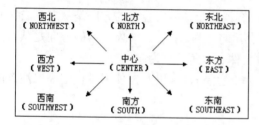

图 24.14　从方向上划分的 9 个方位

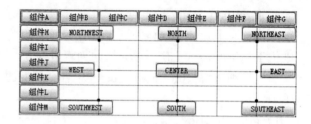

图 24.15　anchor 属性

 说明

图 24.15 中的组件 A 至组件 M 是辅助组件，只起到占位作用。

（4）fill 属性

属性 fill 用来设置组件的填充方式。当单元格显示区域的面积大于组件面积，或者一个组件占用多个单元格时，显示组件可能不必占用所有显示区域，在这种情况下可以通过 fill 属性设置组件的填充方式。可以利用 4 个静态常量设置该属性，默认情况下是将该属性设置为静态常量 NONE，即不调整组件大小至填满显示区域；如果将该属性设置为静态常量 HORIZONTAL，表示只调整组件水平方向的大小（即组件宽度）至填满显示区域；如果将该属性设置为静态常量 VERTICAL，表示只调整组件垂直方向的大小（即组件高度）至填满显示区域；如果将该属性设置为静态常量 BOTH，则表示同时调整组件的宽度和高度至填满显示区域。具体效果如图 24.16 所示。

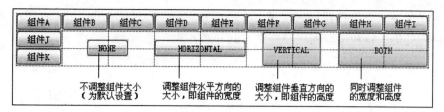

图 24.16　fill 属性

 说明

图 24.16 中的组件 A 至组件 K 是辅助组件，只起到占位作用。

（5）insets 属性

属性 insets 用来设置组件四周与单元格边缘之间的最小距离。该属性的类型为 Insets，Insets 类仅有一个构造方法 Insets(int top, int left, int bottom, int right)，它的 4 个入口参数依次为组件上方、左侧、下方和右侧的最小距离，单位为像素，如图 24.17 所示。默认为没有距离。

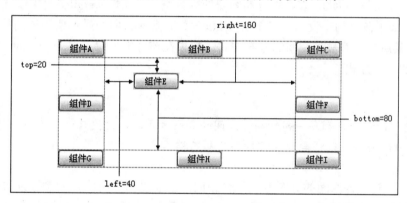

图 24.17　insets 属性

（6）ipadx 和 ipady 属性

这两个属性用来修改组件的首选大小。属性 ipadx 用来修改组件的宽度，属性 ipady 用来修改组件的高度。如果为正数，则在首选大小的基础上增加指定的宽度和高度，如图 24.18 所示；如果为负数，则在首选大小的基础上减小指定的宽度和高度，如图 24.19 所示。

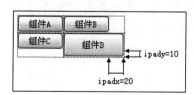

图 24.18　ipadx 和 ipady 属性为正数

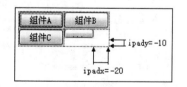

图 24.19　ipadx 和 ipady 属性为负数

（7）weightx 和 weighty 属性

这两个属性用来设置网格组的每一行和每一列对额外空间的分布方式。在不设置属性 weightx 和 weighty（即采用默认设置）的情况下，当窗体调整到足够大时，将出现如图 24.20 所示的效果，组件全部聚集在窗体的中央，在组件四周出现了大片的额外空间。为了避免这种情况出现，可以通过这两个属性设置网格组的每一行和每一列对额外空间的分布方式。

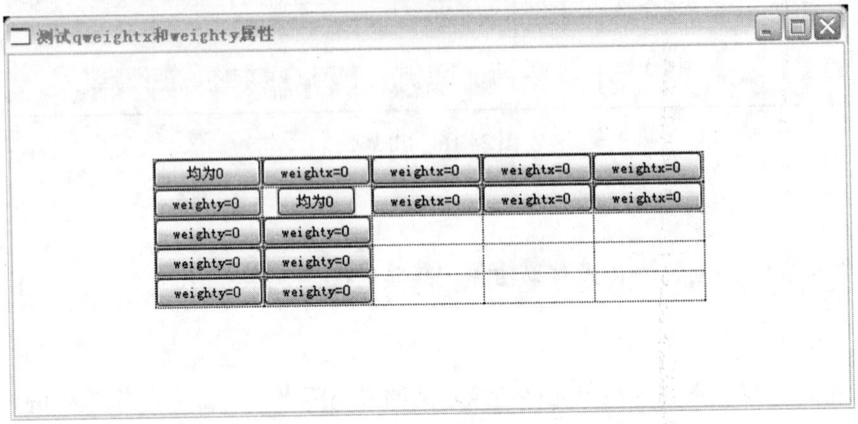

图 24.20　未设置属性 weightx 和 weighty

这两个属性的默认值均为 0，表示不分布容器的额外空间。属性 weightx 用来设置其所在列对额外空间的分布方式，如果在该列中设置了多个 weightx 属性，则取它们的最大值为该列的分布方式；属性 weighty 用来设置其所在行对额外空间的分布方式，如果在该行中设置了多个 weighty 属性，则取它们的最大值为该行的分布方式。

> **技巧**
> 在设置网格组的每一行和每一列对额外空间的分布方式时，建议只设置第一行的 weightx 属性和第一列的 weighty 属性，这样会方便前期调试和后期维护。

网格组的行和列对额外空间的分布方式完全相同，下面以网格组的行为例详细讲解对额外空间的分布方式。网格组布局管理器首先计算出每一行的分布方式，即获取每一行的 weighty 属性的最大值，然后计算每个最大值占所有最大值总和的百分比，最后将额外空间的相应百分比分配给对应行，如图 24.21 所示。

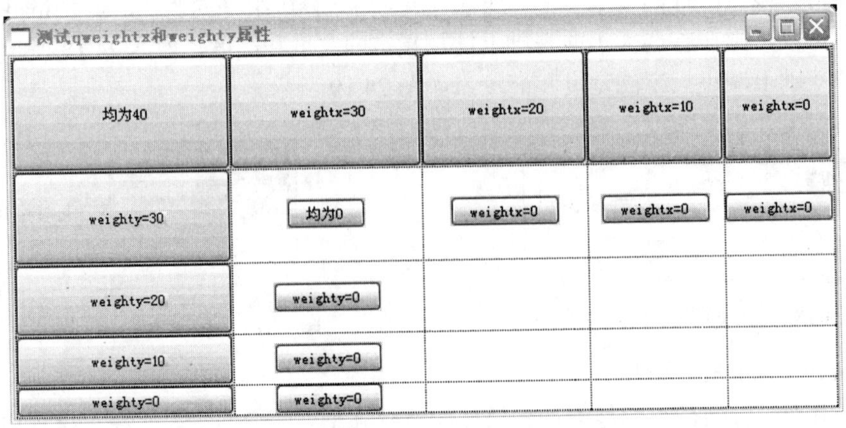

图 24.21　设置了属性 weightx 和 weighty

> **技巧**
> 在设置网格组的每一行和每一列对额外空间的分布方式时,建议为各个属性按百分比取值,如图 24.21 所示。

【例 24.3】 使用网格组布局管理器。(实例位置:光盘\TM\sl\24.03)

本例实现了利用网格组布局管理器管理组件,并且使用了 GridBagConstraints 类中所有用来设置组件布局信息的属性,设计本例的出发点是对比各种设置的效果。本例的关键代码如下:

```java
final JButton button = new JButton("A");
final GridBagConstraints gridBagConstraints = new GridBagConstraints();
gridBagConstraints.gridy = 0;                                  //起始点为第 1 行
gridBagConstraints.gridx = 0;                                  //起始点为第 1 列
gridBagConstraints.weightx = 10;                               //第 1 列的分布方式为 10%
gridBagConstraints.fill = GridBagConstraints.HORIZONTAL;
getContentPane().add(button, gridBagConstraints);
final JButton button_1 = new JButton("B");
final GridBagConstraints gridBagConstraints_1 = new GridBagConstraints();
gridBagConstraints_1.gridy = 0;
gridBagConstraints_1.gridx = 1;
//设置组件左侧的最小距离
gridBagConstraints_1.insets = new Insets(0, 5, 0, 0);
gridBagConstraints_1.weightx = 20;                             //第 1 列的分布方式为 20%
gridBagConstraints_1.fill = GridBagConstraints.HORIZONTAL;
getContentPane().add(button_1, gridBagConstraints_1);
final JButton button_2 = new JButton("C");
final GridBagConstraints gridBagConstraints_2 = new GridBagConstraints();
gridBagConstraints_2.gridy = 0;                                //起始点为第 1 行
gridBagConstraints_2.gridx = 2;                                //起始点为第 3 列
gridBagConstraints_2.gridheight = 2;                           //组件占用两行
gridBagConstraints_2.insets = new Insets(0, 5, 0, 0);
gridBagConstraints_2.weightx = 30;                             //第 1 列的分布方式为 30%
//同时调整组件的宽度和高度
gridBagConstraints_2.fill = GridBagConstraints.BOTH;
getContentPane().add(button_2, gridBagConstraints_2);
final JButton button_3 = new JButton("D");
final GridBagConstraints gridBagConstraints_3 = new GridBagConstraints();
gridBagConstraints_3.gridy = 0;
gridBagConstraints_3.gridx = 3;
gridBagConstraints_3.gridheight = 4;
//设置组件左侧和右侧的最小距离
gridBagConstraints_3.insets = new Insets(0, 5, 0, 5);
gridBagConstraints_3.weightx = 40;                             //第 1 列的分布方式为 40%
gridBagConstraints_3.fill = GridBagConstraints.BOTH;
getContentPane().add(button_3, gridBagConstraints_3);
final JButton button_4 = new JButton("E");
final GridBagConstraints gridBagConstraints_4 = new GridBagConstraints();
```

```
gridBagConstraints_4.gridy = 1;
gridBagConstraints_4.gridx = 0;
gridBagConstraints_4.gridwidth = 2;                          //组件占用两列
//设置组件上方的最小距离
gridBagConstraints_4.insets = new Insets(5, 0, 0, 0);
//只调整组件的宽度
gridBagConstraints_4.fill = GridBagConstraints.HORIZONTAL;
getContentPane().add(button_4, gridBagConstraints_4);
final JButton button_5 = new JButton("F");
final GridBagConstraints gridBagConstraints_5 = new GridBagConstraints();
gridBagConstraints_5.gridy = 2;                              //起始点为第 3 行
gridBagConstraints_5.gridx = 0;                              //起始点为第 1 列
gridBagConstraints_5.insets = new Insets(5, 0, 0, 0);
gridBagConstraints_5.fill = GridBagConstraints.HORIZONTAL;
getContentPane().add(button_5, gridBagConstraints_5);
final JButton button_6 = new JButton("G");
final GridBagConstraints gridBagConstraints_6 = new GridBagConstraints();
gridBagConstraints_6.gridy = 2;
gridBagConstraints_6.gridx = 1;
gridBagConstraints_6.gridwidth = 2;                          //组件占用两列
gridBagConstraints_6.gridheight = 2;                         //组件占用两行
gridBagConstraints_6.insets = new Insets(5, 5, 0, 0);
gridBagConstraints_6.fill = GridBagConstraints.BOTH;         //只调整组件的高度
getContentPane().add(button_6, gridBagConstraints_6);
final JButton button_7 = new JButton("H");
final GridBagConstraints gridBagConstraints_7 = new GridBagConstraints();
gridBagConstraints_7.gridy = 3;
gridBagConstraints_7.gridx = 0;
gridBagConstraints_7.insets = new Insets(5, 0, 0, 0);
gridBagConstraints_7.fill = GridBagConstraints.HORIZONTAL;
getContentPane().add(button_7, gridBagConstraints_7);
```

运行本例，将得到如图 24.22 所示的窗体。组件 C 占用两行，填充方式为全部填充；组件 D 占用 4 行，填充方式为全部填充；组件 E 占用两列，填充方式为水平填充；组件 G 占用两行两列，填充方式为全部填充。

如果将组件 G 的填充方式改为垂直填充，并在水平方向上将组件的首选宽度增加 30 像素，将显示位置设为东方，修改后组件 G 的实现代码如下：

```
final JButton button_6 = new JButton("G");
final GridBagConstraints gridBagConstraints_6 = new GridBagConstraints();
gridBagConstraints_6.gridy = 2;
gridBagConstraints_6.gridx = 1;
gridBagConstraints_6.gridwidth = 2;                          //组件占用两列
gridBagConstraints_6.gridheight = 2;                         //组件占用两行
gridBagConstraints_6.insets = new Insets(5, 5, 0, 0);
gridBagConstraints_6.fill = GridBagConstraints.VERTICAL;     //只调整组件的高度
gridBagConstraints_6.ipadx = 30;                             //增加组件的首选宽度
```

```
gridBagConstraints_6.anchor = GridBagConstraints.EAST;    //显示在东方
getContentPane().add(button_6, gridBagConstraints_6);
```

运行效果将如图 24.23 所示。

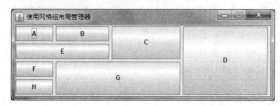

图 24.22　使用网格组布局管理器

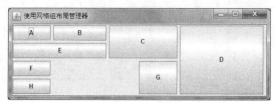

图 24.23　修改组件 G 设置后的效果

24.4　弹簧布局管理器

由 SpringLayout 类实现的布局管理器称为弹簧布局管理器。利用该布局管理器管理组件，当改变窗体的大小时，能够在不改变组件间相对位置的前提下自动调整组件的大小，使组件依旧布满整个窗体，从而保证了窗体的整体效果。在使用该布局管理器时，需要与它的内部类 Constraints 以及 Spring 类配合使用，其中 Constraints 类用来管理组件的位置和大小，Spring 类用来创建弹簧和支架，这也是弹簧布局管理器的核心，即利用弹簧的可伸缩性动态控制组件的位置和大小。

24.4.1　使用弹簧布局管理器

　　视频讲解：光盘\TM\lx\24\使用弹簧布局管理器.exe

弹簧布局管理器以容器和组件的边缘为操作对象，通过为组件和容器边缘以及组件和组件边缘建立约束，实现对组件布局的管理，如图 24.24 所示。

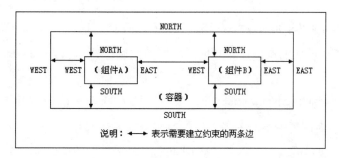

图 24.24　为容器和组件建立约束

通过方法 putConstraint(String e1, Component c1, int pad, String e2, Component c2)可以为各个边之间建立约束，该方法的入口参数说明如表 24.2 所示。

表 24.2　方法 putConstraint() 的入口参数说明

参数	说明
c1	需要参考的组件对象
e1	需要参考的组件对象的具体需要参考的边
c2	被参考的组件对象（也可以是需要参考的组件对象所属的容器对象）
e2	被参考的组件对象的具体被参考的边
pad	两条边之间的距离，即两个组件的间距

> **技巧**
> 当 e2 在 e1 的北侧或西侧时，pad 应为正数；当 e2 在 e1 的南侧或东侧时，则 pad 应为负数；否则两条边将重叠。

其中入口参数 e1 和 e2 可以从该类提供的静态常量中选择，如表 24.3 所示。这些静态常量分别表示组件相应方向的边。

表 24.3　表示组件边缘的静态常量

静态常量	常量值	说明
EAST	East	表示组件东侧的边
SOUTH	South	表示组件南侧的边
WEST	West	表示组件西侧的边
NORTH	North	表示组件北侧的边

下面为图 24.24 中组件 A 的北侧边和其所属容器的北侧边建立约束，组件 A 的北侧边参考容器的北侧边，假设两条边之间的距离为 60 像素。示例代码如下：

springLayout.putConstraint(SpringLayout.NORTH, 组件 A 对象, 60, SpringLayout.NORTH, 容器对象);

接着为图 24.24 中组件 B 的西侧边和组件 A 的东侧边建立约束，假设两条边之间的距离为 60 像素。示例代码如下：

springLayout.putConstraint(SpringLayout.WEST, 组件 B 对象, 60, SpringLayout.EAST, 组件 A 对象);

最后为图 24.24 中组件 B 的东侧边和其所属容器的东侧边建立约束，假设两条边之间的距离为 60 像素。示例代码如下：

springLayout.putConstraint(SpringLayout.EAST, 组件 B 对象, -60, SpringLayout.EAST, 容器对象);

上面 3 个示例代码中，第一个演示了为组件边缘和容器边缘建立约束的方法；第二个演示了为组件边缘和组件边缘建立约束的方法；最后一个演示了当被参考的边缘在需要参考边缘的东侧时建立约束的方法，关键是需要将入口参数 pad 设为负数，否则将看不到组件 B 的东侧边缘。

> **说明**
> 如果需要，也可以为图 24.24 中组件 A 的南侧边和其所属容器的北侧边建立约束。只要牢记同在水平或垂直方向上的任意两条边之间都可以建立约束即可。

第 24 章 高级布局管理器

【例 24.4】 使用弹簧布局管理器。（实例位置：光盘\TM\sl\24.04）

本例利用弹簧布局管理器实现了如图 24.25 所示的窗体，在调整窗体的大小后，组件仍会布满整个窗体，并且组件间的相对位置并不会改变，如图 24.26 所示。

图 24.25 利用弹簧布局管理器实现的窗体

图 24.26 调小后的窗体

说明

下面代码中注释"主题标签北侧——>容器北侧"表示为"主题标签北侧"与"容器北侧"建立约束。

关键代码如下：

```java
//创建弹簧布局管理器对象
SpringLayout springLayout = new SpringLayout();
Container contentPane = getContentPane();          //获得窗体容器对象
//将窗体容器修改为采用弹簧布局管理器
contentPane.setLayout(springLayout);
JLabel topicLabel = new JLabel("主题：");
contentPane.add(topicLabel);
//主题标签北侧——>容器北侧
springLayout.putConstraint(NORTH, topicLabel, 5, NORTH, contentPane);
//主题标签西侧——>容器西侧
springLayout.putConstraint(WEST, topicLabel, 5, WEST, contentPane);
JTextField topicTextField = new JTextField();
contentPane.add(topicTextField);
//主题文本框北侧——>容器北侧
springLayout.putConstraint(NORTH, topicTextField, 5, NORTH, contentPane);
//主题文本框西侧——>主题标签东侧
springLayout.putConstraint(WEST, topicTextField, 5, EAST, topicLabel);
//主题文本框东侧——>容器东侧
springLayout.putConstraint(EAST, topicTextField, -5, EAST, contentPane);
JLabel contentLabel = new JLabel("内容：");
contentPane.add(contentLabel);
springLayout.putConstraint(NORTH, contentLabel, 5, SOUTH,
        topicTextField);                          //内容标签北侧——>主题文本框南侧
//内容标签西侧——>容器西侧
springLayout.putConstraint(WEST, contentLabel, 5, WEST, contentPane);
JScrollPane contentScrollPane = new JScrollPane();
```

```
contentScrollPane.setViewportView(new JTextArea());
contentPane.add(contentScrollPane);
springLayout.putConstraint(NORTH, contentScrollPane, 5, SOUTH,
        topicTextField);                            //滚动面板北侧——>主题文本框南侧
springLayout.putConstraint(WEST, contentScrollPane, 5, EAST,
        contentLabel);                              //滚动面板西侧——>内容标签东侧
springLayout.putConstraint(EAST, contentScrollPane, -5, EAST,
        contentPane);                               //滚动面板东侧——>容器东侧
JButton resetButton = new JButton("清空");
contentPane.add(resetButton);
//"清空"按钮南侧——>容器南侧
springLayout.putConstraint(SOUTH, resetButton, -5, SOUTH, contentPane);
JButton submitButton = new JButton("确定");
contentPane.add(submitButton);
//"确定"按钮南侧——>容器南侧
springLayout.putConstraint(SOUTH, submitButton, -5, SOUTH, contentPane);
//"确定"按钮东侧——>容器东侧
springLayout.putConstraint(EAST, submitButton, -5, EAST, contentPane);
springLayout.putConstraint(SOUTH, contentScrollPane, -5, NORTH,
        submitButton);                              //滚动面板南侧——>"确定"按钮北侧
//"清空"按钮东侧——>"确定"按钮西侧
springLayout.putConstraint(EAST, resetButton, -5, WEST, submitButton);
```

24.4.2 使用弹簧和支柱

视频讲解：光盘\TM\lx\24\使用弹簧和支柱.exe

利用 Spring 类可以创建弹簧和支柱，但并不是通过构造方法创建，而是通过静态方法 constant()创建。该方法有以下两个重载方法。

☑ constant(int min, int pref, int max)：用来创建弹簧。

☑ constant(int pref)：用来创建支柱。

在利用 constant(int min, int pref, int max)方法创建弹簧时需要设置 3 个参数，分别为弹簧的最小值、首选值和最大值。最小值可以理解为弹簧被压缩到极限时的长度；首选值可以理解为弹簧自然放置情况下的长度；最大值可以理解为弹簧被拉伸到极限时的长度。如果这 3 个值相等，弹簧就没有了伸缩能力，也就变成了支柱。如果是创建支柱，利用 constant(int pref)方法会更方便。

弹簧还有一个参数就是实际值，可以理解为弹簧当前的长度，通过 getValue()和 setValue(int value)方法可以获得和设置弹簧当前的长度。

通过 width(Component c)和 height(Component c)方法可以快速获得一个弹簧，它们的入口参数均为组件对象，所得弹簧的最小值、首选值、最大值和实际值，分别为指定组件最小值（minimumSize）、首选值（preferredSize）、最大值（maximumSize）和实际值（size）的宽度或高度。

在 Spring 类中还提供了以下 4 个适用的方法，均用来根据指定条件获得一个新的弹簧。

☑ max(Spring s1, Spring s2)：所得弹簧的最小值、首选值和最大值，均为这两个弹簧相应值中相对较大的值。

- sum(Spring s1, Spring s2)：所得弹簧的最小值、首选值和最大值，均为这两个弹簧相应值的和。
- scale(Spring s, float factor)：所得弹簧的最小值、首选值和最大值，均为指定弹簧相应值的 factor 倍。
- minus(Spring s)：所得弹簧的最小值为指定弹簧最大值的负数，首选值为指定弹簧首选值的负数，最大值为指定弹簧最小值的负数。

如果需要使用弹簧建立约束，可以通过方法 putConstraint(String e1, Component c1, int pad, String e2, Component c2)的重载方法 putConstraint(String e1, Component c1, Spring s, String e2, Component c2)，实际上前者只是简单地调用了后者。

【例 24.5】 使用弹簧和支柱。（实例位置：光盘\TM\sl\24.05）

本例通过使用弹簧演示了动态调整按钮间的距离，其中按钮间的距离为按钮与窗体间距离的两倍，如图 24.27 和图 24.28 所示。

图 24.27　运行效果　　　　　　　　图 24.28　随便调整窗体宽度后的效果

关键代码如下：

```
Spring vST = Spring.constant(20);              //创建一个支柱
Spring hSP = Spring.constant(20, 100, 500);    //创建一个弹簧
JButton lButton = new JButton("按钮 L");
getContentPane().add(lButton);
springLayout.putConstraint(NORTH, lButton, vST, NORTH,
        getContentPane());                     // "按钮 L" 北侧——>容器北侧
springLayout.putConstraint(WEST, lButton, hSP, WEST,
        getContentPane());                     // "按钮 L" 西侧——>容器西侧
JButton rButton = new JButton("按钮 R");
getContentPane().add(rButton);
// "按钮 R" 北侧——> "按钮 L" 北侧
springLayout.putConstraint(NORTH, rButton, 0, NORTH, lButton);
springLayout.putConstraint(WEST, rButton, Spring.scale(hSP, 2),
        EAST, lButton);                        // "按钮 R" 西侧——> "按钮 L" 东侧
//容器东侧——> "按钮 R" 东侧
springLayout.putConstraint(EAST, getContentPane(), hSP, EAST, rButton);
```

24.4.3　利用弹簧控制组件大小

　　视频讲解：光盘\TM\lx\24\利用弹簧控制组件大小.exe

利用 SpringLayout 类的 getConstraints(Component c)方法可以得到 SpringLayout.Constraints 类的对象，通过该类的 setWidth(Spring width)和 setHeight(Spring height)方法可以为组件的宽度和高度添加约束。

【例 24.6】 利用弹簧控制组件大小。（实例位置：光盘\TM\sl\24.06）

本例在例 24.5 的基础上演示了利用弹簧控制组件大小，其中按钮的宽度由弹簧控制，高度由支柱控制，如图 24.29 和图 24.30 所示。

图 24.29　运行效果　　　　　　　　图 24.30　随便调整窗体宽度后的效果

关键代码如下：

```
Spring widthSP = Spring.constant(60, 300, 600);      //创建一个弹簧
Spring heightST = Spring.constant(60);               //创建一个支柱
//获得"按钮 L"的 Constraints 对象
Constraints lButtonCons = springLayout.getConstraints(lButton);
lButtonCons.setWidth(widthSP);                       //设置控制组件宽度的弹簧
lButtonCons.setHeight(heightST);                     //设置控制组件高度的支柱
//获得"按钮 R"的 Constraints 对象
Constraints rButtonCons = springLayout.getConstraints(rButton);
rButtonCons.setWidth(widthSP);                       //设置控制组件宽度的弹簧
rButtonCons.setHeight(heightST);                     //设置控制组件高度的支柱
```

24.5　小　　结

通过对本章的学习，相信读者已经可以熟练地使用一些高级布局管理器，包括箱式布局管理器、卡片布局管理器、网格组布局管理器和弹簧布局管理器。至此，已经掌握了 4 种布局管理器的使用方法，通过配合使用这 4 种布局管理器，针对每个程序界面都会有多种解决方案，在设计时可以充分考虑各种解决方案的优缺点，以便从中选择一种最适合的解决方案，开发出更美观、大方、适用的程序界面。

24.6　实践与练习

1．利用本章学习的箱式、卡片和网格组布局管理器设计一个程序界面。（答案位置：光盘\TM\sl\24.07）

2．利用弹簧布局管理器设计一个程序界面。（答案位置：光盘\TM\sl\24.08）

第25章

高级事件处理

（ 视频讲解：23分钟）

　　本章将讲解一些常用高级事件的处理方法，包括键盘事件、鼠标事件、窗体事件、选项事件和表格模型事件。通过捕获这些事件并对其进行处理，可以更进一步控制程序的流程，保证每一步操作的合法性，实现一些更人性化的性能。例如，通过捕获键盘事件验证输入数据的合法性，通过捕获表格模型事件实现自动计算表格某一列的和等。

　　通过阅读本章，您可以：

- ▶▶ 学会处理键盘事件
- ▶▶ 学会处理鼠标事件
- ▶▶ 学会处理窗体焦点变化、状态变化等事件
- ▶▶ 学会处理选项事件
- ▶▶ 学会处理表格模型事件

25.1 键盘事件

> 视频讲解：光盘\TM\lx\25\键盘事件.exe

当向文本框中输入内容时，将发生键盘事件。KeyEvent 类负责捕获键盘事件，可以通过为组件添加实现了 KeyListener 接口的监听器类来处理相应的键盘事件。

KeyListener 接口共有 3 个抽象方法，分别在发生击键事件、按键被按下和按键被释放时被触发。KeyListener 接口的具体定义如下：

```
public interface KeyListener extends EventListener {
    public void keyTyped(KeyEvent e);       //发生击键事件时被触发
    public void keyPressed(KeyEvent e);     //按键被按下时被触发
    public void keyReleased(KeyEvent e);    //按键被释放时被触发
}
```

在每个抽象方法中均传入了 KeyEvent 类的对象，KeyEvent 类中比较常用的方法如表 25.1 所示。

表 25.1 KeyEvent 类中的常用方法

方法	功能简介
getSource()	用来获得触发此次事件的组件对象，返回值为 Object 类型
getKeyChar()	用来获得与此事件中的键相关联的字符
getKeyCode()	用来获得与此事件中的键相关联的整数 keyCode
getKeyText(int keyCode)	用来获得描述 keyCode 的标签，如 A、F1 和 HOME 等
isActionKey()	用来查看此事件中的键是否为"动作"键
isControlDown()	用来查看 Ctrl 键在此次事件中是否被按下，当返回 true 时表示被按下
isAltDown()	用来查看 Alt 键在此次事件中是否被按下，当返回 true 时表示被按下
isShiftDown()	用来查看 Shift 键在此次事件中是否被按下，当返回 true 时表示被按下

> **技巧**
> 在 KeyEvent 类中以 "VK_" 开头的静态常量代表各个按键的 keyCode，可以通过这些静态常量判断事件中的按键，获得按键的标签。

【例 25.1】 一个用来演示键盘事件的典型示例。（实例位置：光盘\TM\sl\25.01）

本例演示了捕获和处理键盘事件的方法，尤其是键盘事件监听器接口 KeyListener 中各个方法的使用方法。关键代码如下：

```
final JLabel label = new JLabel();
label.setText("备注：");
getContentPane().add(label, BorderLayout.WEST);
final JScrollPane scrollPane = new JScrollPane();
```

```java
getContentPane().add(scrollPane, BorderLayout.CENTER);
JTextArea textArea = new JTextArea();
textArea.addKeyListener(new KeyListener() {
    public void keyPressed(KeyEvent e) {              //按键被按下时被触发
        //获得描述 keyCode 的标签
        String keyText = KeyEvent.getKeyText(e.getKeyCode());
        if (e.isActionKey()) {                          //判断按下的是否为动作键
            System.out.println("您按下的是动作键"" + keyText + """);
        } else {
            System.out.print("您按下的是非动作键"" + keyText + """);
            //获得与此事件中的键相关联的字符
            int keyCode = e.getKeyCode();
            switch (keyCode) {
                case KeyEvent.VK_CONTROL:         //判断按下的是否为 Ctrl 键
                    System.out.print("，Ctrl 键被按下");
                    break;
                case KeyEvent.VK_ALT:              //判断按下的是否为 Alt 键
                    System.out.print("，Alt 键被按下");
                    break;
                case KeyEvent.VK_SHIFT:            //判断按下的是否为 Shift 键
                    System.out.print("，Shift 键被按下");
                    break;
            }
            System.out.println();
        }
    }
    public void keyTyped(KeyEvent e) {                //发生击键事件时被触发
        //获得输入的字符
        System.out.println("此次输入的是"" + e.getKeyChar() + """);
    }
    public void keyReleased(KeyEvent e) {             //按键被释放时被触发
        //获得描述 keyCode 的标签
        String keyText = KeyEvent.getKeyText(e.getKeyCode());
        System.out.println("您释放的是"" + keyText + ""键");
        System.out.println();
    }
});
textArea.setLineWrap(true);
textArea.setRows(3);
textArea.setColumns(15);
scrollPane.setViewportView(textArea);
```

运行本实例，首先输入小写字母"m"，然后输入一个空格，接下来输入大写字母"M"，再按 Shift 键，最后按 F5 键，在控制台将得到如图 25.1 所示的信息。

图 25.1 键盘事件

25.2 鼠标事件

视频讲解：光盘\TM\lx\25\鼠标事件.exe

所有组件都能发生鼠标事件，MouseEvent 类负责捕获鼠标事件，可以通过为组件添加实现了 MouseListener 接口的监听器类来处理相应的鼠标事件。

MouseListener 接口共有 5 个抽象方法，分别在光标移入或移出组件、鼠标按键被按下或释放和发生单击事件时被触发。所谓单击事件，就是按键被按下并释放。需要注意的是，如果按键是在移出组件之后才被释放，则不会触发单击事件。MouseListener 接口的具体定义如下：

```
public interface MouseListener extends EventListener {
    public void mouseEntered(MouseEvent e);    //光标移入组件时被触发
    public void mousePressed(MouseEvent e);    //鼠标按键被按下时被触发
    public void mouseReleased(MouseEvent e);   //鼠标按键被释放时被触发
    public void mouseClicked(MouseEvent e);    //发生单击事件时被触发
    public void mouseExited(MouseEvent e);     //光标移出组件时被触发
}
```

在每个抽象方法中均传入了 MouseEvent 类的对象，MouseEvent 类中比较常用的方法如表 25.2 所示。

表 25.2 MouseEvent 类中的常用方法

方法	功能简介
getSource()	用来获得触发此次事件的组件对象，返回值为 Object 类型
getButton()	用来获得代表触发此次按下、释放或单击事件的按键的 int 型值
getClickCount()	用来获得单击按键的次数

当需要判断触发此次事件的按键时，可以通过表 25.3 中的静态常量判断由 getButton()方法返回的 int 型值代表的键。

表 25.3 MouseEvent 类中代表鼠标按键的静态常量

静 态 常 量	常 量 值	代 表 的 键
BUTTON1	1	代表鼠标左键
BUTTON2	2	代表鼠标滚轮
BUTTON3	3	代表鼠标右键

【例 25.2】 一个用来演示鼠标事件的典型示例。（实例位置：光盘\TM\sl\25.02）

本例演示了捕获和处理鼠标事件的方法，尤其是鼠标事件监听器接口 MouseListener 中各个方法的使用方法。关键代码如下：

```java
label.addMouseListener(new MouseListener() {
    public void mouseEntered(MouseEvent e) {            //光标移入组件时被触发
        System.out.println("光标移入组件");
    }
    public void mousePressed(MouseEvent e) {            //鼠标按键被按下时被触发
        System.out.print("鼠标按键被按下, ");
        int i = e.getButton();                           //通过该值可以判断按下的是哪个键
        if (i == MouseEvent.BUTTON1)
            System.out.println("按下的是鼠标左键");
        if (i == MouseEvent.BUTTON2)
            System.out.println("按下的是鼠标滚轮");
        if (i == MouseEvent.BUTTON3)
            System.out.println("按下的是鼠标右键");
    }
    public void mouseReleased(MouseEvent e) {           //鼠标按键被释放时被触发
        System.out.print("鼠标按键被释放, ");
        int i = e.getButton();                           //通过该值可以判断释放的是哪个键
        if (i == MouseEvent.BUTTON1)
            System.out.println("释放的是鼠标左键");
        if (i == MouseEvent.BUTTON2)
            System.out.println("释放的是鼠标滚轮");
        if (i == MouseEvent.BUTTON3)
            System.out.println("释放的是鼠标右键");
    }
    public void mouseClicked(MouseEvent e) {            //发生单击事件时被触发
        System.out.print("单击了鼠标按键, ");
        int i = e.getButton();                           //通过该值可以判断单击的是哪个键
        if (i == MouseEvent.BUTTON1)
            System.out.print("单击的是鼠标左键, ");
        if (i == MouseEvent.BUTTON2)
            System.out.print("单击的是鼠标滚轮, ");
        if (i == MouseEvent.BUTTON3)
            System.out.print("单击的是鼠标右键, ");
        int clickCount = e.getClickCount();
```

```
            System.out.println("单击次数为" + clickCount + "下");
        }
        public void mouseExited(MouseEvent e) {        //光标移出组件时被触发
            System.out.println("光标移出组件");
        }
    });
```

运行本实例，首先将光标移入窗体，然后单击鼠标左键，接着双击鼠标左键，最后将光标移出窗体，在控制台将得到如图 25.2 所示的信息。

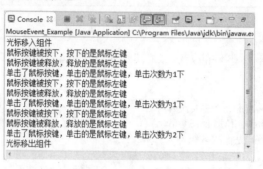

图 25.2 鼠标事件

从图 25.2 中可以发现，当双击鼠标时，第一次单击鼠标将触发一次单击事件。

25.3 窗体事件

在捕获窗体事件时，可以通过 3 个事件监听器接口来实现，分别为 WindowFocusListener、WindowStateListener 和 WindowListener。本节将深入学习这 3 种事件监听器的使用方法，主要是各自捕获的事件类型和各个抽象方法的触发条件。

25.3.1 捕获窗体焦点变化事件

视频讲解：光盘\TM\lx\25\捕获窗体焦点变化事件.exe

需要捕获窗体焦点发生变化的事件时，即窗体获得或失去焦点的事件时，可以通过实现了 WindowFocusListener 接口的事件监听器完成。WindowFocusListener 接口的具体定义如下：

```
public interface WindowFocusListener extends EventListener {
    public void windowGainedFocus(WindowEvent e);    //窗体获得焦点时被触发
    public void windowLostFocus(WindowEvent e);      //窗体失去焦点时被触发
}
```

通过捕获窗体获得或失去焦点的事件,可以进行一些相关的操作。例如,当窗体重新获得焦点时,令所有组件均恢复为默认设置。

下面是一个用来演示捕获窗体焦点变化事件的典型实例。

【例 25.3】 本例演示了捕获和处理窗体焦点变化事件的方法,尤其是窗体焦点事件监听器接口 WindowFocusListener 中各个方法的使用方法。完整代码如下:(实例位置:光盘\TM\sl\25.03)

```java
public class WindowFocusListener_Example extends JFrame {
    public static void main(String args[]) {
        WindowFocusListener_Example frame=new WindowFocusListener_Example();
        frame.setVisible(true);
    }
    public WindowFocusListener_Example() {
        super();
        //为窗体添加焦点事件监听器
        addWindowFocusListener(new MyWindowFocusListener());
        setTitle("捕获窗体焦点事件");
        setBounds(100, 100, 500, 375);
        setDefaultCloseOperation(JFrame.DISPOSE_ON_CLOSE);
    }
    private class MyWindowFocusListener implements WindowFocusListener {
        public void windowGainedFocus(WindowEvent e) {        //窗口获得焦点时被触发
            System.out.println("窗口获得了焦点!");
        }
        public void windowLostFocus(WindowEvent e) {          //窗口失去焦点时被触发
            System.out.println("窗口失去了焦点!");
        }
    }
}
```

运行本实例,直接查看控制台,将得到如图 25.3 所示的信息。

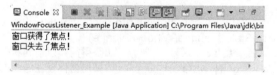

图 25.3 捕获窗体焦点变化事件

25.3.2 捕获窗体状态变化事件

> 视频讲解:光盘\TM\lx\25\捕获窗体状态变化事件.exe

需要捕获窗体状态发生变化的事件时,即窗体由正常化变为最小化、由最大化变为正常化等事件时,可以通过实现了 WindowStateListener 接口的事件监听器完成。WindowStateListener 接口的具体定义如下:

```java
public interface WindowStateListener extends EventListener {
    public void windowStateChanged(WindowEvent e);//窗体状态发生变化时被触发
}
```

在抽象方法 windowStateChanged()中传入了 WindowEvent 类的对象。WindowEvent 类中有以下两个常用方法，用来获得窗体的状态，它们均返回一个代表窗体状态的 int 型值。

☑ getNewState()：用来获得窗体现在的状态。
☑ getOldState()：用来获得窗体以前的状态。

可以通过 Frame 类中的静态常量判断返回的 int 型值具体代表什么状态，这些静态常量如表 25.4 所示。

表 25.4　Frame 类中代表窗体状态的静态常量

静 态 常 量	常 量 值	代 表 的 键
NORMAL	0	代表窗体处于"正常化"状态
ICONIFIED	1	代表窗体处于"最小化"状态
MAXIMIZED_BOTH	6	代表窗体处于"最大化"状态

下面是一个用来演示捕获窗体状态变化事件的典型示例。

【例 25.4】 本例演示了捕获和处理窗体状态变化事件的方法，尤其是窗体状态变化事件监听器接口 WindowStateListener 中各个方法的使用方法。完整代码如下：（实例位置：光盘\TM\sl\25.04）

```java
public class WindowStateListener_Example extends JFrame {
    public static void main(String args[]) {
        WindowStateListener_Example frame=new WindowStateListener_Example();
        frame.setVisible(true);
    }
    public WindowStateListener_Example() {
        super();
        //为窗体添加状态事件监听器
        addWindowStateListener(new MyWindowStateListener());
        setTitle("捕获窗体状态事件");
        setBounds(100, 100, 500, 375);
        setDefaultCloseOperation(JFrame.DISPOSE_ON_CLOSE);
    }
    private class MyWindowStateListener implements WindowStateListener {
        public void windowStateChanged(WindowEvent e) {
            int oldState = e.getOldState();           //获得窗体以前的状态
            int newState = e.getNewState();           //获得窗体现在的状态
            String from = "";                          //标识窗体以前状态的中文字符串
            String to = "";                            //标识窗体现在状态的中文字符串
            switch (oldState) {                        //判断窗体以前的状态
                case Frame.NORMAL:                     //窗体处于正常化
                    from = "正常化";
                    break;
                case Frame.MAXIMIZED_BOTH:             //窗体处于最大化
                    from = "最大化";
                    break;
                default:                               //窗体处于最小化
                    from = "最小化";
            }
            switch (newState) {                        //判断窗体现在的状态
                case Frame.NORMAL:                     //窗体处于正常化
```

```
                    to = "正常化";
                    break;
                case Frame.MAXIMIZED_BOTH:          //窗体处于最大化
                    to = "最大化";
                    break;
                default:                            //窗体处于最小化
                    to = "最小化";
            }
            System.out.println(from + "——>" + to);
        }
    }
}
```

运行本实例,首先将窗体最小化后再恢复正常化,然后将窗体最大化后再最小化,最后将窗体最大化后再恢复正常化,在控制台将得到如图 25.4 所示的信息。

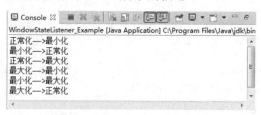

图 25.4　捕获窗体状态变化事件

25.3.3　捕获其他窗体事件

> 视频讲解:光盘\TM\lx\25\捕获其他窗体事件.exe

需要捕获其他与窗体有关的事件时,如捕获窗体被打开、将要被关闭、已经被关闭等事件时,可以通过实现了 WindowListener 接口的事件监听器完成。WindowListener 接口的具体定义如下:

```
public interface WindowListener extends EventListener {
    public void windowActivated(WindowEvent e);      //窗体被激活时触发
    public void windowOpened(WindowEvent e);         //窗体被打开时触发
    public void windowIconified(WindowEvent e);      //窗体被最小化时触发
    public void windowDeiconified(WindowEvent e);    //窗体被非最小化时触发
    public void windowClosing(WindowEvent e);        //窗体将要被关闭时触发
    public void windowDeactivated(WindowEvent e);    //窗体不再处于激活状态时触发
    public void windowClosed(WindowEvent e);         //窗体已经被关闭时触发
}
```

通过捕获窗体将要被关闭等事件,可以进行一些相关的操作,例如,窗体将要被关闭时,询问是否保存未保存的设置等。

下面是一个用来演示捕获其他窗体事件的典型示例。

【例 25.5】 本例演示了捕获和处理其他窗体事件的方法,尤其是事件监听器接口 WindowListener 中各个方法的使用方法。完整代码如下:(实例位置:光盘\TM\sl\25.05)

```java
public class WindowListener_Example extends JFrame {
    public static void main(String args[]) {
        WindowListener_Example frame = new WindowListener_Example();
        frame.setVisible(true);
    }
    public WindowListener_Example() {
        super();
        addWindowListener(new MyWindowListener());          //为窗体添加其他事件监听器
        setTitle("捕获其他窗体事件");
        setBounds(100, 100, 500, 375);
        setDefaultCloseOperation(JFrame.DISPOSE_ON_CLOSE);
    }
    private class MyWindowListener implements WindowListener {
        public void windowActivated(WindowEvent e) {        //窗体被激活时触发
            System.out.println("窗口被激活！");
        }
        public void windowOpened(WindowEvent e) {           //窗体被打开时触发
            System.out.println("窗口被打开！");
        }
        public void windowIconified(WindowEvent e) {        //窗体被最小化时触发
            System.out.println("窗口被最小化！");
        }
        public void windowDeiconified(WindowEvent e) {      //窗体被非最小化时触发
            System.out.println("窗口被非最小化！");
        }
        public void windowClosing(WindowEvent e) {          //窗体将要被关闭时触发
            System.out.println("窗口将要被关闭！");
        }
        //窗体不再处于激活状态时触发
        public void windowDeactivated(WindowEvent e) {
            System.out.println("窗口不再处于激活状态！");
        }
        //窗体已经被关闭时触发
        public void windowClosed(WindowEvent e) {
            System.out.println("窗口已经被关闭！");
        }
    }
}
```

运行本实例，首先令窗体失去焦点后再得到焦点，然后将窗体最小化后再恢复为正常化，最后关闭窗体，在控制台将得到如图25.5所示的信息。

图25.5　捕获其他窗体事件

25.4 选项事件

> 视频讲解：光盘\TM\lx\25\选项事件.exe

当修改下拉菜单中的选中项时，将发生选项事件。ItemEvent 类负责捕获选项事件，可以通过为组件添加实现了 ItemListener 接口的监听器类来处理相应的选项事件。

ItemListener 接口只有一个抽象方法，在修改一次下拉菜单选中项的过程中，该方法将被触发两次：一次是由取消原来选中项的选中状态触发的；另一次是由选中新选项触发的。ItemListener 接口的具体定义如下：

```
public interface ItemListener extends EventListener {
    void itemStateChanged(ItemEvent e);
}
```

在抽象方法 itemStateChanged()中传入了 ItemEvent 类的对象。ItemEvent 类中有以下两个常用方法。

- ☑ getItem()：用来获得触发此次事件的选项，该方法的返回值为 Object 型。
- ☑ getStateChange()：用来获得此次事件的类型，即是由取消原来选中项的选中状态触发的，还是由选中新选项触发的。

方法 getStateChange()将返回一个 int 型值，可以通过 ItemEvent 类中如下静态常量判断此次事件的具体类型。

- ☑ SELECTED：如果返回值等于该静态常量，说明此次事件是由选中新选项触发的。
- ☑ DESELECTED：如果返回值等于该静态常量，说明此次事件是由取消原来选中项的选中状态触发的。

通过捕获选项事件，可以进行一些相关的操作，如同步处理其他下拉菜单的可选项。

一个用来演示选项事件的典型示例。

【例 25.6】 本例演示了捕获和处理选项事件的方法，尤其是事件监听器接口 ItemListener 中各个方法的使用方法。关键代码如下：（实例位置：光盘\TM\sl\25.06）

```java
JComboBox comboBox = new JComboBox();                    //创建一个下拉菜单
for (int i = 1; i < 6; i++) {                            //通过循环添加选项
    comboBox.addItem("选项" + i);
}
comboBox.addItemListener(new ItemListener() {            //添加选项事件监听器
    public void itemStateChanged(ItemEvent e) {
        int stateChange = e.getStateChange();            //获得事件类型
        String item = e.getItem().toString();            //获得触发此次事件的选项
        if (stateChange == ItemEvent.SELECTED) {         //查看是否由选中选项触发
            System.out.println("此次事件由    选中   选项"" + item + ""触发！ ");
            //查看是否由取消选中选项触发
        } else if (stateChange == ItemEvent.DESELECTED) {
            System.out.println("此次事件由    取消选中   选项"" + item + ""触发！ ");
        } else {                                         //由其他原因触发
```

```
                System.out.println("此次事件由其他原因触发！");
            }
        }
});
```

运行本实例，将得到如图 25.6 所示的窗体。首先将选中项由"选项 1"改为"选项 2"，然后将选中项由"选项 2"改为"选项 2"，最后将选中项由"选项 2"改为"选项 5"，将得到如图 25.7 所示的信息。

图 25.6　运行效果

图 25.7　选项事件

> **注意**
>
> 选中项未发生变化时，并不会触发选项事件，例如，在将选中项由"选项 2"改为"选项 2"时，在控制台并未输出信息。

25.5　表格模型事件

视频讲解：光盘\TM\lx\25\表格模型事件.exe

当向表格模型中添加行，或修改、删除表格模型中的现有行时，将发生表格模型事件。TableModelEvent 类负责捕获表格模型事件，可以通过为组件添加实现了 TableModelListener 接口的监听器类来处理相应的表格模型事件。

TableModelListener 接口只有一个抽象方法，当向表格模型中添加行，或修改、删除表格模型中的现有行时，该方法将被触发。TableModelListener 接口的具体定义如下：

```
public interface TableModelListener extends java.util.EventListener {
    public void tableChanged(TableModelEvent e);
}
```

在抽象方法 tableChanged() 中传入了 TableModelEvent 类的对象，TableModelEvent 类中比较常用的方法如表 25.5 所示。

表 25.5　TableModelEvent 类中的常用方法

方　　法	功　能　简　介
getType()	获得此次事件的类型
getFirstRow()	获得触发此次事件的表格行的最小索引值
getLastRow()	获得触发此次事件的表格行的最大索引值
getColumn()	如果事件类型为 UPDATE，获得触发此次事件的表格列的索引值，否则将返回-1

getType()方法将返回一个 int 型值，可以通过 TableModelEvent 类中的如下静态常量判断此次事件的具体类型。

- ☑ INSERT：如果返回值等于该静态常量，说明此次事件是由插入行触发的。
- ☑ UPDATE：如果返回值等于该静态常量，说明此次事件是由修改行触发的。
- ☑ DELETE：如果返回值等于该静态常量，说明此次事件是由删除行触发的。

通过捕获表格模型事件，可以进行一些相关的操作，如自动计算表格某一列的总和。

一个用来演示表格模型事件的典型示例。

【例 25.7】 本例演示了捕获和处理表格模型事件的方法，尤其是事件监听器接口 TableModelEvent 中各个方法的使用方法。完整代码如下：（实例位置：光盘\TM\sl\25.07）

```java
public class TableModelEvent_Example extends JFrame {
    private JTable table;                              //声明一个表格对象
    private DefaultTableModel tableModel;              //声明一个表格模型对象
    private JTextField aTextField;
    private JTextField bTextField;
    public static void main(String args[]) {
        TableModelEvent_Example frame = new TableModelEvent_Example();
        frame.setVisible(true);
    }
    public TableModelEvent_Example() {
        setTitle("表格模型事件示例");
        setBounds(100, 100, 600, 375);
        setDefaultCloseOperation(JFrame.EXIT_ON_CLOSE);
        final JScrollPane scrollPane = new JScrollPane();
        getContentPane().add(scrollPane, BorderLayout.CENTER);
        String[] columnNames = { "A", "B" };
        String[][] rowValues = { { "A1", "B1" }, { "A2", "B2" },
                { "A3", "B3" }, { "A4", "B4" } };
        //创建表格模型对象
        tableModel = new DefaultTableModel(rowValues, columnNames);
        //为表格模型添加事件监听器
        tableModel.addTableModelListener(new TableModelListener() {
            public void tableChanged(TableModelEvent e) {
                int type = e.getType();                //获得事件的类型
                int row = e.getFirstRow() + 1;         //获得触发此次事件的表格行索引
                int column = e.getColumn() + 1;        //获得触发此次事件的表格列索引
                if (type == TableModelEvent.INSERT) {  //判断是否有插入行触发
                    System.out.print("此次事件由 插入 行触发，");
                    System.out.println("此次插入的是第 " + row + " 行！");
                    //判断是否有修改行触发
                } else if (type == TableModelEvent.UPDATE) {
                    System.out.print("此次事件由 修改 行触发，");
                    System.out.println("此次修改的是第 " + row + " 行第 " + column
                            + " 列！");
                    //判断是否有删除行触发
                } else if (type == TableModelEvent.DELETE) {
                    System.out.print("此次事件由 删除 行触发，");
```

```java
                    System.out.println("此次删除的是第 " + row + " 行！");
                } else {
                    System.out.println("此次事件由 其他原因 触发！");
                }
            }
        });
        table = new JTable(tableModel);                    //利用表格模型对象创建表格对象
        table.setSelectionMode(ListSelectionModel.SINGLE_SELECTION);
        scrollPane.setViewportView(table);
        final JPanel panel = new JPanel();
        getContentPane().add(panel, BorderLayout.SOUTH);
        final JLabel aLabel = new JLabel("A：");
        panel.add(aLabel);
        aTextField = new JTextField(15);
        panel.add(aTextField);
        final JLabel bLabel = new JLabel("B：");
        panel.add(bLabel);
        bTextField = new JTextField(15);
        panel.add(bTextField);
        final JButton addButton = new JButton("添加");
        addButton.addActionListener(new ActionListener() {
            public void actionPerformed(ActionEvent e) {
                String[] rowValues = { aTextField.getText(),
                        bTextField.getText() };
                tableModel.addRow(rowValues);              //向表格模型中添加一行
                aTextField.setText(null);
                bTextField.setText(null);
            }
        });
        panel.add(addButton);
        final JButton delButton = new JButton("删除");
        delButton.addActionListener(new ActionListener() {
            public void actionPerformed(ActionEvent e) {
                //获得表格中的选中行
                int[] selectedRows = table.getSelectedRows();
                for (int row = 0; row < selectedRows.length; row++) {
                    //从表格模型中移除表格中的选中行
                    tableModel.removeRow(selectedRows[row] - row);
                }
            }
        });
        panel.add(delButton);
    }
}
```

运行本实例，将得到如图 25.8 所示的窗体。首先向表格中添加一行，然后依次双击值为 A2 和 B4 的单元格对其进行修改，最后分别选中表格的第 4 行和第 3 行执行删除，将得到如图 25.9 所示的信息。

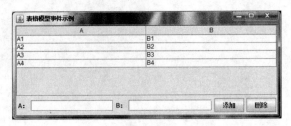

图 25.8　表格模型事件示例

图 25.9　测试后控制台信息

25.6　小　　结

通过对本章的学习,相信读者已经可以熟练地处理一些高级事件,包括键盘事件、鼠标事件、窗体事件、选项事件和表格模型事件。至此,已经掌握了 7 种事件的处理方法,通过配合使用这 7 种事件监听器,可以充分控制各种组件,例如,通过为文本框组件同时添加焦点事件监听器和键盘事件监听器,可以有效地控制文本框中的输入内容。

25.7　实践与练习

1．设计一个通过捕获文本框的键盘事件实现只允许输入数字的文本框。（**答案位置：光盘\TM\sl\25.08**）

2．设计一个通过捕获表格模型事件实现自动计算表格某一数值列的和。（**答案位置：光盘\TM\sl\25.09**）

第26章

AWT 绘图与音频播放

（视频讲解：36分钟）

要开发高级的应用程序就必须适当掌握图像处理和音频播放的技术，它们是程序开发不可缺少的技术，使用这些技术可以为程序提供数据统计、图表分析等功能，还可以为程序搭配音效，提高程序的交互能力。本章将介绍绘图技术的基础知识以及图像处理和音频播放技术。

通过阅读本章，您可以：

- 了解 Java 的绘图类
- 掌握基本图形的绘制方法
- 掌握绘图颜色和笔画属性的设置
- 学会绘制文字和设置字体
- 学会绘制图片
- 掌握常用的图像处理技术
- 学会音频资源的播放

26.1　Java 绘图

绘图是高级程序设计中非常重要的技术，例如，应用程序需要绘制闪屏图片、背景图片、组件外观，Web 程序可以绘制统计图、数据库存储的图片资源等。正所谓"一图胜千言"，使用图片能够更好地表达程序运行结果，进行细致的数据分析与保存等。本节将介绍 Java 语言程序设计的绘图类 Graphics 与 Graphics2D。

26.1.1　Graphics

> 视频讲解：光盘\TM\lx\26\Graphics.exe

Graphics 类是所有图形上下文的抽象基类，它允许应用程序在组件以及闭屏图像上进行绘制。Graphics 类封装了 Java 支持的基本绘图操作所需的状态信息，主要包括颜色、字体、画笔、文本、图像等。

Graphics 类提供了绘图常用的方法，利用这些方法可以实现直线、矩形、多边形、椭圆、圆弧等形状和文本、图片的绘制操作。另外，在执行这些操作之前，还可以使用相应的方法，设置绘图的颜色和字体等状态属性。

26.1.2　Graphics2D

> 视频讲解：光盘\TM\lx\26\Graphics2D.exe

使用 Graphics 类可以完成简单的图形绘制任务，但是它所实现的功能非常有限，如无法改变线条的粗细、不能对图片使用旋转和模糊等过滤效果。

Graphics2D 继承 Graphics 类，实现了功能更加强大的绘图操作的集合。由于 Graphics2D 类是 Graphics 类的扩展，也是推荐使用的 Java 绘图类，所以本章主要介绍如何使用 Graphics2D 类实现 Java 绘图。

> **说明**
>
> Graphics2D 是推荐使用的绘图类，但是程序设计中提供的绘图对象大多是 Graphics 类的实例对象，这时应该使用强制类型转换将其转换为 Graphics2D 类型。例如：
>
> **public void** paint(Graphics g) {
> 　　Graphics2D g2 = (Graphics2D) g;　　　//强制类型转换为 **Graphics2D** 类型
> 　　g2....
> }

26.2　绘制图形

> 视频讲解：光盘\TM\lx\26\绘制图形.exe

Java 可以分别使用 Graphics 和 Graphics2D 绘制图形，Graphics 类使用不同的方法实现不同图形的绘制，例如，drawLine()方法可以绘制直线，drawRect()方法用于绘制矩形，drawOval()方法用于绘制椭圆形等。

【例 26.1】 在项目中创建 DrawCircle 类，使该类继承 JFrame 类成为窗体组件，在类中创建继承 JPanel 类的 DrawPanel 内部类，并重写 paint()方法，实现绘制 5 个圆形组成的图案。（**实例位置：光盘\TM\sl\26.01**）

```java
package com.lzw;
import java.awt.*;
import javax.swing.*;
public class DrawCircle extends JFrame {
    private final int OVAL_WIDTH = 80;                              //圆形的宽
    private final int OVAL_HEIGHT = 80;                             //圆形的高
    public DrawCircle() {
        super();
        initialize();                                                //调用初始化方法
    }
    //初始化方法
    private void initialize() {
        this.setSize(300, 200);                                      //设置窗体大小
        setDefaultCloseOperation(JFrame.EXIT_ON_CLOSE);              //设置窗体关闭模式
        setContentPane(new DrawPanel());                             //设置窗体面板为绘图面板对象
        this.setTitle("绘图实例 1");                                  //设置窗体标题
    }
    public static void main(String[] args) {
        new DrawCircle().setVisible(true);
    }
    //创建绘图面板
    class DrawPanel extends JPanel {
        public void paint(Graphics g) {
            super.paint(g);
            g.drawOval(10, 10, OVAL_WIDTH, OVAL_HEIGHT);             //绘制第 1 个圆形
            g.drawOval(80, 10, OVAL_WIDTH, OVAL_HEIGHT);             //绘制第 2 个圆形
            g.drawOval(150, 10, OVAL_WIDTH, OVAL_HEIGHT);            //绘制第 3 个圆形
            g.drawOval(50, 70, OVAL_WIDTH, OVAL_HEIGHT);             //绘制第 4 个圆形
            g.drawOval(120, 70, OVAL_WIDTH, OVAL_HEIGHT);            //绘制第 5 个圆形
        }
    }
}
```

程序运行结果如图 26.1 所示。

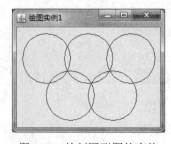

图 26.1 绘制圆形图的窗体

Graphics 类常用的图形绘制方法如表 26.1 所示。

表 26.1 Graphics 类常用的图形绘制方法

方 法	说 明	举 例	绘 图 效 果
drawArc(int x, int y, int width, int height, int startAngle, int arcAngle)	弧形	drawArc(100,100,100,50,270,200);	
drawLine(int x1, int y1, int x2, int y2)	直线	drawLine(10,10,50,10); drawLine(30,10,30,40);	
drawOval(int x, int y, int width, int height)	椭圆	drawOval(10,10,50,30);	
drawPolygon(int[] xPoints, int[] yPoints, int nPoints)	多边形	int[] xs={10,50,10,50}; int[] ys={10,10,50,50}; drawPolygon(xs, ys, 4);	
drawPolyline(int[] xPoints, int[] yPoints, int nPoints)	多边线	int[] xs={10,50,10,50}; int[] ys={10,10,50,50}; drawPolyline(xs, ys, 4);	
drawRect(int x, int y, int width, int height)	矩形	drawRect(10, 10, 100, 50);	
drawRoundRect(int x, int y, int width, int height, int arcWidth, int arcHeight)	圆角矩形	drawRoundRect(10, 10, 50, 30,10,10);	
fillArc(int x, int y, int width, int height, int startAngle, int arcAngle)	实心弧形	fillArc(100,100,50,30,270,200);	
fillOval(int x, int y, int width, int height)	实心椭圆	fillOval(10,10,50,30);	
fillPolygon(int[] xPoints, int[] yPoints, int nPoints)	实心多边形	int[] xs={10,50,10,50}; int[] ys={10,10,50,50}; fillPolygon(xs, ys, 4);	
fillRect(int x, int y, int width, int height)	实心矩形	fillRect(10, 10, 50, 30);	
fillRoundRect(int x, int y, int width, int height, int arcWidth, int arcHeight)	实心圆角矩形	g.fillRoundRect(10, 10, 50, 30,10,10);	

Graphics2D 是继承 Graphics 类编写的，它包含了 Graphics 类的绘图方法并添加了更强的功能，在创建绘图类时推荐使用该类。Graphics2D 可以分别使用不同的类来表示不同的形状，如 Line2D、Rectangle2D 等。

要绘制指定形状的图形，需要先创建并初始化该图形类的对象，这些图形类必须是 Shape 接口的实现类，然后使用 Graphics2D 类的 draw()方法绘制该图形对象或者使用 fill()方法填充该图形对象。

语法如下：

draw(Shape form)

或

fill(Shape form)

其中，form 是指实现 Shape 接口的对象。

475

java.awt.geom 包中提供了如下一些常用的图形类,这些图形类都实现了 Shape 接口。
- ☑ Arc2D。
- ☑ CubicCurve2D。
- ☑ Ellipse2D。
- ☑ Line2D。
- ☑ Point2D。
- ☑ QuadCurve2D。
- ☑ Rectangle2D。
- ☑ RoundRectangle2D。

注意

各图形类都是抽象类型的。在不同图形类中有 Double 和 Float 两个实现类,这两个实现类以不同精度构建图形对象。为方便计算,在程序开发中经常使用 Double 类的实例对象进行图形绘制,但是如果程序中要使用成千上万个图形,则建议使用 Float 类的实例对象进行绘制,这样会节省内存空间。

【例 26.2】 在窗体的实现类中创建图形类的对象,然后使用 Graphics2D 类绘制和填充这些图形。(实例位置:光盘\TM\sl\26.02)

```java
package com.lzw;
import java.awt.*;
import java.awt.geom.*;
import javax.swing.*;
public class DrawFrame extends JFrame {
    public DrawFrame() {
        super();
        initialize();                                      //调用初始化方法
    }
    //初始化方法
    private void initialize() {
        this.setSize(300, 200);                            //设置窗体大小
        setDefaultCloseOperation(JFrame.EXIT_ON_CLOSE);    //设置窗体关闭模式
        add(new CanvasPanel());                            //设置窗体面板为绘图面板对象
        this.setTitle("绘图实例 2");                        //设置窗体标题
    }
    public static void main(String[] args) {
        new DrawFrame().setVisible(true);
    }
}
class CanvasPanel extends JPanel {
    public void paint(Graphics g) {
        super.paint(g);
        Graphics2D g2 = (Graphics2D) g;
        Shape[] shapes = new Shape[4];                     //声明图形数组
        shapes[0] = new Ellipse2D.Double(5, 5, 100, 100);  //创建圆形对象
        //创建矩形对象
```

```
            shapes[1] = new Rectangle2D.Double(110, 5, 100, 100);
            shapes[2] = new Rectangle2D.Double(15, 15, 80, 80);          //创建矩形对象
            shapes[3] = new Ellipse2D.Double(120, 15, 80, 80);           //创建圆形对象
            for (Shape shape : shapes) {                                 //遍历图形数组
                Rectangle2D bounds = shape.getBounds2D();
                if (bounds.getWidth() == 80)
                    g2.fill(shape);                                      //填充图形
                else
                    g2.draw(shape);                                      //绘制图形
            }
        }
    }
}
```

程序运行结果如图 26.2 所示。

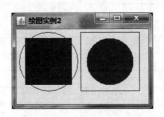

图 26.2　例 26.2 的运行结果

26.3　绘图颜色与笔画属性

Java 语言使用 Color 类封装颜色的各种属性，并对颜色进行管理。另外，在绘制图形时还可以指定线的粗细和虚实等笔画属性。

26.3.1　设置颜色

视频讲解：光盘\TM\lx\26\设置颜色.exe

使用 Color 类可以创建任何颜色的对象，不用担心不同平台是否支持该颜色，因为 Java 以跨平台和与硬件无关的方式支持颜色管理。

创建 Color 对象的构造方法如下：

Color col = new Color(int r, int g, int b)

或

Color col = new Color(int rgb)

- ☑ rgb：颜色值，该值是红、绿、蓝三原色的总和。
- ☑ r：该参数是三原色中红色的取值。

- g：该参数是三原色中绿色的取值。
- b：该参数是三原色中蓝色的取值。

Color 类定义了常用色彩的常量值，如表 26.2 所示。这些常量都是静态的 Color 对象，可以直接使用这些常量值定义的颜色对象。

表 26.2 常用的 Color 常量

常 量 名	颜 色 值
Color.BLACK	黑色
Color.BLUE	蓝色
Color.CYAN	青色
Color.DARK_GRAY	深灰色
Color.GRAY	灰色
Color.GREEN	绿色
Color.LIGHT_GRAY	浅灰色
Color.MAGENTA	洋红色
Color.ORANGE	橘黄色
Color.PINK	粉红色
Color.RED	红色
Color.WHITE	白色
Color.YELLOW	黄色

绘图类可以使用 setColor()方法设置当前颜色。
语法如下：

setColor(Color color)

其中，参数 color 是 Color 对象，代表一个颜色值，如红色、黄色或默认的黑色。

【例 26.3】 设置当前绘图颜色为红色。

```
public void paint(Graphics g) {
    super.paint(g);
    Graphics2D g2 = (Graphics2D) g;
    g.setColor(Color.RED);
    …
}
```

说明

设置绘图颜色以后，再进行绘图或者绘制文本，都会采用该颜色作为前景色；如果想再绘制其他颜色的图形或文本，则需要再次调用 setColor()方法设置其他颜色。

26.3.2 笔画属性

视频讲解：光盘\TM\lx\26\笔画属性.exe

默认情况下，Graphics 绘图类使用的笔画属性是粗细为 1 个像素的正方形，而 Java2D 的 Graphics2D

类可以调用 setStroke()方法设置笔画的属性,如改变线条的粗细、虚实和定义线段端点的形状、风格等。语法如下:

setStroke(Stroke stroke)

其中,参数 stroke 是 Stroke 接口的实现类。

setStroke()方法必须接受一个 Stroke 接口的实现类作参数,java.awt 包中提供了 BasicStroke 类,它实现了 Stroke 接口,并且通过不同的构造方法创建笔画属性不同的对象。这些构造方法包括:

- ☑ BasicStroke()。
- ☑ BasicStroke(float width)。
- ☑ BasicStroke(float width, int cap, int join)。
- ☑ BasicStroke(float width, int cap, int join, float miterlimit)。
- ☑ BasicStroke(float width, int cap, int join, float miterlimit, float[] dash, float dash_phase)。

这些构造方法中的参数说明如表 26.3 所示。

表 26.3 参数说明

参 数	说 明
width	笔画宽度,此宽度必须大于或等于 0.0f。如果将宽度设置为 0.0f,则将笔画设置为当前设备的默认宽度
cap	线端点的装饰
join	应用在路径线段交会处的装饰
miterlimit	斜接处的剪裁限制。该参数值必须大于或等于 1.0f
dash	表示虚线模式的数组
dash_phase	开始虚线模式的偏移量

cap 参数可以使用 CAP_BUTT、CAP_ROUND 和 CAP_SQUARE 常量,这 3 个常量对线端点的装饰效果如图 26.3 所示。

join 参数用于修饰线段交会效果,可以使用 JOIN_BEVEL、JOIN_MITER 和 JOIN_ROUND 常量,效果如图 26.4 所示。

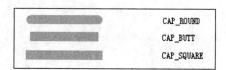

图 26.3 cap 参数对线端点的装饰效果

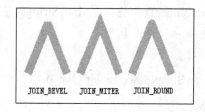

图 26.4 join 参数修饰线段交会的效果

26.4 绘制文本

Java 绘图类也可以绘制文本内容,并且在绘制文本之前可以设置使用的字体、大小等。本节将介绍如何绘制文本以及设置文本的字体。

26.4.1 设置字体

📹 视频讲解：光盘\TM\lx\26\设置字体.exe

Java 使用 Font 类封装了字体的大小、样式等属性，该类在 java.awt 包中定义，其构造方法可以指定字体的名称、大小和样式 3 个属性。

语法如下：

Font(String name, int style, int size)

- name：字体的名称。
- style：字体的样式。
- size：字体的大小。

其中字体样式可以使用 Font 类的 PLAIN、BOLD 和 ITALIC 常量，效果如图 26.5 所示。

设置绘图类的字体可以使用绘图类的 setFont()方法。设置字体以后在图形上下文中绘制的所有文字都使用该字体，除非再次设置其他字体。

语法如下：

setFont(Font font)

其中，参数 font 是 Font 类的字体对象。

普通样式	PLAIN
粗体样式	**BOLD**
斜体样式	*ITALIC*
斜体组合粗体样式	***ITALIC|BOLD***

图 26.5　字体样式

26.4.2 显示文字

📹 视频讲解：光盘\TM\lx\26\显示文字.exe

Graphics2D 类提供了 drawString()方法，使用该方法可以实现图形上下文的文本绘制，从而实现在图片上显示文字的功能。

语法如下：

drawString(String str, int x, int y)

或

drawString(String str, float x, float y)

- str：要绘制的文本字符串。
- x：绘制字符串的水平起始位置。
- y：绘制字符串的垂直起始位置。

这两个方法唯一不同的就是使用的 x 和 y 参数的类型不同。

【例 26.4】 绘制一个矩形图，在矩形图的中间显示文本，文本的内容是当前时间。（**实例位置：光盘\TM\sl\26.03**）

第 26 章 AWT 绘图与音频播放

```java
package com.lzw;
import javax.swing.*;
public class DrawString extends JFrame {
    private Shape rect;                                     //矩形对象
    private Font font;                                      //字体对象
    private Date date;                                      //当前日期对象
    public DrawString() {
        rect = new Rectangle2D.Double(10, 10, 200, 80);
        font = new Font("宋体", Font.BOLD, 16);
        date = new Date();
        this.setSize(230, 140);                             //设置窗体大小
        setDefaultCloseOperation(JFrame.EXIT_ON_CLOSE);     //设置窗体关闭模式
        add(new CanvasPanel());                             //设置窗体面板为绘图面板对象
        this.setTitle("绘图文本");                           //设置窗体标题
    }
    public static void main(String[] args) {
        new DrawString().setVisible(true);
    }
    class CanvasPanel extends Canvas {
        public void paint(Graphics g) {
            super.paint(g);
            Graphics2D g2 = (Graphics2D) g;
            g2.setColor(Color.CYAN);                        //设置当前绘图颜色
            g2.fill(rect);                                  //填充矩形
            g2.setColor(Color.BLUE);                        //设置当前绘图颜色
            g2.setFont(font);                               //设置字体
            g2.drawString("现在时间是", 20, 30);             //绘制文本
            g2.drawString(String.format("%tr", date), 50, 60); //绘制时间文本
        }
    }
}
```

程序运行结果如图 26.6 所示。

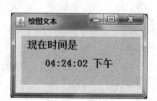

图 26.6 在窗体中绘制文本

26.5 绘 制 图 片

视频讲解：光盘\TM\lx\26\绘制图片.exe

绘图类不仅可以绘制图形和文本，还可以使用 drawImage() 方法将图片资源显示到绘图上下文中，

而且可以实现各种特效处理，如图片的缩放、翻转等。有关图像处理将在 26.6 节介绍，本节主要介绍如何显示图片。

语法如下：

drawImage(Image img, int x, int y, ImageObserver observer)

该方法将 img 图片显示在 x、y 指定的位置上。方法中涉及的参数说明如表 26.4 所示。

表 26.4 参数说明

参数	说明
img	要显示的图片对象
x	水平位置
y	垂直位置
observer	要通知的图像观察者

该方法的使用与绘制文本的 drawString()方法类似，唯一不同的是 drawImage()方法需要指定要通知的图像观察者。

【例 26.5】 在整个窗体中显示图片，图片的大小保持不变。（实例位置：光盘\TM\sl\26.04）

```java
package com.lzw;
import java.awt.*;
import java.net.*;
import javax.swing.*;
public class DrawImage extends JFrame {
    Image img;
    public DrawImage() {
        URL imgUrl=DrawImage.class.getResource("img.jpg");    //获取图片资源的路径
        img = Toolkit.getDefaultToolkit().getImage(imgUrl);   //获取图片资源
        this.setSize(440, 300);                               //设置窗体大小
        setDefaultCloseOperation(JFrame.EXIT_ON_CLOSE);       //设置窗体关闭模式
        add(new CanvasPanel());                               //设置窗体面板为绘图面板对象
        this.setTitle("绘制图片");                             //设置窗体标题
    }
    public static void main(String[] args) {
        new DrawImage().setVisible(true);
    }
    class CanvasPanel extends Canvas {
        public void paint(Graphics g) {
            super.paint(g);
            Graphics2D g2 = (Graphics2D) g;
            g2.drawImage(img, 0, 0, this);                    //显示图片
        }
    }
}
```

程序运行结果如图 26.7 所示。

图 26.7 显示图片的窗体

26.6 图像处理

开发高级的桌面应用程序，必须掌握一些图像处理与动画制作的技术，如在程序中显示统计图、销售趋势图、动态按钮等。本节将在 Java 绘图的基础上讲解图像处理技术。

26.6.1 放大与缩小

视频讲解：光盘\TM\lx\26\放大与缩小.exe

在 26.5 节讲解绘制图片时，使用了 drawImage()方法将图片以原始大小显示在窗体中，要想实现图片的放大与缩小，则需要使用它的重载方法。

语法如下：

drawImage(Image img, int x, int y, int width, int height, ImageObserver observer)

该方法将 img 图片显示在 x、y 指定的位置上，并指定图片的宽度和高度属性。方法中涉及的参数说明如表 26.5 所示。

表 26.5 参数说明

参　　数	说　　明
img	要显示的图片对象
x	水平位置
y	垂直位置
width	图片的新宽度属性
height	图片的新高度属性
observer	要通知的图像观察者

【例 26.6】 在窗体中显示原始大小的图片，然后通过两个按钮的单击事件，分别显示该图片缩小与放大后的效果。关键代码如下：（实例位置：光盘\TM\sl\26.05）

```java
public class ImageZoom extends JFrame {
    Image img;
    …//省略部分成员变量
    public ImageZoom() {
        initialize();                                           //调用初始化方法
    }
    //界面初始化方法
    private void initialize() {
        URL imgUrl=ImageZoom.class.getResource("img.jpg");      //获取图片资源的路径
        img = Toolkit.getDefaultToolkit().getImage(imgUrl);     //获取图片资源
        canvas = new MyCanvas();
        this.setBounds(100, 100, 800, 600);                     //设置窗体大小和位置
        this.setContentPane(getContentPanel());                 //设置内容面板
        setDefaultCloseOperation(JFrame.EXIT_ON_CLOSE);         //设置窗体关闭模式
        this.setTitle("绘制图片");                               //设置窗体标题
    }
    …//省略布局方法的代码
    //获取滑块组件
    private JSlider getJSlider() {
        if (jSlider == null) {
            jSlider = new JSlider();                            //创建滑块组件
            jSlider.setMaximum(1000);                           //设置滑块最大取值
            jSlider.setValue(100);                              //设置滑块最小取值
            jSlider.setMinimum(1);                              //设置滑块当前值
            //添加滑块改变事件
            jSlider.addChangeListener(new javax.swing.event.ChangeListener() {
                public void stateChanged(
                        javax.swing.event.ChangeEvent e) {
                    canvas.repaint();                           //重新绘制画板内容
                }
            });
        }
        return jSlider;
    }
    //主方法
    public static void main(String[] args) {
        new ImageZoom().setVisible(true);
    }
    //画板类
    class MyCanvas extends Canvas {
        public void paint(Graphics g) {
            int newW = 0, newH = 0;
            imgWidth = img.getWidth(this);                      //获取图片宽度
            imgHeight = img.getHeight(this);                    //获取图片高度
            float value = jSlider.getValue();                   //滑块组件的取值
            newW = (int) (imgWidth * value / 100);              //计算图片放大后的宽度
            newH = (int) (imgHeight * value / 100);             //计算图片放大后的高度
            g.drawImage(img, 0, 0, newW, newH, this);           //绘制指定大小的图片
        }
    }
}
```

程序运行之后,拖动滑块实现图像缩小和放大的效果如图 26.8 所示。

图 26.8　图像缩放效果

repaint()方法将调用 paint()方法,实现组件或画板的重画功能,类似于界面刷新。

26.6.2　图像翻转

视频讲解:光盘\TM\lx\26\图像翻转.exe

图像的翻转需要使用 drawImage()方法的另一个重载方法。

语法如下:

drawImage(Image img, int dx1, int dy1, int dx2, int dy2, int sx1, int sy1, int sx2, int sy2, ImageObserver observer)

此方法总是用非缩放的图像来呈现缩放的矩形,并动态地执行所需的缩放。此操作不使用缓存的缩放图像。执行图像从源到目标的缩放,要将源矩形的第一个坐标映射到目标矩形的第一个坐标,源矩形的第二个坐标映射到目标矩形的第二个坐标,按需要缩放和翻转子图像以保持这些映射关系。方法中涉及的参数说明如表 26.6 所示。

表 26.6　参数说明

参　　数	说　　明
img	要绘制的指定图像
dx1	目标矩形第一个坐标的 x 位置
dy1	目标矩形第一个坐标的 y 位置
dx2	目标矩形第二个坐标的 x 位置
dy2	目标矩形第二个坐标的 y 位置
sx1	源矩形第一个坐标的 x 位置
sy1	源矩形第一个坐标的 y 位置
sx2	源矩形第二个坐标的 x 位置
sy2	源矩形第二个坐标的 y 位置
observer	要通知的图像观察者

【例 26.7】 在窗体界面中绘制图像的翻转效果。程序中 drawImage()方法使用的参数名称与语法中介绍的相同，MyCanvas 类只是在 paint()方法中按照参数顺序执行 drawImage()方法，图片的翻转由控制按钮变换参数值，然后执行 MyCanvas 类的 repaint()方法实现。关键代码如下：（实例位置：光盘\TM\sl\26.06）

```java
public class PartImage extends JFrame {
    private Image img;
    private int dx1, dy1, dx2, dy2;
    private int sx1, sy1, sx2, sy2;
    …//省略部分代码
    private MyCanvas canvasPanel = null;
    public PartImage() {
        dx2 = sx2 = 300;                              //初始化图像大小
        dy2 = sy2 = 200;
        initialize();                                 //调用初始化方法
    }
    …//省略部分代码
    private JButton getJButton() {                    //获取"水平翻转"按钮
        if (jButton == null) {
            jButton = new JButton();
            jButton.setText("水平翻转");
            jButton.addActionListener(new java.awt.event.ActionListener() {
                public void actionPerformed(java.awt.event.ActionEvent e) {
                    sx1 = Math.abs(sx1 - 300);        //改变源矩形两个坐标的 x 位置
                    sx2 = Math.abs(sx2 - 300);
                    canvasPanel.repaint();
                }
            });
        }
        return jButton;
    }
    private JButton getJButton1() {                   //获取"垂直翻转"按钮
        if (jButton1 == null) {
            jButton1 = new JButton();
            jButton1.setText("垂直翻转");
            jButton1.addActionListener(new java.awt.event.ActionListener() {
                public void actionPerformed(java.awt.event.ActionEvent e) {
                    sy1 = Math.abs(sy1 - 200);        //改变源矩形两个坐标的 y 位置
                    sy2 = Math.abs(sy2 - 200);
                    canvasPanel.repaint();
                }
            });
        }
        return jButton1;
    }
    …//省略部分代码
    class MyCanvas extends JPanel {
        public void paint(Graphics g) {
            //绘制指定大小的图片
```

```
                g.drawImage(img, dx1, dy1, dx2, dy2, sx1, sy1, sx2, sy2, this);
            }
        }
}
```

程序运行结果如图 26.9 所示。

图 26.9　源图、水平翻转和垂直翻转的效果

26.6.3　图像旋转

视频讲解：光盘\TM\lx\26\图像旋转.exe

图像的旋转需要调用 Graphics2D 类的 rotate()方法，该方法将根据指定的弧度旋转图像。
语法如下：

rotate(double theta)

其中，theta 是指旋转的弧度。

　　rotate()方法只接受旋转的弧度作为参数，可以使用 Math 类的 toRadians()方法将角度转换为弧度。toRadians()方法接受角度值作为参数，返回值是转换完毕的弧度值。

【例 26.8】　在主窗体中绘制 3 个旋转后的图像，每个图像的旋转角度值为 5。（**实例位置：光盘\TM\sl\26.07**）

```
package com.lzw;
import java.awt.*;
import java.net.URL;
import javax.swing.*;
public class RotateImage extends JFrame {
    private Image img;
    private MyCanvas canvasPanel = null;
    public RotateImage() {
        initialize();              //调用初始化方法
    }
    private void initialize() {    //界面初始化方法
        //获取图片资源的路径
```

```
            URL imgUrl = RotateImage.class.getResource("cow.jpg");
            img = Toolkit.getDefaultToolkit().getImage(imgUrl);    //获取图片资源
            canvasPanel = new MyCanvas();
            this.setBounds(100, 100, 400, 350);                    //设置窗体大小和位置
            add(canvasPanel);
            setDefaultCloseOperation(JFrame.EXIT_ON_CLOSE);        //设置窗体关闭模式
            this.setTitle("图片旋转");                              //设置窗体标题
    }
    public static void main(String[] args) {                       //主方法
        new RotateImage().setVisible(true);
    }
    class MyCanvas extends JPanel {                                //画板
        public void paint(Graphics g) {
            Graphics2D g2 = (Graphics2D) g;
            g2.rotate(Math.toRadians(5));
            g2.drawImage(img, 70, 10, 300, 200, this);             //绘制指定大小的图片
            g2.rotate(Math.toRadians(5));
            g2.drawImage(img, 70, 10, 300, 200, this);             //绘制指定大小的图片
            g2.rotate(Math.toRadians(5));
            g2.drawImage(img, 70, 10, 300, 200, this);             //绘制指定大小的图片
        }
    }
}
```

程序运行结果如图 26.10 所示。

图 26.10　图像旋转效果

26.6.4　图像倾斜

视频讲解：光盘\TM\lx\26\图像倾斜.exe

可以使用 Graphics2D 类提供的 shear() 方法设置绘图的倾斜方向，从而使图像实现倾斜的效果。
语法如下：

shear(double shx, double shy)

☑　　shx：水平方向的倾斜量。

☑ shy：垂直方向的倾斜量。

【例 26.9】 在窗体上绘制图像，使图像在水平方向实现倾斜效果。（实例位置：光盘\TM\sl\26.08）

```java
package com.lzw;
import java.awt.*;
import java.net.URL;
import javax.swing.*;
public class TiltImage extends JFrame {
    private Image img;
    private MyCanvas canvasPanel = null;
    public TiltImage() {
        initialize();                                              //调用初始化方法
    }
    //界面初始化方法
    private void initialize() {
        //获取图片资源的路径
        URL imgUrl = TiltImage.class.getResource("cow.jpg");
        img = Toolkit.getDefaultToolkit().getImage(imgUrl);        //获取图片资源
        canvasPanel = new MyCanvas();
        this.setBounds(100, 100, 400, 300);                        //设置窗体大小和位置
        add(canvasPanel);
        setDefaultCloseOperation(JFrame.EXIT_ON_CLOSE);            //设置窗体关闭模式
        this.setTitle("图片倾斜");                                   //设置窗体标题
    }
    //主方法
    public static void main(String[] args) {
        new TiltImage().setVisible(true);
    }
}
//画板
class MyCanvas extends JPanel {
    public void paint(Graphics g) {
        Graphics2D g2 = (Graphics2D) g;
        g2.shear(0.3, 0);
        g2.drawImage(img, 0, 0, 300, 200, this);                   //绘制指定大小的图片
    }
}
```

程序运行结果如图 26.11 所示。

图 26.11　水平倾斜的图片效果

26.7 播放音频文件

视频讲解：光盘\TM\lx\26\播放音频文件.exe

简单的播放音频，可以使用 Applet 类的 newAudioClip() 方法创建音频剪辑对象，然后调用该对象的 play() 方法进行播放。

语法如下：

newAudioClip(URL url)

其中，参数 url 指音频文件的 URL 路径。

该方法将返回 AudioClip 类的实例对象，该对象可以通过 play()、stop() 和 loop() 方法实现音频的播放、停止和循环播放。AudioClip 类位于 java.awt 包中。

【例 26.10】 编写音频播放程序，该程序可以选择音频文件，然后单击"播放"按钮实现音频文件的播放。关键代码如下：（**实例位置：光盘\TM\sl\26.09**）

```java
package com.lzw;
import java.applet.*;
import java.net.*;
import javax.swing.*;
public class MusicPlay extends JFrame {
    …//省略部分代码
    //关于"选择文件"按钮的方法
    private JButton getOpenFile() {
        if (openFile == null) {
            openFile = new JButton();          //创建"选择文件"按钮
            openFile.setText("选择文件");
            //添加按钮事件监听器
            openFile.addActionListener(new ActionListener() {
                public void actionPerformed(java.awt.event.ActionEvent e) {
                    //创建文件选择器对象
                    JFileChooser fileChooser = new JFileChooser();
                    //设置文件过滤
                    fileChooser.setFileFilter(new FileNameExtensionFilter(
                        "支持的音频文件（*.mid、*.wav、*.au", "wav", "au", "mid"));
                    //显示文件选择对话框
                    fileChooser.showOpenDialog(MusicPlay.this);
                    //获取选择的文件对象
                    selectedFile = fileChooser.getSelectedFile();
                    //在文本框中显示文件信息
                    filePath.setText(selectedFile.getAbsolutePath());
                }
            });
        }
        return openFile;
    }
```

第 26 章　AWT 绘图与音频播放

```
//关于"播放"按钮的方法
private JButton getPlayButton() {
    if (playButton == null) {
        playButton = new JButton();                    //创建"播放"按钮
        playButton.setText("播放");
        //添加按钮事件监听器
        playButton.addActionListener(new ActionListener() {
            public void actionPerformed(java.awt.event.ActionEvent e) {
                if (selectedFile != null) {
                    try {
                        if (audioClip != null)
                            audioClip.stop();
                        //获取音频剪辑对象
                        audioClip = Applet.newAudioClip(selectedFile
                                .toURI().toURL());
                        audioClip.play();              //播放音频
                    } catch (MalformedURLException e1) {
                        e1.printStackTrace();
                    }
                }
            }
        });
    }
    return playButton;
}
```

程序运行结果如图 26.12 所示。

图 26.12　播放音频程序的界面

26.8 小　　结

　　本章主要讲解了 Java 的绘图技术和简单的音频播放技术，它们都是 java.awt 包所提供的功能。其中，有关绘图和图像处理技术的介绍比较详细，主要包括基本图形绘制、设置绘图颜色与笔画属性、绘制文本、绘制图片以及图像的缩放、翻转、倾斜、旋转等处理技术。
　　通过对本章的学习，读者应该能够掌握基本绘图技术和图像处理技术，在今后的程序开发中，可以使用本章讲解的知识编写统计图表等功能。

26.9　实践与练习

　　1．创建一个主窗体，在窗体上分别绘制矩形、三角形、圆形和椭圆形。（**答案位置：光盘\TM\sl\26.10**）
　　2．使用不同的颜色、不同的笔画属性绘制五环图形，并在五环图下显示年、月、日，文字要求使用宋体，大小为 14。（**答案位置：光盘\TM\sl\26.11**）
　　3．尝试综合线程技术，编写动画程序。（**答案位置：光盘\TM\sl\26.12**）

第 27 章

打印技术

（ 视频讲解：13 分钟）

　　打印技术是高级程序开发不可缺少的技术，它可以控制打印机设备，将程序的统计结果、备份文档等资料打印在纸张上。在最初的 JDK 版本中没有提供对打印操作的支持，从 JDK 1.1 开始 Java 才逐渐地提供了打印功能，并且随 JDK 版本的升级不断提升对打印技术的支持。本章将简单地介绍 Java 对打印技术的实现方法，并提供打印实例，使初学者能够在程序开发中定制自己的打印模块。

　　通过阅读本章，您可以：

- ▶▶ 掌握 Java 打印任务的属性设置
- ▶▶ 掌握 "打印" 对话框的使用
- ▶▶ 掌握打印页面的定义与绘制
- ▶▶ 学会实现多页打印
- ▶▶ 了解打印预览的实现

27.1 打印控制类

🎥 视频讲解：光盘\TM\lx\27\打印控制类.exe

PrinterJob 类是控制打印的主要类，Java 应用程序可以调用此类中的方法实现设置打印任务，打开"打印"对话框，执行页面打印等任务。本节将介绍控制打印任务的常用方法。

1．获取 PrinterJob 对象

PrinterJob 类使用了单例模式，它必须通过静态方法 getPrinterJob()获取唯一实例。

语法如下：

PrinterJob job = PrinterJob.getPrinterJob();

该方法在第一次调用时，会创建 PrinterJob 类的实例对象，这个对象在程序中是唯一的，以后再次调用该方法时，将直接返回该对象的应用。

2．打印任务的名称属性

PrinterJob 类可以调用访问打印任务的名称属性，这个名称属性将显示在打印任务列表中，如图 27.1 所示。它主要用于标识打印任务，也可以用于区分打印任务列表中不同的打印任务。

图 27.1　打印任务列表

设置打印任务名称由 setJobName()方法实现，该方法将接收 String 类型的字符串作为其参数，将该字符串设置为打印任务的名称。

语法如下：

job.setJobName(String jobName)

- ☑ job：PrinterJob 类的实例对象。
- ☑ jobName：打印任务的名称参数。

获取打印任务名称需要调用 getJobName()方法，该方法将返回 String 类型的字符串，这个字符串就是 setJobName()方法设置的打印任务的名称。通过 PrinterJob 类的实例 job 调用打印任务名称的代码如下：

String printName=job.getJobName()

3．设置打印页面

PrinterJob 类的 setPrintable()方法用于设置打印任务的内容，也就是打印页面。这个打印页面是

java.awt.print 包中 Printable 接口的实现类，将在 27.3 节进行介绍。

设置打印页面属性需要为 setPrintable()方法传递实现 Printable 接口的对象作为参数。

语法如下：

job.setPrintable(Printable painter)

- ☑ job：PrinterJob 类的实例对象。
- ☑ painter：Printable 接口实现类的实例对象。

4．获取打印用户

PrinterJob 类可以获取执行打印任务的用户名称，可以控制程序记录每个用户的打印信息，如打印任务名称、打印内容等。

语法如下：

String userName = job.getUserName()

其中，job 是 PrinterJob 类的实例对象。

在上述代码中，通过 PrinterJob 类的实例对象 job 调用 getUserName()方法，获取打印任务的用户名称。

5．打印状态

如果打印作业正在进行中，用户可以控制取消下一次打印作业，这时可以调用 isCancelled()方法获取打印状态，如果打印被取消，则返回 true，否则返回 false。

语法如下：

boolean cancel = job.isCancelled()

其中，job 是 PrinterJob 类的实例对象。

在上述代码中，通过 PrinterJob 类的实例对象 job 调用 isCancelled()方法，该方法的返回值判断当前打印程序的执行状态。

27.2 "打印"对话框

> 视频讲解：光盘\TM\lx\27\"打印"对话框.exe

用户可以使用"打印"对话框对打印任务进行设置，如打印纸张大小、是否彩色打印、打印纸方向和打印份数等属性。"打印"对话框如图 27.2 所示。调用 PrinterJob 类的 printDialog()方法将打开"打印"对话框，该方法的返回值是 boolean 类型。

语法如下：

boolean ok = job.printDialog()

其中，job 是 PrinterJob 类的实例对象。

当用户单击"打印"对话框中的"确定"按钮时,该方法返回 true;当单击"打印"对话框中的"取消"按钮时,该方法返回 false。

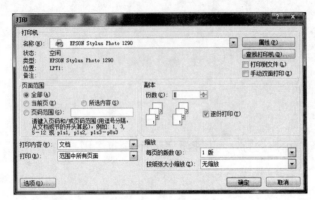

图 27.2 Windows 下的"打印"对话框和"纸张"选项卡

printDialog()方法还有一个同名的重载方法,它接收实现 PrintRequestAttributeSet 接口的对象作为参数,该接口在 javax.print.attribute 包中有一个实现类 HashPrintRequestAttributeSet,可以使用该类的实例对象作为 printDialog()方法的参数。

语法如下:

printDialog(PrintRequestAttributeSet attributes)

其中,attributes 是打印设置的属性参数。

该方法将使用跨平台的"打印"对话框进行打印设置,这个对话框在所有平台上可以保持一致的程序界面与功能。

【例 27.1】 打开跨平台的"打印"对话框,使用如下代码:

```
PrinterJob job = PrinterJob.getPrinterJob();
HashPrintRequestAttributeSet attributes;
attributes = new HashPrintRequestAttributeSet();      //创建打印属性
job.printDialog(attributes);                          //打开"打印"对话框
```

使用该方法打开的"打印"对话框和"页面设置"选项卡如图 27.3 所示。

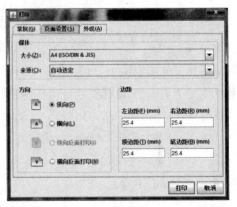

图 27.3 跨平台的"打印"对话框和"页面设置"选项卡

通过"打印"对话框,用户可以对打印任务名称、打印区域及打印的份数进行设置;通过"页面设置"选项卡,用户可以对纸张的大小、来源、打印方向及打印文字边缘的间距进行设置。

27.3 打印页面

视频讲解:光盘\TM\lx\27\打印页面.exe

打印页面指打印任务要执行打印的内容,这些内容可以是文本、图片、网页和图形等,在第 26 章中所讲的所有绘图内容都可以作为打印内容。打印内容必须实现 Printable 接口,该接口位于 java.awt.print 包中,接口中只包含一个方法。

语法如下:

print(Graphics graphics, PageFormat pageFormat, int pageIndex)

- ☑ graphics:绘制打印页面的图形上下文。
- ☑ pageFormat:将绘制打印页面的格式属性,如方向和大小。
- ☑ pageIndex:当前打印页的索引。

在使用 Printable 接口实现打印页面时,必须实现 paint()方法,而 paint()方法中的 graphics 图形上下文必须了解页面的可打印区域。由于打印机必须以某种方式将打印纸张夹住,而这些被打印机夹住的纸张区域是不能打印内容的,纸张剩余部分才是可打印区域,如图 27.4 所示。在打印设置对话框中可以设置打印区域的大小,可以用 pageFormat 参数的不同方法获取打印区域的宽度、高度和打印区域的起始坐标。该参数是 PageFormat 类的实例对象,PageFormat 类定义在 java.awt.print 包中。有关该类常用方法的说明可参见表 27.1。

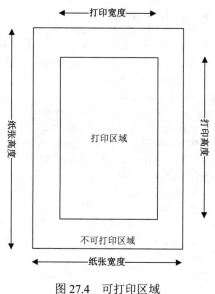

图 27.4 可打印区域

表 27.1 PageFormat 类的常用方法

方　　法	说　　明
getWidth()	获取打印页面的宽度
getHeight()	获取打印页面的高度
getImageableWidth()	获取可打印区域的宽度
getImageableHeight()	获取可打印区域的高度
getImageableX()	获取可打印区域的左上方起始坐标 X 轴的位置
getImageableY()	获取可打印区域的左上方起始坐标 Y 轴的位置

> **注意**
>
> 实现 Printable 接口的 print()方法，必须提供方法的返回值。该值有两个可选常量，即 PAGE_EXISTS 和 NO_SUCH_PAGE，它们都是 Printable 接口中定义的常量，分别表示页面可以打印和页面不能被打印。可以根据程序的业务逻辑判断是否打印该页，如果超出打印页码，则返回 NO_SUCH_PAGE，不再打印。

【例 27.2】 编写一个最简单的打印实例，要求在打印机上输出一个带颜色的五环图形。关键代码如下：（实例位置：光盘\TM\sl\27.01）

```java
public class StudyPrint {
    public static void main(String[] args) {
        try {
            PrinterJob job = PrinterJob.getPrinterJob();
            if (!job.printDialog())
                return;
            job.setPrintable(new Printable() {
                private final int OVAL_WIDTH = 130;        //图形的宽
                private final int OVAL_HEIGHT = 130;       //图形的高
                public int print(Graphics graphics, PageFormat pageFormat,
                        int pageIndex) throws PrinterException {
                    if (pageIndex > 0)
                        return Printable.NO_SUCH_PAGE;
                    int x = (int) pageFormat.getImageableX();
                    int y = (int) pageFormat.getImageableY();
                    Graphics2D g2 = (Graphics2D) graphics;
                    g2.setStroke(new BasicStroke(4.0F));
                    g2.setColor(Color.BLUE);
                    //绘制第 1 个圆形
                    g2.drawOval(x + 10, y + 10, OVAL_WIDTH, OVAL_HEIGHT);
                    g2.setColor(Color.CYAN);
                    //绘制第 2 个圆形
                    g2.drawOval(x + 130, y + 10, OVAL_WIDTH, OVAL_HEIGHT);
                    g2.setColor(Color.GREEN);
                    //绘制第 3 个圆形
                    g2.drawOval(x + 250, y + 10, OVAL_WIDTH, OVAL_HEIGHT);
```

```
                    g2.setColor(Color.MAGENTA);
                    //绘制第 4 个圆形
                    g2.drawOval(x + 70, y + 120, OVAL_WIDTH, OVAL_HEIGHT);
                    g2.setColor(Color.ORANGE);
                    //绘制第 5 个圆形
                    g2.drawOval(x + 190, y + 120, OVAL_WIDTH, OVAL_HEIGHT);
                    return Printable.PAGE_EXISTS;
                }
            });
            job.setJobName("打印图形");
            job.print();
        } catch (PrinterException e) {
            e.printStackTrace();
        }
    }
}
```

程序的打印内容显示在打印驱动自带的预览对话框时，效果如图 27.5 所示。如果打印驱动没有预览功能，则只能在打印机输出打印结果之后查看效果。

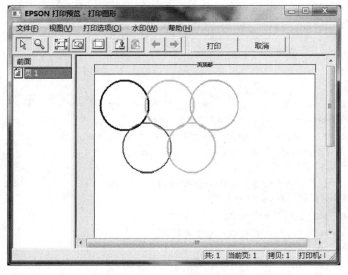

图 27.5　五环图的打印

27.4　多页打印

视频讲解：光盘\TM\lx\27\多页打印.exe

虽然实现 Printable 接口并重写 print()方法，可以实现自己的打印页对象，但是在实际的程序开发中经常需要进行多页打印，这就需要使用 java.awt.print 包所提供的 Book 类对多个打印页进行封装。使用 Book 类的 append()方法可以将多个打印页面添加到 Book 类的实例对象中，这可以看作是为一本书添加多个章节和页码。该方法有两种重载形式。

语法如下：

append(Printable painter, PageFormat page)

或

append(Printable painter, PageFormat page, int numPages)

- ☑ painter：实现 Printable 接口的类，也就是打印页。
- ☑ page：将绘制打印页面的格式属性，如方向和大小。
- ☑ numPages：要添加到 Book 中的页数。

说明

在实际打印过程中，Printable 接口的 print()方法将被调用多次，即使打印一个页面，也会进行多次访问，所以不要在该方法中进行技术统计之类的操作。如果要统计当前页码，可使用 print()方法提供的 pageIndex 参数，即页码索引（参见 27.3 节）。

【例 27.3】 编写 MultiPagePrint 程序实现多页打印，其中每个页面的内容是当前页码的提示信息"多页打印的第 N 页"，其中 N 是当前页码。（实例位置：光盘\TM\sl\27.02）

```
package com.lzw;
import java.awt.*;
import java.awt.print.*;
public class MultiPagePrint {
    static class PrintPage implements Printable {
        public int print(Graphics graphics, PageFormat pageFormat,
                int pageIndex) throws PrinterException {
            //获取可打印区域坐标的 x 位置
            int x = (int) pageFormat.getImageableX();
            //获取可打印区域坐标的 y 位置
            int y = (int) pageFormat.getImageableY();
            Graphics2D g2 = (Graphics2D) graphics;
            //绘制文本
            g2.drawString("多页打印实例的第" + pageIndex + "页", x, y + 10);
            return Printable.PAGE_EXISTS;          //返回 PAGE_EXISTS
        }
    }
    public static void main(String[] args) {
        try {
            PrinterJob job = PrinterJob.getPrinterJob();
            if (!job.printDialog())                //如果取消"打印"对话框
                return;                            //终止方法执行
            Book printBook = new Book();
            PageFormat pf = new PageFormat();
            printBook.append(new PrintPage(), pf);       //添加 1 页
            printBook.append(new PrintPage(), pf, 5);    //添加 5 页
            job.setPageable(printBook);                  //设置打印页
```

```
                job.setJobName("多页打印");              //设置打印任务名称
                job.print();                            //执行打印
        } catch (PrinterException e) {
                e.printStackTrace();
        }
    }
}
```

程序运行后，首页和最后一页的打印内容如图 27.6 所示。

图 27.6 首页和最后一页的打印内容

27.5 打印预览

视频讲解：光盘\TM\lx\27\打印预览.exe

打印预览机制使用户可以在打印之前，在屏幕上查看要打印的内容及打印样式，从而避免错误打印而造成纸张浪费。各类办公软件、图像处理软件等都提供打印预览功能，而 Java Swing 技术并没有提供打印预览对话框组件，本节将介绍如何实现自己的打印预览机制。

在 Printable 接口的 print()方法中，操作的 graphics 是打印机的图形上下文对象。打印预览的实现原理就是将该图形上下文替换为程序界面的图形上下文，在组件的 paint()方法中调用 Printable 接口的 print()方法即可实现打印预览。

【例 27.4】 创建程序窗体，在窗体上显示定义"打印预览"按钮，当用户单击"打印预览"按钮时，将弹出"页面设置"对话框，在用户选择纸张、设置打印方向和页边距并单击"确定"按钮，主窗体将预览打印内容。（实例位置：光盘\TM\sl\27.03）

```
package com.lzw;
import java.awt.*;
import java.awt.print.*;
import javax.swing.*;
public class PrintPreview extends JFrame implements Printable {
    private Image img;
    private JButton previewButton = null;
    private PageFormat pf;
    …//省略初始化代码
```

```java
//实现 Printable 接口的 paint()方法
public int print(Graphics graphics, PageFormat pageFormat, int pageIndex)
        throws PrinterException {
    //获取可打印区域起始坐标的 x 位置
    int x = (int) pageFormat.getImageableX();
    //获取可打印区域起始坐标的 y 位置
    int y = (int) pageFormat.getImageableY();
    Graphics2D g2 = (Graphics2D) graphics;
    g2.drawImage(img, x, y, this); //绘制图像
    return Printable.PAGE_EXISTS; //返回 PAGE_EXISTS
}
// "打印预览"按钮
private JButton getPreviewButton() {
    if (previewButton == null) {
        previewButton = new JButton();
        previewButton.setText("打印预览");
        previewButton.addActionListener(new ActionListener() {
            public void actionPerformed(java.awt.event.ActionEvent e) {
                PrinterJob job = PrinterJob.getPrinterJob();
                pf = job.pageDialog(pf);
                canvas.repaint();
            }
        });
    }
    return previewButton;
}
…//省略部分代码
class MyCanvas extends Canvas {
    public void paint(Graphics g) {
        try {
            super.paint(g);
            Graphics2D g2 = (Graphics2D) g;
            g2.translate(10, 10);
            int x = (int) (pf.getImageableX() - 1);
            int y = (int) (pf.getImageableY() - 1);
            int width = (int) (pf.getImageableWidth() + 1);
            int height = (int) (pf.getImageableHeight() + 1);
            int mw=(int) pf.getWidth();
            int mh=(int) pf.getHeight();
            g2.drawRect(0, 0, mw, mh);
            g2.setStroke(new BasicStroke(1f, BasicStroke.CAP_ROUND,
                    BasicStroke.JOIN_ROUND, 10f, new float[] { 5, 5 }, 0f));
            g2.drawRect(x, y, width, height);
            PrintPreview.this.print(g, pf, 0);
        } catch (PrinterException e) {
            e.printStackTrace();
        }
    }
}
```

```
…//省略部分代码
}
```

程序运行后单击"打印预览"按钮,在"页面设置"对话框中设置打印方向为"横向",设置页边距大小,然后单击"确定"按钮,将显示打印预览效果,如图27.7所示。实线的矩形区域是打印纸张的大小,虚线的矩形区域是页边距设置的可打印区域。在正式打印时是没有虚线和实线矩形的。

图27.7　打印预览运行效果

27.6　小　　结

本章介绍了打印控制类、"打印"对话框和打印页面等打印技术的基础知识和多页打印、打印预览等打印技术的应用,其中打印预览是打印模块使用最多的功能。通过对本章的学习,读者应该能够独立开发程序的打印模块,实现打印业务。

27.7　实践与练习

1. 编写打印程序,实现在打印机设备上输出一段文字,文字内容随意,但是要求使用不同的字体、样式、颜色和大小。(答案位置：光盘\TM\sl\27.04)

2. 对照例27.2定制自己的打印预览对话框。(答案位置：光盘\TM\sl\27.05)

3. 编写绘图程序,该程序可以使用鼠标绘制图形,然后为该程序开发打印模块,要求具有打印预览功能。(答案位置：光盘\TM\sl\27.06)

项目实战

▶▶ 第28章 企业进销存管理系统

本篇通过一个大型、完整的企业进销存管理系统，运用软件工程的设计思想，让读者学习如何进行软件项目的实践开发。书中按照"编写项目计划书→系统设计→数据库设计→创建项目→实现项目→运行项目→项目打包部署→解决开发常见问题"的过程进行介绍，带领读者一步一步亲身体验开发项目的全过程。

第 28 章

企业进销存管理系统

（视频讲解：1 小时 18 分钟）

　　进销存管理系统是促进企业发展的重要组成部分，是商业企业经营管理中的核心环节，也是一个企业能否取得效益的关键，如果能够做到合理采购、及时销售、库存量最小、减少积压，那么企业就能取得最佳的经济效益。在现代社会中，大多数事业、企业单位，特别是中小型企业，实现信息化管理是首要任务。只有实现信息化管理，才能提高工作效率和企业的管理水平。市场经济快速多变，竞争激烈，企业采用信息化管理进货、库存、销售等诸多环节也已成为必然趋势。

　　本章将使用 Java Swing 技术和 MySQL 数据库开发跨平台的企业进销存管理系统，该系统是典型的 MIS（管理信息系统），主要包括创建并维护后台数据库和前端应用程序的开发两个方面。

　　通过阅读本章，您可以：

- ▶▶ 学会使用 JDBC 技术操作 MySQL 数据库
- ▶▶ 学会使用 Swing 技术的高级布局管理器
- ▶▶ 学会实现数据库的备份与恢复
- ▶▶ 学会使用 Swing 菜单栏与工具栏
- ▶▶ 学会使用 Desktop 类实现系统资源的关联
- ▶▶ 掌握内部窗体的各种操作

28.1 系统分析

📹 **视频讲解：光盘\TM\lx\28\系统分析和设计**

本节将对企业进销存管理系统进行系统的分析，其中包括需求分析和可行性分析。另外，在项目计划书中将详细地描述开发背景、团队和开发环境。

28.1.1 需求分析

企业进销存管理系统的主要工作是对企业的进货、销售和库存以信息化的方式进行管理，最大限度地减少各个环节中可能出现的错误，有效减少盲目采购、降低采购成本、合理控制库存、减少资金占用并提高市场灵敏度，使企业能够合理安排进、销、存的每个关键步骤，提升企业市场竞争力。针对经营管理中存在的问题，吉林省铭泰××有限公司对产品的进销存合理化提出了更高的要求（概括地讲，用户对进销存系统的需求具有普遍性）。

通过实际调查，要求企业进销存管理系统具有以下功能：

- ☑ 界面设计美观大方，操作方便、快捷、灵活。
- ☑ 实现强大的进销存管理，包括基本信息、进货、销售和库存管理。
- ☑ 能够在不同的操作系统下运行，不局限于特定的平台。
- ☑ 提供数据库备份与恢复功能。
- ☑ 提供库存盘点功能。
- ☑ 提供技术支持的联系方式，可以使用邮件进行沟通，或者直接连接到技术网站。

28.1.2 可行性分析

根据《计算机软件文档编制规范》（GB/T 8567－2006）中可行性分析的要求，制定可行性研究报告如下。

1. 引言

（1）编写目的

为了给软件开发企业的决策层提供是否进行项目实施的参考依据，现以文件的形式分析项目的风险、项目需要的投资与效益。

（2）背景

吉林省铭泰××有限公司是一家以商品推广为主的商业企业，为了更好地管理进货、销售和库存，现需要委托其他公司开发一个企业进销存管理系统，项目名称为"铭泰企业进销存管理系统"。

2．可行性研究的前提

（1）要求

- ☑ 附加进货、退货和销售退货功能以增加管理的灵活性。
- ☑ 系统的功能要符合本企业的实际情况。
- ☑ 管理内容较多，涉及窗口容易混乱，应提供窗口集合操作和菜单管理。
- ☑ 支持数据库备份与恢复功能，提高系统安全性。

（2）目标

铭泰企业进销存管理系统的主要目标是提供强大的进销存管理功能，减少盲目采购、降低采购成本、合理控制库存、减少资金占用并提高市场灵敏度。

（3）评价尺度

项目需要在两个月内交付用户使用，系统分析人员需要 3 天内到位，用户需要 5 天时间确认需求分析文档，除去其中可能出现的问题，如用户可能临时有事，占用 7 天时间确认需求分析，那么程序开发人员需要在 50 天的时间内进行系统设计、程序编码、系统测试、程序调试和系统打包部署工作，其间还包括了员工每周的休息时间。

3．投资及效益分析

（1）支出

根据预算，公司计划投入 8 个人，为此需要支付 9 万元的工资及各种福利待遇；项目的安装、调试以及用户培训、员工出差等费用支出需要 2.5 万元；在项目后期维护阶段预计需要投入 2 万元的资金，累计项目投入需要 13.5 万元资金。

（2）收益

客户提供项目开发资金 30 万元，对于项目后期进行的改动，采取协商的原则，根据改动规模额外提供资金。因此，从投资与收益的效益比上，公司大致可以获得 16.5 万元的利润。

项目完成后，有助于公司储备资源，包括技术、经验的积累。

4．结论

根据上面的分析，技术上不会存在问题，因此项目延期的可能性很小；效益上，公司投入 8 个人、两个月的时间获利 16.5 万元，比较可观；另外，公司还可以储备项目开发的经验和资源。因此，认为该项目可以开发。

28.1.3 编写项目计划书

根据《计算机软件文档编制规范》（GB/T 8567－2006）中的项目开发计划要求，结合单位实际情况，编写项目计划书如下。

1．引言

（1）编写目的

为了保证项目开发人员能更好地了解项目实际情况，按照合理的顺序开展工作，按时保质地完成预定目标，现以书面的形式将项目开发生命周期中的项目任务范围、项目团队组织结构、团队成员的工作责任、团队内外沟通协作方式、开发进度、检查项目工作等内容描述出来，作为项目相关人员之间的共识和约定以及项目生命周期内所有项目活动的行动基础。

（2）背景

铭泰企业进销存管理系统是本公司与吉林省铭泰××有限公司签订的待开发项目，项目性质为进销存管理类型，可以方便企业对进货、销售和库存等环节进行管理，及时对库存进行盘点、价格调整、数据备份和恢复等操作。项目周期为两个月。项目背景规划如表28.1所示。

表28.1 项目背景规划

项目名称	签订项目单位	项目负责人	参与开发部门
铭泰企业进销存管理系统	甲方：吉林省铭泰××有限公司	甲方：陈经理	设计部门 开发部门 测试部门
	乙方：TM科技有限公司	乙方：李经理	

2．概述

（1）项目目标

项目应当符合SMART原则，把项目要完成的工作用清晰的语言描述出来。铭泰企业进销存管理系统的主要目标是为企业提供一套能够方便地对企业商品的进货、销售、库存等进行管理的软件。

（2）应交付成果

项目开发完成后，交付的内容如下：

- ☑ 以光盘的形式提供铭泰企业进销存管理系统源程序、系统数据库文件、系统打包文件和系统使用说明书。
- ☑ 系统发布后，进行无偿维护和服务6个月，6个月后进行系统有偿维护与服务。

（3）项目开发环境

开发本项目所用的操作系统可以是 Windows 2000 Server、Windows Server 2003、Windows 7、Linux 的各种版本、MAC 等平台，开发工具为 Eclipse 3.7，数据库采用 MySQL 5.6。

（4）项目验收方式与依据

项目验收分为内部验收和外部验收两种方式。项目开发完成后，首先进行内部验收，由测试人员根据用户需求和项目目标进行验收。项目在通过内部验收后，交给客户进行外部验收，验收的主要依据为需求规格说明书。

3．项目团队组织

（1）组织结构

本公司针对该项目组建了一个由公司副经理、项目经理、系统分析员、软件工程师、网页设计师和测试人员组成的开发团队，开发团队结构如图28.1所示。

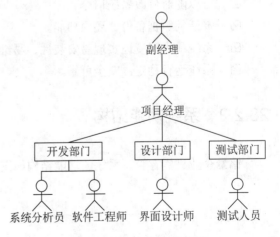

图28.1 项目开发团队结构

（2）人员分工

为了明确项目团队中每个人的任务分工，现制定人员分工表，如表 28.2 所示。

表 28.2 人员分工表

姓 名	技 术 水 平	所 属 部 门	角 色	工 作 描 述
高××	MBA	经理部	副经理	负责项目的审批、决策的实施
李××	MBA	项目开发部	项目经理	负责项目的前期分析与策划、项目开发进度的跟踪、项目质量的检查
陈××	中级系统分析员	开发部门	系统分析员	负责系统功能分析、系统框架设计
唐××	中级软件工程师	开发部门	软件工程师	负责软件设计与编码
魏××	中级软件工程师	开发部门	软件工程师	负责软件设计与编码
张××	初级软件工程师	开发部门	软件工程师	负责软件编码
梁××	中级美工设计师	设计部门	界面设计师	负责软件的界面设计
王××	中级系统测试工程师	测试部门	测试人员	对软件进行测试、编写软件测试文档

28.2 系统设计

28.2.1 系统目标

根据企业对进销存管理的要求，制定企业进销存管理系统目标如下：
- ☑ 灵活的人机交互界面，操作简单方便，界面简洁美观。
- ☑ 键盘操作，快速响应。
- ☑ 对进货和销售提供相应的退货管理功能。
- ☑ 实现各种查询，如多条件查询、模糊查询等。
- ☑ 可以随时修改系统口令。
- ☑ 灵活的数据备份、还原功能。
- ☑ 系统最大限度地实现易安装性、易维护性和易操作性。
- ☑ 系统运行稳定，安全可靠。

28.2.2 系统功能结构

铭泰企业进销存管理系统的功能结构如图 28.2 所示。

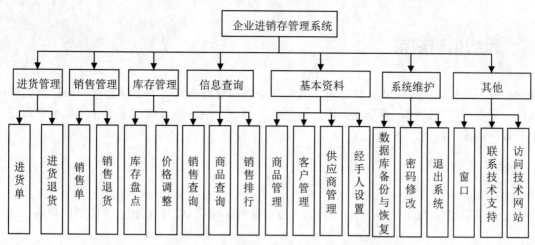

图 28.2　铭泰企业进销存管理系统的功能结构

28.2.3　系统业务流程图

铭泰企业进销存管理系统的业务流程如图 28.3 所示。

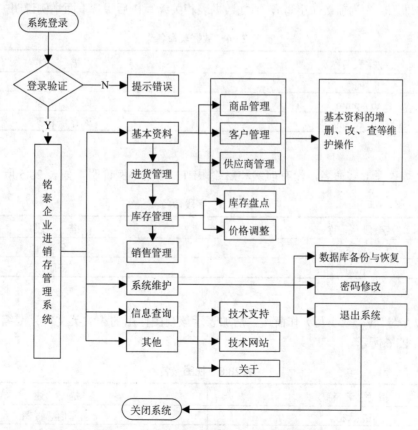

图 28.3　铭泰企业进销存管理系统的业务流程

28.2.4 系统编码规范

开发企业应用程序需要团队合作,每个人负责不同的业务模块,为了使程序的结构与代码风格统一标准化,增加代码可读性,需要在编码之前制定一套统一的编码规范。下面介绍铭泰企业进销存管理系统开发中的编码规范。

1. 数据库命名规范

(1) 数据库

数据库命名以字母"db_"为前缀(小写),后加数据库相关章节作后缀。下面举例说明,如表28.3所示。

表28.3 数据库命名

数据库名称	描 述
db_database28	铭泰企业进销存管理系统数据库

(2) 数据表

数据表以字母"tb_"为前缀(小写),后加数据表相关缩写作后缀。下面举例说明,如表28.4所示。

表28.4 数据表命名

数据表名称	描 述
tb_jsr	经手人信息表
tb_spinfo	商品信息表
tb_kucun	库存信息表

(3) 字段

字段采用名称缩写形式命名,没有前缀和后缀限制。下面举例说明,如表28.5所示。

表28.5 字段命名

字 段 名 称	描 述
name	名字
pwd	密码

(4) 视图

视图命名以字母"v_"(小写)作前缀,后加表示该视图作用的相关英文单词或缩写作后缀。下面举例说明,如表28.6所示。

表28.6 视图命名

视图名称	描 述
v_rukuView	入库信息视图
v_sellView	销售信息视图

（5）存储过程

存储过程命名以字母"proc_"开头（小写），后加表示该存储过程作用的相关英文单词或缩写。下面举例说明，如表 28.7 所示。

表 28.7 存储过程命名

存储过程名称	描 述
proc_Login	存储过程全名

说明：proc 表示存储过程，Login 表示实现登录功能。

（6）触发器

触发器命名以字母"trig_"开头（小写），后加表示该触发器作用的相关英文单词或缩写。下面举例说明，如表 28.8 所示。

表 28.8 触发器命名

触发器名称	描 述
trig_inAdmin	触发器全名

说明：trig 表示触发器，inAdmin 表示添加管理员信息。

2．业务编码命名规范

（1）供应商信息编号

供应商信息的 ID 编号以字符串 gys 为前缀，加上 4 位数字的后缀，编号数字从 1000 开始。例如，gys1004。

（2）客户信息编号

客户信息的 ID 编号以字符串 kh 为前缀，加上 4 位数字的后缀，编号数字从 1000 开始。例如，kh1002。

（3）商品信息编号

商品信息的 ID 编号使用字符串 sp 为前缀，加上 4 位数字的后缀。例如，sp2045。

（4）销售单编号

销售单的 ID 编号命名规则以 XS 字符串为前缀，加上销售单的销售日期和 3 位数字作后缀。例如，XS20071205001。

（5）进货单编号

进货单 ID 编号命名规则以 RK 字符串为前缀，加上商品的入库日期和 3 位数字作后缀。例如，RK20071109003。

28.3 开发环境

本系统的软件开发环境如下。
- 操作系统：Windows 7。
- JDK 环境：Java SE Development KIT(JDK) Version 7。
- 开发工具：Eclipse 3.7。
- 数据库管理软件：MySQL 5.6。
- 运行平台：Windows、Linux 各个版本、MAC 等平台。

☑ 分辨率：最佳效果 1024×768 像素。

28.4 数据库与数据表设计

视频讲解：光盘\TM\lx\28\数据库与数据表设计.mp4

企业进销存管理系统是典型的管理信息系统（MIS），数据库是其重要组成部分。该系统的数据库设计是根据需求分析以及系统功能结构制定的。

28.4.1 数据库分析

企业进销存管理系统需要使用数据库存储和管理进销存过程中的所有信息。MySQL 数据库系统是目前使用最多的数据库系统，具有安全、易用、性能优越、安装和操作简便等优点。考虑到进销存数据量的庞大和安全性的保障，本系统决定采用 MySQL 数据库系统作为进销存管理的后台数据库，数据库名称为db_database28，其中包含了 14 张数据表和 2 个视图，详细信息如图 28.4 所示。

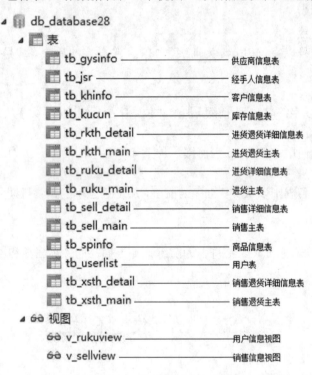

图 28.4 铭泰企业进销存管理系统中用到的数据表和视图

28.4.2 创建数据库

数据库是企业进销存管理系统的数据集合，是系统开发的首要环节。数据库结构设计的好坏直接影响着系统的效率和性能。本系统的数据库名称为 db_database28。

在 MySQL 中创建 db_database28 数据库的具体步骤如下：

（1）选择"开始"/"所有程序"/MySQL/MySQL Server 5.6/MySQL 5.6 Command Line Client，如图 28.5 所示。

（2）在弹出的控制台窗口中输入 root 账号的密码，如图 28.6 所示。

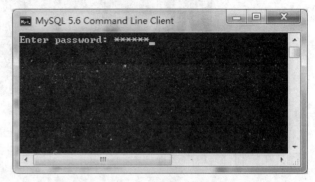

图 28.5　选择 MySQL 5.6 Command Line Client　　　　图 28.6　登录 MySQL

（3）登录成功之后，运行命令"CREATE DATABASE db_database28;"即可创建数据库，如图 28.7 所示。

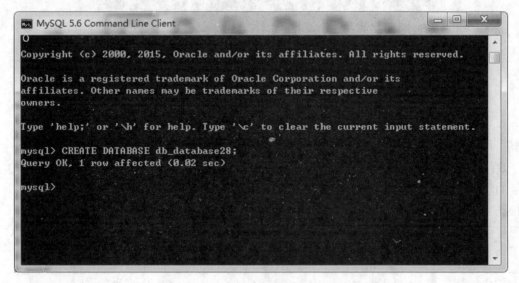

图 28.7　运行创建数据库的命令

28.4.3　创建数据表

在已经创建的数据库 db_database28 中创建 14 个数据表。

下面以 tb_jsr 数据表为例介绍创建数据表的过程。

（1）执行"use db_database28"命令，进入 db_database28 库，如图 28.8 所示。

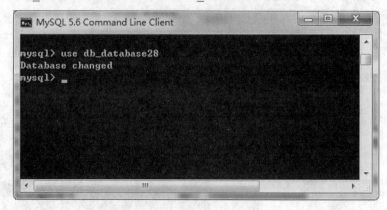

图 28.8　进入指定的库中

（2）在控制台窗口中运行脚本创建表，如图 28.9 所示。

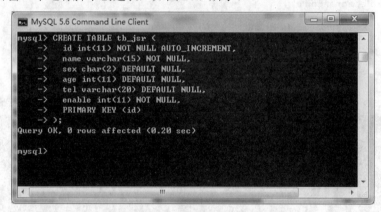

图 28.9　在新建表中添加字段

由于篇幅有限，其他数据表的创建过程这里就不介绍了，读者可以结合下面给出的数据表结构，创建其他的数据表。

（1）供应商信息表

供应商信息表的名称为 tb_gysinfo，主要用于存储供应商详细信息，其结构如表 28.9 所示。

表 28.9　tb_gysinfo 供应商信息表

字段名称	数据类型	字段大小	是否主键	说　　明
id	varchar	32	主键	供应商编号
name	varchar	50		供应商名称
jc	varchar	20		供应商简称
address	varchar	100		供应商地址
bianma	varchar	10		邮政编码
tel	varchar	15		电话
fax	varchar	15		传真

续表

字段名称	数据类型	字段大小	是否主键	说明
lian	varchar	8		联系人
ltel	varchar	15		联系电话
yh	varchar	50		开户银行
mail	varchar	30		电子信箱

（2）商品信息表

商品信息表的名称为 tb_spinfo，主要用于存储商品详细信息，其结构如表 28.10 所示。

表 28.10 tb_spinfo 商品信息表

字段名称	数据类型	字段大小	是否主键	说明
id	varchar	32	主键	商品编号
spname	varchar	50		商品名称
jc	varchar	30		商品简称
cd	varchar	50		产地
dw	varchar	10		商品计量单位
gg	varchar	10		商品规格
Bz	varchar	20		包装
ph	varchar	32		批号
pzwh	varchar	50		批准文号
memo	varchar	100		备注
gysname	varchar	50		供应商名称

（3）进货主表

进货主表的名称为 tb_ruku_main，主要用于存储进货单据信息，其结构如表 28.11 所示。

表 28.11 tb_ruku_main 进货主表

字段名称	数据类型	字段大小	是否主键	说明
rkID	varchar	32	主键	入库编号
pzs	float	8		品种数量
je	decimal(10,2)	8		总计金额
ysjl	varchar	50		验收结论
gysname	varchar	100		供应商名称
rkdate	datetime	8		入库时间
czy	varchar	30		操作员
Jsr	varchar	30		经手人
jsfs	varchar	10		结算方式

（4）进货详细信息表

进货详细信息表的名称为 tb_ruku_detail，主要用于存储进货详细信息，其结构如表 28.12 所示。

表 28.12 tb_ruku_detail 进货详细信息表

字 段 名 称	数 据 类 型	字 段 大 小	是 否 主 键	说　　明
id	varchar	50	主键	流水号
rkID	varchar	30		入库编号
spid	varchar	50		商品编号
dj	decimal(10,2)	8		单价
sl	float	8		数量

（5）销售主表

销售主表的名称为 tb_sell_main，主要用于存储销售单据信息，其结构如表 28.13 所示。

表 28.13 tb_sell_main 销售主表

字 段 名 称	数 据 类 型	字 段 大 小	是 否 主 键	说　　明
sellID	varchar	30	主键	销售编号
pzs	float	8		销售品种数
je	decimal(10,2)	8		总计金额
ysjl	varchar	50		验收结论
khname	varchar	100		客户名称
xsdate	datetime	8		销售日期
czy	varchar	30		操作员
jsr	varchar	30		经手人
jsfs	varchar	10		结算方式

（6）销售详细信息表

销售详细信息表的名称为 tb_sell_detail，主要用于存储销售详细信息，其结构如表 28.14 所示。

表 28.14 tb_sell_detail 销售详细信息表

字 段 名 称	数 据 类 型	字 段 大 小	是 否 主 键	说　　明
id	varchar	50	主键	流水号
sellID	varchar	50		销售编号
spid	varchar	50		商品编号
dj	decimal(10,2)	8		销售单价
sl	float	8		销售数量

 说明

由于篇幅有限，这里只列举了重要的数据表的结构，其他的数据表结构可参见光盘中的数据库脚本文件。

28.5 创建项目

📹 **视频讲解：光盘\TM\lx\28\导入项目.mp4**

铭泰企业进销存管理系统是使用 Eclipse 开发的一个 Java 项目。在 Eclipse 开发环境中创建"进销存管理系统"项目的具体步骤如下：

（1）启动 Eclipse，在 Eclipse 工作台中选择"文件"/"新建"/"Java 项目"命令，如图 28.10 所示。

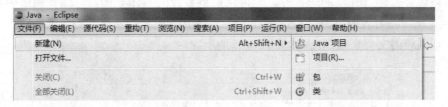

图 28.10　选择"文件"/"新建"/"Java 项目"命令

（2）弹出"新建 Java 项目"对话框，在"项目名"文本框中输入新建项目的名称；在"位置"栏中选择项目的创建位置，可以选择默认位置（即当前工作空间），也可以单击"浏览"按钮指定具体的位置，这里采用默认位置；然后在 JRE 栏中选择该项目所使用的 JRE（Java SE Runtime Environment，Java 运行环境）；接下来再在"项目布局"栏中选中"为源文件和类文件创建单独的文件夹"单选按钮；最后还可以为该项目指定工作集，这里不指定任何工作集，单击"完成"按钮，如图 28.11 所示。

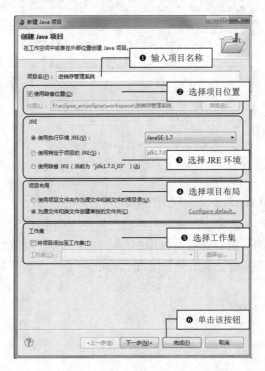

图 28.11　"新建 Java 项目"对话框

28.6　系统文件夹组织结构

> 视频讲解：光盘\TM\lx\28\文件夹结构.mp4

由于铭泰企业进销存管理系统是由团队进行开发的，所以在编写项目代码之前，需要制定好项目的系统文件夹组织结构，如不同的 Java 包存放不同的窗体、公共类、数据模型、工具类或者图片资源等，这样不但可以保证团队开发的一致性，也可以规范系统的整体架构。创建完系统中可能用到的文件夹或 Java 包之后，在开发时，只需将所创建的类文件或资源文件保存到相应的文件夹中即可。铭泰企业进销存管理系统的文件夹组织结构如图 28.12 所示。

图 28.12　文件夹组织结构

28.7　公共类设计

> 视频讲解：光盘\TM\lx\28\公共类设计.mp4

公共类也是代码重用的一种形式，它将各个功能模块经常调用的方法提取到共用的 Java 类中。例如，访问数据库的 Dao 类容纳了所有访问数据库的方法，并同时管理着数据库的连接和关闭。这样不但实现了项目代码的重用，还提高了程序的性能和代码的可读性。本节将介绍铭泰企业进销存管理系统中的公共类设计。

28.7.1　Item 公共类

Item 公共类是对数据表最常用的 id 和 name 属性的封装，用于 Swing 列表、表格、下拉列表框等组件的赋值。该类重写了 toString()方法,在该方法中只输出 name 属性,所以 Item 类在 Swing 组件显示文本时只包含名称信息,不会连带着 id 属性。但是,在获取组件的内容时,获取的是 Item 类的对象,从该对象中可以很容易地获取 id 属性,然后通过该属性到数据库中获取唯一的数据。Item 公共类的程序代码如下:

```java
package com.lzw;
public class Item {
    private String id;                              //id 编号属性
    private String name;                            //name 属性
    public Item() {                                 //默认构造方法
    }
    public Item(String id, String name) {           //包含所有属性初始化的构造方法
        this.id = id;
        this.name = name;
    }
    public String getId() {                         //获取 id 属性的方法
        return id;
    }
    public void setId(String id) {                  //设置 id 属性的方法
        this.id = id;
    }
    public String getName() {                       //获取 name 属性的方法
        return name;
    }
    public void setName(String name) {              //设置 name 属性的方法
        this.name = name;
    }
    public String toString() {                      //重写 toString()方法,只输出 name 属性
        return getName();
    }
}
```

> **注意**
> 代码中相应的 getXXX()方法和 setXXX()方法,是访问不同属性的方法,而相应的属性则被声明为 private 属性,这样就实现了属性的封装。在本章其他程序代码的介绍中,将省略 getXXX()方法和 setXXX()方法的程序代码。

28.7.2 数据模型公共类

com.lzw.dao.model 包中存放的是数据模型公共类,它们对应着数据库中不同的数据表,这些模型将被访问数据库的 Dao 类和程序中各个模块甚至各个组件所使用。和 Item 公共类的使用方法类似,数据模型也是对数据表中所有字段(属性)的封装,但是数据模型是纯粹的模型类,它不但需要重写父类的 toString()方法,还要重写 hashCode()方法和 equals()方法(这两个方法分别用于生成模型对象的哈

希代码和判断模型对象是否相同）。模型类主要用于存储数据，并通过相应的 getXXX()方法和 setXXX()方法实现不同属性的访问原则。商品数据表对应的模型类的关键代码如下：

```java
package com.lzw.dao.model;
public class TbSpinfo implements java.io.Serializable {
    private String id;                      //id 属性
    private String spname;                  //商品名称
    private String jc;                      //商品简称
    private String cd;                      //产地
    private String dw;                      //单位
    private String gg;                      //规格
    private String bz;                      //包装
    private String ph;                      //批号
    private String pzwh;                    //批准文号
    private String memo;                    //备注
    private String gysname;                 //供应商名称
    public TbSpinfo() {                     //默认的构造方法
    }
    …//省略 getXXX()方法和 setXXX()方法
    public String toString() {              //重写 toString()方法
        return getSpname();
    }
    @Override
    public int hashCode() {                 //重写生成 hashCode()的方法
        final int PRIME = 31;
        int result = 1;
        result = PRIME * result + ((bz == null) ? 0 : bz.hashCode());
        result = PRIME * result + ((cd == null) ? 0 : cd.hashCode());
        result = PRIME * result + ((dw == null) ? 0 : dw.hashCode());
        result = PRIME * result + ((gg == null) ? 0 : gg.hashCode());
        result = PRIME * result
                + ((gysname == null) ? 0 : gysname.hashCode());
        result = PRIME * result + ((id == null) ? 0 : id.hashCode());
        result = PRIME * result + ((jc == null) ? 0 : jc.hashCode());
        result = PRIME * result + ((memo == null) ? 0 : memo.hashCode());
        result = PRIME * result + ((ph == null) ? 0 : ph.hashCode());
        result = PRIME * result + ((pzwh == null) ? 0 : pzwh.hashCode());
        result = PRIME * result
                + ((spname == null) ? 0 : spname.hashCode());
        return result;
    }
    @Override
    public boolean equals(Object obj) {     //重写 equals()方法
        if (this == obj)
            return true;
        if (obj == null)
            return false;
        if (getClass() != obj.getClass())
            return false;
```

```
        final TbSpinfo other = (TbSpinfo) obj;
        if (bz == null) {
            if (other.bz != null)
                return false;
        } else if (!bz.equals(other.bz))
            return false;
        if (cd == null) {
            if (other.cd != null)
                return false;
        } else if (!cd.equals(other.cd))
            return false;
        …//省略部分判断代码
        } else if (!spname.equals(other.spname))
            return false;
        return true;
    }
}
```

其他模型类的定义与商品模型类的定义方法类似，其属性内容就是数据表中相应的字段。com.lzw.dao.model 包中包含的数据模型类如表 28.15 所示。

表 28.15　com.lzw.dao.model 包中的数据模型类

类　　名	说　　明
TbGysinfo	供应商数据表模型类
TbJsr	经手人数据表模型类
TbKhinfo	客户数据表模型类
TbKucun	库存数据表模型类
TbRkthDetail	进货退货详细数据表模型类
TbRkthMain	进货退货主数据表模型类
TbRukuDetail	进货详细信息数据表模型类
TbRukuMain	进货主表模型类
TbSellDetail	销售详细信息数据表模型类
TbSellMain	销售主表模型类
TbSpinfo	商品信息数据表模型类
TbXsthDetail	销售退货详细信息数据表模型类
TbXsthMain	销售退货主表模型类

说明

表中所有模型类都定义了对应数据表字段的属性，并提供了访问相应属性的 getXXX()方法和 setXXX()方法。

28.7.3　Dao 公共类

Dao 的全称是 Data Access Object，即数据访问对象。本项目中应用该名称作为数据库访问类的名称，在该类中实现了数据库的驱动、连接、关闭和多个操作数据库的方法，这些方法包括不同数据表的操作方法。在介绍具体的数据库访问方法之前，先来看一下Dao类的定义，也就是数据库驱动和连接的代码。关键代码如下：

```java
package com.lzw.dao;
import java.sql.*;                        //导入其他类包
import java.sql.Date;
import java.util.*;
import com.lzw.Item;
import com.lzw.dao.model.*;
public class Dao {
    //定义数据库驱动类的名称
    protected static String dbClassName = " com.mysql.jdbc.Driver ";
    //定义访问数据库的URL
    protected static String dbUrl = " jdbc:mysql://127.0.0.1:3306/db_database28";
    //定义访问数据库的用户名
    protected static String dbUser = "root";
    //定义访问数据库的密码
    protected static String dbPwd = "123456";
    //声明数据库的连接对象
    public static Connection conn = null;
    static {                               //在静态代码段中初始化Dao类，实现数据库的驱动和连接
        try {
            if (conn == null) {
                Class.forName(dbClassName).newInstance();
                conn = DriverManager.getConnection(dbUrl, dbUser, dbPwd);
            }
        } catch (Exception ee) {
            ee.printStackTrace();
        }
    }
    private Dao() {                        //封闭构造方法，禁止创建Dao类的实例对象
    }
}
```

（初始化代码）

Dao类中的所有数据库操作方法都使用static关键字定义为静态方法，所以Dao类不需要创建对象，可以直接调用类中的所有数据库操作方法。下面对Dao类中关键的自定义方法进行详细介绍。

1．getKhInfo(Item item)方法

该方法用于获取客户信息，方法的返回值是TbKhinfo类的对象，即客户信息的数据模型。方法将接收一个Item类的实例对象，通过该对象获取客户的ID编号，然后从数据库中获取该ID编号的数据信息，并封装到客户信息的数据模型中，这个数据模型最后会作为方法的返回值，返回给方法的调用者。该方法的关键代码如下：

```java
//读取客户信息
public static TbKhinfo getKhInfo(Item item) {
    //获取item对象的name属性
    String where = "khname='" + item.getName() + "'";
    if (item.getId() != null)
```

```
            where = "id='" + item.getId() + "'";        //获取 item 对象的 id 属性
    TbKhinfo info = new TbKhinfo();                     //创建客户信息数据模型
    ResultSet set = findForResultSet("select * from tb_khinfo where "+ where);
    try {
        if (set.next()) {                               //封装数据到数据模型中
            info.setId(set.getString("id").trim());
            info.setKhname(set.getString("khname").trim());
            info.setJian(set.getString("jian").trim());
            info.setAddress(set.getString("address").trim());
            info.setBianma(set.getString("bianma").trim());
            info.setFax(set.getString("fax").trim());
            info.setHao(set.getString("hao").trim());
            info.setLian(set.getString("lian").trim());
            info.setLtel(set.getString("ltel").trim());
            info.setMail(set.getString("mail").trim());
            info.setTel(set.getString("tel").trim());
            info.setXinhang(set.getString("xinhang").trim());
        }
    } catch (SQLException e) {
        e.printStackTrace();
    }
    return info;                                        //将数据模型作为返回值
}
```

> **注意**
>
> Item 就是之前所讲到的公共类，它用于封装 id 和 name 属性。

2．getGysInfo(Item item)方法

该方法用于获取供应商信息，方法的返回值是 TbGysinfo 类的对象，即供应商数据表的模型对象。方法将接收 Item 类的对象作为参数，从 item 对象中获取供应商的编号和名称，然后从数据库中获取该编号的供应商信息并封装到供应商数据模型对象中，最后将该模型对象作为方法的返回值返回给方法的调用者。该方法的关键代码如下：

```
//读取指定供应商信息
public static TbGysinfo getGysInfo(Item item) {
    String where = "name='" + item.getName() + "'";    //从 item 对象获取 id 信息
    if (item.getId() != null)
        where = "id='" + item.getId() + "'";            //从 item 对象获取 name 信息
    TbGysinfo info = new TbGysinfo();                   //创建供应商数据模型
    ResultSet set = findForResultSet("select * from tb_gysinfo where "
            + where);                                    //查询数据
    try {
        if (set.next()) {
```

```
                    info.setId(set.getString("id").trim());
将                  info.setAddress(set.getString("address").trim());
供                  info.setBianma(set.getString("bianma").trim());
应                  info.setFax(set.getString("fax").trim());
商                  info.setJc(set.getString("jc").trim());
信                  info.setLian(set.getString("lian").trim());
息                  info.setLtel(set.getString("ltel").trim());
封                  info.setMail(set.getString("mail").trim());
装                  info.setName(set.getString("name").trim());
到                  info.setTel(set.getString("tel").trim());
数                  info.setYh(set.getString("yh").trim());
据
模          }
型     } catch (SQLException e) {
中          e.printStackTrace();
       }
       return info;                                    //将供应商数据模型返回给调用者
}
```

3. getSpInfo(Item item)方法

该方法用于获取商品信息,方法的返回值是 TbSpinfo 类的对象,即商品数据表的模型对象。方法的参数是 Item 公共类的对象 item。该对象封装了商品的 id 和 name 属性,通过这两个属性可以从数据库中获取指定编号的商品信息。该方法将获取到的商品信息封装为商品数据模型,然后返回给方法的调用者。该方法的关键代码如下:

```
//读取商品信息
public static TbSpinfo getSpInfo(Item item) {
    String where = "spname='" + item.getName() + "'";       //获取商品名称
    if (item.getId() != null)
        where = "id='" + item.getId() + "'";                //获取商品编号
    ResultSet rs = findForResultSet("select * from tb_spinfo where "+ where);
    TbSpinfo spInfo = new TbSpinfo();                       //创建商品数据模型对象
    try {
        if (rs.next()) {
将          spInfo.setId(rs.getString("id").trim());
商          spInfo.setBz(rs.getString("bz").trim());
品          spInfo.setCd(rs.getString("cd").trim());
信          spInfo.setDw(rs.getString("dw").trim());
息          spInfo.setGg(rs.getString("gg").trim());
封          spInfo.setGysname(rs.getString("gysname").trim());
装          spInfo.setJc(rs.getString("jc").trim());
到          spInfo.setMemo(rs.getString("memo").trim());
数          spInfo.setPh(rs.getString("ph").trim());
据          spInfo.setPzwh(rs.getString("pzwh").trim());
模          spInfo.setSpname(rs.getString("spname").trim());
型
中       }
    } catch (SQLException e) {
        e.printStackTrace();
    }
```

第28章 企业进销存管理系统

```
        return spInfo;                              //返回商品数据模型对象
}
```

4．getLogin(String name, String password)方法

该方法用于判断登录用户的用户名与密码是否正确，方法的返回值是boolean类型，接收的参数有name和password，分别是用户名与密码信息。该方法将在一条SQL语句中获取指定用户名和密码的数据。如果用户名和密码正确，则返回true值，否则返回false值。关键代码如下：

```
public static boolean getLogin(String name, String password)
        throws SQLException {
    ResultSet rs = findForResultSet("select * from tb_userlist where name='"
            + name + "' and pass='" + password + "'");//执行 SQL 查询
    return rs.next();
}
```

注意

该方法没有对 SQL 注入进行相应的防范处理。

5．insertSellInfo(TbSellMain sellMain)方法

该方法用于添加销售信息到数据库中，它将在事务中完成对销售主表、销售明细表和库存表的添加与保存操作。基于事务的安全原则，如果对任何一个数据表的操作失败，将导致整个事务回滚，恢复到之前的数据状态。因此，该方法执行前后可以保证数据库的完整性不被破坏，同时完成对销售信息的添加。在JDBC中使用事务的关键是调用Connection类的setAutoCommit()方法设置自动提交模式为false，完成业务之后，再调用commit()方法手动提交事务。关键代码如下：

```
//在事务中添加销售信息
public static boolean insertSellInfo(TbSellMain sellMain) {
    try {
        boolean autoCommit = conn.getAutoCommit();
        conn.setAutoCommit(false);
        //添加销售主表记录
        insert("insert into tb_sell_main values('" + sellMain.getSellId()
                + "','" + sellMain.getPzs() + "'," + sellMain.getJe()
                + ",'" + sellMain.getYsjl() + "','" + sellMain.getKhname()
                + "','" + sellMain.getXsdate() + "','" + sellMain.getCzy()
                + "','" + sellMain.getJsr() + "','" + sellMain.getJsfs()
                + "')");
        Set<TbSellDetail> rkDetails = sellMain.getTbSellDetails();
        for (Iterator<TbSellDetail> iter = rkDetails.iterator(); iter
                .hasNext();) {
```

（操作销售主表）

```
                TbSellDetail details = iter.next();
                //添加销售详细表记录
                insert("insert into tb_sell_detail values('"
                        + sellMain.getSellId() + "','" + details.getSpid()
                        + "'," + details.getDj() + "," + details.getSl() + ")");
                //修改库存表记录
                Item item = new Item();
                item.setId(details.getSpid());
                TbSpinfo spInfo = getSpInfo(item);
                if (spInfo.getId() != null && !spInfo.getId().isEmpty()) {
                    TbKucun kucun = getKucun(item);
                    if (kucun.getId() != null && !kucun.getId().isEmpty()) {
                        int sl = kucun.getKcsl() - details.getSl();
                        update("update tb_kucun set kcsl=" + sl + " where id='"
                                + kucun.getId() + "'");
                    }
                }
            }
            conn.commit();
            conn.setAutoCommit(autoCommit);
        } catch (SQLException e) {
            e.printStackTrace();
            return false;
        }
        return true;
    }
```

（左侧大括号标注：操作销售明细表；内部括号标注：操作库存表）

> **注意**
> 在开始 JDBC 事务之前最好使用 getAutoCommit()方法获取原有的事务提交模式并保存，在执行 commit()方法提交事务之后，要使用 setAutoCommit()方法恢复原有的提交模式。

Dao 类中还有关于进货、进货退货和销售退货业务的 insertXXX()方法，其实现方法和该方法类似，这里不再介绍，相信读者能够举一反三，理解其他方法的业务逻辑。

6．backup()方法

该方法用于执行数据库的备份操作，这里主要通过读取 MySQL 数据库中的表信息和表数据，自动生成可执行的 sql 脚本（每行均为一个独立 sql 语句），关键代码如下：

```
public static String backup() throws SQLException {
    LinkedList<String> sqls = new LinkedList<String>();         //备份文件中的所有 sql
    //涉及的相关表命数组
    String tables[] = { "tb_gysinfo", "tb_jsr", "tb_khinfo", "tb_kucun",
            "tb_rkth_detail", "tb_rkth_main", "tb_ruku_detail",
            "tb_ruku_main", "tb_sell_detail", "tb_sell_main", "tb_spinfo",
            "tb_userlist", "tb_xsth_detail", "tb_xsth_main" };
    ArrayList<Tables> tableList = new ArrayList<Tables>();      //创建保存所有表对象的集合
```

```java
for (int i = 0; i < tables.length; i++) {                          //遍历表名称数组
    Statement stmt = conn.createStatement();
    ResultSet rs = stmt.executeQuery("desc " + tables[i]);         //查询表结构
    ArrayList<Columns> columns = new ArrayList<Columns>();         //列集合
    while (rs.next()) {
        Columns c = new Columns();                                 //创建列对象
        c.setName(rs.getString("Field"));                          //读取列名
        c.setType(rs.getString("Type"));                           //读取列类型
        String isnull = rs.getString("Null");                      //读取为空类型
        if ("YES".equals(isnull)) {                                //如果列可以为空
            c.setNull(true);                                       //列可以为空
        }
        String key = rs.getString("Key");                          //读取主键类型
        if ("PRI".equals(key)) {                                   //如果是主键
            c.setKey(true);                                        //列为主键
            String increment = rs.getString("Extra");              //读取特殊属性
            if ("auto_increment".equals(increment)) {              //表主键是否自增
                c.setIncrement(true);                              //主键自增
            }
        }
        columns.add(c);                                            //列集合添加此列
    }
    Tables table = new Tables(tables[i], columns); //创建表示此表名和拥有对应列对象的表对象
    tableList.add(table);                                          //表集合保存此表对象
    rs.close();                                                    //关闭结果集
    stmt.close();                                                  //关闭 sql 语句接口
}

for (int i = 0; i < tableList.size(); i++) {                       //遍历表对象集合
    Tables table = tableList.get(i);                               //获取表格对象

    String dropsql = "DROP TABLE IF EXISTS " + table.getName() + " ;";//删除表 sql
    sqls.add(dropsql);// 添加删除表 sql

    StringBuilder createsql = new StringBuilder();                 //创建表 sql
    createsql.append("CREATE TABLE " + table.getName() + "( ");//创建语句句头
    ArrayList<Columns> columns = table.getColumns();               //获取表中所有列对象
    for (int k = 0; k < columns.size(); k++) {                     //遍历列集合
        Columns c = columns.get(k);                                //获取列对象
        createsql.append(c.getName() + " " + c.getType());         //添加列名和类型声明语句
        if (!c.isNull()) {                                         //如果列可以为空
            createsql.append(" not null ");                        //添加可以为空语句
        }
        if (c.isKey()) {                                           //如果是主键
            createsql.append(" primary key ");                     //添加主键语句
            if (c.isIncrement()) {                                 //如果是主键自增
                createsql.append(" AUTO_INCREMENT ");              //添加自增语句
            }
        }
```

```java
                    if (k < columns.size() - 1) {                    //如果不是最后一列
                        createsql.append(",");                        //添加逗号
                    } else {                                          //如果是最后一列
                        createsql.append(");");                       //创建语句结尾
                    }
                }
                sqls.add(createsql.toString());                       //添加创建表 sql

                Statement stmt = conn.createStatement();              //执行 sql 接口
                ResultSet rs = stmt
                        .executeQuery("select * from " + table.getName());
                while (rs.next()) {
                    StringBuilder insertsql = new StringBuilder();    //插入值 sql
                    insertsql.append("INSERT INTO " + table.getName() + " VALUES(");
                    for (int j = 0; j < columns.size(); j++) {        //遍历表中所有列
                        Columns c = columns.get(j);                   //获取列对象
                        String type = c.getType();                    //获取列字段修饰符
                        if (type.startsWith("varchar") || type.startsWith("char")
                                || type.startsWith("datetime")) {//如果数据类型开头用 varchar、char、datetime
                                                                  //任意一种修饰
                            insertsql.append("'" + rs.getString(c.getName()) + "'");//获取本列数据，两端加逗号
                        } else {
                            insertsql.append(rs.getString(c.getName()));//获取本列数据，两端不加逗号
                        }
                        if (j < columns.size() - 1) {                 //如果不是最后一列
                            insertsql.append(",");                    //添加逗号
                        } else {//如果是最后一列
                            insertsql.append(");");                   //添加句尾
                        }
                    }
                    sqls.add(insertsql.toString());                   //添加插入数据 sql
                }
                rs.close();                                           //关闭结果集
                stmt.close();                                         //关闭 sql 语句接口
            }
            sqls.add("DROP VIEW IF EXISTS v_rukuView;");              //插入删除视图语句
            //插入创建视图语句
            sqls.add("CREATE VIEW v_rukuView AS SELECT tb_ruku_main.rkID, tb_ruku_detail.spid, tb_spinfo.spname, tb_spinfo.gg, tb_ruku_detail.dj, tb_ruku_detail.sl,tb_ruku_detail.dj * tb_ruku_detail.sl AS je, tb_spinfo.gysname, tb_ruku_main.rkdate, tb_ruku_main.czy, tb_ruku_main.jsr,tb_ruku_main.jsfs FROM tb_ruku_detail INNER JOIN tb_ruku_main ON tb_ruku_detail.rkID = tb_ruku_main.rkID INNER JOIN tb_spinfo ON tb_ruku_detail.spid = tb_spinfo.id;");
            sqls.add("DROP VIEW IF EXISTS v_sellView;");              //插入删除视图语句
            //插入创建视图语句
            sqls.add("CREATE VIEW v_sellView AS SELECT tb_sell_main.sellID, tb_spinfo.spname, tb_sell_detail.spid, tb_spinfo.gg, tb_sell_detail.dj, tb_sell_detail.sl,tb_sell_detail.sl * tb_sell_detail.dj AS je, tb_sell_main.khname, tb_sell_main.xsdate, tb_sell_main.czy, tb_sell_main.jsr,tb_sell_main.jsfs FROM tb_sell_detail INNER JOIN tb_sell_main ON tb_sell_detail.sellID = tb_sell_main.sellID INNER JOIN tb_spinfo ON tb_sell_detail.spid = tb_spinfo.id;");
```

```java
        java.util.Date date = new java.util.Date();                              //通过 Date 对象获得当前时间
        SimpleDateFormat sdf = new SimpleDateFormat("yyyyMMdd_HHmmss");//设置当前时间的输出格式
        String backupTime = sdf.format(date);                                    //格式化 Date 对象
        String filePath = "backup\\" + backupTime + ".sql"; //通过拼接字符串获得备份文件的存放路径

        File sqlFile = new File(filePath);                                       //创建备份文件对象
        FileOutputStream fos = null;                                             //文件字节输出流
        OutputStreamWriter osw = null;                                           //字节流转为字符流
        BufferedWriter rw = null;                                                //缓冲字符流
        try {
            fos = new FileOutputStream(sqlFile);
            osw = new OutputStreamWriter(fos);
            rw = new BufferedWriter(osw);
            for (String tmp : sqls) {                                            //遍历所有备份 sql
                rw.write(tmp);                                                   //向文件中写入 sql
                rw.newLine();                                                    //文件换行
                rw.flush();                                                      //字符流刷新
            }
        } catch (FileNotFoundException e) {
            e.printStackTrace();
        } catch (IOException e) {
            e.printStackTrace();
        } finally {
            //倒序依次关闭所有 IO 流
            if (rw != null) {
                try {
                    rw.close();
                } catch (IOException e) {
                    e.printStackTrace();
                }
            }
            if (osw != null) {
                try {
                    osw.close();
                } catch (IOException e) {
                    e.printStackTrace();
                }
            }
            if (fos != null) {
                try {
                    fos.close();
                } catch (IOException e) {
                    e.printStackTrace();
                }
            }
        }
        return filePath;
}
```

7．restore(String filePath)方法

该方法用于执行数据库的恢复操作，这里主要通过逐行执行备份文件中的 sql 语句实现的，关键代码如下：

```java
Public static void restore(String filePath) {
    File sqlFile = new File(filePath);                      //创建备份文件对象
    Statement stmt = null;                                   //sql 语句直接接口
    FileInputStream fis = null;                              //文件输入字节流
    InputStreamReader isr = null;                            //字节流转为字符流
    BufferedReader br = null;                                //缓存输入字符流
    try {
        fis = new FileInputStream(sqlFile);
        isr = new InputStreamReader(fis);
        br = new BufferedReader(isr);
        String readStr = null;                               //缓冲字符串，保存备份文件中一行的内容
        while ((readStr = br.readLine()) != null) {          //逐行读取备份文件中的内容
            if (!"".equals(readStr.trim())) {                //如果读取的内容不为空
                stmt = conn.createStatement();               //创建 sql 语句直接接口
                int count = stmt.executeUpdate(readStr);     //执行 sql 语句
                stmt.close();                                //关闭接口
            }
        }
    } catch (SQLException e) {
        e.printStackTrace();
    } catch (FileNotFoundException e) {
        e.printStackTrace();
    } catch (IOException e) {
        e.printStackTrace();
    } finally {
        //倒序依次关闭所有 IO 流
        if (br != null) {
            try {
                br.close();
            } catch (IOException e) {
                e.printStackTrace();
            }
        }
        if (isr != null) {
            try {
                isr.close();
            } catch (IOException e) {
                e.printStackTrace();
            }
        }
        if (fis != null) {
            try {
                fis.close();
            } catch (IOException e) {
```

```
                e.printStackTrace();
            }
        }
    }
}
```

8．checkLogin(String userStr, String passStr)方法

该方法用于判断登录用户的用户名与密码是否正确，方法的返回值是 boolean 类型，接收的参数有 userStr 和 passStr，分别是用户名与密码信息。该方法将在一条 SQL 语句中获取指定用户名和密码的数据。如果用户名和密码正确，则返回 true 值，否则返回 false 值。关键代码如下：

```
public static boolean checkLogin(String userStr, String passStr)
        throws SQLException {
    ResultSet rs = findForResultSet("select * from tb_userlist where name='"
            + userStr + "' and pass='" + passStr + "'");
    if (rs == null)
        return false;
    return rs.next();
}
```

注意

该方法没有对 SQL 注入进行相应的防范处理。

28.8　系统登录模块设计

视频讲解：光盘\TM\lx\28\系统登录模块设计.mp4

本模块使用的数据表：tb_userlist

现在开始设计项目开发的第一步——系统登录模块。该模块的设计与实现方法比较普遍，非常适合该项目的起步设计工作，读者可以从最简单的自由布局开始，逐渐了解项目开发所需要的各种高级布局管理器和高级组件应用。系统登录是项目必须开发的模块，它是系统的安全门，只有提供正确的用户名和登录口令之后，用户才能够进入铭泰企业进销存管理系统进行进销存管理操作。本系统的登录用户名是 tsoft，密码是 111。登录模块的界面效果如图 28.13 所示。

图 28.13　系统登录

28.8.1 设计登录窗体

登录模块的窗体设计由两部分组成,一部分是登录窗体;另一部分是窗体中带背景图片的内容面板。下面来看一下登录窗体的设计。

1. 创建内容面板

所有组件都要布置在窗体的内容面板上,而登录模块的内容面板使用了背景图片来美化窗体界面,这就需要继承 Swing 的 JPanel 类编写自己的面板类,然后将该面板类作为窗体的内容面板。程序代码如下:

```java
package com.lzw.login;
import java.awt.*;
import java.net.URL;
import javax.swing.*;
public class LoginPanel extends JPanel {
    public int width, height;
    private Image img;
    public LoginPanel() {                                    //在构造方法中创建背景图片
        super();
        URL url = getClass().getResource("/res/login.jpg");  //获取图片的 URL
        img = new ImageIcon(url).getImage();                 //初始化 img 对象
    }
    protected void paintComponent(Graphics g) {              //重写父类的组件绘制方法
        super.paintComponent(g);
        g.drawImage(img, 0, 0, this);                        //在面板左上角开始绘制背景图片
    }
}
```

2. 创建登录窗体

创建 LoginDialog 类,该类继承 JFrame 类,成为一个窗体。设置窗体的标题为"系统登录",设置内容面板为 LoginPanel 类的对象。该窗体用于布置各种组件,来实现系统登录的界面。窗体用到的主要控件如表 28.16 所示。

表 28.16 登录窗体用到的主要控件

组 件 类 型	组件 ID	主要属性设置	说 明
JTextField	userField	无	"用户名"文本框
JPasswordField	passwordField	无	"密码"文本框
JButton	loginButton	Text 属性设置为"登录"	"登录"按钮
	exitButton	Text 属性设置为"退出"	"退出"按钮

28.8.2 "密码"文本框的回车事件

在系统登录窗体的"密码"文本框中添加了按键事件监听器,它在获取到"密码"文本框输入的回车字符时将执行登录事件,也就是说在"密码"文本框输入密码后,按 Enter 键将执行与单击"登录"按钮是相同的业务逻辑。"密码"文本框程序代码如下:

```java
private JPasswordField getPasswordField() {
    if (passwordField == null) {
        passwordField = new JPasswordField();
        passwordField.setBounds(new Rectangle(143, 69, 125, 22));
        passwordField.addKeyListener(new java.awt.event.KeyAdapter() {
            public void keyTyped(java.awt.event.KeyEvent e) {
                if(e.getKeyChar()=='\n')//如果按键字符是换行符"\n"
                    loginButton.doClick();//执行"登录"按钮的 doClick()方法
            }
        });
    }
    return passwordField;
}
```

28.8.3 "登录"按钮的事件处理

"登录"按钮用于执行用户名和密码的验证工作,如果验证用户名和密码有效,则启动系统,否则禁止进入系统。

在"登录"按钮的动作事件监听器中,首先获取用户输入的用户名与密码信息,然后调用 Dao 类的 checkLogin()方法,如果该方法返回 true,则登录成功,否则禁止用户登录,并提示输入的用户名与密码无法登录系统。程序关键代码如下:

```java
private JButton getLoginButton() {                    //初始化"登录"按钮的方法
    if (loginButton == null) {
        loginButton = new JButton();
        loginButton.setBounds(new Rectangle(109, 114, 48, 20));
        loginButton.setIcon(new ImageIcon(getClass().getResource(
                "/res/loginButton.jpg")));
        //添加按钮的动作监听器
        loginButton.addActionListener(new ActionListener() {
            public void actionPerformed(ActionEvent e) {
                try {
                    //设置本地系统外观样式
                    UIManager.setLookAndFeel(UIManager
                            .getSystemLookAndFeelClassName());
```

```
            ┌  userStr = userField.getText();         //获取用户名
            │  //获取密码
  验证       │  String passStr = new String(passwordField.getPassword());
  用户       ┤  if (!Dao.checkLogin(userStr, passStr)) {
  登录       │       JOptionPane.showMessageDialog(LoginDialog.this,
  信息       │            "用户名与密码无法登录", "登录失败",
            │            JOptionPane.ERROR_MESSAGE);
            └       return;
                }
            } catch (Exception e1) {
                e1.printStackTrace();
            }
            ┌  mainFrame.setDefaultCloseOperation(JFrame.EXIT_ON_CLOSE);
  显示       │  mainFrame.setVisible(true);
  主窗       ┤  //设置状态栏的操作员
  体        │  mainFrame.getCzyStateLabel().setText(userStr);
            └  setVisible(false);                    //隐藏登录窗体
        }
    });
}
return loginButton;
}
```

说明

checkLogin()方法是在 28.7 节公共类中所讲的 Dao 方法,用于验证登录的用户名与密码是否有效。

28.9 系统主窗体设计

视频讲解:光盘\TM\lx\28\系统主窗体设计.mp4

主窗体是人机交互的主体,用户通过主窗体中提供的各种菜单、表格、文本框、子窗体等组件进行管理操作。本系统主界面采用的是 MID(即"多文档界面"),类似于 Word 应用程序,可以同时打开多个子窗体进行操作,还可以对打开的功能窗体进行各种操作,如窗口平铺、全部还原、全部关闭,并在菜单中列出当前打开子窗体的名称,如图 28.14 所示。

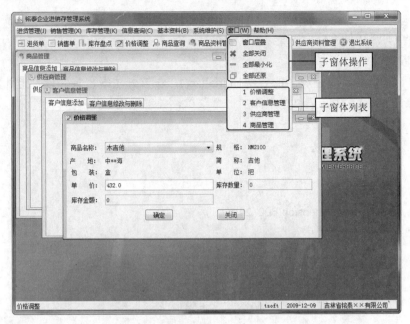

图 28.14　企业进销存管理系统主窗体

28.9.1　设计菜单栏

本系统的菜单栏是由 MenuBar 类实现的，该类是一个自定义菜单栏类，它继承 JMenuBar 类成为 Swing 的菜单栏组件。下面以创建"进货管理"菜单为例，介绍一下菜单栏组件的创建步骤。

（1）创建 MenuBar 类，该类继承 javax.swing.JMenuBar 类，并且在该类中定义一个私有的成员变量，类型为 JMenu，用于表示菜单对象，关键代码如下：

```
public class MenuBar extends JMenuBar {
    private JMenu jinhuo_Menu = null;
}
```

（2）编写一个名称为 getJinhuo_Menu() 的方法，该方法的返回值为一个 JMenu 对象，也就是一个菜单对象。在该方法中，当进货菜单对象为 null 时，创建一个菜单对象，并为其设置菜单名和快捷键，关键代码如下：

```
/**
 * 初始化进货管理菜单的方法
 *
 * @return javax.swing.JMenu
 */
public JMenu getJinhuo_Menu() {
    if (jinhuo_Menu == null) {
        jinhuo_Menu = new JMenu();                          //创建一个菜单对象
        jinhuo_Menu.setText("进货管理(J)");                  //设置菜单名称
        jinhuo_Menu.setMnemonic(KeyEvent.VK_J);             //设置快捷键
```

```
        }
        return jinhuo_Menu;
    }
```

（3）编写一个初始化菜单栏界面的方法 initialize()，在该方法中，首先设置组件的尺寸，然后调用 JMenuBar 对象的 add()方法向菜单栏中添加一个菜单，关键代码如下：

```
/**
 * 初始化菜单栏界面的方法
 *
 */
private void initialize() {
    this.setSize(new Dimension(600, 24));
    add(getJinhuo_Menu());
}
```

（4）编写以下构造方法，用于调用初始化菜单栏界面。

```
public MenuBar(JDesktopPane desktopPanel, JLabel label) {
    super();
    initialize();              //调用初始化菜单栏界面的方法
}
```

说明

至此，就可以创建一个"进货管理"菜单，运行效果如图 28.15 所示。接下来还需要为该菜单添加菜单项。

进货管理(J)

图 28.15 "进货管理"菜单

（5）为 MenuBar 类再创建一个 JMenuItem 类型的成员变量 jinhuoItem，表示进货菜单项，关键代码如下：

```
private JMenuItem jinhuoItem = null;
```

（6）编写一个名称为 getJinhuoItem()的方法，该方法的返回值为一个 JMenuItem 对象，也就是一个菜单项对象。在该方法中，当进货单菜单项对象为 null 时，创建一个菜单项对象，并为其设置菜单项名、图标和动作事件监听器，关键代码如下：

```
/**
 * 初始化（进货单）菜单项的方法
 *
 * @return javax.swing.JMenuItem
 */
public JMenuItem getJinhuoItem() {
    if (jinhuoItem == null) {
        jinhuoItem = new JMenuItem();
        jinhuoItem.setText("进货单");
        jinhuoItem.setIcon(new ImageIcon(getClass().getResource(
```

```
                "/res/icon/jinhuodan.png")));
        jinhuoItem.addActionListener(new ActionListener() {
            public void actionPerformed(ActionEvent e) {
                …//编写用于打开进货单窗口的代码
            }
        });
    }
    return jinhuoItem;
}
```

> **注意** 组件的图标资源或图片资源应尽量使用 Swing 支持的 JPG、GIF 或 PNG 格式。

（7）按照步骤（5）和步骤（6）的方法再创建一个进货退货菜单项对象，名称为 jinhuo_tuihuoItem。

（8）在 getJinhuo_Menu()方法中，应用 JMenu 对象的 add()方法向菜单中添加菜单项，关键代码如下：

```
jinhuo_Menu.add(getJinhuoItem());
jinhuo_Menu.add(getJinhuo_tuihuoItem());
```

至此，就完成了"进货管理"菜单的创建，最后的运行效果如图 28.16 所示。

图 28.16 创建完成的"进货管理"菜单

28.9.2 设计工具栏

工具栏用于放置常用命令按钮，如进货单、销售单、库存盘点等。本系统的工具栏界面如图 28.17 所示。

图 28.17 工具栏界面

向本系统中添加工具栏的方法和添加菜单栏的方法类似，也需要继承 Swing 的 JTool 组件编写自己的工具栏。当然，读者也可以根据自己的思路直接使用 Swing 的 JTool 组件。本系统为实现代码重用，所以重新定义了工具栏组件。组件的 initialize()方法用于初始化工具栏的程序界面。关键代码如下：

```
private void initialize() {                                    //初始化工具栏界面的方法
    setSize(new Dimension(600, 24));
    setBorder(BorderFactory.createEtchedBorder(EtchedBorder.LOWERED));
    add(createToolButton(menuBar.getJinhuoItem()));    //添加指定的工具栏按钮
    add(createToolButton(menuBar.getXiaoshou_danItem()));
    add(createToolButton(menuBar.getKucun_pandianItem()));
    add(createToolButton(menuBar.getJiage_tiaozhengItem()));
    add(createToolButton(menuBar.getShangpin_chaxunItem()));
    add(createToolButton(menuBar.getShangpin_guanliItem()));
```

```
        add(createToolButton(menuBar.getKehu_guanliItem()));
        add(createToolButton(menuBar.getGys_guanliItem()));
        add(createToolButton(menuBar.getExitItem()));
}
```

另外还定义了 createToolButton()方法来创建工具栏按钮,该方法实现了高度的代码重用,只要将相应的菜单项作为参数传递给这个方法就可以自动创建新的工具栏按钮。关键代码如下:

```
private JButton createToolButton(final JMenuItem item) {
    JButton button = new JButton();                    //创建按钮
    button.setText(item.getText());                    //设置按钮名称
    button.setToolTipText(item.getText());             //设置按钮提示文本
    button.setIcon(item.getIcon());                    //设置按钮图标
    button.setFocusable(false);
    //添加按钮动作监听器
    button.addActionListener(new java.awt.event.ActionListener() {
        public void actionPerformed(java.awt.event.ActionEvent e) {
            item.doClick();                            //执行按钮的单击动作
        }
    });
    return button;
}
```

28.9.3 设计状态栏

本系统的状态栏显示了当前选择的功能窗体、登录用户名、当前日期和本系统所属公司,即版权所有者等信息,如图28.18所示。

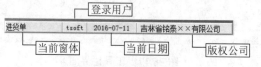

图28.18 状态栏界面

该状态栏是由JPanel面板、JLabel标签和JSeparator分割条组件组成的。相关组件的说明如表28.17所示。

表28.17 状态栏相关组件说明

组件类型	组件ID	主要属性设置	说 明
JLabel	stateLabel	将text属性设置为"当前没有选定窗体"	显示当前窗体信息
	czyStateLabel	无	显示登录用户名信息
	nowDateLabel	无	显示当前日期信息
	nameLabel	设置text属性为"吉林省铭泰××有限公司"	显示版权公司信息
JPanel	statePanel	设置layout属性为GridBagLayout布局管理器。constraint属性为South	状态栏面板
JSeparator	jSeparator	设置Orientation为JSeparator.VERTICAL	分隔符
	jSeparator2	设置Orientation为JSeparator.VERTICAL	分隔符

主窗体中的 getStateLabel()方法用于初始化当前窗体状态标签 stateLabel，如果该标签已经初始化将直接返回标签组件的对象。修改该方法的权限修饰符为 public，使其他类可以访问该标签，从而改变标签内容。关键代码如下：

```
public JLabel getStateLabel() {                //获取当前窗体状态标签
    if (stateLabel == null) {
        stateLabel = new JLabel();
        stateLabel.setText("当前没有选定窗体");
    }
    return stateLabel;
}
```

28.10 进货单模块设计

视频讲解：光盘\TM\lx\28\进货单模块设计.mp4

本模块使用的数据表：tb_ruku_main、tb_ruku_detail、tb_kucun、tb_gysinfo、tb_spinfo、tb_jsr

进货单模块负责添加企业的进货信息，它根据进货人员提供的单据，将采购商品的名称、编号、产地、规格、单价和数量等信息记录到数据库的库存表中。进货单窗体界面如图 28.19 所示。

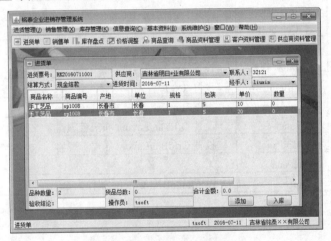

图 28.19　进货单窗体界面

在进货单窗体界面中，可以单击"添加"按钮向进货单的表格中添加进货商品。表格的第一列，也就是"商品名称"字段，是下拉列表框组件，其内容根据"供应商"下拉列表框而定，可以通过该组件选择商品名称，其他表格字段（商品信息）会自动添加。

说明

"进货管理"菜单中包含"进货单"和"进货退货"两个菜单项，由于实现方式基本相同，因此这里以进货单模块为例进行讲解。

28.10.1 设计进货单窗体

在 Eclipse 中选择"文件"/"新建"/"其他"命令,在弹出的"新建"对话框中选择 WindowBuilder/Swing Designer 节点,创建 JInternalFrame 内部窗体类,命名为 JinHuoDan_IFrame。该窗体中所用到的关键组件如表 28.18 所示。

表 28.18 进货单窗体用到的关键组件

组件类型	组件 ID	主要属性设置	用途
JTextField	idField	设置 editable 属性为 false	显示进货单编号
	lxrField	无	显示联系人
	jhsjField	无	显示进货时间信息
	czyField	设置 editable 属性为 false	显示操作员
	pzslField	设置 editable 属性为 false	显示品种数量信息
	hpzsField	设置 editable 属性为 false	货品总数
	hjjeField	设置 editable 属性为 false	合计金额
	ysjlField	无	验收结论
JComboBox	jsfsComboBox	无	选择结算方式
	spComboBox	无	选择商品
	gysComboBox	无	选择供应商
	jsrComboBox	无	选择经手人
JButton	tjButton	设置 text 属性为"添加"	"添加"按钮
	rukuButton	设置 text 属性为"入库"	"入库"按钮
JPanel	jContentPane	设置 BorderLayout 布局管理器	内容面板
	topPanel	设置 GridBagLayout 布局管理器	上层面板
	bottomPanel	设置 GridBagLayout 布局管理器	下层面板
JScrollPane	tablePane	无	表格的滚动面板
JTable	table	设置 autoResizeMode 属性为 Off	显示商品列表的表格

说明
创建内部窗体类,可参照 28.9.1 节的内容或浏览本节相关视频文件。

28.10.2 添加进货商品

在进货单窗体单击"添加"按钮,会在表格中添加一个空行,可以在该空行的第一个字段选择商品名称,其他的字段信息会根据选择的商品自动填充。这就需要为"添加"按钮编写 ActionListener 动作监听器,在该监听器中实现相应的操作。"添加"按钮的初始化由 getTjButton()方法完成,该方法在初始化"添加"按钮时,为按钮添加了动作事件监听器。关键代码如下:

```
private JButton getTjButton() {
    if (tjButton == null) {
        tjButton = new JButton();
        tjButton.setText("添加");
        tjButton.addActionListener(new ActionListener() {
            public void actionPerformed(ActionEvent e) {
                //初始化票号
                java.sql.Date date = new java.sql.Date(jhsjDate.getTime());
                jhsjField.setText(date.toString());
                String maxId = Dao.getRuKuMainMaxId(date);
                idField.setText(maxId);
                stopTableCellEditing();    //结束表格中编辑单元
                //如果表格中不包含空行，就添加新行
                for (int i = 0; i < table.getRowCount(); i++) {
                    TbSpinfo info = (TbSpinfo) table.getValueAt(i, 0);
                }
                DefaultTableModel model = (DefaultTableModel) table.getModel();
                model.addRow(new Vector());
                initSpBox();
            }
        });
    }
    return tjButton;
}
```

（为表格添加新的空行）

添加空行后，还需要调用 initSpBox()方法初始化商品下拉框。在该方法中，首先获取指定供应商提供的商品信息，并清空商品下拉框，然后添加一个空的列表项，再通过 for 循环将表格中已经添加的商品 ID 保存到 List 集合中，最后将没有添加到表格中的商品添加到商品下拉框中。initSpBox()方法的具体代码如下：

```
private void initSpBox() {
    List<String> list = new ArrayList<>();
    ResultSet set = Dao.query("select * from tb_spinfo where gysName='"
            + gysComboBox.getSelectedItem() + "'");
    spComboBox.removeAllItems();
    spComboBox.addItem(new TbSpinfo());
    for (int i = 0; table != null && i < table.getRowCount(); i++) {
        TbSpinfo tmpInfo = (TbSpinfo) table.getValueAt(i, 0);
        if (tmpInfo != null && tmpInfo.getId() != null){
            list.add(tmpInfo.getId());
        }
    }
    try {
        while (set.next()) {
            TbSpinfo spinfo = new TbSpinfo();
            spinfo.setId(set.getString("id").trim());
            //如果表格中已存在同样的商品，商品下拉框中就不再添加该商品
            if (list.contains(spinfo.getId()))
                continue;
```

```
                    spinfo.setSpname(set.getString("spname").trim());
                    spinfo.setCd(set.getString("cd").trim());
                    spinfo.setJc(set.getString("jc").trim());
                    spinfo.setDw(set.getString("dw").trim());
                    spinfo.setGg(set.getString("gg").trim());
                    spinfo.setBz(set.getString("bz").trim());
                    spinfo.setPh(set.getString("ph").trim());
                    spinfo.setPzwh(set.getString("pzwh").trim());
                    spinfo.setMemo(set.getString("memo").trim());
                    spinfo.setGysname(set.getString("gysname").trim());
                    spComboBox.addItem(spinfo);
                }
            } catch (SQLException e) {
                e.printStackTrace();
            }
        }
```

28.10.3 进货统计

在 bottomPanel 面板中布置了多个文本框,用于统计品种数量、货品总数、合计金额等商品信息。添加进货商品之后,要实现商品信息的自动统计,就要在 table 表格的 PropertyChangeListener 事件监听器中编写统计代码。这里将统计代码编写为 ComputeInfo()方法,然后在事件监听器中调用。为表格添加事件监听器的关键代码如下:

```
//添加匿名的事件监听器
table.addPropertyChangeListener(new PropertyChangeListener() {
    public void propertyChange(java.beans.PropertyChangeEvent e) {
        if ((e.getPropertyName().equals("tableCellEditor"))) {    //判断事件类型
            ComputeInfo();                                         //执行统计方法
        }
    }
});
```

当 table 表格发生属性改变事件时,事件监听器首先会检测发生的事件类型,也就是判断发生了哪种更改属性的事件,如果事件类型是 tableCellEditor,则说明属于表格编辑事件,这时应该针对表格的修改事件去调用 ComputeInfo()方法执行商品进货的统计业务并将结果显示在相应的组件上。ComputeInfo()方法的关键代码如下:

```
/**
 * @author 明日科技 <br>
 *         事件处理器,该处理器用于计算货品总数、合计金额等信息
 */
private final void ComputeInfo() {
    //计算代码
    int rows = table.getRowCount();
    int count = 0;
```

```java
        double money = 0.0;
        //计算品种数量
        TbSpinfo column = null;
        Object valueAt = table.getValueAt(rows - 1, 0);
        if(!(valueAt instanceof TbSpinfo))
            return;
        if (rows > 0)
            column = (TbSpinfo) valueAt;
        if (rows > 0 && (column == null || column.getId().isEmpty()))
            rows--;
        //计算货品总数和合计金额
        for (int i = 0; i < rows; i++) {
            String column7 = (String) table.getValueAt(i, 7);
            String column6 = (String) table.getValueAt(i, 6);
            int c7 = (column7 == null || column7.isEmpty()) ? 0 : Integer
                    .parseInt(column7);
            float c6 = (column6 == null || column6.isEmpty()) ? 0 : Float
                    .parseFloat(column6);
            count += c7;
            money += c6 * c7;
        }
        pzslField.setText(rows + "");
        hpzsField.setText(count + "");
        hjjeField.setText(money + "");
    }
```

28.10.4 商品入库

添加进货单中的所有商品后，单击"入库"按钮可以将这些商品添加到数据库中。这需要在"入库"按钮的初始化方法中为按钮添加 ActionListener 动作监听器，在监听器中实现商品入库的业务逻辑。getRukuButton()方法是"入库"按钮的初始化方法，该方法将判断"入库"按钮对象是否初始化，如果已经初始化就直接将按钮对象返回给方法的调用者，否则先对按钮进行初始化，然后返回该按钮对象。初始化"入库"按钮的过程中为按钮添加了动作事件监听器，在该事件监听器中将首先调用 stopTableCellEditing()方法停止正在编辑的表格单元，然后获取进货单的品种数量、结算方式、合计金额、经手人、操作员、进货票号、验收结论等信息，并对关键信息进行判断，防止用户忘记填写这些关键信息。最后，创建进货主表的模型对象、进货详细表的模型对象和库存表的模型对象，使用进货单窗体中的信息初始化这些模型对象，并把它们通过 Dao 公共类的 insertRukuInfo()方法保存到数据库中。程序关键代码如下：

```java
private JButton getRukuButton() {
    if (rukuButton == null) {
        rukuButton = new JButton();
        rukuButton.setText("入库");
        rukuButton.addActionListener(new java.awt.event.ActionListener() {
            public void actionPerformed(java.awt.event.ActionEvent e) {
```

```java
            stopTableCellEditing();                              //结束表格中没有编写的单元
            String pzsStr = pzslField.getText();                 //品种数量
            String jeStr = hjjeField.getText();                  //合计金额
            //结算方式
            String jsfsStr = jsfsComboBox.getSelectedItem().toString();
            String jsrStr = jsrComboBox.getSelectedItem() + "";  //经手人
            String czyStr = jsrComboBox.getSelectedItem() + "";  //操作员
            String rkDate = jhsjField.getText();                 //入库时间
            String ysjlStr = ysjlField.getText().trim();         //验收结论
            String id = idField.getText();                       //票号
            //供应商名称
            String gysName = gysComboBox.getSelectedItem() + "";
            if (jsrStr == null || jsrStr.isEmpty()) {
                JOptionPane.showMessageDialog(JinHuoDan_IFrame.this,
                        "请填写经手人");
                return;
            }
            if (ysjlStr == null || ysjlStr.isEmpty()) {
                JOptionPane.showMessageDialog(JinHuoDan_IFrame.this,
                        "填写验收结论");
                return;
            }
            if (table.getRowCount() <= 0) {
                JOptionPane.showMessageDialog(JinHuoDan_IFrame.this,
                        "添加入库商品");
                return;
            }
            TbRukuMain ruMain = new TbRukuMain(id, pzsStr, jeStr,
                    ysjlStr, gysName, rkDate, czyStr, jsrStr, jsfsStr);
            Set<TbRukuDetail> set = ruMain.getTabRukuDetails();
            int rows = table.getRowCount();
            for (int i = 0; i < rows; i++) {
                TbSpinfo spinfo = (TbSpinfo) table.getValueAt(i, 0);
                if (spinfo == null || spinfo.getId() == null
                        || spinfo.getId().isEmpty())
                    continue;
                String djStr = (String) table.getValueAt(i, 6);
                String slStr = (String) table.getValueAt(i, 7);
                Double dj = Double.valueOf(djStr);
                Integer sl = Integer.valueOf(slStr);
                TbRukuDetail detail = new TbRukuDetail();
                detail.setTabSpinfo(spinfo.getId());
                detail.setTabRukuMain(ruMain.getRkId());
                detail.setDj(dj);
                detail.setSl(sl);
                set.add(detail);
            }
            //将数据模型保存到数据库中
            boolean rs = Dao.insertRukuInfo(ruMain);
```

```
                    if (rs) {
                        JOptionPane.showMessageDialog(JinHuoDan_IFrame.this,"入库完成");
                        //移除全部表格行
                        DefaultTableModel model = (DefaultTableModel) table.getModel();
                        for(int i=model.getRowCount()-1;i>=0;i--){
                            model.removeRow(i);                    //移除指定行
                        }
                        pzslField.setText("0");
                        hpzsField.setText("0");
                        hjjeField.setText("0");
                    }
                }
            });
        }
        return rukuButton;
    }
}
```

> **说明**
> addActionListener()方法的参数使用了匿名类实现动作监听器接口，这是 Swing 的事件处理最常用的方式，读者应该熟练掌握。

28.11　销售单模块设计

视频讲解：光盘\TM\lx\28\销售单模块设计.mp4

本模块使用的数据表：tb_sell_main、tb_sell_detail、tb_kucun、tb_khinfo、tb_spinfo、tb_jsr

商品销售是进销存管理中的重要环节之一，进货商品在入库之后就可以开始销售了。销售单模块主要负责根据经手人提供的销售单据，操作进销存管理系统的库存商品和记录销售信息，方便以后查询和统计。销售单窗体的运行效果如图 28.20 所示。

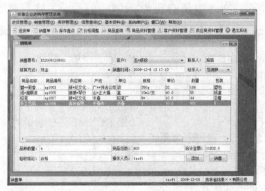

图 28.20　销售单窗体界面

28.11.1 设计销售单窗体

创建 JInternalFrame 内部窗体类,命名为 XiaoShouDan。该窗体主要用于处理商品销售的业务逻辑,它所用到的关键组件如表 28.19 所示。

表 28.19 进货单窗体用到的关键组件

组件类型	组件 ID	主要属性设置	用 途
JTextField	sellDate	设置 Focusable 属性为 false	显示记录销售单的日期和时间
	lian	无	显示联系人
	piaoHao	无	显示销售票号
JTextField	pzs	设置 Focusable 属性为 false	显示品种数量
	hpzs	设置 Focusable 属性为 false	显示货品总数
	hjje	设置 Focusable 属性为 false	显示合计金额信息
	ysjl	设置 Focusable 属性为 false	输入验收结论
	czy	无	显示操作员
JComboBox	kehu	无	选择客户
	jsr	无	选择经手人
	jsfs	无	选择结算方式
	sp	无	选择商品
JButton	tjButton	设置 text 属性为"添加"	"添加"按钮
	sellButton	设置 text 属性为"销售"	"销售"按钮
JScrollPane	tablePane	无	表格的滚动面板
JTable	table	设置 autoResizeMode 属性为 Off	显示商品列表的表格

28.11.2 添加销售商品

在销售单窗体中单击"添加"按钮,将向 table 表格中添加新的空行,操作员可以在空行的第一列字段的商品下拉列表框中选择销售的商品,该下拉列表框和进货单窗体的不同,它不是根据供应商字段确定选择框内容,而是包含了数据库中所有可以销售的商品。要实现添加销售商品功能,需要为"添加"按钮添加动作监听器,在监听器中实现相应的业务逻辑。关键代码如下:

```java
JButton tjButton = new JButton("添加");                    //创建"添加"按钮
tjButton.addActionListener(new ActionListener() {          //添加
    public void actionPerformed(ActionEvent e) {
        initPiaoHao();                                     //初始化票号
        stopTableCellEditing();                            //结束表格中正在编辑的单元
        //如果表格中不包含空行,就再添加新行
        for (int i = 0; i < table.getRowCount(); i++) {
            TbSpinfo info = (TbSpinfo) table.getValueAt(i, 0);
            if (table.getValueAt(i, 0) == null)
                return;
```

```
        }
        DefaultTableModel model = (DefaultTableModel) table.getModel();
        model.addRow(new Vector());                //添加新的空行
    }
});
```

在该监听器中调用了 initPiaoHao()方法初始化销售票号,该票号就是销售单在数据库中的 id 编号。initPiaoHao()方法首先创建 java.sql 包中 Date 类的对象,该对象包含当前日期;然后调用 Dao 类的 getSellMainMaxId()方法获取数据库销售主表中的最大 ID 编号;最后,将该 ID 编号更新到 piaoHao 文本框中。

```
private void initPiaoHao() {
    //获取 Date 对象
    Date date = new Date(System.currentTimeMillis());
    String maxId = Dao.getSellMainMaxId(date);    //获取票号
    piaoHao.setText(maxId);                        //更新界面组件
}
```

28.11.3 销售统计

与进货单的统计功能类似,销售单也需要统计功能,统计的内容包括货品数量、品种数量、合计金额等信息,实现方式也是通过 table 表格的事件监听器来处理相应的统计业务,但是销售单窗体使用的不是 PropertyChangeListener 属性改变事件监听器,而是 ContainerListener 容器监听器。关键代码如下:

```
table = new JTable();                                      //初始化表格对象
table.setAutoResizeMode(JTable.AUTO_RESIZE_OFF);           //取消自动调整列宽
//添加 ContainerListener 容器监听器
table.addContainerListener(new computeInfo());
```

computeInfo 类是销售单窗体的内部类,该类实现 ContainerListener 接口成为容器监听器,该监听器将 table 表格视为容器,当表格添加新行和删除行时,将触发 ContainerEvent 容器事件,监听器将对该事件进行相应的业务处理,完成本次销售信息的统计。关键代码如下:

```
//在事件中计算品种数量、货品总数、合计金额
private final class computeInfo implements ContainerListener {
    public void componentRemoved(ContainerEvent e) {
        clearEmptyRow();                              //清除空行
        int rows = table.getRowCount();               //品种数量
        int count = 0;                                //货品总数
        double money = 0.0;                           //合计金额
        TbSpinfo column = null;
        if (rows > 0)
            column = (TbSpinfo) table.getValueAt(rows - 1, 0);
        if (rows > 0 && (column == null || column.getId().isEmpty()))
            rows--;
        for (int i = 0; i < rows; i++) {              //遍历表格,统计销售信息
            String column7 = (String) table.getValueAt(i, 7);
            String column6 = (String) table.getValueAt(i, 6);
```

```
            int c7 = (column7 == null || column7.isEmpty()) ? 0 : Integer
                    .valueOf(column7);
            Double c6 = (column6 == null || column6.isEmpty()) ? 0
                    : Double.valueOf(column6);
            count += c7;
            money += c6 * c7;
        }
        pzs.setText(rows + "");              //更新"品种数量"文本框中的内容
        hpzs.setText(count + "");             //更新"货品总数"文本框中的内容
        hjje.setText(money + "");             //更新"合计金额"文本框中的内容
    }
    public void componentAdded(ContainerEvent e) {
    }
}
```

28.11.4 商品销售

在销售单窗体中添加完销售商品之后,单击"销售"按钮,将完成本次销售单的销售业务。系统会记录本次销售信息,并从库存表中扣除销售的商品数量。这些业务处理都是在"销售"按钮的动作监听器中完成的,该监听器需要获取销售单窗体中的所有销售信息和商品信息,将所有商品信息封装为销售明细表的模型对象,并将这些模型对象放到一个集合中,然后调用 Dao 公共类的 insertSellInfo() 方法将该集合与销售主表的模型对象保存到数据库中。程序关键代码如下:

```
//单击"销售"按钮保存进货信息
JButton sellButton = new JButton("销售");
sellButton.addActionListener(new ActionListener() {
    public void actionPerformed(ActionEvent e) {
        stopTableCellEditing();                              //结束表格中正在编辑的单元
        clearEmptyRow();                                     //清除空行
        String hpzsStr = hpzs.getText();                     //货品总数
        String pzsStr = pzs.getText();                       //品种数量
        String jeStr = hjje.getText();                       //合计金额
        String jsfsStr = jsfs.getSelectedItem().toString();  //结算方式
        String jsrStr = jsr.getSelectedItem() + "";          //经手人
        String czyStr = czy.getText();                       //操作员
        String rkDate = jhsjDate.toLocaleString();           //销售时间
        String ysjlStr = ysjl.getText().trim();              //验收结论
        String id = piaoHao.getText                          //票号
        String kehuName = kehu.getSelectedItem().toString(); //供应商名称
        if (jsrStr == null || jsrStr.isEmpty()) {
            JOptionPane.showMessageDialog(XiaoShouDan.this, "请填写经手人");
            return;
        }
        if (ysjlStr == null || ysjlStr.isEmpty()) {
            JOptionPane.showMessageDialog(XiaoShouDan.this, "填写验收结论");
            return;
```

```java
        }
        if (table.getRowCount() <= 0) {
            JOptionPane.showMessageDialog(XiaoShouDan.this, "添加销售商品");
            return;
        }
        //创建销售主表的模型对象
        TbSellMain sellMain = new TbSellMain(id, pzsStr, jeStr,
                ysjlStr, kehuName, rkDate, czyStr, jsrStr, jsfsStr);
        //获取销售明细表的集合
        Set<TbSellDetail> set = sellMain.getTbSellDetails();
        int rows = table.getRowCount();
        for (int i = 0; i < rows; i++) {                    //初始化销售明细表集合
            //创建销售明细表模型对象
            TbSpinfo spinfo = (TbSpinfo) table.getValueAt(i, 0);
            //初始化销售明细表模型
            String djStr = (String) table.getValueAt(i, 6);
            String slStr = (String) table.getValueAt(i, 7);
            Double dj = Double.valueOf(djStr);
            Integer sl = Integer.valueOf(slStr);
            TbSellDetail detail = new TbSellDetail();
            detail.setSpid(spinfo.getId());
            detail.setTbSellMain(sellMain.getSellId());
            detail.setDj(dj);
            detail.setSl(sl);
            set.add(detail);
        }
        //调用 Dao 类的 insertSellInfo()方法
        boolean rs = Dao.insertSellInfo(sellMain);
        if (rs) {
            JOptionPane.showMessageDialog(XiaoShouDan.this, "销售完成");
            DefaultTableModel dftm = new DefaultTableModel();
            table.setModel(dftm);
            initTable();
            pzs.setText("0");
            hpzs.setText("0");
            hjje.setText("0");
        }
    }
});
```

28.12 库存盘点模块设计

> 视频讲解：光盘\TM\lx\28\库存盘点.mp4

本模块使用的数据表：tb_kucun、tb_spinfo

库存盘点模块主要负责计算库存管理人员的商品盘点数量和库存数量的损益。程序界面将提示当前日期和库存商品的品种数量，并在表格中显示所有库存商品，在表格的"盘点数量"一列中输入相应商品的盘点数量，"损益数量"字段会自动计算该商品的剩余商品数量，如果该数量为正数，则说明库存数量多于盘点数量，如图 28.21 所示。

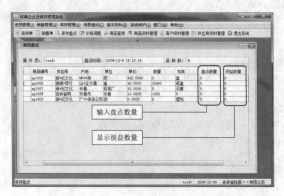

图 28.21　库存盘点窗体界面

28.12.1　设计库存盘点窗体

创建 JInternalFrame 内部窗体类，命名为 KuCunPanDian。该窗体主要用于计算库存管理中的损益结果，它所用到的关键组件如表 28.20 所示。

表 28.20　进货单窗体用到的关键组件

组件类型	组件 ID	主要属性设置	用　　途
JTextField	pdsj	设置 Focusable 属性为 false	显示盘点时间
	pzs	无	显示品种数
	czy	无	显示操作员
JScrollPane	tablePane	无	表格的滚动面板
JTable	table	设置 autoResizeMode 属性为 Off	显示商品列表的表格

28.12.2　读取库存商品

本模块窗体的商品表格 table 组件用于显示库存中的所有商品信息，这需要在 initTable()方法中初始化表格字段名，并调用 Dao 类的 getKucunInfos()方法读取库存数据中的所有商品列表，添加到 table 商品表格组件中。关键代码如下：

```
private void initTable() {
    //定义表格字段名数组
    String[] columnNames = { "商品名称","商品编号","供应商","产地","单位",
            "规格","单价","数量","包装","盘点数量","损益数量" };
    //获取表格模型
    DefaultTableModel tableModel = (DefaultTableModel) table.getModel();
    tableModel.setColumnIdentifiers(columnNames);        //设置表格字段名
    //设置盘点字段只接收数字输入
    final JTextField pdField = new JTextField(0);        //创建盘点文本框
```

```java
pdField.setEditable(false);
//添加文本框的按键事件监听器
pdField.addKeyListener(new PanDianKeyAdapter(pdField));
JTextField readOnlyField = new JTextField(0);
readOnlyField.setEditable(false);
//使用盘点文本框创建单元编辑器
DefaultCellEditor pdEditor = new DefaultCellEditor(pdField);
//创建其他表格单元编辑器
DefaultCellEditor readOnlyEditor = new DefaultCellEditor(readOnlyField);
//设置所有表格编辑单元为只读
for (int i = 0; i < columnNames.length; i++) {
    TableColumn column = table.getColumnModel().getColumn(i);
    column.setCellEditor(readOnlyEditor);
}
//获取盘点数量字段对象
TableColumn pdColumn = table.getColumnModel().getColumn(9);
//获取损益数量字段对象
TableColumn syColumn = table.getColumnModel().getColumn(10);
//设置盘点数量字段使用盘点文本框作为编辑器
pdColumn.setCellEditor(pdEditor);
//设置损益数量字段使用损益文本框作为编辑器
syColumn.setCellEditor(readOnlyEditor);
//以下代码用于初始化表格内容
List kcInfos = Dao.getKucunInfos();         //获取库存商品列表
for (int i = 0; i < kcInfos.size(); i++) {  //遍历商品列表
    List info = (List) kcInfos.get(i);       //获取单个商品信息
    Item item = new Item();                  //创建 Item 公共类的对象
    item.setId((String) info.get(0));        //封装商品信息为 Item 对象
    item.setName((String) info.get(1));
    TbSpinfo spinfo = Dao.getSpInfo(item);   //获取该商品的数据模型对象
    Object[] row = new Object[columnNames.length];
    //判断商品 ID 编号
    if (spinfo.getId() != null && !spinfo.getId().isEmpty()) {
        row[0] = spinfo.getSpname();
        row[1] = spinfo.getId();
        row[2] = spinfo.getGysname();
        row[3] = spinfo.getCd();
        row[4] = spinfo.getDw();
        row[5] = spinfo.getGg();
        row[6] = info.get(2).toString();
        row[7] = info.get(3).toString();
        row[8] = spinfo.getBz();
        row[9] = 0;
        row[10] = 0;
        tableModel.addRow(row);              //为 table 表格添加一行
        String pzsStr = pzs.getText();       //计算品种数
        int pzsInt = Integer.parseInt(pzsStr);
        pzsInt++;
        pzs.setText(pzsInt + "");
    }
}
}
```

28.12.3 统计损益数量

商品表格组件需要在用户输入盘点数量时，自动计算并更新损益单元格的内容，也就是用库存商品实际数量减去用户输入的盘点数量。实现自动计算功能最好的方式，就是为表格组件的"盘点数量"编辑器的编辑组件添加按键监听器，使用该按键监听器可以限制用户只能输入数字信息，同时还可以在按键事件发生时进行损益统计。该监听器的关键代码如下：

```java
//盘点字段的按键监听器
private class PanDianKeyAdapter extends KeyAdapter {
    private final JTextField field;
    private PanDianKeyAdapter(JTextField field) {
        this.field = field;
    }
    public void keyTyped(KeyEvent e) {                    //限制盘点数量只能输入数字字符
        if (("0123456789" + (char) 8).indexOf(e.getKeyChar() + "") < 0) {
            e.consume();
        }
        field.setEditable(true);
    }
    public void keyReleased(KeyEvent e) {                 //计算损益数量
        String pdStr = field.getText();                   //获取盘点数量
        String kcStr = "0";
        int row = table.getSelectedRow();                 //获取 table 组件的当前选择行
        if (row >= 0) {
            //获取该行的第 7 列单元内容，即库存数量
            kcStr = (String) table.getValueAt(row, 7);
        }
        try {
            int pdNum = Integer.parseInt(pdStr);          //获取盘点数量
            int kcNum = Integer.parseInt(kcStr);          //获取库存数量
            if (row >= 0) {
                //计算并更新损益单元格的内容
                table.setValueAt(kcNum - pdNum, row, 10);
            }
            if (e.getKeyChar() != 8)
                field.setEditable(false);
        } catch (NumberFormatException e1) {
            field.setText("0");
        }
    }
}
```

28.13 数据库备份与恢复模块设计

视频讲解：光盘\TM\lx\28\数据库备份与恢复模块设计.mp4

数据库备份与恢复模块可以增强系统的安全性。应及时备份系统数据，如果发生意外，可以恢复最近时间段的数据库内容，将损失降低到最小程度。铭泰企业进销存管理系统的数据库备份与恢复模块的窗体界面如图 28.22 所示。

图 28.22　"数据库备份与恢复"窗体

28.13.1　设计窗体

创建 JInternalFrame 内部窗体类，命名为 BackupAndRestore。该窗体主要用于备份和恢复系统的数据库文件，它所用到的关键组件如表 28.21 所示。

表 28.21　数据库备份与恢复窗体用到的关键组件

组件类型	组件 ID	主要属性设置	用途
JTextField	backupTextField	无	备份数据库的文件路径文本框
	restoreTextField	无	恢复数据库的文件路径文本框
JPanel	backupPanel	设置 border 属性使用 Title 边框，边框的标题设置为"数据库备份" 设置 layout 属性使用 GridBagLayout 布局管理器	备份功能的组件面板
	restorePanel	设置 border 属性使用 Title 边框，边框的标题设置为"数据库恢复" 设置 layout 属性使用 GridBagLayout 布局管理器	恢复功能的组件面板
JButton	backupButton	设置 Text 属性为"备份(K)" 设置 mnemonic 属性为"VK_K"	"备份"按钮
	browseButton2	设置 Text 属性为"浏览(W)" 设置 mnemonic 属性为"VK_W"	恢复功能的"浏览"按钮
	restoreButton	设置 Text 属性为"恢复(R)" 设置 mnemonic 属性为"VK_R"	"恢复"按钮

28.13.2　文件浏览

数据库的恢复功能需要使用"浏览"按钮选择数据库文件的位置，在该按钮的 ActionListener 动作监听器中通过 JFileChooser 文件选择器组件打开文件选择对话框，选择数据库恢复文件的位置。程序的关键代码如下：

private JButton getBrowseButton2() {　　　　　　　　　　// "浏览"按钮的初始化方法

```java
if (browseButton2 == null) {                                    //如果按钮未初始化
    browseButton2 = new JButton();                              //创建按钮
    browseButton2.setText("浏览(W)……");                         //设置按钮文本
    browseButton2.setMnemonic(KeyEvent.VK_W);                   //设置按钮助记符
    //添加动作监听器
    browseButton2.addActionListener(new ActionListener() {
        public void actionPerformed(ActionEvent e) {
            //创建文件选择器组件
            JFileChooser dirChooser=new JFileChooser(".");
            //打开文件选择对话框
            int option=dirChooser.showOpenDialog(BackupAndRestore.this);
            if(option==JFileChooser.APPROVE_OPTION){
                //获取用户选择文件
                File selFile = dirChooser.getSelectedFile();
                //设置文本框的文件路径
                restoreTextField.setText(selFile.getAbsolutePath());
            }
        }
    });
}
return browseButton2;                                           //返回初始化的按钮组件
}
```

28.13.3 备份数据库

单击"备份"按钮，将系统当前数据库内容备份到文件中，备份文件的名称以当前时间命名，并默认保存在当前项目文件夹下的 backup 文件夹中。"备份"按钮的动作监听器将通过 Dao 类的 backup() 方法执行数据库的备份操作，如果在此期间程序抛出异常，将以对话框的方式提示用户错误信息，否则提示"备份成功"。初始化"备份"按钮的关键代码如下：

```java
private JButton getBackupButton() {
    if (backupButton == null) {
        backupButton = new JButton();                                   //创建按钮组件
        backupButton.setText("备份(K)");                                //设置文本
        backupButton.setMnemonic(KeyEvent.VK_K);                        //为按钮设置快捷键
        backupButton.addActionListener(new java.awt.event.ActionListener() { //添加动作事件监听器
            public void actionPerformed(ActionEvent e) {
                try {
                    String filePath = Dao.backup();                     //执行数据备份操作
                    backupTextField.setText("数据库备份路径：" + filePath); //显示备份文件的路径
                } catch (Exception e1) {
                    e1.printStackTrace();
                    String message = e1.getMessage();                   //获取异常信息
                    int index = message.lastIndexOf(']');
                    message=message.substring(index+1);
```

```
            JOptionPane.showMessageDialog(BackupAndRestore.this, message);
            return;
        }
        JOptionPane.showMessageDialog(BackupAndRestore.this, "备份成功");
    }
});
}
return backupButton;
}
```

28.13.4 恢复数据库

如果由于不可避免的原因导致系统程序无法运行，或者数据库系统损坏，可以在另一台计算机上安装铭泰企业进销存管理系统和数据库系统，然后在本模块的数据库恢复功能界面，通过"浏览"按钮选择备份在硬盘或其他移动设备上的数据库备份文件，并单击"恢复"按钮，就可以使程序恢复正常。"恢复"按钮的动作事件监听器将调用 Dao 类的 restore()方法执行数据库的恢复操作，如果在此期间程序抛出异常，将以对话框的方式提示用户错误信息，否则提示"恢复成功"。初始化"恢复"按钮的关键代码如下：

```
private JButton getRestoreButton() {
    if (restoreButton == null) {
        restoreButton = new JButton();                                          //创建按钮组件
        restoreButton.setText("恢复(R)");                                       //设置文本
        restoreButton.setMnemonic(KeyEvent.VK_R);                               //为按钮设置快捷键
        restoreButton.addActionListener(new java.awt.event.ActionListener() {   //添加动作事件监听器
            public void actionPerformed(java.awt.event.ActionEvent e) {
                String path = restoreTextField.getText();                       //获取要恢复的文件
                if(path==null||path.isEmpty())                                  //判断要恢复的文件是否为空
                    return;
                File restoreFile=new File(path);                                //创建文件对象
                try {
                    Dao.restore(restoreFile.getAbsolutePath());                 //执行数据恢复操作
                } catch (Exception e1) {
                    e1.printStackTrace();
                    String message = e1.getMessage();
                    int index = message.lastIndexOf(']');
                    message=message.substring(index+1);
                    JOptionPane.showMessageDialog(BackupAndRestore.this, message);
                    return;
                }
                JOptionPane.showMessageDialog(BackupAndRestore.this, "恢复成功");
            }
        });
    }
    return restoreButton;
}
```

28.14 运行项目

> 视频讲解：光盘\TM\lx\28\运行项目.mp4

开发本系统时，需要在 Eclipse 开发工具中频繁地运行以查看运行效果，进行程序调试。这就需要为 Eclipse 配置运行参数。一个普通的 Java 程序不需要进行配置即可直接在 Eclipse 的"包资源管理器"视图中展开 src 文件夹下的 com.lzw 包，在该包中的 MainFrame.java 类文件上右击，在弹出的快捷菜单中选择"运行方式"/"Java 应用程序"命令，将启动系统并显示登录窗体，如图 28.23 所示。

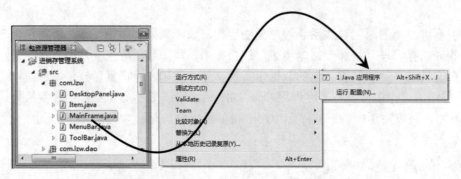

图 28.23 选择命令启动系统并显示登录窗体

由于本系统包含一个闪屏界面，在运行主类时需要设置闪屏参数，所以暂时关闭登录窗体，不登录系统。在图 28.23 所示的快捷菜单中选择"运行方式"/"运行 配置"命令，弹出"运行 配置"对话框，如图 28.24 所示。选择 MainFrame 节点，选择"自变量"选项卡，在该选项卡的"VM 自变量"栏的文本框中输入"-splash:splash.jpg"，单击"应用"按钮，再单击"运行"按钮启动系统。

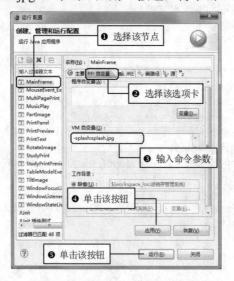

图 28.24 "运行 配置"对话框

第 28 章 企业进销存管理系统

> **注意**
> 需要确定 splash.jpg 图片文件与 src 源文件夹处于同级的位置，否则无法出现闪屏界面。

程序启动后的闪屏界面和登录界面如图 28.25 和图 28.26 所示。

图 28.25 闪屏界面

图 28.26 登录窗体

在登录窗体中输入用户名和密码并单击"登录"按钮，将启动铭泰企业进销存管理系统的主窗体，如图 28.27 所示。

图 28.27 铭泰企业进销存管理系统的主窗体界面

28.15 系统打包发行

视频讲解：光盘\TM\lx\28\系统打包发行.mp4

该系统需要交付用户使用，必须打包成 JAR 文件。JAR 文件是 Java 程序的存档文件，它使用 ZIP

格式将 Java 程序和资源压缩到一个文件中，这样可以大大缩减应用程序的体积，便于网络发布，甚至可以直接在 Internet 中运行。本系统打包的 JAR 文件体积只有 655KB，这是包括了图片和图标资源文件在内的 JAR 文件体积，如果不包含这些资源，JAR 文件的体积会更小。

将铭泰企业进销存管理系统打包成 JAR 文件的步骤如下：

（1）打包 JAR 文件需要编写 JAR 的清单文件，主要用于 JAR 文件的配置，如主类名称、类路径等。在 Eclipse 的"包资源管理器"视图中的项目节点上右击，在弹出的快捷菜单中选择"新建"/"文件"命令，在弹出的"新建文件"对话框的"文件名"文本框中输入"MANIFEST.MF"，然后单击"完成"按钮，如图 28.28 所示。

图 28.28 "新建文件"对话框

（2）在 MANIFEST.MF 文件的编辑器中输入如下代码：

```
Manifest-Version: 1.0
Main-Class: com.lzw.MainFrame
SplashScreen-Image: res/splash.jpg
Class-Path: . lib/mysql_connector_java_5.1.36_bin.jar
```

上述代码第 2 行中的 Main-Class 用于定义 JAR 文件中的主类，这里设置为 com.lzw.MainFrame，即本系统的主窗体；第 3 行中的 SplashScreen-Image 用于定义闪屏界面的图片资源，这里设置为 res/splash.jpg，因为 splash.jpg 文件存放在 res 包中；第 4 行中的 Class-Path 是最关键的代码，它用于设置程序执行时的类路径，需要将程序用到的第三方类库（如 MySQL 驱动包）都添加到该类路径中。

> **注意**
> 代码中的":"与键值之间要添加一个空格字符作为分隔符。Class-Path 中的不同类库要使用空格分隔。

（3）保存 MANIFEST.MF 文件之后，在"包资源管理器"视图的 src 文件夹上右击，选择"导出"命令，将弹出"导出"对话框，这里选择 Java/JAR 文件节点，然后单击"下一步"按钮，如图 28.29

第28章 企业进销存管理系统

所示。

（4）在弹出的"JAR 导出"对话框中的"JAR 文件"文本框中输入要生成的 JAR 文件的存放路径，这里输入"C:\project\JXCSystem.jar"，单击"下一步"按钮，如图 28.30 所示。

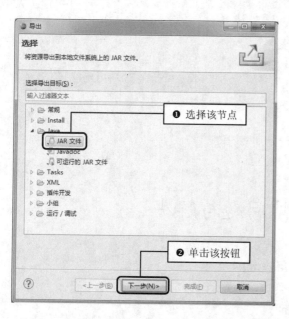

图 28.29　"导出"对话框　　　　　　　　图 28.30　"JAR 导出"对话框

（5）在弹出的"JAR 打包选项"界面中，选中"导出带有编译错误的类文件"和"导出带有编译警告的类文件"复选框，然后单击"下一步"按钮，如图 28.31 所示。因为类文件的编译警告信息不一定会导致程序无法运行，有的警告信息并不影响项目要实现的业务逻辑。

（6）在弹出的"JAR 清单规范"界面中选中"从工作空间中使用现有清单"单选按钮，单击"清单文件"文本框右侧的"浏览"按钮，选择清单文件，单击"完成"按钮，如图 28.32 所示。

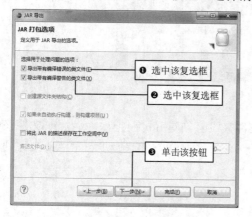 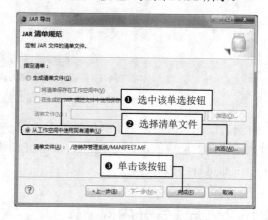

图 28.31　"JAR 打包选项"界面　　　　　　图 28.32　"JAR 清单规范"界面

（7）在"我的电脑"中打开存放 JAR 打包文件的 project 文件夹，在该文件夹中创建 lib 文件夹，如图 28.33 所示。复制 MySQL 包到 lib 文件夹中，如果客户端的 Java 环境安装正确，双击 JXCSystem.jar 文件即可运行本系统。

图 28.33　创建 lib 文件夹

28.16　开发常见问题与解决

　　视频讲解：光盘\TM\lx\28\开发常见问题与解决.mp4

28.16.1　打包的 JAR 文件无法登录

　　问题描述：打包的 JXCSystem.jar 文件运行后，出现了闪屏界面和登录界面，但是在登录界面输入用户名 tsoft 和密码 111 之后弹出"登录失败"对话框，提示"用户名与密码无法登录"，如图 28.34 所示。

图 28.34　登录失败

　　解决方法：该问题是由于打包后的 JAR 文件所在文件夹没有创建 lib 文件夹，或者 lib 文件夹中没有数据库驱动类造成的，在 C:\project 文件夹创建 lib 文件夹并复制 MySQL 驱动类的 JAR 文件到该文件夹中，即可解决该问题。

28.16.2　无法打开内部窗体

　　问题描述：继承 JInternalFrame 类编写内部窗体之后，在菜单栏中执行该窗体的创建，但是窗体没有显示在程序界面中。

解决方法：JInternalFrame 内部窗体默认 Visible 属性为 false，需要调用内部窗体对象的 setVisible() 方法才能显示窗体。关键代码如下：

```
JInternalFrame jf=new JInternalFrame();    //创建内部窗体
jf.setVisible(true);                        //显示内部窗体
...
```

28.16.3 "关于"界面被其他窗体覆盖

问题描述：本系统的"帮助"/"关于"命令，将使用标签组件显示关于本系统的相关信息，但是再打开其他窗体或已经有打开的窗体时，会覆盖"关于"界面。

解决方法：由于内部窗体在 JDesktopPanel 桌面面板中分层存放，如果将其他组件添加到该面板中，也同样会分层存放，不同的层决定了窗体的覆盖级别。要想使内部窗体或其他组件显示在最顶层，需要调用桌面面板的 setLayer() 方法设置组件的层次。可以设置层次为整数的最大值，使组件显示在最顶层。关键代码如下：

```
desktopPanel.add(imgLabel);
desktopPanel.setLayer(imgLabel, Integer.MAX_VALUE);
```

28.16.4 打包 JAR 文件之后无法运行

问题描述：程序打包成 JAR 文件，在运行时提示错误信息，导致程序启动失败。

解决方法：将 Java 程序打包成可执行的 JAR 文件，需要编写 MANIFEST.MF 清单文件，该文件中需要设置 Main-Class 属性指定程序的主类，即包含 main() 方法的类，如果没有指定主类，该 JAR 文件是无法运行的。可在清单文件中添加如下代码，然后重新打包 JAR 文件。

```
Main-Class: com.lzw.MainFrame
```

说明

Main-Class 属性的":"符号后面有一个空格字符，这个字符必须输入，否则无法识别主类名称。设置主类时，要指定类的全路径名称，即包含类包的名称。

28.16.5 程序运行后没有出现闪屏界面

问题描述：程序打包成 JAR 文件，在运行时直接显示了登录窗口，而没有显示闪屏界面。

解决方法：该问题是由于没有指定闪屏文件所导致的。解决方法是在 MANIFEST.MF 清单文件中编写代码，指定闪屏文件的名称和位置。关键代码如下：

SplashScreen-Image: res/splash.jpg

说明
　　SplashScreen-Image 属性的":"符号后面有一个空格字符，这个字符必须输入，否则无法识别闪屏文件的位置和名称。另外，其他属性的设置也需要在":"符号后面添加空格。

28.17 小　　结

　　本章重点介绍了铭泰企业进销存管理系统中关键模块的开发过程、项目的运行和打包，以及程序开发中常见的问题与解决方法。通过对本章的学习，读者应该能够掌握 Swing 的各种常用布局管理器，熟练使用菜单栏和工具栏，掌握 JDBC 技术和项目的打包与发布。